TRAITÉ COMPLET
DE
MÉTALLURGIE

PAR

LE Dr J. PERCY
Professeur de l'École des Mines du gouvernement, à Londres

TRADUIT SOUS LES AUSPICES DE L'AUTEUR

AVEC INTRODUCTION, NOTES ET APPENDICE

PAR

MM. E. PETITGAND ET A. RONNA
Ingénieurs.

**Accompagné de Figures dans le texte
et de 47 planches**

TOME QUATRIÈME

FER.
FOURS ET CHAUDIÈRES. — APPAREILS MÉCANIQUES.
FERS BRUTS, FINIS, LAMINÉS ET SPÉCIAUX.
ACIER.
CONSTITUTION CHIMIQUE ET TRAVAIL DES ACIERS. — ACIER FONDU.
PROCÉDÉ BESSEMER, ETC.
RÉSISTANCE DES FONTES, FERS ET ACIERS.

PARIS ET LIÉGE
LIBRAIRIE POLYTECHNIQUE DE J. BAUDRY, ÉDITEUR
A Paris, 15, rue des Saints-Pères
1867

TRAITÉ COMPLET
DE MÉTALLURGIE

Paris. — Typographie Hennuyer et fils, rue du Boulevard, 7.

TABLE DES MATIÈRES

LIVRE IV (SUITE).

PUDDLAGE.

TRAVAIL DE LA BALLE.

FIN DE LA TABLE DES MATIÈRES.

LISTE

DES PLANCHES ET DES FIGURES

CONTENUES

DANS LES TOMES II, III ET IV DE LA MÉTALLURGIE DU FER.

PLANCHES

TOME III.

TOME IV.

FIGURES.

TOME II.

TOME III.

APPENDICE DU TOME III.

TOME IV.

Pages.

APPENDICE DU TOME IV.

FIN DE LA TABLE.

MÉTALLURGIE DU FER

LIVRE IV (SUITE).

PUDDLAGE.

Le puddlage, dont nous avons fait connaître l'origine (1), a reçu depuis des perfectionnements qui ont singulièrement développé son importance, savoir : la substitution, dans les fours à réverbère, des plaques en fonte à la sole en briques et le procédé de bouillonnement. Il en est ainsi de beaucoup d'inventions qui n'atteignent la perfection qu'à la suite de tentatives lentes et graduelles. Le mérite des premiers inventeurs n'en est pas moins réel, parce que d'autres chercheurs viennent plus tard, par de nouveaux efforts, améliorer et perfectionner les idées de leurs devanciers.

Fours à puddler.

Staffordshire sud. — Comme premier spécimen du four à puddler, nous avons adopté, pour en faire la description, le four des forges de Bromford, près de Birmingham, que nous considérons comme l'un des bons types. Les dessins ci-joints, depuis la figure 1 jusqu'à la figure 16 inclusivement, ont été revus avec soin par M. C. Arkinstall, gérant de l'usine, à qui nous sommes également redevable de précieux renseignements sur divers points relatifs à la fabrication du fer. Nous avons, d'ailleurs, passé près d'une semaine à mesurer et à dessiner les nombreuses pièces employées à sa construction (2).

(1) *Métallurgie*, t. III, p. 42.

(2) A l'École royale des mines de Londres, il y a un petit modèle de ce four, fait par

En comparant attentivement les dessins, le lecteur n'aura pas besoin de longues explications pour se rendre compte des détails.

Le four à puddler, à réverbère, est pourvu, comparativement à la surface de la sole, d'une très-grande chauffe. Ses organes consistent :

a (fig. 1). *Tisard* ou trou de chauffe. Il n'y a point de porte;

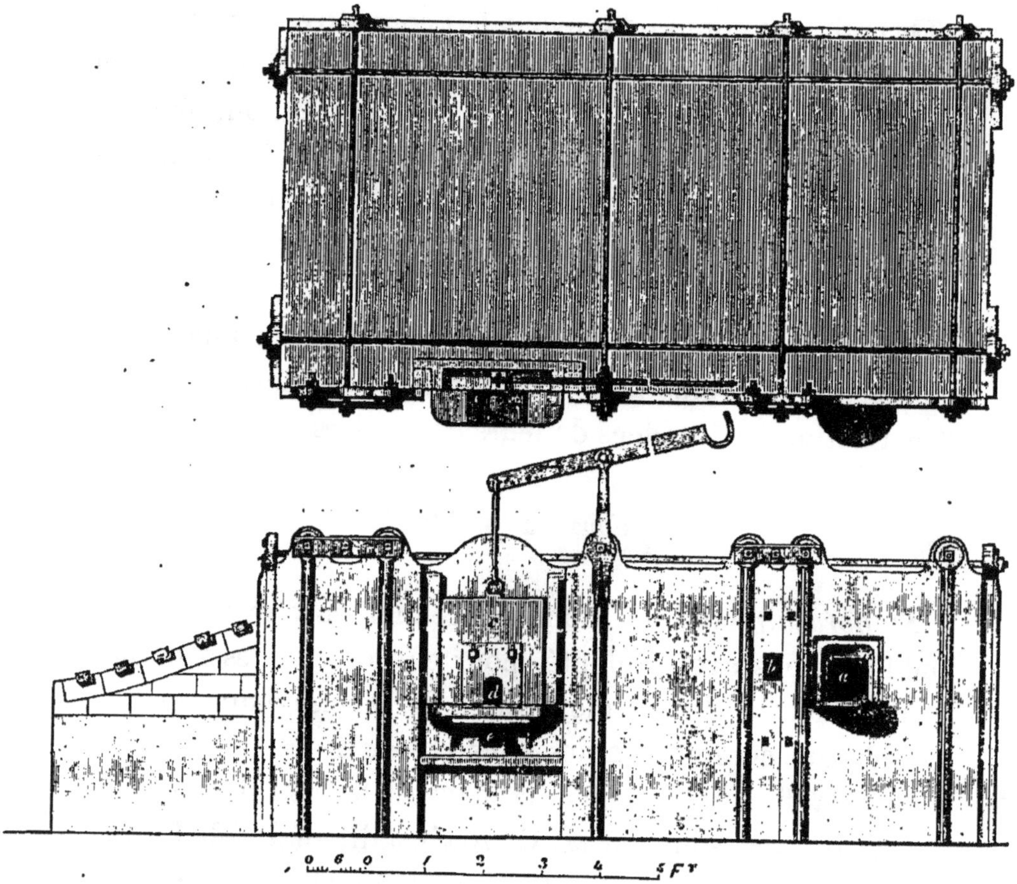

Echelle métrique : 0m.023 par mètre.
Fig. 1. — Four à puddler de Bromford. Plan du sommet et élévation latérale.

le tisard est bouché par le charbon entassé sur le seuil en saillie. Dans quelques fours, le tisard ou le gueulard se trouve sur le côté opposé à celui où travaille l'ouvrier puddleur; dans d'autres, il est à l'extrémité de la chauffe.

l'appareilleur de l'usine de Bromford. Il peut se démonter pièce par pièce, et chacune y est représentée.

b (fig. 1 et 3). ***Trou de gouver**, de crosse* ou *de queue*, par lequel le puddleur chauffe les barres de fer d'environ $0^{m}.03$ d'épaisseur, qu'il soude aux loupes ou aux paquets pour pouvoir les manœuvrer sous le marteau, etc.

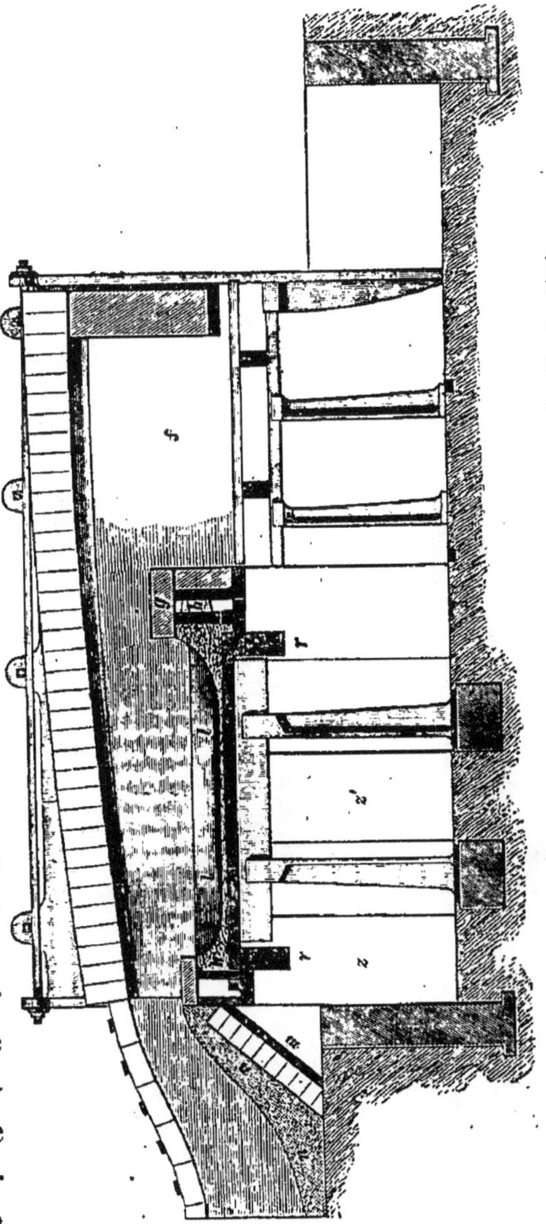

Fig. 3. — Four à puddler de Bromford. Coupe verticale en long, par le milieu du châssis.

c (fig. 1). Porte de travail. Elle se compose d'un châssis ou d'une caisse peu profonde en fonte, dont la paroi, à l'intérieur, est remplie de briques réfractaires. A cette porte est fixée, comme l'indique le dessin, une seconde porte plus petite, mais dont on se passe assez généralement aujourd'hui. La porte se lève ou se baisse à l'aide d'un levier à contre-poids. On ne l'ouvre que pour introduire la charge ou pour retirer les balles. Tant que dure le travail, on la tient parfaitement fermée en introduisant une cale de fer, entre l'un de ses côtés et le châssis qui l'encadre.

d (fig. 1 et 8). Trou de travail, au bas de la porte; il sert à l'ouvrier pour travailler le métal dans le fourneau.

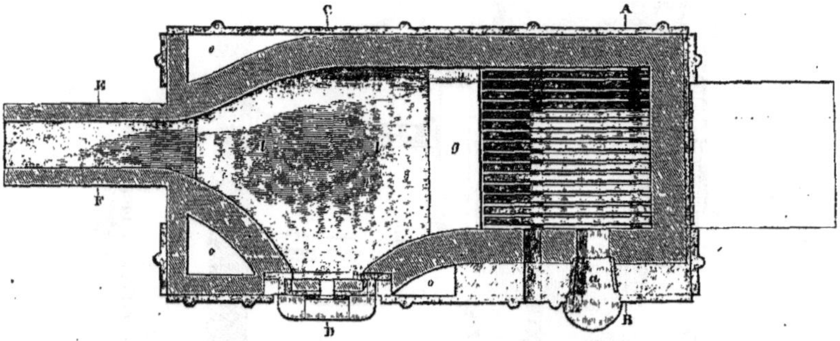

Fig. 3. — Four à puddler de Bromford. Coupe horizontale au-dessus du pont de chauffe, montrant le plan de la sole.

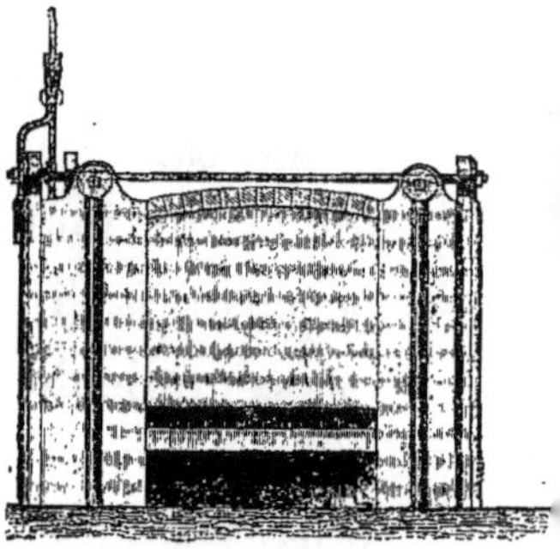

Fig. 4. — Four à puddler de Bromford. Élévation à l'extrémité de la chauffe.

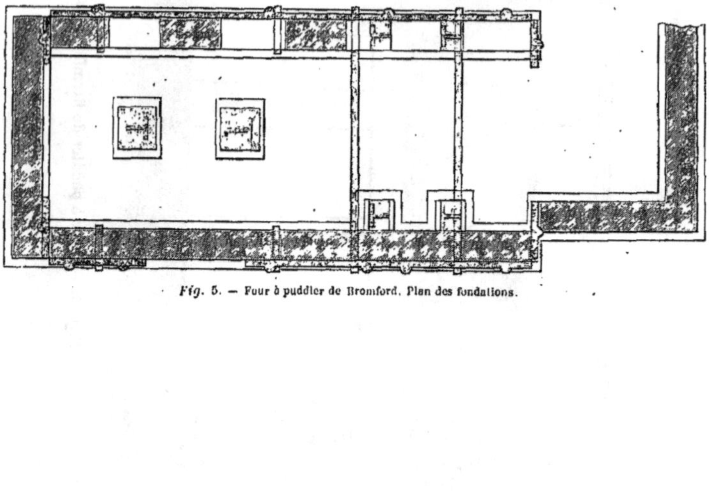

Fig. 5. — Four à puddler de Bromford. Plan des fondations.

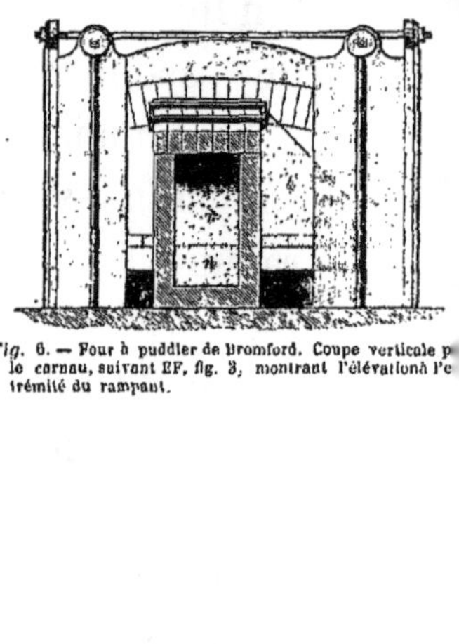

Fig. 6. — Four à puddler de Bromford. Coupe verticale p le carnau, suivant EF, fig. 3, montrant l'élévation à l'e trémité du rampant.

e (fig. 1, 8 et 16). Trou de floss par lequel on retire les scories ou les crasses de coulée, et que l'on bouche avec du sable, pendant le puddlage.

f (fig. 2). Chauffe. Elle est construite, ainsi que la voûte et les parois au-dessus du fond, en briques réfractaires de Stourbridge. Les briques qui forment l'extrémité antérieure du foyer sont soutenues sur un pilier en fonte. Les parois reposent sur des sommiers en fonte, supportés par d'autres piliers également en fonte. A l'endroit où le foyer forme le pont de chauffe, il existe une plaque de fonte qui le traverse de part en part.

Fig. 7. — Four à puddler de Bromford. Coupe verticale suivant AB, fig. 3.

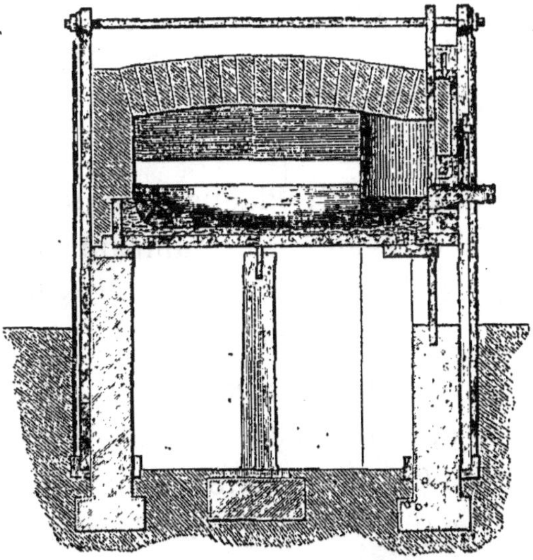

Fig. 8. — Four à puddler de Bromford. Coupe verticale suivant CD, fig. 3.

g (fig. 2 et 3). Sommet ou crête du pont de chauffe, formé de dalles réfractaires. Au-dessus, vers l'extrémité la plus éloignée de la paroi de travail, est disposé un petit massif de briques réfractaires peu serrées, destiné à faire dévier la flamme vers la porte *c*.

h (fig. 2). Canal où l'air circule, afin de refroidir le pont de chauffe.

i, i (fig. 2). Plaques de sole en fonte, au nombre de quatre (voir la description spéciale, fig. 9 et 10).

k (fig. 2). Lit de scories grillées et concassées, appelées *bull dog*, qui s'étend autour des plaques latérales entourant la sole et recouvre plus ou moins les plaques du fond.

l, l (fig. 2 et 3). Cavité formant le fond proprement dit du four ou bassin, dans lequel la fonte est fondue et travaillée. La sole doit être couverte d'une couche d'oxyde de $0^m.05$ d'épaisseur, qui provient du travail de déchets de fer dans le four.

m (fig. 2). Plaque de fonte soutenant les briques réfractaires du talus au bas du rampant, par lequel les produits de la combustion passent du four dans la cheminée.

n, n (fig. 2 et 6). Lit de crasse qui a débordé et s'est accumulée sur le talus.

o, o, o (fig. 3). Espaces vides.

p (fig. 9). Taque de derrière de la sole.

q (fig. 9). Taque de devant de la sole.

r, r (fig. 2). Sommiers en fonte qui traversent le fourneau et soutiennent chaque extrémité de l'encadrement de la sole.

s (fig. 10). Taque de derrière, près de l'extrémité du pont de chauffe.

t (fig. 10). Taque courbe de derrière, près de l'extrémité du rampant.

u (fig. 10 et 11). Taque placée à l'extrémité du grand autel et appelée taque du pont de chauffe.

v (fig. 9 et 10). Taque à l'extrémité du petit autel, appelée taque du pont de rampant.

x (fig. 9 et 12). Taque de l'angle du rampant.

y (fig. 9 et 13). Taque de l'angle du grand autel.

Les taques latérales *x*, *y* sont montrées en perspective telles qu'elles sont placées dans l'encadrement.

z, z, z (fig. 2). Massifs en briques ordinaires.

La cheminée, avec son registre au sommet, est indiquée sur

les dessins du four à puddler (fig. 17). Le registre joue un rôle important dans l'opération du puddlage.

Description spéciale de l'encadrement de la sole, du châssis de la porte, de la taque de devant et de la taque de chio.

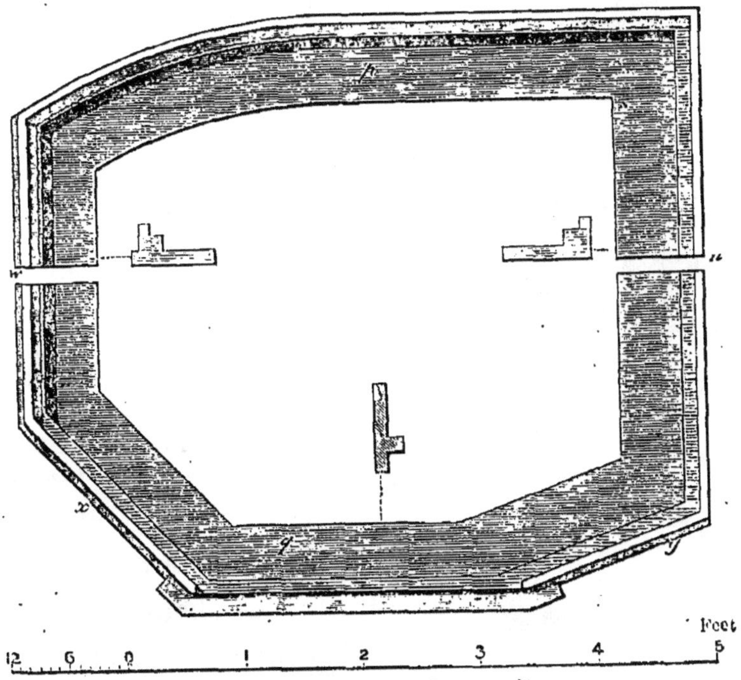

Echelle métrique : 0m.040 par mètre.

Fig. 9. — Four à puddler de Bromford. Plan du châssis,

Le châssis de la sole est formé de deux pièces en fonte et encadre quatre plaques de fonte qui forment le fond ; ces plaques n'ont pas plus de 0.038 d'épaisseur, et sont placées transversalement, sur leurs surfaces plates (fig. 8). Elles sont, de plus, supportées en dessous par une marâtre en fer forgé, placée de champ et reposant sur deux piliers en fonte, comme l'indiquent les figures 2 et 3. Il convient que ces piliers soient placés plus près de la porte que ne l'indiquent les dessins, afin de mieux soutenir cette partie de la sole, sur laquelle porte particulièrement la fonte pendant le chargement. L'encadrement reçoit aussi six taques latérales en fonte, posées verticalement. A l'arrière, en face de la porte de travail, sont deux de ces

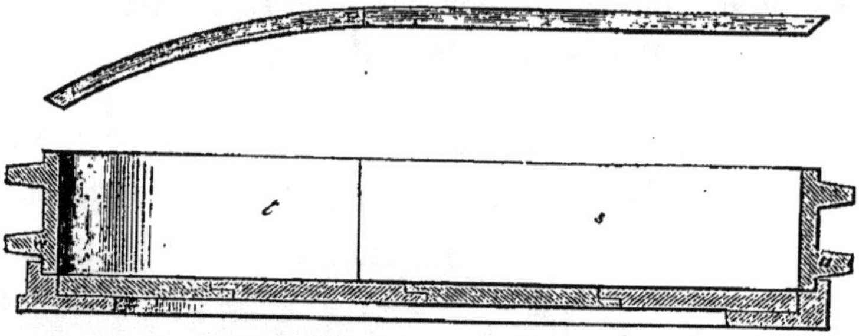

Fig. 10. — Four à puddler de Bromford. Coupe verticale du châssis.

taques (fig. 10, *s*, *t*), dont l'une *t* est courbe; deux autres s'ajustent sur le grand autel et sur les côtés du rampant, et

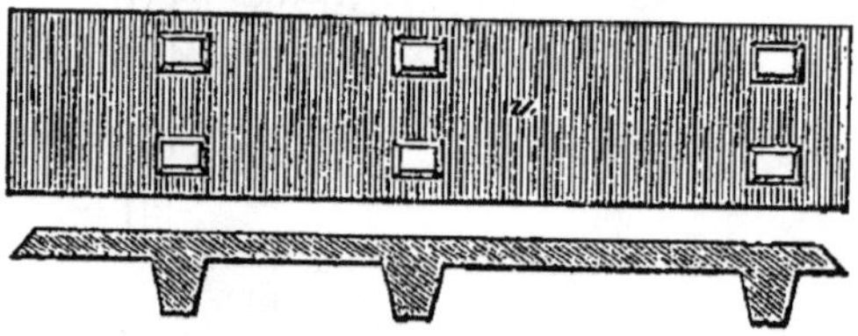

Fig. 11. — Four à puddler de Bromford. Taque du pont de chauffe (Voir *u*, fig. 9 et 10).

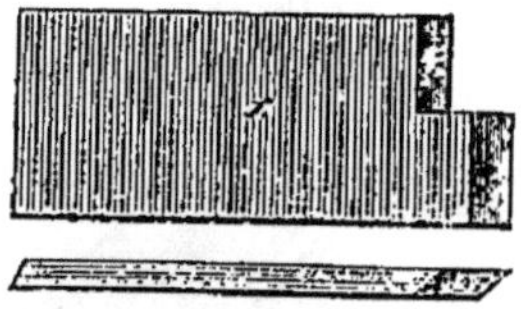

Fig. 12. — Four à puddler de Bromford. Taque de l'angle du rampant, situé gauche de la porte *c* (Voir *x*, fig. 9).

les deux dernières dans les parties droites, de chaque côté de la porte. Celles-ci sont entaillées sur les bords qui viennent buter contre les angles de l'encadrement, comme l'indique la figure 10.

Les taques du pont de chauffe et du pont du rampant ont à leur surface extérieure des pattes métalliques venues à la fonte, qui les empêchent de se déjeter.

Ces taques se faisaient autrefois de manière à glisser entre les extrémités des plaques de fond et l'encadrement. Elles étaient ainsi sujettes à se caler si fortement, qu'il était difficile de les retirer

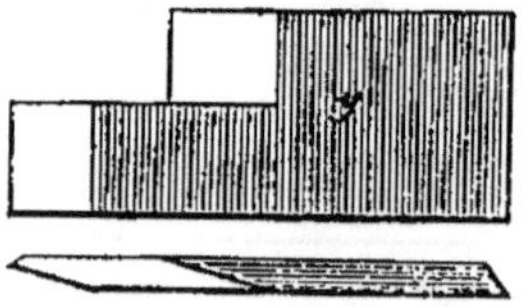

Fig. 13. — Four à puddler de Bromford Taque de l'angle du grand autel, situé à droite de la porte *c*. (Voir *y*, fig. 9.)

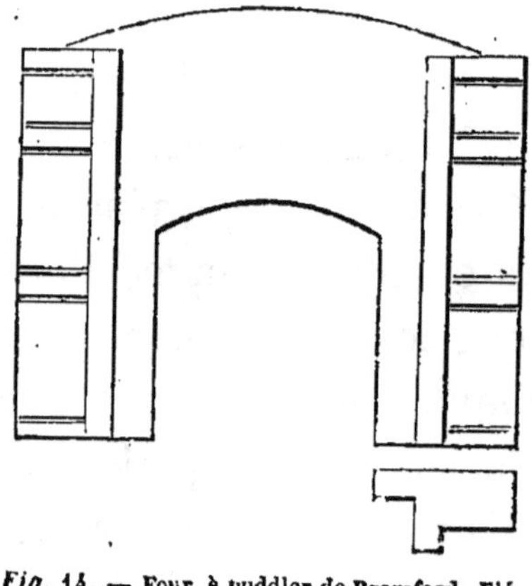

Fig. 14. — Four à puddler de Bromford. Elévation extérieure du châssis de la porte, en fonte.

pour les réparer, etc. Ces taques, et celles dont il vient d'être parlé, sont représentées avec leurs entailles, telles qu'elles sont posées dans l'encadrement.

Fig. 14. Deux guides verticaux entre lesquels la porte glisse haut et bas, sont renforcés par de petites nervures transversales un peu plus larges à la base. Le dessin fait voir, à droite, la projection horizontale d'un des côtés du châssis de la porte ; l'on peut s'y rendre compte de la saillie des nervures verticales et des nervures transversales.

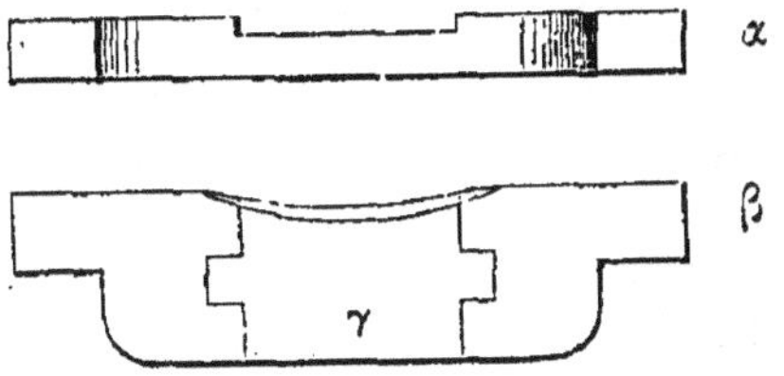

Fig. 15. — Four à puddler de Bromford. Plaque du seuil en fonte.

Fig. 15. α, élévation latérale, et β, plan supérieur. γ, plaque du seuil, en fonte blanche dure, encastrée dans la pièce et retenue de chaque côté par une patte qui l'empêche de glisser en dehors ; elle est susceptible d'être aisément remplacée. Le puddleur manœuvrant ses outils sur la tablette du seuil, l'usure de cette tablette est très-rapide. Le rebord, du côté du four, est courbé, comme l'indique la lettre β, et sert surtout de point d'appui aux outils. Le châssis de la porte repose sur les côtés du seuil.

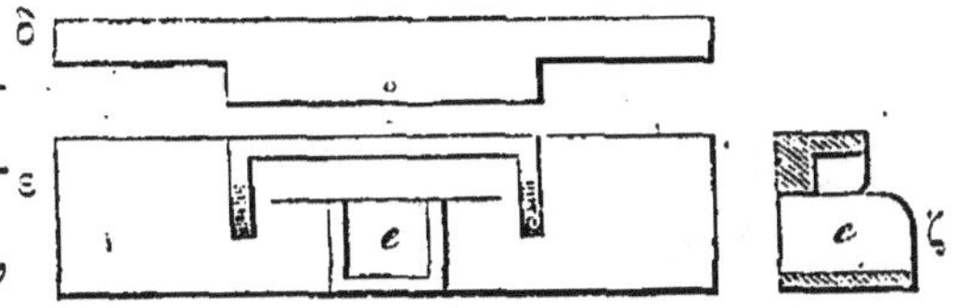

Fig. 16. — Four à puddler de Bromford. Taque du trou de floss.

Fig. 16. δ, plan supérieur ; ε, élévation latérale ; ζ, coupe verticale de la taque par le trou de floss *e*. Le seuil repose sur le sommet de cette taque.

Les côtés et les extrémités du four sont revêtus de taques de fonte reliées ensemble, au sommet, par des tirants en fer forgé, suivant l'indication des figures 1, 2, 4, 6, 7 et 8 et, au bas, dans le sol, par des clavettes et des barres de fer forgé (fig. 5). L'intérieur, au-dessous de la sole, est ouvert pour assurer la libre circulation de l'air. Sous le trou de floss et à l'arrière, se trouve une taque de fonte, qui empêche que les waggonnets pour l'enlèvement des laitiers ne pénètrent trop loin.

Dans la description spéciale de l'encadrement de la sole, etc., quelques petits détails diffèrent de ceux représentés fig. 2; mais ils sont sans importance.

Dans l'un des fours à puddler que nous avons examinés aux forges de Bromford, les taques des extrémités des ponts de chauffe et du rampant renfermaient des serpentins en fer forgé, dans lesquels l'eau circule. Ces taques, qui ressemblent aux tympes à eau décrites précédemment (t. III), sont, d'après M. Arkinstall, d'un emploi avantageux.

Les autres détails, qui auraient pu être omis dans cette description, seront, croyons-nous, faciles à saisir à l'inspection des dessins.

Les outils adoptés, dans le Staffordshire sud, pour le travail de la fonte dans le puddlage, sont le rabot (*rabble*) et le ringard (*paddle*). Le rabot est une forte barre en fer forgé, dont une moitié à peu près est carrée, et l'autre, celle que le puddleur prend à la main, cylindrique; le bout carré est soudé à un morceau de fer plat d'environ $0^m.06$ de largeur, qui est replié en équerre et forme le point de fatigue. Le rabot a environ $0^m.03$ de côté et $2^m.40$ de longueur; il pèse environ 18 kilogrammes. Le ringard est une barre de fer forgé, à peu près analogue au rabot, mais un peu moins lourde, et biselée à l'extrémité carrée, de façon à agir comme un ciseau. On se sert alternativement du rabot et du ringard pour brasser le métal, le diviser et *avaler* ou former la loupe. Chaque puddleur a plusieurs de ces outils, qu'il rafraîchit au besoin, en les plongeant dans des bâches en fonte remplies d'eau.

Des petites caisses ou trémies, en fer forgé, montées sur des roues, sont amenées pendant la coulée sous le trou de floss, pour recevoir les laitiers en fusion, qui se solidifient promptement et sont portés au loin.

Un four à puddler dure ordinairement six mois, au bout desquels il a besoin d'être reconstruit ; mais il exige des réparations toutes les semaines. Le prix d'un four ordinaire peut être évalué à 3 250 francs environ. Avec de bons ouvriers, les plaques de sole durent deux et même trois ans ; mais de mauvais ouvriers les détériorent en un mois de temps. Elles deviennent tout à fait résistantes après six semaines de travail. On emploie environ 1 500 briques réfractaires par four. Les dimensions des grilles varient suivant les localités et selon la variété et la qualité de charbon consommé.

Pays de Galles sud. — Nous avons pris pour exemple un

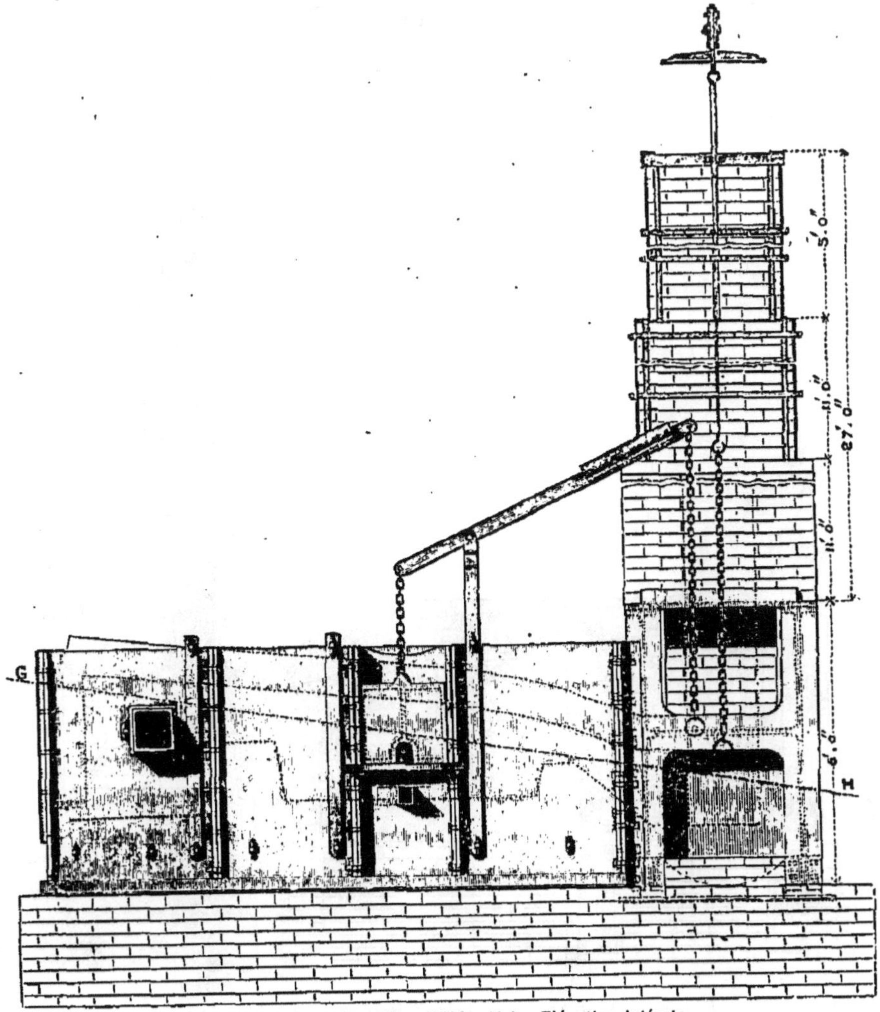

Fig. 17. — Four à puddler d'Ebbw-Vale. Elévation latérale.

des fours de la Compagnie des forges d'Ebbw-Vale, qui nous a confié les dessins d'après lesquels ont été faites les figures 17 à 24 inclusivement. Après la description détaillée qui précède, quelques simples observations suffiront. Faisons remar-

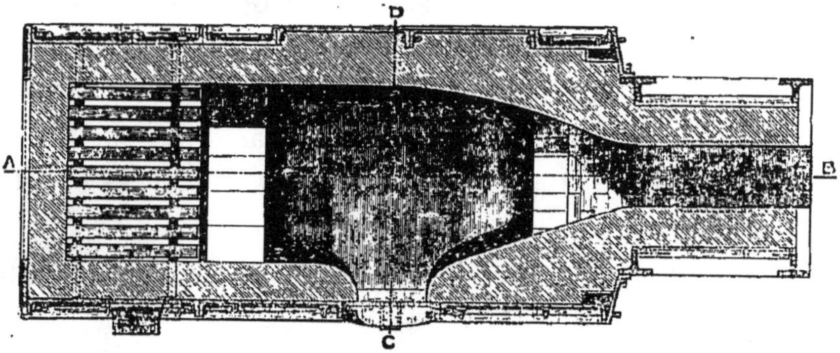

Fig. 18. — Four à puddler d'Ebbw-Vale. Coupe sur GH, fig. 17.

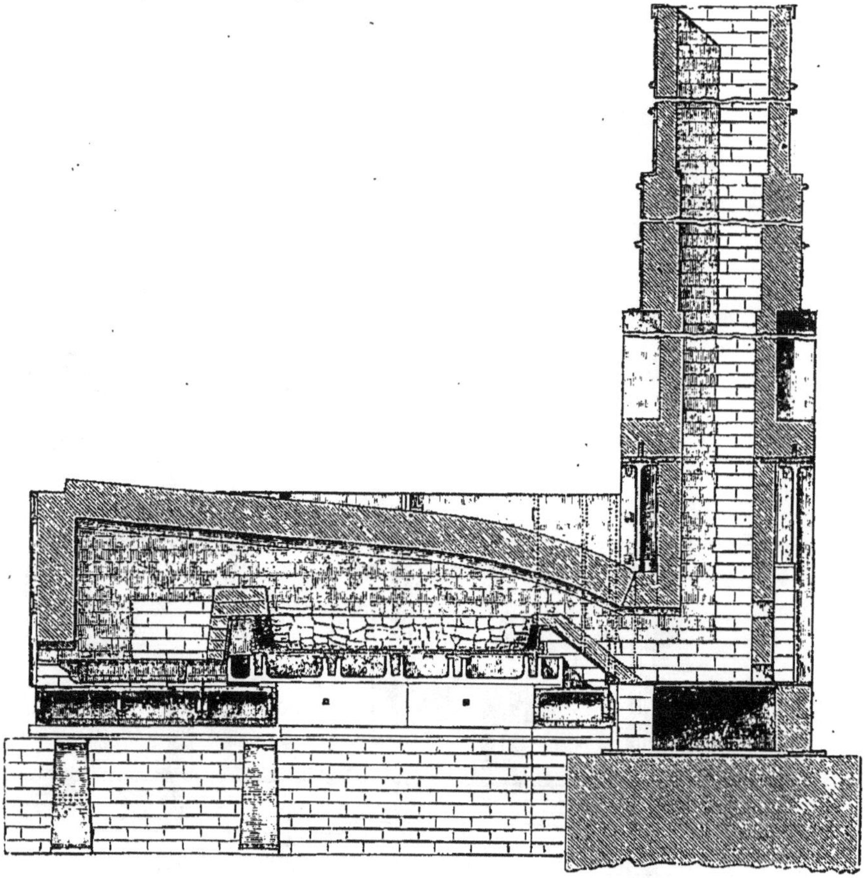

Fig. 19. — Four à puddler d'Ebbw-Vale. Coupe verticale sur AB, fig. 18.

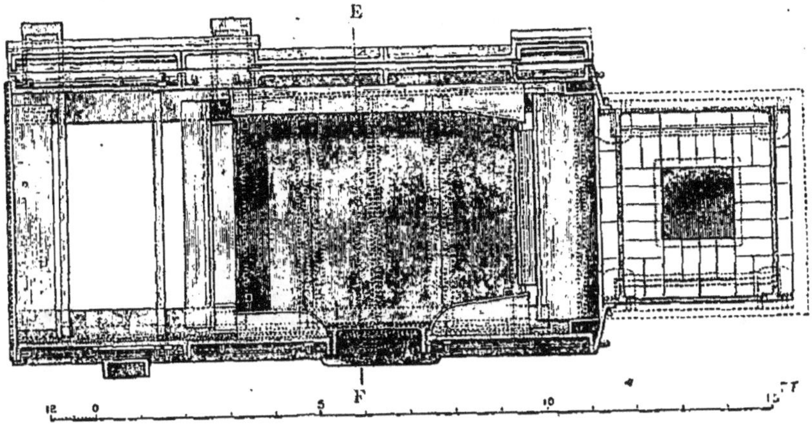

Echelle métrique : 0m,017 par mètre.

Fig. 20. — Four à puddler d'Ebbw-Vale. Plan montrant les plaques, etc., sans la maçonnerie de briques. Le poids des fontes moulées sur chaque face est de 7 365 kilogrammes; celui de fer forgé est de 702 kilogrammes.

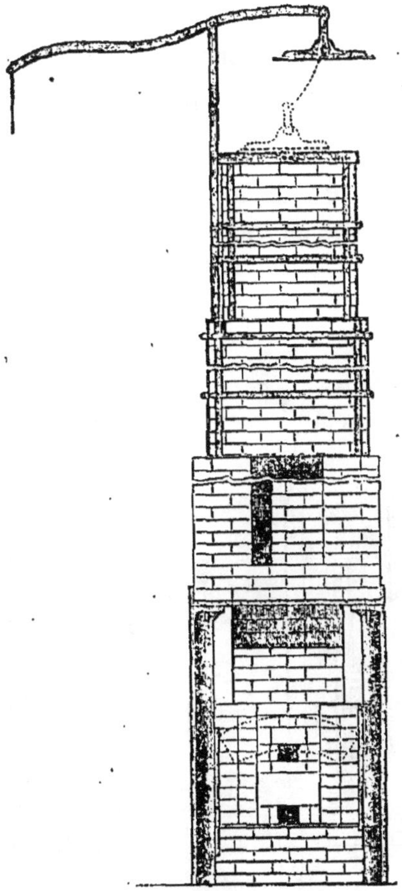

Fig. 21. — Four à puddler d'Ebbw-Vale. Elévation de la cheminée, à l'extrémité.

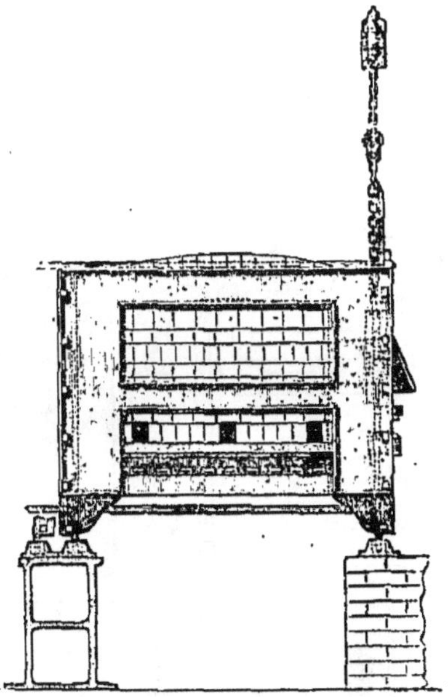

Fig. 22. — Four à puddler d'Ebbw-Vale. Elévation à l'extrémité de la chauffe.

quer qu'ici la fonte a été prodiguée dans la construction. La sole est formée, comme à l'ordinaire, de plaques de fonte;

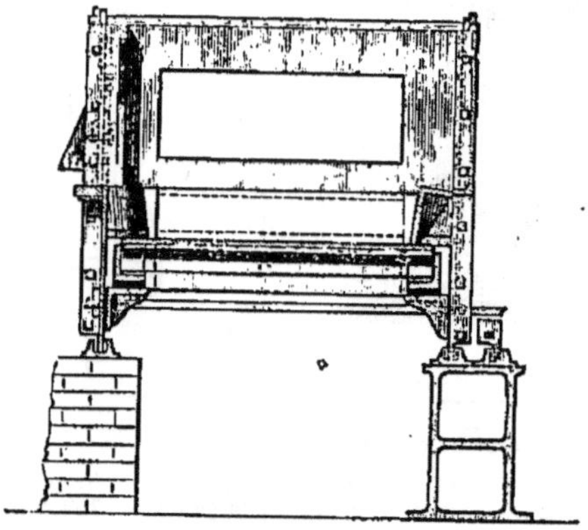

Fig. 23 — Four à puddler d'Ebbw-Vale. Coupe verticale sur EF, fig. 20.

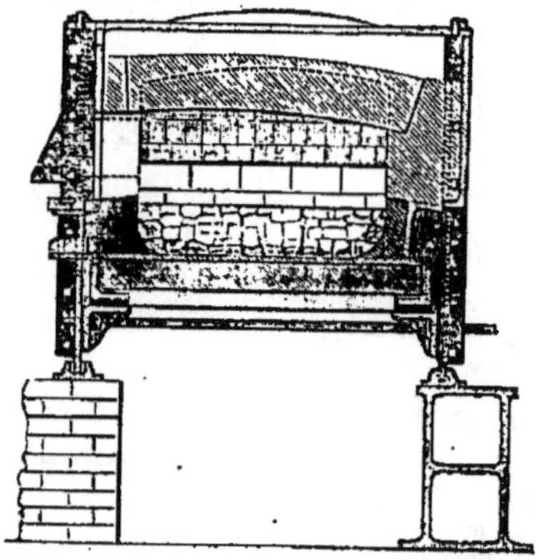

Fig. 24. — Four à puddler d'Ebbw-Vale. Coupe verticale sur CD; fig. 18.

mais la manière dont elles sont fixées et supportées diffère de celle adoptée dans les fours du Staffordshire sud. Les plaques de la sole reposent sur des sommiers en fonte, dont les extrémités sont soutenues par des cornières. Sous la taque métallique qui soutient le pont de chauffe se trouve une marâtre

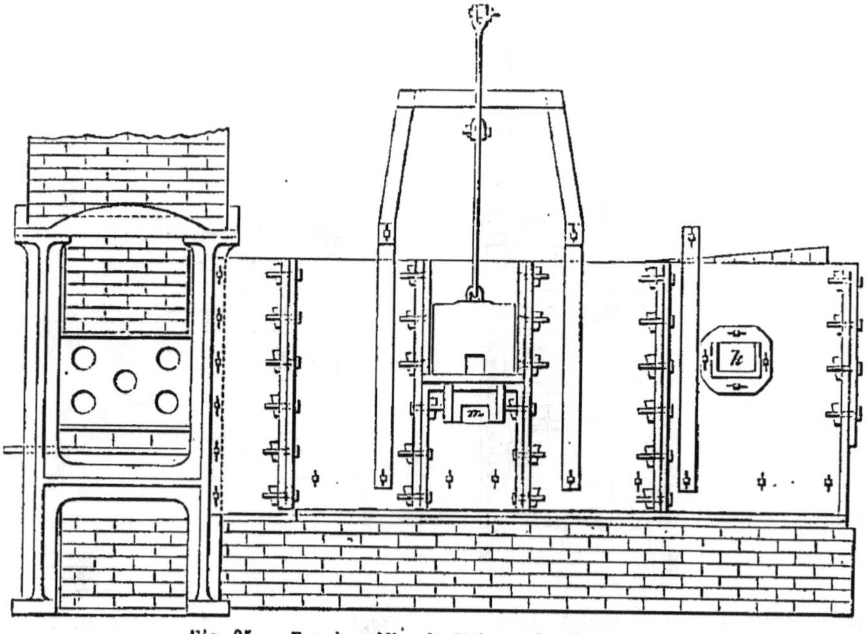

Fig. 25. — Four à puddler de Blaina. Élévation latérale.

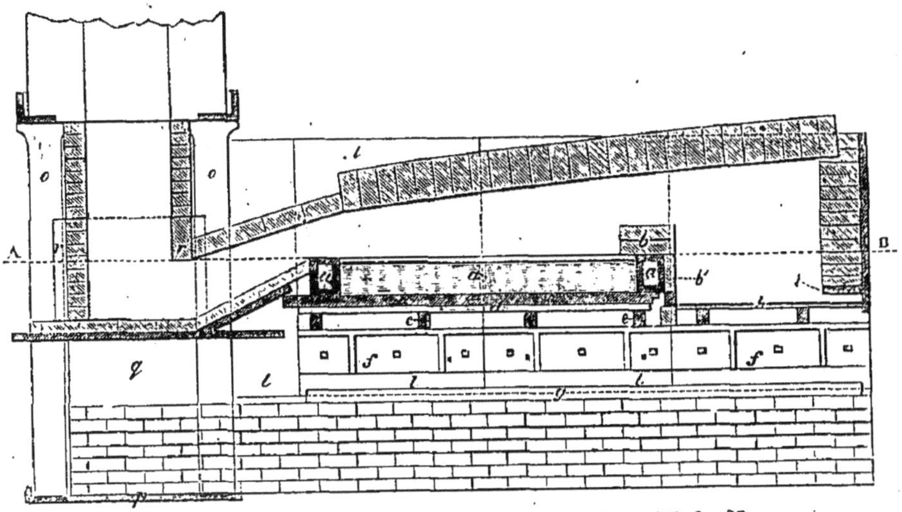

Fig. 26. — Four à puddler de Blaina. Coupe verticale sur GH, fig. 27.

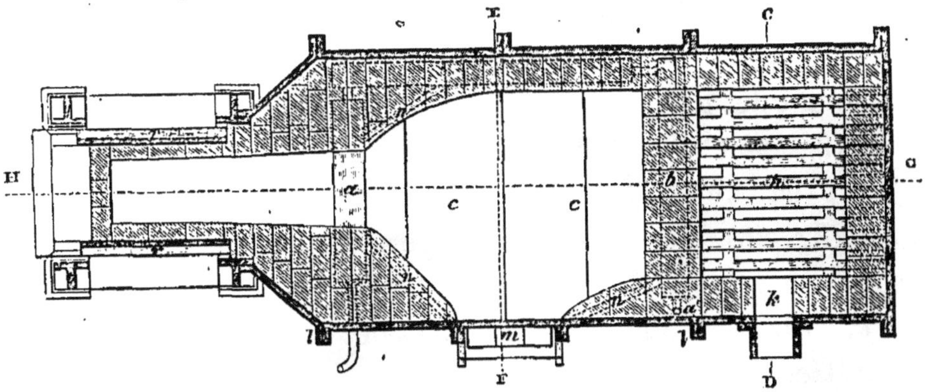

Fig. 27. — Four à puddler de Blaina. Coupe horizontale sur AB, fig. 26.

Fig. 28. — Four à puddler de Blaina. Coupe verticale sur CD, fig. 27.

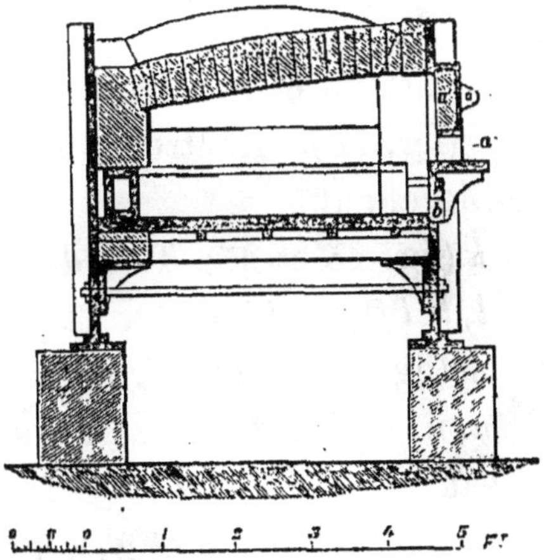

Echelle métrique : 0m,023 par mètre.

Fig. 29. — Four à puddler de Blaina. Coupe verticale sur EF, fig. 27.

en fer forgé, et une autre identique sous la taque correspondante, à l'extrémité opposée (fig. 19). Il y a encore une marâtre en fer forgé qui va d'une paroi à l'autre et repose immédiatement sur les cornières (fig. 23 et 24). Ces marâtres, vues de profil, apparaissent en noir dans les dessins.

Four à circulation d'eau. — Les dessins d'un de ces fours nous ont été remis par M. Levick, de Blaina. Les parois de la sole sont formées, en partie, de taques massives et, en partie, de taques creuses en fonte, où l'eau circule. Sous d'autres rapports, la construction ressemble à celle du fourneau d'Ebbw-Vale. Les dessins, depuis la figure 25 jusqu'à la figure 29 inclusivement, s'expliquent suffisamment d'eux-mêmes et n'exigent pas de détails.

a, *a*, *a* (fig. 26). Taques creuses en fonte formant l'encadrement de la sole.

b (fig. 26 et 27). Pont de chauffe.

c, *c* (fig. 26 et 27). Plaques de sole en fonte.

d (fig. 26). Marâtres en fer forgé soutenant les plaques de la sole.

e, *e* (fig. 26). Sommiers transversaux en fonte supportant les marâtres *d*.

f (fig. 26). Cornières en fonte soutenant les sommiers *e*, *e*.

g (fig. 26). Plaque de fonte.

h (fig. 26 et 27). Barreaux de grille en fer forgé.

i (fig. 26). Marâtre en fonte supportant le mur à l'extrémité de la chauffe.

k (fig. 25 et 27). Tisard ou porte de chauffe.

l, *l*, *l* (fig. 26 et 27). Taques extérieures en fonte.

m (fig. 25 et 27). Trou de floss.

n, *n*, *n* (fig. 25 et 27). Tuyaux communiquant aux taques d'eau.

o, *o*, *o*, *o* (fig. 26 et 27). Piliers en fonte supportant la cheminée.

Invention des soles en fonte. — La sole du four imaginé

par Cort, était en sable. On ne les fit pas autrement jusque vers l'année 1818, lorsque M. Samuel Rogers, de Nant-y-glo (Glamorganshire), les remplaça « avec grand avantage » par des soles en fonte. Son invention ne fut pas brevetée (1). Les soles en sable étaient soumises à une corrosion excessive par l'oxyde de fer formé pendant le travail : il en résultait pour les réparations une perte considérable de temps et d'argent, et, par conséquent, un rendement moins élevé, pendant un temps déterminé. Il est, en outre, facile de concevoir combien les soles en sable étaient sujettes à s'endommager par les manipulations mêmes du puddlage.

M. Rogers affirme que dans l'année 1818, il offrit gratuitement son invention des soles en fonte à M. A. Hill des forges de Plymouth, à M. Forman de Pendarren, à M. Hall des forges de Rhymney, à M. Homfray de Tredegar, et à M. Crawshay de Cyfartha. Cette offre fut accueillie avec dérision et déclarée d'une réalisation impossible. Cependant, M. Richard Hartford, alors aux forges d'Ebbw-Vale, l'adopta, et, peu d'années après, les soles en fonte étaient d'un usage général. M. Rogers ajoute que, tandis qu'en 1818, on considérait un rendement de 8 tonnes par semaine comme satisfaisant pour un four à sole en sable, son invention avait eu pour résultat de porter le rendement hebdomadaire à 20 et 24 tonnes (2). M. Rogers reconnaît que, dans le principe, il proposait d'employer un flux spécial conjointement avec les soles en fonte, afin de « mettre le puddleur à même d'obtenir dans son four la *qualité de fer* voulue, » et il déclare que cette partie de son invention a été en partie appliquée par Harford aux forges d'Ebbw-Vale. Voici sa recette pour un flux, « dans le cas où l'on désirerait fabriquer du fer cassant à froid : »

(1) *An Elementary Treatise of Iron metallurgy*. Traité élémentaire de la métallurgie du fer, par Samuel Baldwyn Rogers ; Londres, 1858, p. 227. On a tenu à vérifier, par des renseignements puisés aux sources, l'exactitude des assertions de M. Rogers.

(2) Ouvrage déjà cité, p. 226.

Sel ordinaire.	3k.400	Broyés en poudre.
Nitre.	0 .226	
Argile réfractaire blanche.	1 .810	Desséchés et broyés fin ; toutes les matières doivent être bien mêlées (1).
Oxyde de manganèse.	3 .630	
Hématite de première qualité.	7 .250	
Chaux crue.	4 .530	
Poussier de charbon de bois.	5 .440	

M. Rogers assure que « la recommandation de fondants particuliers, et leur application dans plusieurs grandes forges, remonte à l'année 1818 ; » aussi, fait-il remarquer avec justesse, « qu'il n'est pas possible de les ranger dans la catégorie « des *pirateries* ou des *contrefaçons* d'inventions ou de procédés, de dates relativement récentes. » En outre, il appelle l'attention sur ce que l'emploi, pour le puddlage, du sel ordinaire, du nitre, de l'oxyde de manganèse, de l'argile réfractaire et de l'hématite avait déjà été indiqué par Mushet, il y a plus de quarante ans (2). Mais on pourrait ajouter que l'emploi de quelques-uns de ces fondants est de beaucoup antérieur même à l'indication de Mushet. Nous avons reproduit (t. III, page 54) un passage du brevet, daté de 1728, de John Payne, pour des perfectionnements apportés à la fabrication du fer, dans lequel celui-ci revendique l'usage des cendres de bois, du verre, de matières salines telles que les chlorures alcalins et les sulfates qui apparaissent au-dessus du verre après sa fusion, de sel ordinaire, d'argile, de soude brute et de potasse. Dans la description intéressante d'un autre brevet accordé à John Wood en 1761, la chaux, la soude brute et les marcs de savonnerie sont signalés comme des flux appropriés à la conversion de la fonte à grain en fer malléable (3). Ailleurs encore, dans l'exposé d'un brevet, daté de 1771, de James Goodyer, il est dit qu'une addition de « sel (commun) et d'autres substances salines » avec de la poudre d'os ou du charbon de bois amé-

(1) Ouvrage déjà cité, p. 241.
(2) Ouvrage déjà cité, p. 246.
(3) *Abrégés*, etc., cité déjà, p. 5.

liore la qualité de l'acier (1). Ces brevets, où il est question de l'emploi de matières salines comme fondant, ont une portée qui sera appréciée plus tard.

Quant à l'invention des soles en fonte, un brevet accordé, en 1788, à Robert Gardner, mentionné comme « maître de forges de la Cité de Londres, » mérite une sérieuse attention. Le brevet a pour titre : « Art nouveau et particulier, ou pro-« cédé de fabrication du fer, du cuivre et d'autres métaux, « dans un fourneau à air, à surfaces multiples, de nouvelle « invention (2). » Cette invention consistait à faire passer la flamme, etc., au sortir de la sole d'un four à réverbère, sur une autre sole semblable ou contiguë, puis sur une troisième et même sur une quatrième. Si la chaleur perdue, ainsi utilisée, ne suffisait pas pour élever la température, on devait y suppléer par un foyer spécial, etc. « Par cette disposition, le « compartiment voisin du foyer étant à la température la plus « haute, le fer (si on traite du fer) est porté au blanc soudant « (quand on a besoin d'une aussi forte chaleur), soit pour le « laminage, soit pour le martelage; tandis que dans le second « compartiment, le fer est porté au plus haut degré de cha-« leur rouge, afin de l'amener plus tard dans le premier com-« partiment. Par cette méthode, on épargne beaucoup de « temps, et l'on évite une grande perte de métal, au lieu, « comme par l'ancien procédé, de mettre des masses de fer « froid dans le four et d'attendre qu'elles y aient atteint le « blanc soudant. Les pièces n'étant autrefois finies qu'une par « une, celles qui restaient dans le fourneau pendant le travail « donnaient un déchet proportionnel à la durée de leur sé-« jour dans le foyer. La flamme passe du second comparti-« ment dans un troisième et dans un quatrième successive-« ment, selon le degré de chaleur nécessaire pour le travail « du fer, du cuivre ou de tout autre métal, etc. Le deuxième

(1) Même ouvrage, p. 9.
(2) N° 1642.

« but de cette invention est de prévenir les dégâts causés « dans les fourneaux par le remplacement, d'après l'ancienne « méthode, des soles, en leur substituant une sole en fonte « sur laquelle repose le sable ; cette sole est creuse en des- « sous, afin d'empêcher qu'elle ne fonde, et il existe sur le « côté un canal pour l'écoulement des scories ou des lai- « tiers ; ce canal est incliné dans cette direction pour faciliter « la coulée. La sole en sable, lorsqu'elle est hors d'usage, « s'enlève ainsi facilement sur les plaques en fonte, sans que « le fourneau en soit endommagé. » En 1793, William Taylor prit un brevet pour un four à air perfectionné (1). Le fourneau était construit en briques, en fonte et en fer forgé, et pourvu de deux foyers communiquant avec une cheminée commune. La sole en fonte était recouverte de sable et rafraîchie en dessous par un courant d'air. Le lecteur pourra juger par lui-même jusqu'à quel point ces inventions ressemblent à celle dont Rogers réclame la priorité (2).

Travail du puddlage. — Il n'y a guère d'opération métallurgique plus intéressante à suivre que le puddlage ; en voici une description détaillée, telle que nous l'avons vu pratiquer en 1859, par un des meilleurs puddleurs du Staffordshire sud, aux forges de Bromford. Mentionnons auparavant l'exposé fait à la Société royale, par le docteur Beddoes, le 24 mars 1791, sur le puddlage de la fonte grise. La charge était de 127 kilogrammes. Le four avait deux cheminées, l'une à l'extrémité, comme dans les fours actuels, et l'autre au-dessus du foyer ; chaque cheminée était munie d'un registre. Quand le registre

(1) A. D. 1793, 6 novembre, n° 1966.

(2) Rogers est mort récemment, sans aucune fortune, à l'âge de quatre-vingt-cinq ans. Nous avons fait des recherches particulières sur son compte. Il était d'une moralité irréprochable. Peu soucieux de l'argent, il était passionné pour une certaine chimie expérimentale dont il poursuivait l'étude par des moyens grossiers de sa façon. Il aimait la musique de préférence à toute chose ; violoniste consommé, il avait même composé de la musique. Quoique vivant à une époque où en général on abusait de l'eau-de-vie et bien que doué d'un naturel enjoué, il sut se garantir de l'intempérance. Ce bon vieillard, jusque sur son lit de mort, reçut des secours de M. Crawshay-Bailey, qu'il avait si longtemps et si fidèlement servi ; d'autres maîtres de forge auxquels on s'était adressé en sa faveur, lui vinrent aussi en aide.

de l'une était soulevé, celui de l'autre était baissé, de sorte que la flamme pouvait passer par-dessus la sole ou gagner directement la cheminée située au-dessus du foyer. La description du docteur Beddoes est circonstanciée et très-exacte. Il insiste sur la « fermentation » et sur le dégagement des jets de flamme bleue à la surface. Il a noté un fait plein d'intérêt ; c'est que le métal, à une certaine période du travail, devient positivement plus chaud, après que la flamme a été détournée de la sole, mais il explique imparfaitement ce phénomène, dû à la chaleur développée par la combustion du fer.

Dans le four où nous avons vu puddler, les taques de côté sont garnies de « minerai, dit de puddlage, » hématite rouge, grillée et black-band du Staffordshire nord (voir les tableaux des minerais de fer, t. II, page 344), ou de scories de coulée grillées (*bull dog*), ou enfin d'un mélange de minerai et de scories. La sole est recouverte, comme il a été dit plus haut, d'une couche d'oxyde de fer. On broie les scories grillées entre des cylindres ; les fragments les plus gros sont introduits d'abord dans le four, puis recouverts de minerai ou de scorie broyée ; on étend par-dessus le tout de l'hématite rouge (de la variété onctueuse) dont on a fait une pâte en la malaxant avec de l'eau, et l'on tasse fortement. Le massif de briques sur les côtés est construit, comme le montrent les dessins, de manière à laisser un espace libre au-dessus de la sole, où l'on comprime le mélange en question. A chaque changement de poste d'ouvriers, fixé à douze heures, on introduit dans le fourneau environ 50 kilogrammes de déchets de fer forgé ou *riblons*, dont on forme une balle afin de garnir la sole d'une couche d'oxyde de fer. Ceci dit, suivons la marche de l'opération :

21 juillet 1859. La scorie est écoulée par le trou de floss et le fourneau est prêt pour une chauffe. La charge consiste en un mélange de 50 kilogrammes de fonte finée, de 150 kilo-

grammes de fonte de forge, et de 50 kilogrammes environ de pailles et de battitures.

1 heure 50 minutes. On introduit des battitures dans le four; on les étend sur la sole et autour des côtés. Ce chargement s'effectue en 3 minutes environ; pendant ce temps, le registre est levé. On laisse alors tomber la porte que l'on cale, comme il a déjà été indiqué, et l'on bouche avec un morceau de fer le trou de travail ou regard, au bas de la porte. On bouche aussi le trou de floss avec du sable, on introduit alors le charbon et on pique la grille. De la fumée et des flammes s'échappent du haut de la cheminée. Le four demeure dans cet état jusqu'à 2 heures 9 minutes.

2 heures 9 minutes. L'aide du puddleur ou le servant remet du charbon dans le foyer. Le puddleur soulève avec son ringard, et brasse la fonte par le regard; ce qui exige environ 2 minutes.

2 heures 15 minutes. L'aide reprend cette dernière opération pour soulever et brasser la fonte et détacher les morceaux qui adhèrent à la sole. La flamme peut alors atteindre toutes les parties de fer, car la sole est relativement plus froide. Avant de sortir le ringard, on frappe dessus avec un marteau pour faire tomber le fer adhérent. Pendant ce temps, l'aide est constamment occupé à brasser et à retourner le fer avec son rabot.

2 heures 16 minutes. La gueuse n'est pas encore complétement fondue. Le métal en fusion se ride, comme si l'ébullition allait commencer. A ce moment, qui annonce le point de fusion, la fonte se concasse facilement.

2 heures 25 minutes. On recharge le foyer. Le puddleur remue constamment avec le rabot, et la gueuse se fond entièrement. Jusqu'à ce moment le registre était levé, mais alors on le baisse. La fermeture du registre dépend d'ailleurs de la température du four, car si le four est « très-froid, » le métal « *monte* » (ce qui suit fera comprendre la signification

de cette expression). L'aide ne cesse pas de brasser le métal.

2 heures 36 minutes. Le puddleur attise le foyer, et l'aide continue de ringarder sans interruption. Le registre est alors levé.

2 heures 40 minutes. Le puddleur, nu jusqu'à la ceinture, saisit le rabot. Le métal semble alors en complète ébullition ; on dit qu'il *bouillonne;* il se gonfle et *monte* rapidement ; des jets de flamme bleue s'échappent de toute sa surface, et le métal jaillit en étincelles avec une force considérable : ce qui montre qu'il doit se former de l'oxyde de carbone assez profondément au-dessous de la surface, en raison de l'oxydation par les battitures ou par les autres produits oxydés du carbone contenu dans le métal. On imprime au ringard un balancement de droite à gauche et de l'arrière à l'avant.

2 heures 43 minutes. Le métal est presque au rouge blanc ; il monte jusque près du regard.

2 heures 45 minutes. Le métal ne monte pas davantage ; mais il est devenu plus blanc et plus chaud à force d'être brassé : le registre est ouvert pendant environ 10 minutes. On lance du charbon dans le four par le trou de gouver.

2 heures 53 minutes. L'aide s'empare du ringard et remplace le puddleur qui a opéré depuis 2 heures 40 minutes. Une grande partie du fer a *pris nature*, et forme des masses pâteuses dans la scorie liquide. La séparation du fer malléable offre un spectacle intéressant et digne d'attention.

2 heures 56 minutes. Le puddleur reprend le travail.

2 heures 58 minutes. L'aide le remplace à ce moment.

2 heures 59 minutes. Le puddleur se remet au ringard ; le registre continue à rester ouvert.

3 heures 5 minutes. On sort la première balle et l'on abaisse le registre en partie, tout en fermant le regard ; car, dès que le fer a pris nature, l'oxydation occasionnerait un déchet inutile. Le vide du four, pour obvier à cette oxydation, doit être plein de flamme fuligineuse ou réductrice.

3 heures 6 minutes. On enlève la seconde balle du four.

3 heures 9 minutes. La troisième balle est extraite.

3 heures 11 minutes. L'aide retire la quatrième balle.

3 heures 13 minutes. Il enlève la cinquième balle.

3 heures 14 minutes. La sixième et dernière balle est enfin extraite; après quoi on fait immédiatement couler les scories par le chio. Une balle pèse environ 36 kilogrammes.

Le puddleur que nous avons vu à l'œuvre, était un des plus habiles de la forge. Bien qu'âgé de trente-huit ans environ, et d'une haute stature, il se plaignait que le travail était beaucoup plus rude qu'autrefois, lorsqu'on ne puddlait pas plus de 100 à 150 kilogrammes de fonte par chauffe; mais M. Arkinstall affirme que ces plaintes ne sont pas motivées, car depuis trente ans, la charge n'a jamais été inférieure à 200 kilogrammes. Il reconnaît toutefois que le travail est plus pénible aujourd'hui, parce que les fontes sont moins pures.

Un bon puddleur gagnait (en juillet 1859) 112 fr. 50 c. en quatorze jours, comprenant dix postes, c'est-à-dire cinq jours et cinq nuits de douze heures. Sur cette somme, l'aide recevait 3 fr. 12 c. par poste, soit 31 fr. 20 c. pour dix postes, plus 3 fr. 10 c. pour « la mise en train, » c'est-à-dire pour chauffer le four au début de l'opération : ce qui élevait la somme totale à 34 fr. 30 c.; de sorte que le puddleur gagnait 39 fr. 10 c. par semaine. Pour le travail du métal de qualité supérieure, tel que le fer à rivet qui exige plus de soins, une fusion rapide, un brassage actif et un loupage mieux fait, etc., le puddleur recevait en outre 1 fr. 25 c. par tonne, soit une allocation additionnelle de 6 fr. 85 c. par semaine; de telle sorte qu'à ce genre de travail, un bon puddleur gagnait 46 francs environ par semaine. Les puddleurs se distinguent, les uns des autres, sous le rapport de l'habileté; aussi, dans l'espace d'une quinzaine, le travail de deux puddleurs peut-il offrir une différence, en plus ou en moins, de 500 kilogrammes dans la production du fer marchand. La plupart des puddleurs travaillent jusqu'à l'âge de cinquante ans et même à un âge plus avancé. Le puddlage constitue le travail le plus rude qu'il y ait peut-être au monde ; quelques puddleurs atteignent pourtant l'âge de soixante-dix ans et plus. Le plus grand nombre meurent de quarante-cinq à cinquante ans ; et, suivant les rapports médicaux adressés au chef de la statistique (*Registrar*), la pneumonie ou l'inflammation des poumons est la cause la plus fréquente de leur mort ; c'est ce qu'il est facile de conjecturer en les voyant soumis à de si fortes variations de température aggravées par l'état d'épuisement physique dû au travail musculaire. Il paraît, d'après les renseignements de M. Field, opticien à Birmingham, qu'ils sont en outre sujets à la cataracte, causée par la lumière trop éclatante du four. M. Field cite un grand nombre de cas de ce genre.

Pour éviter les déchets, il est essentiel que la fusion de la gueuse s'opère rapidement ; si elle se fait trop lentement, par suite d'une température trop basse, il se forme une grande quantité d'oxyde. Les ouvriers prétendent alors « qu'on entend le métal crépiter. » Au dire de M. Arkinstall, lorsque le four est trop froid, le fer est généralement sec et cassant à froid. Pour obtenir du bon fer, il faut que l'ébullition ait lieu à une température assez élevée. La température s'abaisse trop, par la fermeture intempestive du registre, par une construction défectueuse, ou enfin par l'usure du four.

Une balle retirée du four avant d'avoir été suffisamment puddlée et qu'on est obligé d'y remettre, s'appelle un *cobble* (savate), et le puddleur qui l'a façonné, un *cobbler* (savetier).

On prétend qu'on améliore la qualité des battitures en les laissant se rouiller à l'air.

Le vent a une influence considérable sur la marche des fours, et suivant la position qu'ils occupent par rapport à la direction du vent régnant et à l'orientation, il faut modifier la section de la cheminée.

On admet, comme bases de la fabrication, les données suivantes : pour 1 015 kilogrammes de fer puddlé en barres, il faut environ 1 300 kilogrammes de houille (*thick coal*) du Staffordshire sud, et environ 110 kilogrammes de houille (*new mine*). Un puddleur habile peut très-bien réduire la quantité de houille de 125 kilogrammes. Suivant M. Arkinstall, 1 120 kilogrammes, et parfois 1 090 kilogrammes seulement de fonte, peuvent rendre 1 015 kilogrammes de fer en barres.

Le temps nécessaire pour le travail d'une chauffe, varie d'une heure à une heure et quart ou à une heure et demie.

La fonte finée n'est employée à Bromford que pour les meilleures qualités de fer à cercles, en barre, etc. Elle active considérablement le travail du puddlage, et permet en même temps de traiter avec avantage des fontes très-grises qui, seules, ne peuvent être puddlées utilement.

Quant à l'opération du puddlage, l'un des maîtres de forges les plus expérimentés du Staffordshire sud, M. Joseph Hall, insiste sur les règles suivantes : « 1° charger le four en « bonne fonte de forge, en ajoutant, au besoin, une quan- « tité de fondant, que l'on augmente ou que l'on diminue « proportionnellement à la qualité et à la nature de la fonte; « 2° faire fondre le métal jusqu'à l'ébullition ou jusqu'à la « consistance liquide; 3° épurer complétement la fonte avant « de baisser le registre ; 4° entretenir un feu abondant sur la « grille ; 5° régler le tirage du fourneau à l'aide du registre ; « 6° rassembler le fer en masse avant de le partager en balles ; « une fois divisé en balles, le soumettre à l'action du marteau « aussi promptement que possible; enfin, le passer aux lami- « noirs pour le façonner en barres propres aux divers usages « de la forge. »

Aux forges d'Ebbw-Vale, pour les qualités communes, par exemple, pour le fer employé dans les paquets de rails, on puddle habituellement de la fonte blanche ordinaire, telle qu'elle sort du haut fourneau, avec un mélange de la même fonte finée, dans la proportion de moitié de chacune, ou de 2/3 de l'une et de 1/3 de l'autre. La charge est de 245 kilogrammes. Les battitures et les déchets de martelage ou des laminoirs s'ajoutent en quantité variable, suivant la nature de la gueuse avec laquelle on opère. Une chauffe rend communément 6 balles, et l'on passe 7 chauffes en 12 heures; mais avec des fontes grises on ne fait, dans le même laps de temps, que 6 chauffes de 217 kilogrammes chacune. Avec des fontes blanches, on se contente de faire couler la scorie après deux chauffes consécutives, et, lorsqu'on travaille exclusivement avec du métal finé, on ne laisse écouler la scorie qu'une fois en 12 heures. Cela provient de ce que le métal finé est presque exempt de silicium, et la scorie en est moins fusible que celle qui est produite par de la fonte grise ou blanche contenant une plus forte proportion d'oxyde. Quand on puddle du métal finé dans le même four pendant une semaine entière, sans interruption, la couche de scorie devient quelquefois si épaisse, qu'après que le four est refroidi, il est nécessaire de l'enlever au ciseau et de faire un nouveau fond. Avec de la fonte grise qui produit un effet contraire, il est difficile de maintenir sur la sole une couche de scorie d'une épaisseur suffisante. Avec de la fonte blanche (du pays de Galles sud), qui renferme invariablement plus de soufre que la fonte grise, il est nécessaire que les balles soient maintenues à une température très-élevée, car autrement elles se briseraient en miettes sous le marteau ou sous les presses. C'est pourquoi, dans les fours à réverbère du pays de Galles sud, où se puddlent ces fontes, on voit briller d'une blancheur éclatante les aspérités des balles qui font saillie dans le laitier en fusion, par suite de la combustion du fer, que n'arrête pas l'abaissement du registre. Comme il est essentiel de maintenir la température très-élevée, c'est à ce moment que la formation d'oxyde de fer peut causer un déchet important. Avec les fontes grises, qui sont moins sulfureuses, les températures élevées, au contraire, ne sont pas nécessaires, et l'on peut en grande partie éviter le déchet, en fermant le registre. Nous avons appris par un de nos amis, très au courant de la fabrication du fer dans le pays de Galles sud, que la présence d'une certaine quantité de phosphore rend les balles de fonte blanche ou sulfureuse susceptibles d'être travaillées à une température plus basse ; mais la barre achevée est plus cassante à froid et plus tendre. Ces renseignements sont fondés sur des expériences faites en grand avec beaucoup de soin.

Théorie du procédé du puddlage. — Supposé que la fonte ne se compose que de carbone et de fer, le but du puddlage est l'élimination plus ou moins complète du carbone ; cette élimination s'opère, en partie par l'action directe de l'oxygène de l'air, et en partie par l'action de l'oxygène contenu dans la scorie qui se forme, ou dans les composés oxydés et les oxydes de fer qui s'ajoutent pendant l'opération. On peut certainement déduire, *à priori*, que l'oxygène, existant à l'état de combinaison, contribue puissamment à faciliter la décarburation de la fonte ; mais le développement abondant, à la surface du métal fluide, de jets d'oxyde de carbone, qui brûlent avec la couleur caractéristique de ce gaz et sortent d'une profondeur considérable, comme le prouve le jaillissement du métal, établit, à n'en point douter, le fait de la réaction qui s'opère entre le carbone de la fonte et l'oxygène des composés oxydés de fer, et de la formation de l'acide carbonique par la réduction d'une proportion équivalente d'oxyde de fer. La durée du bouillonnement coïncide avec l'expulsion du carbone à l'état gazeux.

Afin de brûler totalement le carbone, il est nécessaire, dans ce procédé, d'oxyder en même temps une quantité considérable de fer, et pour que les morceaux de fer malléable se rassemblent, il est évident qu'il ne faut pas que leurs surfaces, mises en contact à une température élevée dans le but de les souder ensemble, soient revêtues d'une couche d'oxyde infusible ou difficile à mettre en fusion ; car, dans ce cas, l'interposition de l'oxyde empêcherait le contact *métallique* ou la soudure des morceaux de fer malléable. Or, on l'a vu, la silice se combine promptement avec le protoxyde de fer et forme facilement des silicates fusibles, dont on peut couvrir deux morceaux de fer amenés à la température de soudure. Ces morceaux se souderont cependant solidement si on les presse fortement, attendu qu'après l'expulsion plus ou moins complète du silicate liquide interposé, les surfaces *nettes et brillantes* du métal seront en contact. Le silicate tribasique du protoxyde de fer n'a point d'action sur le fer métallique à de hautes températures ; aussi, préserve-t-il la surface de l'oxydation et la maintient-il brillante. C'est pourquoi, on cherche à produire dans le four à puddler un silicate de ce genre, désigné sous le nom de « laitier soudant. » La silice est fournie par le sable qui adhère à la surface de la fonte lorsqu'elle est coulée dans le sable ; par les matières qui forment le fond du four, et par l'oxydation du silicium, que la fonte contient souvent en grande quantité, comme on l'a constaté.

Jusqu'ici, nous ne nous sommes occupé que de la décarburation de la fonte, supposée ne contenir que du carbone ; mais dans les variétés de fontes traitées au four à puddler se trouvent généralement d'autres éléments, tels que le silicium, le soufre, le phosphore et le manganèse. Le silicium paraît être facile à chasser par l'action de l'oxygène de l'atmosphère sur la fonte en fusion. MM. Price et Nicholson ont constaté que, dans le travail de l'affinage, le silicium s'oxyde avant le carbone, et que pratiquement, on peut, dans ce procédé, l'éliminer en totalité sans retirer aucune quantité notable de carbone (1). Or, dans le puddlage, le silicium peut être expulsé de la même manière et dans la même proportion. Mais ici, surgissent naturellement plusieurs questions d'un grand intérêt. Le silicium est-il

(1) Description jointe à un brevet concernant la « Fabrication de la fonte. » A. D. 1855, n° 2618, p. 4.

oxydé directement par l'action de l'oxygène de l'air sur le métal en fusion? Le silicium est-il oxydé à une température élevée par l'action du protoxyde de fer, exempt de silice ou combiné avec de la silice, ou par du sesquioxyde de fer? La réponse à la première question ne peut être qu'affirmative, l'oxydation du silicium étant, en effet, accompagnée de celle du fer, au degré voulu pour former, avec la silice, un silicate tribasique de protoxyde. Nous croyons, quoique n'ayant jamais fait d'expérience directe à ce sujet, que le silicium réduit à une haute température le sesquioxyde de fer à l'état de protoxyde, par la formation du silicate de protoxyde de fer. Mais qu'à une température élevée le silicium réduise du protoxyde de fer pur ou combiné, c'est un point plus douteux et qui, autant que nous sachions, n'a pas été résolu expérimentalement. Nous sommes porté à croire qu'il réduit ce composé, mais non pas le protoxyde du silicate monobasique (FeO,SiO^3).

MM. Calvert et Johnson, de Manchester, ont étudié les changements chimiques subis par la fonte dans le puddlage pendant sa transformation en fer malléable (1). Le carbone et le silicium ont été déterminés sur des parties du métal retirées durant le cours de la même chauffe, à divers intervalles. Les résultats de leurs analyses sont présentés dans le tableau suivant :

	Heure de la sortie.	Carbone pour 100.	Silicium pour 100.
Dans la gueuse primitive. . .	»	2.275	2.720
Echantillon n° 1.	12h.40m	2.276	0.915
2.	1 »	2.905	0.197
3.	1 .5	2.444	0.194
4.	1 .20	2.305	0.182
5.	1 .35.	1.647	0.183
6.	1 .40	1.206	0.163
7.	1 .45	0.963	0.163
8.	1 .50	0.772	0.168
Barre puddlée. 9.	»	0.296	0.120

(1) *Phil. mag.*, sept. 1857.

La fonte sur laquelle on opérait, était de la fonte grise n° 3, du Staffordshire, à l'air froid, dont voici la composition :

Carbone	2.275
Silicium	2.720
Phosphore	0.645
Soufre	0.301
Manganèse et aluminium	Traces.
Fer	94.059
	100.000

La charge en fonte était de 100 kilogrammes ; avant de l'introduire, on avait approprié le fourneau en y jetant des riblons.

Ces résultats démontrent non-seulement qu'une forte proportion de silicium est promptement expulsée après la fusion de la fonte ; mais encore, que le carbone augmente dans une proportion *absolue*, notable. Si le silicium s'oxydant en grande partie le premier, est entraîné à l'état de silice, — ce dont il n'y a pas lieu de douter, — son enlèvement doit être accompagné de l'oxydation et de l'élimination d'une quantité considérable de fer ; et, par conséquent, il doit y avoir un accroissement *relatif* correspondant, dans la proportion du carbone. Cela est très-intelligible ; mais l'accroissement absolu constaté dans la proportion du carbone dépasse de beaucoup celui dont on peut se rendre ainsi compte ; nous ne comprenons pas comment il a pu se produire. Voici les observations formulées par MM. Calvert et Johnson à ce sujet : « Le carbone « avait augmenté de 0.625, ou de 21.5 pour 100 en poids ; le « silicium avait diminué au contraire dans l'énorme propor- « tion de 90 pour 100. Il est probable que ces actions inverses « sont dues, dans le cas du carbone, à l'excès de cet élément, « qui se trouve à un grand état de division ou à l'état naissant, « dans le four. Il se peut que, sous l'influence de la tempé- « rature élevée, le carbone se combine avec le fer, pour lequel « il a une grande affinité, tandis que le silicium et une petite

« portion de fer s'oxydent et se combinent ensemble pour for-
« mer du protosilicate de fer, dont se compose la scorie ou le « laitier de la première période de l'opération, et qui joue un « rôle si important dans tous les autres phénomènes du pud-« dlage. » Cette explication, fondée sur un excès de carbone, à un « grand état de division, » ou à « l'état naissant dans le « four, » dépasse notre compréhension; nous devons laisser le lecteur l'interpréter le mieux qu'il pourra. Il est évidemment très-difficile, dans des expériences de ce genre, d'obtenir pour l'analyse, des *échantillons moyens*, d'autant plus que le métal peut ne pas avoir exactement la même composition, au même moment, dans toutes les parties du bain métallique. De plus, dans un fourneau à réverbère, la plus grande partie des molécules de matière charbonneuse est entraînée dans le courant rapide de produits gazeux qui s'échappent du foyer, et quelques-unes de ces molécules ont pu facilement vicier les résultats, en se mélangeant avec le métal. Nous ne pouvons supposer que telle soit la cause qui ait induit MM. Calvert et Johnson en erreur, quoiqu'il ne faille pas perdre de vue la possibilité de cette cause d'erreur.

Au commencement de l'année 1859, M. Lan a publié un Mémoire sur les réactions qui ont lieu dans la transformation de la fonte en acier et en fer malléable, c'est-à-dire dans le procédé Rivois et dans le puddlage (1). Il est arrivé aux mêmes conclusions que MM. Calvert et Johnson sur l'élimination du silicium avant le carbone; mais il a soin de rappeler que « des analyses du même genre, conduisant à des conclu-« sions en partie les mêmes, ont été faites par MM. Calvert « et Johnson et publiées dans les *Annales de physique et de « chimie*, en avril 1858, c'est-à-dire *postérieurement* au début « de ses recherches et à la constatation de ses premiers résul-

(1) *Ann. des Mines*, 5e série, t. XV, 1re livraison, p. 85. *Etudes sur les réactions de l'affinage des fontes pour acier ou pour fer*, par M. Lan, ingénieur des mines, professeur de métallurgie à l'Ecole des mineurs de Saint-Etienne.

« tats. » Il ajoute qu'il a commencé ses recherches sur ces réactions, dès le début de l'année 1857; or, la date des premières analyses de MM. Calvert et Johnson remonte au 4 avril 1856 (1). M. Lan n'a donc droit à aucune priorité sur ces chimistes, et encore moins, sur MM. Price et Nicholson, qui ont signalé le fait dans la description de leur brevet, daté du 20 novembre 1855 et enregistré le 16 mai 1856. Certains savants agiraient plus sagement, en appelant avec moins d'opiniâtreté l'attention du public sur des droits à la priorité de prétendues découvertes, surtout lorsque, comme dans le cas actuel, ces droits sont hypothétiques. Ils peuvent être assurés qu'un jour ou l'autre, ces prétentions à l'originalité seront scrutées et discutées attentivement, et que le mérite modeste trouvera en temps utile sa récompense.

Quatre variétés de fonte ont été traitées par le procédé Rivois; deux provenaient de la Savoie, et deux du Dauphiné. M. Lan indique ainsi qu'il suit les dosages du carbone, du silicium, etc., qu'elles contenaient pour 100 :

	I.	II.	III.	IV.
Carbone.	5.17	6.00	4.85	4.80
Silicium.	0.88	2.00	1.70	1.44
Manganèse.	3.40	3.00	2.52	2.41
Soufre.	Traces.	0.48	0.50	0.17
Cuivre.	Id.	0.10 à 0.15,	0.05 à 0.10,	0.05 à 0.10

Le n° I est décrit comme étant de la fonte grise, n° 1, dite *fonte chaude*, à gros grains, brillants et graphiteux ; le n° II, comme de la fonte grise n° 2, à grains plus serrés et moins graphiteux; le n° III, comme de la fonte truitée; et le n° IV, comme de la fonte blanche lamelleuse, à larges facettes cristallines.

Dans le n° II, la proportion de carbone pour 100 est très-élevée, et on l'explique par l'hypothèse que l'échantillon ana-

(1) *Phil. mag.*, déjà cité.

lysé « *renfermait sans doute quelques nids de graphite* qui ont augmenté sa teneur en carbone. ».

La moyenne de la composition de la charge de fonte, était :

	Pour 100.
Carbone.	5.23
Silicium.	1.57
Manganèse.	2.73
Soufre.	0.30
Cuivre.	0.05 à 0.10

Des échantillons ont été recueillis à des périodes différentes du travail : 1° immédiatement après la fusion de la fonte ; 2° à la fin de la seconde période ; 3° après le désornage, c'est-à-dire au moment où l'on enlevait les premiers laitiers. A l'analyse, ils ont donné les résultats suivants :

	I.	II.	III.	IV.	V.
Carbone. . . .	5.65	4.25	5.60	5.04	3.36
Silicium. . . .	1.50	0.48	0.60	0.85	0.60
Manganèse. . .	2.55	Non dosé.	0.36	2.51	Non dosé.
Soufre.	0.25	0.11	0.13	0.19	0.17
Cuivre. . .	0.05 à 0.10,	0.10 à 0.15,	0.10 à 0.15	0.10	0.05

Aussitôt après la fusion, la fonte paraît avoir gagné du carbone, dans la proportion de 0.42 pour 100, et avoir perdu 0.07 pour 100 de silicium. Ce résultat a certainement besoin de vérification, « en supposant, comme M. Lan le fait observer, « que les erreurs d'analyse ne peuvent pas, à elles seules, pro- « duire ces différences. » Mais l'analyse du n° III, quand on la compare à celle du n° II, est plus embarrassante ; car le carbone que le n° III renferme, dépasse de 1.35 pour 100 celui qui est contenu dans le n° II. Le n° III renferme aussi 0.12 pour 100 de silicium de plus que le n° II. L'explication proposée par M. Lan est que la cuillère à prise d'essai, pour l'échantillon n° III, aura peut-être plongé un peu plus bas que pour la fonte n° II ; car « l'analyse du n° IV, par exemple, « montre qu'à peu de profondeur au-dessous de la surface du

« bain, la fonte reste à peu près telle que l'a donnée la fusion, « ainsi, d'ailleurs, qu'on devait s'y attendre. » M. Lan qualifie ces différences « de *petits écarts* » : ils n'en paraissent pas moins considérables. Or, si la composition du bain métallique peut ainsi varier sensiblement sur plusieurs points, quel résultat satisfaisant peut-on attendre de l'analyse d'une prise d'essai, où la cuillère, en plongeant d'un centimètre, en plus ou en moins, amène du métal d'une composition notablement différente? L'objection que M. Lan lui-même soulève fort à propos, au sujet de cette source d'erreurs, suffit pour ébranler notre confiance dans la valeur de ses analyses.

M. Lan a fait d'autres essais pour déterminer les changements qui ont lieu pendant la transformation de la fonte en acier puddlé; il a constaté que la plus grande partie du silicium était expulsé avant l'élimination de la moindre partie du carbone, exactement comme dans le procédé Rivois.

Quant au soufre, son élimination dans le four à puddler est toujours, autant qu'on sache, très-imparfaite. Il peut bien être oxydé par l'oxygène de l'air ou par l'oxygène contenu dans les composés oxydés de fer; mais une partie paraît devoir passer dans la scorie à l'état de sulfure de fer, attendu qu'il s'échappe, à ne pas s'y méprendre, des scories sortant par le trou de coulée, de l'hydrogène sulfuré, par l'action de l'acide chlorhydrique.

Il se dégage certainement une quantité notable de phosphore dans le puddlage, car on le retrouve dans les scories à l'état d'acide phosphorique combiné avec du protoxyde de fer. Il se peut qu'il en passe dans les scories, sous forme de phosphure de fer. Le phosphore existe dans la fonte à l'état de phosphure de fer, en dissolution ou en mélange. Ce phosphure, contenant un fort excès de fer, ou en contact avec lui, s'oxyde à une température élevée par l'oxygène de l'air, en donnant naissance à du phosphate de protoxyde ou de sesquioxyde de fer, ou à un mélange de ces phosphates; en admettant que l'excès de fer soit également oxydé, nous ignorons quelle réaction s'opère, à une température élevée, entre le phosphure et les oxydes ou les silicates de protoxyde de fer. Ces points exigent des recherches attentives. Il est, toutefois, un fait de la plus haute importance pratique : c'est que, lorsqu'on insuffle de l'air à travers la fonte liquide, comme dans le procédé Bessemer, — qui sera décrit ultérieurement, — le silicium et le carbone peuvent disparaître complétement, tandis qu'il s'échappe à peine du phosphore. La quantité de phosphore éliminée par ce procédé est, en effet, si peu considérable, que le fer malléable fondu qui en résulte, décarburé et désiliciuré, contient plus de phosphore que la fonte n'en renfermait primitivement. Nous avons vérifié ce fait en 1856, immédiatement après que M. Bessemer nous eut fait assister, à Baxter-House, à l'essai de son procédé. Deux échantillons de fer et de scorie furent alors analysés dans notre laboratoire par M. Dick. Le fer contenait 1.13 pour 100 de phosphore, et la scorie qui l'accompagnait ne renfermait que 0.34 pour 100 d'acide phosphorique. L'exactitude de ces résultats a été depuis, amplement confirmée. Or, dans l'opération du puddlage, les résultats sont précisément inverses, car le fer malléable contient beaucoup moins de phosphore que la fonte primitive, et la scorie renferme une quantité relativement plus forte d'acide phosphorique, c'est-à-dire de 3 à 5 pour 100 ou davantage. Il est donc clair que, par l'action directe de l'oxygène de l'air sur la fonte liquide, ou même sur du fer malléable en fusion, le phosphore n'est pas éliminé en quantité sensible. A quelle cause attribuer alors le résultat contraire qui se produit dans le puddlage, où s'exerce une si puissante action oxydante? Est-il dû à l'effet de la scorie liquide? Bien que nous ne puissions répondre à ces questions, d'une façon péremptoire, nous risquerons une conjecture que nous avons longtemps regardée comme tout au moins plausible. Lorsque le fer prend nature dans le four à puddler, il se sépare à l'état demi-solide ou un peu pâteux; il n'est pas fluide comme dans le procédé Bessemer; la température, dans le premier cas, est, en effet, bien plus basse que dans le second, où une forte chaleur est développée par la combustion réelle du fer. Grâce à la formation et à la persistance, dans le four à puddler, de masses pâteuses qui, une fois ramassées en balles, occupent une place considérable au-dessus de la surface du bain de scorie, la liquation ou le ressuage des composés fusibles de fers, tels que les phosphures, se trouve facilitée, et c'est de cette manière que nous concevons que puisse en grande partie s'effectuer l'élimination du phosphore. Le fait suivant, contrôlé par les expériences de M. Abel, à l'arsenal royal de Woolwich, semble corroborer cette manière de voir. Lorsque la fonte, renfermant du phosphore en quantité notable, est soumise à une seconde fusion et coulée, la portion du métal qui se solidifie en dernier lieu est plus riche en phosphore que le reste.

L'élimination du phosphore, pendant la conversion de la fonte en fer malléable, est un problème des plus importants en Angleterre et dans les autres pays, où les minerais traités renferment, pour la plupart, de l'acide phosphorique. Nous avons vu que, dans le puddlage, une quantité considérable de phosphore passe de la fonte dans la scorie; et que le contraire se manifeste dans le procédé Bessemer. Ces considérations ont suggéré à M. Parry une méthode ingénieuse pour produire du fer pratiquement exempt de phosphore avec des riblons ou déchets de fer forgé, tels que les bouts écrus de rails, etc., qui abondent dans les forges. Les riblons sont fondus avec du coke dans un cubilot dont les tuyères sont disposées d'une façon particulière, et dans lequel ils sont promptement, à raison d'environ 1 tonne par heure, convertis en fonte tenant en moyenne 2 pour 100 de carbone. Cette fonte, provenant de fer forgé, renferme seulement une faible proportion de phosphore; quand on la soumet de nouveau au puddlage, la plus grande partie du phosphore passe dans la scorie de coulée. L'on obtient ainsi des barres exemptes de phosphore. Le docteur Noad a analysé la fonte fabriquée de cette manière, et il n'a pu y découvrir même des traces de ce corps. Une plaque de blindage, fabriquée à l'aide de ce procédé par la Compagnie des Forges d'Ebbw-Vale, sous la surveillance de M. Parry lui-même, a été essayée à Shoeburyness. Une partie de la plaque, examinée dans notre laboratoire, contenait certainement du phosphore, mais en quantité très-minime. M. Parry a calculé que ce fer, deux fois puddlé, pouvait se fabriquer au prix de 200 francs la tonne. L'inventeur a fait breveter son procédé. En voici la description, à laquelle nous reviendrons lorsqu'il sera question de l'acier (1).

Le cubilot ressemble à ceux dont on se sert ordinairement dans les fonderies de seconde fusion ; mais, outre la tuyère horizontale ordinaire, il y a, vis-à-vis, une seconde tuyère plus petite, inclinée vers le bas, sous un angle variant entre 30 et 45 degrés. C'est à la faveur de cette tuyère inclinée qu'a lieu la prompte *carburation du fer*.

« Après avoir chargé dans le fourneau assez de combus-
« tible pour élever la température, on y introduit environ
« 355 kilogrammes de coke (avec une quantité de chaux
« suffisante pour fondre la cendre du coke) par tonne de fer
« forgé. Cette charge est introduite par portions successives
« de 65 à 75 kilogrammes de coke, pour 200 kilogrammes
« de fer.

« Le fourneau de réduction (le cubilot) étant chargé et
« soufflé, il faut l'entretenir presque plein tant que dure
« l'opération ; sans quoi, le fer ne prendrait pas une dose suf-
« fisante de carbone et le traitement ultérieur dans le four à
« puddler deviendrait inutile. La présence d'une certaine

(1) Perfectionnements dans la fabrication du fer et de l'acier. A. D. 1861, 18 nov. n° 2900.

« quantité de carbone en combinaison avec le métal est, en « effet, indispensable pour produire l'effervescence, sans la- « quelle l'affinage du fer ne serait pas bien réussi. Avec un pe- « tit fourneau de $0^{m2}.22$, arrondi aux angles, de 3 mètres à $4^{m}.60$ « de hauteur, muni d'une tuyère horizontale dont la buse a « $0^{m}.06$ de diamètre, et d'une tuyère inclinée de $0^{m}.03$ de dia- « mètre, la pression étant de $0^{k}.175$ à $0^{k}.210$ par centimètre « carré, on a pu carburer et couler une tonne de fer par heure. « Il y a peu ou point de déchet avec cette méthode de car- « buration appliquée à du fer propre; la petite quantité « d'oxyde qui s'échappe avec le laitier est remplacée par « du carbone. La très-petite portion de silicium que con- « tient ce fer carburé, relativement à celle que renferme la « fonte, ne laisse pas se former de laitier lorsqu'on insuffle « l'air, pendant qu'il est à l'état liquide. L'oxyde s'échap- « pant au gueulard sous forme d'épaisse fumée brune, occa- « sionnerait un déchet, si ce n'était que la colonne su- « périeure de combustible incandescent, la réduit à l'état « métallique et l'intercepte. Une hauteur de $2^{m}.45$ à 3 mè- « tres donnée au fourneau, est suffisante pour opérer cette « réduction et pour empêcher la perte de métal par subli- « mation. Quand la charge de riblons ou de fer puddlé « a été soumise à l'action de l'air pendant assez de temps « pour opérer la réduction, par exemple, d'une tonne de « métal carburé, on coule dans des moules, comme cela se « pratique ordinairement pour la fonte finée destinée au « puddlage; on le traite, d'ailleurs, de la même manière que « celle-ci, c'est-à-dire que l'on puddle le fer carburé dans « un four ordinaire, et, par ce moyen, on le dépouille des « impuretés qui restaient après la première opération. Le « métal est alors extrait sous forme de balles qui sont passées « aux laminoirs ordinaires, pour être converties en barres mar- « chandes ou autrement. Ceci complète (en général) le pro- « cédé de fabrication du *fer forgé épuré*, qui peut ensuite être

« transformé en acier fondu ou affecté à d'autres usages. Lors-« que, cependant, on veut obtenir une qualité de fer encore « plus pur, on soumet le métal à une nouvelle conversion ou « carburation, et on le puddle comme auparavant. On fait « remarquer ici qu'en retirant du four le fer entièrement « puddlé, en petites balles ou loupes, on évite les frais de « laminage de ces balles et de découpage, à la cisaille, en « morceaux de dimensions appropriées à une seconde car-« buration ou à leur conversion en acier dur ou doux. Les « morceaux de fer forgé soumis à la carburation ne seront « pas trop gros, ils ne devront pas dépasser sensiblement « la grosseur d'un rail de chemin de fer, découpé en lon-« gueurs de 0m.10 à 0m.15.

« Le fer qui a servi à fabriquer presque tous les rails de « chemin de fer, acquiert, dans le four de réduction, par « une carburation suffisante et par un puddlage ultérieur, une « valeur égale à celle des meilleures qualités de fer, et peut « servir à des usages analogues ou être converti en acier « fondu ; ainsi, les rails aujourd'hui en service peuvent, grâce à « cette invention, à mesure qu'on les relève, être transformés « en rails d'acier fondu durables... Quelques années d'ex-« périence dans l'analyse des fers, nous ont constamment dé-« montré que le puddlage a pour effet de réduire la quantité « du soufre à environ 1/3, et celle du phosphore, de 1/4 à 1/5 « de celle contenue primitivement dans la fonte. On verra « ainsi que lorsque le fer épuré a été suffisamment carburé « dans le fourneau et puddlé une seconde fois, les impuretés « signalées plus haut en sont presque entièrement enlevées, « et le fer devient, par cette invention, propre à la fabrication « de l'acier fondu de la meilleure qualité. On a jugé à propos, « quand on emploie du coke sulfureux dans le cubilot, d'ajou-« ter autant de chaux que la cendre peut en porter, mais pas en « assez grande quantité cependant pour épaissir la scorie et « engorger le fourneau. On doit aussi, pendant quelques jours

« avant de s'en servir, immerger le coke, quand il est sec,
« dans une solution de carbonate de soude. Cette solution,
« pénétrant dans toute la masse du coke, s'empare du soufre
« et le fait passer dans le laitier. Du carbonate de soude, ou
« tout autre alcali à bas prix (à l'état sec), peut être aussi in-
« troduit au gueulard avec les charges; mais l'emploi des
« alcalis, pour neutraliser le soufre du coke, ne fait point
« partie de notre invention. »

Le procédé de M. Parry nous paraît être fondé sur des principes rationnels; il ne sera adopté que si le prix de revient est en rapport avec la valeur commerciale du produit. Il a été expérimenté industriellement aux forges d'Ebbw-Vale, et l'on a ainsi fabriqué jusqu'à quatre-vingts tonnes de fer. Le fer marchand, pratiquement exempt de soufre et de phosphore, pourrait avantageusement soutenir, pour la fabrication de l'acier, la concurrence avec les fers de Suède et de Russie. Il serait à bas prix, même en revenant à un prix supérieur à 200 francs la tonne.

La fumée brune, que signale M. Parry, mérite une attention particulière. Nous l'avons minutieusement interrogé à ce sujet, et nous sommes convaincu de la parfaite exactitude de ce qu'il a avancé. C'est un fait très-singulier, mais cette fumée s'aperçoit à une grande distance. Dans son fourneau de 1 mètre de hauteur, on constatait par tonne, un déchet de 200 kilogrammes dû à la sublimation de l'oxyde de fer. M. Joseph Hall, dont il sera fait mention plus loin, avait précédemment annoncé qu'un déchet considérable pouvait être causé par la volatilisation du fer « à des températures très-élevées; » et il cite un exemple où, « après avoir mis 200 kilogrammes de fer dans un fourneau, on trouva, l'opération achevée, qu'il n'en restait plus que 50 kilogrammes; 150 kilogrammes ayant disparu, sauf ce que renfermait le laitier, sous forme de vapeur ou de gaz (1). »

(1) *The Iron Question*. Question du fer, p. 42.

Il peut y avoir erreur dans ces observations ; néanmoins, le fait doit être signalé.

M. Parry nous a transmis quelques résultats singuliers, qu'il convient de rapporter ici. Il a proposé l'emploi d'un four d'*affinage à vapeur*. Il en existe un, qui fonctionne convenablement, aux forges d'Ebbw-Vale. C'est tout simplement un fourneau à réverbère, dont le pont de chauffe est très-élevé, de sorte que la flamme semble descendre de la voûte sur le métal en fusion. Il est construit en face d'un haut fourneau d'où l'on fait couler environ 1 800 kilogrammes de fonte à la fois. Il est pourvu de deux tuyères de $0^m.028$ de diamètre et d'une tuyère à eau de $0^m.032$ de diamètre, du centre de laquelle s'échappe un jet de vapeur surchauffée, de $0^m.009$ de diamètre. Ce jet entraîne avec lui dans le fourneau une grande quantité d'air atmosphérique. La vapeur a pour effet d'éliminer le soufre de la fonte ; mais son action sur le phosphore et sur le soufre des laitiers est, dit-on, dix fois plus prononcée, car la scorie qu'on fait couler plus tard est aussi exempte de ces corps que la plupart des minerais de fer. Quand la scorie est seule « soumise à la vapeur », l'effet en est relativement faible. La consommation de houille est de 100 kilogrammes par tonne de métal finé ; tandis que dans l'ancien foyer d'affinerie, on consomme 300 kilogrammes de coke pour la même quantité de métal, indépendamment du coke nécessaire pour donner le vent à six tuyères. Il faut remarquer qu'une couche sous-jacente de fonte liquide est regardée comme essentielle pour la déphosphuration et la désulfuration de la scorie. M. Parry suppose que le phosphore et le soufre se dégagent, le premier à l'état d'hydrogène phosphoré, et l'autre à l'état d'hydrogène sulfuré ; s'il en est ainsi, l'hydrogène développé par l'action de la vapeur sur le métal en fusion peut, en effet, jouer un rôle important dans ces réactions. M. Guenyveau avait indiqué, il y a longtemps, qu'un mélange d'air atmosphérique et de vapeur offre un puissant moyen d'oxydation, lorsque ce mélange est lancé sur de la fonte en fusion dans un four à puddler (1).

Le manganèse, plus oxydable que le fer, s'en sépare facilement pendant le puddlage ; il passe dans le laitier, où il se combine avec la silice pour former du silicate de protoxyde de fer.

Quant aux proportions infiniment petites d'aluminium, de calcium, de magnésium, etc., qu'on trouve parfois dans la fonte, il est aisé de comprendre qu'elles doivent être plus ou moins expulsées par l'oxydation, à la faveur de l'action directe de l'air ou de celle de l'oxygène, sur les composés oxygénés de fer de la sole du four.

Analyses des scories de coulée.

	I.	II.	III.	IV.	V.	VI.
Silice.	7.71	8.32	11.76	29.60	23.86	15.30
Protoxyde de fer. .	66.32	57.67	58.67	48.43	39.83	60.14
Sesquioxyde de fer.	8.27	13.53	17.00	17.11	23.75	16.42
Protoxyde de manganèse..	1.29	0.78	0.57	1.13	6.17	2.29
Alumine.	1.63	1.88	2.84	1.28	0.91	Traces.
Chaux.	3.91	4.70	2.88	0.47	0.28	0.70
Magnésie.	0.34	0.26	0.29	0.35	0.24	0.42
Sulfate de fer (FeS).	»	7.07	3.11	1.61	0.62	»
Soufre.	1.78	»	»	»	»	Traces.
Acide phosphorique.	8.07	7.29	4.27	1.34	6.43	4.66
Cuivre.	Traces.	Traces.	»	»	»	»
	99.32	101.50	101.39	101.32	102.08	99.93
Fer pour 100. . .	57.37	58.04	»	44.22	47.60	58.26

1. Analyse de M. E. Riley, aux forges de Dowlais. La scorie provenait du traitement de fontes blanches ordinaires, employées dans le milieu des paquets de rails.

(1) *Nouveaux procédés pour fabriquer la fonte et le fer en barres*, par A. Guenyveau, ingénieur en chef et professeur de minéralurgie à l'Ecole royale des mines de France. Paris, 1835, in-8°, p. 63.

II. Analyse de M. Riley. Scorie de forge, produite dans un fourneau travaillant avec des étalages en calcaire; c'est-à-dire que les parois du fond étaient garnies de calcaire. Ces deux échantillons de scories (nos I et II) paraissent être des mélanges de silicate tribasique de protoxyde avec de l'oxyde magnétique de fer.

III. Analyse de M. Riley. La scorie produite à Dowlais vient d'un fourneau avec étalages en minerai rouge; l'on avait introduit de 20 à 30 kilogrammes d'hématite rouge à chaque chauffe. Les fontes qui avaient servi à obtenir cette scorie et la scorie n° II, étaient de qualité très-inférieure. On les avait fabriquées avec une forte proportion de laitier et du blackband de mauvaise qualité. Le fer s'égrenait sous les cylindres; et l'emploi de minerai rouge dans le four à puddler avait remédié jusqu'à un certain point à cet inconvénient. La proportion de soufre était moitié moindre que dans la scorie n° II; M. Riley suggère que cet élément (le soufre) peut être partiellement oxydé par le minerai rouge.

IV. Analyse faite par le docteur Percy. L'échantillon était formé de cristaux noirs, nets et brillants, de chrysolithe ou d'olivine, appartenant au système prismatique. Leur dureté était égale à 6, et leur pesanteur spécifique, à 18°.6 C., de 4.0805 (1). L'échantillon avait été recueilli par M. John Dawes dans le rampant d'un four à puddler, aux forges de Bromford, où il avait été sans doute longtemps exposé à une température élevée. On a déjà mentionné cette scorie, dont la formule — en évaluant la totalité du fer qu'elle renferme à l'état de protoxyde — serait approximativement $3FeO,SiO^3$. La présence du sesquioxyde de fer a été également observée; elle s'explique facilement par le fait que ce silicate absorbe l'oxygène à une haute température.

V. Analyse du docteur Percy. Cet échantillon a été trouvé par M. C. Twamley, dans un tas de « scories grillées, » aux

(1) *Report on Crystalline Slags.* Mémoire sur les scories cristallines, déjà cité.

forges de Bloomfield, à Tipton, dans le Staffordshire. Il offrait des grands cristaux de fer gris, trop ternes pour pouvoir être mesurés au goniomètre réflecteur; mais ils étaient assez nets pour ne laisser aucun doute sur leur identité avec le n° IV. La pesanteur spécifique de cet échantillon, à 18°.2 C., était 4.1885. Il attirait fortement l'aiguille aimantée. On a déjà indiqué la composition de cette scorie, qui doit certainement être regardée comme pseudomorphe. A l'origine, c'était du silicate tribasique de protoxyde de fer, en partie converti en sesquioxyde, pendant le grillage de la scorie.

VI. Cette analyse nous a été communiquée, il y a plusieurs années, par M. Barker, de forges de Chillington, près de Wolverhampton. La scorie paraît être un mélange de silicate tribasique de protoxyde de fer avec de l'oxyde magnétique.

Quant à l'emploi du calcaire pour protéger les parois de la sole des fours à puddler, M. John Gibbons, fondeur expérimenté du Staffordshire-sud, a publié les observations suivantes :

« Je sais que le calcaire a été souvent essayé et aussi souvent « abandonné, par la raison qu'il ôte au fer de sa ténacité, et, « à moins d'en user avec beaucoup de ménagement, le calcaire « a certainement cette tendance. C'est pourquoi, j'ai (notam- « ment dans la fabrication du fer de première qualité) pris « l'habitude d'y mêler ou d'y substituer du minerai rouge de « Newcastle (minerai rouge du Staffordshire nord : voir le « tableau de la composition des minerais de fer, t. II, p. 345), « et des scories de coulée grillées (*bull dog*), en plaçant le « calcaire autour de l'autel et des parties les plus chaudes « du four, et les autres matières, ailleurs. Le calcaire résiste le « mieux au feu, et je crois que s'il contribue à enlever du corps « au métal, il a aussi pour effet d'améliorer considérablement « le rendement : je ne puis m'expliquer par quelle cause, mais « c'est un fait; cependant, il est plus prudent de recourir à « d'autres matières (1). »

(1) *Practical Remarks on the use of the Cinder Pig in the Puddling furnace and on the*

D'après M. Arkinstall, le fer puddlé dans un four revêtu de calcaire est toujours *rouverain;* souvent même, il est tout à fait inférieur. La scorie est épaisse, et certainement le fer ne gagne pas en résistance.

Aux forges de Cyfartha, où les garnitures de calcaire ont été essayées, leur emploi avait pour effet de *rendre le fer très-rouverain.* On a aussi établi des soles en fonte avec parois de briques réfractaires, garnies d'argile. On ne s'est servi ni de scorie grillée (*bull dog*), ni de minerai rouge (1859).

A Pont-y-pool, on a fait usage de soles faites avec des déchets de tôles de chaudière; les parois étaient en briques réfractaires, garnies d'un mélange de scories d'affinage au charbon de bois et de grès (1859).

Invention du procédé de bouillonnement. — On désigne ainsi le procédé qui consiste essentiellement, comme on l'a vu, à décarburer la fonte en la mettant en contact avec des composés oxydés de fer, ce qui donne naissance à de l'oxyde de carbone au-dessous de la surface du métal en fusion; cet oxyde, en se dégageant, donne lieu à une sorte d'effervescence ou de *bouillonnement.* Il n'est guère nécessaire de faire observer qu'il n'y a pas ébullition réelle, mais simplement une effervescence semblable à celle qui est causée par le dégagement de l'acide carbonique dans les eaux gazeuses. Dans ce procédé, la sole du four où a lieu la fusion de la fonte est revêtue d'oxydes de fer compactes et d'une couche de laitiers liquides, dont l'élément essentiel est du protoxyde de fer. C'est pour ce motif, qu'on qualifie ce procédé de puddlage *humide* ou *gras*, par opposition à l'ancienne méthode sur des fonds de sable, qui constitue le puddlage *sec* ou *maigre*, à cause de l'absence d'un bain de scorie. Le mérite de l'invention ou de l'application du puddlage « humide, » ou bouillonnement, est attribué, et avec raison, croyons-nous, à Joseph Hall, des forges de Bloomfield, dans le

management of the Forge and mill (Observations pratiques sur l'emploi des scories de coulée dans le four à puddler et sur la direction des forges). Londres, in-8°, 1844, p. 21.

Staffordshire. Ce mérite lui a été contesté, et, sous ce rapport, M. Hall a partagé le sort qui semble avoir particulièrement été réservé aux inventeurs de tous les perfectionnements importants apportés à la fabrication du fer. M. Hall, que nous avons connu personnellement, était sans contredit un des maîtres de forge les plus expérimentés et les plus capables du Staffordshire-sud ; aucune forge de ce comté n'a joui d'une meilleure réputation que la maison Bradley, Barrows et Hall. M. Hall est mort en 1862, à l'âge de soixante-douze ans. Cinq ans auparavant, il avait publié un petit volume où il établissait ses droits à la priorité du procédé de bouillonnement et de divers autres perfectionnements se rattachant au puddlage, avec d'autant moins de tact, on peut le dire, qu'il y mettait plus d'ostentation (1). C'était avant tout un praticien, et, comme tous les empiriques, il a prouvé qu'il ignorait la science de son art, tout en ayant une forte disposition à faire le théoricien. Il est regrettable que J. Hall ait voulu écrire.

J. Hall a fondé ses droits comme inventeur, sur trois points, savoir : 1° « la substitution des laitiers au sable, sur les soles métalliques des fours à puddler, » expédient auquel l'auraient accidentellement conduit des tentatives pour utiliser les résidus riches en fer, tels que « ceux des garnitures des fours à puddler » ; — 2° un perfectionnement dans la construction des soles en fonte, consistant en « un encadrement de plaques jointives, faisant cordon autour de l'intérieur du four, sur une hauteur d'environ 0^{m}.38 à 0^{m}.40, avec briques réfractaires en saillie, au-dessus des plaques » : cette idée, assure-t-il, « avait été le résultat de plusieurs années de travail de tête et de réflexions incessantes de nuit et de jour ; » — 3° l'utilisation des scories de coulée, grillées, ou *bull dog*. Il déclare, en outre, que ni « le procédé du bouillonnement dans

(1) *The Iron question*, etc. Question du fer, considérée dans ses rapports avec la théorie, la pratique et l'expérience, et particulièrement avec le procédé Bessemer, par Joseph Hall ; Londres, 1857, in-8°, p. 73.

« son *four*, — dont le privilége, s'il se l'était assuré par un « brevet, lui aurait rapporté (1857) peut-être un million de « livres comptant, » ni l'application de la scorie grillée qui a été brevetée, — ne lui ont valu aucune rémunération. Il ajoute que « parmi les procédés mis en pratique depuis le « temps de Tubal Caïn, celui du « puddlage à sec » sur un fond « de sable est le pire de tous, » et il loue vivement Homfray, qui passe pour avoir fait connaître le travail du finage.

Autant qu'il nous a été possible de constater la vérité de ces assertions, nous croyons que M. Hall a des droits sérieux à la plupart des inventions dont il revendique la priorité.

M. Arkinstall nous affirme que Dawes avait fait aussi des expériences avec les mêmes résultats que ceux obtenus par Hall; il a vu des échantillons de fer puddlé, que Dawes avait fabriqués.

Quant à l'application des scories grillées, « *bull dog*, » que s'attribue Hall, John Gibbons a publié ces lignes : « Il a été « pris dernièrement un brevet pour un procédé compliqué « de grillage des scories de coulée. Je crois volontiers que le « grillage peut améliorer la qualité ou la faculté dont jouissent « ces scories de résister à la chaleur ; mais je n'ai pas jugé né- « cessaire de changer mon ancienne méthode de grillage, en « tas à et ciel ouvert. De cette façon, la scorie, seule ou « mêlée à d'autres matières, se comporte très-bien (1). » Cependant, il est admis que le grillage des scories dans des fours, a été un perfectionnement.

Le changement opéré en grillant la scorie a déjà été expliqué ; il est le même, que le grillage ait lieu dans des fours ou en tas, de sorte que l'on peut raisonnablement mettre en doute le droit de Hall au titre d'inventeur du « *bull dog*. » La méthode Gibbons se pratique encore dans quelques localités.

Fours à puddler doubles. — La sole de ces fours est deux fois aussi grande que celle d'un four à puddler ordinaire; de

(1) Observations pratiques, etc., p. 71.

chaque côté se trouve une porte de travail, l'une exactement vis-à-vis de l'autre. On y introduit une forte charge, et deux puddleurs travaillent simultanément, un à chaque porte. Des fours de ce genre sont, croyons-nous, en usage aux forges de Pentwrch, pays de Galles sud; mais nous ne les avons pas vu fonctionner. Il est essentiel que les puddleurs qui travaillent ensemble soient d'une égale habileté et dans les meilleurs termes, car autrement un mauvais travail ferait bientôt naître des contestations.

Puddlage mécanique. — Bien des projets ont été imaginés et brevetés pour le puddlage mécanique, mais jusqu'à ce jour, aucun n'a réussi complétement. Aucune méthode de ce genre ne paraît encore avoir été adoptée dans les forges anglaises. On a fait des soles de four à mouvement rotatif; le métal en fusion est brassé par des arbres verticaux, armés de bras perpendiculaires, etc. Les maîtres de forges seraient trop heureux de pouvoir se dispenser du travail des puddleurs, avec lesquels ils ont souvent maillé à partir. La machine à puddler brevetée, par M. Tooth (1), a été exposée à Londres, où on l'a vue fonctionner. MM. W. H. Tooth et W. Yates ont répandu des circulaires, datées du mois de février 1861, où ils affirmaient que le problème du puddlage mécanique était enfin résolu. M. Yates nous a annoncé par lettre (datée de l'agence de la Compagnie des forges et aciéries de la Mersey, à Londres, le 1er mars 1861), que leur méthode présente « un fait curieux, » qui lui paraît « inexplicable, » à savoir, que les balles retirées pèsent plus que les matières introduites dans la charge. Dans un cas, la charge se composait de 152k.35 de fonte et de 12k.70 de battitures, soit 165k.05 en tout, et les balles extraites pesaient 181k.37, soit 16k.32 en plus. Ce résultat nous semble également inexplicable, et nous nous bornons à exposer le fait tel qu'il nous a été rapporté, en laissant les maîtres de forges se faire une opinion.

(1) A. D. 1860, n° 277.

M. James Nasmyth a pris un brevet pour un autre procédé de puddlage, dans lequel on injecte « un courant ou plusieurs « jets de vapeur, aussi près que possible de la couche infé- « rieure du métal en fusion; puis on les fait remonter de « manière à les répandre dans la masse; non-seulement ces « jets de vapeur agitent mécaniquement le fer en fusion, et « amènent constamment de nouvelles surfaces métalliques « au contact de l'oxygène atmosphérique qui s'introduit dans « le four, mais encore, par leur contact avec le fer incandescent, « ils se décomposent et fournissent de l'oxygène. » L'oxygène se combinant avec le carbone, de même qu'avec le soufre et les autres substances oxygénées contenues dans le fer, les en expulserait. « Pour une charge composée de 178 kilo- « grammes de fonte d'Écosse, 92 kilogrammes de fonte grise « et 40 kilogrammes de fonte blanche du Staffordshire, l'in- « jection de la vapeur, pendant deux à cinq minutes, peu de « temps après que le métal est entré en fusion, donne les « meilleurs résultats (2). » Après nos remarques sur l'application de la vapeur dans l'affinage à la vapeur de M. Parry, il est superflu de rien ajouter sur le procédé de M. Nasmyth, si ce n'est que la décomposition de la vapeur par la fonte en fusion, doit nécessairement occasionner un grand refroidissement.

Utilisation dans le puddlage des gaz des hauts fourneaux.

Il y a quelques années, M. Levick fit construire aux forges de Coalbrook-Vale, à Cwm-Celyn, un four à puddler, où les gaz perdus des hauts fourneaux devaient être utilisés au travail de la fonte, et dont les produits gazeux devaient à leur tour servir à chauffer un appareil à air chaud. Les dispositions adoptées sont indiquées dans la figure 30, exécutée sur les dessins que nous a remis M. Levick. Nous avons examiné ce

(1) *Abrégés*, etc., déjà cité, p. 171. A. D. 1854, 4 mai, nº 1001.

four en 1859, bien qu'il ne fonctionnât pas alors; mais nous avons vu des balles qui attestaient qu'on obtenait, avec cette disposition, des températures assez élevées pour puddler.

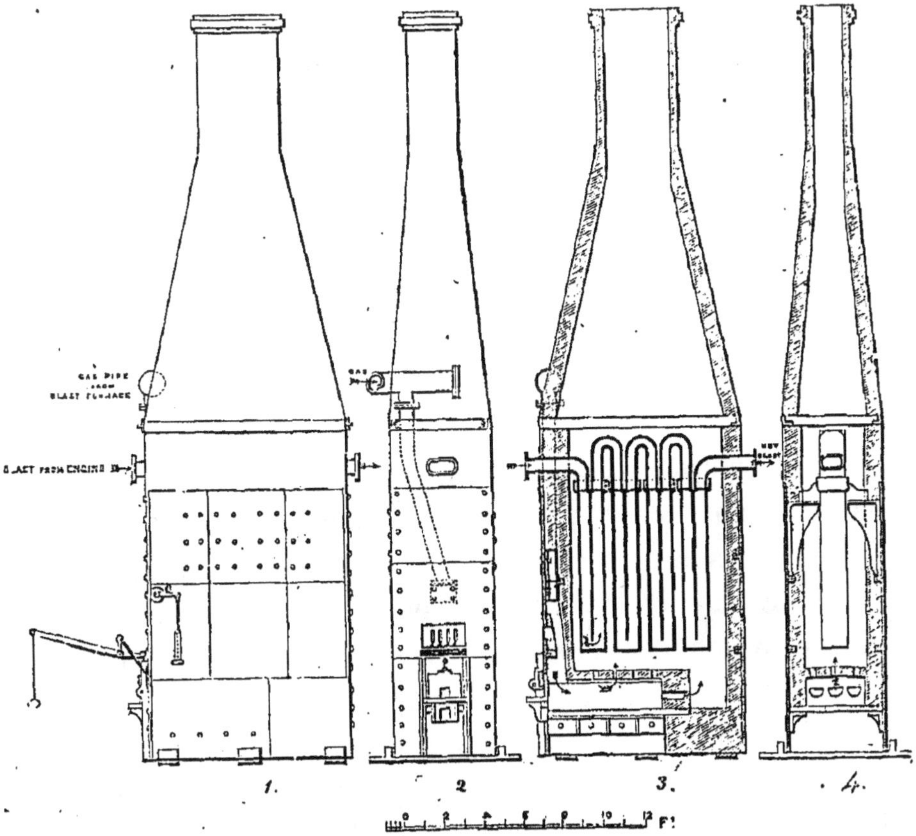

Echelle métrique : 0m,008 par mètre.

Fig. 30. — Four à puddler à gaz, de M. Levick. Elévation latérale. 2. Elévation à l'extrémité de chauffe. 3. Coupe longitudinale par l'axe. 4. Coupe transversale.

Néanmoins, le four de Cwm-Celyn ne doit être considéré que comme un essai ingénieux, puisque ses résultats n'ont pas été trouvés entièrement satisfaisants.

Avec les descriptions déjà données des appareils à air chaud et des fours à puddler, il sera facile, en consultant les dessins, de comprendre la construction de ce four. Nous ferons seulement observer que l'appareil à air chaud est supporté par des consoles (fig. 30) (1).

(1) Dans la figure 30, on remarquera dans l'élévation latérale la section du tuyau à gaz venant du haut fourneau (*gas pipe from blast furnace*) et le tuyau venant de la machine (*blast from engine*).

Four Siemens à puddler.

Le four à puddler, que nous décrivons plus loin, a été construit par MM. Siemens, aux forges du comte de Dudley, près de Dudley. Une explosion en arrêta la marche pendant une campagne; mais M. Richard Smith, agent du comte de Dudley, nous a confirmé les avantages multiples de l'appareil Siemens appliqué au puddlage. On doit s'attendre naturellement à rencontrer des difficultés dans les premières applications d'une invention. Nous croyons à des résultats d'une grande importance en métallurgie, dans la propagation du four Siemens (1), qui paraît fondé sur les vrais principes de la physique (*).

Deux types de régénérateurs Siemens sont actuellement en usage. Le premier type, ou régénérateur ordinaire, est représenté par les figures 31 et 32. Le combustible, quelque pauvre qu'il soit, menu de houille, poussier de coke, lignite ou tourbe, est chargé, par intervalle de six à huit heures, dans les orifices *a a*, et descend graduellement sur le plan incliné *b*, dont la pente varie entre 45 et 60 degrés, suivant la nature du combustible. La partie supérieure du plan incliné *b* est formée de plaques de fer couvertes de briques réfractaires; la partie inférieure *c*, d'une grille à jour, à gradins plats et horizontaux. Au pied de la grille *c*, se trouve généralement une cuvette *d*. Cette cuvette est remplie d'eau par un tuyau d'alimentation, qui n'est pas représenté sur le dessin, et qui

(*) Nous avons jugé inutile de reproduire ici la description théorique déjà donnée dans notre Appendice (t. I, addition V), des fours à gaz et à coke et des fours à gaz et à chaleur régénérée, de MM. Siemens; notre addition avait paru avant la publication de la *Métallurgie du fer*, du docteur Percy. Toutefois, pour utiliser les dessins de l'auteur, nous faisons précéder le détail du four à puddler, de la description des deux types de régénérateurs maintenant employés.

(*Les Traducteurs.*)

(1) Brevet A. D. 1856, 2 décembre, n° 2861. « Perfectionnements apportés aux dispositions des fourneaux, applicables dans tous les cas où une forte chaleur est nécessaire. »

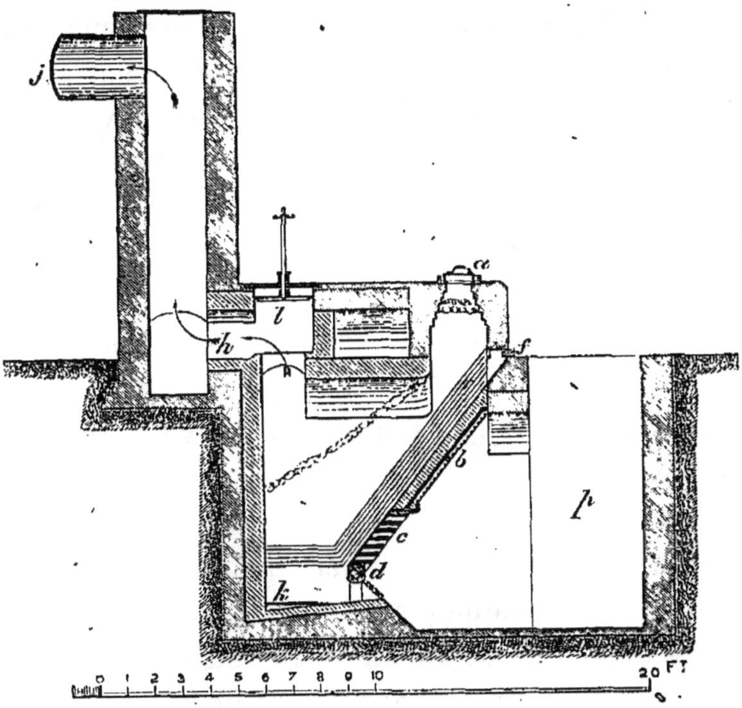

Echelle métrique : 0m,105 par mètre.

Fig. 31. — Régénérateur à gaz Siemens; type ordinaire. Coupe longitudinale.

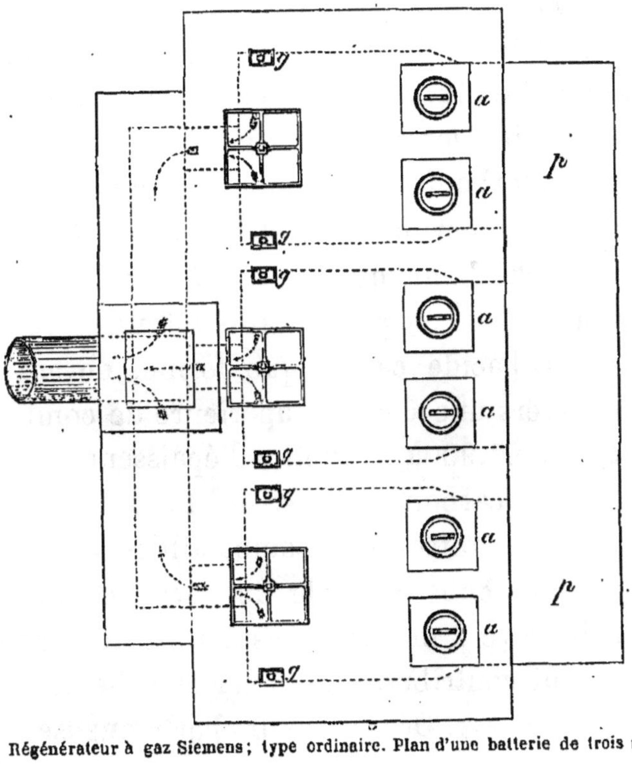

Fig. 32. — Régénérateur à gaz Siemens; type ordinaire. Plan d'une batterie de trois régénérateurs.

reçoit l'eau par un entonnoir placé au-dessous d'un robinet, dans le puits *p*. Dans beaucoup de régénérateurs, au lieu d'une cuvette à eau, et indépendamment de cette cuvette, on fait simplement couler l'eau au bas du régénérateur, dont le fond est incliné en arrière, *k*; il est doublé d'une tôle mince, encastrée dans la maçonnerie en briques, afin d'empêcher la filtration des eaux. La large ouverture réservée sous la cuvette est commode pour retirer les mâchefers. Les petits ouvreaux bouchés, *f* (fig. 31), sur le devant (il y en a trois par régénérateur), et ceux marqués *g g* (fig. 32), au sommet, servent à introduire de temps en temps un ringard, pour briser la masse de combustible et détacher le mâchefer sur les côtés du foyer. Au-dessous de la grille, le régénérateur a intérieurement $1^m.83$ de largeur et au-dessus, $2^m.13$. Chaque régénérateur peut contenir environ dix à douze tonnes de combustible au rouge sombre, et en convertir environ deux tonnes par jour en gaz combustibles, qui s'échappent par l'ouverture *h*, dans le tuyau principal conduisant aux fours.

Le combustible, descendant lentement sur la partie solide *b* du plan incliné (fig. 31), s'échauffe et abandonne ses éléments volatils, savoir : les gaz carburés, l'eau, l'ammoniaque et un peu d'acide carbonique ; ce sont les mêmes gaz que ceux dégagés dans une cornue. Il reste alors de 60 à 70 pour 100 de matière charbonneuse. Un courant d'air lent, pénétrant à travers la grille, *c*, y produit aussitôt une combustion régulière ; mais l'acide carbonique formé, devant filtrer lentement à travers une couche supérieure de combustible incandescent, de $0^m.90$ à 1 mètre d'épaisseur, prend un autre équivalent de carbone, et l'oxyde de carbone qui en résulte passe avec les autres gaz combustibles dans le four. Pour chaque mètre cube d'oxyde de carbone combustible ainsi produit, il entre 2 mètres cubes d'azote incombustible par la grille, ce qui contribue à diminuer la richesse ou la puissance calorifique du gaz. Or, la masse charbonneuse n'est pas toute volatilisée dans ces conditions défavorables ; car la cuvette à eau, *d*, au pied de la grille, absorbant l'excédant de calorique du foyer, dégage de la vapeur par une série de petits orifices pratiqués dans le couvercle, et chaque mètre cube de vapeur, qui traverse la couche de combustible incandescent, se décompose en un mélange formé de 1 mètre cube d'hydrogène et d'un volume presque égal d'oxyde de carbone, mélangé d'une faible proportion variable d'acide carbonique. Ainsi, 1 mètre cube de vapeur produit autant de gaz inflammable que 5 mètres cubes d'air atmosphérique : ces opérations sont d'autant plus liées, que le passage de l'air à travers le foyer est accompagné d'un dégagement de calorique, tandis que la génération des gaz aqueux (aussi bien que le dégagement des hydrocarbures) s'opère aux dépens de la température.

La production de vapeur, dépendant de la production de calorique du foyer, se règle naturellement d'après les besoins ; et le volume total des gaz combustibles varie selon l'accès de l'air. Or, puisque l'admission de l'air dans la grille dépend à son tour de l'entraînement des gaz formés dans le régénérateur, la production des gaz est finalement réglée par le besoin qu'on en a. On peut même arrêter complétement le dégagement de gaz pendant douze heures, sans déranger la marche du régénérateur, qui se remet à fonctionner dès qu'on ouvre la soupape à gaz, attendu que la masse du combustible et la maçonnerie conservent une température assez élevée pour entretenir durant cet intervalle, une chaleur rouge qui décroît lentement. Toutefois, le gaz est d'une qualité plus uniforme lorsque la production en est continue ; par cette raison (et aussi parce que tout four, lorsque l'exige une période particulière de travail, peut recevoir une quantité de gaz bien supérieure à ses besoins *ordinaires*), il convient d'alimenter une série de fours au moyen d'une batterie de deux régénérateurs et d'entretenir les régénérateurs constamment en service. L'ouverture *h*, qui conduit de chaque régénérateur au tuyau principal à gaz, se ferme au moyen d'une valve, *l* (fig. 31), dans le cas où l'on aurait besoin de réparer un des régénérateurs ou d'arrêter le travail d'une partie des fours.

Le second type de régénérateur Siemens, autrement dit four à gaz et à coke (1), est destiné, comme le four à escarbilles de Davis (2), à brûler du menu charbon maigre, du Staffordshire, en économisant la chaleur et les gaz. Il est supérieur au four Davis, en ce qu'il fonctionne d'une manière continue et donne une plus grande économie de chaleur. Les figures 33 à 36 désignent le mode de construction de cet appareil. Il consiste en une chambre revêtue de briques réfractaires, dont la partie supérieure est partagée en trois compartiments par deux voûtes plates établies longitudinalement d'une extrémité à l'autre; à l'une des extrémités de la chambre, deux régénérateurs communiquent avec les vides situés à la partie supérieure.

Les parois latérales du four sont soutenues par de forts

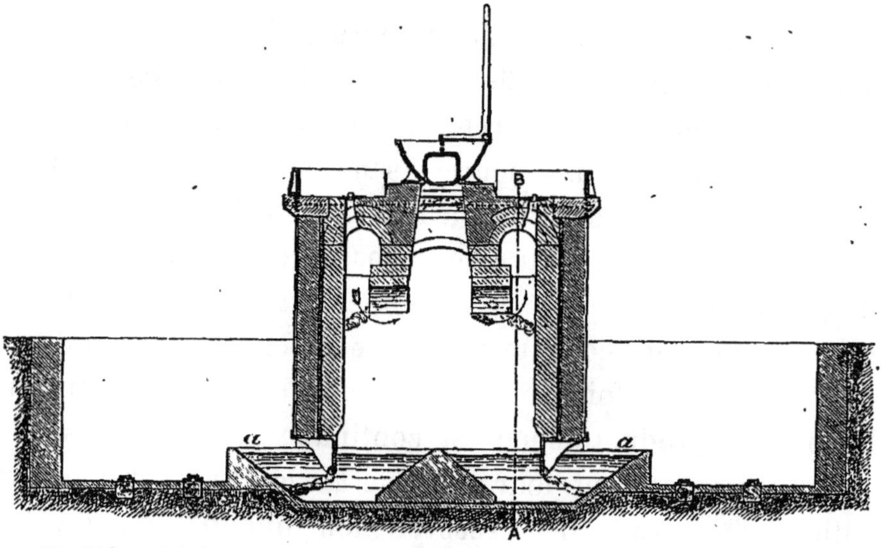

Fig. 33. — Régénérateur à gaz Siemens; second type. Coupe verticale suivant CDEF, fig. 35.

piliers en fonte, qui plongent dans la cuvette à eau *a a*, dou-

(1) Cette description fait double emploi avec celle déjà donnée, *Métallurgie*, t. I, page 503.
(2) *Métallurgie*, t. I, p. 290.

blée de tôle, afin d'empêcher les infiltrations. Les parois du four sont doubles, comme il apparaît dans les figures 33 et 34; une couche de sable est interposée pour éviter toute déper-

Fig. 34. — Régénérateur à gaz Siemens; second type. Coupe transversale des deux régénérateurs suivant GH, fig. 35.

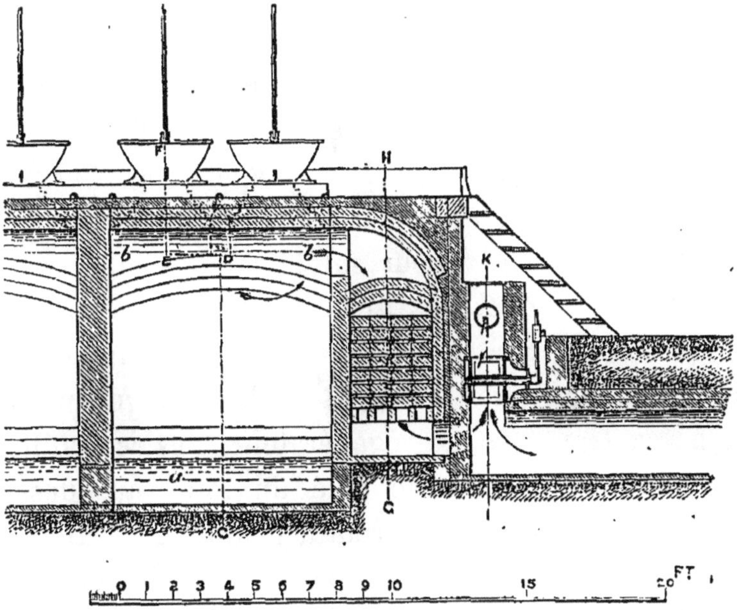

Échelle métrique : 0m.0105 par mètre.

Fig. 35. — Régénérateur à gaz Siemens ; second type. Coupe longitudinale sur AB, fig. 33.

dition de chaleur et fermer toute issue aux gaz, par les fissures qui pourraient se déclarer dans les maçonneries de briques.

On charge par intervalles le combustible, dans les deux trémies supérieures, et l'on en remplit toute la chambre, sauf les deux espaces latéraux, *bb* (fig. 35). La combustion s'opère à l'aide du courant d'air, qui, entrant par le tuyau, *c* (fig. 35 et 36), et, prenant la direction indiquée par les flèches, d'abord à travers le régénérateur, puis au-dessous des deux voûtes longitudinales, traverse la masse du combustible. Le gaz produit, descend par l'autre régénérateur, y abandonne successivement la plus grande partie de sa chaleur, et de là pénètre, un peu refroidi, dans le conduit à gaz (fig. 36). Quand le second régénérateur est suffisamment chauffé par le courant de gaz descendant, on renverse, au moyen d'une valve (fig. 35 et 36), le sens du courant, et l'air, parcourant le régénérateur chaud, entre dans le four à une température élevée, tandis que le gaz sort par le premier régénérateur, qu'il réchauffe. L'air est refoulé dans le four par un jet de vapeur (fig. 36) : cette insufflation a le double avantage d'augmenter la production du gaz par l'action de la vapeur sur le combustible incandescent et de développer une plus grande quantité de calorique ; car l'air nécessaire pour entretenir la combustion ne suffit pas, comme volume, pour absorber tout le calorique perdu par le gaz dans sa traversée du régénérateur. Les escarbilles ou le coke s'extraient de chaque côté du four, au-dessous des piliers en fonte, et l'on introduit chaque fois une nouvelle charge de menu, par le haut. Sur chacune des parois, et à la partie supérieure, trois petits ouvreaux permettent d'introduire un ringard pour tisonner le combustible. Il y a aussi une série d'ouvreaux, espacés de $0^m.30$ environ, au pied des

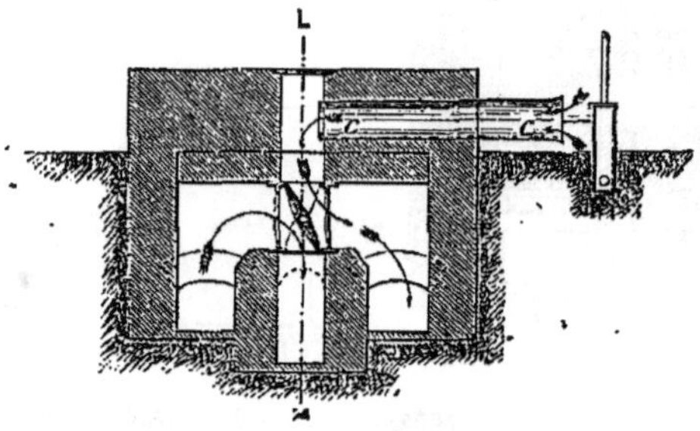

Fig. 36. — Régénérateur à gaz Siemens ; second type. Coupe par la valve de renversement, sur IK, fig 35.

piliers en fonte, afin de concasser les blocs de coke trop gros pour pouvoir être enlevés en entier.

Les fours à coke Siemens se construisent par couples (fig. 35), et un certain nombre de ces fours ainsi accouplés forment des batteries que dessert un tramway à rails plats (fig. 33 et 34), de sorte que la figure 35 représente la coupe d'un four situé *à l'extrémité* d'une des batteries.

Un four de ce genre, a, depuis quelque temps, fonctionné à l'usine de MM. James Russel et fils, fabricants de crown-glass, à Wednesbury; on en construit actuellement un second. Un seul four produit, outre le coke, autant de gaz que *cinq à six* régénérateurs ordinaires.

Il importe de maintenir dans le tuyau à gaz principal, conduisant aux fourneaux, un léger excès de pression, afin de prévenir les rentrées d'air qui causeraient une combustion partielle du gaz et diminueraient le pouvoir calorifique. Cette pression empêche, d'ailleurs, le dépôt de la suie dans les carnaux. Il est, par conséquent, nécessaire de faire arriver le gaz dans le four, sans recourir au tirage d'une cheminée. Dans le four à gaz et à coke, le tirage s'obtient à l'aide d'un jet de vapeur; dans les régénérateurs à gaz ordinaires, on pourrait aisément le provoquer en les installant à un niveau inférieur à celui des fours; mais comme, en général, cela est impossible, on a recours au procédé suivant : Le mélange des gaz, à sa sortie des régénérateurs, est à une température qui varie entre 150° et 200° C.; l'on utilise cette chaleur initiale pour produire une pression, en faisant monter le gaz à environ 6 mètres au-dessus des régénérateurs, puis en le faisant passer horizontalement sur 6 à 10 mètres de longueur par le tuyau en fer forgé *j* (fig. 31 et 32) et, finalement, en le faisant redescendre dans le fourneau. Le tuyau horizontal *j*, étant exposé à l'air, abaisse la température du gaz de 40 à 60 degrés, ce qui augmente sa densité de 19 à 20 pour 100, et donne à la colonne descendante un poids supérieur, qui la fait pénétrer dans le fourneau.

Les gaz provenant des régénérateurs se composent d'un mélange de gaz oléfiant, de gaz des marais, d'hydrogène, d'oxyde de carbone, de vapeur de goudron, d'eau et de composés ammoniacaux, sans compter l'azote, l'acide carbonique, un peu d'hydrogène sulfuré et un peu de bisulfure de carbone. La pesanteur spécifique moyenne de ce mélange est de 0.78, celle de l'air étant de 1.00; une tonne de combustible, non compris les matières terreuses, rend, suivant les calculs, près de 1 800 mètres cubes de gaz. En chauffant ces gaz jusqu'à 1650° C., on en augmente six fois le volume; mais, en réalité, l'accroissement est bien plus considérable, par suite des changements chimiques importants qui s'opèrent. On sait que le gaz oléfiant et la vapeur de goudron, lorsqu'ils sont chauffés au rouge, déposent du carbone, immédiatement absorbé par l'acide carbonique et la vapeur d'eau, qui se convertissent, le premier en oxyde de carbone, et la dernière en oxyde de carbone avec un peu d'acide carbonique et d'hydrogène pur. Le gaz ammoniacal et l'hydrogène sulfuré se transforment aussi en gaz élastiques permanents, où domine l'hydrogène. Ces changements chimiques représentent une forte absorption de calorique du régénérateur; mais il est dégagé de nouveau par la combustion qui a lieu dans le four et qui élève d'autant le pouvoir calorifique du combustible. Cette augmentation de calorique offre, en outre, l'avantage d'empêcher le dégagement du soufre. On croit, en effet, que le soufre, en se séparant de l'hydrogène, absorbe l'oxygène fourni par l'acide carbonique et l'eau, pour former de l'acide sulfureux fixe, qui ne se décompose pas lorsqu'il est en contact avec des oxydes métalliques dans le four. Cette supposition est si bien justifiée par l'expérience, que pour faire fondre du verre qui contient une légère proportion de plomb, on peut sans inconvénient se servir de creusets découverts au lieu de creusets couverts, comme dans les fours chauffés directement à la houille.

Comme exemple du mode de construction des fours Sie-

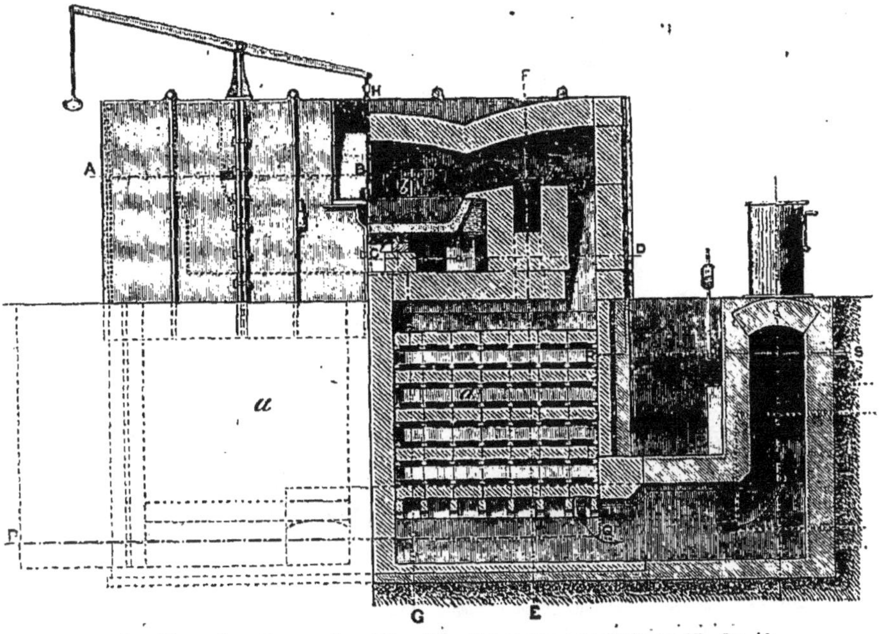

Fig. 37. — Four Siemens à puddler. Élévation et coupe verticale sur IK, fig. 40.

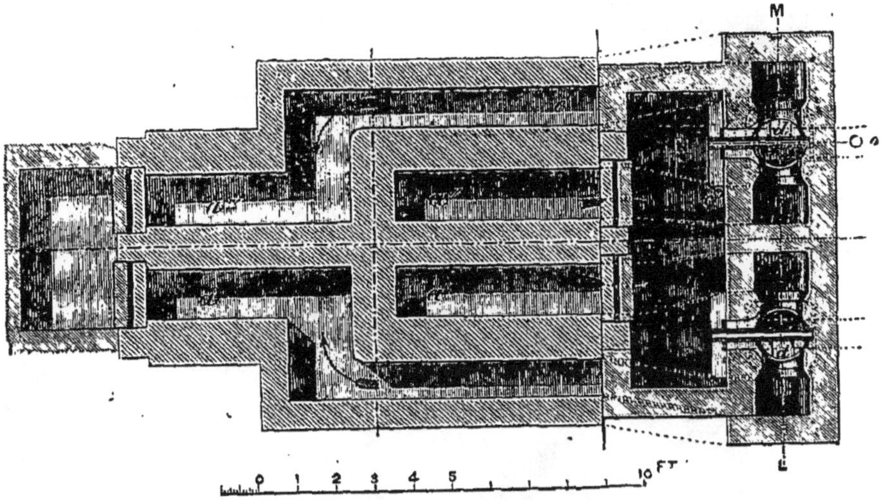

Echelle métrique : 0m,015 par mètre.

Fig. 38. — Four Siemens à puddler. Coupe longitudinale suivant PQRS, fig. 37.

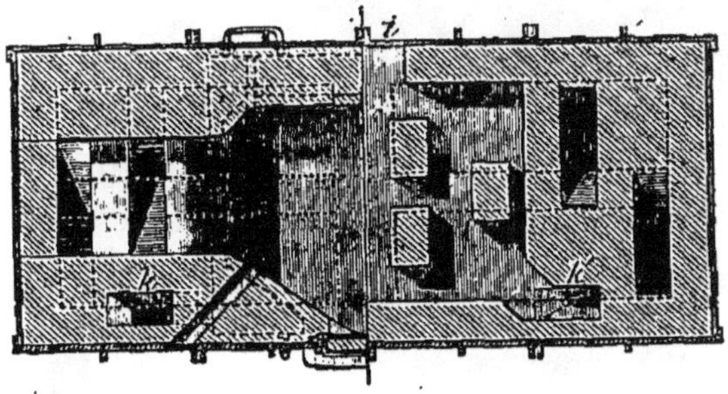

Fig. 39. — Four Siemens à puddler. Coupe horizontale suivant ABCD, fig 39.

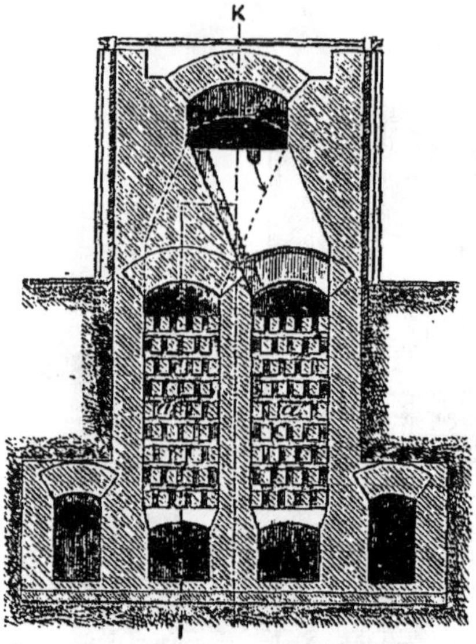

Fig. 40. — Four à Siemens à puddler. Coupe verticale sur EF, fig. 37.

Fig. 41. — Four Siemens à puddler Coupe verticale sur GH, fig. 37.

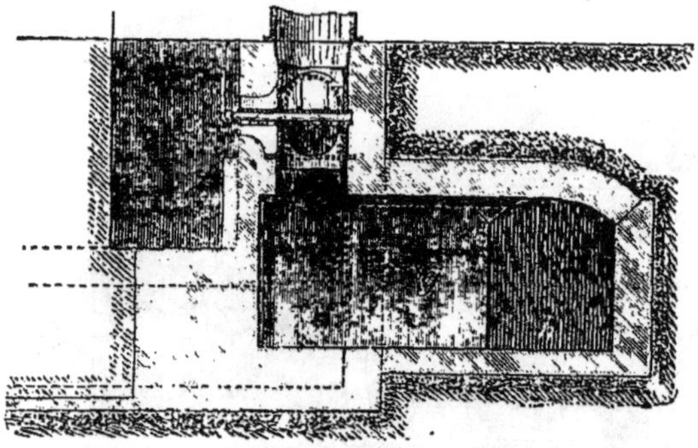

Fig. 42. — Four Siemens à puddler. Coupe verticale sur NO, fig. 38.

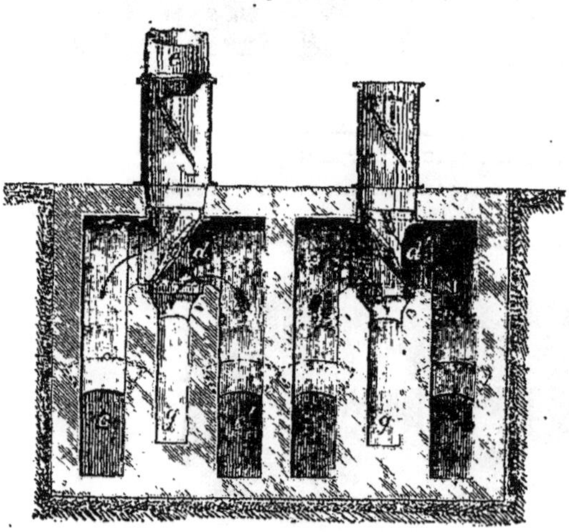

Fig. 43 — Four Siemens à puddler. Coupe sur LM, fig. 38.

mens, nous décrivons en détail leur application au *puddlage*.

Les figures 37 à 43 représentent un four à puddler alimenté par le gaz des régénérateurs.

Les quatre régénérateurs *a*, *a'*, *a''*, *a'''* sont, dans ce cas, disposés longitudinalement sous la sole du four à puddler *b*, qui a la forme ordinaire. Les régénérateurs fonctionnent deux à deux; les deux situés à droite de la sole, communiquent avec l'extrémité correspondante du four à puddler, tandis que les deux autres communiquent avec l'extrémité opposée, comme le montre la figure 40. Les deux régénérateurs à l'avant du four, peuvent s'appeler les *régénérateurs à gaz*, attendu qu'ils servent à chauffer le gaz dans son trajet au four, et qu'ils communiquent par des carnaux *c*, *c'* (fig. 43), avec la valve *d*, et avec le tuyau de sortie des régénérateurs *e*; les deux autres sont les *régénérateurs à air*.

Lorsque les soupapes *d*, *d'* sont dans la position marquée sur les dessins, le gaz qui sort des régénérateurs est dirigé par la valve à renversement, suivant les flèches (fig. 38 et 40) jusque dans le régénérateur à gaz situé à gauche. Il s'élève ensuite à travers la maçonnerie chauffée et se répand en nappe dans la *chambre de mélange f*, qui se trouve à l'extrémité correspondante du four. En même temps, l'air nécessaire à la combustion est amené par la valve à air *d'* (fig. 38 et 43) dans le régénérateur à air qui est à gauche, et, après l'avoir traversé en s'élevant, pénètre dans la chambre de mélange, *derrière* le gaz; par conséquent, lorsque l'air et le gaz cheminent ensemble sur la sole du four, *l'air est au-dessus du gaz*, et comme, par sa plus grande densité, il tend à *le pénétrer*, il se produit un mélange parfait. Les produits de la combustion descendent dans les deux régénérateurs placés à droite, ainsi que l'indiquent les flèches, et sont amenés par les valves dans les deux carnaux étroits de la cheminée *g*, *g'* (fig. 38, 42 et 43). Ces deux carnaux débouchent dans le carnau de la cheminée principale *h*, qui communique avec plusieurs fours : dans ce cas, il va sans dire que chaque four doit être pourvu de son registre, ce qui n'est pas indiqué dans les figures.

Dès que les régénérateurs de droite ont été suffisamment chauffés par les gaz perdus résultant de la combustion, et que ceux de gauche ont été, par contre, refroidis par l'air froid et par le gaz, les valves sont renversées à l'aide des manivelles indiquées figures 37 et 42. L'air et le gaz entrent dans le four par les régénérateurs de droite, qui sont, dès lors, échauffés, tandis que les régénérateurs de gauche profitent de l'excédant de calorique fourni par les produits de la combustion. La sole du four à puddler est formée de trois plaques de fonte jointives, consolidées par des frettes. Ces plaques sont, comme d'ordinaire, recouvertes d'une couche de scories grillées et reposent sur des piliers en brique et en fonte. La sole est rafraîchie par un courant d'air qui entre par une ouverture *i* pratiquée dans la paroi, à l'arrière du four (fig. 37, 39 et 41), et sort par deux carnaux dans la paroi de face (fig. 39). La sole et les faces extrêmes de la chambre à puddler sont supportées et rafraîchies par trois taques en fonte, dans lesquelles on fait continuellement circuler de l'eau.

Les parois extérieures sont armées de plaques de fonte, fixées à leurs extrémités inférieures dans le pavé, et reliées entre elles au sommet par des tirants; le tout est fortement assemblé à chaque bout par deux ou un plus grand nombre de fers plats, assujettis entre les briques du four et les frettes des plaques de revêtement. On descend, à chaque extrémité du four, dans une fosse où l'on peut surveiller et réparer les régénérateurs; la voûte du régénérateur se continue à travers la muraille du four, de façon à pouvoir abattre la face de chaque régénérateur sous la voûte. Pour rendre cette opération encore plus facile, la voûte est construite sur deux épaisseurs de briques, séparées par un vide que l'on remplit de sable, afin d'empêcher les fuites.

L'économie réalisée par les fours à régénérateur consiste non-seulement dans la *réduction* de la quantité, mais encore dans la *nature* des combustibles consommés; en effet, presque toutes les matières charbonneuses peuvent fournir un gaz d'assez bonne qualité pour être employées.

On peut à volonté rendre la flamme réductrice ou oxydante, en réglant convenablement l'admission des gaz et de l'air, à l'aide des valves placées dans les conduits; en rendant plus ou moins complet le premier mélange de gaz et d'air, on peut concentrer sur un point l'effet calorifique de la flamme ou le répandre uniformément sur toute la longueur du four.

Perfectionnements apportés aux fours à puddler.

Courant d'air forcé sous la grille avec cendrier fermé. — En 1843, M. J. Ad. Detmold a pris un brevet pour ce procédé (1), qui a été acquis par la Compagnie des forges d'Ebbw-Vale, dans les usines de laquelle nous l'avons vu appliqué en 1859. Les fours sont accouplés; le vent descend verticalement dans des conduits en fer, branchés sur un gros tuyau horizontal situé au-dessus, entre les fours de chaque couple, et pénètre, sur le côté, dans le cendrier de chaque fourneau. Le cendrier est fermé par des portes à battants en fer forgé; le vent est injecté par un ventilateur à ailettes. Du reste, sous tous les autres rapports, les fours sont de construction ordinaire; on y brûle du menu lavé. Le brevet est expiré aujourd'hui. L'introduction du vent sous la grille, avec cendrier fermé, pour « travailler et affiner la fonte et la convertir, « à l'état fluide, en fer forgé ou fer marchand, » a été l'objet d'un brevet pris par Peter Onions, en 1783 (2).

Courant d'air forcé sous la grille avec cendrier ouvert. — Cette méthode était pratiquée en 1859, aux forges de Briton Ferry, près de Neath, dans le Glamorganshire; elle a été récemment essayée par la compagnie des forges d'Ebbw-Vale. Un tuyau en fonte de $0^m.12$ à $0^m.15$ de diamètre intérieur sort de l'angle externe du cendrier, passe obliquement à l'arrière, pénètre ensuite de $0^m.20$ à $0^m.22$ sous la grille, d'équerre avec les barreaux, et se termine tout près de la paroi opposée au cendrier, contre laquelle il est supporté par une patte en fonte. Cette paroi est fermée; mais à la

(1) A. D. 1843, 18 octobre, n° 9911.
(2) A. D. 1783, 7 mai, n° 1370. Voir aussi *Métallurgie*, t. III, p. 56.

surface inférieure une autre patte en saillie porte un registre horizontal à coulisse. En ouvrant le registre et en mettant le vent, on chasse facilement les poussières ou les cendres qui ont pu s'accumuler dans le conduit. Sur la surface supérieure du porte-vent sont pratiquées deux rangées parallèles d'orifices circulaires disposés, en quinconce, environ à 0m.06 ou 0m.07 de distance. Ces orifices sont réservés au moulage ; leurs axes sont dirigés suivant les rayons, et non parallèlement. Il serait à désirer qu'on les ait élargis un peu à l'intérieur du tuyau, afin qu'ils soient moins sujets à s'obstruer par les cendres qui tombent de la grille. Le vent est fourni par un ventilateur; on emploie du menu charbon, moitié maigre, moitié collant.

Air chauffé pour la combustion, par sa circulation préalable dans diverses parties du four. — L'utilisation des menus ou des poussiers de charbon maigre, dans les fours à puddler, est un problème important pour toutes localités où l'on produit des masses de menu que l'on ne peut convertir en coke, et que l'on abandonne au fond des houillères comme étant sans valeur. M. S. H. Blackwell fait le plus grand cas du four Simencourt construit dans le but d'utiliser ces menus (1); n'en donnant pas de dessin, il est difficile d'en faire une description convenable. Les parois de la grille du foyer sont formées par des taques de fonte perforées. Après avoir passé dans le cendrier, sous les barreaux de la grille, l'air entre en partie dans la taque évidée du pont de chauffe; mais la portion de l'air restant, qui est de beaucoup la plus considérable, chemine sous les plaques de sole, et, après les avoir refroidies, entre dans la taque vide du pont de rampant où elle se divise et s'échappe, à chaque extrémité de l'autel, dans les carnaux latéraux à air chaud. Ces carnaux débouchent à leur tour dans les chambres à air chaud

(1) Brevet de MM. Simencourt et Blackwell. A. D. 1861, n° 1445.

qui entourent la grille du foyer, etc. Le but proposé est d'alimenter d'air chaud le four, par les parois de la chauffe. Cette méthode est également applicable aux fours à réchauffer. Des fours Simencourt fonctionnent à Tipton, dans le Staffordshire; l'on y traite des masses de fer du poids de deux à quatre tonnes. M. de Simencourt affirme que dans la pratique il s'est bien trouvé de garnitures (étalages) en fonte, renfermant des serpentins en fer forgé, dans lesquels l'eau circule. On empêche ainsi les mâchefers d'adhérer aux parois de la chauffe, et l'on facilite de beaucoup le décrassage de la grille. Il emploie aussi un autel creux, où circule constamment de l'eau.

Puddlage au bois.

En Suède, le puddlage se fait au bois de la même façon qu'avec la houille, mais la disposition de la chauffe est modifiée, afin de pouvoir brûler utilement ce combustible. Le fer marchand, fabriqué par ce mode de puddlage, ne s'exporte pas; il se consomme en totalité dans le pays, pour la fabrication des plaques de chaudières, des tôles, des cercles; ou bien, on s'en sert dans la construction des machines. Il passe pour être de très-bonne qualité.

Puddlage au bois sec.

M. Le Play a donné une description détaillée de ce procédé tel qu'il est pratiqué dans la Carinthie (1); nous y relevons les faits suivants.

Ce procédé consiste dans l'emploi comme combustible de bois desséché artificiellement dans un four spécial, construit

(1) Méthode nouvelle employée dans les forêts de la Carinthie pour la fabrication du fer. Paris, 1853. Extrait des *Ann. des Mines*, 5e série, t. III, p. 403-517.

à peu près comme les fours à puddler ordinaires, avec addition d'un courant d'air.

Pour obtenir du bois le plus grand pouvoir calorifique et une haute température, il est nécessaire de ne brûler que du bois exempt d'humidité hygrométrique.

La dessiccation du combustible est fondée sur deux principes. D'après le premier, les produits gazeux de la combustion employés à la dessiccation arrivent en contact direct avec le bois, qui se trouve ainsi exposé à une température supérieure à 100° C., mais pas assez forte pourtant pour le carboniser; d'après le second principe, la dessiccation s'effectue par la chaleur rayonnante des tuyaux de fonte ou de tôle, à travers lesquels s'échappent les gaz des fours.

Le foyer a une section de 0m.90 sur 0m.47, une profondeur de 0m.60 au-dessous de la voûte ou de 1m.50 au-dessous de la sole du rampant, par lequel les gaz combustibles préparés dans le foyer débouchent dans le laboratoire. Un tuyau aboutissant à la partie inférieure du foyer y introduit la quantité d'air nécessaire pour la combustion du carbone non gazéifié par distillation, dans la région supérieure. Un petit canal, creusé au niveau du fond du foyer et recouvert pendant le travail par des madriers jointifs, permet de retirer de loin en loin la petite quantité de cendres qui s'y accumule. La pression de l'air admis à la partie inférieure du foyer, atteint à peine 0m.006 de mercure.

Le surplus de l'air nécessaire à la combustion complète du ligneux est projeté à l'extrémité du rampant et à l'origine du laboratoire, au travers d'une tuyère plane, ayant à peu près la même largeur que la nappe de gaz combustible qu'il s'agit de brûler. Cette seconde partie du courant d'air circule d'abord dans des tuyaux en fonte formant le pourtour de la sole sur laquelle s'exécute le puddlage. On obtient ainsi le double avantage de conserver, en les refroidissant, les parois du four et d'échauffer l'air à 200° C. environ, en le rendant par là plus propre à réagir rapidement sur les gaz. L'air est projeté dans le laboratoire avec une vitesse correspondant à une pression de $0^m.012$, suivant une direction qui, prolongée jusqu'à la plaque de sole, rencontre celle-ci à une distance de $0^m.21$, en deçà de l'axe transversal passant par le milieu des portes de travail. L'appareil rentre d'ailleurs par ses autres dispositions dans le type ordinaire des fours à puddler doubles ; à la suite du compartiment destiné au puddlage, se trouve une petite sole sur laquelle, pendant toute la durée de l'élaboration de chaque charge, séjourne la fonte qui doit composer la charge suivante ; après avoir porté la fonte à la température rouge dans ce dernier compartiment, la flamme se rend dans la cheminée sans recevoir aucun autre emploi.

Le puddlage est exécuté aux deux portes, par deux brigades composées chacune d'un maître et de deux aides, secondées par un seul chauffeur. Ce personnel se renouvelle en deux postes, à des intervalles de huit heures environ, lorsqu'il a accompli quatre opérations.

Les particularités du travail ne diffèrent de celles qu'on remarque dans les usines à la houille que par la facilité plus grande avec laquelle la fonte se convertit en fer malléable.

A Lippitzbach, chaque charge comprend :

Fonte brute.	448 kilog.
Déchets de fer malléable, rognures de tôle.. . .	28
	476 kilog.

L'élaboration complète d'une telle charge, c'est-à-dire l'intervalle qui s'écoule entre deux retours successifs des mêmes manipulations, peut être évaluée en moyenne à 1 heure 53 minutes.

Le mode de travail est exactement semblable à celui du puddlage ordinaire. Comme il y a deux portes de travail, une de chaque côté du fourneau, desservie par un puddleur, et comme la charge est à peu près double de celle d'un fourneau anglais ordinaire, on retire dix balles au lieu de cinq à chaque chauffe ; le travail est également partagé entre les deux puddleurs, chacun faisant autant d'ouvrage qu'un puddleur anglais. Dans la dernière partie de l'opération, pendant la formation des balles, il faut prendre garde de ne pas forcer le feu ; aussi n'y jette-t-on point de bûches, parce qu'on prétend que le contact des gaz qui renferment du carbone entrave le soudage des morceaux de fer dans la formation des balles.

Chaque charge de 476 kilogrammes donne en moyenne 455 kilogrammes de fer puddlé brut. La production de chaque four s'élève par semaine à 29 100 kilogrammes ; pour chaque quintal métrique de fer puddlé brut, on consomme 1ᵗ.011 de ligneux ou de bois desséché.

Les fours à réchauffer sont fondés sur les mêmes principes que les fours à puddler. Au lieu d'être alimenté par un courant d'air forcé, le foyer y est limité à sa partie inférieure par une grille, au travers de laquelle l'air est aspiré par le tirage de la cheminée. Cette disposition peut, du reste, être adaptée aussi bien aux fours à puddler. Dans l'usine de Lippitzbach, on l'applique indifféremment aux fours à puddler et aux fours à réchauffer.

Bocardage et triage des balles puddlées.

Ce procédé, que M. William Taylor a fait breveter (1), a été pratiqué dans les usines à fer et les aciéries de Low Furness, sous la direction de M. Davis, dont le fils, notre ancien élève, nous a transmis la description suivante : Au lieu de cingler les balles puddlées comme à l'ordinaire, on les laisse se refroidir, et quand elles sont froides, on les concasse sous des pilons mus par la vapeur; ensuite, on les broie entre des cylindres de fonte,

(1) A. D. 1855, 1er novembre, nº 2439. Dans la description du brevet, il est recommandé de plonger la balle dans l'eau pour la refroidir.

pesant environ deux tonnes chacun, dont la table est formée de plaques (de fonte?) perforées. On obtient ainsi deux produits : l'un, appelé *fer supérieur*, s'écrase facilement et passe par les trous de la table ; et l'autre, nommé *fer brut*, sous forme de grumeaux ronds, ayant à peu près la grosseur de billes à jouer, ne s'égrène pas si facilement et reste sur le fond. Le *fer supérieur*, d'un noir grisâtre, offre l'aspect d'une balle bien puddlée, réduite en morceaux à peu près de la dimension de gros pois. Le *fer brut*, moins foncé, présente un faible éclat métallique. Quand on le brise, ce qui se fait sans difficulté sous le marteau, la cassure ressemble à celle de la fonte blanche; le métal est légèrement malléable sur les bords. Ces grumeaux sont évidemment des parties imparfaitement réduites; on les soumet de nouveau au puddlage. Le *fer « supérieur »* est converti directement en balles, cinglé, etc. Le but de ce procédé est donc de séparer le fer qui n'a pas pris parfaitement nature, d'avec celui dont la transformation est complète, de façon, en formant des balles avec le dernier, à obtenir un métal plus homogène. Ce procédé doit nécessairement occasionner un surcroît de dépenses et il est à présumer qu'on l'aura abandonné. Le fer retiré des secondes balles entre rarement dans la composition des paquets, sauf dans des cas exceptionnels. En montrant des échantillons du *fer brut* à M. Joseph Hall, des forges de Bloomfield, il fit la remarque qu'ils ne pouvaient résulter que d'un puddlage mal fait.

Procédé de puddlage d'Östlund.

M. Grill nous a communiqué une courte description de cette méthode, qui a été imaginée par M. Östlund.

« Les minerais de Suède, étant surtout exempts de phos-
« phore, donnent beaucoup plus de fonte réfractaire et de
« fer malléable que ceux de la plupart des autres contrées :
« ils doivent, par conséquent, être traités autrement que les

« variétés de métal moins réfractaires. Lorsqu'on puddle « les meilleures variétés de fonte au bois, les parois des « fourneaux ne supportent pas la température élevée qu'il « faut développer. Sous ce rapport, la méthode de M. Öst- « lund semble préférable. Il propose d'affiner le fer dans « un creuset rotatif en fer, maintenu dans une position in- « clinée et chauffé par un chalumeau à oxyde de carbone. « En tournant, le creuset fait l'ouvrage du puddleur, et em- « pêche que les parois ne soient dépouillées de leur couche de « scories; ce qui a pour effet de produire du fer ou de l'acier « beaucoup plus pur et plus propre qu'avec le four à puddler « ordinaire. » M. Grill regarde cette méthode comme très-avantageuse pour la transformation des fontes de Suède en fer malléable; il est pourtant à craindre que ses espérances ne soient déçues.

Utilisation des gaz perdus des fours à puddler.

Quiconque a suivi, surtout la nuit, le travail de fours à puddler, a dû être frappé de l'immense quantité de calorique qui s'échappe en pure perte dans l'air, et qui apparaît sous forme de longues colonnes de flammes rouges au haut des cheminées. Chacun des éléments calorifiques ainsi dissipé représente une perte de la force productive, accumulée avec une extrême lenteur dans nos bassins houillers, pendant la longue période de siècles qui a présidé à leur formation. L'énormité de ce fait excitera sans doute un jour les récriminations de nos descendants, qui se verront dépouillés d'un riche héritage, gaspillé par insouciance ou par ignorance. Heureusement que par diverses causes, sans compter la plus puissante de toutes, la nécessité, on se préoccupe enfin d'économiser le combustible. Le temps viendra où plus d'une ancienne houillère, abandonnée aujourd'hui, sera regardée comme une mine importante et reprise de nouveau avec avantages.

L'utilisation de la chaleur perdue des fours à puddler a été, autant que nous sachions, appliquée presque exclusivement à la production de la vapeur; et, dans ce but, l'on a eu recours à de nombreuses dispositions. Il importe d'en décrire quelques-unes.

On a fait passer la flamme directement sous des chaudières à vapeur horizontales; le tirage est activé par une cheminée. Ce système est appliqué à la forge de M. Nevill, à Llanelly.

Dans un autre dispositif, la cheminée, un peu au-dessus du fourneau, traverse sur une hauteur considérable un large carnau vertical situé au milieu d'une chaudière cylindrique. On peut voir ce système appliqué aux forges d'Albion, à West-Bromwich.

Ailleurs, une chaudière cylindrique est placée horizontalement au-dessus de chaque four à puddler et elle retourne d'équerre sur une faible longueur, à l'une des extrémités; elle est traversée par un carnau circulaire, et l'extrémité d'équerre est posée sur le carnau. A l'époque de notre visite, en 1859, cette disposition existait aux usines de Blaenavon, où la forge venait d'être construite. Les chaudières n'étaient pas alors garnies d'une enveloppe, il est à présumer qu'elles l'ont été depuis, afin d'empêcher le rayonnement; mais, qu'elles le soient ou non, les puddleurs doivent souffrir de leur chaleur. Une autre objection à faire à ce système, comme le fait observer M. Menelaus, c'est qu'en multipliant le nombre des chaudières, on augmente les frais d'entretien, de réparation et de service. Une disposition analogue, essayée aux forges d'Abersychan, qui appartiennent maintenant à la compagnie d'Ebbw-Vale, avait dû être abandonnée, surtout à cause de l'incommodité qu'en éprouvaient les puddleurs.

Un agencement adopté dans plusieurs forges, est représenté (fig. 44) d'après un dessin communiqué par M. Levick, propriétaire des usines de Blaina et de Cwm-Celyn, où il est appliqué sur une grande échelle. Cette disposition était en usage dans le Staffordshire sud, aux forges de Bromford, où nous l'avons vue, il y a plus de vingt ans. La moitié de la figure 44, à gauche, représente la coupe verticale, et celle de droite, l'élévation. La chaudière cylindrique se termine en forme d'œuf au

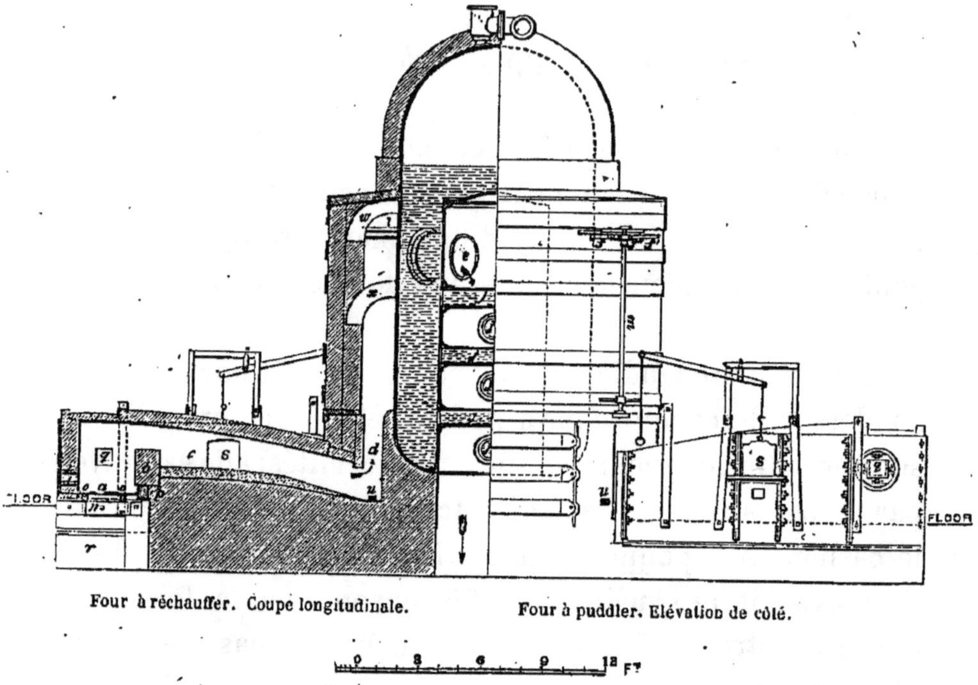

Four à réchauffer. Coupe longitudinale. Four à puddler. Elévation de côté.

Echelle métrique : 0m.008 par mètre.

Fig. 44. — Application aux régénérateurs à vapeur des gaz perdus des fours à réchauffer et à puddler.

sommet, mais elle est plus aplatie au bas. A une certaine distance, au-dessous du niveau de l'eau de la chaudière, descend verticalement un conduit cylindrique en tôle, qui communique avec un carnau souterrain relié à une cheminée assez élevée, comme l'indique la flèche dirigée vers le sol. Quatre carnaux circulaires transversaux, *e*, pénètrent dans la partie supérieure du tube central descendant; chacun de ces carnaux communique avec un four à puddler ou à réchauffer. Le tube central descendant est traversé par six petits tuyaux ou carnaux, etc., se croisant à angles droits, les uns au-dessus des autres : ils augmentent ainsi la surface de chauffe et contribuent à renforcer la chaudière. La chaudière est établie sur un massif solide, en briques ou en pierres, entouré d'une chemise circulaire concentrique. Entre les deux, on a soin de ménager un large carnau, fermé en haut par la voûte *w*, et partagé en bas, par quatre piliers verticaux en briques, en autant d'espaces égaux, qui communiquent respectivement avec les carnaux des quatre fours. Il y en a deux de chaque côté. Quatre voûtes *x*, situées immédiatement sous les carnaux transversaux *e*, se prolongent un peu au delà de ces carnaux. Au-dessus et de chaque côté de ces voûtes inférieures *x*, s'élève un mur vertical (indiqué en blanc sur le dessin, mais qui aurait dû être figuré en briques) limitant un espace correspondant aux ouvertures des carnaux transversaux *c*. Au sommet de ce vide, est placé un registre horizontal *f*, qu'on peut ouvrir et fermer à l'aide de la crémaillère *f'* et du pignon *f''*. Le pignon est attaché à l'arbre vertical *m*; à l'autre bout, un levier fait mouvoir le pignon, qui, agissant sur la crémaillère, ouvre et ferme le registre. La flamme s'élève de chaque côté de la voûte *x* et descend dans la direction tracée par les flèches. La partie supérieure de la chaudière est enveloppée d'une chemise en briques.

Le four vu en élévation, à droite, représente un four à puddler; et celui en coupe, à gauche, un four à réchauffer.

a, grille de foyer; *b*, pont de chauffe; *c*, corps du fourneau; *n*, tasseaux fixés sur les plaques de paroi du foyer et soutenant les sommiers *o o*, sur lesquels reposent les barreaux de la grille; *p*, sommier supportant le pont de chauffe; *q*, regard du foyer; *r*, cendrier; *s*, porte de chargement; *t*, marâtres en fonte maintenant le massif en briques supérieur; *uu*, trous de floss.

Selon M. Arkinstall, les chaudières chauffées par la flamme perdue des fours à réchauffer et à puddler exigent de grands soins; autrement l'avantage qu'on retire, pour la production de la vapeur, est plus que contre-balancé par l'inconvénient d'une marche irrégulière des fours et par la difficulté de régler convenablement le tirage.

Les fours à réchauffer, étant toujours à une température plus élevée, exigent un plus fort tirage que les fours à puddler; l'on prétend, par suite, que leur allure se trouve entravée, mais M. Levick se dit satisfait de leur marche. Il n'y a jamais eu d'exemple d'explosion avec ces chaudières; les tuyaux transversaux, quoi qu'il en soit, sont sujets à être obstrués par les cendres ou par la suie.

Nous devons à M. Menelaus (juillet 1863), le renseignement suivant sur le mode d'utilisation de la chaleur perdue des fours à puddler et des fours à réchauffer, récemment adopté aux forges de Dowlais :

« Aucune chaudière, dit-il, n'est aussi économique sous le « rapport de la production de vapeur, de la surveillance et « de l'entretien, que la chaudière ordinaire du Cornouailles, « qui peut se placer en dehors des forges, de manière à ne « gêner en rien le travail des ouvriers. Le problème à résou- « dre consistait à utiliser la chaleur des fours à puddler et à « réchauffer, pour produire, avec une chaudière de Cor- « nouailles, la vapeur nécessaire, sans nuire à leur marche, « et en écartant en même temps les chaudières, de façon à « mettre les ouvriers de la forge à l'abri des accidents et à « laisser sous la halle un espace libre pour assurer une ven- « tilation parfaite et les soulager par les temps chauds.

« Les chaudières ont donc été placées à une distance con- « sidérable de la forge, sur un point où, pour obtenir un fort « tirage, on a construit une cheminée de $1^m.10$ de section et « de 46 mètres de hauteur. On a creusé sous terre, à travers « la halle, deux galeries voûtées d'environ 6 mètres de section « chacune, où l'on a fait déboucher les carnaux des fours. « Les carnaux collecteurs communiquent directement avec « les bouilleurs; les gaz chauffés se répandent de la ma- « nière ordinaire autour de la chaudière et dans les carnaux;

« après avoir produit leur effet, ils débouchent dans la cheminée, qui, en raison de sa hauteur et de sa section, assure un tirage énergique. Il en résulte qu'il n'y a pas de cheminée dans la forge même, ni aucune source de chaleur autre que celle des fours eux-mêmes. Tandis que, dans les autres forges, les ouvriers sont presque grillés, les nôtres travaillent commodément en été, grâce aux dispositions que je viens d'indiquer. Ce plan n'a rien de neuf : il a été essayé mainte et mainte fois; mais, faute, je crois, d'agencements parfaits, il n'a jamais réussi, sauf à Ebbw-Vale et chez nous. De cette façon, l'utilisation de la chaleur n'entrave nullement l'allure régulière des fours. Il y a une amélioration et une économie si notables, que nous donnons à ces dispositions particulières toute notre attention. »

TRAVAIL DE LA BALLE.

En décrivant le travail des feux d'affinerie au charbon de bois, il a déjà été question, aussi succinctement que possible, de la manière dont on façonne la loupe au marteau. La figure 98, t. III, représente le marteau employé en Suède. Autrefois, c'était, tant en Angleterre que dans les autres pays, le seul outil en usage pour forger les loupes en barres. Mais, comme nous l'avons vu (1), dès avant la découverte du puddlage, on s'était préoccupé de remplacer le marteau par des cylindres cannelés. Lorsqu'elle sort du fourneau, la balle présente une masse spongieuse, composée de parcelles de fer malléable, ayant peu de cohésion et imprégnées de scories liquides. A l'aide du martelage, on soude ces parcelles ensemble, de façon à former une plaque de fer solide, oblongue ou rectangulaire, d'où le laitier est plus ou moins complétement expulsé. Cette manipulation s'appelle le *cinglage*, et l'on

(1) *Métallurgie*, t. III, p. 45 et 54.

donne le nom de *cingleur* à l'ouvrier qui la dirige. On ne s'est décidé à recourir aux cylindres cannelés qu'après avoir ainsi cinglé la balle sous le marteau; aucune balle, qu'elle ait été obtenue dans les feux d'affinerie au charbon de bois ou dans le four à puddler, n'a été, à aucune époque ultérieure, traitée autrement que par la compression sous le marteau ou sous des presses spéciales (*squeezer*), propres à lui donner de la cohésion, avant de la passer sous les cylindres. Occupons-nous d'abord des outils adoptés pour cette opération préliminaire; nous examinerons ensuite ceux propres au laminage. Dans la première catégorie sont compris les marteaux et les presses ou squeezers. Il importe de donner ici la signification des deux mots *forge* et *laminoir*, dont nous nous sommes servi déjà plusieurs fois. La *forge* est, à proprement parler, le lieu où s'élabore la fonte pour être convertie en fer malléable, et où les balles ou lopins, martelés ou comprimés, sont ensuite étirés en barres puddlées ou fer brut, à l'aide de cylindres cannelés; le *laminoir* est l'ensemble des ateliers où le fer brut est transformé, à la suite des opérations que nous allons décrire, en fer marchand, de diverses formes et dimensions, en feuilles, en plaques, ou en fer d'échantillons proprement dits (1).

Marteaux de forge.

On peut diviser les marteaux de forge en deux classes distinctes : les marteaux *à levier*, dans lesquels la masse fixée à l'extrémité d'un manche horizontal, est mue verticalement, suivant un petit arc, par un arbre à cames, et les marteaux pilons ou *à action directe*, dont la masse est soulevée verticalement, soit par des cames ou des cylindres, soit, le plus

(1) La distinction établie en Angleterre n'est pas rigoureuse. En France, en Belgique, etc. la désignation de *forge* est plus générale en ce qu'elle représente toute usine où l'on affine la fonte et où l'on étire le fer. Le mot *laminoir* s'applique plus particulièrement à un seul train et même à un seul équipage de cylindres et par extension à l'atelier où se fait l'étirage au moyen des cylindres. (*Les Traducteurs.*)

ordinairement, par la pression de la vapeur ou de l'eau agissant sur un piston contenu dans un cylindre fermé. On peut encore classer les marteaux à levier, selon la position relative de la masse, de la bague à cames et du centre d'oscillation, en marteaux *à bascule* ou *à queue*, et en marteaux *à soulèvement*.

1° *Marteaux à bascule.* Le centre d'oscillation est placé entre la masse et la came. La masse, ou tête, occupe l'extrémité du bras le plus court d'un levier de la première espèce, et la came, l'extrémité du bras le plus long.

Les marteaux à bascule (*martinets*) sont comparativement de petites dimensions, et le poids de la tête varie de 50 à 250 kilogrammes. On les fait mouvoir, en général, à une grande vitesse, et pour augmenter la force des coups sur l'enclume, en même temps qu'on accélère la vitesse de chute, on leur donne un *rabat*.

2° *Marteaux à soulèvement.* La bague à cames et la masse sont du même côté que le point d'appui ou l'axe d'oscillation. Ici, il faut encore distinguer deux catégories, savoir : celle dans laquelle la masse est placée entre la came de soulèvement et l'axe : les marteaux *frontaux* appartiennent à cette catégorie ; celle dans laquelle la bague à cames agit sur un empattement placé entre la masse et l'axe d'oscillation : cette seconde classe comprend les marteaux à soulèvement latéral et à soulèvement inférieur. Tous ces marteaux se font maintenant en fonte, avec surfaces percutantes mobiles, en fer forgé.

La figure 45 représente un marteau à soulèvement, employé aux usines de la Mersey. Les dessins en ont été fournis par M. William Clay ; ils sont assez détaillés pour ne pas exiger beaucoup d'explications. Ce marteau est formé d'une pièce solide sous la forme d'un T, qui pèse environ dix tonnes, et dont les courtes branches, servant de tourillons, se meuvent dans des chaises reposant sur des plaques massives en fonte. Le bras transversal ou *croisée* est très-épais, de manière à résister à la tendance au mouvement horizontal, causée par les cames. L'entaille en queue d'aronde, qui occupe le centre du manche, reçoit l'empattement sur lequel agissent les cames. Pour le remplacer quand il est usé, ou pour faire varier la volée du marteau, cet empattement est garni d'une pièce en fer forgé. La panne, en fer forgé, est encastrée dans le manche par une queue d'aronde et un coin ; la table de l'enclume est disposée de même, et sa face coïncide avec celle du marteau. Le poids de la masse soulevée est de dix tonnes ; la volée de 0m.45 à 0m.60, et le maximum de vitesse, de soixante coups par

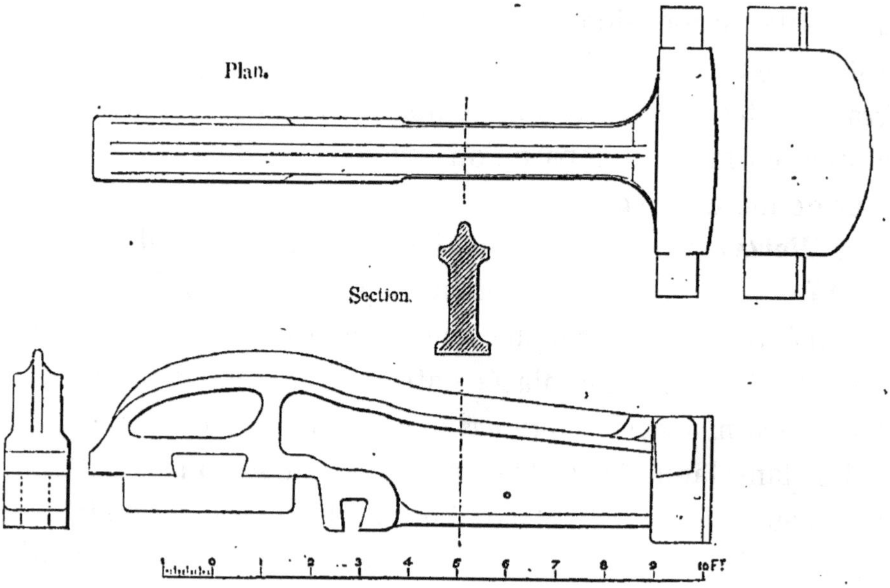

Echelle métrique : 0m,018 par mètre.

Fig. 45. — Marteau à soulèvement de la Compagnie des forges et des aciéries de la Mersey.

minute. Ce marteau a servi à forger le gros canon Horsfall, du diamètre de 0m.33, pesant brut vingt-sept tonnes : c'est la plus grosse pièce, probablement, qui ait jamais été forgée au marteau à soulèvement.

Nous omettons la description spéciale du bâti et des fondations de ce marteau ; ce sujet sera plus utilement étudié au chapitre des marteaux à vapeur, dont la description va suivre. Le principal avantage des marteaux à soulèvement sur les marteaux frontaux, c'est que l'enclume se trouve à l'avant de l'arbre moteur, qui constitue ordinairement la partie la plus massive de l'outil, peut être approchée par trois côtés à la fois pour le travail. Les marteaux frontaux sont, toutefois, plus communément en usage, parce que leur construction est un peu plus simple.

La panne d'un marteau ordinaire, en travail constant, ne dure que de trois à sept jours, selon la qualité du métal soumis au martelage; la table de l'enclume, dans des conditions analogues, dure à peu près le même temps. On a essayé de prolonger la durée en service de ces surfaces, en faisant circuler de l'eau à l'intérieur, pour les rafraîchir. M. Arkinstall affirme qu'un marteau ainsi refroidi, dure dix fois plus longtemps qu'un autre. Cependant, il paraîtrait que ce système a des inconvénients pratiques qui n'ont pas encore été surmontés, puisque, dans les usines où on l'avait essayé, il a été généralement abandonné.

Marteaux-pilons.

Dans ces dernières années, les différents types de marteaux à bascule ou à soulèvement ont été, pour la plupart, remplacés dans les forges anglaises, par le marteau-pilon ou à action directe. Cet outil a été entrevu par James Watt, dès 1784. Deverell, en 1806, en a donné le dessin à peu près tel qu'il existe aujourd'hui ; mais ce n'est qu'en 1842 qu'il a été, pour la première fois, ramené à une forme pratique par Nasmyth (*).

(*) L'invention du marteau-pilon a été contestée à Nasmyth, au nom de M. Bourdon, ingénieur du Creusot. Voici, d'après M. Smiles (1), les faits tels qu'ils se sont passés.

M. Nasmyth, consulté par les ingénieurs du steamer *Great Britain*, avait imaginé son marteau-pilon et envoyé des dessins aux principaux maîtres de forges anglais avant d'avoir pris aucun brevet (il n'était pas alors assez riche pour faire cette dépense, et son associé, M. Gaskell, s'était refusé à lui avancer des fonds), lorsque M. Bourdon, accompagnant M. Schneider, se rendit à

(1) *Industrial Biography*. Légende des inventeurs, traduction de la *Revue Britannique*, juillet 1865.

Ce précieux outil est aujourd'hui très-généralement adopté pour cingler et forger le fer. Les balles qui, sous les marteaux à soulèvement, tombaient en morceaux, se forgent à présent sous le marteau de Nasmyth, dont les coups peuvent être réglés, et ces mêmes balles se convertissent facilement en loupes ou en plaques solides. Aussi, ce type de marteau peut-il fournir des indications sur la qualité du métal qui compose une balle. Avec les marteaux ordinaires, il est impossible de donner, dans un temps donné, le nombre de coups suffisants avec la souplesse voulue, et il faut que le fer soit de qualité assez bonne pour supporter le coup lourd et sec des anciens marteaux : il n'en est pas ainsi du marteau-pilon. Ces observations n'impliquent pas qu'on ne se sert de cet appareil que pour travailler des balles de fer de qualité inférieure, car on sait que le contraire a lieu dans bien des circonstances (1).

Dans sa forme primitive, le marteau-pilon, à simple effet, se

Patricoft pour commander quelques appareils. « M. Nasmyth était alors en « voyage ; mais son associé, empressé de faire accueil aux étrangers, les con- « duisit à l'usine et leur fit voir tout ce qu'il y avait de nouveau et d'inté- « ressant dans l'outillage. Il leur montra les plans faits par M. Nasmyth, entre « autres celui du marteau à vapeur. Les visiteurs furent frappés de la sim- « plicité de l'instrument, de son caractère pratique, et M. Bourdon prit à ce « sujet des notes minutieuses. A son retour, M. Nasmyth fut instruit de la « visite des ingénieurs français ; mais il apprit seulement la communication « des dessins de son marteau lorsqu'il fit un voyage en France, au mois « d'avril 1840. Il visitait, accompagné de M. Bourdon, les forges du Creusot. « Il s'arrêta tout à coup, plein de surprise, devant un arbre coudé, non-seu- « lement forgé d'une seule pièce, mais encore découpé. « Comment avez-vous « pu forger cet arbre? » s'écria Nasmyth. « Mais ! avec votre marteau, » répon- « dit M. Bourdon. Tout s'expliqua bientôt. Frappé de l'ingénieuse simplicité « de l'outil, celui-ci, à son retour en France, s'était empressé d'en exécuter un « d'après les données fournies par M. Gaskell. L'outil n'était cependant pas « tel que son inventeur l'avait conçu, et il suggéra plusieurs améliorations « conformes au plan original qui furent aussitôt adoptées. »

De retour en Angleterre, M. Nasmyth ne put obtenir qu'en juin 1840 la somme dont il avait besoin pour s'assurer la propriété de son invention par un brevet. *(Les Traducteurs.)*

(1) La description des marteaux-pilons est due à notre ancien élève, M. Hilaire Bauerman.

compose d'une lourde masse ou pilon se mouvant entre des glissières et attaché à la tige à piston d'une machine à vapeur verticale. Ce piston est soulevé par la vapeur à haute pression, agissant sur sa face inférieure. Quand le piston est parvenu au sommet de sa course, on laisse la vapeur s'échapper librement dans l'air; dès lors, le marteau, n'étant plus soutenu, retombe de tout son poids sur l'enclume, en produisant un choc dont l'intensité varie avec la hauteur de la chute.

Dans le marteau à double effet, l'intensité du choc s'accroît, si on laisse la vapeur agir à la surface supérieure du piston, afin d'obtenir une plus grande vitesse que celle qui est donnée par l'action de la pesanteur sur la masse.

Le marteau à double effet, avec admission de vapeur par le haut, est presque universellement employé dans les forges les plus récentes ; les soupapes sont disposées de manière à pouvoir à volonté admettre la vapeur pour soulever, ou pour frapper et soulever à la fois.

Parmi les différentes modifications en usage, on peut décrire trois types, savoir : l'appareil primitif de Nasmyth, celui de MM. R. Morrison et Ce, et celui de J. Condie. Dans le marteau Nasmyth, le pilon est guidé par deux glissières placées parallèlement de chaque côté du bâti, au-dessous du cylindre à vapeur. Dans les marteaux Morrison, les guides sont placés au-dessus du cylindre; la tige de piston, qui est soudée au pilon, de façon à ne former qu'une seule pièce, passe à travers les deux enveloppes du cylindre. Cette disposition a pour but d'augmenter la stabilité de l'appareil, en abaissant son centre de gravité. Dans le système Condie, les guides sont dans une position intermédiaire; c'est-à-dire qu'ils sont parallèles aux arêtes du cylindre. Ce dispositif est réalisé au moyen d'un piston fixe dont la tige creuse est attachée en haut du bâti; le cylindre à vapeur, rendu mobile, porte la masse même du marteau. Par ce mode de construction, l'action de la vapeur est renversée; le soulèvement est opéré par la vapeur introduite

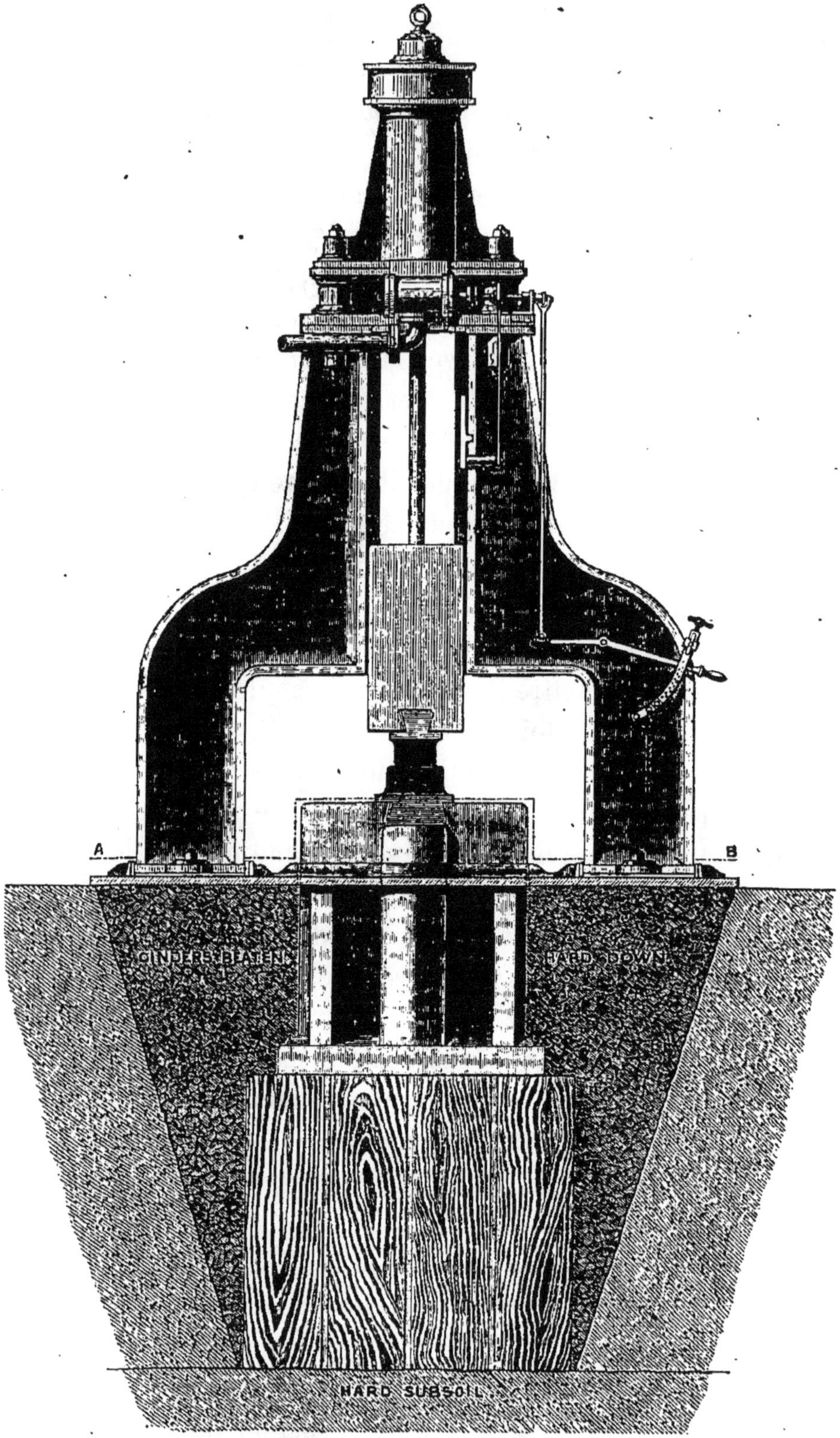

Fig. 46. — Marteau Nasmyth. Elévation vue de face.

au-dessus du piston fixe. La face inférieure du piston, mobile dans les autres systèmes, est représentée ici par la face inférieure du couvercle supérieur du cylindre.

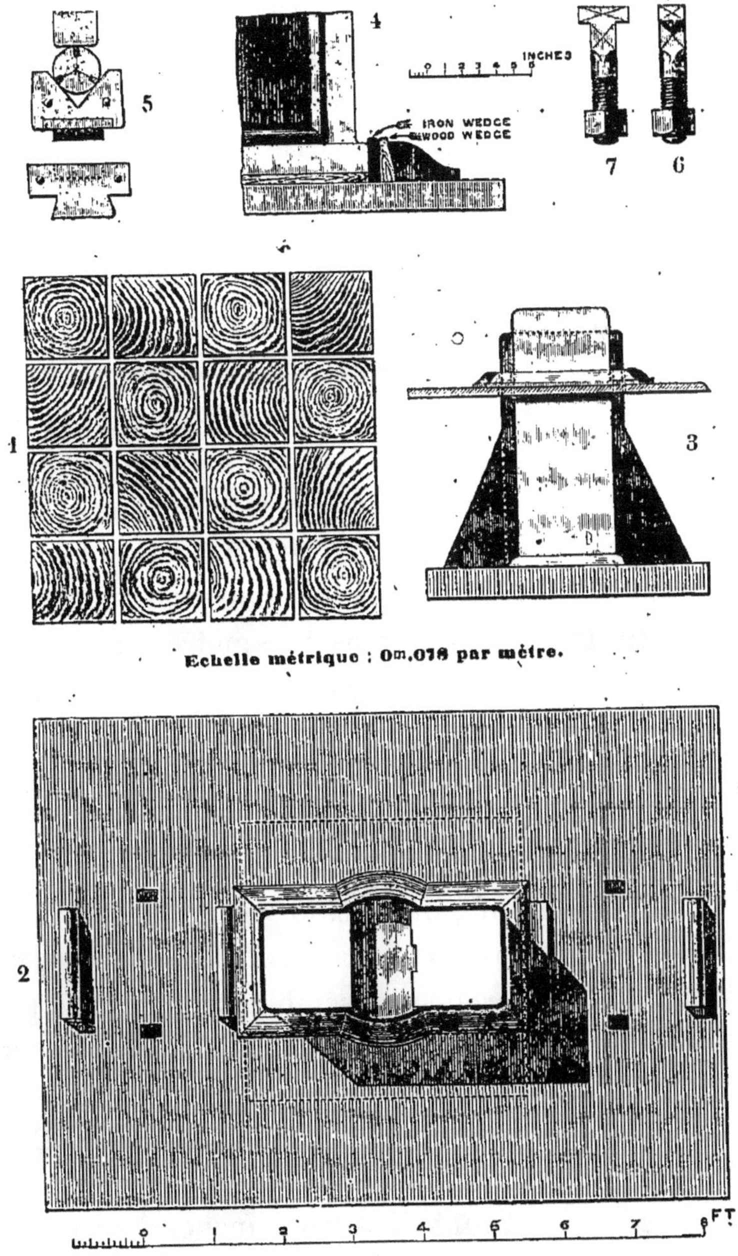

Echelle métrique : 0m.020 par mètre.

Fig. 47. — Marteau Nasmyth. Plan et détails.

Marteau Nasmyth. — Les figures 46 et 47 représentent un

marteau à double effet, de 750 kilogrammes, construit par MM. James Nasmyth et Cᵉ, aux usines Atlas, de Sheffield. — Fig. 46. Elévation vue de face du marteau et de l'enclume, avec ses fondations (1). — Fig. 47. Plan et détails. 1, plan de la plaque de fondation et de l'enclume; 2, plan des madriers qui portent l'enclume; 3, élévation de l'enclume à l'extrémité; 4, détail de l'assemblage du bâti et de la plaque de fondation : on y remarquera la garniture en bois et le mode de serrage par des cales en bois et en fer forgé (2); 5, forme donnée à l'enclume au lieu de la table plate des marteaux ordinaires : elle est destinée à la confection des arbres ou fers cylindriques; 6 et 7, vue agrandie d'un des boulons de la plaque de fondation. Le pilon pèse 750 kilogrammes, et la longueur maximum de la course est de 1 mètre. Le poids de l'enclume est d'environ 5 250 kilogrammes; elle repose sur une fondation formée de seize madriers carrés posés de champ, et représentant un cube total d'environ $2^{m3}.350$. La plaque de fondation mesure $2^{m}.97$ sur $2^{m}.23$, soit une surface de plus de 6 mètres carrés; elle est établie sur un lit de scories concassées. Un vide de $0^{m}.008$ est réservé tout autour de l'enclume, dans son passage à travers la plaque de fondation. Le bâti donne un espace libre pour le travail, d'environ $1^{m}.50$ de longueur sur $0^{m}.60$ de hauteur.

Marteau Condie. — La figure 48 représente un marteau Condie de la plus grande dimension, vu de face et de bout. Le bâti consiste en deux colonnes verticales en fonte, de section rectangulaire, *A B*, reliées ensemble par une forte traverse en fonte *C*, dont le centre est évidé pour le passage du cylindre à vapeur, qui fait ici fonction de marteau. Les colonnes inférieures sont surmontées d'un arceau d'une section égale, *D*, formé de trois segments réunis entre eux; celui du sommet porte un entablement auquel sont fixés les soupapes à vapeur et le mé-

(1) Dans cette figure, *cinders beaten hard down* se traduit par : scories pilonnées fortement, et *hard subsoil* : par sous-sol résistant.

(2) *Iron wedge*, cale en fer ; *wood wedge*, cale en bois.

canisme qui les fait manœuvrer. Le cylindre à vapeur *E*, formant marteau, pèse quinze tonnes ; il est en fonte trempée et se meut entre des glissières verticales *F F*, boulonnées sur des sommiers qui, partant de la traverse *C*, aboutissent à l'enta-

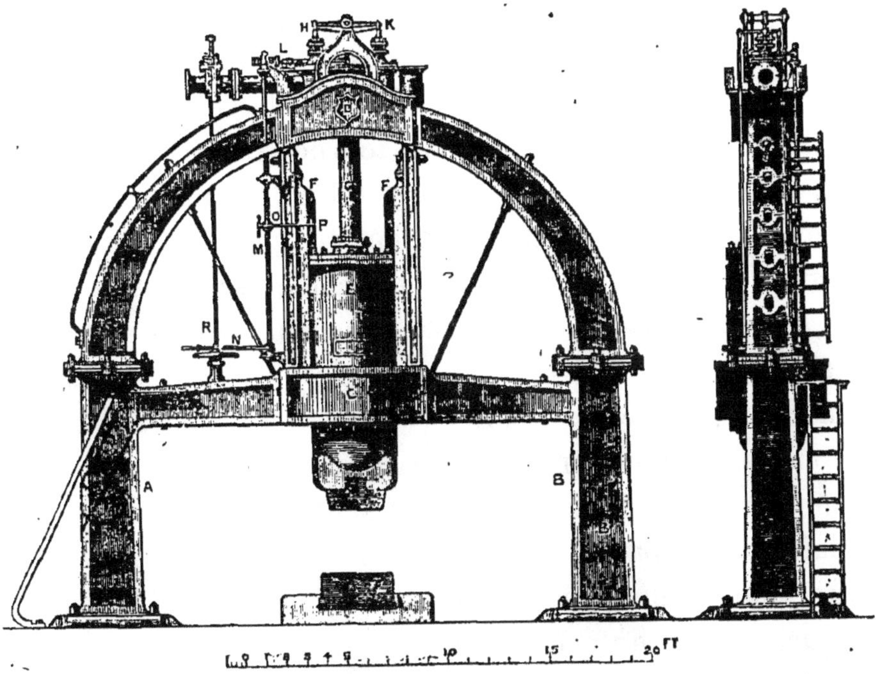

Echelle métrique : 0m.0076 par mètre.

Fig. 48. — Marteau Condie. Vue de face et de bout.

blement du cintre. La tige de piston *G*, qui est creuse et laisse passer ou aspire la vapeur, est réunie à l'entablement par un joint à rotule ; elle est formée de deux tuyaux concentriques : le tuyau extérieur, qui descend du sommet de l'arcade jusque vers le haut du piston fixe, livre passage à la vapeur pendant la course ascendante, tandis que le tuyau intérieur, ou la tige de piston proprement dite, sert comme point d'appui du piston et laisse en même temps circuler la vapeur, qui est admise et aspirée sur la surface du piston, pendant la durée de la chute.

Les soupapes d'admission et d'aspiration sont portées sur les extrémités d'un fléau, à bras égaux, que fait mouvoir un système de leviers d'angle partant de la tige verticale *M*; cette tige tourne dans des supports fixés aux guides des sommiers de gauche. Deux leviers sont attachés à la tige *M*; le plus bas, *N*, sert à mouvoir la soupape à la main; celui d'en haut, *O*, glisse sur la tige verticale et s'adapte de manière à régler la longueur de la course, au moyen d'une vis qu'on fait mouvoir par une roue. L'extrémité opposée du bras *O*, porte un épaulement qui, s'appuyant sur la surface de la pièce inclinée ou coin *L*, attaché sur la gauche du cylindre, fait tourner l'arbre *M* sur son axe, au fur et à mesure que le bras *O* est poussé en dehors par l'action du coin, pendant l'ascension du cylindre. Ce mouvement ouvre la soupape d'aspiration et permet au marteau de tomber.

Dans ce marteau, les soupapes ne sont pas actionnées directement par la tige verticale et par les leviers; c'est une petite machine à vapeur horizontale placée en *L*, qui fait cette manœuvre. La fonction de l'appareil automoteur se borne, par conséquent, à faire mouvoir la soupape de la machine auxiliaire. La soupape d'admission de la vapeur est tubulaire, à contre-poids, et disposée de manière qu'en lui faisant faire un demi-tour, l'action du marteau devient simple ou double, à volonté.

Voici quelques-unes des principales dimensions de ce marteau :

Poids de la masse : 15 tonnes.

Longueur de la course : $2^{m}.44$.

Pression de la vapeur : $3^{k}.50$ par centimètre carré.

Distance entre les piliers verticaux du bâti, ou espace libre pour le travail : 6 mètres.

Hauteur du sol au sommet de l'arcade : $9^{m}.15$.

Poids de l'appareil, y compris les plaques de fondation : 115 tonnes.

Poids de l'enclume : 90 tonnes.

L'enclume a la forme d'un cône tronqué; elle est fondue en deux pièces : la *queue* et la *table*. La première, la plus considérable, est conique et tubulaire; le poids s'y répartit dans la masse solide qui constitue le fond de la cavité; la seconde pièce, d'une forte épaisseur, s'ajuste sur la première comme un couvercle ; les deux pièces sont reliées par des anneaux en fer forgé, qui sont solidement fixés aux pattes ou ergots en saillie, entourant les circonférences extérieures des deux pièces. Le vide de la queue est rempli de béton. Toute la masse de l'enclume repose sur une fondation complétement isolée de celle qui porte le bâti. La panne du marteau et la table de l'enclume, en fer forgé, sont fixées dans les queues par des coins en queue d'aronde.

On emploie des marteaux des dimensions indiquées pour forger les plus grosses pièces, telles que les arbres coudés des machines marines, les plaques de blindage, etc. L'arbre coudé du steamer *Great Eastern*, qui est peut-être le plus fort qu'on ait jamais forgé, pèse 31 600 kilogrammes. Il a été martelé par la compagnie des forges de Lancefield, avec un marteau à simple effet, de Condie, pesant six tonnes.

Le poids des marteaux pour façonner les loupes et les plaques de dimensions ordinaires, varie entre 1 500 et 3 500 kilogrammes. Il suffit d'un seul marteau-pilon du poids de 2 500 kilogrammes pour desservir douze à quinze fours à puddler. La vapeur nécessaire est fournie par la chaleur perdue de deux fours à réchauffer.

Tunner cite un marteau Condie du poids de 4 800 kilogrammes, employé à Steyer (1) et donnant de cinquante à soixante courses de 1^{m}.20, qui suffit au travail fourni par deux fours doubles à puddler et deux fours à réchauffer ; la vapeur provient de deux chaudières, ayant chacune 6^{m}.70 de longueur et 1^{m}.06 de diamètre, que chauffent les gaz perdus d'un seul four à réchauffer.

M. Weisbach (2) donne une description mécanique des marteaux à vapeur et des divers types de marteaux à levier.

(1) *Jahrbuch*, t. IV.
(2) *Ingenieur und Maschinen Mechanik* (Ingénieur et mécanicien), t. III, p. 1270-1340.

Brevets relatifs aux marteaux-pilons.

Ces brevets ont été choisis pour montrer les progrès réalisés depuis l'invention du marteau à simple effet; les extraits que nous donnons ici, ne concernent que les marteaux-pilons à vapeur.

James Watt, 18 avril 1784, n° 1432. Ce brevet, qui a un caractère de grande généralité, puisqu'il y est surtout question de la transmission de mouvement des machines à vapeur, renferme la description d'un système pour faire marcher des marteaux au moyen de machines à vapeur, sans recourir au mouvement rotatif; c'est-à-dire, en attachant le piston directement, ou en employant un levier ou une bascule, et en faisant mouvoir le marteau à l'aide d'une courroie ou d'une tige fixée au bout du balancier, de l'autre côté du cylindre à vapeur. Watt ne paraît pas avoir conçu la forme moderne du marteau à effet direct, autant du moins qu'il est permis d'en juger par le dessin explicatif qui représente un martinet du poids de 250 kilogrammes, soulevé par une tige qui occupe la position de la bielle dans les machines ordinaires à balancier. Le diamètre du piston est, selon la description, de $0^{m}.38$. La machine est à simple effet et à condensation; l'intensité du choc est accrue au moyen d'un rabat qui précipite le marteau dans sa chute, conformément au mode de construction alors en usage dans la plupart des forges de l'Europe.

W. Deverell, 6 juin 1806. Ce brevet ne renferme que des projets; aucun dessin n'y est joint; il énonce beaucoup d'idées qui ont été mises plus tard en pratique, telles que l'emploi de manches solides, de la vapeur à haute pression et de l'air comprimé, pour remonter la masse, ainsi que l'indiquent les extraits suivants :

« A l'extrémité de la tige qui sort du cylindre se trouve un « marteau soudé, ou autrement fixé à la tige.

« La vapeur qui s'échappe de la chaudière est admise au-

« dessous du piston; dès lors, l'air qui se trouve au-dessus, « est comprimé par l'excès de pression de la vapeur. Quand « le piston a été élevé à la hauteur déterminée, on ouvre la « communication de la paroi au-dessous du piston avec un « récipient vide; ou bien, on fait dégager la vapeur dans l'air « ambiant; alors l'air, comprimé au-dessus du piston, fera « descendre le marteau avec une vitesse égale à la force de la « compression.

« Le poids du marteau peut être rendu égal à la pression de « la vapeur, de façon à fonctionner sans ressort. »

James Nasmyth, 9 juin 1842. Ce brevet renferme les premiers dessins du marteau à simple effet, perfectionné. Il y est fait mention de l'emploi d'un matelas de vapeur pour amortir le contre-coup, et de l'admission de la vapeur par le haut, pour la descente; mais l'inventeur ajoute que cette disposition n'est pas aussi avantageuse que celle de l'appareil à simple effet.

James Nasmyth, n° 9850, 4 janvier 1843. Ce brevet comprend le marteau à pilots et indique, entre autres modifications des marteaux à vapeur, le mode d'emploi d'un matelas d'air ou de vapeur sur la face supérieure du piston, dans le but de limiter la course ascendante et d'accroître l'intensité de la chute au début.

John Condie, n° 11411, 15 octobre 1844. Ce brevet renferme la première description du marteau, avec cylindre mobile et avec matelas d'air comprimé, ainsi qu'un procédé pour refroidir les faces percutantes des marteaux, des squeezers et des enclumes, au moyen d'un courant d'eau.

R. Wilson, n° 11767, 26 juin 1847. On y trouve la description d'un marteau semblable, quant aux principes généraux, à celui de Condie. Il est à cylindre mobile, à piston fixe et à tige de piston tubulaire.

Nasmyth et Gaskell, n° 12074, 23 février 1848. Ce brevet traite de plusieurs perfectionnements dans le système de soupapes du marteau à simple effet, et particulièrement de l'emploi de pistons à vapeur auxiliaires, pour faire mouvoir les tiroirs.

R. Morrison, n° 1843, 6 août 1853. Voici les traits essentiels de ce brevet : 1° la masse, le piston et la tige sont forgés d'une seule pièce; 2° la tige traverse le couvercle supérieur du cylindre par une boîte à étoupes; 3° les coulisses sont reliées au-dessus du cylindre; 4° le cylindre supporte les montants du bâti, de manière que le marteau est en dehors du bâti.

W. Naylor, n° 821, 7 avril 1854. Ce brevet rappelle l'idée du marteau à condensation. La descente s'opère par le vide produit dans un condensateur d'une construction particulière. Un fort ressort en acier est placé au sommet du cylindre, dans le double but d'accélérer la descente et d'arrêter l'ascension du marteau. La tige de piston est composée de deux pièces : un tuyau qui forme guide et se meut à travers la boîte à étoupes, et une tige solide intérieure, dont l'une des extrémités porte le marteau, tandis que l'autre est attachée au piston par un joint à rotule.

W. Rigby, n° 25, 3 septembre 1854. Le trait caractéristique de ce type de construction est la suppression des guides. Le piston est maintenu verticalement par l'emploi d'une tige elliptique ou polygonale, se mouvant à travers une boîte à étoupes de forme analogue. Grâce à la forte épaisseur de la tige, la surface inférieure du piston est bien plus petite que la surface supérieure ; la vapeur, travaillant à haute pression pour faire remonter le marteau, agit avec détente au sommet du piston, pendant la chute.

W. Naylor, n° 2419, 30 octobre 1855. Ce brevet s'applique à un marteau à double effet, à haute pression, pendant la double course. Un dispositif spécial empêche le piston de tourner quand on n'emploie pas de guides parallèles, en le reliant excentriquement à sa tige. Ce brevet contient aussi la description, avec dessin, d'un marteau horizontal destiné à fonctionner comme machine à river.

D'autres marteaux à vapeur ont été patentés; mais aucun ne mérite une mention particulière, sauf celui qu'a décrit M. le comte de Fontaine-Moreau (1), qui s'est fait un nom en Angleterre par ses prises de brevets. Il propose sérieusement, pour empêcher le refroidissement, de forger dans l'intérieur du four (!). Dans ce but, on fait passer un marteau à vapeur vertical par la voûte du fourneau, dans lequel l'enclume fait saillie sur la sole. Ce plan pourrait, sans doute, réussir, si le marteau et l'enclume étaient en métal inoxydable ou capable de résister à de hautes températures; mais avec des marteaux et des enclumes en fer, l'idée est si absurde qu'il est difficile de concevoir comment, avec les moindres connaissances des propriétés de ce métal, on ait consenti à l'exposer.

Squeezers.

Squeezer crocodile. — Les figures 49 et 50 ont été dessinées sur les appareils des forges de Bromford, exécutés par M. George Shaw, de Birmingham. On y voit une loupe soumise au cinglage (2). Ce squeezer, comme il ressort de la vue des dessins, fonctionne très-simplement. La mâchoire supérieure est seule mobile et protégée par une plaque de fonte, cannelée à la partie inférieure et destinée à mordre sur la loupe. Le nom de *crocodile* s'applique avec une certaine justesse à ce genre de presse, par suite de sa ressemblance avec la gueule de l'animal. La première presse dont il soit fait mention dans le Recueil abrégé des descriptions de brevets relatifs à la fabrication du fer et de l'acier, est celle de John Hartop (3). On emploie beaucoup, pour la fabrication des rails, dans le pays de Galles sud, par exemple, des presses qui ont subi quelques modifications d'une importance secondaire. En 1854, M. W.-H.

(1) *Improvements in forging Iron* (Perfectionnements dans la forge du fer), A. D. 1855, 27 septembre, nº 2152.

(2) *Ground line* dans les figures 49 et 50 se traduit par : niveau du sol.

(3) A. D. 1805, 7 novembre, nº 2888.

Dawes, propriétaire des forges de Bromford, a fait breveter un mode de travail des loupes, en combinant les opérations du cinglage et du martelage (1).

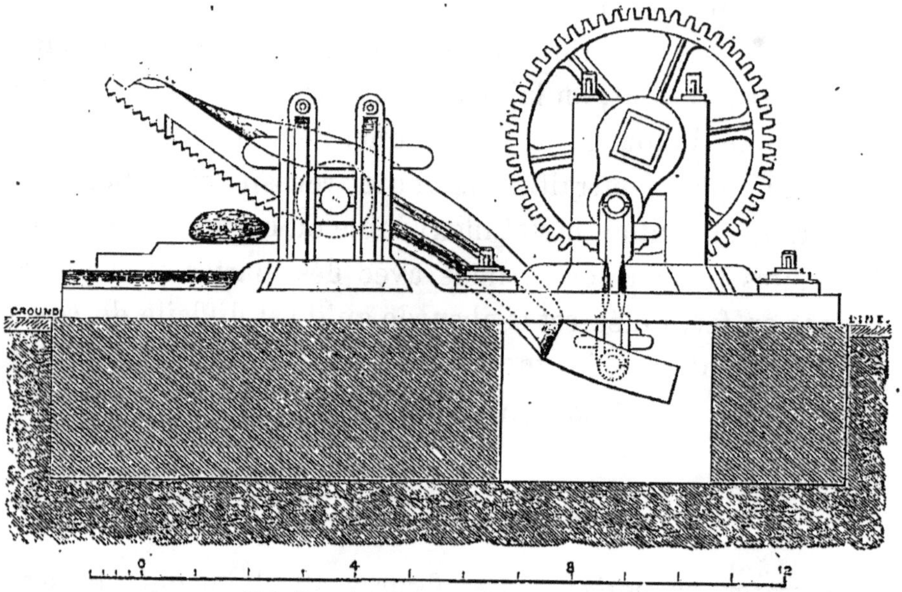

Echelle métrique : 0m,020 par mètre.

Fig. 49. — Squeezer crocodile. Élévation latérale.

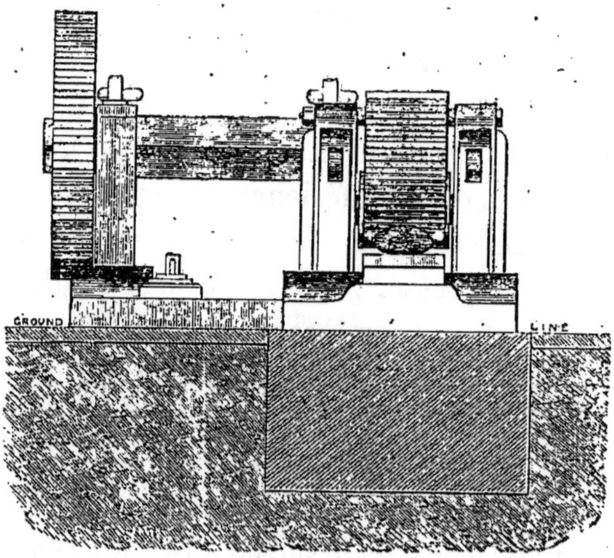

Fig. 50. — Squeezer crocodile. Élévation à l'extrémité.

Squeezer rotatif horizontal.—C'est une invention américaine

(1) A. D. 1854, 10 septembre, n° 2010.

que Gerard Ralston fit breveter en 1840 (1). Les figures 51 à 54 ont été exécutées sur les dessins de l'appareil des forges de Bromford, sous la direction de M. George Shaw. Ce squeezer consiste en un cylindre de fonte *b* cannelé (fig. 51) à sa sur-

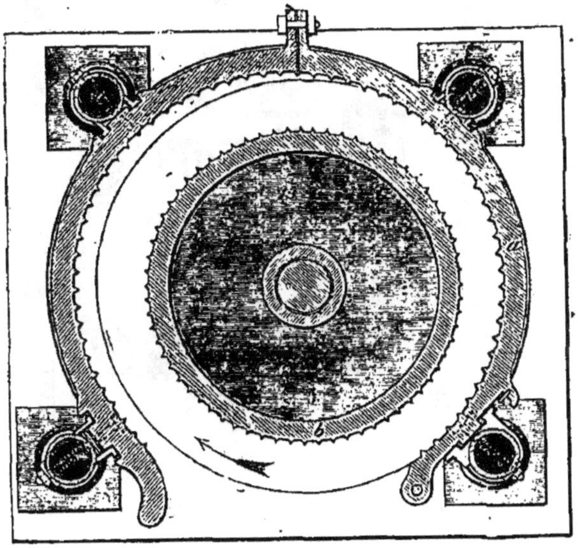

Fig. 51. — Squeezer rotatif. Coupe horizontale sur AB, fig. 53.

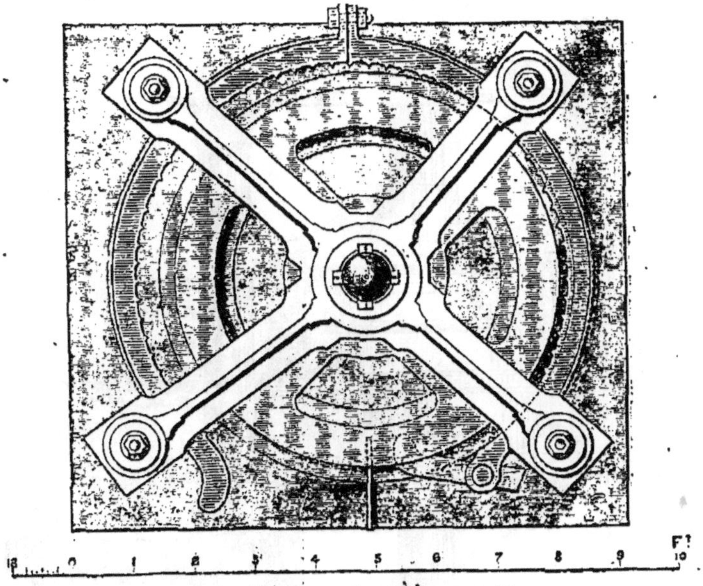

Echelle métrique : 0m,023 par mètre.

Fig. 52. — Squeezer rotatif. Plan.

(1) A. D. 1840, 22 février. Perfectionnements dans le laminage des balles puddlées ou autres masses de fer, n° 8389.

face extérieure, qu'un arbre vertical fait tourner dans un

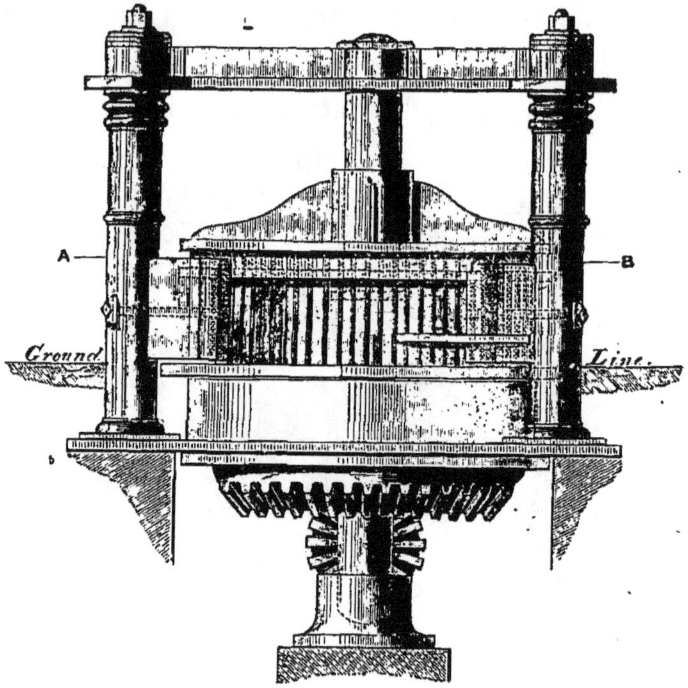

Fig. 53. — Squeezer rotatif. Vue de face.

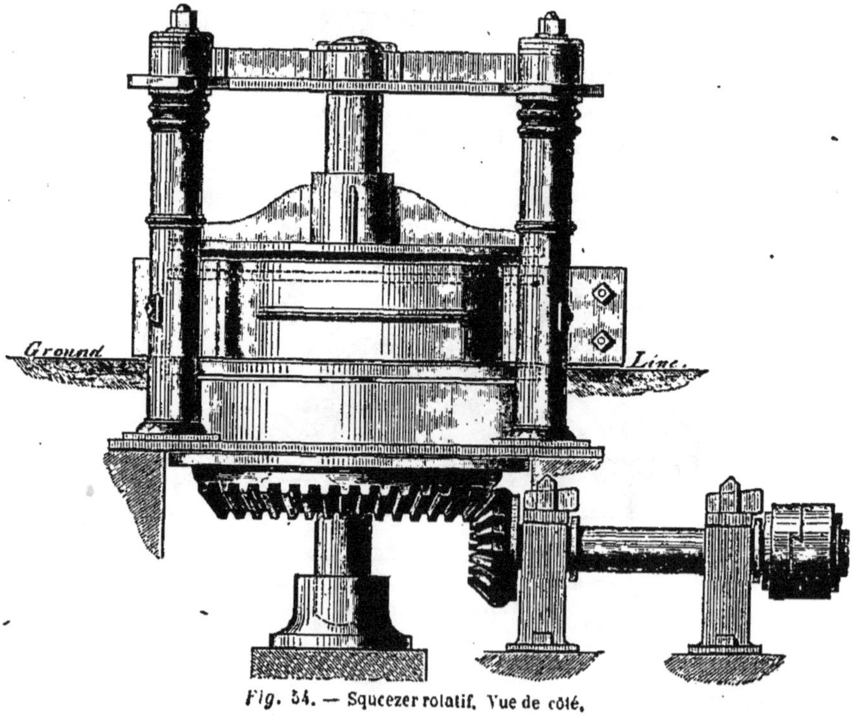

Fig. 54. — Squeezer rotatif. Vue de côté.

excentrique cylindrique en fonte, cannelé intérieurement. On présente la balle à l'entrée de l'excentrique, dans la position indiquée par la flèche (fig. 51); elle est immédiatement entraînée par le cylindre qui tourne dans la direction de la flèche; au fur et à mesure que le mouvement se continue, elle se comprime de plus en plus, jusqu'à ce qu'elle soit presque revenue à son point de départ; alors elle est dégagée par un crochet *c* (fig. 52 et 53), puis enlevée. Au sortir de la machine, la balle a la forme d'un cylindre irrégulier ou grossièrement arrondi; on la fait aussitôt passer sous les laminoirs à dégrossir, qui la débarrassent d'une nouvelle quantité de scories liquides, surtout dans le sens de la longueur.

Squeezer rotatif vertical. — En 1843, un brevet fut accordé à Benjamin Thorneycroft pour un squeezer rotatif semblable à celui que nous venons de décrire, à cette exception près, que les axes du cylindre et de l'excentrique cannelés sont horizontaux (1).

M. John Arrowsmith a récemment fait breveter un squeezer construit sur le même principe; il fonctionne aux forges de Bromford; mais son emploi n'ayant pas tout à fait répondu à l'attente, on lui a substitué l'ancienne machine verticale.

Un autre brevet daté de 1857 est relatif à une « machine à cingler perfectionnée (2). » Cette machine se compose essentiellement de deux squeezers rotatifs verticaux, superposés, de manière à former, pour ainsi dire, une seule presse continue. On place la balle au sommet de la machine, et, lorsqu'elle sort par le bas, elle tombe dans le squeezer inférieur, dont le cylindre tourne dans une direction opposée à celui du squeezer supérieur. L'excentrique du haut se continue avec celui du bas, sous la forme d'un S. Les cylindres et les excentriques sont cannelés, comme à l'ordinaire. Il existe ici un mé-

(1) A. D. 1843, 28 décembre, n° 9996.

(2) A. James Abbot jeune, Richard Handley, Thomas John Young et James Edward Hunt, A. D. novembre 1857, n° 1423.

canisme commode pour relever la balle, etc., pour lequel nous renvoyons au brevet et aux dessins explicatifs. Ce squeezer a été essayé aux forges de Highfields, à Bilston.

Machine à cingler de Brown. — Cette machine, ingénieuse et puissante, a été brevetée en 1847 (1), mais elle a été abandonnée, parce qu'elle se dérangeait trop souvent. Toutefois, M. Menelaus est d'avis qu'il suffirait de quelques modifications pour l'adapter au cinglage des loupes. M. Fairbairn la considère comme « un des appareils les plus parfaits » dans ce genre (2). Dans une de nos visites aux forges de Smethwick, près de Birmingham, la machine Brown venait à peine d'être mise en mouvement, que le pignon moteur se brisa, sans que nous ayons pu la voir fonctionner. Nous en donnons les dessins d'après le brevet, d'où la description suivante est extraite. Fig. 55. A, représente l'élévation latérale de la machine ; — B, une coupe verticale suivant la ligne *a* ; — C, la vue, à une extrémité, des cylindres supérieurs avec le pignon à l'aide duquel les cylindres sont mis en mouvement. Cette machine consiste en trois cylindres *a*, *b*, *c*, dans les positions indiquées par la coupe B. Le cylindre inférieur *b* diffère des autres, en ce qu'il présente, à chaque extrémité, un collier extérieur *d*, entre lequel se meuvent les deux autres cylindres ; le cylindre *a* est maintenu par des vis *ee*, et le cylindre *c* peut se déplacer, quand le passage d'une balle donne lieu à une pression trop forte; *ff* vis à trois têtes, maintenant chaque extrémité de l'axe du cylindre *c*; *gg* pignons placés sur ces vis qui s'engagent dans la roue dentée *h*; *i* levier fixé à la roue dentée *h* ; *j* contre-poids du levier. Lorsque la balle introduite entre les cylindres est trop grosse, la pression sur le cylindre *c* déplace les vis *ff*; par la rotation partielle des cylindres, les dimensions de la balle sont alors réduites et la pression sur les cy-

(1) Machine pour cingler, laminer et doubler, de Jérémie Brown. A. D. 1847, 3 janvier, n° 11781.

(2) *Iron, its history, properties and processes of manufacture* (Le fer, son histoire, ses propriétés, et ses procédés de fabrication), par William Fairbairn, 1861, p. 106.

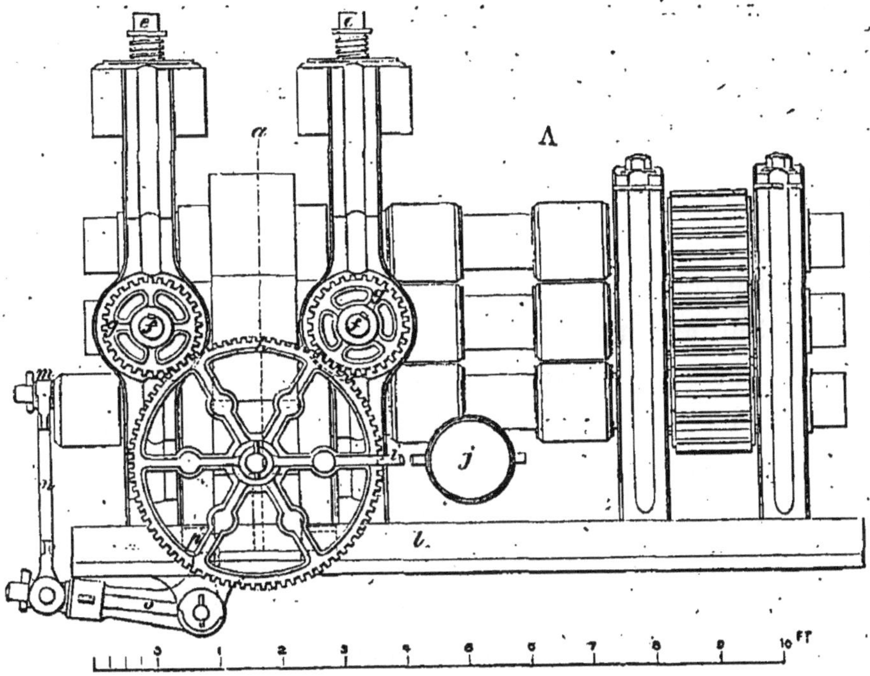

Echelle métrique : 0m,023 par mètre.

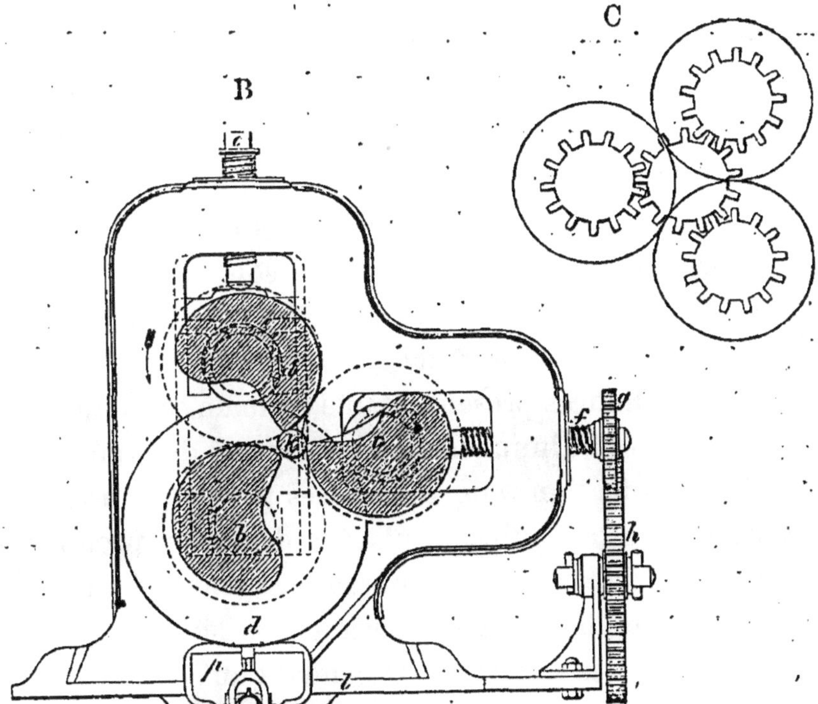

Fig. 55. — Machine à cingler de Brown.

lindres diminue ; le poids *j*, agissant sur le levier *i*, la roue *h* fait tourner les vis *ff* et fait avancer le cylindre *c*. Dans la figure B, les cylindres sont représentés dans la position qu'ils occupent quand la balle, cinglée, laminée, est sur le point de s'échapper des cylindres ; dès que la balle *k* est sortie et que les cylindres ont accompli à peu près le cinquième d'une révolution, ils sont prêts à recevoir une autre balle. La balle tombe sur la plaque de fondation *l*, où elle est comprimée par les bouts ou dans le sens de la longueur, par le mécanisme suivant : *m*, manivelle sur l'axe du cylindre supérieur ; cette manivelle est rattachée par une bielle *n*, à l'arbre coudé *o* ; la balle est comprimée, par l'action de la manivelle *m*, entre le bras vertical *p* de l'arbre coudé et la semelle *q*. En se référant à la figure C, on voit que tous les cylindres tournent dans le même sens.

Laminoirs.

Train ébaucheur. — Nous sommes redevable à la Compagnie des forges d'Ebbw-Vale des dessins qui ont servi à l'exécution des figures 56 et 57. On désigne fréquemment par *train* de forge une série de laminoirs employés à convertir le paquet ou le lopin en barres de fer brut. Il faut que toutes les parties de la machine soient très-solides. Les cylindres sont en fonte résistante, telle que de la fonte truitée. Le premier jeu, placé à gauche, se nomme équipage *dégrossisseur* ; les cylindres présentent une série de cannelures ogives ou angulaires qui diminuent graduellement de dimension vers la droite, et que l'on rend raboteuses par des entrailles faites au ciseau. L'autre équipage, placé à droite du premier, s'appelle *finisseur*, et les cylindres offrent également des cannelures plates qui diminuent de dimension vers la droite. Au sortir du marteau ou des squeezers, et pendant qu'il est encore à une température élevée, le paquet passe par la plus grande cannelure du dégrossisseur, et successivement par les autres

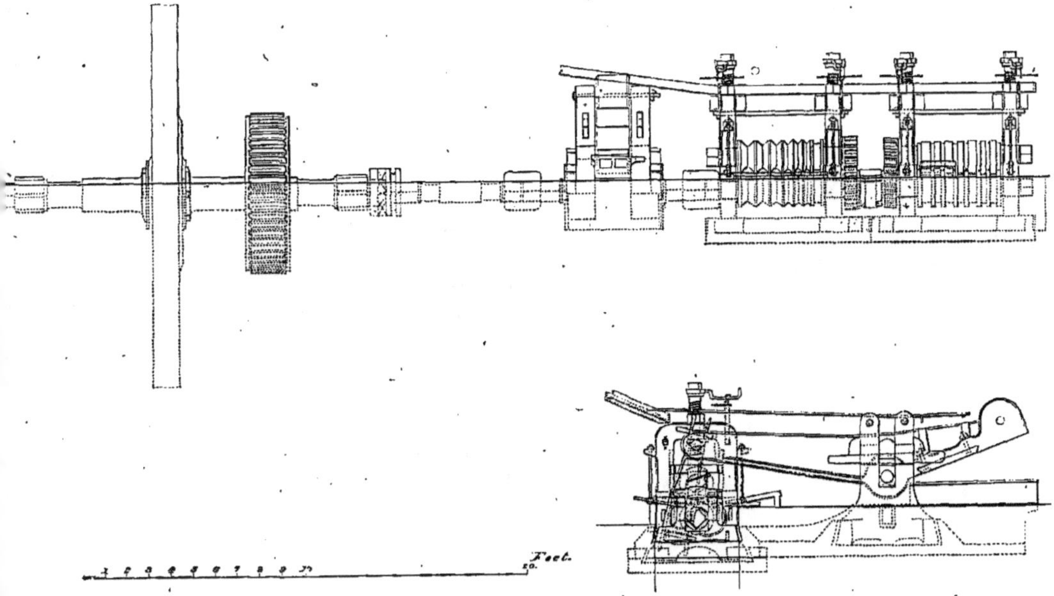

Echelle métrique : $0^m,011$ par mètre.

Fig. 50. — Laminoirs et Squeezer, aux usines d'Ebbw-Vale. Vue de face et de côté.

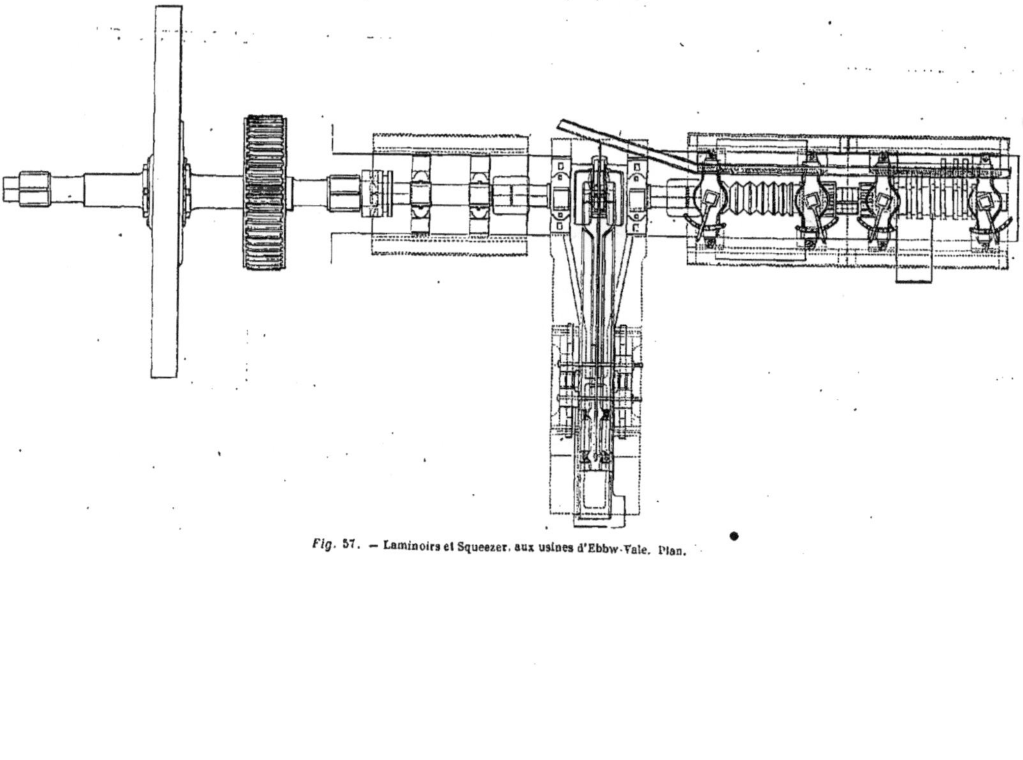

Fig. 57. — Laminoirs et Squeezer, aux usines d'Ebbw-Vale. Plan.

cannelures des deux équipages ; il est alors étiré en une longue barre plate, de surface généralement assez rugueuse, et que l'on désigne sous le nom de « *fer brut ébauché* ou fer n° 1. » Il faut toujours beaucoup d'eau pour refroidir les laminoirs, les tourillons, etc. ; l'eau est amenée par des tuyaux et par des chéneaux suspendus sur les fermes. Chaque fois que le fer sort d'une cannelure, il doit être soulevé et passé au-dessus du cylindre supérieur, ce qui nécessairement coûte beaucoup de temps et de travail. Pour éviter cette manœuvre, on a recours à des laminoirs où, dès que le fer a passé, le mouvement des cylindres s'opère en sens inverse, et le fer repasse par la cannelure la plus proche, etc. Des trains à mouvement alternatif fonctionnent aux forges de Blaina.

Dans les usines où l'on fabrique des fers marchands et des rails, les barres puddlées ou de fer brut ont généralement les dimensions suivantes : 0m.75 × 0m.02 sur 4m.60 à 5m.50 de longueur ; et 0m.125 × 0m.02 sur environ 4m.25 de longueur. Quand on veut fabriquer des tôles et des plaques de chaudières, on lamine sur une largeur de 0m.15 à 0m.38, et les paquets formés de ces *bidons* se doublent sous le marteau et passent par une seconde chauffe, avant d'être laminés.

Composition du fer brut.

	I.			II.		
	a.	*b.*	*c.*	*a.*	*b.*	*c.*
Fer	97.718	97.679	97.727	98.544	98.330	98.399
Manganèse				0.014		
Nickel	0.025 (Manganèse, Nickel, Cobalt)			0.008		
Cobalt						
Cuivre	0.001			0.001		
Antimoine	0.001			0.005		
Titane	Traces.			Traces.		
Calcium	0.073			0.062	0.073	
Magnésium	Traces.			Traces.		
Carbone	Non dosé.			Non dosé.		
Silicium	0.257	0.263		0.131		
Soufre	0.209			0.055		
Phosphore	0.707	0.700		0.424	0.412	
	98.991			99.244		

I. Analyse de M. E. Riley, des forges de Dowlais. Ce fer, puddlé à Dowlais, est employé pour le milieu des paquets de rails. II. Analyse de M. Riley. Fer puddlé, employé pour boulons.

Désulfuration de la fonte dans le puddlage par l'addition de litharge (Pb.O).

M. Richter, de Léoben, a fait à ce sujet des expériences à Franzschach, près de Wolfsberg (Carinthie). Le traitement s'opérait sur de la fonte qui renfermait assez de soufre pour que les barres puddlées ne puissent pas se laminer. Afin d'essayer l'efficacité de la litharge, on introduisit une charge de 350 kilogrammes de fonte environ dans un four à puddler double, avec addition de 1k.300 de sulfure de fer et de 0k.225 de phosphure de fer. Quand la fonte fut liquéfiée, on ajouta 1k.300 de litharge, et l'on brassa le tout complétement; alors le bain métallique entra parfaitement en effervescence, par suite, assure-t-on, de la combustion du carbone par l'oxygène de la litharge. Le plomb réduit fut immédiatement réoxydé, et il se forma une scorie fluide, peu épaisse, riche en oxyde de plomb. Dans cette scorie, l'oxyde se réduisit de nouveau; le plomb métallique fut oxydé encore une fois, et ainsi de suite. Au bout d'une heure et demie, à partir de la mise en train de l'opération, les balles furent retirées et soudées au marteau, de manière à former des loupes qui se laminèrent et s'étirèrent sans difficulté, sous les cylindres. Le déchet fut de 11 pour 100, tandis qu'en suivant la méthode ordinaire de puddlage, il atteignait 18 pour 100. La chauffe durait, dans ce cas, deux heures et demie, et il fallait marteler les balles très-soigneusement pour les empêcher de s'égrener. Le fer obtenu par le traitement à la litharge n'était ni rouverain ni cassant à froid (1). Des essais entrepris plus tard à Zeltweg,

(1) *Jahres-Bericht.* Wagner, 1861, p. 33.

en Styrie, ne donnèrent pas des résultats aussi satisfaisants (1).

CONVERSION DU FER BRUT EN FER MARCHAND OU EN FER FINI.

Les barres puddlées, ou de fer brut, sont découpées à la cisaille en morceaux de longueur variable, suivant les besoins. On les forme en *paquets* ou en *trousses* qu'on fait chauffer au blanc soudant; on les étire ensuite en barres sous le marteau, puis entre les cylindres, ou bien on les façonne directement entre les cylindres, sans martelage préalable. La chauffe se fait dans des fours spéciaux, appelés *fours à réchauffer*, *à baller* (*mill furnace*), ou *fours à souder*. La dénomination de fours *à baller* n'est pas correcte, attendu qu'il ne s'agit pas ici de balle; elle a, entre autres inconvénients, celui de faire confondre cette espèce de fours avec le four à puddler, dans lequel se fabriquent les balles proprement dites. Il n'y a pas à se méprendre quant au nom de four à réchauffer, qui doit être préféré aux autres.

Four à réchauffer à la houille.

Les figures 58 à 68 représentent un des fours à réchauffer des forges de Bromford; elles ont été exécutées sur des dessins revus avec soin par M. Arkinstall, directeur de cette usine. Dans ce four à reverbère, la sole en sable est inclinée à partir de l'extrémité située près du pont de chauffe, jusqu'au rampant, à l'extrémité opposée, de sorte que le laitier liquide s'écoule de tous les points de la sole dans le rampant, d'où il s'échappe par un floss spécial. La construction de ce four est suffisamment expliquée par les figures et par les notes descriptives qui les accompagnent. Voici, d'ailleurs, la légende des figures 58 à 68.

a (fig. 58, 61, 63), tisard ou porte de chauffe.

(1) *Berg-und Hüttenmännisches Jahrbuch.* Faller, 1861, t. XI, p. 300.

b, *b'* (fig. 58, 61), portes de travail où s'introduit le fer à réchauffer.

c (fig. 60, 61, 66), sole en sable.

c' (fig. 61, 66), sole en sable, dont on voit l'épaisseur.

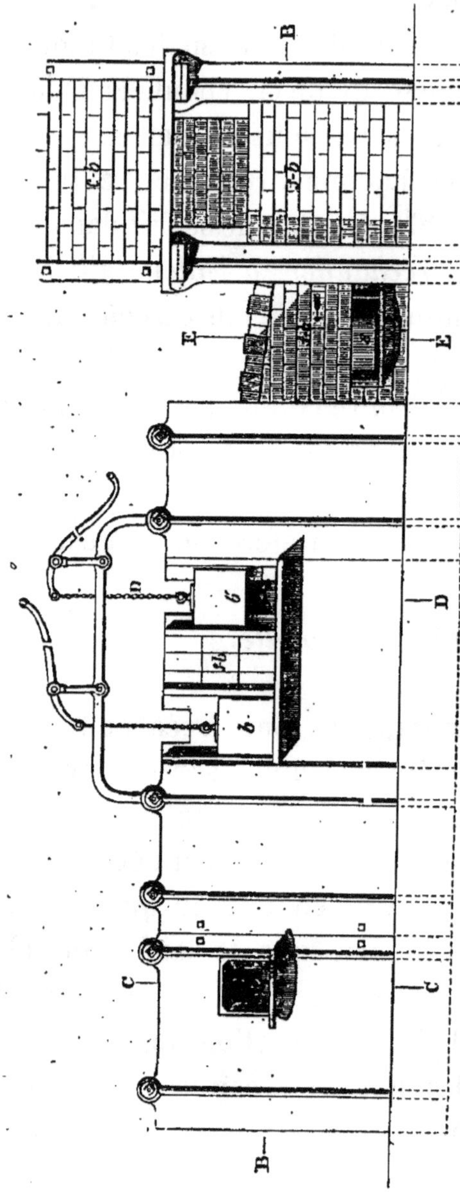

Fig. 58. — Four à réchauffer de Bromford. Élévation de la face de travail.

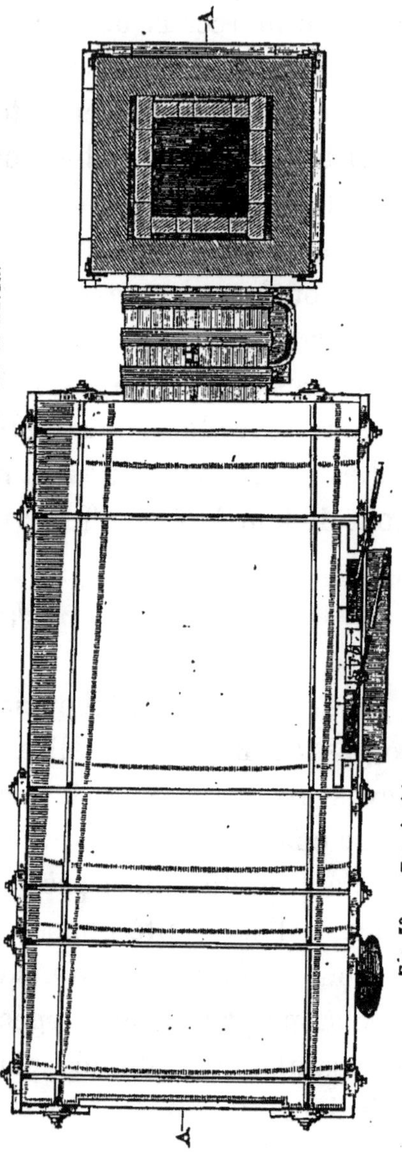

Fig. 59. — Four à réchauffer de Bromford. Plan du sommet et coupe horizontale de la cheminée.

d (fig. 61, 66), blocaille ou bricaillons avec parois en briques réfractaires.

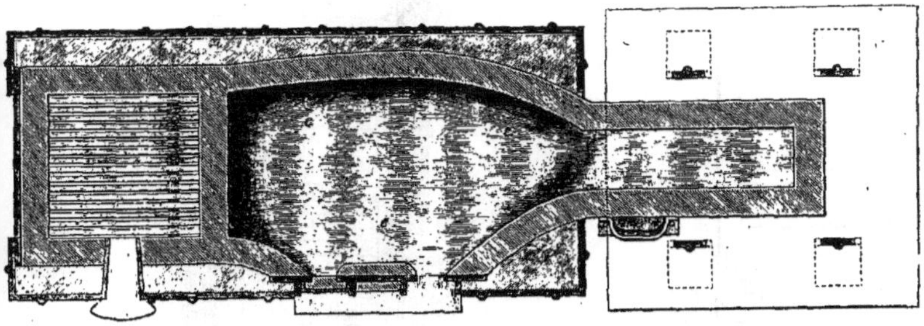

Fig. 60. — Four à réchauffer de Bromford. Coupe horizontale sur BB, fig. 58.

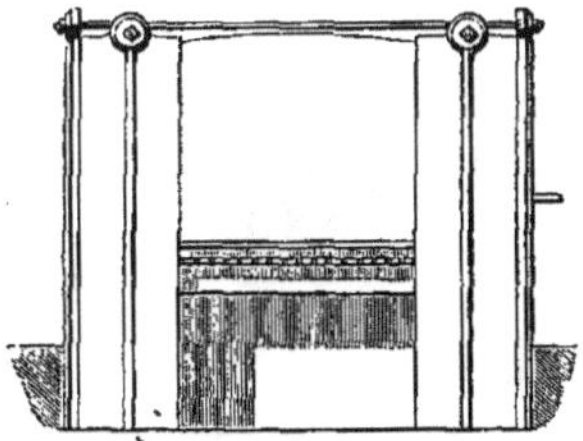

Fig. 62. — Four à réchauffer de Bromford. Élévation à l'extrémité de la chauffe.

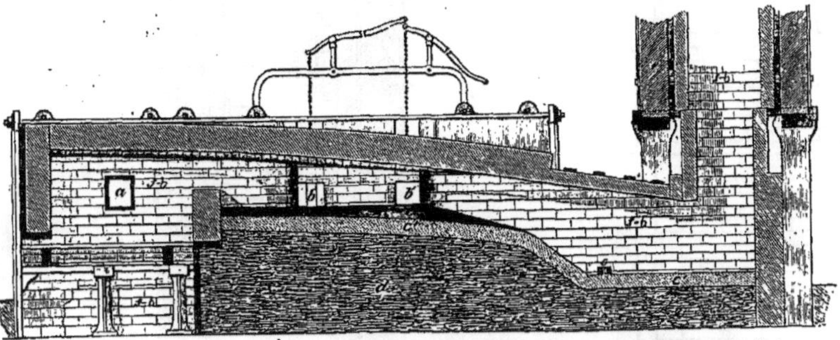

Fig. 61. — Four à réchauffer de Bromford. Coupe verticale sur AA, fig. 50. Dans cette figure, les différentes parties du four sont renversées ; ainsi, les portes de travail, etc., se trouvent du côté opposé à celui où elles sont représentées, fig. 58.

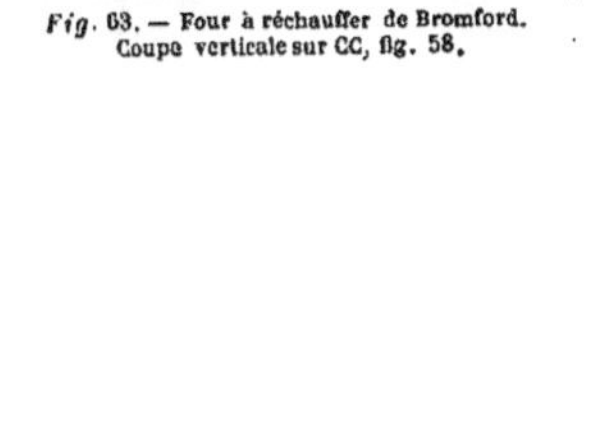

Fig. 63. — Four à réchauffer de Bromford. Coupe verticale sur CC, fig. 58.

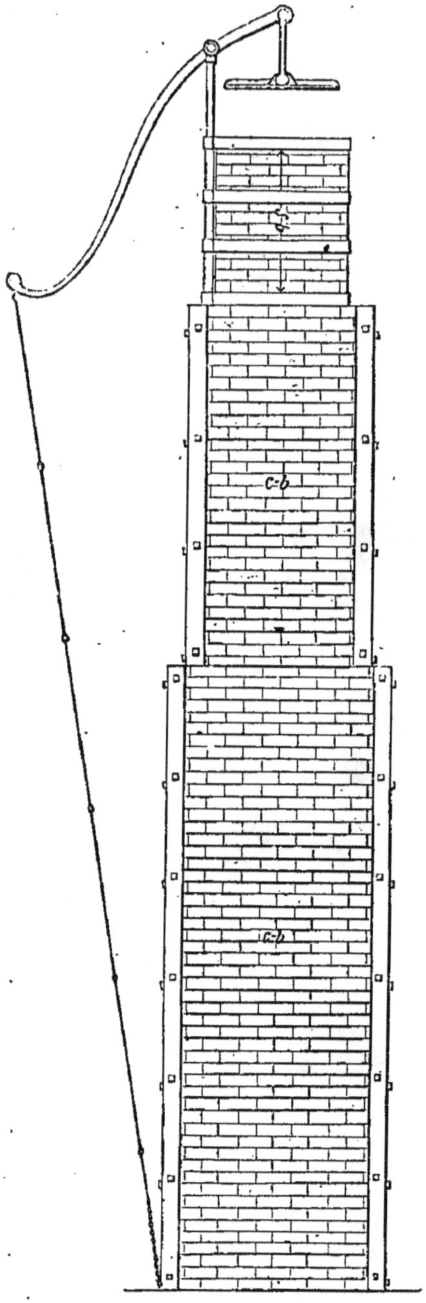

Fig. 64. — Four à réchauffer de Bromford. Elévation à l'extrémité de la cheminée.

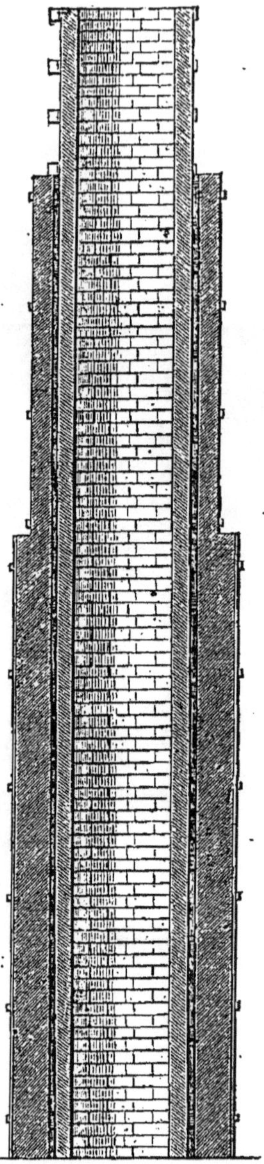

Fig. 65. — Four à réchauffer de Bromford. Coupe verticale par le milieu de la cheminée.

e (fig. 58, 60, 67), trou d'écoulement des scories, ou floss. Le trou même n'est pas dessiné dans les figures 58 et 60, mais la place en est indiquée. A l'extérieur du rampant, se trouve, vis-à-vis du chio, une grille peu profonde, en fonte, sur laquelle brûle du charbon, afin d'empêcher la scorie de se solidifier dans le

Fig. 66. — Four à réchauffer de Bromford. Coupe verticale sur DD, fig. 58.

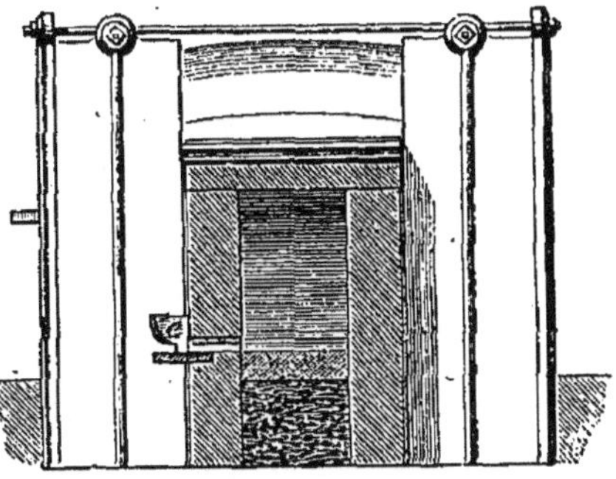

Fig. 67. — Four à réchauffer de Bromford. Coupe verticale sur EE, fig. 58.

Echelle métrique : 0m,007 par mètre.

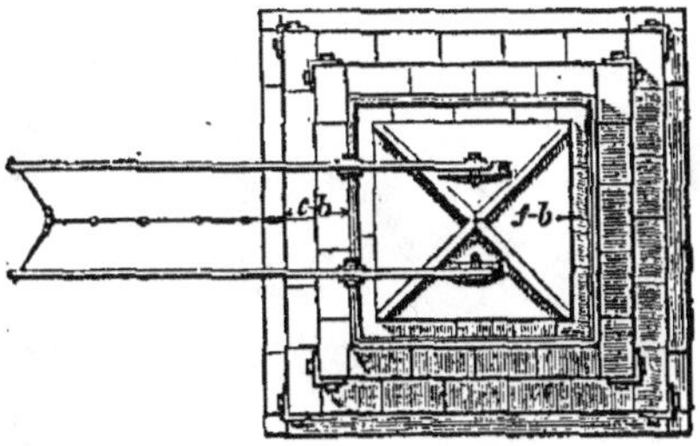

Fig. 68. — Four à réchauffer de Bromford. Plan du registre : *c b*, briques ordinaires ; *f b*, briques réfractaires.

floss. Le four est fortifié, sur ses flancs et à ses extrémités, par des taques de fonte, reliées au sommet par des tirants en fer forgé.

Four à réchauffer au gaz.

Il a été donné dans la première partie de cet ouvrage (t. I, p. 312) une description de ce four ; nous la reproduisons ici avec quelques remarques additionnelles. Ce four, inventé par M. Ekman, est employé dans les forges suédoises, depuis plusieurs années.

Les figures 69 à 75 ont été relevées sur les gravures des Annales *Jern-Kontorets* de 1850. Sauf quelques détails secondaires, modifiés depuis, elles ont été copiées par Tunner,

Fig. 73.

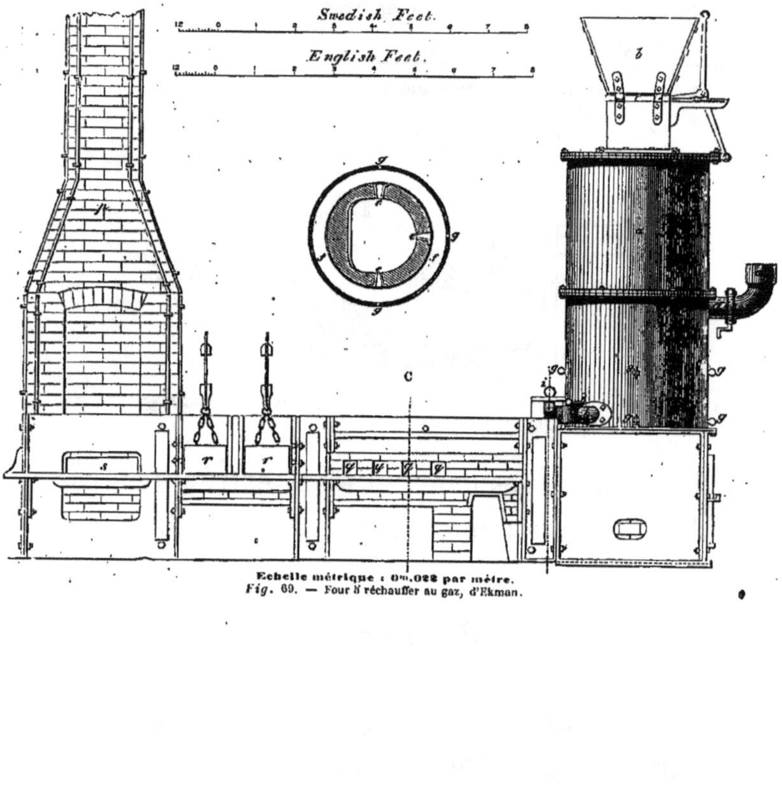

Echelle métrique : 0m,022 par mètre.
Fig. 69. — Four à réchauffer au gaz, d'Ekman.

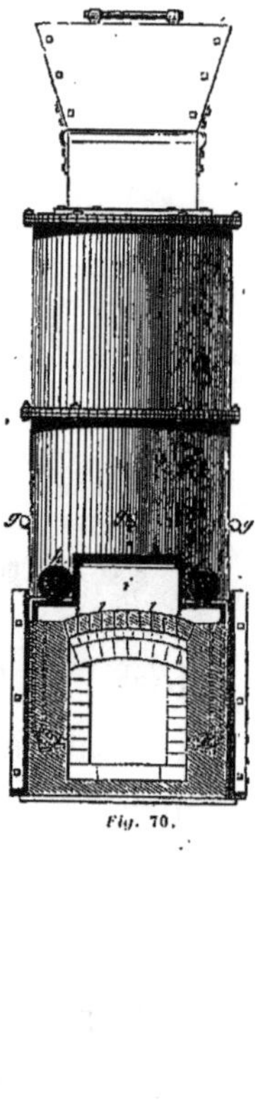

Fig. 70.

Fig. 71.

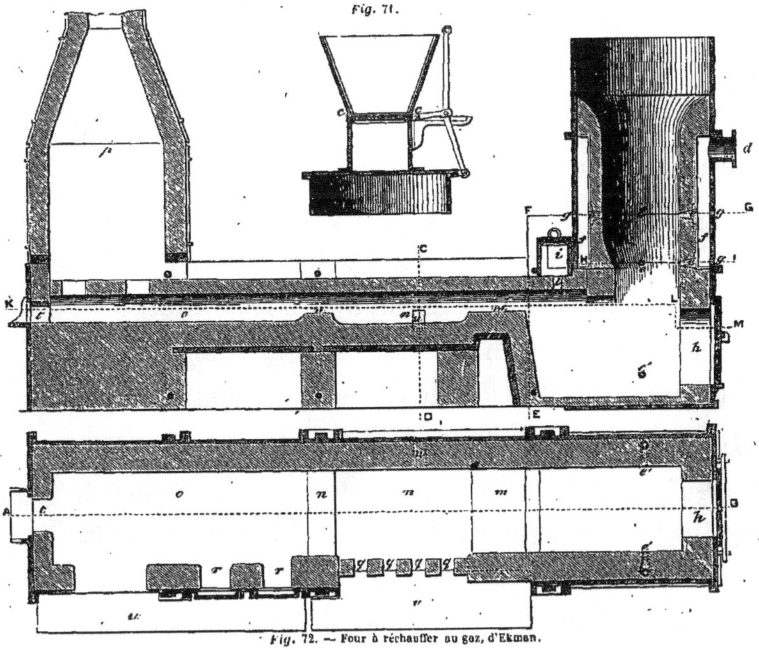

Fig. 72. — Four à réchauffer au gaz, d'Ekman.

Fig. 73.

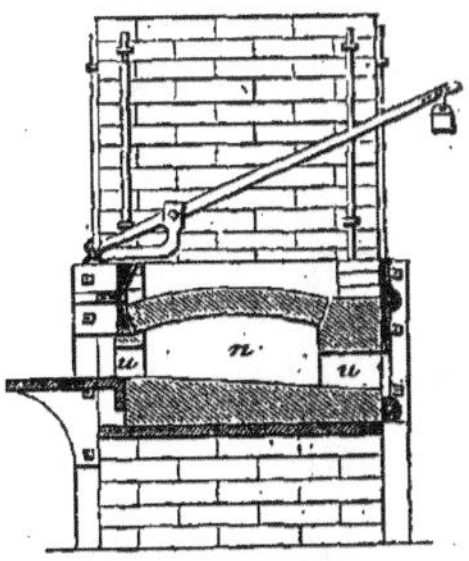

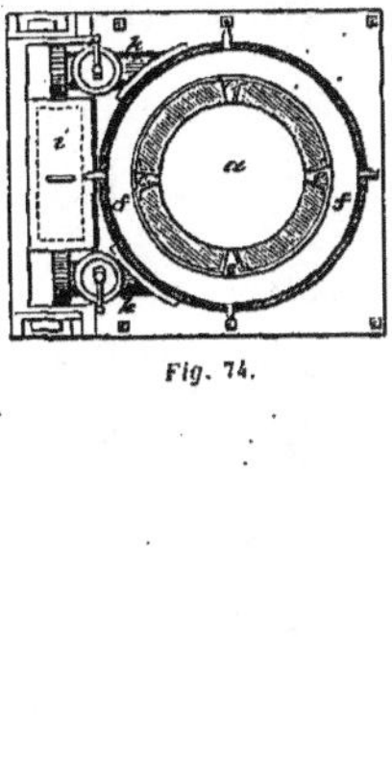

Fig. 74.

dans la notice sur la fabrication du fer (en Suède) qu'il a publiée en 1858 (1). On y brûle du charbon de bois. Fig. 69, élévation latérale du fourneau. — Fig. 70, élévation suivant la ligne EF (fig. 71) du générateur à gaz, que nous nommerons *la chambre à gaz*. — Fig. 71, coupe verticale suivant AB (fig. 72). — Fig. 72, coupe horizontale suivant KLM (fig. 71). — Fig. 73, coupe horizontale de la chambre à gaz suivant HI (fig. 71). — Fig. 74, coupe horizontale de la chambre à gaz, suivant FG (fig. 71). — Fig. 75, coupe verticale suivant CD (fig. 71).

La chambre à gaz *a*, renfermée dans une enveloppe de fonte, est construite en briques réfractaires; un espace libre *ff* est réservé entre la chambre et l'enveloppe. Il existe dans le mur de cette chambre deux rangées de tuyères *e*, *e*, *e*, etc., quatre à la partie supérieure et trois à la partie inférieure. Dans l'enveloppe débouche un tuyau *d*, par lequel l'air froid pénètre dans l'espace *ff*, à la pression d'environ $0^m.025$ de mercure. En passant par l'espace *ff*, le vent s'échauffe à la température de 90 à 150° C. (Tunner.) En face des tuyères, correspondent de petits orifices *g*, *g*, *g*, etc., garnis de tampons mobiles. Au sommet de la chambre à gaz, une trémie *b*, avec un fond mobile *c c*, sert à charger le combustible; près du fond, sont deux tuyères *e' e'*, une de chaque côté. La chambre à gaz communique avec celle du fourneau, au-dessus de l'autel *m*. Dans la voûte du four, à droite de l'autel, est pratiquée une série d'ouvreaux *l*, *l*, etc., communiquant par le haut avec une caisse en fer *i*, pourvue d'un couvercle mobile, et de là, avec l'espace vide *ff*, par deux tuyaux en fer *kk*, munis de robinets. Grâce à cette disposition, l'air qui entre par le tuyau *d*, passe en partie dans l'intérieur de la chambre à gaz, et en partie dans la caisse *i*, d'où il redescend par *l l*. Quand la chambre à gaz est remplie de combustible incandescent, et

(1) *Das Eisenhüttenwesen in Schweden*. Freyberg, 1858.

que l'air est injecté par le tuyau *d*, il s'y produit en abondance de l'oxyde de carbone : ce gaz, en se dirigeant vers l'autel *m*, est rencontré par des courants d'air chaud venant des ouvertures *ll*, etc., qui aident ainsi à sa combustion. Dans les dessins de Tunner, le vent, au lieu d'être ainsi divisé, forme une lame continue et les tuyères inférieures *e' e'* ne sont pas indiquées.

Le fer est chauffé dans la chambre à souder située entre l'autel *m* et l'autel opposé *n*; on l'introduit par les portes *qqqq*. La chaleur y est intense, — suffisante, dit-on, pour fondre de grosses masses de fer.

Quand on emploie l'air chaud, la flamme ne s'étend guère au delà de l'autel *n*, tant la combustion du gaz est complète et rapide. Au delà de la chambre à souder, se trouve une seconde chambre *o*, où le fer est soumis à un réchauffage préliminaire avant d'être introduit dans la première; elle a deux portes *r r* sur le côté, et une troisième à l'extrémité *t*. Au bas de la cheminée *p*, on peut établir toute espèce d'appareil à air chaud. En face des portes *q q*, sont disposées des plaques de fonte, *r r*, pour la commodité de la manœuvre. La lettre *u* indique le chio des crasses ou scories.

On a essayé ce genre de fours chauffés à la houille, aux forges d'Ebbw-Vale. Les difficultés que l'on a éprouvées au début devront, il y a tout lieu de le croire, disparaître avec le temps. La chaleur du générateur est assez élevée pour fondre la cendre de la houille et former un mâchefer assez difficile à enlever. En injectant avec soin et régularité dans le générateur une *petite quantité* de vapeur surchauffée en même temps que le courant d'air, on pourrait combattre cet inconvénient, car on abaisserait ainsi la température à l'intérieur. La perte de chaleur ne serait pas considérable, puisque le calorique, temporairement entraîné par la décomposition de la vapeur due à l'action du carbone incandescent, serait de nouveau dégagé dans la chambre à souder par la combustion de l'oxyde de carbone et de l'hydrogène qui en résultent. Cependant, il se produit toujours un peu d'acide carbonique quand la vapeur est ainsi décomposée; ce qui occasionne une perte de chaleur. Il n'est guère besoin de faire observer que dans ces générateurs on ne peut brûler de la houille collante sans la mélanger avec du charbon maigre.

Un des grands avantages de ce mode de réchauffage consiste dans la diminution du déchet dû à l'oxydation du fer. La pression du gaz et de l'air doit être assez forte pour empêcher l'air extérieur de pénétrer par les côtés, etc., et le mélange de gaz et d'air doit être réglé de manière à produire une flamme non oxydante. En effet, quand cette condition est remplie, on atteint la plus haute température. M. Parry affirme que les ouvriers des forges d'Ebbw-Vale ont été vivement frappés du faible déchet que donnent ces fours relativement aux fours à réchauffer ordinaires; et, à l'appui de ce fait, ils montraient les arêtes vives que conservent les barres des paquets au sortir du four chauffé à blanc.

Mise en paquets.

Après que le fer brut a été découpé en morceaux d'une certaine longueur, on les empile en paquets ou en trousses oblongues disposés à angles droits, que l'on soude, ainsi que nous l'avons dit précédemment, dans un four à réchauffer, et que l'on passe ensuite au laminoir, pour en former des barres de fer marchand, de la qualité dite « fer n° 2, » ou pour leur donner toutes autres formes. Ce fer n° 2 peut être de nouveau traité comme le fer brut, pour en obtenir du « fer n° 3. » Quand il est nécessaire, les morceaux formant le paquet, sont liés fortement ensemble avec des tringles ou du fil de fer.

Les dimensions des paquets et la qualité du fer dont ils se composent varient suivant les besoins spéciaux; aussi le même paquet peut-il contenir, dans diverses parties, des qualités de fer fort différentes. Dans les paquets pour rails, l'intérieur est composé de fer corroyé; la couverte supérieure, d'une qualité spéciale de corroyé capable de résister à l'usure, ainsi qu'à l'exfoliation, et la couverte inférieure de barres de fer nerveux et tenace; ou bien encore, les mises intérieures d'un paquet se forment de bouts écrus ou de riblons provenant des boulons, chevilles ou clous, etc., préalablement débarrassés de la rouille, en les mettant dans des barils que l'on fait tourner pour rendre les surfaces brillantes par le frottement. En fait, il y a une grande variété dans le mode de formation des paquets, surtout en ce qui concerne les qualités de fer employé; plusieurs maîtres de forges sont très-réservés sur cette partie de la fabrication. Pour en faire saisir toute l'importance, il uous faudrait beaucoup plus d'espace qu'il n'est possible d'en consacrer ici.

Mise en paquets en croix. — On désigne ainsi l'emploi dans les paquets de mises à joints croisés, de manière que le sens des fibres d'une mise quelconque se trouve d'équerre avec les fibres de la mise supérieure et inférieure. On conçoit qu'il se forme, pour ainsi dire, une espèce d'enchevêtrement, et qu'il en résulte plus de cohésion et une plus grande résistance du paquet. Pour les largets destinés aux tôles de chaudières, on a recours à la mise en croix. Nous avons déjà examiné l'effet du laminage ou de tout autre traitement mécanique sur la structure du fer; il serait donc superflu de répéter ici ce qui a été exposé à ce sujet (1).

Accidents des laminoirs.

Il survient parfois de terribles accidents dus à la rupture du volant des laminoirs, qui est nécessairement très-lourd et tourne avec une grande vitesse. Divers faits de ce genre ont

(1) *Métallurgie*, t. II, p. 14 et suiv.

eu des résultats désastreux. Comme exemple, nous citerons la relation du *Times*, du 22 novembre 1850 :

« Vendredi dernier, vers onze heures du soir, un accident des plus funestes a eu lieu aux forges de MM. Gibbs frères, à Deepfields, près de Wolverhampton. Un laminoir a été démoli à ras de terre ; un ouvrier a été tué et plusieurs autres grièvement blessés. Heureusement que le plus grand nombre des ouvriers étaient à souper ou inoccupés, pendant qu'on apportait quelques changements aux cylindres ; car le volant, se brisant tout à coup en morceaux, fut lancé dans toutes les directions avec une force inouïe. Plusieurs des colonnes de fer qui soutenaient la toiture, la ferme principale et plusieurs autres pièces moins importantes furent cassées ; quelques instants après, le toit s'écroula. Parmi les ouvriers qui se trouvaient en ce moment dans l'usine, un nommé John Taylor a été retiré de dessous les débris et a expiré presque aussitôt ; trois autres ont eu de graves fractures et des contusions ; deux ou trois ont pu s'échapper miraculeusement, sans être atteints en aucune façon. Toute cette partie de l'usine semble avoir été minée à la poudre, et les dommages sont évalués à environ 75 000 francs. »

Rendement de la fonte en fer brut et en fer fini.

Le rendement en fer brut varie selon la nature de la fonte, l'habileté du puddleur et quelques autres conditions qui s'expliquent d'elles-mêmes. Comme qualité, la teneur en silicium joue un rôle capital. Quand on opère sur de la fonte renfermant 4 ou même 6 pour 100 de silicium, le déchet doit être relativement très-considérable ; les maîtres de forge qui ont travaillé ces fontes à l'affinage et au puddlage ont été aussi désappointés qu'embarrassés, quant à la cause de cette perte.

Staffordshire Sud. — Dans le voisinage de Dudley, on

compte ordinairement 1 200 kilogrammes de fonte par 1 100 kilogrammes de fer brut. On considère comme un bon travail, le rendement de 1 100 kilogrammes de fonte par tonne de fer puddlé; mais avec des ouvriers peu expérimentés et un four en mauvais état, on consomme jusqu'à 1 220 kilogrammes de fonte de même qualité, pour une tonne de fer brut. Les chiffres suivants nous ont été communiqués par M. S.-H. Blackwell (décembre 1851) :

737 940 kilogrammes de fer brut ont produit 658 485 kilogrammes de fer fini ou marchand, soit 1 120 kilogrammes de fer brut ou 1 240 kilogrammes de fonte par 1 000 kilogrammes de fer fini.

Ainsi que nous l'avons déjà fait remarquer, c'est de bonne fonte grise de forge tirant sur la fonte truitée, qu'on emploie habituellement dans le Staffordshire sud pour le fer marchand ; mais on prend de la fonte plus grise pour le fer à cercles, pour la tréfilerie, etc.

Quant aux frais de fabrication du fer fini (dans le Staffordshire sud), ils s'élevaient, en 1859, d'après un maître de forges d'une grande expérience, au double du prix de la fonte employée, plus 12 fr. 50 c. par tonne de fer ; ce qui paraît être un résultat très-approché de la vérité.

Pays de Galles sud. — En 1859, on calculait sur 1 350 kilogrammes de fonte blanche par tonne de fer marchand. Dans une grande usine (1859), il fallait environ 1 395 kilogrammes de fonte blanche par tonne de rails ; et dans le même établissement, on avait consommé auparavant jusqu'à 1 550 kilogrammes de fonte blanche. Dans une autre grande forge, on consommait de cinq à six tonnes de houille par tonne de rails, y compris 2 100 kilogrammes de houille employée à la fabrication de la fonte.

Fabrication des rails.

Nous ne voulons pas nous étendre sur cette branche importante de la sidérurgie qui est destinée, croyons-nous, à subir bientôt de grands changements, par suite de la substitution de l'acier fondu au fer malléable. Comme type des appareils employés pour laminer les rails, on a choisi ceux qui fonctionnent aux forges d'Ebbw-Vale. Bien que la figure 76 soit à une petite échelle, on la trouvera suffisamment claire et intelligible.

Le train consiste en deux équipages de cylindres cannelés. Dans le premier jeu de laminoirs à gauche, le paquet est graduellement converti en barre solide et presque rectangulaire; en passant par la série de cannelures du second jeu de cylindres à droite, il acquiert la forme des rails. Il faut des cylindres spéciaux pour chaque forme de rails; certains gabarits ne peuvent être exécutés sans beaucoup de difficulté et des frais supplémentaires. Une couverte dure, avec cassure à grain, est recherchée pour que le rail résiste, autant que possible, à l'usure par frottement. On a constaté que le fer fabriqué avec de la fonte provenant des minerais plus phosphoreux que ceux ordinairement employés, remplissait cette condition; comme certaines variétés de minerais du Northamptonshire sont assez riches en phosphore, on a traité ces minerais, pour avoir des fontes spéciales. Or, le fer qui renferme une quantité sensible de phosphore étant cassant à froid, il est évident qu'un rail ne doit pas se composer exclusivement de fer de cette nature. Mais lorsqu'il s'agit seulement des couvertes, le cas est différent; car du fer tenace et résistant forme le corps du rail (1). Cependant quelques ingénieurs de

(1) D'après des essais récemment faits au chemin de fer du Nord, il aurait été constaté que les rails contenant du phosphore sont plus durs et plus résistants, et que les fers à grain fin qui constituent les meilleurs rails renferment plus de phosphore que les fers à nerf. Ces résultats s'accorderaient avec ce que l'auteur dit ici des fers phosphoreux.

(*Les Traducteurs.*)

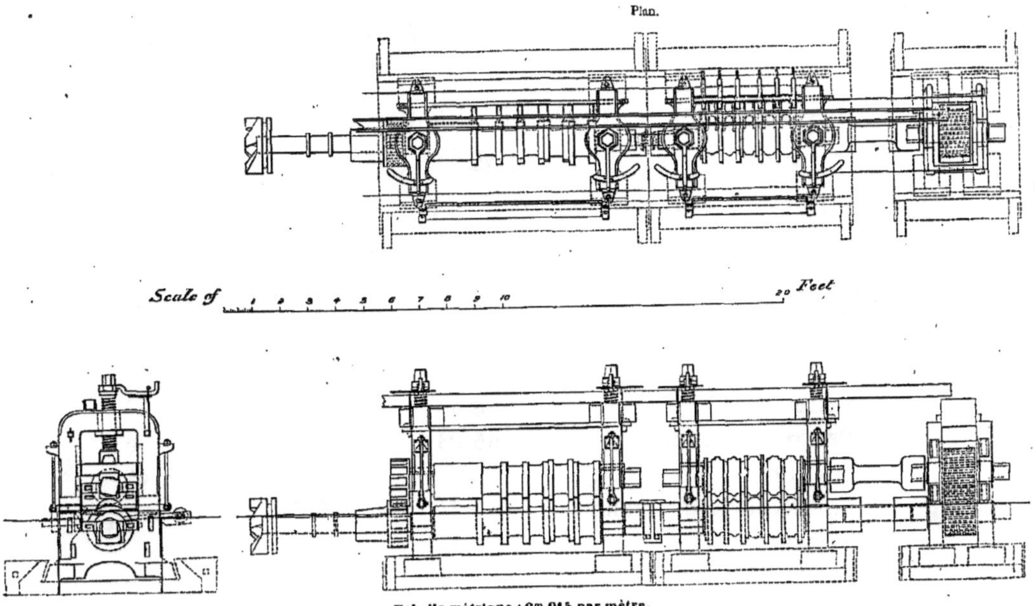

Echelle métrique : 0m.015 par mètre.

Fig. 76. — Laminoir à rails des forges d'Ebbw-Vale. Plan, élévation vue de face et à l'extrémité.

chemins de fer semblent être d'un avis très-différent ; dans un marché important passé avec une forge bien connue, pour une fourniture de rails au compte de la Russie, il a été spécifié que les rails devaient se briser sous un certain poids tombant d'une hauteur déterminée (1). Ce renseignement nous a été donné par le directeur de cette forge, dont l'assertion ne peut être mise en doute. Peut-être les Russes préfèrent-ils la fragilité à l'exfoliation et au dessoudage à froid ; ou bien, ils ont d'autres raisons faciles à deviner.

Composition des scories des fours à réchauffer.

On les désigne généralement sous le nom de scories de forge, de four à souder ou *de chio* ; cette dernière dénomination a été suggérée par le fait que cette scorie sort par le chio de la cheminée. Il est singulier qu'un aussi petit nombre d'analyses exactes aient été faites ou du moins publiées sur ces scories.

	I.	II.	III.
Silice.	28.71	33.47	34.00
Protoxyde de fer..	66.01	65.83	55.36
Sesquioxyde de fer.. . . .	»	»	8.49
Protoxyde de manganèse. .	0.19	0.74	»
Alumine.	2.47	»	»
Chaux..	0.81	»	0.36
Magnésie.	0.27	»	Traces.
Soufre..	0.11	»	»
Acide phosphorique. . . .	1.22	»	»
Cuivre..	Traces.	»	»
Carbone et déchet.	»	»	1.79
	99.79	100.04	100.00
Fer, pour 100..	51.34	51.20	49.00

(1) L'auteur s'étonne, avec quelque raison, de l'épreuve imposée par les ingénieurs, mais qui constitue un des trois modes de vérification généralement adoptés par les compagnies françaises de chemins de fer. Ainsi, les compagnies du Nord et du Midi exigent que le rail reposant, par l'intermédiaire d'un châssis en chêne, sur un massif en maçonnerie, supporte, sans se rompre, le choc d'un mouton de 300 kilogrammes, tombant de 2 mètres. La Compagnie de Lyon exige que les supports du rail soient installés sur une enclume en fonte de 10 tonnes au moins, établie sur un massif en maçonnerie, et que le rail résiste au choc

I. Analyse par M. E. Riley, des forges de Dowlais; pas de détails. La composition se rapproche beaucoup de la formule $3FeO.SiO^3$. II. Analyse par M. Dugendt, laboratoire de Rammelsberg. Cette scorie est décrite comme provenant d'un four à souder (en Suède) (1). III. Analyse par Rammelsberg (2). La scorie provenait d'un four à souder, au gaz, de Wasseralfingen. De couleur ordinaire, elle présentait de grandes lames couvertes de facettes cristallines, d'une structure analogue à celle du *spiegeleisen;* sa pesanteur spécifique était 3.755. En calculant que le sesquioxyde de fer s'y trouve à l'état d'oxyde magnétique, Rammelsberg en déduit la formule $6(2FeO.SiO^3) + FeO.Fe^2O^3$. Mais ce produit ne peut-il pas avoir été à l'origine du silicate tribasique de protoxyde, et le protoxyde ne peut-il pas s'être ensuite converti partiellement en sesquioxyde?

L'oxyde de fer formé, quelle que soit sa teneur en sesquioxyde, doit, au contact de la silice de la sole, se convertir en silicate tribasique, attendu que la température est assez élevée pour décomposer le sesquioxyde de fer sous l'influence de la silice.

FABRICATIONS SPÉCIALES.

Fer-blanc et tôle.

La tôle recouverte d'étain ou le fer-blanc est, comme chacun le sait, l'objet d'un très-grand commerce. On distingue les tôles de fer-blanc au bois et les tôles au coke, suivant qu'on a employé du charbon de bois ou du coke dans certaines opérations. Nous avons décrit la méthode par laquelle on ob-

d'un mouton pesant 200 kilogrammes et levé à 1m.50 de hauteur, etc. L'auteur paraît douter que cette épreuve, indépendamment de celle de la pression, apprenne quelque chose sur les qualités essentielles que doit présenter un rail, c'est-à-dire la dureté et la résistance à l'écrasement. (*Les Traducteurs.*)

(1) *Lehrbuch der Chemischen Metallurgie.* Rammelsberg, p. 125.

(2) Même ouvrage, p. 125.

tient la loupe et les lopins, dont on fabrique les tôles au charbon de bois (1); il importe de ne pas oublier que l'on n'emploie le charbon de bois que pour affiner la fonte ; le mazéage et le réchauffage se font dans des foyers au coke. Comme le traitement ultérieur des lopins implique le laminage, nous en avons différé l'étude jusqu'à ce que nous eussions fait la description générale des appareils à laminer le fer. La fonte susceptible de donner du fer légèrement rouverain est généralement préférée pour la fabrication des tôles à fer-blanc, à cause du corps qu'offre, à froid, cette variété de fer.

Fabrication au charbon de bois. — Voici le résumé du procédé suivi à Pentwrch, dans le Glamorganshire, pour fabriquer les « tôles extra, marquées RG, » et cotées très-haut sur le marché. Cette description nous a été communiquée par M. William Thomas, de Merthyr Tydvil (1850) (2). Pour une tonne de barres affinées, on calcule sur 23 tonnes 1/2 de fonte, et sur une consommation de 5 sacs 1/4 de charbon de bois dans le foyer d'affinerie. La barre affinée est le produit d'une loupe, affinée au charbon de bois, puis martelée et laminée sous forme d'une barre d'environ 9^m.15 de longueur, 0^m.15 de largeur, 0^m.04 d'épaisseur, et souvent davantage. Ces barres découpées en morceaux de 0^m.30 de longueur sont mises en paquet et réchauffées dans le foyer spécial décrit précédemment (3). Pour 1 tonne de fer fini, on compte sur 1 200 kilogrammes de fer affiné, et sur une consommation d'environ 700 kilogrammes de coke dans le four à réchauffer. La proportion du coke varie selon la qualité du métal; dans quelques usines on n'en consomme que 640 kilogrammes.

Pour le fer-blanc, les dimensions des barres de fer fini

(1) *Métallurgie*, t. III, p. 412 et suivantes.

(2) Nous y avons intercalé quelques détails supplémentaires, empruntés à une description des mêmes procédés pratiqués dans la fabrique de fer-blanc de Pontypool, que nous a communiquée, en 1853, M. Kenyon Blackwell, autrefois propriétaire et directeur de cette usine.

(3) Four à réchauffer (*Hollow fire*), *Métallurgie*, t. III, p. 417.

dépendent des dimensions et du poids de la tôle, ou bien du mode de laminage.

Quand la barre est finie, on la passe au laminoir, puis elle est découpée en feuilles de dimensions voulues. On la fait chauffer ensuite au rouge, dans un fourneau à réverbère; on la lamine, on la soumet à une nouvelle chauffe, on la lamine de nouveau, on la double, on la chauffe et on la lamine une troisième fois; on la double encore, on la chauffe et on la lamine une quatrième fois. Dans quelques cas, on soumet la barre à six chauffes et à six laminages consécutifs. La longueur de la barre dépasse d'environ $0^{m}.025$, la largeur de la feuille qu'il s'agit de fabriquer, de manière à faire la part de la cisaille, et, par conséquent, l'axe de la barre laminée est parallèle à celui des laminoirs. La construction et la conduite des fours à réchauffer exigent des soins particuliers; il faut veiller à ce que la barre et la tôle en laminage, soient échauffées avec la plus grande uniformité, sans qu'il se forme des pailles d'oxyde à leur surface; car les pailles provenant d'un tirage trop vif ou d'une température trop élevée, donnent un fer de mauvaise qualité. Les pailles venant plus tard à se mélanger avec le fer quand on le lamine, il en résulte que les feuilles acquièrent une surface rugueuse au décapage. Les feuilles sont taillées dans les dimensions voulues, à l'aide d'un gabarit, puis courbées sur elles-mêmes et recourbées pour faire tomber les écailles d'oxyde. « On désigne les feuilles, avant d'être étamées, sous le nom de *tôle noire.* » Celles sur lesquelles on doit employer une très-petite quantité d'étain se laminent plus fortement, et, par conséquent, requièrent plus de métal que les tôles bien couvertes. La tôle noire représente de 80 à 90 pour 100 du fer employé; le rendement minimum correspond à l'emploi de feuilles étroites, laminées en une seule longueur et doublées trois fois; soit 8 feuilles de $0^{m}.35 \times 0^{m}.25$, ou de feuilles doublées trois fois et laminées en deux longueurs, soit 16 feuilles de

$0^m.35 \times 0^m.25$. Le maximum est donné par des feuilles larges, doublées une seule fois, soit 4 feuilles laminées en deux longueurs. Le procédé ordinaire consiste, pour les feuilles qui ne sont pas très-épaisses, telles que IX (marque de commerce) de $0^m.35 \times 0^m25$ ou de $0^m.35 \times 0^m.50$, et IXX de $0^m.35 \times 0^m.25$ ou de $0^m.35 \times 0^m.50$, à employer des barres d'un poids suffisant pour obtenir 16 feuilles de $0^m.35 \times 0^m.25$, ou 8 feuilles de $0^m.35 \times 0^m.50$. Voici le moyen de calculer le poids d'une caisse, par exemple, de 112 feuilles de tôle marquée IX et mesurant $0^m.35 \times 0^m.50$:

Poids après l'étamage.	$63^k.47$
Poids après découpage.	61 .00

Le rendement en « tôle noire » étant, dans ce cas, de 87 pour 100, on a :

$$\frac{61^k.00}{0.87} = 70 \text{ kilogrammes,}$$

c'est-à-dire, le poids de fer nécessaire pour fabriquer une caisse de ces feuilles. Comme chaque barre de fer rend 8 feuilles, il faudra 14 barres pour 112 feuilles. Ainsi, $\frac{70}{14} = 5$ kilogrammes, représente le poids d'une barre donnant 8 feuilles en deux longueurs, doublées deux fois.

La formule ci-dessus s'applique à une caisse, quel qu'en soit le poids, de feuilles de mêmes dimensions et laminées de la même manière. Il faut observer que plus une plaque est doublée, plus il y a de déchet, à cause de la plus grande masse de rognures.

Pour décaper les feuilles, on les plonge dans l'acide chlorhydrique ou sulfurique, dilué et chauffé. La lessive se compose d'environ 16 parties d'eau en volume pour 1 partie d'acide. On évite soigneusement dans les fabriques de fer-blanc de se servir d'acide sulfurique provenant des pyrites de fer, et, partant, de nature à renfermer de l'arsenic. L'eau acidulée est contenue dans des caisses de plomb posées sur de petites grilles; les feuilles y sont placées de champ et agitées de temps à autre, jusqu'à ce que les écailles et les taches aient disparu entièrement. Les feuilles extérieures, qui sont plus oxydées que celles du centre, par suite de leur exposition à l'air dans le four à réchauffer (quand on lamine à la fois 4 feuilles ou un plus grand nombre), sont mises de côté pour être décapées à part, car elles ont besoin de rester immergées plus longtemps dans l'acide. On les retire ensuite pour les laver dans deux ou trois eaux et on les fait sécher sur un dressoir. Une fois sèches, on les chauffe au rouge vif pendant un laps de temps qui varie de douze à vingt-quatre heures, dans des « caisses à recuire, » ou *pots* en fonte, dans un fourneau à réverbère. Pour que les couvercles de ces caisses ferment hermétiquement, on les revêt d'une couche de sable ou d'oxyde brûlé de $0^m.15$ à $0^m.07$ d'épaisseur, qui s'accumule dans les fours. Le degré de chaleur auquel les plaques sont ainsi soumises est maintenu aussi haut que possible, sans toutefois qu'elles s'amollissent au point d'adhérer entre elles, et qu'elles ne puissent plus se séparer quand elles sont refroidies. La porte du four à recuire est de niveau avec le sol; l'on y enfourne les caisses en les roulant sur un petit chemin de fer. Les plaques exemptes d'écailles sont passées à froid et une à une sous trois équipages de laminoirs à coquille très-bien polis à l'émeri et à l'huile. Ces laminoirs sont ajustés avec précision, afin de conduire les plaques parfaitement droit et de leur donner une surface bien nette. En effet, plus la surface de la tôle est nette et polie, plus on économise d'étain et plus le fer-blanc offre une couleur blanche et brillante. Après avoir été ainsi laminées à froid, les feuilles sont de nouveau recuites ou ramollies à une température plus basse que pendant le premier recuit (car leurs surfaces seraient altérées si elles adhéraient tant soit peu), puis plongées dans une solution d'acide sulfurique, un peu plus étendue que la première, et placées dans des caisses en fonte remplies d'eau pure et alimentées d'une manière continue. Après avoir séjourné un peu de temps dans la première eau, les feuilles sont portées dans d'autres caisses pour y être examinées une à une et écurées, s'il est nécessaire, avec du sable et des étoupes de chanvre ou du vieux linge, avant d'être livrées à l'étameur. Chaque laveur — et il y en a un par ferblantier ou par série de « caisses à étamer, » dessert deux caisses ; dans l'une il dépose les feuilles, au fur et à mesure qu'elles lui sont apportées, et, dans l'autre, les feuilles une à une, après que le laveur les a choisies dans le nombre et examinées des deux côtés pour en enlever, au moyen d'étoupes et de sable, les taches et souillures d'acide ou d'oxyde ; de sorte que les feuilles sont parfaitement nettes et brillantes quand l'étameur les reçoit.

L'étameur (qui est le chef de l'équipe employée à l'étamage des feuilles, comprenant un laveur, un graisseur et un *list-boy* ou garçon) prend les feuilles du laveur et les place dans un bac plein d'eau situé auprès de lui, jusqu'à ce qu'il soit prêt à les porter au pot à graisse.

Les feuilles sont retirées du bac et mises une à une dans le pot de suif fondu où on les laisse jusqu'à ce qu'elles soient complétement enduites. Le suif, par l'usage, devient collant ; aussi le suif frais ne convient-il pas, car, selon M. Williams, il enlève l'eau mécaniquement, au fur et à mesure qu'on plonge chacune des feuilles. La température de ce pot est très-basse ; l'eau s'évapore peu, excepté quand elle s'accumule à la surface. Le suif n'est jamais entièrement exempt d'eau. Le pot à graisse et les autres pots ou chaudières dont il sera fait mention plus loin sont en fonte et encastrés dans une maçonnerie en briques. Ils sont chauffés par des foyers particuliers et rangés sur une même ligne. Dans les ferblanteries que nous avons visitées, le travail a lieu de droite à gauche (1). On plonge ensuite les feuilles, par paquets, dans le pot à étamage qui contient un bain d'étain fondu couvert de graisse. L'étain est maintenu en fusion avant qu'on ne s'en serve, en y agitant des tiges de bois ; on le purifie ainsi de certaines impuretés qu'on écume. L'effet de ce traitement sera ultérieurement expliqué. De là, les feuilles passent en paquets dans le pot à laver, qui est divisé en deux compartiments, dont l'un est plus grand que l'autre ; mais tous deux sont également remplis d'étain fondu, couvert de graisse. On les place d'abord dans le plus grand compartiment ; comme le pot à laver contient de l'étain de meilleure qualité que celui du pot à étamage, et comme la température en est relativement peu élevée, on peut y maintenir les feuilles, sans qu'elles sèchent, jusqu'à ce que le laveur soit prêt à les brosser. La température est toutefois assez élevée pour achever l'étamage, dans le cas où il n'aurait pas été opéré convenablement dans le pot. Dans les opérations suivantes, les feuilles sont traitées isolément. On les retire, on les pose sur une table et on les nettoie des deux côtés avec une brosse de chanvre. Ensuite, pour faire disparaître les traces laissées par la brosse et pour donner du poli à la surface, on les trempe dans la seconde case ou le plus petit compartiment, du pot à laver. Ce compartiment contient toujours l'étain le plus pur, car à mesure que le métal se souille par l'amalgame avec le fer, on l'introduit d'abord dans le plus grand compartiment, et de là dans le pot à étamage. Les feuilles, deux fois passées au bain d'étain, sont en-

(1) Il s'accumule dans le pot à suif une poudre d'un gris foncé qu'autrefois on jetait, parce qu'on en ignorait la nature. Elle consiste principalement en étain métallique finement divisé ; un échantillon que nous avons recueilli à l'usine de Pont-y-Mister, près de Newport, renferme 60 pour 100 de ce métal. M. Williams, de l'usine de Morfa, nous assure qu'il ne peut y avoir dans le pot à suif d'autre matière que l'étain fondu qui égoutte des feuilles. « La poudre grise, dit-il, ne provient pas du pot à suif. » Quoi qu'il en soit, c'est de ces pots que nous avons retiré l'échantillon de la poudre, et il ne paraît pas difficile d'en expliquer la formation. Cette poudre, étant essentiellement composée d'étain à l'état de division mécanique, a dû se produire exactement de la même manière que le mercure divisé avec lequel on fabrique les pilules mercurielles, c'est-à-dire par friction avec la graisse.

core immergées dans le pot à suif qui est rempli d'un mélange de suif de Russie et d'huile de palme fondu en parties égales, ou d'huile de palme seule. Il faut une certaine habileté pour régler convenablement la température de ce mélange. Le but de cette immersion étant de faire écouler tout l'étain superflu, c'est-à-dire une quantité, en général, deux ou trois fois plus grande que celle qui reste sur la feuille, il faut avoir soin de porter le suif huileux à une assez haute température, mais pas assez haute pour produire l'oxydation, lorsque l'on sort les feuilles à l'air. La durée de l'immersion du fer étamé dans le pot à suif détermine avec une grande exactitude la quantité d'étain qu'il doit retenir, car le contact de la graisse fondue maintient l'étain en liquéfaction et permet à celui-ci de couler uniformément le long des feuilles tenues verticalement dans le pot. Ensuite, on introduit les feuilles dans le pot à refroidir et finalement on les laisse refroidir à l'air. Lorsque l'excès d'étain s'est égoutté, il reste sur le bord inférieur des tôles un bourrelet d'étain. On place ce bourrelet dans le pot à *lisser* qui ne renferme qu'une petite couche d'étain fondu, d'environ $0^{m}.006$ de hauteur, que l'on maintient à une température sensiblement au-dessus du point de fusion. Le bourrelet parfaitement fondu, l'ouvrier retire les feuilles, toujours une à une, et leur donne avec une baguette un coup vif à la surface, afin d'en détacher le métal excédant. On frotte chaque feuille placée de champ dans des bacs remplis de son mélangé avec un peu de farine, puis avec de la flanelle, et on les porte dans la salle du triage, où chacune après examen est classée et mise en caisses.

On reconnaît la bonne qualité des feuilles de fer-blanc à leur ductilité, leur résistance et leur couleur. Pour obtenir ces qualités réunies, il faut que le fer soit de très-bonne marque et que la fabrication soit conduite avec habileté. Le type qui règle le prix, dans le commerce anglais, porte la marque I C (ordinaire, n° 1). C'est une caisse de 225 feuilles, devant peser exactement 50k.982 ; mais on admet une tolérance de 1k.300.

On emploie de 3k.600 à 3k.850 d'étain, en moyenne, par caisse de feuilles de fer-blanc *brillant doux*. La quantité d'alliage pour le fer-blanc connu sous le nom de *terne doux*, varie de 4k.500 à 6k.300, selon les proportions de plomb employé.

Fer-blanc au coke. — Dans la fabrication du fer-blanc au coke, le feu d'affinerie au bois est remplacé par le four à puddler. A Pentwrch, on consomme 1 193 kilogrammes de fonte crue par tonne de fer brut, et 1 168 kilogrammes de fer brut par tonne de fer fini (fer n° 2). La fonte est mazée et la charge à puddler, dans un des fours doubles de cette usine, est de 360 à 430 kilogrammes. Une finerie approvisionne un four double à puddler qui produit environ 36 tonnes de fer brut par semaine. La consommation de charbon est de 760 kilogrammes par tonne de fer puddlé (fer n° 1). Pour retirer du fer puddlé une tonne de fer fini (fer n° 2), on consomme 1 066 kilogrammes de houille. La main-d'œuvre, dans le mazéage, s'élève à 3 fr. 50 c. par tonne, et dans le puddlage, à 6 fr. 85 c. (août 1860). Le fer brut est découpé en longueurs égales, mis en paquet, chauffé au four à souder et martelé en plaques ou *slabs*. Ces plaques, réchauffées au blanc soudant, sont passées au laminoir et converties en barres qui sont laminées de nouveau et étirées en feuilles. Quelquefois on néglige de marteler, et, dans ce cas, le paquet réchauffé est corroyé directement sous les cylindres.

Dans la variété de fer-blanc *terne doux*, les feuilles sont étamées avec un alliage d'étain et de plomb contenant de 1/3 à 2/3 de plomb; on emploie pour le fer-blanc terne, des feuilles au coke et au charbon de bois, mais dans la plupart des usines de premier ordre, on affecte à cette fabrication les tôles au bois; ce n'est qu'exceptionnellement qu'on se sert de tôles au coke. La surface est terne, comparativement à celle des feuilles de fer-blanc brillant doux. On en exporte de grandes quantités au Canada, où on les emploie pour les toitures.

Nous avons eu récemment occasion d'observer dans les feuilles de fer-blanc provenant d'une des usines galloises, un défaut qui apparaissait peu de temps après la fabrication. Toute la surface était parsemée de très-petits points protubérants, ternes et d'un noir grisâtre. A cette époque, nous n'avions pu faire qu'un examen incomplet de ces taches, sans reconnaître leur nature, ni leur cause. Il ne nous est donc permis que de hasarder une conjecture à leur sujet ; mais nous pensons qu'elles sont dues à quelque irrégularité dans le décapage ou avant l'étamage. Nous décrirons, au sujet du laiton (t. V), un défaut qui apparaît également dans le laiton, quelque temps après le trempage et le vernissage, et qui semble avoir quelque analogie avec les taches du fer-blanc. Les acides chlorhydrique et sulfurique sont souvent souillés par de l'acide arsénieux ; dans ce cas, il peut résulter un dépôt d'arsenic métallique sur les feuilles décapées dans des acides impurs. Mais nous ignorons si l'arsenic ainsi déposé contribue seul à la production des taches en question.

Tôles belges.

Les Belges ont, à juste titre, acquis une bonne réputation dans la fabrication des grandes tôles dont la surface est fine, unie, brillante et d'un noir bleuâtre. En 1862, plusieurs usines avaient exposé de magnifiques échantillons de tôles. Les qualités particulières de la surface sont évidemment dues à une couche légère et très-adhérente d'oxyde de fer ; car, en pliant aux angles quelques-unes des feuilles sur elles-mêmes, on détache cette couche et l'on découvre au-dessous une surface d'un blanc métallique. L'éclat résulte, croyons-nous, du laminage après la formation de la couche d'oxyde, quoique les tôles aient été recuites ultérieurement, comme le prouve l'absence de rigidité; nous ignorons les détails de la fabrication.

Tôles russes.

Les Russes sont renommés pour une espèce particulière de tôle qu'eux seuls, jusqu'à présent, savent fabriquer. Ces tôles ont une surface extrêmement unie, plus noire et plus brillante que les tôles belges; en les pliant nombre de fois sur elles-mêmes on ne parvient pas à détacher la couche d'oxyde; elles ont une grande ténacité. Le procédé de fabrication est tenu rigoureusement secret. On emploie exclusivement, pour ces tôles, du fer au bois. Nous avons appris qu'à la fin du traitement, après le corroyage sous les cylindres, on les martèle en paquets, en interposant du poussier de charbon; puis on les trie, car les feuilles extérieures sont de qualité inférieure et mises au rebut. La fabrication de ce genre de tôle fait défaut en Angleterre; quiconque réussirait à l'y implanter pourrait compter sur de gros bénéfices. La nature de la surface semble diminuer la tendance à la rouille. Ces renseignements sur les tôles russes nous sont parvenus de trois sources différentes.

Fer fendu.

Les fers carrés ou à section rectangulaire se fabriquent à l'aide de machines à fendre ou *fenderies*, qui se composent essentiellement d'un jeu de cylindres munis d'une série de couteaux circulaires étroits et parallèles ou *taillants*, et de cannelures intermédiaires ou *rondelles*, de la même largeur. Les taillants et les rondelles, formant ensemble une *trousse*, se fabriquent sur le tour. Les taillants se meuvent entre les dernières, laissant des entre-deux suffisants pour que les verges passent au travers.

A l'invention des fenderies se rattache un curieux incident, comme l'indique l'extrait suivant de l'ouvrage de Coleridge, cité par Scrivenor, dans la première édition de son histoire de l'industrie et du commerce du fer (1).

« On cite sur le compte du fondateur de la famille Foley un « exemple des plus singuliers de ce que peut produire l'enthou- « siasme allié à la persévérance. Foley, violoniste de profes- « sion, habitant près de Stourbridge, avait souvent assisté au « travail des forges et s'y était convaincu de la perte de temps « considérable qu'entraînait le fendage des barres nécessaires « à la fabrication des clous. L'invention de la fenderie appli- « quée en Suède avait eu des conséquences très-désastreuses « pour les maîtres de forges de Stourbridge. Un jour, on ne « vit plus Foley faire ses rondes accoutumées dans les usines: « il disparut pendant plusieurs années. Décidé à connaître « par quels moyens on fendait le fer en Suède, Foley, sans « communiquer son intention à personne, se rendit à Hull, « et là, dénué de ressources, il s'engagea, pour prix de son « passage, à bord d'un navire qui le transporta en Suède. « Une fois débarqué, il se mit à mendier, jouant du violon le « long de la route jusqu'aux forges, où, longtemps après, il « captait la bienveillance de tous les ouvriers; feignant la « plus profonde ignorance et ne laissant rien voir qui pût « trahir le but qu'il s'était proposé, il était choyé dans les « ateliers et avait accès partout. Il ne laissa pas échapper « l'occasion dont il pouvait ainsi profiter, et ayant lesté sa « mémoire d'observations sur le traitement employé, il s'en « alla comme il était venu, sans que personne eût pu savoir « d'où il venait et où il était parti. A son retour en An-

(1) *Letters, conversations and recollections*. Lettres, conversations et souvenirs de S. T. Coleridge. Histoire générale de l'industrie et du commerce du fer dans le monde entier depuis les temps les plus reculés jusqu'à l'époque actuelle, par Henry Scrivenor, Blaenavon. Londres, 1841, in-8°, p. 120.

« gleterre, il fit part des résultats de son excursion à M. Knight « et à une autre personne du voisinage, avec lesquels il s'as- « socia. On fit aussitôt construire une usine et l'outillage né- « cessaire à la fenderie. Quand tout fut prêt, on constata que « la machine ne fonctionnait pas; en tout cas, elle ne ré- « pondait pas au but spécial de sa construction, puisqu'elle ne « fendait pas les barres. Foley disparut de nouveau : on en « conclut que la honte et la mortification d'avoir échoué « l'avaient condamné à un exil durable. Loin de là, il avait « repris le chemin, mais cette fois un peu plus court, vers les « forges suédoises, où il reçut l'accueil le plus cordial. Pour « ne plus perdre leur joueur de violon, les ouvriers le lo- « gèrent dans le bâtiment même où était la machine à fendre. « Ainsi se trouvait atteint, au delà de ses espérances, l'uni- « que but de toute sa vie. Il étudia à son aise les machines « et découvrit bientôt la cause de son échec. Il fit alors des « dessins ou plutôt des croquis, et, après avoir séjourné le « temps nécessaire pour contrôler ses observations et bien « s'en pénétrer, il s'embarqua pour l'Angleterre. Cette fois, « il réussit complétement et, grâce à l'expérience acquise à « l'étranger, il s'enrichit tout en assurant de grands avan- « tages à ses compatriotes. Je regarde cet exemple de dévoue- « ment et de fermeté comme un des plus extraordinaires des « temps modernes. »

Les détails qui suivent nous ont été fournis par M. John Bagnall, de Charlemont-Hall, près de West-Bromwich, qui s'est beaucoup occupé de recherches historiques sur l'industrie et le commerce du fer : « La famille Foley eut pour fon- « dateur Richard Foley, de Stourbridge, qui amassa une grande « fortune par sa participation dans les forges de cette localité. « Il mourut en juillet 1657, à l'âge de quatre-vingts ans. Sir « Simon Degge affirme que Richard Foley fut d'abord cloutier, « puis maître de forges à Stourbridge; c'était un très-honnête « homme. En l'année 1634, il établit une école à Dudley pour

« cinquante garçons. Cette école avait été dotée de terres, « qu'il reprit parce qu'elles avaient été pendant quelque temps « aliénées et détournées de l'œuvre qu'il avait voulu fonder. « A ces terres, Foley en ajouta d'autres qui lui appartenaient, « et il fit construire une maison d'école où Richard Baxter fut « le premier maître (1). »

Swedenborg a donné une gravure représentant une fenderie suédoise; il fait mention de machines analogues fonctionnant en Allemagne et en Angleterre (2); mais on ne trouve dans son livre aucune allusion à Foley. MM. Grill, Ekman et Styffe, de Stockholm, que nous avons consultés, ignoraient même son nom ; personne pourtant ne connaît mieux l'histoire de l'industrie sidérurgique en Suède.

On attribue à Godfrey Box, de Liége, la construction du premier train fendeur à Dartford, en 1590 (3).

QUALITÉS SPÉCIALES DES FERS ANGLAIS.

Yorkshire sud.

De tous les fers anglais, nul n'a acquis autant de renom pour certains usages spéciaux, que celui de la Compagnie des forges de Lowmoor, de Bowling et de quelques autres usines du voisinage. On en fait grand usage dans la coustruction des outils et machines, des plaques de chaudière, des bandages et des essieux, etc., qui exigent, avant tout, une grande résistance et une qualité irréprochable. La qualité des fers de Low-

(1) *Worcestershire*, par Nash, t. I, p. 360, et t. II, p. 464.

(2) *De Ferro*, 1734, p. 253. « Angliæ sunt etiam plures machinæ, quibus ferrum secundum longitudinem suam attenuatur, et in partes, contos et cingula, quibus cadi circumligantur, *secatur* et diducitur. »

(3) Scrivenor. *History of the Iron Trade*. Histoire de l'industrie et du commerce du fer ; nouvelle édition, 1854, p. 36. Ce fait est emprunté à *Gough's Camden*. L'histoire de Foley ne semble guère s'accorder avec cette relation, et, dans la nouvelle édition de son ouvrage, Scrivenor l'a omise.

moor est si généralement reconnue, que, quand les ingénieurs anglais spécifient que ce fer sera employé, lorsque la sécurité publique est en jeu, ils ne sont plus responsables en cas d'accidents causés par la rupture des machines. Il y a dans le Yorkshire des usines qui produisent du fer de qualité égale à celles de Lowmoor; nous citerons notamment les forges de Bowling et de Farnley. Les Compagnies de Lowmoor et de Bowling, grâce à leur crédit depuis longtemps établi, obtiennent généralement par tonne de fer de 100 à 150 francs de plus que les autres forges, et l'on assure qu'elles maintiennent ces prix de commun accord. Du reste, le fer y est fabriqué par les mêmes procédés et avec autant de soin.

MM. Armitage nous ont communiqué la description des procédés suivis aux forges de Farnley. La fonte est finée et le *fine metal*, concassé en morceaux d'environ 40 à 90 centimètres, est puddlé par chauffes de 125 kilogrammes. Le puddleur traite jusqu'à neuf chauffes ou 1 125 kilogrammes environ dans l'espace de onze heures. Le four, de dimensions relativement petites, a une double sole située à un niveau plus élevé que celle de puddlage et que chauffe la flamme perdue de celle-ci, avant de se rendre dans la cheminée. Les lopins sont introduits sur la sole supérieure, et, quand ils sont au rouge, on les rejette sur la sole inférieure, où on les puddle avec un mélange de battitures à la manière ordinaire, pour en former deux ou trois balles, suivant les besoins. On porte les balles sous un marteau de sept tonnes qui les réduit en plaques grossières ou lopins ayant environ $0^{m2}.75$ et $0^{m}.04$ d'épaisseur. Les lopins sont, au moyen d'un mouton, brisés en morceaux de $0^{m2}.12$ à $0^{m2}.25$ que l'on trie avec soin, selon les usages différents auxquels on destine le fer. On emploie ces lopins principalement pour les bandages et pour le fer en barres. Les lopins concassés sont mis sur des planches minces en petits paquets appelés *balls* qu'on fait chauffer au blanc soudant et que l'on façonne en barres rectangulaires (*blooms*) sous le marteau-pilon. Le bloom est réchauffé et martelé trois fois, jusqu'à qualité parfaite; puis, finalement étiré sous la forme voulue.

Le fer de Farnley est surtout employé pour les bandages de locomotives; dans ce cas, on martèle le *bloom* sous la forme d'un lopin rectangulaire. On le porte ensuite dans un four à réchauffer et on le lamine sous forme de bandage que l'on scie à la longueur convenable et que l'on courbe en cercle dans la même chauffe.

Les tôles de chaudière ne se fabriquent pas généralement avec des lopins, mais avec des *loupes* d'environ $0^{m2}.75$ sur $0^{m}.10$ à $0^{m}.12$ d'épaisseur, formées en étirant les balles puddlées sous le marteau. Les loupes sont mises en paquet, suivant les dimensions de la tôle à fabriquer. Elles passent quatre fois dans le four à réchauffer et sous le marteau, avant d'être parfaitement soudées ensemble. Ensuite, on les étire en plaques ou *slabs*, dont les dimensions varient entre $0^{m}.60$ à $1^{m}.20$ de longueur et $0^{m}.30$ à $0^{m}.50$ de largeur. Ces plaques sont chauffées dans un four à souder, laminées sous forme de tôle, et quand elles sont refroidies, on les découpe à la cisaille, suivant la commande. Les fers ronds, carrés et plats sont martelés de la même manière que les bandages, puis rabotés. Le fer de Farnley n'est laminé qu'une seule fois.

L'Exposition internationale de 1862 offrait une magnifique collection des fers de cette usine. Rien de comparable à la cassure des bandages dont la surface à grain fin était brillante, homogène, unie, nette et sans défaut. D'autres bandages provenant des usines du Yorkshire présentaient la même cassure. Les tôles de chaudière exposées par la Compagnie de Lowmoor étaient de la meilleure qualité; par la netteté des bords non découpés, elles contrastaient d'une façon remarquable avec les grandes tôles de chaudière des forges de Shelton, du Staffordshire et d'autres localités. Le fer du Yorkshire est plus dur que le fer réputé nerveux, et, par conséquent, plus capable de résister à l'usure par frottement. Il résiste également mieux au feu et se prête mieux au travail de la forge que le fer fibreux. Il est susceptible d'être courbé, doublé et replié sous le marteau, sans la moindre gerçure. La collection de Farnley comprenait entre autres produits, un nœud fabriqué à froid avec du fer rond de 0^m.112 de diamètre, et un échantillon remarquable de tôle deux fois doublée et travaillée au rouge sombre, sans qu'on pût y déceler la plus légère crique. Dans les plaques de chaudière, l'homogénéité est absolument essentielle pour la sécurité. La plus légère boursouflure à la surface, indiquant un défaut d'homogénéité, doit suffire pour faire rebuter une plaque; cependant, dans le département belge de l'Exposition, on remarquait une grande plaque de chaudière, à dimensions prétentieuses, qui présentait de nombreuses soufflures d'une grosseur considérable et d'autres indices de fabrication défectueuse.

La Compagnie Lowmoor possède des hauts fourneaux. Elle exploite diverses couches de charbon et des couches intermédiaires de minerai de fer. La houille *Black bed* se trouve de 40 à 42 mètres au-dessus de la couche *Better bed*. La couche *Black bed*, qui a de 0^m.85 à 0^m.90 d'épaisseur, alimente les chaudières à vapeur, etc.; le coke qui en provient est brûlé dans les fours à chaux, dans les appareils à air chaud, etc., partout où l'on n'a pas besoin d'un combustible de qualité supérieure. La couche *Better bed* n'a jamais plus de 0^m.50 d'épaisseur et, dans quelques localités, seulement 0.^{m}25; néanmoins, on l'exploite. Les minerais sont désignés sous les noms de *Black*, noir, et de *White*, blanc. Le minerai *Black* se trouve immédiatement au-dessus de la couche houillère *Black bed*; il forme six lits d'une épaisseur totale de 1^m.50. Son rendement est évalué en moyenne à 28 pour 100 de fer. Le minerai *White* se rencontre à 22 mètres au-dessus de la couche *Black bed* et forme sept couches d'une épaisseur totale de 2^m.10;

son rendement moyen est également de 28 pour 100 ; mais il n'est pas aussi estimé que le minerai noir (1).

La supériorité du fer de Lowmoor ne saurait être attribuée aux minerais, parce que l'on en trouve dans le Staffordshire sud et ailleurs, qui, au point de vue de leur teneur en soufre et en phosphore, ne le cèdent en rien aux meilleurs minerais de Lowmoor. On prétend que le charbon relativement peu sulfureux de la couche *Better Bed* est la cause de cette supériorité. M. C. Tookey a analysé un échantillon de houille moyenne, choisi avec soin, et il a trouvé que cette houille contenait 0.35 pour 100 de soufre, c'est-à-dire environ 0.15 pour 100 de moins que le « *Thick Coal* » du Staffordshire. Il est hors de doute que ce charbon est excellent pour les usages auxquels il est appliqué, mais les maîtres de forges décideront eux-mêmes jusqu'à quel point une couche aussi mince, ne pouvant rendre, avec quelque habileté qu'on l'exploite, plus de 4 200 tonnes par hectare, suffit pour alimenter un établissement aussi vaste que celui de Lowmoor. Des renseignements incontestables nous permettent d'affirmer qu'elle ne suffit pas. Il faut donc en conclure que le fer de Lowmoor doit sa réputation aux procédés particuliers de fabrication et aux soins apportés à chacune des opérations. Cela fait plus d'honneur à la Compagnie de Lowmoor que l'excellence attribuée uniquement à la qualité des minerais de fer.

L'analyse suivante du fer d'une plaque de blindage fabriquée par la Compagnie de Lowmoor a été faite dans notre laboratoire par M. C. Tookey :

Carbone.	0.016
Silicium.	0.122
Manganèse.	0.280
Nickel.	Traces très-nettes.
Cobalt.	Id. Id.
A reporter.	0.418

(1) Ces détails sont empruntés à un catalogue manuscrit des échantillons présentés par la Compagnie de Lowmoor au Musée de géologie pratique de Londres.

Report	0.418
Soufre	0.104
Phosphore	0.106
Fer, par différence	99.372
	100.000

La pesanteur spécifique de ce fer était 7.8083, et la résistance à la tension, de 3 890 kilogrammes par centimètre carré. Ces résultats ont été calculés par M. Fairbairn.

Staffordshire sud.

Le Staffordshire sud s'est acquis un nom pour son fer à nerf, qui, tout en ayant du corps, est relativement mou ; d'ailleurs, il n'est pas rouverain, ni cassant à froid à un degré sensible. Par suite de la concurrence, du traitement de minerais inférieurs ou de toute autre cause, la fabrication de ce district a perdu de son crédit ; le Staffordshire sud n'est pas le seul dans ce cas. Ce comté possède des minerais et du combustible de nature à donner du fer excellent ; mais il ne peut soutenir la concurrence des districts qui ont le moyen de fabriquer à meilleur prix des fers d'une qualité inférieure. Quelques maîtres de forges mettent leur ambition à produire beaucoup et d'autres à produire bon ; ces derniers seuls semblent avoir maintenu leur position au milieu des crises périodiques qui ont frappé l'industrie sidérurgique. Il importe toutefois de citer la magnifique collection du comte de Dudley à l'Exposition de 1862 ; elle démontre ce que pourrait être la fabrication du fer dans le Staffordshire sud. C'est la seule en effet, qui ait soutenu dignement, on pourrait même dire qui ait réhabilité la réputation de ce district. Le mérite de cette collection revient entièrement à M. Richard Smith, agent du comte Dudley.

L'analyse suivante, d'une tôle de chaudière provenant d'une fonte grise, n° 4, de l'usine Russell Hall, près de Dudley, a été faite par M. Henry, pour compte de M. S. H. Blackwell.

Carbone	0.190
Silicium	0.144
Soufre	0.165
Phosphore	0.140
Fer	99.361
	100.000

La fonte provenait du mélange suivant de minerais : hématite rouge de Froghall, 500 kilog. ; hématite brune de la forêt de Dean, 100 kilog. ; hématite rouge d'Ulverstone, 350 kilog. ; *Whitestone* et *Gubbin* (Staffordshire sud), grillés, 500 kilog. ; *Red mine* (Staffordshire nord), grillé, 50 kilog.

FER DE SUÈDE.

Ce fer a une réputation universelle. Il est consommé à Sheffield pour la fabrication des aciers de première marque. On en connaît plusieurs variétés, qu'on distingue par des signes particuliers poinçonnés sur les barres.

	I.		II.	III.	IV.
	a.	*b.*			
Carbone	4.809	0.087	0.054	0.087	0.386
Silicium	0.176	0.115	0.028	0.056	0.252
Soufre	Traces.	0.220	0.055	0.632	0.757
Phosphore	0.122	0.034	Traces.	0.005	Traces.
Manganèse	1.987	»	Traces.	»	Traces.
Arsenic	»	Traces.	»	Traces.	»
Fer	92.906	99.544	99.863	99.220	98.605
	100.100	100.000	100.000	100.000	100.000

I. *a.* Fonte de Dannemora, avec laquelle on fabrique le fer en barres (L). Cette analyse, de M. S. H. Blackwell, a déjà été insérée dans le livre qui traite de la fonte.

I. *b.* Analyse du fer en barres (L), fabriqué avec des oxydes magnétiques de Dannemora, aux forges de Löfsta, Upland.

Cette analyse, faite par Henry pour compte de M. E.-F. Sanderson de Sheffield, nous a été communiquée avec autorisation de la publier. Nous éprouvons le plus vif plaisir à reconnaître ici le concours de M. Sanderson qui nous a fourni les plus précieux renseignements sur l'acier et a mis à notre disposition toutes les analyses faites par Henry, pour son compte personnel et à ses frais. Henry était certainement un des chimistes les plus minutieux et les plus compétents que nous ayons connus. Cependant il est à craindre que, dans la détermination du soufre, il ne soit tombé dans les mêmes errements que nous, jusqu'à ce que notre ami le docteur David Price nous ait remis sur la bonne voie. Henry, en effet, a adopté le procédé de fusion avec le nitre dans un creuset d'or, en se servant de la flamme du gaz d'éclairage. Or, ce gaz contient du bisulfure de carbone, qui, en contact avec le nitre fondu, surtout s'il y a du manganèse, s'oxyde naturellement en donnant naissance à du sulfate de potasse. Le docteur Price et M. C. Tookey ont approfondi ce point dans notre laboratoire et ont vérifié les conditions dans lesquelles cette erreur se produit. Il n'est guère admissible que la fonte de Dannemora contienne seulement des traces de soufre, et que le fer marchand qu'on en tire, en renferme jusqu'à 0.22 pour 100. Ces remarques sur la détermination du soufre par Henry, s'appliquent également à la plupart des dosages qu'il a faits de ce corps. Quant aux autres éléments, nous avons lieu de penser que l'on peut se fier entièrement aux résultats des dosages de M. Henry.

II. Analyse de Henry. Marque OO (fig. 77, n° 4). Ce fer est fabriqué exclusivement avec les minerais de Dannemora, aux forges d'Österby, Upsala, Upland.

III. Analyse de Henry. Marque J.-B. (fig. 77, n° 9).

IV. Analyse de Henry. Marque K (fig. 77, n° 7).

Le professeur Eggertz de Fahlun a trouvé 0.03 pour 100 de cuivre dans le fer de Dannemora (1). On a prétendu que la

(1) *Jahres-Bericht*, Wagner, 1862, p. 9.

supériorité du fer de Dannemora devait être attribuée à ce qu'il est relativement exempt de phosphore et de cuivre ; mais les résultats obtenus par M. Eggertz, indiquent que le cuivre s'y trouve en quantité notable. M. Tunner fait naïvement allusion à l'opinion d'un célèbre métallurgiste français qui donne pour motif de cette supériorité, la *propension aciéreuse* des minerais de Dannemora. C'est là une explication commode, mais assurément peu rationnelle. M. Tunner n'a pas désigné le métallurgiste en question, bien que son nom soit transparent pour tout le monde (1).

Nous représentons (fig. 77) les dessins de plusieurs marques suédoises, qui sont des fac-simile de celles imprimées dans le registre officiel (2).

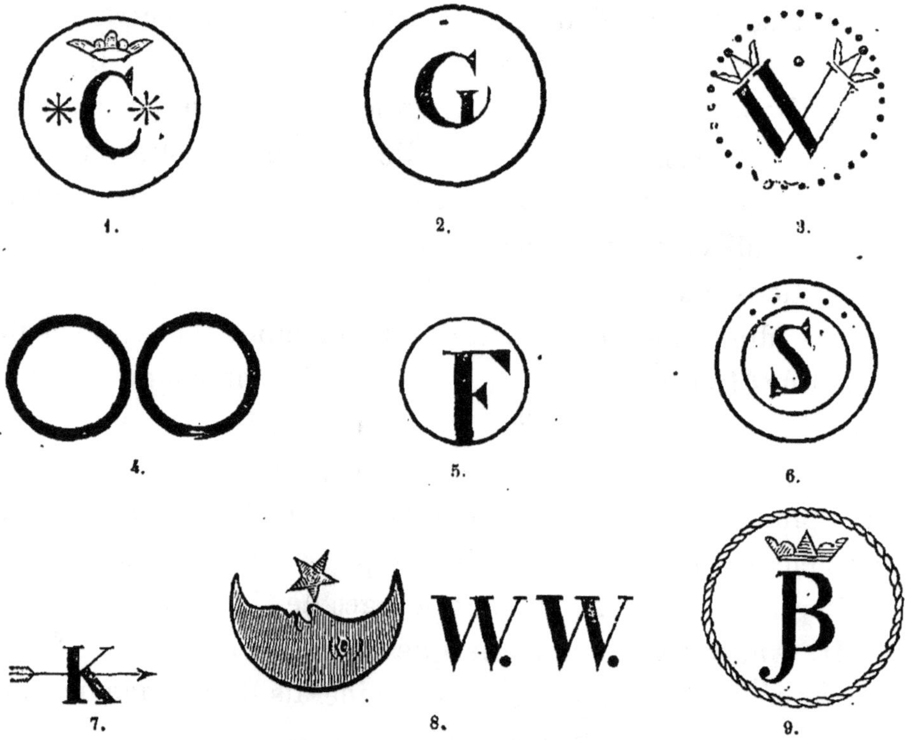

Fig. 77. — Marques des fers de Suède.

(1) *Eisenhüttenwesen in Schweden*, p. 13.
(2) *Stämpel-Bok*. Stockholm, 1845.

N° 1. Minerais de Dannemora. Forges d'Elfkarleö, Upland.

N° 2. Minerais de Dannemora. Forges de Gïmo, Upland.

N° 3. Minerais de Dannemora. Forges de Strömberg, Upland.

N° 4. Minerais de Dannemora. Forges d'Österby, Upland.

N° 5. Minerais de Dannemora. Forges de Forssmark, Upland.

N° 6. Minerais de Dannemora. Forges de Skebo, Upland.

N° 7. Oxydes magnétiques de Bispberg et de Relingsberg, et oxyde rouge de Noberg. Forges de Kloster, Dalécarlie. La Compagnie des forges de Kloster possède plusieurs usines, et le fer de chacune a une marque distinctive; mais celle figurée ici s'applique à toutes les variétés.

N° 8. Oxydes magnétiques de Persberg. Forges de Borgvik, Wermland. La gangue est de l'amphibole; on n'emploie pas de castine. Les minerais contiennent des traces de phosphore et des proportions relativement faibles de manganèse.

N° 9. Minerais de Dannemora. Forges de Gysinge. Province de Gestrikland attenant à la Dalécarlie.

FER DE RUSSIE.

On ne fabrique pas de meilleur fer qu'en Russie. Le charbon de bois y est exclusivement employé.

	I.	II.
Carbone..	0.272	0.340
Silicium.	0.062	Traces.
Soufre.	0.234	0.066
Phosphore.	»	»
Arsenic.	Traces.	»
Manganèse.	0.020	Traces.
Fer.	99.412	99.594
	100.000	100.000

I, Analyse de Henry. Le fer portait la marque bien connue CCND.

II. Analyse de Henry. Marque К.ЗКЪ.

PLAQUES DE NAVIRE.

C'est ainsi qu'on désigne, dans le commerce, les plaques laminées employées à la construction des navires en fer. Par suite de la concurrence et de la baisse des prix, ces plaques ont acquis une réputation, peu enviable, de mauvaise qualité. Le métal, à peine digne du nom de fer, dont on s'est servi et dont on se sert encore pour fabriquer ces plaques est bien connu de tous ceux qui s'intéressent à l'industrie sidérurgique. Il est honteux d'admettre de pareilles plaques dans des circonstances où la vie des personnes, sans parler des cargaisons d'une grande valeur, est de la première importance. Il y a sans doute de bonnes plaques de navires comme de mauvaises ; mais ces dernières prédominent. L'exposition de la Suède, en 1862, présentait un spécimen remarquable de ce que devraient être les plaques de bateau, et un type de la résistance qu'elles doivent offrir en cas de danger. L'avant d'un steamer à aubes, en fer, de 60 mètres de longueur et de la force de 120 chevaux, marchant à une vitesse de 8 à 9 nœuds à l'heure, dans un brouillard du mois de septembre 1860, avait donné sur le roc. Le point de la coque ainsi frappé se froissa comme du papier, sans que le bateau fît eau ; et l'on put gagner sans difficulté, à près de 160 kilomètres de distance, le port de Stockholm. Les plaques avaient été fabriquées aux forges de Motala. Aucun échantillon n'offrait plus d'intérêt pour une grande nation maritime que la plaque de ce steamer. Devenu l'objet de l'attention générale, il a été offert au musée de South Kensington, où il faut espérer que, malgré sa laideur, il sera conservé avec soin et tenu bien en vue.

PLAQUES DE BLINDAGE OU CUIRASSES.

On appelle généralement ainsi, aujourd'hui, des plaques massives de fer forgé dont on revêt extérieurement les vaisseaux de guerre dans les parties où ils sont accessibles aux boulets ; depuis l'adoption de ce moyen de défense, on a fait de grands progrès dans la fabrication de ces plaques. Les gouvernements anglais, français, prussien, autrichien et italien ont fait des essais, dans le but de constater quel est le meilleur fer pour les cuirasses et le meilleur mode de fabrication. On a ainsi recueilli des renseignements de la plus grande valeur, bien que le sujet soit encore loin d'être épuisé.

Quant à la qualité, il paraît établi que le fer doit présenter autant de corps et de flexibilité que possible, et que l'acier proprement dit doit être mis au rebut. On aurait pu supposer que certaines variétés d'acier possédant une bien plus grande force de tension qu'aucune espèce de fer forgé, auraient mieux réussi : les expériences ont démontré le contraire. Lorsque l'on détermine la résistance à la tension, la force qui tend à opérer la rupture agit *graduellement*, et l'on obtient ainsi des résultats qui cessent d'être applicables dans les cas où le choc a lieu avec des vitesses de 350 à 500 mètres par seconde. On a déjà examiné (t. II, p. 17) la cassure déterminée par les chocs.

Une question non résolue encore, c'est de savoir si le martelage ou le laminage, ou si ces deux procédés réunis, donnent les meilleurs résultats : chacune de ces trois méthodes a ses avantages, quoique la plupart des praticiens se soient déclarés en faveur du laminage. Le fait est qu'avec toutes on a obtenu des plaques également bonnes, lorsque les opérations ont été conduites avec l'habileté voulue. Aujourd'hui, on ne fabrique pas de plaques de blindage qui aient moins de $0^m,10$ d'épaisseur, attendu que les plaques moins épaisses sont immédiatement détruites par notre formidable artillerie, et que la résistance de plaques superposées, si fortement reliées qu'elles soient, est de beaucoup inférieure à des plaques solides ayant chacune la même épaisseur totale.

Plaques de blindage laminées. — La fabrication au laminoir des premiers blindages fut tout d'abord tentée par MM. Beale et Ce, des forges de Park Gate (Yorkshire); ils sont actuellement laminés par plusieurs usines, parmi lesquelles celle de MM. John Brown et Ce, de Sheffield, mérite une mention particulière. Cette usine a abordé cette fabrication difficile avec un esprit d'entreprise, une énergie et une persévérance qui font honneur à ses propriétaires. Ils ont construit dans ce but un établissement grandiose dont l'inauguration a donné lieu à Sheffield, le 9 avril 1863, à une cérémonie à laquelle assistaient les lords de l'amirauté, divers ingénieurs et d'autres intéressés. Mais antérieurement, cette compagnie avait fabriqué des plaques qui, par leur grandeur et leur fini, ont excité l'étonnement de toutes les personnes au courant des difficultés qu'implique le traitement de si grosses masses de fer sous les cylindres. MM. Brown et Ce ont exposé, en 1862, deux blindages ayant les dimensions et le poids suivants :

N° 1. Longueur, $6^m.60$; largeur, $1^m.27$; épaisseur, $0^m.165$; poids, 10 765 kilogrammes. — N° 2. Longueur, $7^m.315$; largeur, $1^m.12$; épaisseur, $0^m.126$; poids, 7 973 kilogrammes.

Ces plaques étaient admirables de main-d'œuvre, autant qu'on pouvait en juger d'après la surface. Sauf les bords cisaillés, on aurait dit qu'elles sortaient du laminoir. On avait employé pour leur fabrication le meilleur fer, provenant d'un mélange de fontes truitées de Suède, du Derbyshire et du Shropshire. Ce fer avait été formé en balle sous un marteau-pilon du poids de 4 tonnes, mis en paquet et forgé sous un marteau frontal, étiré en barres, puis laminé en *slabs* formés en croix, laminé de nouveau pour être converti en *mould*, et enfin laminé une dernière fois sous forme de tôles ou de plaques finies. Le prix de vente de ces plaques était, en 1862, de 895 à 1 125 francs par tonne. A la première passe on obtint, avec le nouveau laminoir, une plaque de $0^m.30$ d'épaisseur. On remarquera que nous nous exprimons avec une certaine réserve sur la qualité, non pas que nous ayons l'intention d'en parler défavorablement, mais l'expérience nous a convaincu que la bonne qualité d'un blindage ne peut s'apprécier qu'en le soumettant à l'épreuve du boulet. La compagnie Mill Wall a récemment livré des plaques laminées qui n'ont été surpassées jusqu'ici par aucune autre plaque.

La difficulté de la fabrication, par les motifs déjà exposés, s'accroît proportionnellement à l'*épaisseur* de la plaque. La tendance qu'ont les plaques à s'exfolier sous le choc du boulet, constitue le grave inconvénient auquel on n'a pas encore pu remédier, en admettant que, dans l'état, il y ait un remède possible. Des plaques, en apparence parfaites, se brisent et s'exfolient par le choc à un degré qu'admettraient difficilement ceux qui n'ont pas assisté aux expériences. Ce fait est dû au défaut de soudure des surfaces métalliques que forment les mises, par suite de l'interposition des scories, qui, malgré leur fluidité dans le four à réchauffer, ne peuvent jamais être éliminées complétement, lors même que les mises élémentaires superposées seraient parfaitement planes, et polies comme une glace. Cette élimination est moins possible encore quand ces surfaces sont plus ou moins inégales. Il est extrêmement intéressant d'étudier la manière dont la scorie est répandue dans le fer; ici elle forme de petites dépressions, et là elle remplit des cavités relativement considérables. Jamais la structure intérieure des masses de fer n'a été aussi complétement révélée que par le choc; il n'y a guère d'autre manière d'approfondir ce sujet.

Plaques de blindage martelées. — On a forgé de grands blindages, qui, soumis à l'épreuve du boulet, ont égalé les meilleurs blindages laminés. La Compagnie des forges de la Tamise a livré d'excellentes plaques martelées. Quelques personnes soutiennent qu'une plaque martelée a plus de chance d'être homogène qu'une plaque laminée. Chaque procédé de fabrication a ses avantages et ses inconvénients. On vend les blindages aux mêmes prix, qu'ils soient martelés ou laminés. En 1862, la Compagnie des fers et des aciers de la Mersey avait exposé une grande plaque martelée, dont voici les dimensions :

Longueur.	6m.476
Largeur.	1 .900
Epaisseur.	0 .140
Surface.	12 mètres carrés.
Poids..	13 200 kilogrammes.

Elle avait été forgée directement au marteau pilon et n'avait pas été planée. Cette pièce, remarquable sous tous les rapports, aurait pu mesurer de 4 à 6 mètres de plus en longueur, « si l'on avait pu obtenir un plus grand emplacement » dans le palais de l'Exposition ; il est fort regrettable que les commissaires aient imposé une telle restriction pour un objet de cette importance.

MM. Petin, Gaudet et Cᵉ, en France, ont fabriqué d'excellents blindages de 0.m10 environ d'épaisseur, quoique leur aspect extérieur ne fût pas peut être aussi satisfaisant que celui des plaques anglaises ; ce qui démontre qu'une surface relativement rugueuse ne fournit aucun indice sur la qualité, tandis qu'une surface unie et finie augmente considérablement le prix, sans donner aucun avantage en compensation.

Le point difficile à atteindre dans la fabrication des cuirasses, c'est qu'elles se dépriment par le choc sans se criquer ni se gercer.

De larges fissures radiées, sur la face de derrière, dénotent la fragilité et suffisent pour faire rebuter une plaque.

Dans ces trois dernières années on a fait, en Angleterre, des progrès extraordinaires pour améliorer la qualité des blindages et il est probable qu'avant peu de temps on les laminera partout.

Comme termes de comparaison, voici des analyses de fers ayant servi à fabriquer différentes plaques :

	Pour 100.					
	I.	II.	III.	IV.	V.	VI.
Carbone.	0.143	0.033	0.230	0.044	0.170	0.016
Silicium.	»	0.160	0.014	0.174	0.110	0.122
Soufre.	0.058	0.121	0.190	0.118	0.058	0.104
Phosphore. . . .	0.030	0.173	0.020	0.228	0.089	0.106
Manganèse. . . .	»	0.029	0.110	0.250	0.330	0.280
Cobalt.	»	Traces.	Traces.	Traces.	Traces.	Traces.
Nickel.	»	»	»	»	»	»

I. Fer employé pour les blindages de la frégate française *la Gloire* : ce fer se durcit sensiblement lorsqu'on le plonge au rouge dans le mercure. — II. Fer d'une plaque de la Compagnie des forges de la Tamise. — III. Fer d'une plaque de MM. Shortridge et Howell. Bien que contenant une très-petite quantité de phosphore, elle était de mauvaise qualité comme blindage ; elle se rapprochait trop de l'acier, par sa teneur relativement élevée en carbone. — IV. Fer d'une plaque de MM. Beale et Cᵉ. — V. Fer d'une plaque de la Compagnie de Weardale. Cette plaque offrait aussi trop d'analogie avec l'acier. — VI. Fer de la Compagnie de Lowmoor. Cette analyse a été déjà donnée.

Numéros.	Pesanteur spécifique.	Force de tension en kilogrammes par millimètre carré.	Résistance relative à l'emporte-pièce.
II.	7.7035	36.766	907
III.	7.9042	43.556	1 168
IV.	7.6322	38.052	873
VI.	7.8083	38.797	1 000

La pesanteur spécifique, la force de tension et la résistance à l'emporte-pièce ont été déterminées par M. Fairbairn. Nous ajoutons les différents degrés de conductibilité de quelques plaques pour l'électricité, d'après M. Matthiessen.

	Conductibilité à 0° C.	Décroissement pour 100 de la conductibilité entre 0° C. et 100° C.	Conductibilité déduite à 0° C.
Fer électrotype. . .	100	38.3	»
N° II.	91.8	36.0	102.7
N° III.	91.8	36.1	102.1
N° IV.	72.8	34.1	»
N° VI.	84.6	34.7	99.2

M. Matthiessen a éprouvé de la difficulté à tréfiler le n° IV.

PROCÉDÉS DIVERS.

Traitement des scories riches (1). — Autrefois on jetait ou l'on employait à l'empierrement des routes, les scories des fours à puddler, malgré leur teneur en fer (2). Il y a vingt ans encore, on rejetait les scories riches dans le Staffordshire sud : M. John Dawes paraît avoir été un des premiers à en apprécier la valeur comme matière première ; déjà, à cette époque, nous en avions vu plusieurs milliers de tonnes, au pied des hauts fourneaux de Bromford, qu'il exploitait alors en société avec ses frères. M. Dawes était alors convaincu que le moment approchait où ces scories seraient généralement utilisées : sa prédiction ne tarda pas à se réaliser. On entend beaucoup parler de la mauvaise qualité du « fer-scorie, » comme on l'appelle, et l'opinion a prévalu que le fer-scorie est positivement imprégné d'une quantité de scorie exorbitante. L'objection élevée contre l'emploi des scories de puddlage vient de ce qu'elles contiennent de l'acide phosphorique en plus grande proportion relativement que la plupart des minerais traités en Angleterre, et que, par conséquent, elles donnent un fer mou et cassant à froid. Mais, quand il s'agit de fontes de moulage, pour lesquelles une grande résistance n'étant pas nécessaire, on demande un métal très-fluide, la présence du phosphore est plutôt avantageuse. De plus, on exploite et l'on traite dans la Grande Bretagne quelques variétés de minerais de fer, qui, par rapport à la quantité de fer, sont tout aussi riches, et quelquefois même plus riches en acide phosphorique, que les scories de puddlage. C'est pourquoi, lorsque les ingénieurs spécifient dans les cahiers des charges pour rails, etc., que le fer sera

(1) L'utilisation des scories de forge, dans le lit de fusion des hauts fourneaux, a déjà été examinée à sa véritable place, lorsque nous avons traité de la fabrication de la fonte. *Appendice*, t. III, p. 603.

(2) Le docteur Priestley rapporte que son beau-frère, M. Wilkinson, employait avec avantage une certaine proportion de « scories d'affinage » dans le traitement du fer. Il regardait la scorie comme du fer dont le poids avait augmenté d'un tiers en s'imbibant d'eau, quoiqu'il eût perdu son phlogistique. » *Experiments and observations on different kinds of air.* Expériences et observations sur différentes espèces d'air, t. III, p. 504 ; 1790.

tiré des minerais, à l'exclusion du fer-scorie, ils peuvent être facilement trompés, à moins de stipuler en même temps qu'on n'emploiera pas certaines espèces de minerai. Quant à l'addition de s scories de puddlage aux minerais de fer, M. S. H. Blackwell est d'avis qu'il faut préalablement griller ces scories ou, en d'autres termes, les convertir en « *bull dog*, » attendu qu'on réalise ainsi une économie de 30 pour 100 de coke. Pendant le grillage, le protoxyde de fer se convertit plus ou moins complétement en sesquioxyde, et la scorie, devenue relativement légère et spongieuse, est d'autant plus attaquable par l'oxyde de carbone du haut fourneau. La réduction de l'oxyde de fer à l'état métallique, a lieu aussi partiellement à une température inférieure à celle à laquelle le silicate de protoxyde pourrait se reconstituer; car sans doute, la silice de la scorie grillée n'est pas combinée. D'ailleurs, il résulte du grillage une scorie plus riche en acide phosphorique.

On a proposé divers expédients pour incorporer la scorie, avant de la fondre, avec des substances susceptibles de s'unir au phosphore et au soufre et d'empêcher ces éléments de passer, en tout ou en partie, dans la fonte.

Lang proposait de mêler la scorie des fours à puddler et à réchauffer, réduite à la grosseur de grains de millet, avec des matières charbonneuses et du lait de chaux pâteux. On laisse le mélange sécher en tas, et il devient dur et solide (1). On le concasse ensuite et on le charge. Les analyses suivantes des fontes obtenues à Missling, avec des scories ainsi préparées, sont citées à l'appui de l'efficacité du procédé :

	I.	II.	III.	IV.
Fer.	94.03	95.32	96.88	94.50
Carbone.	5.14	3.50	2.40	2.50
Silicium.	0.40	0.62	0.50	2.46
Soufre.	Traces.	Traces.	Traces.	0.06
Phosphore.	0.32	0.27	0.22	0.11
Manganèse.	»	»	Traces.	Traces.
	99.89	99.71	100.00	90.63

(1) *Jahres-Bericht*. Wagner, 1861, p. 54.

I. Spiegeleisen. II. Fonte blanche cristalline. III. Fonte blanche. IV. Fonte grise.

Dès 1822, Mushet avait pris un brevet pour un procédé analogue (1). Les scories ou crasses étaient granulées par l'immersion dans l'eau ou autrement, puis mélangées avec 1/5 ou 1/6 de chaux éteinte. Le mélange humecté d'eau était chargé dans le haut fourneau.

Le 20 août 1863, le professeur Fleury, lut à l'Institut Franklin de Philadelphie, un mémoire (2), où il affirme avoir réussi à fabriquer des fontes, du fer et de l'acier de bonne qualité avec des scories de forge.

La scorie broyée fin est mélangée avec une proportion convenable de chaux pulvérisée (non éteinte), puis humectée et séchée en gâteau, à l'air.

Une fois sec, le mélange, traité comme de la fonte, dans un four à puddler ordinaire, rendait 50 pour 100 de fer forgé, un peu rouverain toutefois, parce qu'il conservait des traces de soufre. On éliminait les dernières traces de soufre en éteignant la chaux avec de l'eau contenant une petite quantité de chlorure. Ce procédé, d'après l'inventeur, est aussi applicable au traitement des minerais siliceux, et peut être pratiqué dans les fours à puddler, dans les cubilots ou dans les hauts fourneaux. « Les frais de préparation de la « scorie, de la chaux, du sel, etc., ne dépassent pas six francs « par tonne, et, si le travail est bien fait, on obtient invaria- « blement du fer de bonne qualité. » Ce perfectionnement a été breveté aux États-Unis et en Europe. L'avantage est attribué à la décomposition du silicate de fer par la chaux pendant l'hydratation, ce qui donne naissance à du silicate de chaux. Or, on a vu que; dans le cas des minerais siliceux, la présence de la chaux empêche notablement la réduction du silicium, lorsque la chaux est intimement mélangée avec le

(1) A. D. 1822, 20 août, n° 4697. Abrégés, p. 26.
(2) *Journal de l'Institut Franklin*, 3e série, t. XLVI, septembre 1863, p. 214.

minerai ; mais la difficulté consiste à opérer ce mélange économiquement. On ne comprend pas très-bien que la chaux élimine le phosphore de la scorie, car le phosphore du phosphate de chaux est réduit par l'action combinée du carbone et du fer. Au surplus, quand même le procédé Fleury réussirait, il ne saurait être breveté en Angleterre.

Réparation des cylindres de laminoirs. — Une description du procédé à l'aide duquel on répare les cylindres de laminoirs a été publiée dans les *Annales des Mines* par M. Meugy, ingénieur des Mines, qui l'a vu pratiquer aux forges de Tamaris, près d'Alais (1). Ce procédé consiste à réchauffer fortement l'extrémité cassée, au moyen d'un feu de coke, puis à répandre dans un moule assez grand et préalablement posé par-dessus, de la fonte bien chaude à laquelle on donne issue, à l'extérieur du moule, jusqu'à ce que la surface à souder commence à se liquéfier. Alors, on ferme le trou de dégorgement avec un tampon d'argile, et la fonte remplit le moule.

M. Meugy a assisté à la réparation d'un cylindre dont un tourillon et une cannelure s'étaient cassés pendant le laminage. Le cylindre est enterré verticalement ; l'extrémité cassée est enveloppée d'un feu de coke, brûlant dans une grille carrée, qui renferme environ 100 kilogrammes de coke. Ce premier réchauffage dure une heure et demie. A un moment donné, on retire la grille, on rejette vivement le combustible sur le sol de l'usine et on l'éteint avec de l'eau. On découvre ainsi le haut du cylindre chauffé au rouge et on s'empresse de l'entourer d'un châssis, dans lequel on tasse rapidement du sable de moulage. Après avoir nivelé le sable avec un racloir et approprié, à l'aide d'un soufflet, la surface de l'extrémité à souder, on place par-dessus un moule tout préparé d'avance, qui présente un vide intérieur ayant la forme d'un cône tronqué, dont les bases sont de diamètres un peu plus grands que ceux du

(1) Sur un procédé usité en France pour le soudage de la fonte, par M. Meugy, *Ann. des Mines*, 5e série, t. XVIII, p. 59 ; 1860.

cordon à ajouter. Ce moule porte un trou de coulée ou de dégorgement qui correspond à une rainure extérieure aboutissant à des rigoles destinées à recevoir l'excédant de fonte. Au moyen d'une grue, on amène une grande chaudière qui renferme environ 500 à 600 kilogrammes de fonte, et l'on verse d'un peu haut. Des étincelles jaillissent en gerbe autour du moule, et la fonte, s'écoulant, remplit les rigoles extérieures, où elle se solidifie sous forme de gueuses. Le chef ouvrier, qui dirige l'opération et qui sonde à chaque instant avec une tige de fer, la surface de la pièce à souder, reconnaît quand la surface du cylindre commence à se fondre; lorsque la vieille fonte est entrée en fusion sur 0^{m}.03 environ d'épaisseur, ce qui arrive après quatre ou cinq minutes que l'on a versé 300 à 400 kilogrammes de fonte, il juge le moment opportun d'arrêter l'écoulement du métal au dehors. A cet effet, il tamponne le trou de dégorgement, tandis qu'on continue de verser la fonte jusqu'à ce que le moule soit rempli. Cela fait, on enlève, avec la grue, un deuxième moule qui porte un vide intérieur cylindrique représentant le tourillon du cylindre et on le place sur l'autre moule, de manière que les châssis de l'un et de l'autre s'adaptent parfaitement. Après avoir luté les joints avec un peu d'argile, on verse de nouveau la fonte dans ce moule. Enfin, on couronne le tout par un dernier moule, égament cylindrique, et la fonte dont on le remplit forme une masselotte qui sera finalement supprimée. Cette masselotte, par son poids, consolide la soudure, en liant plus intimement la fonte neuve avec la vieille fonte. Il ne reste plus ensuite qu'à laisser refroidir et à livrer au tour le cylindre ressoudé, pour qu'on y creuse les cannelures, etc.

L'opération qu'il faut, du reste, conduire rapidement, ne doit pas durer plus d'un quart d'heure, sans compter le temps pendant lequel le feu de coke brûle. D'après M. Meugy, un cylindre lamineur qui pèse 1,100 kilogrammes revient tout fini à 616 francs; mis au rebut, il ne vaut plus, comme vieille fonte, que 132 francs. Les frais de ressoudage par ce procédé s'élèvent à 115 fr. 80 c., de sorte que son emploi donne une économie de 368 francs.

En Angleterre, quelques établissements réparent les cylindres brisés ; mais cette pratique n'est pas générale. Le procédé usité ressemble à celui que nous venons de décrire, quoique plus simple. On place le cylindre verticalement et l'on entoure l'extrémité brisée, à la partie supérieure, d'un moule en sable contenu dans un châssis de fer ; puis on verse de la fonte. Celle-ci s'écoule par un trou pratiqué sur le côté, près du fond du moule, jusqu'à ce que l'extrémité cassée commence à entrer en fusion ; alors, on bouche l'orifice latéral, on remplit le moule de métal, et on laisse refroidir le tout. Il ne se fait pas de masselotte. Aux forges de Mill Wall, nous avons assisté à une opération ainsi conduite ; le tourillon avait $0^m.28$ et le cylindre $0^m.56$ de diamètre (septembre 1863). On nous a assuré que ce procédé est satisfaisant sous tous les rapports.

Procédé usité en Chine pour le soudage des ustensiles en fonte. — Les Chinois font un grand usage pour la cuisine, pour la cuisson du riz, etc., par exemple, de vases circulaires en forme de bols ou de marmites, en fonte mince. La description et les dessins de ces marmites ont été depuis longtemps donnés par le comte Rumford, qui signalait le procédé ingénieux suivi par les ouvriers nomades pour les réparer (1). A notre demande, le docteur Lockhart, médecin missionnaire en Chine, qui dirige avec tant de zèle un des hôpitaux de Pékin, a envoyé au Musée géologique de Londres un spécimen de marmite réparée et un appareil à souder. Les marmites sont d'une fabrication difficile à cause de leurs minces parois, et cependant ce sont des Chinois qui les fabriquent. La description suivante est empruntée au docteur Lockhart :

« Ces marmites servent surtout à faire cuire le riz et d'au-

(1) *Essais politiques, économiques et philosophiques*, par Benjamin comte de Rumford, 1802, t. III, p. 298.

tres légumes; leur principal mérite aux yeux des Chinois, consiste dans leur faible épaisseur qui permet de consommer très-peu de bois pour faire bouillir l'eau. Il y a quelques années, on fabriqua à Birmingham une grande quantité de marmites de même forme; mais les Chinois refusèrent de les acheter, parce qu'elles étaient trop épaisses. Des marmites aussi minces sont très-sujettes à se briser ou à se fêler; on en confie la réparation à des ouvriers qui portent leurs attirails dans des paniers, sur l'épaule. On trouve fréquemment ces ouvriers dans les rues en train de réparer des marmites non-seulement fêlées, mais auxquelles il manque des morceaux. Le chaudronnier commence par gratter le bord de la cassure avec un ciseau, puis il le frotte avec un morceau de brique; après quoi, il retourne le vase sur un trépied peu élevé, de manière à pouvoir promener facilement les mains à l'intérieur et à l'extérieur. A côté de lui, se trouvent sa boîte d'outils et divers autres objets de son métier. Il prend un petit creuset de la grosseur d'un dé à coudre, dans lequel il met un petit fragment de fonte; le creuset est placé à son tour dans un petit fourneau à peu près aussi grand que la moitié d'un verre à boire ordinaire (celui qui est au Musée est un peu plus grand); l'ouvrier remplit ce fourneau de charbon de bois, et, au moyen d'un soufflet, il produit une chaleur intense qui fait fondre la fonte après quelques instants. Alors, il fait couler le métal sur un morceau de feutre couvert de cendre ou de poussier de charbon de bois qu'il introduit de la main gauche dans l'intérieur du vase renversé, en le pressant contre la partie qu'il s'agit de souder. Au même moment, il frappe avec un petit rouleau de feutre couvert également de cendre, le métal fondu qui suinte par le trou ou par la fêlure. Il répète cette opération jusqu'à ce que le joint de la marmite soit bouché. Ensuite, il enlève à la main les parties raboteuses ou en saillie et frotte la surface soudée avec un morceau de tuile ou de brique cassée, de façon à l'unir autant que possible. Si le raccommodage est suffisant, ce qu'il essaye en mettant de l'eau dans le vase, il retourne auprès du client qui lui paye de 0 fr. 30 à 0 fr. 40 par vase. »

M. Balestier, consul des Etats-Unis à Singapore, a également décrit ce procédé en 1850 (1). Van Braam, deuxième attaché de l'ambassade hollandaise à Pékin, qui s'établit plus tard aux Etats-Unis, l'avait décrit en 1794-95. D'après Van Braam, le globule de fonte liquide est versé sur un morceau de papier *mouillé ;* auquel cas, les Chinois utilisaient déjà l'état sphéroïdal de l'eau. La description de M. Balestier est conforme à celle du docteur Lockhart. Il n'y a pas soudure, mais juxtaposition des bords de la cassure, à l'aide de petits fragments de fonte faisant fonction de rivets, sans pour cela recourir au marteau.

Le soufflet est extrêmement ingénieux et puissant; il est tout en bois, sauf la garniture et les charnières des soupapes qui sont en fil de fer. Il est représenté dans la figure 78, exécutée d'après l'appareil qui se trouve au Musée de Jermyn-street, à Londres. Il consiste principalement en une caisse rectangulaire, renfermant un piston qui se meut horizontalement. La gravure rend du reste parfaitement intelligible le mode de travail : — Fig. 78. 1. Coupe verticale longitudinale. — 2. Coupe transversale par le centre, montrant une des soupapes ouvrant à l'intérieur, et la tuyère. Il existe une soupape semblable à l'extrémité opposée. — 3. Elévation de l'extrémité, par laquelle ressort le manche du piston. — 4. Plan du couvercle qui peut glisser au dehors afin de faire les réparations nécessaires à l'intérieur. — 5. Coupe horizontale en long, montrant la soupape de la tuyère. Cette soupape, par la pression de l'air qui la fait mouvoir alternativement d'un côté à l'autre, intercepte la communication de la tuyère avec le vide qui se trouve de

(1) *Report of the commissioners of Patents for the year* 1850. Rapport des commissaires du bureau des Brevets pour l'année 1850, partie I, Washington, 1851, p. 406. On y a joint une curieuse esquisse représentant un chaudronnier au travail.

chaque côté du piston. Il y a au fond une issue pour l'air, du

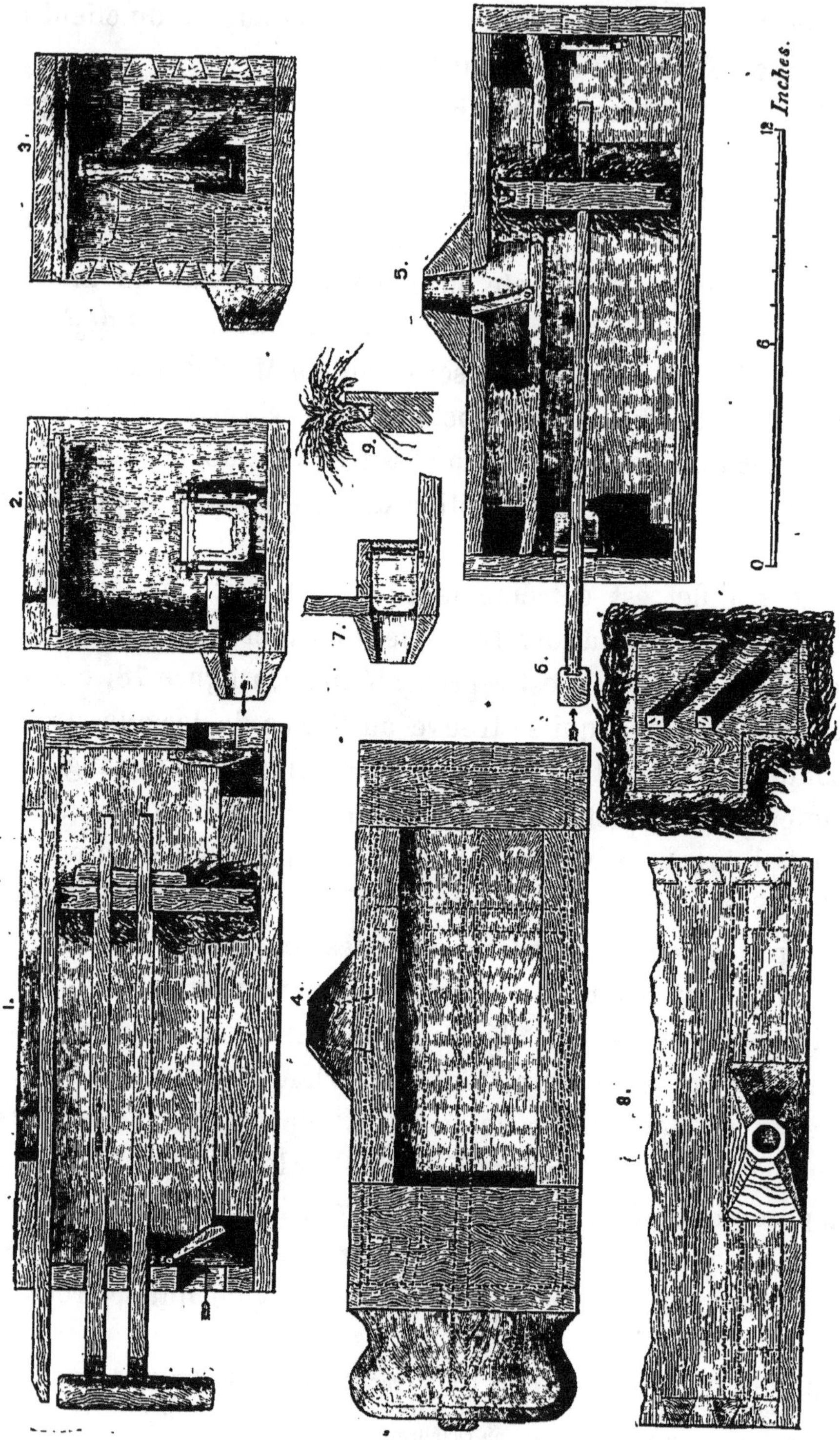

Fig. 78. — Soufflet chinois.

(Echelle métrique : 0m,170 par mètre.)

côté de la tuyère représentée partiellement en coupe. — 6. Piston garni de plumes; cette garniture fonctionne très-bien; on l'emploie également aux Indes, à Bornéo et ailleurs (1). — 7. Soupape de la tuyère. — 8. Élévation latérale vue en coupe partielle. — 9. Coupe transversale du rebord du piston, montrant la manière dont les plumes sont attachées avec de la corde.

L'appareil, comme on le voit, est à double effet. Il donne un vent assez régulier et fonctionne facilement.

Le fourneau est un petit vase de tôle, cylindrique, peu profond, de 0m.15 de diamètre au sommet et de 0m.15 de hauteur, revêtu à l'intérieur d'argile réfractaire, et muni de quelques petits barreaux qui forment grille; au-dessous de cette grille on injecte le vent exactement comme dans le fourneau de laboratoire qui porte le nom de *Faraday*.

Dans la relation américaine indiquée plus haut, on remarque la conclusion suivante : « On pourrait difficilement citer « un trait plus caractéristique de l'ingénuité mécanique des « peuples de l'Orient : ce procédé n'a pu naître que dans un « pays dressé, depuis plusieurs siècles, au traitement des mé- « taux. L'idée d'un ouvrier faisant fondre du fer avec une « poignée de charbon de bois et maniant le métal fluide « comme de la cire ou du suif fondu, serait considérée par « nos fondeurs comme une fiction plutôt qu'une réalité. Nous « mettons au rebut des milliers de vases, grands et petits, « chaudières à sucre, chaudières de savonnerie et de bras- « serie, chaudrons de cuisine, etc., que nous pourrions rac- « commoder par cette méthode si simple, avec une dépense « insignifiante. » Il y a lieu de douter toutefois qu'on puisse réparer des vases de fonte épais, avec aussi peu de frais et autant de succès que paraît le supposer l'écrivain américain.

(1) *Métallurgie*, t. II, p. 400.

PLANS D'USINES A FER.

L'installation d'une usine à fer dépend en grande partie de la localité où elle est située. Dans la plupart des forges, on a fait des additions successives, et le plan est rarement tel qu'on l'aurait conçu, si on avait dû construire l'ensemble.

Usine d'Ebbw-Vale.

Nous donnons comme exemple (pl. I, fig. 79) le plan des forges et des laminoirs d'Ebbw-Vale (1). La rivière Ebbw coule dans une vallée, à droite de laquelle se trouve celle de Cwm Celyn qui, en gallois, signifie la Vallée sainte; et, plus loin, celle où sont situées les forges de Blaenavon. Presque toutes les forges du pays de Galles sud sont accessibles par des chemins de fer qui bifurquent à partir du village de Crumlin.

Description du grand laminoir de Dowlais.

Nous sommes redevables de cette description au directeur, M. William Menelaus.

La planche II représente l'ensemble du laminoir et des fours, et la planche III l'élévation du nouveau laminoir.

Ce laminoir a été construit pour fabriquer des fers à large section et d'une grande longueur. La puissance est considérable et les machines ont une résistance en rapport avec le mode de fabrication.

Pour asseoir les fondations du laminoir, on a creusé le sol jusqu'à la roche solide; le déblai a été comblé avec de gros

(1) Les désignations en anglais de la figure 79 se traduisent ainsi :
Presses for straightening rails and punching machines. Presses à dresser les rails et machines à poinçonner. — *Smith's shops.* Ateliers de forges. — *Lathes for turning rolls.* Tours pour la fabrication des cylindres. — *Puddling-forge.* Forge à puddler. — *Rail-mill.* Laminoir à rails. — *Blooming-mill.* Laminoir à paquets. — *Nasmyth's steam-hammer.* Marteau-pilon Nasmyth. — *Helve-hammer.* Marteau à soulèvement. — *Shears.* Cisailles. — *Boilers.* Chaudières.

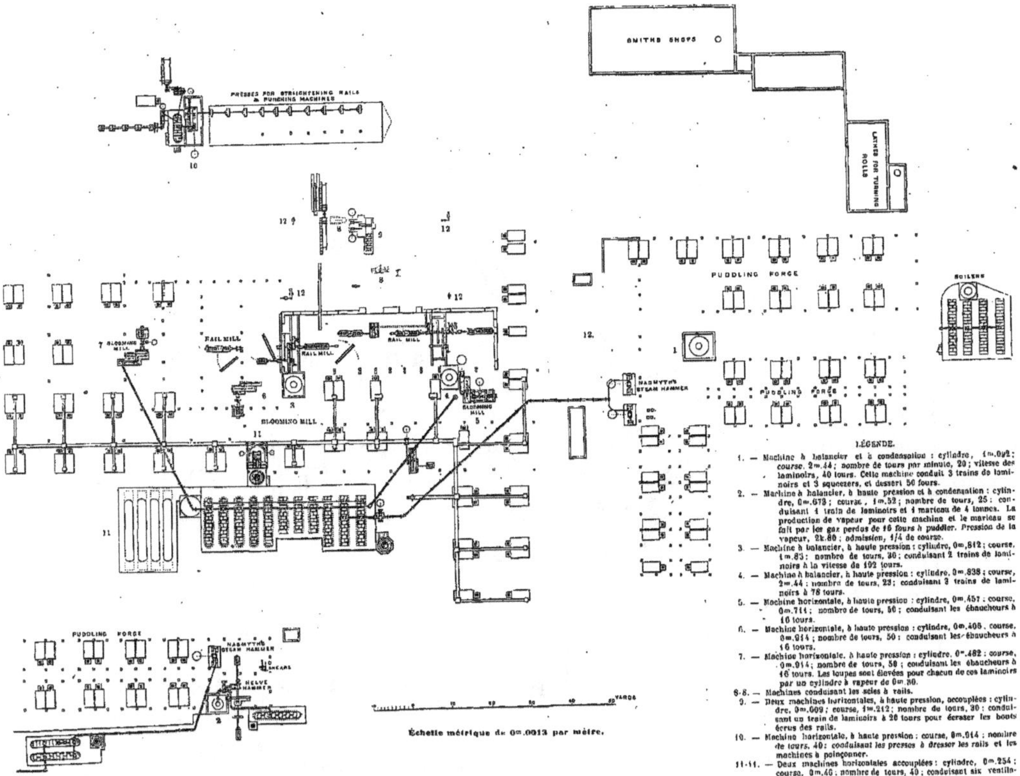

Échelle métrique de $0^m.0013$ par mètre.

LÉGENDE.

1. — Machine à balancier et à condensation : cylindre, $1^m.092$; course, $2^m.44$; nombre de tours par minute, 20; vitesse des laminoirs, 40 tours. Cette machine conduit 3 trains de laminoirs et 3 squeezers, et dessert 50 fours.

2. — Machine à balancier, à haute pression et à condensation : cylindre, $0^m.673$; course, $1^m.52$; nombre de tours, 25 : conduisant 1 train de laminoirs et 1 marteau de 4 tonnes. La production de vapeur pour cette machine et le marteau se fait par les gaz perdus de 16 fours à puddler. Pression de la vapeur, 2k.80 ; admission, 1/4 de course.

3. — Machine à balancier, à haute pression : cylindre, $0^m,812$; course, $1^m.83$: nombre de tours, 30 ; conduisant 2 trains de laminoirs à la vitesse de 102 tours.

4. — Machine à balancier, à haute pression : cylindre, $0^m.838$; course, $2^m.44$: nombre de tours, 23; conduisant 3 trains de laminoirs à 78 tours.

5. — Machine horizontale, à haute pression : cylindre, $0^m.457$: course, $0^m.711$; nombre de tours, 50 ; conduisant les ébaucheurs à 16 tours.

6. — Machine horizontale, à haute pression : cylindre, $0^m.406$, course, $0^m.914$; nombre de tours, 50 : conduisant les ébaucheurs à 16 tours.

7. — Machine horizontale, à haute pression : cylindre, $0^m.482$: course, $0^m.914$; nombre de tours, 50 ; conduisant les ébaucheurs à 16 tours. Les loupes sont élevées pour chacun de ces laminoirs par un cylindre à vapeur de $0^m.30$.

8-8. — Machines conduisant les scies à rails.

9. — Deux machines horizontales, à haute pression, accouplées : cylindre, $0^m.609$; course, $1^m.212$; nombre de tours, 30 : conduisant un train de laminoirs à 20 tours pour écraser les bouts écrus des rails.

10. — Machine horizontale, à haute pression : course, $0^m.914$; nombre de tours, 40 : conduisant les presses à dresser les rails et les machines à poinçonner.

11-11. — Deux machines horizontales accouplées : cylindre, $0^m.254$; course, $0^m.46$; nombre de tours, 40 ; conduisant six ventilateurs Lloyd, de $1^m.22$.

12-12-12-12-12. — Cisailles.

Fig. 79. Plan des forges et laminoirs d'Ebbw Vale (pays de Galles Sud.)

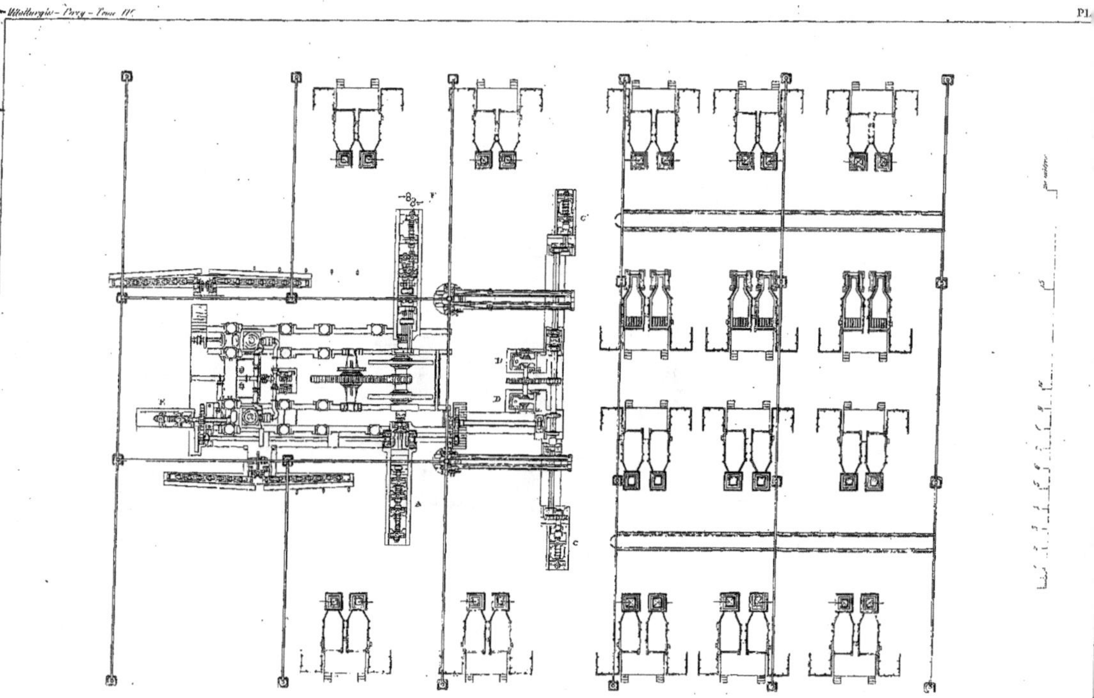

Nouveau mill de Dowlais. (Pays de Galles) – Plan général des laminoirs et des fours.

Établ.t et impr.ie de Noblet et Baudry, à Liège.

Nouveau mill de Dowlais – Élévation.

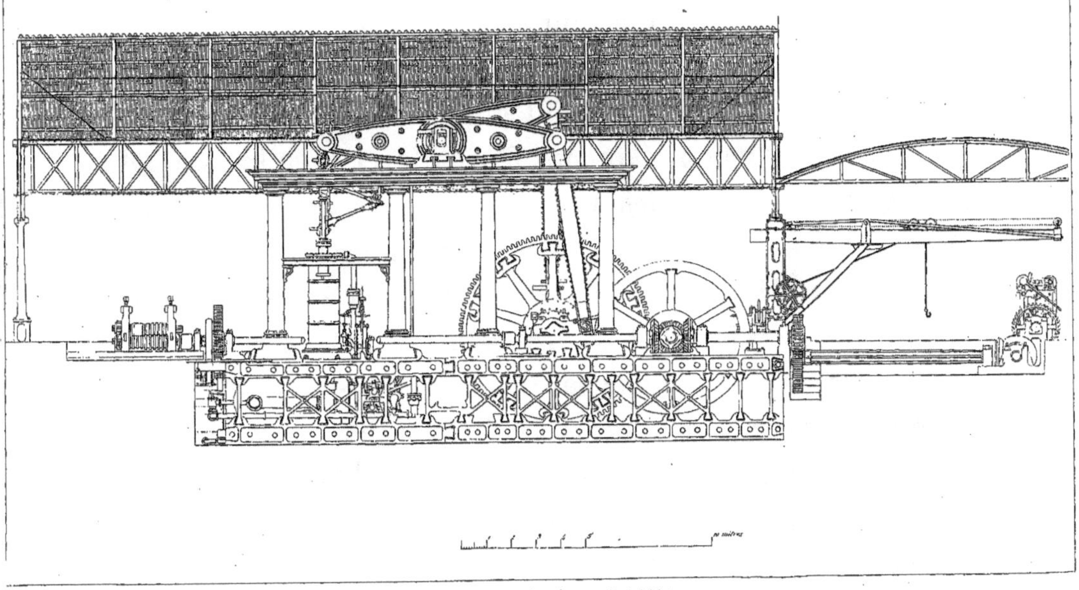

Kiecht fils et imp. des Mobles et Baudry, à Liège.

moellons, et les joints des assises, avec du béton. Sur cette fondation et au-dessus du bâti, on a posé sans l'assujettir, un plancher en chêne de 0^{m}.15 d'épaisseur.

Le bâti consiste en deux poutres en fonte, en bas et en haut, reliées ensemble par des châssis en fonte ou croix de saint André, fixées en queue d'aronde dans des joues venues de fonte sur les traverses et calées par des coins de chêne sec et des fiches de fer. Aucune pièce n'est ajustée et les fontes sont assemblées telles qu'elles sortent de la fonderie. On a adopté ce mode d'assemblage partout où cela était possible.

Il y a quatre cours de poutres, reliés aux extrémités par des croix transversales, calées comme les précédentes; ils supportent les machines à vapeur et les autres mécanismes.

Les cylindres, de 1^{m}.14 de diamètre et de 3^{m}.04 de course, sont boulonnés sur des semelles en fonte solidement assujetties entre elles par des queues d'aronde et avec le sommet du bâti. Quatorze colonnes boulonnées, avec pattes en queue d'aronde, fixées sur les traverses supérieures, soutiennent le bâti qui porte les balanciers des machines à vapeur; ces balanciers sont en fonte et de très-forte section. Les chapiteaux tiennent au bâti supérieur par des boulons, et les socles, d'une seule pièce avec le fût, au bâti inférieur, par des clefs.

Les bielles sont en chêne, armées de bandes en fer forgé avec têtes en fonte qui empêchent l'usure, tout en donnant une base solide aux tourillons.

Les manivelles en fonte sont assujetties sur les arbres par des clavettes en fer forgé.

Les tiroirs des cylindres sont pourvus de soupapes de détente placées en dehors des boîtes à tiroir et actionnées directement par les cames de l'arbre des manivelles.

Ces machines sont sans condensation, la pression de la vapeur étant de 3^{k},515 par centimètre carré.

Les chaudières, au nombre de 6, appartiennent au type du Cornouailles; le corps a 13^{m}.70 de longueur et 2^{m}.15 de diamètre, et les bouilleurs, $1^m.22$ de diamètre. Elles sont placées à une distance considérable des machines et à un niveau plus élevé. La production de vapeur se fait par les gaz des hauts fourneaux, situés à environ 150 mètres des chaudières.

L'arbre de manivelle en fonte est creux; la roue d'engrenage principale a $7^m.62$ de diamètre, avec 120 dents, de $0^m.20$ de hauteur et de $0^m.61$ de largeur sur la face ; la jante, formée de 10 segments, est reliée aux bras simplement par des coins.

L'arbre du volant, également en fonte, est creux. Le pignon, de $1^m.83$ de diamètre, est sur le milieu de l'arbre; deux volants, un à chaque extrémité de l'arbre, établis de la même manière que la roue d'engrenage, à l'exception des jantes qui sont d'une seule pièce, ont $6^m.09$ de diamètre ; les jantes ont 77 centimètres carrés.

A l'une des extrémités de l'arbre du volant, se trouve l'équipage de laminoir A. Ce laminoir, de construction ordinaire, sert à la fabrication de grosses cornières, des *slabs* (couvertes) ou des rails. Pour les rails, la vitesse des cylindres est de 100 tours par minute; ils peuvent débiter jusqu'à 80 tonnes de rails en 12 heures.

Pour souder les paquets de rails, on emploie l'équipage triple C, à trois cylindres superposés. Des tables lèvent et abaissent les paquets. L'ouvrier a simplement à les retourner et à les présenter dans les cannelures. Les scies et les autres accessoires de ce train n'offrent rien de particulier; ils sont mus par les machines à vapeur.

E, est un laminoir à aplatir les bouts coupés des rails qu'il réduit à une forme rectangulaire propre à la confection de nouveaux paquets. Les cylindres soudeurs sont mus par des engrenages calés sur l'arbre du volant. Il y a aussi, sur le même arbre, deux gros marteaux cingleurs DD. A l'autre extrémité de l'arbre de volant, il existe un laminoir B pour fers marchands de grandes dimensions et de formes spéciales. Les cylindres sont disposés comme l'indique la figure F; on commence par passer le paquet par les cylindres du bas, puis on le soulève à la manière ordinaire, pour le passer par les cannelures supérieures. Lorsqu'on fabrique des barres qui, en raison de leur peu d'épaisseur, doivent être promptement finies, les cylindres font 100 tours par minute, ce qui permet de laminer du fer en double T, de $0^{m}.25$ à $0^{m}.30$ de largeur, jusqu'à 15 mètres de longueur. Avec cette disposition, on travaille de l'avant à l'arrière et inversement, avec une vitesse de 100 tours par minute, la barre ne parcourant qu'une petite distance d'une cannelure à l'autre.

Des machines d'une force moyenne ne suffiraient pas pour étirer ainsi des fers à grande section et d'un grand poids, sans ralentir leur vitesse.

Dans les scies, le banc est mû par la vapeur.

Le laminoir sert encore à la fabrication de gros fers à T. En C′ se trouve un équipage de cylindres soudeurs pour la confection des paquets, comme de l'autre côté. Postérieurement à l'exécution de ces dessins, cet équipage a été remplacé par un appareil, de l'invention de M. Charles While des forges de Taff-Vale, qui consiste en une paire de cylindres courts et horizontaux, avec une seule cannelure, pour traiter un paquet de 50 à 60 centimètres carrés; devant cette paire de cylindres s'en trouve une autre verticale; puis, devant cette dernière, une troisième paire à cylindres horizontaux; les diamètres et les cannelures de ces trois jeux de laminoirs sont calculés de manière à réduire le paquet de 60 centimètres carrés à 40 en moyenne, dimension convenable pour les ébaucheurs à rails.

Avec cet appareil, le paquet est conduit directement du chariot sous les cylindres et retiré sans main-d'œuvre, à l'état de paquet soudé. Il convient parfaitement, quand la fabrication est assez importante pour exiger un travail continu, comme dans la fabrication des rails.

Les presses à dresser les rails, les cisailles et les poinçons pour les fers spéciaux, sont actionnés par les machines à vapeur.

LIVRE V.

DE L'ACIER.

Les traités et les mémoires sur l'acier suffiraient pour former à eux seuls une bibliothèque, ce qui n'empêche pas la théorie de sa fabrication d'être encore très-imparfaite, quelque avancé que soit l'art lui-même. Les variétés d'acier répandues dans le commerce sont très-nombreuses ; mais l'origine des différences qu'elles présentent est, dans la plupart des cas, inconnue, et leur recherche est hérissée de grandes difficultés. On a vu combien les opinions des chimistes sont en désaccord sur un point aussi simple en apparence que la présence de l'azote dans l'acier. On peut regarder toutefois comme un fait avéré que de très-faibles proportions de cet élément et de certains autres, tels que le silicium, le soufre et le phosphore, modifient très-sensiblement les propriétés de l'acier. Le dosage exact de ces éléments, combinés ou associés avec une quantité de fer relativement énorme, constitue un des problèmes les plus ardus de l'analyse chimique. On peut en effet douter que nos méthodes actuelles suffisent pour le résoudre.

Les principes sur lesquels sont basés les procédés de fabrication de l'acier consistent dans l'addition du carbone au fer malléable, la décarburation partielle de la fonte, et l'addition du fer malléable à la fonte. Nous nous proposons de décrire ces divers modes de fabrication.

I. FABRICATION DE L'ACIER PAR L'ADDITION DU CARBONE AU FER MALLÉABLE.

RÉDUCTION DU MINERAI DE FER EN UNE SEULE OPÉRATION.

Procédé catalan.— Dans la description de ce procédé (t. II), on a signalé la condition qui détermine la formation de l'acier ou du fer aciéreux, c'est-à-dire, une augmentation relative dans la proportion du charbon de bois, ou, ce qui revient au même, une diminution relative dans la proportion de minerai. Dans ce procédé, il faut commencer par réduire le minerai et ensuite carburer dans le foyer, en le mettant en contact avec du charbon de bois incandescent, le fer métallique qui provient de la réduction. Mais on ne peut ainsi obtenir une carburation uniforme, et les loupes consistent nécessairement en un mélange irrégulier de fer et d'acier.

Emploi des creusets. — En 1791, un brevet fut accordé à Samuel Lucas pour la fabrication de l'acier fondu, en traitant des minerais riches, tels que les hématites rouges du Cumberland et du Lancashire, en mélange avec des matières charbonneuses, charbon de bois, corne, poudre d'os et autres agents de cémentation. La description porte que l'opération doit s'effectuer dans des creusets hermétiquement fermés, que le minerai doit être en petits fragments, mélangé ou stratifié avec les céments (1). L'expression « autres agents de cémentation » est d'une acception assez vaste.

David Mushet obtint en 1800 un brevet où il revendiquait, entre autres choses, la priorité dans la fabrication de l'acier fondu, pour le traitement au creuset de minerai de fer mélangé avec une proportion convenable de matière charbonneuse. Nous aurons l'occasion de revenir sur ce brevet (2).

(1) A. D. 1791, 18 avril, n° 1869. *Abridgments of specifications*, etc. Abrégé des descriptions de brevets, etc., p. 14.

(2) A. D. 1800, 13 novembre, n° 2447.

En 1836, Isaac Hawkins se fit breveter pour le même procédé (1). « On concasse le minerai grillé en fragments du poids de $1^k.30$ à $1^k.80$, et l'on enterre chaque fragment dans du poussier de charbon de bois, puis on le soumet à une haute température, pendant quatre-vingts, soixante-seize ou soixante-douze heures, etc. »

Emploi du four de cémentation. — En 1854, un brevet fut accordé à Samuel Lucas pour « un perfectionnement apporté à la fabrication de l'acier, » qui consistait principalement à stratifier les barres de fer dans un four de cémentation ordinaire dont nous donnerons plus loin la description, avec des couches de minerai de fer réduit en fragments à peu près de la grosseur d'une noix, ou d'oxyde de fer, tel que des battitures, etc., mélangé avec des quantités à peu près égales de noir animal ou de charbon de bois et avec de l'oxyde de manganèse, dans la proportion d'environ $0^k.450$ par 100 kilogrammes de minerai ; on emploie une plus ou moins grande quantité de manganèse, selon le degré de dureté qu'on veut donner à l'acier. Il est enjoint de ne pas laisser les barres de fer toucher le minerai, car celui-ci y adhérerait. Dans sa description, l'inventeur revendique aussi la réduction, par les mêmes moyens, du minerai de fer seul, sans la présence de fer en barres (2).

En 1856, W. Ed. Newton obtint un brevet pour « des perfectionnements apportés à la fabrication de l'acier et à la carbonisation (*sic*) du fer et de ses minerais ; » ces perfectionnements sont d'importation étrangère. D'après ce procédé, les minerais de fer sont concassés en six morceaux par centimètre carré, puis mélangés avec du charbon de bois ou toute autre matière charbonneuse, et, au besoin, avec des fondants appropriés, de manière à former des couches alternatives ; enfin, on les porte à la chaleur blanche, pendant quarante-

(1) A. D. 1856, 4 juillet, n° 7142.
(2) A. D. 1854, 7 août, n° 1730. *Abrégé*, etc., p. 176.

huit heures dans un vase à cémenter (1). Quand le minerai est froid, on le concasse et on l'écrase, puis on le fait fondre dans des creusets pour obtenir de l'acier fondu, ou bien on le travaille au four, pour le convertir en acier à ressort; mais si l'on trouve que les minerais sont surchargés de carbone, il faudra les puddler et les marteler à la manière ordinaire (2).

M. E. Riley a fait, il y a quelques années, aux forges de Dowlais, des essais de fabrication directe dans des creusets, de l'acier fondu avec le minerai. Il a obtenu parfois d'excellent acier pour ciseaux, etc., dont nous avons vu des échantillons; mais il ne lui a pas été possible de garantir des résultats uniformes.

CARBURATION DU FER CONSIDÉRÉE COMME UN PROCÉDÉ DISTINCT.

Nous ferons observer que, dans les méthodes qui précèdent, l'acier provient du minerai, à l'aide d'une seule opération directe. Le procédé que nous nous proposons d'examiner implique deux opérations, l'une pour la réduction du minerai à l'état de fer, et l'autre pour la carburation du fer.

Carburation du fer pulvérulent. Procédé Chenot.

La production du fer malléable par la première opération, dans la méthode Chenot, a été déjà décrite complétement (3); il ne reste plus à examiner que la seconde opération, ou la carburation du fer réduit que l'on obtient à l'état « d'éponge métallique. » L'éponge est intimement mélangée avec du poussier de charbon de bois ou d'autres matières solides, riches en carbone, telles que la résine ordinaire, dont la pulvérisation est facilitée par le mélange avec un peu de charbon

(1) On peut entendre par là des creusets ou un four.
(2) A. D. 1856, 8 avril, n° 851. *Abrégé* déjà cité, p. 222.
(3) *Métallurgie*, t. II, p. 532.

de bois; ou bien, on peut l'imbiber de substances liquides carburées, telles que le goudron de bois (il faut rejeter le goudron de houille, à cause du soufre qu'il contient généralement), des matières graisseuses, etc. On laisse l'éponge broyée séjourner dans le liquide carburant, jusqu'à ce qu'elle se soit complétement saturée, et, s'il est nécessaire, on peut y appliquer une douce chaleur afin d'amener le liquide à un état de fluidité favorable à l'imbibition. On fait ensuite égoutter l'éponge et on la torréfie en vase clos pendant une heure. Lorsqu'on emploie des matières grasses comme agents de carburation, l'éponge est en morceaux pendant l'imbibition; ensuite, on la broie et on la mélange avec 75 pour 100 d'éponge non cémentée, car autrement, on obtiendrait de l'acier trop carburé ou trop dur. L'éponge ainsi céméntée est réduite par la compression aux deux tiers de son volume primitif, et en même temps moulée en petites briquettes cylindriques que l'on fait fondre dans des creusets, exactement comme dans le procédé ordinaire de fabrication de l'acier fondu. La gangue surnage au-dessus de l'acier en fusion; au moment de faire la coulée, on jette un peu de sable pilé dans le creuset pour la refroidir, puis on l'enlève avec une spatule. La charge est de 18 à 25 kilogrammes de briquettes par creuset; l'opération dure, en moyenne, quatre heures (1).

D'après Charrière, fabricant d'instruments de chirurgie justement renommés, l'acier Chenot se travaille bien à chaud, mais il n'a pas le corps, la ténacité ni la résistance des aciers anglais de premier choix. En défendant le procédé Chenot peut-être avec plus de zèle que de discernement, on a fait remarquer que « l'opinion de Charrière assigne aux aciers Chenot « un rôle différent de celui des premières marques anglaises, « sans leur ôter leur importance; qu'ils conservent une grande « valeur, à un prix modéré, pour tous les usages qui n'exigent

(1) *Revue universelle*, 4e partie, 1859, p. 40 et suiv.

« pas les qualités d'acier extra-supérieures : pour certains ob-
« jets, ils seront même préférés, parce qu'ils se soudent assez
« facilement, tandis que les aciers anglais ne se soudent pas
« du tout (1). » En affirmant que les aciers Chenot sont tout à fait comparables aux meilleurs aciers français, on n'a pas cru sans doute donner satisfaction aux successeurs de Chenot ni aux métallurgistes, qui avaient prédit un si brillant avenir au nouveau procédé !

M. Grateau a calculé le prix de revient des aciers Chenot ; or, dans bien des cas, les prix de revient ont été reconnus erronés et plutôt nuisibles aux intérêts des personnes qui y avaient ajouté foi ; aussi, sommes-nous devenus assez incrédules à leur égard, surtout lorsqu'ils n'ont pas été relevés sur des balances dûment établies. A l'établissement de Clichy, le prix de revient de 1 000 kilogrammes d'acier marchand est porté à 1 097 fr. 29 c. Cette évaluation devrait inspirer d'autant plus de confiance qu'elle comprend des centimes ; mais ces petites fractions conduisent quelquefois à des résultats opposés. Dans les circonstances ordinaires, le prix de revient maximum, d'après M. Grateau, ne dépasse pas 720 francs. « Une étude utile et in-
« téressante à faire, au point de vue métallurgique, est celle
« du prix de revient comparatif dans différentes localités. On
« peut en rendre sensibles toutes les variations, au moyen de
« diagrammes tracés en prenant les dépenses pour ordonnées
« et les noms des usines pour abscisses arbitraires. On obtient
« ainsi des courbes distinctes et représentant, pour le minerai,
« pour le combustible, pour la fonte, pour le fer, pour l'a-
« cier, etc., les variations de prix avec le déplacement géo-
« graphique, et la comparaison de ces tracés graphiques
« fournit des enseignements précieux (2). » Cela se peut ; mais ce travail indiquerait de la patience et de l'habileté plutôt qu'il ne procurerait des avantages réels.

(1) Ouvrage déjà cité, p. 59.
(2) Ouvrage déjà cité, p. 58.

Il n'y a aucune crainte à avoir, ajoute-t-on, quant au succès définitif du procédé Chenot; car, « en présence de tous les « faits exposés, comment ne pas reconnaître que la méthode « de fabrication de l'acier fondu au moyen de l'éponge de fer « ne se recommande pas seulement par son principe ingé- « nieux, mais qu'elle est parvenue au degré de perfection « qui lui constitue une viabilité industrielle? Appuyé sur des « études sérieuses et exactes, poursuivi avec une persévérance « infatigable, le procédé Chenot a traversé victorieusement « toutes les phases critiques de son élaboration; il a résisté « aux attaques dirigées contre lui par ceux qui étaient inté- « ressés à entraver son début, ou qui ne comprenaient pas « complétement les principes fondamentaux qui lui servent « de base. Est-ce à dire pour cela qu'il ait atteint la perfec- « tion? Non, assurément; et après avoir développé ce qu'il a « de remarquable, il est juste d'exposer ses côtés faibles (1). »

Le côté vraiment défectueux de la méthode est, on a pu le remarquer, la fusion, qui entraîne des frais considérables. Malgré la compression, l'éponge cémentée occupe encore, à poids égal, un volume supérieur à celui de l'acier poule ou du fer cémenté au contact du charbon, de sorte que, pour des creusets de même grandeur, les charges sont moindres dans la première méthode que dans la seconde. Or, la température nécessaire dans les deux procédés est la même, et il faut, pour l'obtenir, la même quantité de combustible.

Carburation du fer en barres.

L'historique de cet ancien procédé est peu connu. Suivant Beckman, les anciens auteurs (2) n'y font aucune allusion. Il a été fort bien décrit par Réaumur en 1722, dans son admirable traité (3). Ce savant a fait, à ce sujet, une longue série

(1) Ouvrage déjà cité, p. 59.

(2) *Histoire des inventions et des découvertes*, 2e édition, 1814, p. 241.

(3) *L'art de convertir le fer forgé en acier et l'art d'adoucir le fer fondu*, Paris, in-4°; 1722.

d'expériences dont les détails méritent d'être lus encore aujourd'hui. Son ouvrage est orné de gravures qui représentent des fours de cémentation semblables, dans toutes leurs parties essentielles, à ceux qui ont longtemps fonctionné à Sheffield. Jusque dans ces derniers temps, l'acier s'y fabriquait presque exclusivement par ce procédé. Du vivant de Réaumur, un si grand nombre de charlatans, indigènes ou étrangers, prétendaient avoir des recettes pour fabriquer l'acier, qu'ils étaient devenus un véritable fléau ! « La cour, écrit Réaumur, a été « accablée, surtout pendant les trois ou quatre dernières « années, par des Français et des étrangers de tous pays, qui, « dans l'espoir de faire fortune, se présentaient comme ayant « trouvé le véritable secret pour convertir le fer en acier. « Mais on n'a encore vu aucun résultat de leurs travaux, et, « d'après les faveurs accordées à plusieurs d'entre eux, ceux « qui ont promis de convertir le fer du royaume en excellent « acier ont été traités presque à l'égal des chercheurs de la « pierre philosophale (1). »

Four de cémentation (2). — Les dessins (fig. 79 à 82) nous ont été communiqués par notre ami M. E.-F. Sanderson, de Sheffield, qui, dans nos recherches sur l'acier, nous a fourni de nombreux et précieux renseignements. La construction du four est extrêmement simple et la vue des figures suffira pour la faire comprendre immédiatement. Il se compose d'une caisse rectangulaire et oblongue, ou *creuset*, en briques réfractaires, ouvert par le haut et renfermé dans une chambre en briques réfractaires, avec des embrasures voûtées à chaque extrémité, par lesquelles un homme peut entrer. Au-dessous, se trouve un foyer d'où débouchent, sur les parois et aux extrémités, une série de carneaux verticaux qui entourent l'extérieur de la caisse et aboutissent sous la voûte supérieure. Sur cha-

(1) Ouvrage déjà cité, p. 6.

(2) On peut voir au Musée géologique de Londres un beau modèle de four de cémentation, offert par MM. Naylor, Vickers et Ce, après avoir figuré à l'Exposition internationale de 1851.

que côté de cette voûte, une série de petites cheminées partent de la naissance. Cette disposition permet de porter uniformément la caisse à une température assez élevée. Le tout

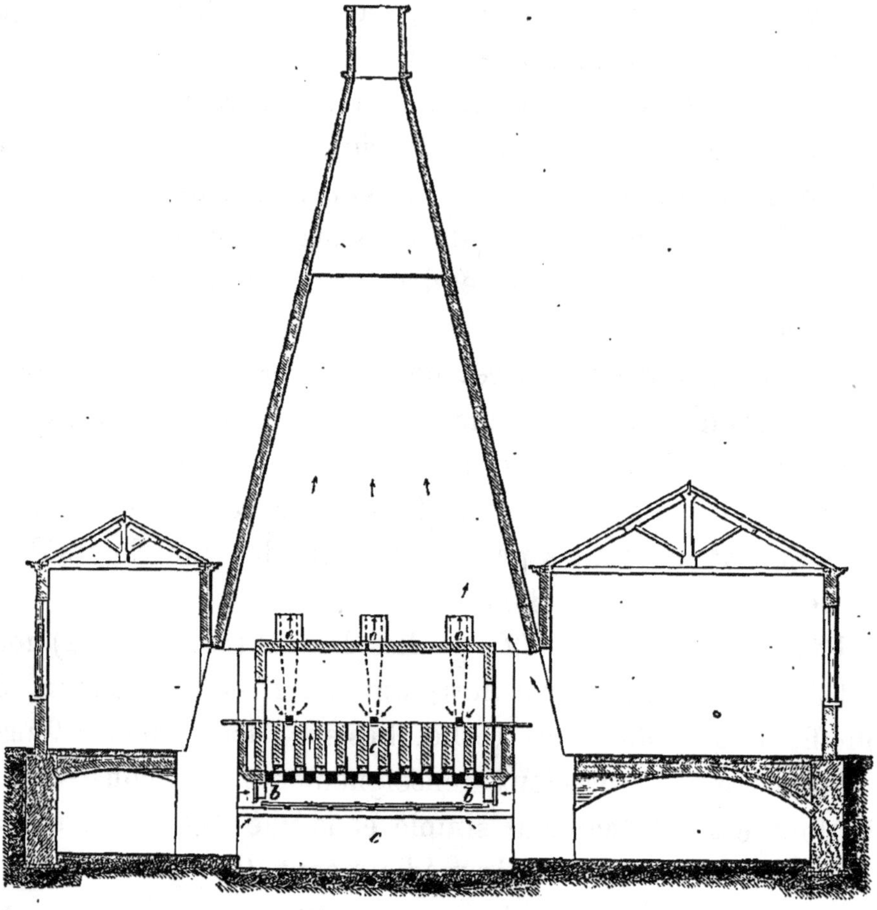

Fig. 79. — Four de cémentation. Coupe longitudinale.

est surmonté d'un cône creux en briques, ouvert par le haut, et de même forme que les fours des verriers. Deux de ces caisses sont établies côte à côte, en laissant un espace suffisant pour les carneaux, entre les murs adjacents. Les mêmes lettres dans les différentes figures indiquent les parties semblables : *a a* caisses de cémentation, *b b* foyer, *c c* cendrier, *d d* toit voûté, *e e*, etc., carneaux.

Le fer à cémenter est en barres plates et droites, qui ont

environ 0m.075 de largeur et 0m.02 d'épaisseur. Pour ménager l'espace nécessaire à la dilatation, il faut que les barres soient

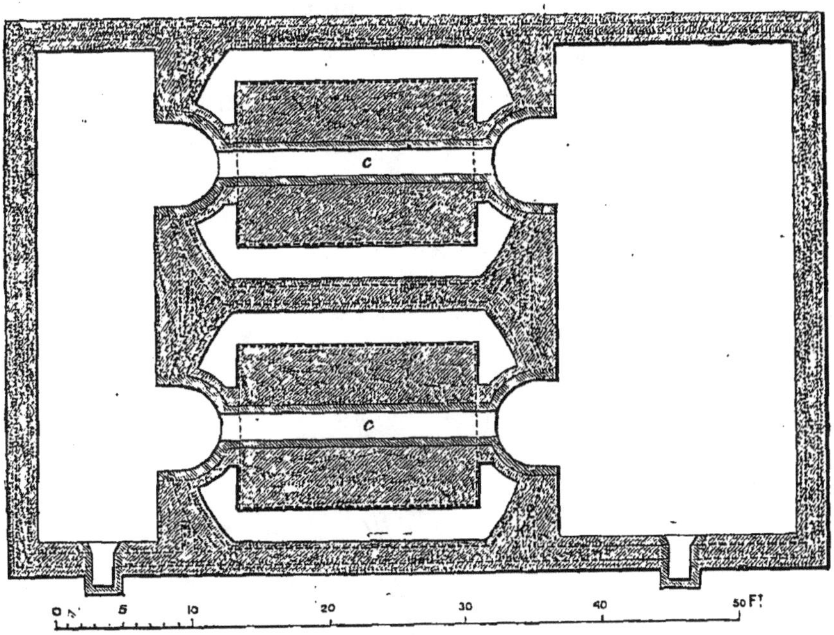

Echelle métrique : 0m,005 par mètre.

Fig. 80. — Four de cémentation. Plan du soubassement.

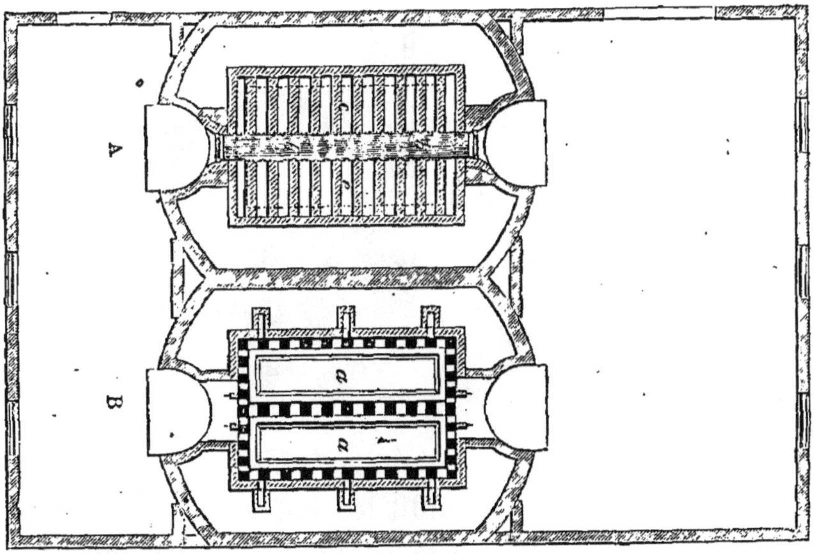

Fig. 81. — Four de cémentation. Coupe horizontale. A, coupe des carneaux sous les caisses; B, coupe des caisses montrant les carneaux verticaux environnants.

un peu plus courtes que la longueur intérieure des caisses. Du charbon de bois, broyé assez fin pour passer par un tamis à mailles de $0^m.002$ à $0^m.006$, est répandu en couche régulière sur le fond de chaque caisse. Sur ce lit de charbon, on dispose à plat une série de barres qui se touchent presque, et, afin de laisser du jeu à la dilatation, la dernière barre de chaque rangée ne s'adapte pas exactement. Quand les barres sont

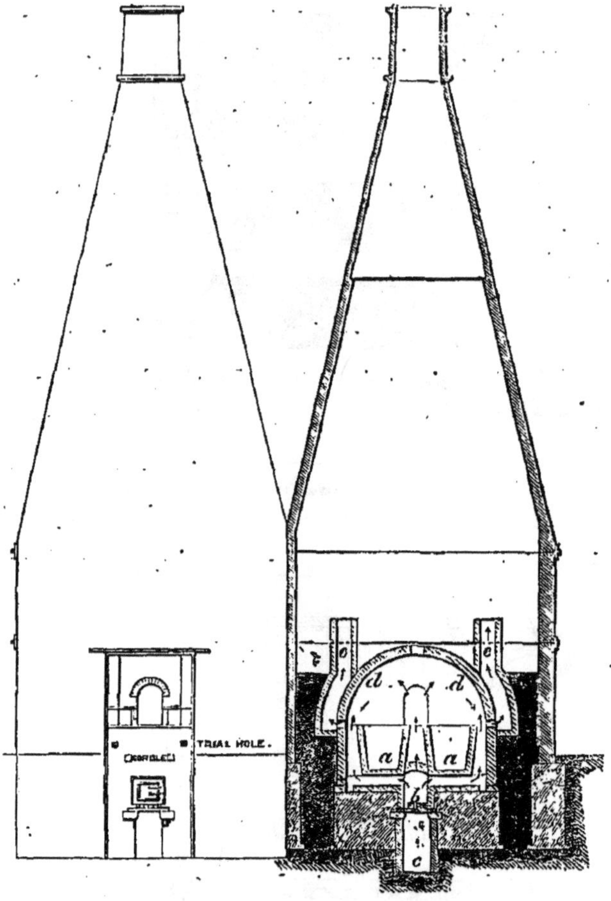

Elévation. Coupe transversale.

Fig. 82. — Four de cémentation.

trop courtes pour occuper, d'une extrémité à l'autre, la longueur de la caisse, on remplit les vides avec des barres de moindre longueur. Cette série de barres est recouverte d'un lit de charbon de bois de $0^m.012$ environ d'épaisseur; on place ensuite une seconde rangée de barres, et ainsi de suite, en disposant alternativement les barres et un lit de charbon de bois, jusqu'à ce que la caisse soit remplie. On a soin de donner plus d'épaisseur à la couche de charbon du sommet que l'on recouvre d'un mortier (*wheelswarf*) de silice broyée fin, mélangée avec des parcelles d'acier. Cette substance provient des meules siliceuses dont on se sert pour polir les pièces en acier et affuter les outils. Par l'action de la chaleur, elle forme une couverte compacte et impénétrable à l'air, car les parcelles d'acier se convertissent en oxyde de fer qui agglutine plus ou moins fortement les grains de silice. On peut toutefois remplacer cette substance par de l'argile. Une fois les caisses chargées et imperméables à l'air, on bouche hermétiquement les embrasures avec des briques et l'on allume le feu sur les grilles. La température doit être maintenue uniformément au rouge vif pendant un temps qui varie suivant le degré de carburation qu'on cherche à obtenir. L'acier fondu demande de 9 à 10 jours; l'acier de forge, 8 jours, et celui pour ressorts, 7 jours. On introduit préalablement des barres d'essai dont les bouts sortent de la caisse, de façon à pouvoir les retirer de temps en temps pendant l'opération par de petits ouvreaux pratiqués aux extrémités des caisses. Lorsque ces barres sont refroidies, on juge, d'après leur cassure, du degré de cémentation. On a soin de boucher ces ouvreaux avec de l'argile, afin que l'air n'y pénètre pas. Le degré de cémentation atteint, on retire le feu et on laisse refroidir le four; ce qui exige généralement plusieurs jours, pendant lesquels la carburation augmente. Au bout de trois à quatre jours qu'on a retiré le feu, on peut accélérer le refroidissement en ouvrant les trous d'homme, etc. Dès qu'un ouvrier peut entrer, on retire les barres, on les brise en travers, et on les assortit convenablement pour la trempe, d'après l'aspect de la cassure.

La charge d'un four de dimensions ordinaire est de 16 à 18 tonnes de barres. Si les caisses sont trop grandes, on ne peut maintenir partout une température égale et les barres, surtout vers le centre, se carburent moins que le reste.

En chargeant de nouveau, on ajoute toujours du charbon de bois neuf à celui qui reste de la dernière chauffe. Lorsqu'on « défourne une chauffe, » on constate que le charbon est en partie à l'état de suie et en partie à l'état primitif. On passe le vieux charbon au tamis pour le débarrasser du poussier, puis on le lave avec soin. Ainsi préparé et séché, on le mélange intimement, à volume égal, avec du charbon neuf. L'expérience a démontré que ce mélange opère une cémentation plus complète et plus satisfaisante que du charbon neuf employé seul. Les ouvriers prétendent que celui-ci agit « trop finement » sur le fer, et quand ils sont obligés de s'en servir, ils prolongent la durée de la cémentation, parce qu'il est nécessaire d'entretenir le fourneau à une température plus basse que lorsque l'on emploie le mélange indiqué.

Pour cémenter, il faut du bon charbon de frêne blanc qui ne s'agglutine pas; car, s'il s'agglomérait, il serait impossible d'entretenir une température uniforme. Il faut aussi ringarder avec beaucoup de soin.

Les barres diffèrent notablement avant et après la cémentation, non-seulement sous le rapport de la composition, mais encore comme caractère extérieur. Après la cémentation, la surface est recouverte de boursouflures dont les dimensions et le nombre sont très-variables. Quelques-unes ne sont pas plus grosses que des pois, tandis que d'autres ont jusqu'à 0^{m}.025 de diamètre. Elles sont creuses comme des ampoules, et, par cette raison, on désigne les barres d'acier ainsi obtenues sous le nom d'*acier poule*. Avant la cémentation, les barres sont très-résistantes, et leur cassure, après avoir entaillé les faces, est brillante, cristalline et d'une teinte bleuâtre caractéristique. Après la cémentation, elles sont fragiles et peuvent facilement se rompre en travers; leur cassure est relativement terne, avec des indices plus ou moins apparents d'exfoliation; le grain en est cristallin; on distingue à l'œil un reflet légèrement jaunâtre. Mais ces différences ne peuvent être bien appréciées qu'en examinant des barres cémentées et des barres non cémentées, à côté les unes des autres.

L'origine des ampoules a donné lieu à une grande divergence d'opinions. Elles sont dues, semblerait-il, à des irrégularités locales et à la dilatation des gaz à l'intérieur, pendant que le fer est ramolli à une haute température. Il est hors de doute, par des motifs déjà allégués, que les barres forgées contiennent du silicate basique de fer interposé et irrégulièrement répandu dans la masse. Or, quel est l'effet du contact de l'acier, à une haute température, avec des parcelles de ce silicate? Il en résulte probablement une réduction d'une partie du protoxyde de fer et un dégagement d'oxyde de carbone. S'il en est ainsi, il semble qu'on peut expliquer d'une manière satisfaisante la formation des ampoules. Si l'on admet que cette explication est exacte, une barre fabriquée avec du fer malléable fondu ne devrait pas s'ampouler pendant la cémentation, et s'il en était ainsi, il serait facile de fabriquer une telle barre en y incorporant des scories; puis, en l'exposant dans un four de cémentation, on s'assurerait qu'elle ne s'ampoule qu'aux endroits correspondant à la scorie.

Selon Henry (1), les ampoules seraient dues à une autre cause. Il a remarqué, en effet, qu'une barre de fer, avant la cémentation, contient 0.577 de soufre (proportion très-considérable), et seulement 0.017 pour 100 après la cémentation; de sorte qu'il s'en est dégagé 97 pour 100 pendant l'opération. « Je ne doute pas, ajoute Henry, que le soufre ait « été éliminé à l'état de bisulfure de carbone, comme lors- « qu'on met en contact du carbone et du soufre, à la chaleur « rouge. Pour produire ce bisulfure, la méthode communé- « ment employée consiste à faire chauffer, en vase clos, jus-

(1) Lettre à M. E. F. Sanderson, 25 avril 1855.

« qu'au rouge, des pyrites de fer et du charbon de bois. Cette « substance est très-volatile, et son dégagement sous forme « de vapeur explique entièrement la présence des ampoules « qu'on trouve dans l'acier. Ce fait curieux éclaircit plu- « sieurs points importants et jette, à mon avis, un grand « jour sur des questions regardées jusqu'ici comme très- « obscures. Il démontre aussi que certaines variétés de fer, « renfermant relativement beaucoup de soufre, peuvent don- « ner des aciers d'excellente qualité, lorsqu'on les cémente « *de cette manière.* » Quant à l'explication fournie par les pyrites de fer, il faut se rappeler que le sulfure chauffé au rouge dégage du soufre; mais il ne peut y avoir de dégagement analogue dans le cas actuel. Les ampoules doivent provenir de la présence d'une substance quelconque irrégulièrement disséminée dans le fer; l'hypothèse de Henry implique que cette substance renferme une proportion relativement considérable de soufre, ce qui n'est pas probable. Il est facile d'ailleurs de contrôler par des expériences l'hypothèse de Henry (1).

Carburation par les composés gazeux du carbone.

En 1825, un brevet fut accordé à Charles Mackintosh pour la conversion du fer malléable en acier par l'action, à la chaleur blanche, de l'hydrogène carburé ou de gaz chargés de carbone (2). Nous avons déjà étudié le principe de cette cémentation qui, d'après les faits constatés, s'achève en quelques heures; cependant le procédé ne donne pas des résultats industriels satisfaisants, car « il est impossible de main- « tenir à l'abri de l'air les caisses dans lesquelles les barres « de fer sont contenues, en présence de températures aussi « élevées que celles auxquelles il est nécessaire de les por-

(1) *Métallurgie*, t. II, p. 54.
(2) A. D. 1825, 14 mai, n° 5175. *Abrégé*, p. 30.

« ter » (1). En 1824, le professeur Bismara de Crémone, avait fabriqué de l'acier par un procédé analogue (2).

CARBURATION DU FER COMPACTE EN FUSION AU CONTACT DES MATIÈRES CHARBONNEUSES.

L'expression *compacte* est employée ici par opposition à celle de fer *pulvérulent*, indiquée dans le procédé Chenot. De toutes les méthodes de fabrication de l'acier, celle-ci est sans contredit la plus ancienne; car elle est depuis longtemps pratiquée dans l'Inde, où elle a pris naissance.

Procédé Hindou. Le docteur Buchanan qui a si bien décrit les arts et les manufactures de l'Inde, a exposé ce procédé ainsi qu'il suit (3) : Le tiers d'une des petites loupes produites au foyer hindou ordinaire est placé dans un creuset conique en argile crue, de la capacité d'un demi-litre environ; on y ajoute 3 roupies ou 35 grammes de tige du *Cassia auriculata* et deux grandes feuilles vertes, bien lisses, d'une espèce de *Convolvulus* ou d'*Ipomœa*. Le creuset ainsi chargé est fermé par un couvercle en argile crue, bien luté, puis séché. Le fourneau consiste en un petit trou circulaire pratiqué dans le sol, un peu évasé au sommet. Un tuyau d'argile, relié à deux soufflets en peau de bœuf fonctionnant alternativement, pénètre au fond du foyer. On commence par ranger une série de creusets autour du gueulard du foyer, puis une deuxième série en dedans de la première, et le centre de la voûte ainsi formée est occupé par un seul creuset. Il y en a quinze en tout. Le creuset de la rangée extérieure, qui fait face à la buse des soufflets, est alors enlevé et remplacé par un autre

(1) Mushet. *Papers on Iron and Steel.* Mémoires sur le fer et l'acier, p. 671.

(2) *Techn. Encyclop.* Encyclopédie technologique. Prechtl, t. XV, p. 68.

(3) *A journey from Madras through the countries of Mysore, Canara and Malabar.* Voyage de Madras aux pays de Mysore, de Canara et de Malabar, par Francis Buchanan. M. D. Londres, 1807, t. II, p. 20. Le docteur a vu le procédé dans son voyage de Sira à Seringapatam.

qu'on pose horizontalement, l'orifice tourné vers le foyer. Ce creuset peut facilement se retirer ou se mettre en place ; l'ouverture qu'il ferme sert à charger le charbon de bois dont on remplit le foyer et recouvre la voûte formée par les creusets. Le soufflage dure 4 heures et le travail est achevé. On refait aussitôt une nouvelle voûte, de façon que le travail marche nuit et jour ; on traite ainsi par jour cinq séries de 14 creusets. Lorsque les creusets sont découverts, l'acier y est sous forme de gâteau conique qui présente habituellement des stries rayonnées à la surface supérieure. C'est là un indice, selon Buchanan, d'une tendance à la cristallisation. Les gâteaux de *wootz* sont entourés d'une matière scorifiée. Les ouvriers estiment que l'acier de chaque creuset pèse 1 *seer* et un quart (le *seer* vaut 24 roupies), c'est-à-dire environ $1^k.135$; mais les gâteaux sur lesquels Buchanan a fait ses essais pesaient à peine 1 kilogramme chacun. Dans quelques creusets, la fusion n'est pas complète ; l'acier est alors très-inférieur et diffère peu du fer ordinaire. La quantité d'acier fabriquée annuellement dans le district atteignait environ 8 320 kilogrammes, d'une valeur d'environ 100 francs les 100 kilogrammes.

M. Josiah Marshall Heath, qui est cité plus loin, a résumé les procédés de fabrication du wootz, identiques au fond à ceux décrits par Buchanan, bien qu'ils diffèrent dans quelques détails secondaires, comme le prouvent les extraits suivants de la description de Heath (1). Les barres de fer fabriquées par les Hindous sont découpées en petits morceaux pour pouvoir être mieux serrées dans le creuset. Un certain nombre de ces morceaux, pesant ensemble de 0^k250 à $0^k.900$, selon que la masse d'acier doit avoir un poids plus ou moins considérable, sont ensuite placés dans un creuset, avec un dixième en poids de bois sec, fendu

(1) *Appendix to the Report on the Government Central Museum.* Appendice au Rapport sur le Musée du gouvernement central à Madras, par Edward Balfour, esq. Madras, 1856, p. 1. Extrait du *Journal des belles lettres et des sciences*, de Madras, t. II, p. 184.

menu ; le tout est recouvert d'une ou de deux feuilles vertes ; après quoi on bouche le creuset avec une poignée d'argile crue, tassée de manière à empêcher l'accès de l'air. Le bois qu'on choisit toujours pour fournir du carbone au fer est le *Cassia auriculata*, et la feuille qui recouvre le fer vient de l'*Asclepias gigantea*, ou bien, si l'on ne peut s'en procurer, du *Convolvulus laurifolius*. Dès que l'argile est sèche, on forme avec les creusets une voûte exactement pareille à celle que décrit Buchanan ; mais Heath ajoute que le vent n'est donné que pendant deux heures et demie au lieu de quatre heures, et que le fourneau renferme de vingt à vingt-quatre creusets au lieu de quatorze. Quand la fusion est achevée, la surface du gâteau est couverte de stries rayonnant à partir du centre, sans qu'il y ait de trous ni de saillies raboteuses ; si la fusion a été imparfaite, la surface offre l'aspect d'un gâteau de miel et montre souvent des fragments de fer encore à l'état malléable.

Pour étirer en barres les gâteaux de wootz, on les soumet pendant plusieurs heures, dans un feu de charbon de bois, à une température à peine inférieure à leur point de fusion. Le feu est activé par les soufflets et l'on fait agir le vent sur les gâteaux, tandis qu'on les retourne devant le foyer. Heath en a conclu que, pour assurer la fusion du métal du creuset, il faut employer une dose de carbone plus forte que pour l'acier le plus dur, et qu'on est ainsi obligé d'enlever après coup l'excès de carbone introduit.

En 1795, le docteur Pearson communiquait à la Société Royale un mémoire, excellent pour l'époque (1), où il établit clairement que le wootz n'est qu'une variété particulière d'acier ; mais il a fait erreur en affirmant que cet acier était tiré directement du minerai.

(1) *Experiments and Observations to investigate the Nature of a kind of Steel manufactured at Bombay, and there called Wootz*, etc. Expériences et observations dans le but de rechercher la nature d'une espèce d'acier fabriqué à Bombay ; où il est connu sous le nom de *Wootz* ; avec des remarques sur les propriétés et la composition du fer à ses différents états, par George Pearson, M. D. F. R. S., lu le 11 juin 1795.

M. Stodart a forgé un morceau de wootz au rouge sombre, pour en faire un canif, et l'a trempé à 450 degrés Fahrenheit (232° C.). « Le fil en était aussi fin et aussi tranchant que s'il « eût été obtenu avec le meilleur acier. » Le wootz ne peut se forger qu'à une chaleur rouge très-basse, et même alors il exige beaucoup de précautions. A une plus haute température, il se crique ou s'égrène sous le marteau. Il est susceptible d'acquérir une grande dureté. Le docteur Scott, qui avait communiqué les échantillons examinés par le docteur Pearson, affirme que le wootz ne peut se souder avec le fer ni avec l'acier.

Les analyses de wootz, auxquelles il a été fait déjà allusion, sont dues à Henry. L'échantillon lui avait été remis par la Compagnie des Indes; il était sous forme de barre de $0^m.10$ de longueur et de 6 centimètres carrés; il pesait 305 grammes environ.

Carbone combiné.	1.333	1.340
Carbone non combiné.	0.312	»
Silicium.	0.045	0.042
Soufre.	0.181	0.170
Arsenic.	0.037	0.036
Fer par différence.	98.092	»
	100.000	

La pesanteur spécifique de ce wootz était 7.727, à 16° C.

Le docteur Pearson a publié les observations suivantes sur la densité du wootz :

1. Wootz.	7.181
2. Autre échantillon de wootz . . .	7.403
3. Le même, forgé.	7.647
4. Autre échantillon, forgé.	7.503
5. Wootz fondu.	7.200
6. Wootz refroidi à blanc.	7.166

Acier Mushet. Métal homogène. — Un brevet fut accordé en 1800 à David Mushet pour un procédé de fabrication de l'acier fondu, etc. (1), qui consiste à faire fondre dans des creusets, du fer malléable sous forme de barre ou de déchets, ou du minerai de fer quand il est suffisamment riche et pur, avec une proportion convenable de matières charbonneuses. En variant la proportion de carbone, on obtient différentes qualités d'acier : plus les proportions en sont faibles, plus l'acier est doux. Il est dit dans ce brevet que, « généralement, l'acier fabriqué avec moins d'un centième de charbon de bois jouit de toutes les propriétés nécessaires pour être façonné en articles exigeant beaucoup d'élasticité, de force et de solidité. Cet acier est également susceptible de supporter la chaleur blanche et de se souder comme le fer malléable ; car, au fur et à mesure que la proportion de charbon de bois ou de toute autre matière charbonneuse diminue, on reconnaît que les qualités de l'acier se rapprochent davantage de celles du fer malléable. » M. Mushet, dit-on, céda ce brevet à une usine de Sheffield pour la somme de 75,000 francs.

Son traité renferme une très-bonne description des propriétés du métal ainsi fabriqué (2). « Lorsque le fer est fondu avec $\frac{1}{140}$ ou $\frac{1}{150}$ de charbon de bois en poids, le produit résultant est à un état intermédiaire entre le fer malléable et l'acier. Il se soude alors avec facilité, et (avec les précautions voulues) on peut l'unir au fer ou à l'acier, à des températures très-élevées. Combiné à cette dose avec le carbone, il est encore susceptible de durcir légèrement, mais sans offrir de grandes modifications dans sa cassure. Il possède à un degré extraordinaire du corps et de la ténacité et est susceptible d'un très-beau poli ; ce qui provient de sa parfaite homogénéité et de la compacité que lui donne la fusion. Si l'on réduit encore davantage la dose de carbone, le même

(1) Fabrication de l'acier fondu et four à coke perfectionné. A. D. 1808, 13 novembre, n° 2447.

(2) *Papers on Iron and Steel*, Mémoire sur le fer et l'acier, 1840, p. 525.

« acier ou le même fer, proportionnellement à cette dimi-
« nution, devient de plus en plus rouverain et difficile à
« souder sous l'influence de la chaleur, de sorte que si la
« proportion est réduite à $\frac{1}{200}$ du poids du fer, la qualité
« du produit est presque analogue à celle que donne la fusion
« du fer, seul ou en mélange avec des terres. »

En 1839, un brevet fut accordé à William Vickers pour la fabrication directe de l'acier fondu à l'aide d'un mélange de 45^k.341 de déchets d'alésage de fer ou de riblons, avec 1^k.260 d'oxyde noir de manganèse et 1^k.260 de charbon de bois pulvérisé, de très-bonne qualité. L'inventeur revendique aussi le droit à l'emploi de déchets de fonte dans les proportions suivantes : 12^k.695 de déchets de fonte, 0^k.972 d'oxyde de manganèse, et 1^k.260 de charbon de bois (1).

Une nouvelle variété de fer, appelée *métal homogène*, a attiré l'attention à l'Exposition internationale de 1862. De nombreux échantillons avaient été exposés par MM. Shortbridge, Howell et Ce, de Sheffield. Certaines pièces étaient spécialement dignes d'intérêt : c'étaient des tubes minces étirés, puis aplatis et repliés à froid, avec autant de facilité que si l'on eût opéré sur du caoutchouc, avec lequel ils auraient pu aisément se confondre. Ce métal possède une ténacité remarquable, et, comme l'implique son nom, il est homogène. Cette dernière qualité est le résultat de la fusion. Un échantillon de « métal homogène » employé à la fabrication d'une plaque de blindage contenait, comme nous l'avons vu, 0.23 pour 100 de carbone. Le rapport entre le fer et le carbone (non compris 0.334 pour 100 d'autres matières, savoir : du silicium, du soufre, du phosphore et du manganèse) est 99.206 : 0.230, soit environ 1/430 de carbone. Cette proportion de carbone est inférieure à celles indiquées par Mushet; mais il faut se rappeler que celles-ci représentaient, d'après

(1) A. D. 1839, 25 juin, n° 8129.

Mushet, les quantités à employer pour la fabrication et non pas les quantités dont on avait constaté la présence dans l'acier fabriqué. Il est certain, d'ailleurs, qu'une partie du carbone ajouté est brûlée par l'air dans le creuset et il est presque certain que le reste n'est pas entièrement absorbé par le fer. Quoi qu'il en soit, le métal homogène constitue évidemment une variété d'acier fondu à faible proportion de carbone. Il occupe, sous ce rapport, une position intermédiaire entre le fer malléable et l'acier fondu, et présente exactement les caractères que Mushet attribuait au métal fabriqué par son procédé.

L'expression *métal homogène* se rencontre pour la première fois dans la description d'un brevet accordé, en 1856, à Joseph Bennett Howell, de Sheffield (1). La partie descriptive de ce brevet, qui est très-courte, est reproduite ici *in extenso*. « La nouveauté de mon invention consiste dans le traitement des « battitures ou des pailles d'acier et de fer provenant du mar- « telage ou du laminage, outre les ingrédients qui entrent « communément dans la fabrication de l'acier fondu. Je me « borne à l'emploi de ces battitures en quantité que déter- « mine la trempe spéciale de l'acier pour tel ou tel usage « spécial. L'objet de mon invention est de fabriquer une qua- « lité supérieure d'acier fondu ou de métal homogène avec les « variétés de fer les plus communes. » Il est difficile de rencontrer dans un brevet rien de plus succinct et de moins satisfaisant; cette instruction est assurément insuffisante pour mettre un ouvrier, quelque habile qu'il soit, en état de pratiquer le procédé Howell, si toutefois il y a là un procédé. De plus, le mot « trempe » est employé dans un sens ambigu; car il pourrait signifier la dureté spéciale de l'acier résultant d'un ou de plusieurs modes particuliers de trempe. Il y a lieu de supposer que le « métal homogène » est ici sous-entendu.

(1) Perfectionnements dans la fabrication de la fonte d'acier. A. D. 1856, 9 octobre, n° 2369.

Or, qu'entendre par ces mots : « ingrédients qui entrent com- « munément dans la fabrication de l'acier fondu » ? On fabrique d'ordinaire l'acier en traitant isolément dans des creusets du fer cémenté, c'est-à-dire de l'acier poule. Certes, le mot « ingrédient » ne peut s'appliquer à l'acier poule. S'il s'y applique, un des effets de l'addition des battitures, avant ou pendant l'opération de la fusion, serait de décarburer plus ou moins l'acier, suivant la proportion de battitures employées. Si, d'autre part, l'inventeur entend l'addition de battitures avec certaines substances, telles que le manganèse renfermant du carbone, etc., il y aura également décarburation, le carbone étant oxydé et converti en acide carbonique aux dépens de l'oxygène des battitures, avec réduction d'une proportion équivalente de fer. Mais il est superflu de faire des conjectures sur ce que l'inventeur entend dire. M. Howell doit savoir que si l'on met des battitures, à une haute température, en contact direct avec les creusets à acier, ces creusets seront inévitablement corrodés ou percés, et que, pour prévenir cette corrosion, il y a des précautions essentielles à prendre, telles que celle de mélanger les battitures avec des matières charbonneuses qui permettent à l'oxyde de fer des battitures de se réduire. Ces précautions auraient dû être relatées au moins dans le brevet; mais il n'y est pas même fait allusion.

Il est curieux que le procédé Mushet relatif à l'emploi du fer malléable dans la fabrication de l'acier fondu soit en principe, on pourrait même ajouter en fait, identique au procédé que les Hindous suivent depuis un temps immémorial pour fabriquer le wootz. On ne découvre aucune différence essentielle entre ces deux méthodes.

II. FABRICATION DE L'ACIER PAR LA DÉCARBURATION PARTIELLE DE LA FONTE.

La conversion de la fonte en acier par décarburation partielle peut s'effectuer de plusieurs manières, dont trois ont une importance capitale, savoir : l'affinage dans un foyer au charbon de bois; le puddlage dans le fourneau à réverbère, et le procédé Bessemer. La première manière constitue l'ancienne méthode, pratiquée encore aujourd'hui dans beaucoup de localités, notamment en Styrie; la seconde est de date récente, mais elle a fait de rapides progrès, et la troisième, la plus moderne, paraît destinée à jouer un rôle considérable dans le monde industriel. Si on envisage l'acier comme du fer carburé à des degrés intermédiaires entre le fer malléable et la fonte, il est clair que la fonte, pendant sa conversion en fer malléable, dans les procédés de l'affinage et du puddlage, devra passer par l'état aciéreux. On trouve ainsi qu'en réglant et en arrêtant en temps utile l'action décarburante dans l'affinage et le puddlage, on obtient de l'acier au lieu de fer malléable.

FABRICATION DE L'ACIER PAR AFFINAGE.

Le foyer d'affinage est construit, sous tous les rapports, identiquement à celui déjà décrit pour la fabrication du fer malléable; en effet, dans certains districts, on y fabrique indistinctement du fer ou de l'acier. Toutefois, l'opération n'y est pas conduite de même, ou, en d'autres termes, l'acier ne s'obtient pas simplement en arrêtant, à un moment donné, la fabrication du fer malléable. Pour obtenir de l'acier au feu d'affinerie, on donne au vent une direction généralement moins inclinée, et la loupe ou le gâteau de métal est recouvert d'une couche de scorie liquide. Cette scorie joue un rôle important dans le travail. Elle est fournie par l'oxyde provenant du réchauffage du fer dans le même feu; à cet oxyde on ajoute des battitures, etc. Pour maintenir la scorie à l'état liquide, on y ajoute, au besoin, de la silice, de manière à éviter la présence d'une grande quantité d'oxyde de fer libre.

Cette manipulation exige beaucoup d'adresse et cette sûreté de coup d'œil que peut seule donner une longue pratique. On ne connaît qu'un petit nombre de méthodes spéciales pour fabriquer de l'acier dans le foyer d'affinage au charbon de bois; elles ont été souvent décrites, mais par personne avec autant de détails que par M. Tunner, de Léoben, en Styrie. Cet auteur considère le procédé styrien, le procédé carinthien, le procédé tyrolien, le procédé de Paal et le procédé de Siegen comme autant de méthodes distinctes; mais il y a lieu de douter que cette classification puisse, dans tous les cas, être basée sur des principes différents. Ainsi, il affirme que le trait spécial de la méthode tyrolienne consiste en ce que le fer et l'acier se fabriquent alternativement dans le même foyer, sans y apporter aucun changement et sans même y faire varier la direction du vent. En outre, la méthode carinthienne et celle de Paal sont à peu près semblables. Les modifications apportées dans le travail par chacune de ces méthodes, sont en grande partie déterminées par la nature de la fonte que l'on traite. L'acier s'obtient sous la forme de loupe aplatie que nous désignerons désormais sous le nom de *massiau*, pour la distinguer de la *balle* qui désigne la loupe de fer malléable. D'ailleurs, c'est un gâteau à proprement parler, et non une balle. L'acier, au sortir du foyer, est connu sous le nom d'acier *brut* ou *cru;* plus tard, dans le cours du travail, il devient de l'acier *raffiné*. Il est impossible, dans le feu d'affinerie au charbon de bois, d'obtenir de l'acier cru d'une qualité homogène. Quelques portions du massiau sont beaucoup moins carburées que d'autres; aussi faut-il toujours assortir les barres après les avoir forgées. Quoi qu'il en soit, on ne trouve pas de meilleur acier, pour certains usages spéciaux, que celui obtenu par ces méthodes d'affinage. Dans les descriptions qui vont suivre, on mettra à profit l'ouvrage de M. Tunner, en résumant ou en traduisant son texte aussi littéralement que possible.

Procédé de Siegen (*Siegener Rohstahl-frisch-Arbeit*). Nous sommes redevable de la description de ce procédé à M. Hochstätter, qui a recueilli ses données sur les lieux de fabrication.

Le travail s'opère dans un foyer d'affinerie, en tous points semblable aux foyers à fer malléable. Les parois du foyer sont formées de plaques de fonte de 0m.025 à 0m.035 d'épaisseur (*Zacken*); la plaque de devant, avec son chio pour l'écoulement des scories, est ordinairement en fonte aciéreuse (*Rohstahl-Eisen*) qu'on fabrique avec les mêmes charges que le *Spiegel-Eisen*, mais en consommant du coke au lieu de charbon de bois. La sole du foyer est en grès d'un grain fin; les blocs sont aussi serrés que possible et les joints sont remplis avec de la poussière siliceuse. La qualité du grès est un point très-essentiel; son grain ne doit pas être trop gros et il ne doit pas se fendiller ni éclater au feu. Un grès d'excellente qualité durera pendant la fabrication de huit ou dix massiaux (1). La plaque de tuyère, située à gauche (*Form-Zacken*), est inclinée de 12 à 15 degrés vers l'intérieur; la plaque opposée (*Gicht-Zacken*) est verticale ou un peu inclinée en dehors, de manière à faciliter l'extraction du produit (*Schrei*); la plaque de derrière (*Hinter-Zacken*), par la même raison, est aussi inclinée en dehors. Le foyer est circonscrit par trois murs en briques qui se terminent en haut par une petite cheminée; la paroi de devant est ouverte par le bas (exactement comme dans la figure 94 (t. III); elle occupe seulement un quart de l'espace compris sous la cheminée. Sur cette plaque est placée horizontalement une table épaisse en fonte (*Heerd-Platte*, *Heerd-Kuchen*), sur

(1) Karsten. *Eisen-Hütten*, t. IV, p. 446.

laquelle on pose les gueuses qui doivent passer à la chauffe suivante. Sur la plaque faisant face à la tuyère et sur celle de derrière, sont également disposées des tables de fonte. Enfin, une plaque en fer forgé est suspendue de manière à fermer en partie l'espace ouvert sur le devant et à garantir les ouvriers pendant le travail. Les dimensions du foyer sont les suivantes : longueur $0^m.94$; largeur $0^m.89$; profondeur de la plaque du fond et de celle de tuyère $0^m.19$; profondeur de la plaque faisant face à la tuyère $0^m.38$. Au-dessus de la la plaque se trouve « l'ouverture de tuyère » (*Form-Bäuch*), formée d'un mélange de terre glaise et de bouse de vache, où l'on pratique un trou pour le passage de la tuyère. La tuyère, en fer forgé, est située au-dessus de la plaque de tuyère et fait saillie de quelques centimètres dans le foyer ; son degré d'inclinaison (*Stechen*) varie suivant la nature de la gueuse ; elle a la forme d'un segment de cercle, sa largeur à la base, qui est plate, étant de $0^m.038$, et sa hauteur au milieu de la base, de $0^m.02$. La buse du porte-vent est en retraite de $0^m.038$ sur la tuyère, afin que celle-ci soit constamment rafraîchie par le courant d'air. Dès que le massiau de la dernière chauffe (*Schrei*) a été retiré, on le divise dans le sens des rayons, selon sa dimension, en sept ou huit morceaux que l'on place sur la plaque à la droite du foyer, sauf un morceau qu'on jette derrière la plaque de fond, où l'on a entassé le charbon incandescent provenant de la chauffe précédente. On commence par réparer la sole avec de petits morceaux de grès et un mélange de terre et d'eau, et l'on bouche avec de la terre, sur une épaisseur d'environ $0^m.012$, le chio qui est au même niveau ; puis on pose dessus une plaque de fer de $0^m.038$ d'épaisseur. On finit de boucher le haut du chio avec un mélange de terre, de cendres et de battitures. Sur la sole on étend une légère couche de battitures qui, en contact avec le grès au-dessous, forment du silicate de protoxyde de fer et produisent une surface unie et résistante. Cela fait, on étend sur le fond une couche, d'environ 0m.025 d'épaisseur, de charbon de bois allumé et l'on ajuste le porte-vent dans la tuyère, suivant la nature de la fonte à traiter. Une inclinaison trop forte facilite la propuction du fer malléable (on désigne alors l'allure du foyer sous le nom de *Gaar-gang*) ; une pente moins forte donne un résultat contraire (*Roh-gang*). Avec des fontes grises (*Roh-Schmelziges*) et du *Spiegel-Eisen*, il faut plus d'inclinaison qu'avec des fontes blanches (*Gaar-Schmelziges*). Actuellement (1859) à l'usine où le travail est décrit, la fonte employée presque exclusivement est du *Spiegel-Eisen* provenant des minerais spathiques du Stahlberg ; avec cette fonte, la tuyère est inclinée de 10 à 15 degrés et le vent est lancé sur la sole à une distance de 0m.07 à 0m.10, de la plaque opposée.

Sur le lit de charbon de bois incandescent qui couvre la sole, on place perpendiculairement et de champ, le long de la plaque faisant face à la tuyère, le premier morceau de fonte (*Heisse*), dont le poids varie de 22 à 27 kilogrammes. Ce morceau, préalablement chauffé, est ordinairement de la fonte blanche provenant d'un mélange de minerai spathique et d'hématite brune, traité au coke et au bois. Ensuite on remplit le foyer aux trois quarts avec du charbon de bois incandescent et, au-dessus, on place le premier fragment du massiau de la dernière opération, que l'on a jeté avec le charbon embrasé derrière le foyer ; après quoi on remplit le fourneau de charbon neuf. On laisse brûler le feu pendant un quart d'heure environ sans donner de vent, afin de faire sécher lentement les surfaces réparées. Les six ou sept autres fragments du dernier massiau sont disposés autour du foyer pour qu'ils s'échauffent. Ainsi, le réchauffage et l'affinage s'opèrent dans le même feu. On donne alors le vent ; la fonte commençant à entrer en fusion au bas du foyer et tombant peu à peu au fond où elle forme une masse pâteuse, on jette de la scorie riche (*Gaar-Schlacke*) produite à la fin de la chauffe précédente. Dès que la fonte est devenue pâteuse, ce dont on s'assure avec une tige de fer (*Spiess*), on introduit un second morceau de fonte blanche, du poids de 45 kilogrammes environ, de la même manière que le premier; puis on charge successivement quatre ou cinq morceaux de *Spiegel-Eisen*, pesant environ 45 kilogrammes. Le poids de ces morceaux n'est pas constant; il varie au gré de l'affineur. S'il trouve que la fusion est trop avancée, il ajoute un plus gros morceau de *Spiegel-Eisen*. Quand la scorie s'est accumulée dans le foyer, on la fait couler. La scorie pauvre se sépare très-facilement de la scorie riche, attendu que l'une se solidifie plus vite que l'autre. En général, on laisse la scorie monter de $0^{m}.05$ à $0^{m}.07$ au-dessus du massiau dans le feu; quand l'opération marche bien, le dé de scorie qui s'attache au ringard conserve la chaleur blanche quelque temps encore après qu'il a été retiré du feu. L'affineur doit veiller, au fur et à mesure que le massiau augmente de grosseur, à ce que la portion centrale, la plus exposée à l'action du vent, ne s'affine pas trop. Malgré toutes les précautions, il est impossible d'obtenir un massiau parfaitement homogène; tandis que la portion extérieure est formée d'acier véritable, la portion centrale se rapproche du fer forgé. La partie extérieure, soumise au martelage, donne ce qu'on appelle « l'acier de prix » (***Edel-Stahl***); la partie intérieure, un acier de qualité inférieure (***Mittel-Kür***), dont la proportion augmente naturellement, si la température n'est pas modérée au moment voulu. Dans les conditions les plus favorables, cet acier inférieur représente 26 pour 100 environ du poids du massiau. L'affinage d'une charge dure ordinairement de sept à huit heures. Le degré d'affinage est indiqué par la croûte qui adhère au ringard. Cette croûte ou dé appelé « oiseau blanc » (*Weisses Vogel*) doit, à la chaleur blanche, ne point se gercer sous le marteau. Un autre indice est fourni par l'aspect de la flamme, qui, de jaunâtre et de terne qu'elle était, devient plus blanche et plus brillante, lorsque le degré voulu d'affinage est atteint. Mais il faut que l'affineur ait acquis une grande pratique pour pouvoir se guider sûrement d'après ces indices.

Dès que le massiau est affiné à point, on retire le porte-vent, on enlève le charbon du foyer et on le jette dans l'espace réservé sous la cheminée. On découvre alors le massiau et on l'extrait au moyen de pinces et de barres de fer. Des pinces, maniées par une grue, permettent de conduire le massiau à l'enclume où il est divisé sous le marteau en sept ou huit segments par un outil spécial (*Schröter*). Comme la portion centrale contient moins d'acier que la portion extérieure, on la sépare facilement en découpant ainsi le massiau en segments. Un feu d'affinerie est desservi par quatre hommes qui travaillent deux par deux; mais lorsque le massiau est retiré du feu, tous travaillent à la fois. On fabrique de 8 à 12 massiaux par semaine de six jours et l'on en retire en moyenne, de 2 500 à 3 000 kilogrammes de barres d'acier, dont 500 à 1 000 kilogrammes de qualité inférieure.

Les massiaux étirés sous le marteau sont assortis ou classés en deux qualités; la meilleure qualité rompt net. Pour 1 000 kilogrammes d'acier, on consomme de 88 à 96 hectolitres de charbon de bois.

Selon Karsten, avec de la fonte très-blanche, la consommation de charbon de bois peut atteindre 40 pieds cubes prussiens par quintal, soit 248 hectolitres par tonne d'acier. Le déchet sur la fonte est de 26 à 30 pour 100. L'acier naturel contient 0.3 de cuivre, et de 0.31 à 0.37 pour 100 de soufre. Plus le *Spiegel-Eisen* employé est riche en manganèse, plus l'acier est dur. Pendant l'affinage, il se produit deux espèces de scories, des scories pauvres et des scories riches; les premières au commencement et les autres vers la fin du travail. La scorie pauvre est très-fluide; la scorie riche a plus de corps, et, en raison de la grande proportion d'oxyde de fer qu'elle renferme, elle est très-oxydante. Il est facile de régler l'affinage par l'addition de l'une ou de l'autre de ces scories.

Pendant le réchauffage, les segments du massiau sont portés successivement au blanc et retournés plusieurs fois dans le feu, puis retirés, parfaitement nettoyés et légèrement martelés. Si l'affinage a été bien fait, ils ne doivent point se criquer sur les bords. Ordinairement, chaque segment devra être réchauffé de quatre à six fois, avant de pouvoir s'étirer parfaitement sous le marteau. Les barres martelées sont plongées encore rouges dans de l'eau courante. Le corroyage répété a pour effet d'augmenter proportionnellement la résistance et la densité de l'acier. Le martinet pèse 317 kilogrammes et donne de 100 à 106 coups à la minute.

Le manque d'homogénéité étant beaucoup plus grand dans l'acier provenant des fontes grises, il est nécessaire d'apporter plus de soins au réchauffage et au corroyage que lorsqu'on traite de l'acier provenant du *Spiegel-Eisen* pur. Ce dernier, en effet, se forge plus facilement et présente des vices de soudure moins souvent que l'acier provenant de fontes grises. On ne peut remédier à ces défauts qu'en perdant beaucoup de temps à marteler, après des chaudes souvent répétées. Tandis qu'un seul marteau est nécessaire dans une aciérie où l'on affine de la fonte grise, il en faut deux pour les aciéries qui traitent des *Spiegel-Eisen* de bonne qualité.

Dans quelques forges, après l'affinage du troisième morceau de fonte et la fusion du quatrième, on avait coutume d'ajouter du vieux fer ou des riblons ; ce qui activait naturellement le travail ; l'on ajoutait encore des riblons après la fusion du cinquième et du sixième morceau de fonte, de sorte que souvent on retirait du fer malléable ainsi ajouté jusqu'à un tiers en poids du massiau d'acier. Il faut un soin tout particulier pour assurer l'homogénéité du massiau (1).

Procédé styrien. — Selon M. Tunner, ce procédé ressemble tellement à celui employé en Styrie pour fabriquer le fer mal-

(1) Karsten, ouvrage déjà cité, t. IV, p. 450.

léable, que non-seulement les étrangers n'y découvrent aucune différence, mais encore les affineurs eux-mêmes forment parfois, malgré eux, une loupe de fer au lieu d'une loupe d'acier, ou *vice versa*; il arrive assez souvent, dans la même usine, qu'un foyer donne de l'acier, tandis qu'un autre donne du fer. Le fond du creuset est formé d'une couche d'argile de quelques centimètres d'épaisseur. Le creuset a $0^m.606$ de longueur, $0^m.527$ de largeur et de $0^m.263$ à $0^m.316$ de profondeur au-dessous de la tuyère. Le côté de la tuyère est incliné un peu en dedans; le côté faisant face et celui de devant sont, au contraire, penchés un peu en dehors; enfin le côté de derrière incline en dehors, mais moins que les deux précédents. La tuyère est à mi-distance entre la face de devant et celle de derrière; son axe est dirigé vers le centre du creuset, ou vers un point plus rapproché de $0^m.03$ environ, de la face de devant. L'angle d'inclinaison est de 15 à 17 degrés; la saillie de $0^m.12$. L'œil de la tuyère est demi-circulaire; il a $0^m.040$ de diamètre. Chaque foyer est soufflé par une ou par deux tuyères alternativement et d'une manière continue. On y traite principalement des fontes blanches cristallines. Le lit du creuset est formé de vieille brasque; il s'élève jusqu'à $0^m.18$ ou $0^m.24$ au-dessous de la tuyère; on jette à la surface quelques pelletées de scorie d'affinage broyées et l'on finit de remplir jusqu'à la tuyère, avec de la vieille brasque tamisée et légèrement mouillée, dans laquelle on creuse une petite cavité. Après avoir terminé un massiau (*Dachel, Tachel*), on prépare chaque fois le feu de cette manière, jusqu'à la couche d'argile sur laquelle on jette de l'eau pour refroidir. L'ouvrier peut alors entrer et la fouler avec des semelles en bois. Le foyer étant rempli de charbon neuf taluté à l'arrière, les massiaux d'acier qu'on veut réchauffer y sont introduits; des charbons enflammés sont placés devant la tuyère; on donne le vent, on ajoute du charbon et sur le tout, on répand quelques pelletées de scories d'affinage broyées. Il faut de 85 à

100 kilogrammes de fonte pour faire un massiau qu'on commence par découper en quatre morceaux en croix. Chaque morceau est ensuite partagé en trois parties égales. Trois seulement de ces fragments sont réchauffés à la fois dans le foyer; on réchauffe les autres dans un petit foyer à part. La fonte est en plaques de $0^m.05$ à $0^m.08$ d'épaisseur; on en empile de 65 à 70 kilogrammes à plat sur le charbon du foyer et assez haut pour que, sur le côté qui fait face à la tuyère, ils se trouvent au-dessus des morceaux d'acier qui chauffent. Il est nécessaire de chauffer la fonte très-graduellement, car autrement elle est sujette à éclater.

La quantité et la qualité des scories broyées que l'on jette sur le feu ont une grande importance, tant pour le réchauffage que pour le bain nécessaire au travail. Les circonstances seules permettent d'en juger. C'est une règle, dans l'affinage pour acier, que la scorie doit être moins riche et plus abondante que dans la fabrication du fer. On commence par donner le vent faiblement, de façon que la scorie ajoutée ne coule pas trop vite à travers le charbon, mais qu'elle forme lentement un bain plus liquide. Dès qu'apparaissent les gouttes de scorie fondue, ce qui a lieu d'ordinaire au bout de dix à quinze minutes, on donne plus de vent. En général, pour la fabrication de l'acier, le vent doit être maintenu plus faible pendant le travail à partir de la mise en train; sous ce rapport, l'affinage pour acier diffère essentiellement de celui pour fer. Au surplus, comme l'acier est plus fusible que le fer malléable, les chauffes exigent une température moins élevée; comme il est aussi plus difficile à étirer sous le marteau et qu'il se forge en barres plus petites que le fer, les chauffes doivent être plus fréquentes. La sole de soudage est constituée en partie par l'oxyde des fragments du massiau, formé pendant le réchauffage, et en partie par la scorie ajoutée. Après une chauffe d'une demi-heure environ, on pousse la fonte de quelques centimètres vers l'avant du four;

au bout d'un quart d'heure on recommence, en laissant le métal s'enfoncer davantage : il entre alors en fusion. Quand il ne reste plus dans le feu que deux des fragments d'acier soumis au réchauffage, on charge l'autre morceau de fonte avec le reste du métal à fondre (soit en tout 15 à 30 kilogrammes) sur le contrevent, au-dessus du charbon, de façon à le chauffer graduellement. Ensuite on saisit le morceau de fonte avec des pinces, pour le tenir au-dessus de la tuyère, et quand le réchauffage est terminé, ce qui dépasse rarement deux heures à partir du début de l'opération, le morceau porté au rouge est tenu de champ dans la direction de la tuyère.

En bonne marche, il faut que le métal, essayé avec la pointe du ringard, offre une surface unie, plus ou moins dure et glissante, mais non pâteuse, et que cette surface soit constamment recouverte d'une couche de quelques centimètres d'épaisseur de scorie fluide. La fonte blanche trop décarburée et à grain fin (1) ne convient pas à ce traitement; une des raisons que l'on en donne, c'est que le vent n'étant pas aussi fort, ne permet pas au métal, lorsqu'il est fondu, de s'étendre convenablement sur la sole. On ne fait jamais couler les scories pendant le réchauffage, à moins de circonstances particulières; par exemple, lorsque le lit de scorie est trop épais ou que la formation du bain métallique est retardée. On ne commence à faire couler qu'à la fin du réchauffage; on coule une ou deux fois pendant la fusion. La pression du vent est réglée selon les circonstances; mais dans la fabrication de l'acier, elle excède rarement celle d'une colonne d'eau de $0^{m}.26$ à $0^{m}.40$ de hauteur. En allure normale, la fonte, avant et pendant la fusion sous le vent, doit avoir acquis à peu près le degré voulu de décarburation, de sorte que sa conversion en acier se complète sous les scories qui s'opposent à une décarburation

(1) *Weiche Flossen*. L'adjectif *doux*, qui est employé ici en allemand, pourrait induire en erreur. On appelle cette fonte ainsi, non à cause de sa qualité, mais par suite d'une expression technique des affineurs allemands, *weiches Gang*, qui indique que le métal « prend » promptement « nature. » Tunner, t. I, p. 12.

plus active. Le métal fondu ne monte jamais plus haut que la tuyère, car autrement il serait trop exposé au vent et se décarburerait trop. Dès que le foyer est plein de métal fondu jusqu'à 2 ou 3 centimètres au-dessous de la tuyère, on doit accélérer l'affinage. Le temps qui s'écoule entre la production de deux massiaux d'acier est de trois heures et demie à quatre heures. L'acier est forgé en barres de $0^m.026$ d'épaisseur et de $0^m.04$ de largeur, qui sont ensuite trempées, découpées en morceaux de $0^m.08$ à $0^m.60$ de longueur, et assorties d'après leur cassure.

Les produits sont les suivants :

1. ***Meissel-Stahl*** (acier *à ciseau*, appelé quelquefois ***Münz*** ou ***Rosen-Stahl*** (acier *à rosace*). — Il est livré le plus souvent en longueurs de $0^m.10$ à $0^m.30$; la cassure nette et conchoïde, à grain terne et uniforme, présente ordinairement une rosace. On le vend en caisses; c'est la variété d'acier styrien la plus coûteuse.

2. ***Edel-Stahl*** ou ***Roh-Stahl*** (acier noble ou cru). — Il est en morceaux de $0^m.08$ à $0^m.60$ de longueur; la cassure est nette, mais on y aperçoit de petites veinules blanches ou des taches un peu plus claires, avec des cavités ou des pailles. On emploie surtout cette variété dans la fabrication de l'acier en paquet.

3. ***Mock-Stahl, halb-Stahl*** (faux acier, demi-acier), ou ***Rücken-Zeug***. — Il se casse difficilement et contient du fer qui apparaît à la surface de cassure en veines bien marquées ou en grains grossiers, de couleur claire et très-brillants. Il sert en partie à la fabrication des qualités inférieures d'acier en paquet, principalement pour les mises extérieures. On le vend aussi pour fabriquer des faux.

4. ***Roh-Mittel-Zeug***. — On l'emploie pour les qualités inférieures d'acier en paquet.

5. ***Hammer-Eisen*** (fer à marteau). — Les morceaux se cassent difficilement, c'est plutôt du fer dur que de l'acier. On l'emploie à différents usages.

6. *Abfälle* ou *Refudi* (déchets).— On les soumet de nouveau à l'affinage, mais assez souvent on en fabrique des qualités inférieures d'acier.

Les meilleures faux styriennes, sont fabriquées avec les bonnes qualités d'acier de diverses provenances, de manière à pouvoir faire un choix convenable. C'est là un avantage, suivant M. Tunner, qu'il n'est pas facile à l'étranger d'enlever aux fabriques de Styrie, bien qu'on puisse s'y procurer des aciers styriens. Les faux styriennes ont vivement excité l'attention à l'Exposition internationale de 1862.

La production d'une aciérie avec deux feux d'affinerie fermés, où le vent est chauffé à 150° R. (185° C.), desservis par quatre ouvriers, atteint environ 560 kilogrammes par quinze ou seize heures. Pendant cette période, on fabrique huit massiaux que l'on forge en barres. La perte varie entre 9 et 10 pour 100. Dans les feux ouverts, la consommation de charbon de bois de pin de mauvaise qualité, y compris le déchet, atteint de 34 à 35 pieds cubes par quintal (soit de 195 à 200 hectolitres par tonne); mais avec l'économie voulue, 30 pieds cubes (170 hectolitres) suffisent. Dans les foyers fermés, à air chaud, elle varie entre 22 à 25 pieds cubes (125 à 142 hectolitres). Avec 100 quintaux (5 600 kilogrammes) de fonte, on produit aujourd'hui 85 quintaux (4 760 kilogrammes) d'acier cru et 5 quintaux (280 kilogrammes) de faux acier : la perte est de 9,3 pour 100. Auparavant, 100 *centners* (5 600 kilogrammes) de fonte ne rendaient que 60 *centners* (3 360 kilogrammes) d'acier cru, y compris l'acier à ciseau; 20 *centners* (1 120 kilogrammes) de faux acier ; 6 *centners* (336 kilogrammes) de fer à marteau, et 4 *centners* (224 kilogrammes) de *Roh-Mittel-Zeug* : le déchet était de 10 pour 100.

Procédé carinthien (*die kärntnerische Roh-Stahl-Arbeit*).— La description suivante de ce procédé est extraite de l'ouvrage de M. Tunner (1). Il se pratique dans un feu d'affinerie au charbon

(1) *Stab-Eisen und Stahl-Bereitung*, Fabrication du fer en barres et de l'acier, t. II, p. 250.

de bois, identique à ceux qui ont été décrits précédemment. Le creuset a de $0^m.58$ à $0^m.60$ de longueur, et de $0^m.60$ à $0^m.62$ de largeur. La profondeur de la tuyère à la sole est de $0^m.29$ à $0^m.33$, et de la tuyère au lit de charbon de bois pilé, etc., de $0^m.18$ à $0^m.24$. Le creuset est, comme à l'ordinaire, circonscrit par quatre plaques de fonte, appelées *pierres*. La plaque de tuyère est d'environ $0^m.08$ plus basse que les trois autres. La hauteur de la plaque qui fait face à la varme a de l'importance; car, dans l'affinage, la fonte repose sur cette plaque et sur la plaque horizontale qui est au même niveau, de sorte que le métal, en fondant, peut tomber d'une plus grande hauteur, ce qui favorise l'affinage. Par cette raison, la hauteur de cette plaque, au-dessus de la varme, varie entre $0^m.065$ et $0^m.13$.

La tuyère est ordinairement circulaire (diamètre de $0^m.035$ à $0^m.038$), et fait une saillie dans le foyer de $0^m.09$ à $0^m.12$. L'axe incliné de 10° à 16°, est dirigé vers le centre du creuset. Il y a un ou deux porte-vent dont la buse, dans les deux cas, a de $0^m.033$ à $0^m.035$ de diamètre; ils sont placés de $0^m.10$ à $0^m.12$ en arrière de l'œil de la tuyère. La pression du vent est égale à une colonne d'eau de $0^m.45$ à $0^m.47$.

La fonte se présente sous deux formes différentes : elle est en gueusets ou en galettes *Blätteln* (t. III, p. 455). La fonte en gueusets est plus ou moins truitée, rarement grise, et on lui fait subir un mazéage préalable. Le métal des galettes, refroidi dans l'eau, est à l'état de fonte blanche cristalline et s'emploie directement à cet état. Le finage des gueuses s'opère dans le feu d'affinerie pour acier, après que l'affinage est terminé et que l'on a nettoyé et préparé le creuset à cet effet ; dans certaines usines, il se fait dans un foyer à part. Les morceaux de fine-métal (*Hartz-errenn-Böden*) doivent être assez lisses à la surface supérieure; à la surface inférieure,

et suiv. Nous avons abrégé la description qui abonde en détails les plus minutieux, mais en suivant autant que possible le texte.

ils présentent toutefois un grand nombre de cavités arrondies ; ces morceaux ont de 0m.012 à 0m.025 d'épaisseur ; leur cassure est rayonnée et légèrement poreuse.

Dans un creuset neuf ou récemment réparé, la préparation du lit de fusion qui consiste en menu charbon mêlé de cendres et de scories exige le plus grand soin ; le succès de l'opération dépend beaucoup de la résistance de ce lit, où le doigt ne doit pas pénétrer, même avec un effort considérable. Un ringard pointu ne doit pas même l'entamer facilement. On jette un panier de charbon de bois dans le creuset vide, on allume ce charbon et on le laisse brûler jusqu'à ce que son volume soit réduit de moitié ; alors on le tasse solidement avec les cendres produites. On répand par-dessus une couche de 0m.030 de fraisil tamisé et l'on allume par-dessus un second feu de charbon de bois. Au bout de quelques heures, on tasse cette nouvelle couche que l'on recouvre de fraisil, sur lequel on fait un feu de charbon de bois, et ainsi de suite, jusqu'à ce que le lit se soit élevé à 0m.18 de distance au-dessous de la tuyère. C'est le seul moyen d'obtenir un fond suffisamment solide, qui soit en même temps mauvais conducteur de la chaleur. A chaque pilonage de la couche, on l'élève d'environ 0m.025 et l'on donne pour cela, environ 100 coups. Quand le creuset est froid, il faut le chauffer de nouveau pendant plusieurs heures avant le travail, en ayant soin de réparer ou de renouveler le fond suivant les indications précédentes.

Le procédé carinthien comprend trois périodes.

1. Le creuset rempli de charbon allumé, on y fait fondre, avec addition de scories, de 25 à 40 kilogrammes de fonte neuve, c'est-à-dire les rebords épais des gâteaux (*Blätteln*) et les loupes (*Könige*), placés préalablement sur le contre-vent ; cette fusion exige une demi-heure à trois quarts d'heure. On obtient ainsi un bain de métal fondu épais, appelé « *Sauer* ». En même temps on commence le soudage (*Abschweissen*) des deux moitiés (*Deul*) de la massoque (*Cotta*) provenant de la der-

nière opération, pour les former toutes les deux en massiau. Une des *deuls* est disposée de façon que la surface coupée soit en l'air et que le côté opposé soit placé entre la tuyère et les morceaux de fonte du creuset ; l'autre *deul*, au contraire, a sa base tournée vers le creuset et forme le prolongement du contre-vent, afin que le charbon entassé plus tard au-dessus de cette plaque soit maintenu et que la *deul* elle-même puisse recevoir une chauffe préparatoire. La première *deul*, placée devant la tuyère, doit être soulevée de temps en temps et ne pas s'enfoncer dans la couche de charbon.

Pendant cette période, la fonte rapidement fondue est amenée à l'état pâteux demi affiné que produit l'action décarburante des scories et notamment l'oxyde de fer qui tombe de la *deul*. Si le *sauer* arrive à cet état trop tôt ou trop tard, ou bien s'il est trop affiné, la marche du travail est dérangée. Dans le choix de la qualité et de la quantité de la fonte pour former le *sauer*, il faut tenir compte de la nature de la *deul*. Plus les *deuls* sont ramollies et grandes, plus le *sauer* sera affiné ; il faudra alors que le *sauer* soit plus abondant.

Le but de la dernière manipulation est de nettoyer la surface de la *deul*, d'éliminer la croûte extérieure plus ferrugineuse qui se présente du côté de la sole, et, en même temps, de la chauffer suffisamment pour permettre de la forger à un bout, en un morceau prismatique de 18 centimètres carrés, afin de la tenir facilement avec des pinces. Aussitôt que la *deul* est amenée au blanc soudant du côté inférieur, on la soulève et on la retourne de bas en haut ; on détache à la pelle ou autrement, les bords ramollis qui tendent à se séparer. Cette manipulation se continue sur la première *deul*, jusqu'à ce que la surface soit nette sur une moitié de la longueur ; alors on la retire et on la forge. L'autre *deul* est traitée de même. La durée de cette première période est ordinairement d'une heure et demie.

2. Quand elle est terminée, on arrête le vent, on retire le

charbon du creuset et on le jette derrière le foyer. La couche de scories qui recouvre le *sauer* est mise ainsi à découvert.

La croûte de scories enlevée, on casse le *sauer* et l'on forme de ses morceaux un petit tas au milieu de la sole (*Aufrichten*); si l'opération a été bien conduite, le *sauer* étant à l'état pâteux, cette manipulation sera facile à exécuter. On répand du fraisil dans le creuset contre les parois; on remet dans le creuset le charbon précédemment retiré; on donne le vent et l'on ajoute du charbon neuf; puis le morceau forgé en dernier est placé encore rouge devant la tuyère. L'autre morceau, forgé en premier lieu et presque froid, est placé sur le contre-vent pour être réchauffé. Pendant cette seconde période, l'affinage s'opère; on continue en même temps à réchauffer les morceaux qui seront plus tard forgés. Si le *sauer* est trop liquide, il faut y mêler des scories riches; si l'opération est si avancée qu'au moment de la mise en tas il ne puisse pas être cassé en gros morceaux, il faut y ajouter de la fonte nouvelle (*Blattel*).

Par l'action du vent sur la masse de métal entassée dans le creuset, le haut du tas est affiné tandis que le bas est refondu et forme un nouveau *sauer*, qui, avec des précautions convenables, devra être conservé durant toute la période suivante. Il faut qu'il paraisse encore, après avoir enlevé le massiau du creuset. Ce n'est que lorsqu'il existe sous le massiau de la fonte très-décarburée et « douce, » que l'on peut conclure avec certitude que le massiau, du moins à la partie inférieure, est en acier parfaitement dur. Si ce *sauer*, faute de la chaleur voulue, se solidifie sur le fond, le côté inférieur du massiau sera encore à l'état de fonte.

3. Quand la mise en tas est terminée, la moitié non forgée de la *deul* est chauffée pendant une demi-heure ou trois quarts d'heure, puis traitée comme dans le premier cas. Pendant cette période, le *sauer* empilé s'affaisse sous forme de gâteau homogène et uni que l'on sonde avec le ringard, tandis que

l'on extrait du creuset et que l'on forge la *deul*. Le gâteau doit s'étendre également sur le fond et être recouvert d'une couche de scories de $0^m.05$ à $0^m.06$ d'épaisseur. Quand il a grossi de manière à atteindre jusqu'à $0^m.02$ au-dessous de la tuyère, le travail est achevé ; il faut alors arrêter le vent, faire couler les scories, retirer le charbon du creuset et mettre à nu le gâteau, à la surface duquel il reste toujours un peu de scories liquides. Suivant que le gâteau paraît plus ou moins dur, on le laisse ainsi refroidir à découvert pendant plus ou moins de temps, en détachant de loin en loin les scories solidifiées à sa surface. Dès qu'il est suffisamment froid, ce qui a lieu d'ordinaire après dix à quinze minutes, le résidu de scories, que l'on solidifie en projetant de l'eau, est enlevé; le gâteau est repris et placé sur deux barres de fer en travers du creuset; on détache, en le frappant, le *sauer* pâteux qui adhère au gâteau, et il retombe ainsi dans le *sauer* du creuset. On porte ensuite le gâteau sous le marteau pour le partager. On ne fait jamais plus de trois gâteaux de suite ; souvent on n'en fait que deux. Pour reprendre, on attend six ou huit heures, pendant lesquelles on maintient le creuset chaud avec du gros charbon. Il y a beaucoup d'incertitude dans l'appréciation de la qualité de l'acier d'après l'aspect d'un gâteau. On le coupe en travers de l'avant à l'arrière, en se reportant à la position qu'il occupait dans le creuset; aussi, les moitiés s'appellent-elles respectivement morceau de varme et morceau de contre-vent. Il y a généralement plus de différence, comme qualité, entre ces deux parties d'un gâteau qu'entre celles qui correspondent à l'avant et au fond du creuset ; en le coupant donc dans le sens indiqué, on est sûr d'avoir de l'acier fini, d'une plus grande homogénéité. L'acier du morceau de varme est plus doux que celui du morceau de contre-vent, parce qu'il est plus décarburé. Le martinet est léger et donne à peine 120 coups par minute ; ce qui constitue le défaut capital de ce procédé, car, une opération durant de cinq à six heures, il est souvent impossible de forger tout l'acier produit par une chauffe précédente. On assortit l'acier suivant sa qualité. La principale variété est connue sous le nom d'acier ***brescian***, ***Kölberl-Stahl***, ou ***Munz-Kölberl-Stahl***; on choisit le plus dur. Il est en petites barres du poids de $2^k.800$ à $3^k.400$ et d'une section de 3 à 4 centimètres carrés. Les autres variétés sont connues sous les noms de ***Tannenbaum-Stahl***, long ou court, — ***Stuck-Stahl***, grand et petit, — ***Mock-Stahl***, — et ***Refudi***, ou ***déchets d'acier***, qui ne sont propres à aucun usage.

Il faut trois ouvriers par feu, — un chef, « un chauffeur, » et « un aide pour arroser. » Chacun d'eux se repose de huit à dix heures par jour. La production moyenne d'une affinerie d'acier, en Carinthie, est de 1700 à 2000 kilogrammes par semaine. La consommation de charbon de pin (***Fichten-Kohle***) est de 40 à 50 pieds cubes pour 100 livres d'acier marchand (soit 225 à 280 hectol. par tonne). La consommation de fonte finée et de fonte crue sous forme de « ***Blätteln*** » varie dans le rapport de 3 : 1 à celui de 2 : 1. Le déchet est compris entre 20 et 30 pour 100. Environ les trois quarts de l'acier brut, après raffinage donnent de l'acier pur; le reste se rapproche plus ou moins du fer malléable. L'acier de Carinthie est généralement plus dur et plus homogène que l'acier de Styrie.

Pour forger l'acier brescian, les martinets du poids de 70 à 120 kilogrammes ont rarement plus de $0^m.26$ de volée et donnent jusqu'à 200 coups par minute. L'acier Brescian est presque toujours livré sous forme de barres de 2 à 4 centimètres carrés de section, de $1^m.25$ à $1^m.60$ de longueur, portant les numéros 00, 0, 1, 2, 3, 4, 5, 6, 7, 8. Cette variété d'acier et les variétés analogues ont été, sans doute, fabriquées tout d'abord dans la province de Brescia ; c'est de la ville même de Brescia que se répandaient autrefois les articles renommés en acier brescian.

Procédé de Paal (1). — Ce procédé est pratiqué à l'usine du

(1) Karsten, *Eisen-Hütten-Kunde* (Métallurgie du fer), t. IV, p. 362. Le style de Karsten est

prince Schwarzenberg, à Murau (Styrie), qui date de près de deux cents ans. Suivant Hermann, il fut importé en 1660 par des ouvriers venant de la Carniole (1). Comme il ressemble beaucoup au procédé carinthien, il suffira d'indiquer les points par lesquels il en diffère. On fait fondre de 110 à 140 kilogrammes de fonte pour former le *sauer* (bain). Les huit morceaux provenant des deux massiaux du jour précédent sont pris l'un après l'autre avec des pinces, réchauffés dans le creuset, plongés dans le métal fondu, et maintenus immergés pendant quelque temps, — ce qui leur donne, dit-on, de la dureté et de la ténacité. — On les retire, on les débarrasse des scories crues formant une croûte peu adhérente à la surface, on les forge en prismes à quatre pans, de manière qu'une des extrémités puisse être facilement saisie avec les pinces. Quand tous les morceaux ont été ainsi traités, on fait le massiau. On examine le *sauer*, et, s'il est déjà dur et aciéreux, on achève la façon de la loupe ; mais si, au contraire il est trop liquide, on le soumet à un procédé « d'ébullition ou de bouillonnement. » On retire le charbon du creuset, on arrête le vent, on ajoute des scories riches de forge et on les brasse bien dans la masse en fusion avec une perche en bois, jusqu'à ce qu'elles commencent à durcir. On remet alors le charbon dans le creuset, et l'on continue la fusion des matières de la charge (métal finé et *Blätteln*) jusqu'à ce que le gâteau soit devenu suffisamment lourd. On arrête enfin le vent, et l'on porte le massiau sous le marteau, puis on le coupe en quatre morceaux. Cette première loupe pèse de 140 à 170 kilogrammes et il reste dans le creuset un bain métallique ou *sauer*. On ajoute à ce bain, de la fonte presque grise avec des scories de forge, etc., de sorte que le produit en fusion n'est pas très-liquide. Les quatre morceaux du jour précédent sont alors partagés en *tajoli*, et ceux-ci à leur tour en *Kölbchen*, d'environ

si clair et son exposition si méthodique, que c'est un véritable plaisir de lire les descriptions qu'il nous a laissées de quelques procédés, après celles des autres auteurs métallurgiques de l'Allemagne. Paal est l'ancien nom local du district.

(1) Karsten, *ibid.*, p. 468.

0m.32 de longueur, 0m.05 de largeur et 0m.03 d'épaisseur, que l'on plonge encore rouges dans l'eau et que l'on casse ensuite pour les façonner en articles marchands. Quand on a fini de marteler le massiau de la veille, on ajoute de la fonte neuve et l'on procède à la formation d'un second massiau.

Après avoir retiré le second massiau, on jette de l'eau sur le métal en fusion qui reste dans le creuset et l'on enlève la croûte solidifiée, ce que l'on répète jusqu'à ce qu'on ait obtenu deux ou trois de ces croûtes (***Böden***; l'opération s'appelle ***Boden-heben***). C'est ce métal et les ***Blätteln*** qui constituent les matières de la charge. Le temps nécessaire à cette opération se répartit de la manière suivante :

Pour le premier massiau :

Fonte de la charge..........	3 heures.
Immersion dans le *sauer* et forgeage..	4 —
Façon du massiau..........	5 à 6 —
Total.....	12 à 13 heures.

Pour le second massiau :

Fonte de la charge..........	2 à 3 heures.
Forgeage et façon du massiau.....	4 —
Total.....	6 à 7 heures.

FABRICATION DE L'ACIER PUDDLÉ.

En 1824, Bréant publia sur l'acier fondu un mémoire où l'on remarque le passage suivant (1) :

« Les fontes les plus noires sont celles qui réussissent le mieux. Je suis convaincu qu'avec de telles fontes, il serait possible de produire de l'acier fondu sur une très-grande échelle dans des fourneaux à réverbère, en suivant un procédé analogue à celui de l'épuration du métal de cloche, c'est-à-dire

(1) *Ann. des Mines*, 1824, t. IX, p. 327. Le titre est : *Description d'un procédé à l'aide duquel on obtient une espèce d'acier fondu semblable à celui des lames damassées de l'Orient*, par M. Bréant, vérificateur des essais à la Monnaie.

en ajoutant au métal en fusion une portion du même métal oxydé, ou, encore mieux, de l'oxyde de fer natif. » Quelques années plus tard, cette prédiction était accomplie : l'acier puddlé a aujourd'hui une immense importance commerciale.

D'après M. Tunner, l'acier puddlé fut fabriqué dès l'année 1835, à Frantschach, en Carinthie, par MM. Schlegel, Müller et Mayr; qui prirent un brevet l'année suivante pour leur procédé; mais il fut bientôt abandonné (1). En 1846, M. Bischof fabriqua de l'acier puddlé dans un four à gaz à Mägdesprung, dans le Harz. A Weyerhammer (Bavière), et à Limbourg (Westphalie), on a essayé de puddler pour acier pendant plusieurs années (2). En 1849, quelques maîtres de forges de Westphalie firent successivement des tentatives en grand et réussirent à surmonter toutes les difficultés. En 1850, on fabriquait régulièrement de l'acier puddlé propre à différents usages. A l'Exposition internationale de 1851, MM. Lehrkind, Falkenroth et Co, de Haspe, près de Hagen (Principauté de Lippe), exposèrent des barres et des massiaux d'acier puddlé fabriqués avec des fontes allemandes au bois, avec du fine-métal belge et avec de la fonte d'Yniscedwin (3). On l'employait, ajoutait-on, en grandes quantités pour la coutellerie, les essieux de wagons, les limes et les ressorts, etc.; et il était exposé en raison de son bas prix, de sa dureté, de sa ténacité et de son élasticité (4).

Le premier four à puddler l'acier, de l'usine de Haspe, commença à fonctionner au mois de septembre 1850 (5). Dans le Rapport du Jury de la première classe, rédigé par Dufrenoy, on ne trouve à ce sujet que la courte notice suivante :

« Les aciers exposés par MM. Lehrkind, Falkenroth et Ce,

(1) *Jahrbuch*, Tunner, 1853, t. III, p. 281.

(2) De la fabrication de l'acier puddlé en Allemagne, par M. A. Delvaux de Fenffe, ingénieur civil des mines, professeur agrégé chargé du cours de métallurgie à l'Université de Liége. *Revue universelle*, 1857, t, I, p. 59.

(3) *Official Catalogue. Zollverein States*, n° 447.

(4) *Illustrated Catalogue. Foreign States*, p. 1074.

(5) *Jahrbuch*, Tunner, 1852, t. II, p. 180.

« de Haspe, ont été obtenus au four à puddler par un procédé « particulier. Suivant M. Schreiber, le prix est inférieur à « celui des autres aciers allemands, puisqu'il se vend 550 fr. « la tonne. Il paraîtrait que des tentatives semblables ont été « faites dans d'autres usines, mais sans succès. »

De l'acier puddlé laminé fut aussi exposé par MM. Böing, Röhr et Lefsky, de Limbourg-sur-Lenne (1); et par Huth et C°, de Hagen (2). Cette branche importante de fabrication était alors entièrement nouvelle (3). A l'Exposition de 1862, les échantillons d'acier puddlé furent nombreux. L'acier puddlé de MM. Lehrkind et C° avait été fabriqué, croyons-nous, par la méthode connue sous le nom de Riepe; car, dans le catalogue officiel, M. E. Riepe est signalé comme l'agent de ces usines à Londres, et le procédé a été breveté sous le nom d'Ewald Riepe; nous ignorons toutefois s'il a quelque droit à l'invention (4). Selon M. Lan, le puddlage de l'acier ne mérite d'être classé parmi les procédés métallurgiques qu'à dater du jour où il fut appliqué dans la Loire, vers 1845 ou 1846, par MM. Morel, Petin et Gaudet; il ajoute qu'il n'y avait plus après

(1) *Official Catalogue*, n° 453.

(2) *Ibid.*, n° 632.

(3) L'exposition des aciers puddlés de fabrication courante était assurément nouvelle pour tout le monde, quoiqu'on en fabriquât peut-être depuis longtemps en Styrie. Le docteur Tunner, dans son rapport sur l'Exposition de 1851, ne croit pas que la Compagnie de Haspe ait aucun titre à l'invention de l'acier puddlé. « Bien loin, dit-il, qu'il y ait là in- « vention, ce procédé avait été réellement pratiqué par Schlegel, Müller et Mayr, en Styrie, « depuis seize ans, et maintenant depuis dix-huit ans; mais il avait été bientôt abandonné. « Le puddlage pour acier fut aussi tenté il y a plusieurs années à Weyerhammer en Bavière, « à Limbourg-sur-Lenne en Westphalie (également représenté à l'Exposition), et dans « plusieurs autres localités, par suite le plus souvent de la production accidentelle, pendant « le puddlage pour fer, de balles mal puddlées analogues à l'acier ; mais on y renonça par- « tout, ou bien l'on ne s'en occupa que fort peu. Je n'ai rien trouvé à Haspe qui soit véri- « tablement neuf; seulement, les ouvriers y connaissent très-exactement le moment conve- « nable pour arrêter le puddlage, et ils ont certains expédients (*Arbeits-Vortheile*, dont la « meilleure traduction serait *tours de main*) qui peut-être, dans d'autres localités, n'ont pas « été poussés au même degré de perfection. » Ouvrage cité, p. 181. Il n'en reste pas moins avéré que l'acier puddlé se fabriquait à Haspe d'une manière satisfaisante, et qu'en Styrie, en supposant, comme M. Tunner, que le procédé y fût pratiqué avec succès, la valeur n'en avait pas été reconnue comme elle aurait dû l'être. La compagnie de Haspe a donc droit, dans tous les cas, au mérite de l'application.

(4) *Improvements in the Manufacture of Steel* (Perfectionnements apportés à la fabrication de l'acier). Année 1850, 29 janvier, n° 12950.

cela qu'un pas à faire, et qu'il a été fait vers 1851 ou 1852 dans les aciéries de la Westphalie (1). Or, dans son mémoire (p. 105), M. Lan admet que « les premiers essais de fabrication de « l'acier puddlé furent faits par des ouvriers et contre-maîtres « allemands, vers la fin de 1854 ou au début de 1855, dans le « bassin de la Loire. » M. Gruner assure que, « quant à l'acier « proprement dit, le problème, au point de vue industriel, ne « fut réellement résolu que par les efforts combinés de plu- « sieurs directeurs de forges westphaliennes (2). » Le lecteur est maintenant en état de décider jusqu'à quel point M. Lan a justifié sa réclamation pour la France, de l'invention du puddlage pour acier.

Le procédé Riepe fut d'abord pratiqué en Angleterre aux aciéries et forges de Mersey, à Liverpool. Un mémoire sur cette fabrication fut communiqué, le 20 janvier 1858, à la Société des Arts, par M. William Clay, directeur de ces usines. Suivant M. Clay, une licence de fabrication avait été accordée, à la date du brevet, à la Compagnie des Forges de Lowmoor. Lorsque le mémoire fut lu à la Société des Arts, cette Compagnie avait produit environ 1 000 tonnes d'acier puddlé qu'elle avait vendu directement à diverses usines de Sheffield, et notamment à MM. Naylor, Vickers et Ce, « qui s'en étaient « servis en très-grande quantité pour la fabrication de cloches « en acier fondu. » M. Vickers, qui était présent lors de la lecture du mémoire de M. Clay, fit observer que « l'acier fondu « fabriqué par la compagnie Lowmoor n'était pas d'un usage « très-répandu, à cause de son prix de vente élevé. »

Procédé Riepe. — Dans la description du brevet Riepe, le procédé est exposé ainsi qu'il suit : — « J'emploie le four « à puddler comme pour le fer forgé. J'introduis une charge « d'environ 126 kilogrammes de fonte, et je porte la tem- « pérature au rouge. Dès que le métal commence à fondre,

(1) *Ann. des Mines*, 5e série, 1859, t. XV, p. 104.
(2) *Ann. des Mines*, 1859, 5e série, t. XV, p. 296.

« il faut fermer le registre en partie pour modérer la chaleur. « On ajoute de douze à seize pelletées de scories de cinglage, « et l'on fait fondre le tout uniformément. Il faut alors pud- « dler la masse avec addition d'un peu d'oxyde noir de man- « ganèse, de sel commun et d'argile sèche préalablement « broyés ensemble. Quand ce mélange a agi pendant quelques « minutes, on ouvre entièrement le registre et l'on charge « environ 18 kilogrammes de fonte près du pont de chauffe, « sur un lit de scories préparé à cet effet. Lorsque cette « fonte commence à couler et que la masse sur la sole du four « entre en ébullition et jette les flammes bleues que l'on con- « naît, on ramène cette fonte au rabot jusques dans le bain « bouillant et l'on brasse bien le tout ensemble. La masse « ne tarde pas à se boursoufler, et les petits grumeaux s'ou- « vrent un passage à travers les scories fondues pour monter à « la surface. Dès que ces aspérités apparaissent, il faut fermer « le registre aux trois quarts et surveiller très-attentivement « l'opération, tandis que l'on puddle la masse, en la bras- « sant au-dessous de la couche de scories. Pendant toute la « durée de l'opération, la chaleur ne doit pas s'élever au- « dessus du rouge cerise (?), ou de la température de soudage « de l'acier. Les jets de flamme bleue disparaissent peu à peu, « pendant que la formation des grumeaux continue : ces gru- « meaux s'agglutinent très-promptement ensemble, de sorte « que la masse acquiert la consistance de la cire, au rouge « cerise. Si l'on ne prend pas ces précautions, la masse se « convertit plus ou moins en fer et l'on n'obtient pas un pro- « duit aciéreux homogène. Aussitôt que la masse est arrivée « à cette consistance, on active le feu pour maintenir la cha- « leur nécessaire à l'opération suivante. On ferme entière- « ment le registre et l'on façonne en balle une partie de « la masse, le reste étant toujours maintenu sous les scories. « Cette balle est portée sous le marteau, puis étirée en barres. « On continue la même opération jusqu'à ce que le tout soit

« forgé. Quand j'emploie de la fonte provenant de minerais « spathiques, seule ou mélangée avec d'autres fontes, j'ajoute « seulement 9 kilogrammes de fonte neuve pour la seconde et « dernière période de l'opération, au lieu de 18 kilogrammes « indiqués précédemment. Quand je traite des fontes du pays « de Galles ou de même nature, je jette sur la sole du four, « avant de commencer, 4^k,5 d'argile plastique de bonne qua- « lité, en grains secs. Puis j'ajoute, pendant la seconde pé- « riode, environ 18 kilogrammes de fonte, mais en répandant « dessus la même proportion d'argile (4^k,15). Je ne reven- « dique pas la fabrication de l'acier dans le four à pudd- « ler, mais bien la régularisation de la chaleur à la fin de « l'opération et le mode employé pour exclure l'air atmo- « sphérique de la masse, enfin l'addition de la fonte avant le « ballage. »

M. Clay affirme que, sans avoir eu d'autre guide que cette description et n'ayant jamais assisté à une opération, il réussit d'emblée à fabriquer de l'acier si excellent qu'il n'en obtint guère de meilleur par la suite. Il employa des fontes de toute nature, du pays de Galles nord et sud, du Staffordshire et d'Ecosse, avec les mêmes résultats et sans trouver de différence entre les fontes à air chaud et les fontes à air froid. L'acier avait toutes les propriétés caractéristiques; il était convaincu qu'il pourrait être « utilisé dans les arts pour tous « les usages auxquels l'acier convient, excepté peut-être pour « les outils les plus fins et pour la coutellerie. » M. Clay a constaté en outre que tandis que la force de tension d'une barre d'acier puddlé était d'environ 6 770 kilogrammes par centimètre carré, celle d'une barre de fer puddlé n'était que d'environ 3 150 kilogrammes.

On peut faire et l'on fait de très-bon acier puddlé dans un four à puddler ordinaire, avec des fontes appropriées et les scories employées dans le puddlage pour fer. L'art consiste à régler exactement la température, qui doit être moins élevée que pour puddler le fer et à arrêter l'opération au moment où le degré voulu de décarburation est atteint. M. Parry, d'Ebbw Vale, où l'on a acquis dans cette fabrication une expérience considérable, a publié sur ce traitement un mémoire d'où les détails suivants sont extraits (1) :

La charge ordinaire est de 200 à 215 kilogrammes de bonne fonte grise ou de fonte ordinaire gris foncé, que l'on fait fondre à une chaleur assez forte; après cela on abaisse la température, de manière que le métal se maintienne à la consistance pâteuse. Tant qu'il est à cet état, il faut le brasser assidûment au rabot et le bien mélanger avec les scories préalablement introduites dans la proportion employée pour le puddlage pour fer. Le bouillonnement s'opère; il est dû au dégagement d'oxyde de carbone produit par la combustion du carbone du métal, aux dépens de l'oxygène de l'oxyde de fer que renferment les scories. Si la chaleur est trop élevée et que par suite le métal soit trop liquide, les scories se séparent du métal immédiatement après le brassage, et la décarburation s'opère lentement, relativement à ce qui a lieu quand les scories et le métal sont brassés à l'état plastique ou moins liquide. Si, d'autre part, la température est trop basse et que le métal soit trop ferme, les scories ne peuvent pas se mêler intimement, et l'acier n'est pas homogène. Au bout de peu de temps, l'effervescence, de lente qu'elle était, devient très-vive; si, à cette période du travail, on retire du fourneau une partie du métal, sa cassure à froid sera d'un blanc argenté, tout le carbone y étant à l'état de combinaison. On peut alors élever la température, mais pas autant que dans le puddlage pour fer, et la maintenir jusqu'à ce qu'il y ait un commencement de solidification; ce que l'on reconnaîtra, comme d'habitude, à l'apparition des grumeaux flottants. On abaisse à ce moment la température jusqu'à l'orange

(1) *Proceedings of the South Wales Institute of Engineers* (Actes de l'Institut des ingénieurs du pays de Galles sud). 1863, t. III, p. 75.

foncé et l'on procède, à la manière ordinaire, au ballage et au cinglage de la charge. Lorsque la température, pendant la dernière période, est trop élevée, on obtient du fer ou de l'acier trop peu carburé. Une grande habileté, qui ne saurait s'acquérir que par la pratique, est indispensable pour diriger cette partie délicate de l'opération. Lorsqu'on veut obtenir une variété d'acier dur ou plus fortement carburé, il faut une température relativement basse ; mais il devient alors difficile de souder complétement les grumeaux qui forment la balle, surtout quand on opère sur de la fonte renfermant beaucoup de silicium. Dans ce cas, d'après M. Parry, les laitiers ne sont pas assez riches en oxyde de fer pour que le soudage se fasse, et il en résulte des défauts dans la barre puddlée. M. Parry pense que le borax pourrait être d'un bon effet, mais le prix de cette substance en interdit l'usage. Il propose aussi de transporter l'acier, du four où on l'a puddlé dans un autre four adjacent qui contiendrait un bain de scories riches et dans lequel on le mettrait en boules. Comme le bain de scories s'appauvrirait, on pourrait le renouveler de temps en temps en y ajoutant des riblons ou des battitures ; un seul four de cette espèce desservirait plusieurs fours à puddler.

On n'a plus à redouter aujourd'hui un brevet accordé en 1852 pour le procédé très-simple dont on vient de lire la description (1). D'après ce brevet, on fait fondre dans le four à puddler « une charge d'environ 200 kilogrammes de fonte « grise, avec une grande quantité de silicate de fer ou d'un « autre oxyde métallique, » etc. La dernière condition est contradictoire. En spécifiant le silicate de fer, on n'aurait pas dû employer les mots : « ou d'un autre *oxyde* métallique. »

En admettant que ce brevet fût encore valide, on pourrait y comprendre sans beaucoup de peine la méthode ordinaire

(1) *A communication in the name of William Whittaker Collins* (Communication au nom de William Whittaker Collins). Année 1852, 24 mars, n° 14033. *Abridgments* (Résumés), p. 116.

du puddlage. Quelque opinion que l'on puisse avoir sur les brevets en général, on ne saurait soutenir qu'un brevet tel que celui de M. Collins aurait dû être accordé. Un brevet, même quand on peut l'infirmer, confère toujours, aux yeux de la loi, un titre à son propriétaire et le met à même d'entraîner des gens innocents dans les procédures les plus dispendieuses, pour ne rien dire des ennuis et des inquiétudes qui les accompagnent.

On a constaté que le *Spiegel-Eisen* convient admirablement à la fabrication de l'acier puddlé de premier choix ; aussi en consomme-t-on de grandes quantités pour cet usage. Cette fonte, on se le rappelle, provient de minerais très-riches en manganèse, tels que le carbonate spathique ; elle contient généralement 5 pour 100 de carbone combiné et rarement moins de 4 pour 100 de manganèse. Un avantage attribué au manganèse est de rendre les laitiers plus fusibles, de sorte que, lors du ballage, les laitiers restent plus longtemps fluides et peuvent par conséquent s'éliminer plus complétement.

M. Parry explique très-simplement pourquoi la température doit être moins élevée dans le puddlage pour acier que dans celui pour fer. Le métal qui est « en ébullition » reste fluide plus longtemps quand la température du four est élevée que lorsqu'elle est basse ; par conséquent, avant de se solidifier, il est plus décarburé dans le premier cas que dans le second et il se convertit en fer ou en acier, suivant ces conditions différentes de température. M. Parry assure qu'il est presque impossible d'obtenir de l'acier puddlé avec du métal mazé : la raison qu'il en donne est que, dans le mazéage, la fonte perd généralement de un demi à 1 pour 100 de carbone et exige par conséquent pour sa fusion ultérieure une plus haute température. En outre, il faut peu brasser pour solidifier le métal fondu ; et comme la température, à partir de la période de fusion, est nécessairement élevée, le métal solidifié ne peut conserver assez de carbone pour constituer de l'acier pendant le temps que l'on achève de le mettre en balles. La fonte blanche du pays de Galles, à cause de sa teneur en soufre, ne peut servir à la fabrication de l'acier puddlé. M. Parry pense que le seul défaut de l'acier puddlé est de ne pas se souder parfaitement; or, c'est un point très-important pour les pièces sujettes à une grande usure. Toutefois, on obvie à ce défaut par la refonte de l'acier, ce qui se pratique actuellement sur une grande échelle, notamment dans les usines de M. Krupp, à Essen. Le manque d'homogénéité, qui tient en grande partie à l'interposition des scories qui ne peuvent jamais être entièrement éliminées par aucune pression exercée sur des masses aussi considérables, ne disparaît qu'après une refonte complète.

M. Parry, dans son mémoire, donne la composition moyenne de l'acier puddlé et de la fonte connue sous le nom de « fonte grise foncée, » qui avait servi à sa fabrication.

	Acier puddlé.	Fonte.
Carbone.	0.501	2.680
Silicium.	0.106	2.212
Soufre.	0.002	0.125
Phosphore.	0.096	0.426
Manganèse.	0.144	1.230
Fer, par différence.	99.151	93.327
	100.000	100.000

La forte proportion de silicium dans la fonte, indique que le carbone existait presque en totalité à l'état de graphite.

Composition des laitiers de puddlage pour acier.

Cette composition se rapproche beaucoup, quand elle n'est pas la même, de celle des scories de coulée. En voici des exemples :

	I.	II.
Silice.	26.0	23.5
Protoxyde de fer.	55.9	66.0
Protoxyde de manganèse. . .	10.5	8.4
Alumine.	6.8	3.3
Chaux.	0.6	»
	99.8	101.2

I. Analyse par Schnabel d'un laitier de l'usine de Lohhütte, près de Siegen. Sa pesanteur spécifique était 3.643. L'acier puddlé est pur, de très-bonne qualité, et l'allure du four est désignée comme très-chaude, « *Rohgang* » (1).

II. Analyse par Schnabel d'un laitier de la même provenance. Sa pesanteur spécifique était 4.127. L'allure du fourneau était plutôt froide, « *Gaargang* » (2).

La composition de ces deux échantillons se rapproche de la formule $3FeO, SiO^3$. Dans le n° I, le rapport entre l'oxygène de la silice et celui des bases est 16.69 : 14.95, et dans le n° II, 13.75 : 16.56. On propose pour ces deux échantillons d'adopter respectivement les formules compliquées que voici :

$$5(3FeO, SiO^3) + 3Mn, Ca, O, 2SiO^3$$

et

$$4(3FeO, SiO^3) + 3(2FeO, SiO^3) + 3(6FeO, SiO^3).$$

Nous rappelerons ici que nous n'avons jamais pu arriver à produire un laitier plus que tribasique. Ces formules, ainsi que beaucoup d'autres, sont donc hypothétiques.

D'après M. Lan, la composition des laitiers de puddlage pour acier, dans la Loire, diffère notablement de celle qu'indiquent les analyses précédentes, du moins dans les circonstances où M. Lan avait suivi le travail et recueilli des échantillons pendant les différentes périodes successives (3).

La charge se composait de 80 kilogrammes de fonte « grise, très-graphiteuse » de l'Allélik (Algérie), et de 120 kilogrammes de fonte « truitée grise » de Sollenzara (Corse).

Les fontes brutes renfermaient les éléments suivants, pour cent :

	Allélik.	Sollenzara.	Teneur moyenne de la charge.
Carbone.	3.65	1.20	3,980
Silicium.	1.13	2.06	1.658
Manganèse. . . .	2.11	Traces.	1.055

(1) Kerl, *Handbuch* (Manuel), 1861, t. I, p. 875.
(2) *Ibid.*
(3) *Ann. des Mines*, 5e série, t. XV, p. 104 et suiv.

Le soufre n'a pas été dosé exactement, mais il y existait en très-minime proportion. On ne découvrit pas de traces de phosphore, ni de cuivre. Le four étant à une bonne chaleur blanche, on avait jeté sur la sole de 25 à 30 kilogrammes de crasses de marteau et de battitures tombées aux laminoirs d'étirage.

La durée de l'opération et des diverses périodes était répartie ainsi :

	Minutes.
1. Réparations de la sole, chargement, etc.	7
2. Fusion.	40 à 45
3. Incorporation de la fonte et du laitier.	25 à 30
4. Brassage, effervescence.	20 à 25
5. Confection des loupes.	6 à 8
Temps perdu entre deux charges.	5
Total.	1h.43m à 2h

Quand le travail est bien conduit sur des soles en riblons oxydés, le déchet sur la fonte chargée peut ne s'élever qu'à 4 ou 5 pour 100; au maximum, il atteint 10 à 12 pour 100 La consommation de la houille varie entre 130 et 150 pour 100 d'acier, et avec des houilles inférieures elle atteint exceptionnellement de 160 à 180.

Analyses des laitiers.

	I.	II.	III.	IV.
Silice.	14.50	17.50	15.00	14.50
Protoxyde de fer. . . .	83.12	81.14	82.00	83.50
Oxyde de manganèse. . } Traces d'autres bases.. . }	2.38	1.36	3.00	2.00
	100.00	100.00	100.00	100.00

I. Ce laitier avait été recueilli à la fin de la seconde période (voir le tableau précédent, indiquant la durée de chaque période), alors que le bain était parfaitement liquide, légèrement ondulé par le dégagement de quelques bulles gazeuses. II. Laitier recueilli un quart d'heure après ; l'épaississement ne s'étant pas encore produit et l'effervescence étant toujours très-réduite. III. Laitier recueilli 25 ou 30 minutes après, l'effervescence étant à son maximum d'intensité, *la fonte* et *les scories* ne pouvant plus se prendre isolément et devant être séparées par triage, après le refroidissement de la prise d'essai. IV. Laitier restant dans le four après la confection et l'enlèvement des loupes. Le rapport moyen de l'oxygène de la silice à celui des bases est de 1 : 2 ou 2,50. Ces résultats, d'après M. Lan, montrent que le laitier *change excessivement peu* et qu'il est *extraordinairement riche en oxyde de fer*. Il est à regretter que M. Lan n'ait pas fourni des analyses un peu plus complètes ; il eût été utile de vérifier si ces laitiers ne tenaient pas du sesquioxyde de fer, car on peut soupçonner qu'ils en renfermaient.

L'emploi de scories aussi riches (en oxyde de fer) est contraire à ce que dit M. de Fenffe, par exemple : qu'une des différences essentielles entre le puddlage pour acier et celui pour fer est l'emploi de *scories plus crues* dans le premier cas (1).

Analyse d'acier puddlé.

Carbone combiné..........	1.380
Carbone graphiteux.........	Traces.
Silicium...............	0.006
Soufre................	»
Phosphore..............	Traces.
Manganèse..............	0.012

Acier puddlé de Königshütte, avec cassure à « rosace » analysé par W. Brauns. (2)

Modifications spéciales dans le puddlage pour acier.

On a proposé d'ajouter pendant le puddlage divers ingrédients constituant des recettes merveilleuses ; mais on est fort partagé quant à leur efficacité. Dans ces derniers temps, les

(1) Ouvrage cité, p. 65.
(2) Wagner, *Jahres-Bericht* (Compte rendu annuel), 1861, p. 75.

procédés secrets pour le perfectionnement de la fabrication de l'acier n'ont pas fait défaut.

MM. Schlegel et Müller, dans leurs brevets déjà cités, recommandent le mélange suivant, en indiquant la manière de s'en servir.

« Il faut fondre la fonte à une haute température et quand « elle est bien fluide, l'abaisser un peu. La fonte mazée ne « tarde pas à faire effervescence ; c'est alors le moment oppor- « tun pour ajouter les substances qui consistent en un mé- « lange de noir de fumée, pulvérisé assez grossièrement, de « corne de bœuf en morceaux d'environ huit centimètres, et « de sel commun, broyé fin. Pour 160 kilogrammes de fonte, « il faut 2k.267 de noir de fumée, 1k.810 de corne de bœuf, et « 0k.450 de sel commun. On partage ce mélange en 12 par- « ties, dont on forme des paquets. Pendant le bouillonnement, « on introduit successivement le contenu de chaque paquet « dans le métal fondu, et immédiatement après, on brasse le « tout. Il faut, à cette période, maintenir une température « modérée et baisser le registre autant que possible, afin de « diminuer le tirage » (1).

Selon M. Tunner, on a souvent recours, pour la fabrication de l'acier puddlé ordinaire, à de l'argile, ou plus fréquemment encore, à des minerais de fer quartzeux ou argileux qui appauvrissent les scories ; mais il recommande de préférence l'emploi de substances analogues à la « poudre de Schafhäutl » (2), de l'hématite brune et du sel commun.

M. Tunner suppose que l'hématite brune, dans la première période du brassage, dégage de l'oxygène libre (de l'oxyde de manganèse qu'il contient), lequel agit énergiquement comme agirait un courant d'air, pour séparer les matières étrangères,

(1) *Jahrbuch*, Tunner, 1853, t. III, p. 282.

(2) Cette poudre a été brevetée le 13 mai 1835, n° 6837. On s'en servait dans la fabrication du fer malléable. Elle consistait en un mélange intime de 0k.790 d'oxyde noir de manganèse (MnO^2), de 1k.645 de sel bien sec et de 285 grammes d'argile à potier bien lavée. Ce mélange devait être fondu avec 190k.5 de fonte pendant le bouillonnement, et l'on recommandait de l'ajouter en trois portions successives.

et que le protoxyde de manganèse qui reste, tend à former des scories très-fluides, bien qu'il s'en réduise une partie pour la formation de l'acier.

Quant au sel commun, M. Tunner pense qu'il n'est point douteux qu'il agit d'une manière efficace en dégageant du chlore qui volatilise « beaucoup d'éléments nuisibles contenus dans la fonte; » tandis que la base, en se combinant en partie avec l'alumine, rend les scories fluides. En outre, la soude contribue essentiellement à la formation du cyanogène, « qui « favorise beaucoup la formation de l'acier par cémentation, « surtout après la période du brassage » (1).

La réaction du sel commun, telle que l'explique M. Tunner, n'est pas aussi claire qu'il paraît le supposer. Quels sont ces « éléments nuisibles, » volatilisés par le chlore libre ? Est-ce le soufre et le phosphore? S'il en est ainsi, ils se dégagent en combinaison avec le chlore. Mais il eût été désirable que l'on s'assurât par des expériences préalables de l'action de la fonte en fusion sur les chlorures de soufre et de phosphore.

Le chlorure de sodium est facilement décomposé, à une température élevée, par la silice libre et la vapeur d'eau, avec formation d'acide chlorhydrique; il est au moins probable qu'à cette température il se formerait du chlore et du silicate de soude, sous l'influence combinée de la silice et de l'oxygène libre dégagé par le peroxyde de manganèse; malgré cela, M. Gruner assure qu'il est facile de prouver que, dans ces conditions, il ne se dégage que de l'oxygène (2).

M. Gruner a recherché ce que devenait la soude dans cette opération, en analysant les scories d'un puddling pour acier où l'on faisait usage de sel commun. Les scories coulaient comme de l'eau, mais elles se solidifiaient assez promptement. Elles avaient la composition suivante :

(1) *Jahrbuch*, 1853, t. III, p. 291.
(2) *Ann. des Mines*, 1859, t. XV, p. 315.

		Oxygène.
Silice.	17.8	9.25
Protoxyde de fer.	69.1	19.16
Protoxyde de manganèse.	9.4	
Chaux.	0.4	
Magnésie.	0.4	
Soude.	0.9	
Alumine.	1.8	
	99.8	

La soude fut dosée avec soin, à l'état de carbonate et de sulfate. M. Gruner ne dit pas s'il a recherché le chlore; c'est là un point dont il aurait dû aussi s'assurer minutieusement. Les scories contenaient à peine des traces de soufre. La soude, dans la proportion de 1 pour 100, doit augmenter la fluidité des scories et tendre à éliminer de la fonte le silicium, le phosphore et même le soufre. Mais ce sont là des conclusions qu'il faut établir par l'expérience et ne pas laisser à l'hypothèse. On peut faire la même remarque au sujet de la supposition de M. Tunner, d'après laquelle le chlorure de sodium peut servir à former de la soude et favoriser ainsi la production du cyanogène.

M. Tunner ajoute que la soude, sous ce rapport, joue un rôle très-important, quand on désire obtenir de l'acier puddlé le plus dur possible et il maintient que la potasse agirait encore plus énergiquement. Son opinion se base sur des expériences faites en grand dans la fabrication de l'acier par cémentation. Que le cyanogène ou qu'un autre composé de ce radical constitue réellement un agent énergique dans certaines opérations relatives à l'acier, c'est ce dont, à notre avis, il n'est plus permis de douter; mais quant à l'action du sel commun dans le puddlage pour acier, comme M. Tunner l'admet, on ne saurait rien décider que par des recherches expérimentales qui exigent la plus grande habileté d'analyse. M. Tunner fait observer avec raison que la plupart des mystères des puddleurs pour acier consistent essentiellement dans l'emploi de composés du cyanogène, ou de matières azotées capables de produire du cyanogène à des températures élevées. A l'appui de cette assertion, on peut citer les brevets suivants :

Brevet Kimball (1). — Le fer devra être cémenté avec un mélange préparé en chauffant au rouge : sel ammoniac 28 grammes, borax 28 grammes, alun 28 grammes, sel fin $1^{\text{lit}}.135$. Quand le mélange cesse de donner des fumées, on le laisse refroidir, puis on le pulvérise. On fait bouillir la poudre avec un liquide composé de $1^{\text{lit}}.135$ de vinaigre et $2^{\text{lit}}.270$ d'urine, mélangés avec $4^{\text{lit}}.540$ de grosse suie, $2^{\text{lit}}.270$ de cuir brûlé pulvérisé, $0^{\text{lit}}.285$ de corne de cheval brûlée, et $0^{\text{lit}}.570$ de sel fin. L'on fait ensuite évaporer le tout jusqu'à dessiccation.

On passe le résidu au tamis fin et on le mélange avec l'autre composé tout d'abord préparé. Les quantités indiquées ci-dessus suffisent pour cémenter environ 50 kilogrammes de fer.

Brevet Holland. — Les déchets de soie de toute nature, y compris ceux qui proviennent des cocons, avec les chrysalides qu'ils contiennent, seront torréfiés ou desséchés sans être carbonisés, puis broyés en poussière fine. Les barres de fer seront cémentées dans cette poudre ; on peut même convertir ainsi les minerais de fer en les faisant fondre dans des creusets après les avoir convenablement stratifiés avec des couches de cette poudre (2).

Brevet Boullet (3). — Le fer est cémenté avec une substance composée de sucre, de poudre ou de rognures de corne, de graisse ou de sang animal, et de charbon de bois sec et pulvérisé.

Brevet Brooman (4). — Le fer est fondu dans des creusets avec des composés de cyanogène et de sel ammoniac. Un

(1) *Pour convertir le fer en acier*, Nathaniel Kimball, année 1825, 13 octobre, n° 5263 *Abrégés*, p. 31.

(2) John Holland, année 1849, 18 juillet, n° 12705.

(3) Jean F. J. A. Boullet, année 1856, 11 octobre, n° 2174.

(4) Communication, année 1854, 12 février, n° 359. *Abrégés*, p. 218.

mélange formé de 285 grammes de charbon de bois, de 170 grammes de sel commun; de 14 grammes de brique ou d'oxyde de manganèse en poudre, de 30 grammes de sel ammoniac et de 14 grammes de ferrocyanure de potassium, est fondu dans les creusets avec 22k.700 de fer.

Brevet Thomas (1). — Un mélange composé de 16 parties en poids de sel commun, 3 de ferrocyanure de potassium, 1 de bichromate de potasse et 4 de charbon animal pulvérisé, est employé comme poudre de cémentation ou ajouté au fer *fondu* (!), dans la proportion de 1 pour 40 de fer.

Brevet Bink (2). — On revendique l'emploi des composés de cyanogène ou d'ammoniaque, ou un mélange de leurs éléments constitutifs.

Second brevet Bink (3). — Le breveté revendique encore l'emploi de composés cyanurés. Il fait passer à travers le fer fondu décarburé des courants d'azote, d'oxyde de carbone et d'ammoniac, ou d'ammoniac seul.

Il est inutile de remarquer que, si la commission des brevets eût fait preuve du moindre discernement, plusieurs de ces brevets n'auraient jamais été accordés.

Quant à l'addition de l'argile, M. Gruner déclare, peut-être avec raison, qu'elle est plutôt nuisible et qu'elle a maintenant été abandonnée presque partout.

De tous les brevets accordés pour la fabrication du fer ou de l'acier, l'un des plus singuliers est celui de M. Charles Low (4). L'acier est obtenu par la fusion du fer malléable dans des creusets, avec un mélange d'environ 42 parties en poids d'oxyde noir de manganèse, 8 de plombagine, 14 de charbon de bois et 2 de nitre! Cette opération ne peut manquer d'intérêt au point de vue pyrotechnique.

(1) Communication de George Cumming Thomas, année 1856, 3 septembre, nº 2039.
(2) Christophe Binks, année 1856, 14 novembre, nº 2695.
(3) Année 1856, 15 novembre, nº 2711.
(4) Année 1844, 25 mai, nº 10204. *Abrégés*, p. 70.

Procédé Uchatius.

Ce procédé, breveté en 1855, consiste essentiellement dans la décarburation partielle de la fonte en fusion, au contact de l'oxyde de fer, ou d'autres substances capables de produire de l'oxygène (1). On donne à la fonte la forme granulée en projetant le métal fondu dans de l'eau froide. Le métal granulé, mêlé avec environ 20 pour 100 de minerai spathique grillé et pulvérisé et 4 pour 100 d'argile réfractaire, est fondu au creuset, dans un four à acier ordinaire. Plus la fonte est à grain fin, plus l'acier est doux, ou, ce qui revient au même, plus il est décarburé, pour une proportion déterminée d'oxyde de fer. Les variétés plus douces d'acier fondu se fabriquent en ajoutant du fer forgé de bonne qualité, en petits morceaux, et les variétés plus dures, en ajoutant du charbon de bois au mélange mentionné.

La théorie du procédé est si simple qu'elle exige peu d'explications. Le carbone de la fonte est partiellement brûlé par l'oxygène du minerai interposé et s'échappe à l'état d'oxyde de carbone; une proportion équivalente de fer se réduit. Les quantités de fonte et de minerai doivent être calculées de façon que le métal résultant puisse conserver la quantité de carbone nécessaire pour constituer de l'acier. Dans la décarburation partielle de la fonte, il y a une perte en poids, mais elle est plus que compensée par la réduction à l'état métallique, de l'oxyde de fer. Le poids de l'acier fondu obtenu doit excéder, dit-on, d'environ 6 pour 100 celui de la fonte employée. On observera que le minerai spathique est recommandé à cause du manganèse qu'il contient. L'argile agit simplement comme fondant.

Le procédé a été essayé en Angleterre et l'objection contre

(1) Franz Uchatius. *Perfectionnement dans le procédé de fabrication de l'acier fondu*, année 1855, 1er octobre, nº 2189. *Abrégés*, p. 203.

son emploi vient de l'incertitude où l'on est sur la qualité de l'acier résultant. Mais en Suède, nous le savons de bonne source, il est appliqué avec succès par C.-R. Ulff, à l'usine Wikman, à Hedemora (Dalécarlie); des échantillons de l'acier Uchatius figuraient à l'Exposition internationale de 1862 (1). Cet acier est, dit-on, excellent pour les lames de sabre. En 1862, son prix de vente était de 1 250 à 1 500 francs la tonne. On l'obtient en traitant de la fonte avec du minerai magnétique de Bispberg et du charbon de bois, dans des creusets de fabrication belge ; ce minerai est remarquable par sa pureté.

Le défaut d'homogénéité qu'on reproche à l'acier fabriqué par ce procédé dépend principalement, croyons-nous, de l'irrégularité des dimensions des grains de fonte; s'il en est ainsi, on pourrait y remédier par la méthode centrifuge de granulation dont M. le baron de Rostaing a exposé de nombreux produits en 1862. Il a fait voir, à cette occasion, de la fonte divisée, dont les grains étaient de diverses grosseurs, mais parfaitement réguliers pour chaque échantillon. Il n'y a rien de nouveau dans la granulation de la fonte, même à l'aide de la force centrifuge. Ainsi, dans un brevet accordé à John Wood en 1761 (2), un des points revendiqués par l'inventeur, consiste dans la fonte du métal au four à vent et sa réduction « en « petits grains, en le faisant couler dans l'eau sur une roue ou « sur un cylindre animés d'une grande vitesse de rotation. » Bien plus, Wood pratiquait réellement le procédé de décarburation d'Uchatius, comme il ressort de l'extrait suivant de son brevet. Le métal granulé est « mélangé avec divers fon- « dants, suivant sa nature et suivant les usages auxquels le « fer est destiné, par exemple, avec des laitiers, des pailles, « c'est-à-dire des battitures ou crasses de marteau, du sable et « de la chaux, de la soude brute et des marcs de savonnerie. »

(1) N° 65, *Catalogue officiel.*

(2) *A way of making*, etc. (Manière d'obtenir du fer malléable avec du fer en gueuses, vulgairement appelé *fonte*, par une méthode entièrement nouvelle.) Année 1761, 5 février, n° 759. *Abrégés*, p. 6.

« Ces fondants sont mis avec le métal granulé, en vases « clos, etc. » L'emploi de la fonte en plaquettes minces, concassées en petits fragments, est breveté également par Wood. Dans un brevet accordé plus tard à Jean et à Charles Wood (1), l'usage de la fonte pulvérisée est revendiqué; mais sous les autres rapports la description ressemble à la première. Si la fonte n'est pas suffisamment « pulvérisée » ou « réduite » après une seule opération, on devra broyer de nouveau le métal et le traiter avec les fondants indiqués.

Suivant Mushet, le procédé de granulation de la fonte était appliqué depuis longtemps à Cyfartha (2). Le métal granulé ou mis en grenaille, était désigné par le nom de *grundy*, à cause du bruit produit par la révolution d'une grande meule horizontale, placée dans la fosse à eau, sur laquelle le fer tombait à l'état fluide; le mouvement de cette pierre projetait le fer aux extrémités de la fosse, ce qui assurait une plus grande régularité dans la forme et dans les dimensions des grains... Le fer, une fois réduit en grenaille, était placé dans de grands creusets d'argile, avec une certaine proportion de scories de four à souder, contenant de 55 à 60 pour 100 de peroxyde [*sic*] de fer. Les creusets, munis de couvercles, étaient introduits dans un fourneau chauffé par la flamme de la houille, et là ils étaient exposés à une douce chaleur continue.... Après quelques heures, la fonte ainsi dépouillée de son carbone, c'est-à-dire du principe fusible, est en état de supporter une température plus élevée, de se souder et de prendre de la cohésion sous les coups répétés du marteau.

Dans la méthode de granulation de M. de Rostaing, l'appareil employé consiste en un disque de fonte, qui tourne horizontalement avec une grande vitesse : 2000 révolutions par minute. Le disque, muni d'un rebord, est recouvert de sable.

(1) Manière de rendre la fonte malléable, sans charbon de bois, ni vent, dans un fourneau à air. Année 1763, 29 juillet, nº 794. *Abrégés*, t. I, p. 7.

(2) *Papers on Iron and Steel* (Mémoires sur le fer et l'acier), 1840, p. 12. Mushet dit : « Il y a cinquante ans. »

de moulage ou de toute autre matière réfractaire. On fait couler la fonte en un petit jet, dans un entonnoir placé immédiatement au-dessus du centre du disque, et, par l'action centrifuge, elle est projetée à l'état de globules qui tombent à des distances correspondantes à leurs dimensions. On assortit ensuite au tamis ce métal granulé (1). En moins de deux ou trois minutes, on distribue ainsi jusqu'à 80 kilogrammes de fonte. La granulation a lieu dans une chambre circulaire, au fond de laquelle est une citerne d'eau. La poussière impalpable ou la vapeur de fer résultant de ce traitement est emportée par un appel d'air dans une chambre supérieure où elle se dépose. Il est difficile d'obtenir des renseignements exacts sur les frais qu'entraîne ce procédé. L'inventeur lui-même, dans une entrevue qu'il eut avec nous à ce sujet, ne put nous renseigner. Quoi qu'il en soit, les échantillons qu'il nous montra étaient extrêmement remarquables.

Décarburation partielle de la fonte par cémentation.

Nous avons déjà examiné le procédé à l'aide duquel on rend la fonte plus ou moins malléable, en la cémentant dans de l'hématite, et les modifications chimiques qui en résultent. Dès 1722, Réaumur avait publié ce fait, qu'en chauffant des pièces de fonte moulées, dans de l'oxyde rouge de fer (*safran de Mars*, provenant de l'exposition prolongée de plaques de fonte à une haute température, avec accès d'air), on adoucissait le métal, et beaucoup plus rapidement qu'avec toutes autres matières [telles que la craie, les os calcinés, etc.] essayées jusque-là (2). Or, c'est là le procédé dont l'invention fut plus tard attribuée à Lucas !

(1) Rapport fait par M. Gaultier de Claubry au nom du Comité des arts chimiques (*Société d'encouragement pour l'industrie nationale*), sur le procédé de division des corps à l'état de fusion, présenté par M. le baron de Rostaing. Voir aussi un article sur ce procédé, dans la *Presse scientifique des Deux Mondes*, Revue universelle des sciences et de l'industrie. Paris, 1862, n° 6, t. I, p. 343.

(2) *L'Art de convertir le fer forgé en acier, et l'art d'adoucir le fer fondu*, 1722, p. 472.

Un brevet fut en effet accordé à Samuel Lucas en 1804 (1). Les pièces en fonte sont cémentées durant cinq ou six jours (jour et nuit) dans un four de réduction, ou tout autre fourneau approprié, avec « du minerai de fer ou des oxydes « métalliques, de la chaux, ou une combinaison quelconque « de ces substances. » On se sert d'ordinaire pour ce traitement de creusets cylindriques en fonte. On affirme qu'à cause de difficultés qu'on croyait insurmontables à cette époque-là, on ne fit usage de ce brevet que longtemps après qu'il eut été accordé. M. Thomas Lucas de Chesterfield, avec le consentement du breveté, son frère, appliqua le procédé et réussit à fabriquer de la coutellerie en fer fondu, qui, suivant Parkes, recevait un poli et un fil aussi fins que les couteaux du meilleur acier fondu (2).

On ajoute, d'après un autre auteur, que l'invention de Lucas prit rapidement une grande importance et que les applications nouvelles et utiles auxquelles pouvait se prêter ce métal devinrent si nombreuses, que sa fabrication ne tarda pas à englober tous les articles de coutellerie et d'outils tranchants, du plus grand au plus petit. Depuis cette époque jusqu'à ce jour (1831), un nombre considérable d'objets, portant dans le commerce la désignation équivoque d'*acier coulé* (*run steel*) ont été fabriqués d'après ce procédé, sans que le métal en gueuse ait subi d'autre modification que celle d'une fusion dans le creuset, au sortir du haut fourneau. Le métal ordinairement employé est extrait des riches minerais du Cumberland (3). Les articles en fonte sont placés debout dans de petits tonneaux de fonte, que l'on remplit soit avec de l'hématite rouge broyée, soit plus généralement avec des batti-

(1) *Separating impurities*, etc. (Manière de séparer les impuretés de la fonte, sans la fondre, de la rendre malléable, et de « perfectionner le moulage de la fonte »). Année 1804, 20 mai, nº 2767. *Abrégés*, p. 18.

(2) *Essay on Edge Tools*. Parkes's *Chemical Essays*. (Essai sur les instruments tranchants. Essais chimiques de Parkes.) 1815, t. IV, p. 519.

(3) *Manufactures in Metal*, Lardner's *Cabinet Cyclopedia*, 1831, t. I, p. 268.

tures de forge (*smithy slack*). Telle est la malléabilité communiquée ainsi à la fonte, qu'elle s'étire sous le marteau en forme d'aiguille. Ce procédé est encore pratiqué à Birmingham pour la fabrication des mors, des étriers, etc.; le prix de vente est d'environ 60 à 80 centimes par kilogramme. Dernièrement MM. Brown et Lenox ont pris un brevet pour l'application de la « fonte malléable » à la fabrication des moufles de la marine. Il y a des échantillons de ces moufles à l'arsenal de Woolwich; mais on nous a assuré que le prix de vente du métal est de 3 250 francs par tonne, tandis que la fonte primitive ne coûte que 200 ou 225 francs.

En 1759, Lewis publia ce fait, que « de la fonte pure, entourée de cendres animales et chauffée à une température insuffisante pour la fondre, s'adoucit tellement au bout d'un temps plus ou moins long, suivant le feu et l'épaisseur du métal, que les ornements ou ustensiles fabriqués, quelque durs qu'ils aient été précédemment, peuvent être facilement coupés, limés, tournés ou polis. Les changements apportés par ce procédé sont remarquables (1). »

III. FABRICATION DE L'ACIER PAR LA FUSION DE LA FONTE AVEC DU FER MALLÉABLE.

Il est clair qu'en faisant fondre ensemble du fer malléable et de la fonte, dans des proportions convenables, on doit obtenir de l'acier. Au commencement du siècle dernier, Réaumur publia qu'il avait réussi ainsi à faire de l'acier dans un feu de forge ordinaire : « J'ai mêlé, écrit-il, tantôt un quart et « tantôt un tiers de fer avec la fonte (2). »

En 1855, un brevet fut accordé à David Simpson Price et à Edward Chambers Nicholson pour des « perfectionnements

(1) *Chemical Works*, etc. (Ouvrages de chimie de Caspar Neumann, M. D., professeur de chimie à Berlin, F. R. S., etc. Abrégés et classés, etc., par William Lewis), 1759, p. 77.

(2) *L'Art de convertir le fer forgé en acier*, 1722, p. 256.

apportés dans la fabrication de l'acier fondu (1), « à l'aide desquels on obtient une qualité supérieure d'acier, à un prix inférieur à celui fabriqué jusqu'alors, en faisant fondre du fer avec de la houille, de l'anthracite ou du coke. L'invention consiste simplement à fondre de la fonte *finée* avec des proportions convenables de fer malléable ou forgé. Le métal finé, que les brevetés préfèrent, provient du traitement à l'air froid des hématites ou des minerais spathiques ; le mazéage fait perdre au métal la totalité ou la presque totalité du silicium et aussi peu que possible de carbone. Ce métal finé est, dit-on, plus exempt d'impuretés, surtout de silicium, que la fonte au charbon de bois ou au coke, tandis que la proportion de carbone qu'il renferme est à peu près la même que celle qui existait dans la fonte primitive, ce qui le rend excellent pour la fabrication de l'acier fondu. Les brevetés ne s'astreignent à aucune proportion de mélange du fer forgé et du métal finé, ni à aucun mode particulier d'effectuer le mélange.

Quelques mois plus tard, M. Gentle Brown obtint un brevet pour la fabrication de l'acier fondu par la fusion du fer en barres, coupé ou débité en petits morceaux, avec de bonnes fontes au bois, dans la proportion d'environ 3 parties de fer pour 1 partie de fonte (2). Mais on modifie légèrement ces proportions suivant la qualité d'acier que l'on recherche.

En 1862, un brevet fut accordé à M. Charles Attwood (3), de Tow Law (Durham), pour des « perfectionnements apportés à la production ou à la fabrication de l'acier et du « fer aciéreux. » Ce brevet consiste essentiellement à faire fondre du fer malléable et de la fonte, quel que soit leur mode de fabrication. Le spiegeleisen est préféré comme étant « le mieux approprié » lorsque l'on désire produire de l'acier ou du fer aciéreux « de qualité supérieure et homogène. » Il

(1) Année 1855, 20 novembre, n° 2619.
(2) Année 1856, 25 janvier, n° 205. *Abrégés*, p. 215.
(3) Année 1862. Daté du 15 mai, et scellé le 15 août de la même année, n° 1473.

est certain que l'on peut fabriquer ainsi de l'acier très-convenable pour beaucoup d'usages; mais le spiegeleisen n'est qu'une variété particulière, nécessairement comprise sous le terme générique de *fonte;* or, la fonte avait été longtemps auparavant traitée par le même procédé. Les variétés de fonte du commerce sont extrêmement nombreuses, et l'on ne comprend guère qu'un brevet puisse monopoliser quelques-unes de ces variétés pour un but spécial, quand l'emploi de la fonte dans le même but est déjà connu et pratiqué. Du reste, le fer spéculaire est depuis quelque temps d'un usage assez répandu en Allemagne pour la fabrication de l'acier, d'après le procédé Attwood. Parmi les divers points de son brevet, M. Attwood revendique le mélange « et la fusion du « fer malléable en barres ou de fer de riblons, avec cette va- « riété de métal blanc ou de fer brut, vulgairement appelé *fine* « *metal* ou métal finé, etc. » Or, ce traitement fait l'objet des brevets Price et Nicholson. M. Attwood revendique enfin dans son brevet la fabrication du fer carburé de Parry, qui sera décrite plus loin.

Immersion du fer malléable dans la fonte en fusion.

Ici se place une ancienne méthode pour convertir le fer malléable en acier, en le tenant plongé dans la fonte en fusion, quoique peut-être elle eût pu plus naturellement se décrire à propos de la cémentation. On se rappellera que, dans le procédé de Paal pour la conversion de la fonte en acier, on se fonde jusqu'à un certain point sur le même principe. En 1540, Vanoccio Biringuccio publiait la description suivante du mode de fabrication de l'acier (1) :

« Il semble qu'on aurait plutôt dû traiter ce sujet après « la fusion du fer, c'est-à-dire dans le neuvième livre, où

(1) *Della Pirotechnia.* Stampata in Venetia, 1540, lib. I, cap. VII, p. 18.

« j'ai l'intention d'en parler spécialement. Toutefois, comme « le travail de l'acier me paraît dépendre, pour ainsi dire, « du chapitre qui concerne le fer proprement dit, je n'ai « pas voulu en ajourner plus longtemps la description. C'est « pourquoi je me suis décidé, en vous en parlant à cet en- « droit, à vous dire que l'acier n'est autre chose que du fer « bien épuré par l'art et amené par une liquéfaction durable « dans le foyer, à l'état de mélange plus complet et de qualité « plus parfaite qu'auparavant. Par l'attraction de certaines sub- « stances appropriées qui se trouvent dans les corps qu'on y « ajoute, le métal s'amollit, grâce à un peu d'humidité, et il « devient plus blanc et plus dense, de sorte qu'il paraît pres- « que avoir perdu sa nature primitive; à la fin, quand ses « pores sont bien dilatés et ramollis par un feu considérable, « et qu'on en fait sortir la chaleur par l'extrême froideur de « l'eau, ils se contractent et le fer est ainsi converti en une « substance dure que sa dureté même rend fragile. Cela peut « se faire avec toute espèce de minerai de fer, et l'on peut fabri- « quer ainsi de l'acier avec toutes les variétés de fer. Il est vrai « que le meilleur acier s'obtient plutôt avec une variété qu'avec « une autre et plutôt avec une espèce de charbon de bois qu'a- « vec une autre, et aussi suivant l'habileté des ouvriers. Le « fer préférable pour faire du bon acier est en somme celui « qui, exempt par sa nature de toute impureté provenant de « quelque autre métal, est plus aisé à fondre et jusqu'à un « certain point, plus dur que les autres variétés. Avec ce fer, « on met un peu de marbre ou d'autres pierres fusibles « en poudre afin de les fondre ensemble; ces substances le « purgent, car elles ont, pour ainsi dire, la vertu d'enlever sa « *ferruginosité*, de resserrer ses pores et de le rendre dense « sans exfoliation. Or, pour finir, quand les ouvriers veu- « lent faire cette opération, ils prennent du fer qui a passé « par le fourneau ou ailleurs, autant qu'ils veulent en con- « vertir en acier et ils le cassent en petits morceaux, puis ils

« préparent devant la forge un foyer circulaire d'environ un « pied de diamètre, fait avec un tiers d'argile et deux tiers « de fraisil ou brasque de charbon (*carbonigia*) bien battus « ensemble avec un maillet, bien mêlés et humectés avec « assez d'eau pour qu'ils puissent adhérer quand on les « presse sous la main; quand ce foyer a été établi de « la même manière qu'on établit un creuset de fourneau « (*ceneraccio*), mais plus profond, on pratique au centre « une ouverture légèrement inclinée vers le bas, de sorte « que le vent puisse frapper le milieu du foyer. Ensuite, « quand le vide a été rempli avec du charbon de bois, « on fait tout autour un muraillement en pierres ou en « roche tendre pour maintenir le fer cassé et le charbon « de bois qu'on charge par-dessus; de cette manière, on le « comble entièrement et l'on entasse au-dessus du char- « bon de bois. Quand tout est en feu et bien embrasé, no- « tamment dans le foyer, les ouvriers commencent à faire « mouvoir les soufflets et à mettre sur le tout une partie « de ce fer cassé, mêlé avec du marbre salin et du lai- « tier broyés, ou avec d'autres pierres fusibles et non ter- « reuses. En fondant ainsi ce mélange peu à peu, on remplit « le foyer autant qu'on le juge convenable; puis, après « avoir façonné au marteau trois ou quatre loupes du même « fer, pesant chacune 30 à 40 livres, on les met toutes « chaudes dans ce bain de fer fondu que les ouvriers de cet « art appellent l'art du fer; on les laisse ainsi au milieu de « cette matière en fusion, avec un grand feu, pendant quatre « à six heures, les retournant souvent avec une barre de fer, « comme les cuisiniers retournent les viandes et on les y « laisse, en continuant toujours à les retourner, afin que « tout ce fer solide puisse recevoir par ses pores les sub- « stances subtiles que contient le fer en fusion, et par la vertu « desquelles les substances grossières qui se trouvent dans les « loupes sont consumées et dilatées, ce qui ramollit les loupes

« et les met comme en pâte; dès que les ouvriers, avec l'expé-
« rience qu'ils ont acquise, les voient à ce point, ils jugent que
« cette vertu subtile dont nous avons parlé a complétement
« pénétré les loupes; alors ils retirent celle qu'avec leur coup
« d'œil ils trouvent la mieux finie; ils la portent sous le mar-
« teau, la travaillent; puis la jetant subitement, aussi chaude
« que possible, dans l'eau, ils la trempent. La trempe donnée,
« ils cassent la loupe et regardent si elle a changé de nature
« dans chacune de ses parties, au point de ne plus renfermer
« la moindre couche de fer; s'ils constatent qu'elle est alors
« arrivée à ce point de perfection, ils retirent les loupes par
« les extrémités avec de grandes pinces et les coupent en
« petits morceaux, chacune en sept ou huit; puis ils les
« remettent dans le même bain pour les réchauffer, en
« ajoutant dans le bain encore un peu de marbre broyé et
« du fer, afin qu'en fondant, ces matières renouvellent et
« augmentent le bain, lui restituent ce que le feu peut
« avoir brûlé, et afin que le métal à convertir en acier
« puisse, par son immersion dans le bain, être d'autant
« mieux affiné. Enfin, quand ces morceaux sont bien chauf-
« fés, on les retire un à un avec des pinces et on les porte
« sous le marteau pour les travailler et en faire les barres
« que vous connaissez. Cela fait, tandis qu'elles sont encore
« très-chaudes et presque blanches, on les plonge toutes en-
« semble dans un courant d'eau aussi froide que possible, dans
« une citerne, afin que les barres puissent être subitement
« refroidies et par ce moyen acquérir la dureté désignée
« communément par trempe. Le fer est ainsi changé en un
« métal qui ressemble à peine à celui que l'on avait avant la
« trempe. Ce n'était, en effet, qu'une masse de plomb ou
« de cire : par la trempe, il est devenu si dur, qu'il sur-
« passe presque tous les autres corps durs, et il devient aussi
« très-blanc, beaucoup plus que ne l'est le fer dans sa nature,
« presque autant que l'argent. Celui dont le grain est blanc,

« le plus fin et le plus serré, constitue la meilleure variété.
« Parmi les variétés que je connais, celles de Flandre et de
« Valcamonica, sur le territoire de Brescia, en Italie, sont
« très-estimées. Hors des Etats de la chrétienté, je citerai
« celles de Damas, de Caramanie et de Lazzimino (?), ainsi
« que celle d'Agiambi (?). Je ne saurais vous dire comment
« ces peuples l'obtiennent, ou s'ils le fabriquent pour leur
« usage seulement. On m'a affirmé qu'ils n'ont pas d'autre
« acier que le nôtre; qu'ils le liment et le pétrissent avec
« une certaine farine et en font des boulettes qu'ils donnent
« à manger aux oies; ils recueillent ensuite les excréments,
« qu'ils réduisent par le feu et ils en font de l'acier; je n'a-
« joute pas grande confiance à ceci, mais je pense que, quel
« que soit leur procédé, si ce n'est pas par la vertu du fer lui-
« même, c'est par la vertu de la trempe qu'ils agissent. »

Agricola donne une description à peu près analogue d'un procédé de fabrication de l'acier, avec des détails additionnels et un dessin explicatif; mais sous certains rapports, elle est obscure (1). On pourrait presque croire que l'un de ces auteurs a copié l'autre. Biringuccio renvoie à Georges Agricola, l'Allemand; mais Brunet ne signale aucun ouvrage de ce dernier, publié à une date aussi reculée que celui de Biringuccio (2).

Dans les *Transactions philosophiques* de 1693, on trouve un Mémoire sur l'acier par le docteur Martin Lister, où il cite la description précédente d'Agricola. Il ajoute, d'après Kircher, que le même procédé était alors pratiqué dans l'île d'Ilva (Elbe), « localité renommée pour ce métal, de toute antiquité, et depuis les *Romains* jusqu'à nos jours (3). »

L'auteur du Traité du fer et de l'acier, dans le *Cabinet Cyclo-*

(1) *De Re metallica*, lib. IX, 1561, p. 341.
(2) *Manuel du libraire*, 1842, t. I, p. 43.
(3) *The manner of making Steel*, etc. (La manière de faire l'acier et de le tremper, avec des conjectures sur le mode que les anciens employaient pour aciérer leurs pics, destinés à débiter et à tailler le porphyre.) Septembre 1693, n° 203, t. XVII, p. 865.

pedia de Lardner, commente le Mémoire de Lister et tourne en ridicule l'idée de fabriquer de l'acier en faisant bouillir « le fer dans sa propre gueuse, ou fonte liquide, » (c'est l'expression employée par Lister et qui se rapporte évidemment à la fonte en fusion). Il nous apprend « que ce procédé appliqué à « des articles en fer ou en acier, correspond précisément à « celui qui consisterait à faire fondre dans du suif un paquet « de chandelles. L'acier, comme chacun le sait, est fondu avec « la plus grande facilité dans les forges et aciéries ; le fer « malléable, quelque difficile qu'il soit à fondre seul, ne tarde « pas à se liquéfier dans le creuset, quand il est mêlé avec « une petite portion de fonte ; c'est une pratique assez ordi- « naire chez certains fondeurs pour améliorer la qualité, ou « suppléer au manque de bonne gueuse, que de faire fondre « avec le métal une certaine quantité de ferraille. Les tra- « ducteurs d'anciens ouvrages métallurgiques ne peuvent pas « toujours recourir au laboratoire pour contrôler les au- « teurs (1). »

On s'étonnera justement que l'auteur de cet excellent ouvrage ait traité ce procédé d'absurde, et encore plus qu'il ait choisi un exemple aussi déplacé que celui des chandelles. Il est parfaitement vrai que le fer forgé se liquéfie facilement en mélange avec la fonte, mais seulement à des températures élevées. Or, le bain de fonte employé dans l'ancien procédé consistait probablement en un métal très-carburé, fusible à une température relativement basse : dans un tel bain, des barres de fer forgé peuvent certainement être immergées durant un temps considérable, sans y fondre.

(1) *Manufactures in Metal.* (Fabrication des métaux.) 1831, t. I, p. 225.

DÉCARBURATION PAR L'AIR ATMOSPHÉRIQUE INJECTÉ DANS LA FONTE EN FUSION.

Le 15 septembre 1855, un brevet fut accordé à Joseph Gilbert Martien, de Newark (New-Jersey, États-Unis d'Amérique), résidant alors à Londres, pour des « perfectionnements apportés à la fabrication du fer et de l'acier » (1). Comme ce brevet a vivement excité l'attention, par rapport au procédé Bessemer, nous le reproduisons ici *in extenso* :

« Cette invention a pour objet d'épurer le fer, quand il est à l'état liquide, au sortir du haut fourneau ou du foyer de finerie, au moyen de l'air atmosphérique ou de la vapeur d'eau, injectés à la partie inférieure, de manière qu'ils puissent monter à travers le métal, le pénétrer complétement, agir sur toutes ses parties avant son refroidissement, c'est-à-dire avant que le métal fluide ait fait prise, ou avant qu'on l'ait fait couler dans un four à réverbère afin de le puddler; par ce moyen, l'on améliore la fabrication du fer qui résulte du puddlage de cette fonte ainsi épurée, et la fabrication de l'acier qu'on obtient communément.

« Dans mon invention, au lieu de laisser le fer fondu couler simplement hors du haut fourneau par la rigole ordinaire sur la halle de coulée ou dans les foyers de finerie ou de puddlage, à la manière ordinaire, je me sers de rigoles ou de gouttières disposées de façon que de nombreux jets d'air ou de vapeur d'eau puissent passer à travers le métal fondu, lorsqu'il coule hors du haut fourneau.

« Je préfère, dans la pratique, ne pas recourir au procédé ordinaire de mazéage au moyen d'un foyer spécial, et épurer le fer en soumettant la fonte du haut fourneau, avant qu'elle ne se solidifie, à l'action de jets d'air ou de va-

(1) Année 1855, nº 2082, scellé le 11 mars 1856 et daté du 15 septembre 1855. Les dates exactes ont de l'importance, comme on le montrera tout à l'heure. Le droit de brevet fut acheté par la Compagnie des fers d'Ebbw-Vale.

peur; en même temps, je tiens à établir que, si l'on préfère employer le procédé ordinaire de mazéage, mon invention s'applique au métal qui coule hors du foyer de finerie pour se rendre à la halle de coulée ou dans des moules; du reste, le mode d'application est le même que celui que je vais décrire dans le cas du haut fourneau. La gouttière ou rigole peut être en métal, mais je préfère qu'elle soit en fonte, la partie inférieure étant à double fond pour admettre la vapeur ou l'air, ou les deux à la fois. Cette gouttière est percée de trous nombreux, inclinés, de manière que les courants d'air ou de vapeur qui s'introduisent dans le métal, lorsqu'il coule le long de la gouttière, puissent s'échapper dans une direction oblique, et, de préférence, dans le sens où coule le métal. Ceci, toutefois, n'est pas essentiel, car les jets d'air ou de vapeur peuvent traverser verticalement, ou bien dans le sens opposé au courant dudit métal. Pour l'air chaud ou l'air froid, je préfère mettre le double fond de la gouttière en communication avec les porte-vent du haut fourneau; et, pour la vapeur, je fais communiquer le fond de la gouttière directement avec la chaudière. Par ce moyen, l'air ou la vapeur sont injectés en jets nombreux sous le métal; ou bien, au lieu de faire servir la gouttière à amener des jets d'air dans le fer qui est fluide au sortir du haut fourneau, on peut disposer les moules ou la halle qui reçoivent le fer en fusion de façon à introduire de l'air ou de la vapeur sous le métal en fusion et à diviser cet air ou cette vapeur en jets, de sorte que le fer puisse être par là épuré avant sa prise en masse.

« La gouttière ou rigole peut être couverte sur une longueur quelconque et disposée de manière à ce que la chaleur soit appliquée au métal; il en est de même des moules ou des chenées. La chaleur peut être ainsi conservée au métal fluide à sa sortie du haut fourneau, pendant que s'accomplit le procédé déjà décrit de l'épuration. On peut laisser le fer ainsi épuré se refroidir dans les moules, ou bien on peut le faire couler de la gouttière, rigole ou récipient, dans un fourneau à réverbère ou dans tout autre fourneau convenable, pour l'y chauffer fortement et le puddler à la manière ordinaire.

« Je ferai remarquer que je n'ignore pas qu'on a déjà proposé d'employer des courants de vapeur dans les fours à puddler et les feux de finerie, de façon que ces courants puissent entrer en contact avec la surface du métal que renferment les fours, et qu'on a aussi proposé d'introduire de la vapeur sous le fer en fusion pendant le puddlage. Je mentionne ces faits pour établir que je ne les revendique pas; mais ce que je revendique, c'est l'épuration du fer au sortir du haut fourneau ou du feu de finerie, tandis que le métal est encore à l'état de fusion. »

Il est parfaitement clair, d'après cette description, que le breveté ne se proposait pas, par son procédé, de convertir en acier ni en fer malléable la fonte non finée ou finée; il est également clair qu'il en proposait simplement l'emploi comme accessoire du procédé ou des procédés usités pour la conversion de la fonte en fer malléable. L'expression « épurer le fer » est ambiguë. Entendait-il la décarburation ou bien l'élimination des matières étrangères, telles que le silicium, le soufre et le phosphore? Le brevet semble aussi ne s'appliquer qu'à un jet de fonte liquide soumis, *pendant son trajet*, à l'action de jets d'air atmosphérique, de vapeur, ou d'un mélange des deux, que l'on introduit par le *bas* ou *au-dessous* de la surface du métal. En ce qui concerne l'air atmosphériqué, cette application n'avait pas été tentée jusqu'alors, sinon accidentellement. Le breveté n'indique pas, par la plus légère allusion, qu'il ait connaissance du fait qu'en insufflant de l'air atmosphérique à travers de la fonte en fusion, on développe une chaleur suffisante pour la maintenir à l'état fluide, même pendant un temps très-court. Il y est question d'air et de vapeur absolument comme si c'étaient des agents identiques, pouvant produire des effets identiques, tandis que leurs effets sont radicalement différents. L'air, en oxydant à la fois le carbone et le fer du métal en fusion, non-seulement maintient, mais encore élève de beaucoup la température; tandis que la vapeur cause un abaissement immédiat de température et tend à solidifier promptement le métal fondu. Comme on le verra plus loin, Martien n'a jamais fait ni entrevu ce qu'a réalisé M. Bessemer, et c'est en vain qu'on prétendrait le contraire. Pourtant, en octobre ou en novembre 1855, c'est-à-dire deux ou trois mois avant la publication du premier brevet Bessemer, dans lequel on annonçait pour la première fois qu'on pouvait décarburer complétement la fonte liquide en y insufflant de l'air, sans application de chaleur extérieure, l'essai suivant avait été proposé et dirigé par M. George Parry, d'Ebbw-Vale : si un accident n'avait pas arrêté cet essai, M. Bessemer aurait probablement été devancé.

Sur la sole d'un fourneau à réverbère, on plaça parallèlement plusieurs tuyaux en fer forgé, d'environ $0^m.025$ de diamètre, à une distance d'environ $0^m.076$, dans le sens du grand axe du fourneau. Les tuyaux furent tous mis en communication avec la soufflerie. Les faces supérieures étaient percées de trous, distants l'un de l'autre d'environ $0^m.076$, et au nombre d'environ 80 ou 100 en tout; des fils de fer avaient été préalablement introduits dans ces trous, de sorte qu'on pût enterrer les tuyaux sous une couche d'argile réfractaire. Quand le fond d'argile ainsi préparé fut sec, toutes les fissures furent soigneusement réparées avec de l'argile; puis on arracha les fils. Le fourneau fut alors très-lentement chauffé et l'on n'y versa 1 tonne 1/2 de fonte n° 1, de l'usine Victoria, qu'après avoir *préalablement* donné accès au vent dans les tuyaux. L'action devint alors très-vive lorsque, par une circonstance malencontreuse, le métal fondu s'échappa hors du fourneau. Le directeur ne voulût pas que l'on recommençât l'expérience, et le fourneau fut démantelé, très-heureusement pour M. Bessemer.

Procédé Bessemer.

Abordons maintenant le procédé Bessemer qui a causé une si vive émotion dans le monde sidérurgique. Ce procédé a été l'objet de nombreux brevets, dont le premier remonte au 17 octobre 1855 (1). L'invention consiste à « injecter des courants « d'air ou de vapeur, ou d'air et de vapeur, au milieu de la « fonte brute en fusion, de la fonte en seconde fusion, ou « de la fonte finée, jusqu'à ce que le métal devenu mal-« léable, ait acquis d'autres propriétés communes à l'acier « fondu, et cela, tout en lui conservant son état de fluidité, de « façon à le couler ou à le verser dans des moules conve-« nables. » La fonte ainsi fondue est coulée dans des creusets préalablement chauffés et contenus dans un fourneau rectangulaire dont la grille est placée verticalement le long des parois, et non pas sur la sole. Chaque creuset est percé au fond d'un trou par lequel on fait couler le métal dans des moules, sous le fourneau. De la vapeur ou de l'air, soit séparément, soit ensemble, et surtout après les avoir portés à une haute température, sont injectés de haut en bas dans un tuyau qui descend jusqu'au fond de chaque creuset. *La vapeur*, est-il dit, *refroidit le métal*, mais *l'air cause un accroissement rapide de température*, et *le métal passe du rouge au blanc éclatant.* Quand le métal est assez décarburé, on fait la coulée. C'est dans l'accroissement de température mentionné ici que se trouve le germe de l'invention.

Au mois de décembre de la même année, M. Bessemer obtint un nouveau brevet pour des « perfectionnements apportés

(1) Henry Bessemer. *Improvements in the manufacture of cast-steel.* (Perfectionnements dans la fabrication de l'acier fondu.) N° 2321. *Abrégés*, p. 204.

à la fabrication du fer » (1). Ici, les courants d'air ou de vapeur sont dirigés de manière à être refoulés à travers la fonte liquide, contenue dans un récipient convenable, mais de préférence sphérique ou ovale. Ce récipient en fonte, ou mieux en fer forgé, garni de briques réfractaires, peut être porté sur des axes; il doit être clos au sommet, à l'exception d'une ouverture pour l'introduction du métal fondu et pour le dégagement des gaz et des étincelles pendant le passage du vent, de bas en haut, à travers le métal. Le mode d'injection du vent sera décrit plus tard. Quand l'opération a été poussée assez loin, ce qu'indique la diminution de fluidité du métal, on fait tourner le récipient sur son axe et le métal coule par un bec dans un moule en fer, de manière à former des lingots *appropriés au puddlage*. Cependant, dans la description de ce brevet, on recommande d'effectuer « l'affinage de la fonte ou du fer cru en une *seule opération* et de le couler en lingots propres à être laminés immédiatement en barres ou en tiges. » Les phénomènes caractéristiques de ce procédé, tel qu'il a été perfectionné, sont décrits avec plus de soin. Il vaut mieux, pendant la première période, recourir à la vapeur, si toutefois on l'emploie. On remarquera d'ailleurs que la *vapeur* est indiquée comme *pouvant être substituée à l'air*.

Le brevet suivant est daté du 12 février 1856 (2). « La fonte brute, la fonte en seconde fusion ou la fonte mazée » sont converties « en acier ou en fer malléable, *sans combustible* qui « réchauffe ou continue à chauffer le métal brut en fusion; « cette conversion étant opérée par des courants d'air ou de « matières gazeuses que l'on refoule au milieu de la masse de « fer en fusion, ces courants contiennent ou sont capables de « dégager assez d'oxygène pour entretenir la combustion du « carbone contenu dans le fer, jusqu'à ce que la conversion soit

(1) Année 1855, 7 décembre, n° 2768. *Abrégés*, p. 210.

(2) *Improvements in the manufacture of malleable or bar iron and steel.* N° 355. *Abridgments*, p. 217. (Perfectionnements dans la fabrication du fer malléable ou en barres et de l'acier. N° 356. *Abrégés*, p. 217.)

« accomplie. » Le procédé s'applique de la manière décrite dans le brevet précédent. On arrête l'opération quand le métal est décarburé au degré voulu. Pour le fer malléable, on doit la continuer pendant cinq à dix minutes de plus que pour l'acier. Si l'on veut obtenir de l'acier d'une qualité très-supérieure, on peut granuler dans l'eau le fer produit par ce procédé, puis le convertir en acier par une méthode de cémentation que M. Bessemer avait précédemment proposée. On notera que dans ce brevet, on ne prétend plus employer la vapeur au lieu d'air atmosphérique. C'est là un point important, car il est certain que la vapeur ne saurait être employée pour produire le même effet que l'air atmosphérique. Si la validité d'un brevet dépend de la possibilité d'atteindre certains résultats par *chacune* des méthodes décrites, il est certain que chacun des brevets où Bessemer réclame l'emploi de la vapeur pour décarburer la fonte sans combustible, ne serait pas valide.

Un quatrième brevet accordé à M. Bessemer porte la date du 15 mars 1856 ; il a pour objet une modification à l'appareil ; l'emploi de l'air et de la *vapeur*, séparément ou ensemble, y est revendiqué (1); un cinquième brevet de perfectionnement apporté à l'appareil, date du 31 mai 1856. M. Bessemer a fait breveter d'année en année, des modifications à son appareil et aux machines relatives à la fabrication du fer et de l'acier. D'autres personnes ont fait également breveter des méthodes pour mettre l'air atmosphérique en contact avec la fonte liquide, mais la plupart ne sont que des contrefacteurs.

Un de ces brevets, auquel M. Bessemer est redevable, mérite toutefois un examen spécial ; c'est celui de M. Robert Mushet, daté du 22 septembre 1856 (2). Il consiste simplement dans l'addition de spiegeleisen fondu au métal Bessemer décarburé, tandis que ce dernier est encore à l'état liquide. En fabriquant l'acier par les méthodes décrites par M. Besse-

(1) *Improvements in the manufacture of iron and steel*, n° 630. *Abrégés*, p. 220.
(2) *Improvements in the manufacture of iron and steel*, n° 2219. *Abrégés*, p. 239.

mer, on éprouvait une grande difficulté, sinon l'impossibilité, du moins en Angleterre, de déterminer d'une manière positive le moment où la décarburation était parvenue au point convenable, et où il fallait par conséquent arrêter le vent. Aussi, la marche actuellement suivie consiste-t-elle à décarburer le métal tout à fait ou presque entièrement, puis à ajouter une certaine proportion de carbone à l'état où il existe dans le spiegeleisen fondu dont on doit naturellement connaître la composition exacte. Par cette addition, la fluidité du métal est immédiatement augmentée. M. Mushet laissa périmer son brevet dès la troisième année. L'emploi du spiegeleisen a donné au procédé Bessemer pour la fabrication de l'acier, une valeur que certainement il n'avait pas auparavant. Il est assez singulier que M. Bessemer lui-même ne fabrique pas son acier *exclusivement* par une de ses méthodes. M. Mushet ne devait guère connaître la valeur pécuniaire de son brevet pour avoir si généreusement abandonné ses droits.

Dans un brevet daté de 1861 (1), M. Bessemer signale l'application faite par Heath du manganèse métallique à la fonte de l'acier et revendique l'emploi d'un alliage de manganèse et de fer, contenant une petite proportion de silicium, dans la fabrication de l'acier par son procédé. Il donne des indications pour préparer cet alliage en réduisant simultanément les oxydes de fer et de manganèse, soit artificiels, soit naturels, en mélange intime avec des matières charbonneuses, et aussi avec de la silice, quand elle n'existe pas en quantité suffisante dans ces oxydes. Il annonce en outre avoir « découvert « que ces deux métaux, le manganèse et le silicium, peuvent « facilement se combiner avec une quantité de fer assez faible « pour faciliter leur emploi, au lieu de causer des inconvé- « nients par suite de la présence d'un excès de fer ou de car- « bone, comme cela a lieu dans les alliages naturels [*sic*] de

(1) *Manufacture of malleable iron and steel*, année 1861, 1er février, n° 275.

« ces métaux avec la fonte. » Or, la découverte de M. Bessemer concernant la réduction de l'oxyde de manganèse et de la silice par le carbone, en présence du fer, était parfaitement connue longtemps avant son brevet, et peut-être avant sa naissance ; quant aux prétendus inconvénients résultant de l'usage de ce qu'il appelle les « alliages naturels, » il est digne de remarque que M. Bessemer et que ceux à qui il a accordé le privilége de fabrication par ses procédés, emploient toujours un de ces « alliages naturels » qui est le plus riche en manganèse, savoir, le spiegeleisen. M. Bessemer ne mentionne le nom de Mushet et l'addition du spiegeleisen, que pour décrier l'usage de ce métal, sous prétexte qu'il « offre des inconvénients par suite de la présence d'un excès de fer ou de « carbone. » Dans le résumé des droits que M. Bessemer réclame à la fin de son brevet, il est assez singulier qu'il ne fasse pas allusion à l'emploi de cet alliage.

A la réunion de l'Association britannique à Cheltenham, en 1856, M. Bessemer donna lecture d'un mémoire sur son procédé, à la section de mécanique (et non pas à la section de chimie). Ce mémoire qui avait pour titre : « De la Fabrication du fer et de l'acier sans combustible (1), » éveilla beaucoup l'attention et fut la première nouvelle publique de l'invention : il est difficile de concevoir quelque chose de plus erroné que son titre; en effet, la fonte est d'abord fabriquée avec du combustible, puis encore une fois fondue avec du combustible, avant d'être traitée par le procédé Bessemer. Vers la fin de 1856, le procédé fonctionnait à Baxter-House, où résidait alors M. Bessemer. Nous n'avons jamais assisté à un procédé métallurgique plus surprenant. Quand on eut donné le vent, la marche resta calme pendant quelque temps, mais tout à coup il se fit une éruption de flammes et d'étincelles comme dans un volcan ; les scories ou crasses au rouge

(1) *On the manufacture of iron and steel without fuel.* Brit. Ass. Rep., 1856, p. 162. On n'en donne que le titre.

vif, projetées avec force, auraient grièvement blessé quiconque se serait trouvé à leur portée. Quelques minutes après, tout ce tumulte s'apaisa et l'on procéda à la coulée du fer malléable. Nous doutions d'abord que le métal que nous voyions couler fût réellement du fer malléable; après avoir fait l'analyse d'une portion de ce fer et y avoir constaté la présence d'une proportion de phosphore supérieure à 1 pour 100, notre scepticisme se confirma. Quoi qu'il en soit, on ne tarda pas à se convaincre que M. Bessemer était dans le vrai lorsqu'il assurait avoir réussi par son procédé à produire une température plus élevée que celle obtenue « jusque-là dans les opérations métallurgiques, » puisque cette température suffisait pour rendre le fer malléable aussi fluide que de l'eau. La masse métallique, dans ce cas, n'est pas chauffée extérieurement, comme dans les conditions ordinaires, mais une active combustion s'opère dans la masse même et favorise autant que possible le développement de températures élevées. Ce n'est pas à M. Bessemer qu'est due la découverte de la haute température à laquelle le fer, chauffé au rouge vif, peut être porté, quand on l'expose à un courant d'air froid : la chaleur additionnelle résulte alors de la rapide oxydation du métal. On a vu en effet que les cloutiers, dans certaines localités, se servent d'un jet de vent pour ce même objet. Or, si l'on peut chauffer ainsi du fer solide, il était naturel de supposer que le même résultat se produirait avec de la fonte liquide; mais avait-on appliqué ce fait dans l'industrie de la fonte? c'est ce qui ne semble pas probable.

M. Clibborn a récemment communiqué à l'Académie royale d'Irlande un mémoire intéressant dans lequel il cherche à démontrer que les Japonais avaient devancé M. Bessemer de trois siècles (1). Dans la traduction anglaise des Voyages de

(1) 26 mai 1862. *On the partial combustion of fluid iron*, etc. (De la combustion partielle du fer fluide, décrite par Mandelslo en 1639, et de celle du fer solide, actuellement pratiquée à Dublin au moyen d'un jet d'air ordinaire), par Edward Clibborn.

Mandelslo, publiée à Londres en 1669, il est dit (p. 160) que : « (*les Japonais*) ont, entre autres, une invention particu-
« lière pour fondre le fer, sans recourir au feu, en le coulant
« dans un tonneau garni à l'intérieur d'environ 0m.152 de terre,
« où ils l'entretiennent (*en fusion*) (1) en le soufflant continuel-
« lement et d'où ils le retirent à pleines poches pour lui donner
« la forme qu'il leur plaît, beaucoup mieux et avec beau-
« coup plus d'art que les ouvriers de Liége ne sont capables de
« le faire. » Quoique la description soit très-incomplète, elle suffira toutefois pour permettre de conclure que la méthode japonaise différait au moins en deux points essentiels de celle de Bessemer. Le premier, c'est que l'air n'était pas injecté à travers la fonte en fusion ; car, s'il en eût été ainsi, l'éruption, si caractéristique du procédé Bessemer, se serait bientôt produite et n'aurait pas manqué d'attirer l'attention du voyageur, qui n'y fait pas la plus légère allusion. La seconde différence, c'est qu'en supposant que la fonte fût ainsi décarburée, on n'aurait pas pu la couler de la manière décrite, en pièces solides. Dans la seconde partie de son mémoire, M. Clibborn paraît ignorer que le procédé employé par les cloutiers pour élever la température du fer en l'exposant à un jet puissant d'air froid avait été publié précédemment : or, à la page 22, t. II, nous avons constaté le fait et les sources.

La description que M. Bessemer lui-même a donnée des phénomènes qui accompagnent son procédé peut offrir quelque intérêt; la voici (2) : Le convertisseur ayant été chauffé et chargé de fonte fluide, de la manière qui sera décrite plus loin, et le vent étant donné, « l'opération est en un instant mise
« en pleine activité; des jets d'air, petits, quoique puissants,
« s'élèvent dans la masse fluide. L'air en se dilatant se divise
« en bulles ou s'échappe violemment de bas en haut, entraî-

(1) Le contexte, suivant M. Clibborn, fait voir que les mots en italiques sont sous-entendus. Nous n'avons pas consulté l'ouvrage original.

(2) *Proceedings of the Institution of civil Engineers.* (Actes de l'Institut des ingénieurs civils.) 24 mai 1859, t. XVIII, nº 1012.

« nant avec lui quelques centaines de livres de métal qui re-
« tombe dans la masse bouillonnante. Tout l'appareil tremble
« par les secousses violentes ainsi produites; une flamme ru-
« gissante se précipite hors du convertisseur; au fur et à me-
« sure que l'opération avance, elle passe du violet à l'orange,
« et finalement elle devient blanche et très-volumineuse. Les
« étincelles, très-larges au début, comme celles de la fonte
« en fusion, se transforment en petits points petillants qui
« livrent passage à des petites flammèches bleuâtres et flot-
« tantes, au moment où le métal approche de l'état de mal-
« léabilité. Il n'y a pas d'éruption de scories comme dans les
« premiers essais, quoiqu'il s'en forme pendant l'opération;
« la forme du convertisseur perfectionné fait qu'elles sont re-
« tenues, ce qui agit non-seulement d'une manière heureuse
« sur le métal [de quelle manière?], mais encore favorise la
« concentration de la température, qui, durant l'opération,
« s'est vite élevée du degré relativement faible de la fonte
« en fusion à un degré considérablement supérieur aux plus
« hautes températures connues dans l'industrie. Ainsi, au
« blanc soudant, le fer malléable devient seulement assez
« mou pour être forgé, tandis qu'ici il devient parfaitement
« fluide et dépasse tellement le point de fusion qu'on peut le
« verser du convertisseur dans une cuiller de fondeur, et de
« là le transporter dans plusieurs moules successifs. »

On a fait récemment des essais pour constater les modifications qui ont lieu dans l'opération, au moyen de l'analyse spectrale de la flamme; mais on ne paraît pas être arrivé ainsi à des résultats pratiques importants.

Le métal Bessemer est brillant, d'un blanc presque argenté, et à cassure très-cristalline, comme on pouvait s'y attendre. Les lingots que nous avons eu l'occasion d'examiner sont plus ou moins poreux ou cellulaires; nous ignorons si M. Bessemer a réussi depuis à fondre d'une manière plus satisfaisante des lingots homogènes. Il a fait breveter plusieurs projets dans ce but; dans l'un de ces brevets, du 1er février 1861, il annonce que le silicium en petite quantité est très-efficace. « L'acier fondu et le fer malléable, dit-il, lorsqu'ils sont à « l'état de fusion, dégagent fréquemment des gaz avec tant de « rapidité qu'ils se répandent par-dessus les bords des moules « où on les a coulés, et forment ainsi des lingots ou des « moulages contenant de nombreuses cellules ou soufflures. « Or, j'ai trouvé que cette tendance du métal à dégager des « gaz et à bouillir spontanément est combattue par l'em- « ploi d'une très-petite dose de silicium métallique; il suffit « de 1 livre (0k.450) en poids de ce métal, disséminé dans « 2 000 livres (1 000 kilogrammes) d'acier (le breveté n'ajoute « pas : ou de fer) en fusion, pour détruire cette tendance « à l'ébullition et laisser le métal se solidifier sans cavités, « dans le moule. » La porosité semble tenir à l'oxyde de carbone que retient ce métal. Ce gaz est-il dissous dans le fer en fusion et dégagé au moment de la solidification ? C'est ce qu'il n'est pas permis d'affirmer.

M. de Cizancourt a récemment communiqué à l'Institut un mémoire dans lequel il expose des vues assez singulières sur l'acier. Il affirme qu'il existe toujours des gaz dans l'acier en fusion ou dans le fer plus ou moins carburé, et que leur proportion s'accroît avec la température. Ces gaz se dégagent toujours d'une manière très-sensible pendant la période de refroidissement qui précède la solidification. Quelquefois ils paraissent être partiellement fixés quand la cristallisation intervient, comme il arrive particulièrement dans les aciers durs; tandis que dans les aciers doux, et cela en proportion de leur douceur, les gaz par leur dégagement occasionnent des phénomènes tout à fait analogues au rochage (dans la coupellation de l'argent). L'auteur assure que l'acier en fusion et le fer plus ou moins carburé, susceptibles d'étirage, contiennent toujours en solution des gaz saturés de carbone; et qu'au contraire, la présence de gaz oxydants dans ces produits suffit pour qu'ils ne soient pas étirables. Les aciers de différentes duretés résultent toujours de l'action exercée sur le fer par du *gaz carbonique* (oxyde de carbone) plus ou moins mélangé avec de l'azote. L'élasticité de l'acier trempé provient de l'élasticité du gaz emprisonné (1)! L'auteur n'apporte aucunes preuves expérimentales à l'appui de sa théorie et il est difficile, en leur absence, de l'accepter.

Le silicium paraît s'oxyder avant le carbone, en même temps qu'une partie du fer; ce qui donne lieu à des scories poreuses de silicate de protoxyde de fer. L'oxydation du carbone se fait ensuite, même jusqu'à décarburation complète. En opérant sur une variété de fonte pure, on peut obtenir par le procédé Bessemer du fer malléable d'une pureté remarquable, ainsi que le démontre l'analyse suivante de M. Abel, faite à l'Arsenal royal de Woolwich, sur un échantillon de métal Bessemer (2) :

	Pour cent.
Carbone graphiteux	0.00
— combiné	Très-faib. quantité
Silicium	0.00
Soufre	0.02
Phosphore	Traces
Manganèse	Traces

Quant au soufre et au phosphore, ces éléments ne sont pas sensiblement éliminés, ainsi que le reconnaît M. Bessemer lui-même dans le mémoire déjà cité. Nous en avons fourni la preuve en ce qui concerne le phosphore et nous avons signalé une différence considérable, sous ce rapport, entre le procédé ordinaire de puddlage et celui de M. Bessemer. Pour confirmer ces assertions relativement au soufre et au phosphore, nous reproduisons les analyses suivantes de M. Tookey :

(1) *Comptes rendus*; août, 1863.
(2) Cité par le colonel Eardley Wilmot, R. A., lors de la discussion du mémoire de M. Bessemer à l'Institut des Ingénieurs civils.

	Fonte Pour 100.	Métal Bessemer obtenu. Pour 100.
Carbone..........	3.309	0.218
Silicium..........	0.595	Néant
Soufre..........	0.485	0.402
Phosphore........	1.012	1.102
Carbone..........	3.383	0.281
Silicium..........	1.630	Néant
Soufre..........	0.206	0.371
Phosphore.........	1.090	1.966
Fonte des Indes.		
Carbone..........	3.97	0.09
Fonte d'Acadie.		
Carbone..........	3.91	0.04

Pour que le procédé Bessemer soit d'une application générale en Angleterre, il faut qu'il soit complété par la découverte d'une méthode qui donne de la fonte sensiblement exempte de soufre et de phosphore, avec le combustible et les minerais traités dans les hauts fourneaux. Ce problème, s'il est difficile à résoudre, n'est pas insoluble. Il ne gagnera rien, dans tous les cas, à la solution brevetée par un nommé Antoine Bessemer, qui propose d'exposer la fonte en fusion à l'action de l'air atmosphérique, de la vapeur, ou même du gaz oxygène pur (quel effet pyrotechnique !), dans un fourneau à réverbère cylindrique et rotatif (1). Les perfectionnements de cet inventeur « ont pour but de dépouiller la fonte ou le fer cru de toutes (!) ses impuretés, telles que soufre, phosphore, silice [*sic*] (la même dénomination est aussi répétée dans le certificat provisoire), carbone, etc., et toutes autres matières étrangères, de manière à produire de l'acier et du fer malléable. »

(1) *Improvements in the manufacture of iron and steel.* (Perfectionnements dans la fabrication du fer et de l'acier, et dans les appareils qni doivent y être employés.) Année 1858, 5 octobre, nº 2207.

M. Fremy, dans une communication récente à l'Institut, a annoncé qu'il avait réussi par le procédé Bessemer, à fabriquer de l'acier de première qualité avec des fontes françaises au coke, qui n'avaient pu jusque-là fournir des bons aciers. Il ne fait pas connaître sa méthode, et il est assez surprenant qu'un corps scientifique, tel que l'Institut, accueille des mémoires de cette nature. De nombreux échantillons d'acier, fabriqués suivant le procédé perfectionné par M. Fremy, ont été exhibés devant l'Académie; mais on peut justement douter que les académiciens aient des connaissances pratiques suffisantes pour porter un jugement décisif sur la qualité de barres d'acier soumises à leur examen (1).

Dans le mémoire lu à la Société des Ingénieurs civils, M. Bessemer, décrivant le procédé de puddlage, signalait finalement ses imperfections, du reste bien connues, et posait en propres termes la question suivante : « Peut-on espérer « arriver, par le soudage de toutes les particules impures de ce « métal (le fer), puis par le cinglage (de la masse réduite au « point de devenir inutile, à moins qu'elle ne soit de nouveau « mise en paquets et imparfaitement soudée), à un autre résul- « tat qu'à multiplier les défauts résultant du premier traite- « ment? » Il y a une réponse indiquée : c'est qu'il n'y a pour le moment aucun autre moyen connu. Le procédé Bessemer est impuissant pour convertir les variétés communes de fonte en fer marchand ayant une valeur commerciale, tandis que l'on y parvient par l'ancienne méthode du puddlage, toute barbare qu'elle est. A l'exception de certaines variétés d'hématite rouge, les minerais de fer de l'Angleterre contiennent une proportion notable d'acide phosphorique dont le phosphore, dans la pratique, passe en totalité dans la fonte. Or, la quantité des fontes hématites est faible en comparaison des fontes communes; et ce n'est qu'avec des fontes exemptes de phosphore

(1) *Comptes rendus*, 1862, t. LV, p. 297.

que M. Bessemer peut opérer d'une manière satisfaisante, c'est-à-dire avec une fraction peu importante des fontes produites dans le pays. Il sera bien temps de critiquer le puddlage quand on aura démontré la manière de se passer de ce procédé laborieux. C'est ce qui reste encore à faire.

M. Bessemer ajoute que « la profonde conviction de la vé-« rité sur laquelle le nouveau procédé est basé pouvait seule « le déterminer ainsi que son associé, M. Longsdon, à re-« noncer pendant des années entières à toute autre occupation « et à poursuivre le cours de ses essais à travers les sentiers « tortueux des recherches chimiques et pratiques, et au milieu « de cette infinité d'obstacles, d'échecs et de frais qu'entraîne « toujours le développement pratique d'une idée nouvelle. » Tout en étant disposé autant que personne à accorder à M. Bessemer les éloges auxquels son mérite et sa persévérance donnent droit, il convient de relever la manière dont il parle de ses recherches chimiques; ce qui pourrait amener à conclure qu'elles ont été dirigées exclusivement par lui ou par son associé. Or, il a obtenu le concours précieux de plus d'un chimiste expérimenté, qu'il eût été juste de nommer devant un auditoire aussi choisi que celui de la Société des Ingénieurs civils.

Dans la discussion qui suivit la lecture du mémoire de M. Bessemer, quelques remarques singulières se produisirent, de la part notamment de M. T.-M. Gladstone, qui informait ses auditeurs que, « sous la direction de feu Thorneycroft, « il avait suivi d'un bout à l'autre toutes les opérations de la « fabrication du fer; que, dans le procédé tel qu'il venait « d'être décrit, il ne voyait *aucun progrès, ni rien en réalité « qui n'eût été déjà fait dans les usines du Staffordshire*. On y « a obtenu du fer tellement pur (par les procédés ordinaires « d'affinage et de puddlage) qu'*on ne peut y reconnaître, même « à la loupe, la présence des matières étrangères*. Le pro-« cédé Bessemer ne fait que ramener le métal au même état « où le laisse le finage, c'est-à-dire avant l'application du

« puddlage. La qualité du métal se trouve sans nul doute « améliorée, par suite de *son affinité pour l'oxygène, combus- « tible coûteux*, employé à sa conversion. » Quelque complète qu'ait été l'étude de M. Gladstone qui a « suivi d'un bout « à l'autre toutes les opérations de la fabrication du fer, » il a prouvé sa profonde ignorance de la science sidérurgique. L'idée de rechercher à la loupe des impuretés telles que le silicium, le soufre, le phosphore, à moins qu'elles n'y aient été introduites mécaniquement, a du moins le mérite de l'originalité (1).

M. Gladstone, en affirmant que le procédé Bessemer ne constitue pas un progrès, doit s'être mépris complétement sur sa nature et sa portée. En ajoutant que la qualité du fer se trouve améliorée par suite « de son affinité pour l'oxygène, » il annonce un fait qui s'accorde avec le rôle de « combustible, » attribué à l'oxygène.

Description de l'appareil. — Les dessins d'après lesquels les figures 83 et 84 ont été exécutées, ainsi que les détails de la fabrication, nous ont été communiqués par M. D. Ellis, de l'usine de l'Atlas, à Sheffield.

Deux appareils peuvent produire chacun trois tonnes d'acier par opération : ceux employés pour la fabrication de l'acier consistent essentiellement en un récipient de conversion, ou « convertisseur, » porté par des tourillons; en un appareil hydraulique qui fait mouvoir le convertisseur, et en une machine soufflante. Dans la figure 83, le convertisseur et l'appareil servant à le manœuvrer sont vus de côté et à l'extrémité, ainsi qu'en coupe verticale et horizontale. (Pour simplifier le dessin dans la vue latérale, l'appareil hydraulique est représenté comme s'il était placé devant le con-

(1) Elle rappelle une certaine anecdote sur un mode de doser le fer contenu dans les eaux minérales. Un propriétaire des environs de Dudley, s'étant rendu chez un pharmacien pour y faire analyser un flacon d'eau minérale au point de vue du fer, le savant pharmacien s'empressa d'y appliquer un aimant.

vertisseur ; mais sa vraie position est telle que l'indiquent le plan et l'élévation vue de bout.)

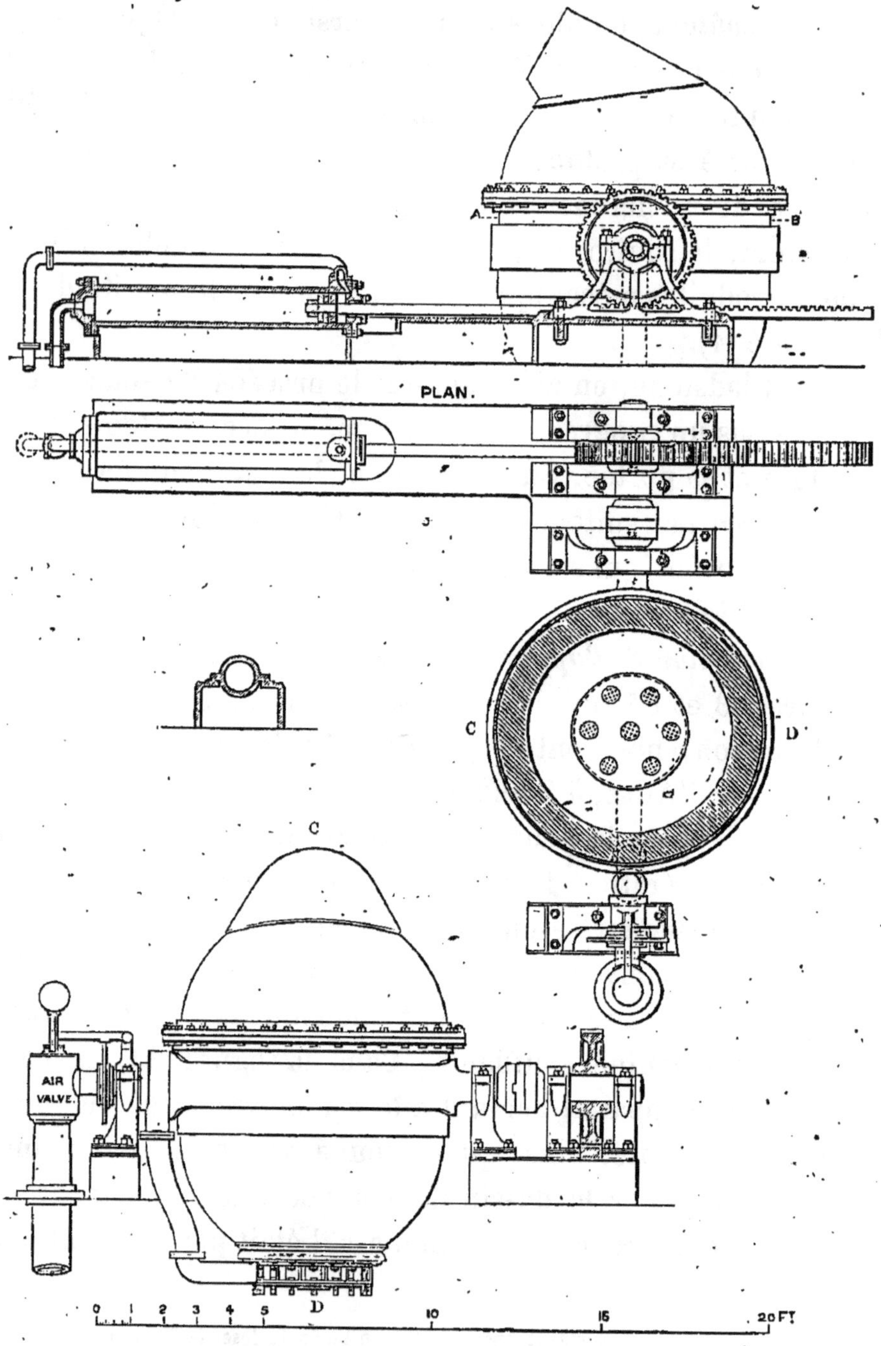

Echelle métrique : 0m.0127 par mètre.

Fig. 83. — Appareil Bessemer. Coupe longitudiuale par le cylindre hydraulique. Coupe transversale du cylindre. Plan de l'appareil hydraulique et coupe horizontale du convertisseur sur AB. Élévation à l'extrémité.

Le convertisseur est un récipient de forme ellipsoïde en fer forgé, composé de deux parties principales rivées ensemble; le fond est plat et le sommet se termine par une ouverture ou gueule conique, oblique. Il est supporté par une armature centrale en fer forgé, avec tourillons, dont l'un est commandé par le pignon de l'appareil hydraulique, tandis que l'autre est creux et communique avec le tuyau porte-vent. Le corps du convertisseur est revêtu intérieurement d'un enduit épais, composé d'un mélange de brique réfractaire et de *ganister* en poudre; le *ganister* est une variété de grès réfractaire, tiré des couches houillères inférieures, dans le voisinage de Sheffield. Ce mélange est damé à l'état humide autour d'un mandrin en bois que l'on enlève ensuite; on le fait alors sécher lentement et l'on bouche toutes les fissures. Il est à peine nécessaire de faire observer que chaque moitié est enduite séparément. Quand l'enduit est sec, on fait un feu de coke à l'intérieur et l'on donne le vent lentement, de manière à élever graduellement la température. M. Bessemer jette alors un peu de sel, afin de rendre l'enduit plus compacte par une couverte analogue à celle de la faïence ordinaire. Sur le fond du convertisseur, on adapte, à $0^m.46$ de profondeur, un certain nombre de briques réfractaires cylindriques ou tuyères de $0^m.10$ environ de diamètre et percées de 7 trous ou davantage. Dans un convertisseur de 4 tonnes, on emploie 7 de ces tuyères que l'on dispose symétriquement comme on le voit dans le plan; les vides entre ces tuyères sont soigneusement comblés avec du *ganister*.

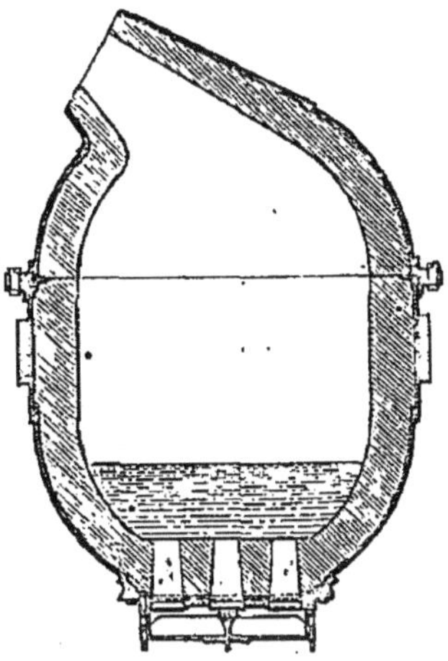

Fig. 84. — Appareil Bessemer. Coupe verticale du convertisseur suivant CD, fig. 83.

L'appareil qui sert à manœuvrer le convertisseur consiste en une machine hydraulique à double effet. Dans le corps de pompe horizontal se meut un piston dont la tige est terminée par une crémaillère s'engrenant dans un pignon qui agit sur le tourillon de derrière ; de telle sorte qu'en donnant accès à l'eau, à l'avant ou à l'arrière du piston, le convertisseur est rabattu de la position verticale dans une position inclinée, ou réciproquement.

L'air est amené par un tuyau à soupape (comme on le voit dans la figure de l'élévation de bout) qui traverse l'axe creux de l'un des tourillons, à l'aide d'un presse-étoupes ; il pénètre dans la tuyère qui est au fond du convertisseur par un tuyau recourbé ou branchement, relié à l'armature qui porte les tourillons.

A l'usine de l'Atlas, le travail se fait de la manière suivante : la charge de fonte (la fonte la plus convenable provient de l'hématite de Whitehaven) pèse environ 3 tonnes. Elle est fondue dans un four à réverbère, dont la sole est au-dessus du niveau du convertisseur. Cet appareil est alors amené à la position horizontale, la gueule en haut. On fait couler le métal hors du four à réverbère, au moyen d'un chenal enduit de sable, dans le convertisseur, que l'on remplit à peu près jusqu'au niveau des tuyères ; on donne le vent, et l'on relève lentement le convertisseur jusqu'à la position verticale. La pression du vent est de 1k.054 par centimètre carré pour un convertisseur de 1m.066 de diamètre intérieur, muni de 49 trous de 0m.013 de diamètre ; la charge varie entre 3 et 4 tonnes. Les cylindres à vent sont mis en mouvement par deux cylindres à vapeur horizontaux, dont les pistons ont 0m.40 de diamètre et une course de 0m.60 ; la pression de la vapeur est de 2k.800.

Le soufflage dure de 12 à 20 minutes, suivant la qualité de la fonte ; lorsque l'on a atteint le degré de décarburation convenable, on ramène le convertisseur dans la position horizontale, on arrête le vent et l'on fait couler hors d'un petit fourneau spécial, dans le convertisseur, une certaine quantité de fonte spiegeleisen en fusion, ordinairement de 5 à 10 pour 100 ; on remet ensuite le vent pendant 5 minutes, afin d'incorporer le spiegeleisen avec la charge primitive; puis on renverse de nouveau l'appareil et l'on coule tout le métal dans une poche avec laquelle on remplit les lingotières.

La poche est soulevée par le moteur hydraulique, qui active le convertisseur. Un corps de pompe vertical formant bélier, est placé au-dessous du niveau de la fosse de coulée ; la tête du piston soutient une pièce horizontale. L'un des bras solides porte la poche et tourne librement en haut du bélier, de manière à déplacer la poche dans une position convenable au-dessus de l'ouverture de chacune des lingotières successivement.

La poche de fonderie est en fer forgé ; elle a $1^m.066$ de diamètre et $1^m.22$ de profondeur; elle est enduite de sable et munie d'un tampon de fer, revêtu également d'une couche de sable, dont l'extrémité inférieure s'adapte en quenouille au fond de la poche. Quand on soulève le tampon, le métal liquide coule en jet d'environ $0^m.025$ de diamètre. Quand les lingots sont refroidis, ils sont prêts à marteler.

Le déchet produit par la conversion atteint environ 15 pour 100 du poids de la fonte primitive ; il faut, en outre, compter que la charge perd environ 7 1/2 pour 100 de son poids par sa fusion préalable dans le four à réverbère. Avec un convertisseur on peut traiter environ 250 tonnes de métal sans réparer l'enduit intérieur; les tuyères ont besoin d'être renouvelées après une production d'environ 10 tonnes d'acier.

M. Ellis ajoute « qu'on a cité des chiffres qui ont porté à « croire que l'acier pouvait être fabriqué par ce procédé à « des prix très-réduits; mais notre propre expérience nous « a démontré qu'il est nécessaire de recourir à des qualités « de fonte beaucoup plus coûteuses que ne l'avait pensé « tout d'abord M. Bessemer, et que l'on ne peut fabriquer

« des lingots à moins de 250 francs la tonne. » (11 septembre 1863.)

Procédé Parry pour la fabrication de l'acier.

M. George Parry, de l'usine d'Ebbw Vale, a obtenu en 1861 un brevet pour un procédé (1) dont il a été fait mention au sujet de l'élimination du phosphore pendant le puddlage. On traite du fer forgé ou des riblons dans un cubilot construit comme ceux qu'on emploie ordinairement dans les fonderies, excepté qu'en face de la tuyère horizontale, il s'en trouve une seconde, plongeant sous un angle de 30 à 35 degrés. Cette tuyère inclinée est destinée à produire une température extrêmement élevée à la partie inférieure du fourneau.

« Cette invention a pour objet la fabrication du fer en barres ou du fer forgé, supérieurs en qualité à ceux qu'on obtient communément, ainsi que la fabrication de l'acier fondu en masses considérables, d'une qualité supérieure à celle qu'on obtient par la *décarbonisation* [décarburation] directe de la fonte crue, telle qu'on la pratique partout. Pour atteindre ce but, je prends du fer forgé, dans lequel le puddlage a éliminé le soufre et le phosphore ; ou bien je prends du fer de riblons et je l'introduis avec le coke ou tout autre combustible et les fondants convenables dans un cubilot semblable, quant à la forme, à ceux qu'on emploie pour la fonte, mais dont les tuyères sont disposées de manière à développer une température beaucoup plus élevée qu'il ne le faut pour fondre simplement le fer. Par ce moyen, je puis effectuer la carburation rapide et économique du fer forgé. Quand il est ainsi carburé, je le fais couler hors du cubilot ou du haut-

(1) Perfectionnements dans la fabrication du fer et de l'acier, année 1861, 18 novembre n° 2900. Voir p. 38 de ce volume.

fourneau, sous la forme la plus convenable ; puis je le soumets au puddlage : j'enlève ainsi une nouvelle portion du soufre et du phosphore et j'augmente la ténacité et la valeur du fer. Ce fer peut encore, si on le désire, être de nouveau carburé et puddlé une troisième fois.

« En carburant le fer forgé, je me propose d'y incorporer 2 pour 100 environ du carbone contenu dans le coke ; alors il est prêt à subir le traitement ultérieur qui le convertira en ce que j'appelle « fer forgé épuré. »

La fabrication de ce fer *épuré* a été décrite, en citant le brevet même, page 38 et suivantes. Nous l'omettons ici et la complétons par celle de l'acier.

« Pour convertir en acier fondu du fer en barres ou des riblons, j'introduis dans le cubilot ou le haut fourneau une proportion de coke ou de tout autre combustible, plus faible que celle nécessaire à la fabrication du fer forgé épuré. Cette proportion peut être réglée de façon à communiquer au fer forgé le degré désiré de carburation que l'on sait exister dans les diverses espèces d'acier fondu, depuis le plus dur jusqu'au plus doux. Je coule cet acier, à sa sortie du fourneau, en lingots ou sous toute autre forme.

« Dans la fabrication de l'acier fondu, je me sers de la même espèce de fourneau que j'ai décrite pour la production du métal plus carburé ; mais je réduis la quantité de coke à environ 250 kilogrammes par tonne de fer forgé, quand je veux obtenir de l'acier dur, et à environ 225 kilogrammes pour l'acier doux ; les proportions varient un peu suivant la qualité du coke ou du combustible. Pour l'acier dur, je porte le diamètre de la tuyère plongeante de $0^{m}.038$ à $0^{m}.045$, pour que le métal, dans le creuset, reçoive plus de vent qu'il n'en faut lorsque l'on prépare le fer carburé pour le puddlage. Un peu de pratique fera trouver le volume de vent convenable ; si l'on en donnait trop peu, l'acier manquerait de fluidité. »

Deux méthodes sont décrites pour fabriquer l'acier doux. D'après l'une d'elles, l'opération s'effectue dans le cubilot lui-même, et, d'après l'autre, elle a lieu dans un convertisseur ou récipient spécial; la dernière méthode est seule adoptée. Le convertisseur consiste en un vase de forme ovale en fer forgé, à fond plat, enduit d'une matière réfractaire, telle qu'un mélange composé, en quantités égales, d'argile réfractaire et de sable. Il est ouvert en haut, et, sur un des côtés près du sommet, on fait arriver un jet abondant de gaz combustible (comme celui des générateurs à gaz ordinaires), et d'air atmosphérique. Autour de ce convertisseur, à la partie inférieure et au-dessus du fond, sont adaptées cinq boîtes à air contenant chacune trois tuyères pour l'air atmosphérique. Le fond est percé d'un trou par lequel on fait couler le métal en fusion. Le récipient étant chauffé au gaz jusqu'au rouge vif, on donne le vent par les tuyères et on y fait couler hors du cubilot l'acier qu'on veut adoucir.

« Je produis d'abord un acier dur dans le cubilot; puis je le fais couler dans un autre fourneau, où je le réduis au degré voulu de douceur en faisant passer de l'air de bas en haut à travers le métal fluide, comme cela est indiqué pour la première fois dans le brevet de M. J.-G. Martien, daté du 15 septembre 1855 (n° 2082), pour le traitement de la fonte brute; ou bien, j'injecte de l'air de haut en bas à la surface du métal, comme cela se pratique dans les anciennes fineries. Si l'on trouve que l'acier est alors trop doux pour le but qu'on se propose, on le durcit en y ajoutant une proportion convenable d'acier dur à l'état fluide, que l'on prend dans le fourneau.

« Après quelques minutes de soufflage dans le convertisseur (le temps est très-exactement connu de l'ouvrier après un peu de pratique), l'acier est assez adouci; on peut en faire la coulée dans un entonnoir et l'employer suivant les indications précitées. Avant de faire la coulée, on peut introduire des alliages, ou, ce qui vaut mieux, on peut verser les matières d'alliage dans l'entonnoir pendant que l'acier coule. On durcit encore l'acier trop doux en y ajoutant de la même manière, de l'acier dur, de la fonte pure ou du fer carburé (contenant l'alliage). »

Les avantages que l'inventeur revendique dans ce procédé sont formulés ainsi qu'il suit :

« Dans la fabrication de l'acier fondu produit directement avec de la fonte crue, suivant la méthode récente qui consiste à expulser une partie du carbone, il reste du soufre et du phosphore ; il est difficile de se procurer de la fonte brute exempte de ces éléments. Avec mon procédé, par lequel on obtient l'acier fondu en ajoutant du carbone au fer forgé (préalablement puddlé), presque toute la fonte produite en Angleterre devient propre à la fabrication de l'acier fondu, car la plus grande portion du soufre et du phosphore primitivement contenus dans le fer ont été préalablement éliminés par le puddlage.

« Quelques années d'expérience dans l'analyse des fers m'ont démontré que le puddlage a pour effet de réduire la quantité du soufre à environ 1/3, et celle du phosphore de 1/4 à 1/5 de celle contenue primitivement dans la fonte. On verra ainsi que, lorsque le fer épuré a été suffisamment carburé dans mon fourneau de conversion et puddlé une seconde fois, les impuretés en sont presque entièrement éliminées, et que le fer devient par cette invention, propre à la fabrication de l'acier fondu de la meilleure qualité. »

Il importe d'observer que les matières sur lesquelles M. Bessemer opère se réduisent à trois, savoir : la fonte brute telle qu'elle coule hors du haut fourneau, la fonte de deuxième fusion et le fer finé. Aucun des nombreux brevets de M. Bessemer ne mentionne d'autres matières. Or, M. Parry ne se sert d'aucune des trois ; car il est évident que le fer carburé qui résulte de la conversion dans le cubilot du fer forgé ou des riblons ne saurait être ni de la fonte brute sortant du haut fourneau, ni de la fonte de seconde fusion, ni du fer finé. C'est un composé fusible de fer et de carbone *produit avec du fer forgé*. Il n'y a pas d'autre méthode, à notre connaissance, par laquelle on puisse obtenir du fer forgé ou de l'acier exempts de phosphore, avec des fontes contenant des quantités notables de cet élément. Il reste à voir si M. Bessemer attaquera ce brevet en contrefaçon; s'il le fait, on devra s'attendre à une procédure longue et intéressante.

IV. ACIER FONDU.

Anciennement, l'acier n'était jamais fondu ni coulé après sa fabrication ; dans un seul cas, celui du *wootz*, il était fondu pendant la fabrication même. Quelle que fût la méthode, soit par l'addition de carbone au fer malléable, soit par la décarburation partielle de la fonte suivant un des procédés décrits, sauf ceux qui s'appliquent à la fusion du produit, l'acier en masse n'était pas obtenu à l'état homogène. Même par la cémentation du fer en barres, certains défauts qui se manifestent dans la fabrication du fer, surtout ceux inhérents à la présence des laitiers, se perpétuaient plus ou moins dans l'acier en barres. Sans fusion, il est impossible, par les raisons que nous avons déjà données, qu'il en soit autrement. Dans le fer en barres, le manque d'homogénéité dû à l'interposition des laitiers a des conséquences bien moins graves, sauf peut-être pour la tréfilerie, etc., que dans l'acier destiné à des outils à tranchants très-fins. Or la fusion et le moulage de l'acier remédient au mal signalé, et l'on peut ainsi se procurer des lingots d'une composition parfaitement homogène dans toutes leurs parties. C'est à Benjamin Huntsman que l'on est redevable de la solution pratique de cet important problème (1).

Cet inventeur naquit en 1704 dans le comté de Lincoln, et mourut en 1776 à Attercliffe, commune de Sheffield, où il fut enterré dans le Vieux Cimetière. Il fut d'abord horloger à Doncaster; et, chose singulière, on prétend qu'il s'était acquis une grande réputation comme oculiste et comme médecin. Il résida ensuite dans le village de Handsworth, près de Sheffield; c'est là que ses expériences sur la fonte de l'acier paraissent avoir été faites. Vers 1770, il alla se fixer à Attercliffe, où ses successeurs continuent encore aujourd'hui son industrie. Huntsman était quaker, mais d'un esprit peu mercantile au point de vue des avantages à retirer de son invention : il se souciait peu « d'amasser de l'argent. » Il fit preuve toutefois d'une certaine prudence en gardant son procédé strictement secret aussi longtemps que possible; « mais jamais il ne consentit à faire prospérer ses affaires par aucun des moyens si communs aujourd'hui. » L'acier Huntsman jouit d'une renommée universelle et a droit à une place marquante dans les annales de l'invention britannique.

Suivant la tradition populaire de Sheffield, le secret de Huntsman lui fut dérobé par un rival qui, se présentant sous les haillons d'un mendiant, à la porte de l'usine d'Attercliffe, chercha à exciter la compassion des ouvriers (2); c'était pendant une nuit d'hiver; il neigeait; ce triste vagabond vint mendier

(1) La notice la plus complète qui ait été publiée sur cet inventeur se trouve dans un excellent article sur la fabrication de l'acier, par un auteur anonyme, dans le volume intitulé : *The Useful Metals and their Alloys*. (Les métaux utiles et leurs alliages.) Londres, 1857, p. 346-349. Mais il est dit dans la préface que les détails relatifs à l'invention par Huntsman, de l'acier fondu, avaient été communiqués. Dans une note de son mémoire « sur la fabrication de l'acier dans le Yorkshire » (*Annales des Mines*, 1843, 4e série, t. III, p. 638), M. Le Play donne les dates de la naissance et de la mort de Huntsman, qu'il a relevées lui-même sur sa tombe dans le cimetière d'Attercliffe; mais il est assez singulier qu'il écrive son nom *Huntsmann*. L'inscription de la pierre tumulaire a été copiée par notre ami et ancien élève, M. William Baker; la voici : *Sacred to the memory of Benjamin Huntsman, of Attercliffe, steel-refiner, who died June* 20th, 1776, *aged* 72 *years.* » (A la mémoire de Benjamin Huntsman, d'Attercliffe, fondeur d'acier, mort le 20 juin 1776, à l'âge de 72 ans.).

(2) *The Useful Metals and their Alloys* (Les métaux utiles et leurs alliages), p. 348.

un abri et du feu dans la fonderie. On écouta ses prières, — qui aurait pu les repousser ? — et peu de temps après, la proie était saisie (1).

Pour revenir à l'invention de l'acier fondu, Horne avait publié en 1773 un renseignement singulier, mais assurément erroné (2).

« Il y a peu d'années, » dit-il, « que cette découverte (de « l'acier fondu) fut faite par un individu résidant au Temple « (d'après ce qu'on m'a dit) et qui connaissait feu lord Macclesfield. Je n'ai jamais pu savoir son nom, ni obtenir le moin- « dre renseignement sur les moyens qui le mirent en posses- « sion d'un procédé si précieux. Quoi qu'il en soit, il jugea à « propos de ne le garder secret que jusqu'au jour où il trou- « verait l'occasion de le révéler à un artisan capable, à son « avis, d'en tirer parti pour lui-même et pour le monde. Dans « ces dispositions, il s'aboucha avec un tréfileur d'or et d'ar- « gent qui travaillait pour les passementiers ; il jugea que « c'était la personne désirée. Jusqu'à cette époque, les ou- « vriers étaient obligés, à grands frais et en courant de « grands risques, d'introduire en contrebande les cylindres « d'acier à l'aide desquels on aplatit les fils métalliques ; ils « les faisaient venir de Lyon, en France, bien que notre acier « fondu convienne mieux à leur fabrication. L'acier fondu « donne lieu toutefois à une objection importante, c'est que, « comme il faut d'abord qu'il soit étiré en plaques, il est d'une

(1) C'est peut-être là un conte fait à plaisir, mais on a eu recours bien des fois à cet artifice dont un homme d'honneur ne saurait se rendre coupable. On en a eu récemment encore un exemple à Londres, qui a vivement éveillé l'attention. Trois individus, *étrangers*, s'étaient concertés pour entrer dans une usine où l'on fabriquait avec l'aniline les belles couleurs aujourd'hui si connues sous les noms de *mauve* et de *magenta*. On attira, comme d'ordinaire, un ou deux des principaux ouvriers qui firent mine de se prêter à la trahison. Le jour fixé, un des suspects entra ; les deux autres, par défiance ou par lâcheté, se placèrent de manière à pouvoir opérer au besoin une prompte retraite. Il faisait à peu près nuit ; à peine le chef de la bande eut-il pénétré dans l'usine que le gaz fut allumé, et il fut épouvanté de se trouver en présence des propriétaires de l'usine. On le goudronna de la tête aux pieds et on le chassa dans la rue où on le laissa crier et implorer la protection de la police. Il fut retenu plusieurs jours au lit par la violente irritation causée par l'enduit dont il avait été recouvert.

(2) *Essays concerning Iron and Steel* (Essais relatifs au fer et à l'acier), p. 165.

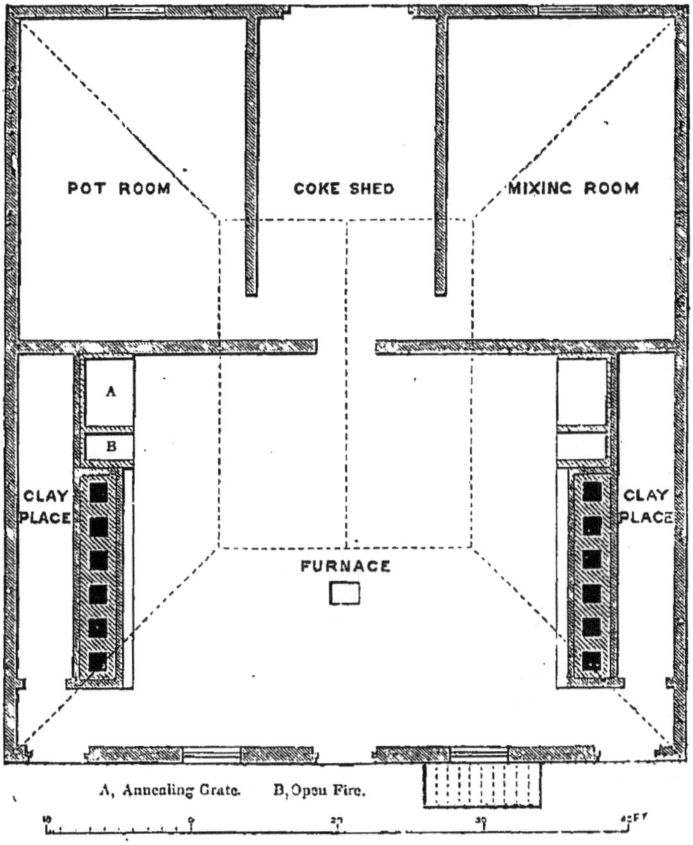

Echelle métrique : 0m,00055 par mètre.

Fig. 85. — Plan d'une fonderie d'acier. A, grille à recuire ; B, feu découvert.

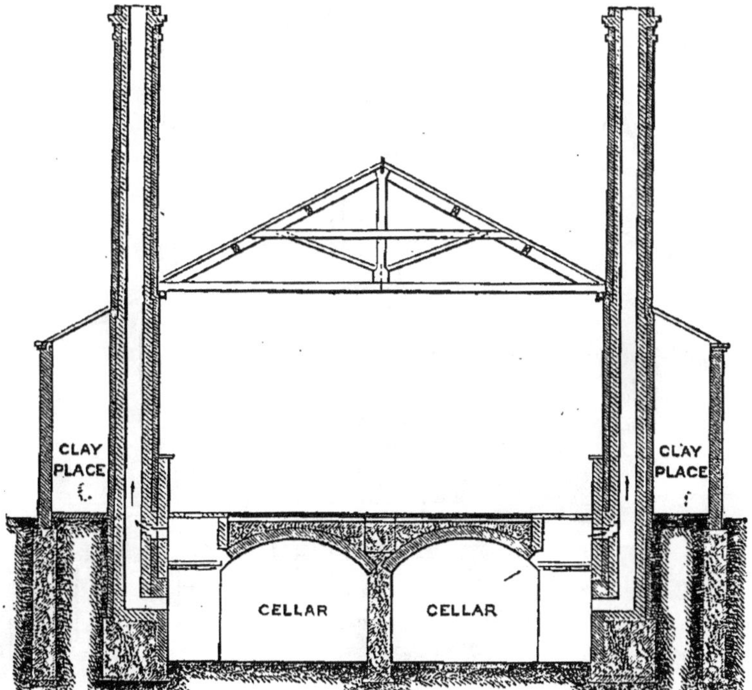

Fig. 86. — Coupe verticale en long d'une fonderie d'acier.

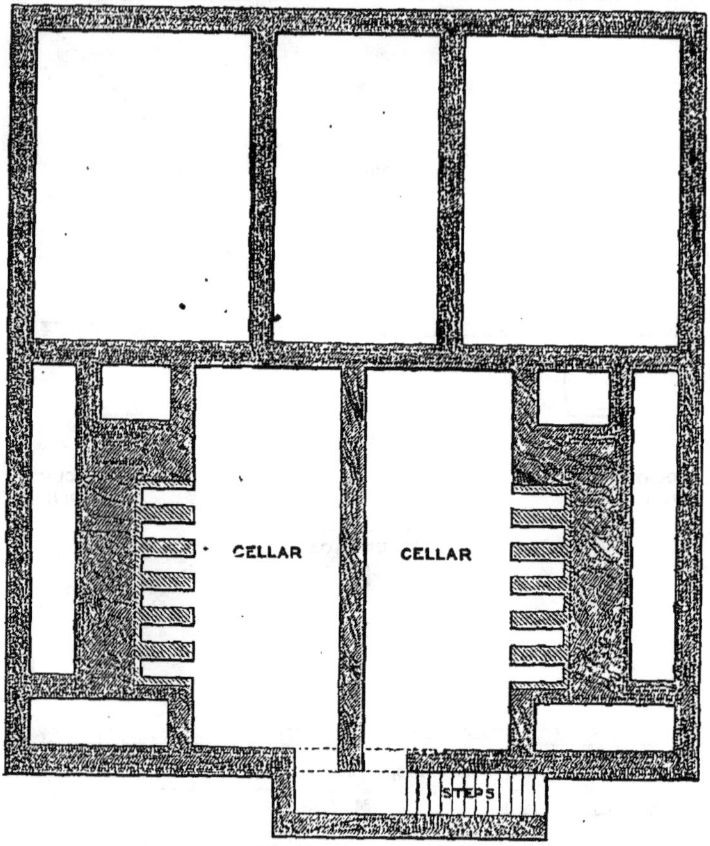

Fig. 87. — Plan du sous-sol de l'atelier de fonderie.

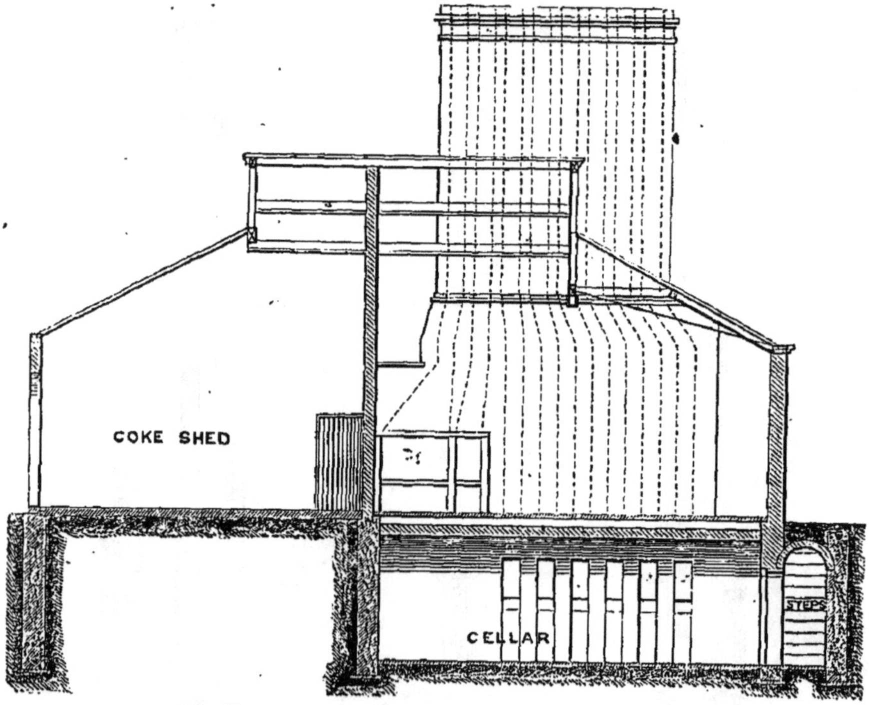

Fig. 88. — Coupe verticale en travers de l'atelier de fonderie.

« nécessité absolue que ces plaques soient soudées, ce qui dé-
« truit non-seulement sa qualité quand on le plie autour du
« cylindre de fer, mais encore cause une rugosité de la partie
« où le soudage se fait. »

La méthode actuelle de fabrication de l'acier fondu est essentiellement la même que celle pratiquée par Huntsman ; la différence consiste, dit-on, en ce que l'on chauffe deux creusets par fourneau au lieu d'un seul. M. E. F. Sanderson, de Sheffield, nous a communiqué les dessins d'après lesquels ont été exécutées les figures 85 à 88 : — Fig. 85, plan de l'atelier de fonderie, — Fig. 87, plan du sous-sol, — Fig. 88, coupe verticale transversale. — Fig. 86, coupe verticale longitudinale (1). Les fours sont des chambres rectangulaires avec un carnau spécial, dirigé vers une cheminée commune à une rangée de fourneaux. La plate-forme des fours est de niveau avec le sol de l'atelier et le bas est d'un accès facile par la fosse. Les fours sont recouverts de plaques de fonte d'environ $0^{m}.025$ d'épaisseur et munis d'un couvercle mobile consistant en un carreau ou grande brique réfractaire, assujettie dans un châssis solide en fer forgé, d'où part horizontalement, sur un des côtés, un manche rond en fer forgé (fig. 89). On y consomme du coke. Les fours sont revêtus intérieurement, soit de briques en argile réfractaire, soit d'une pierre siliceuse qui se rencontre dans le voisinage de Sheffield, soit de *ganister* broyé; on emploie aussi du grès à meule détrempé. On place un manchon dans le fourneau, on tasse le mélange tout autour, puis on enlève le manchon.

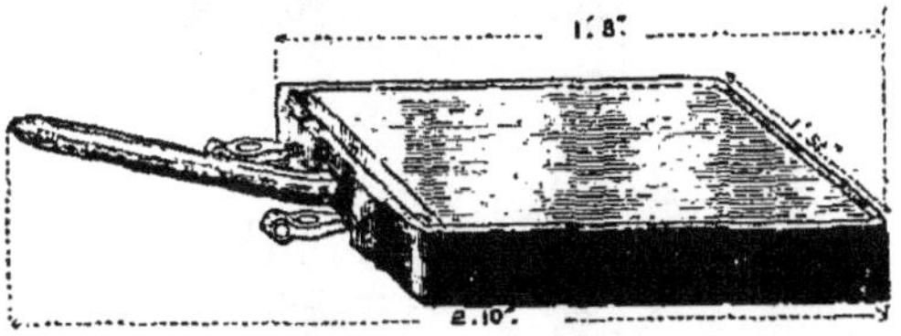

Fig. 89. — Couvercle mobile des fours à acier.

(1) Légende des figures 85 à 88.

Fig. 85. — *Pot room*, atelier aux creusets; — *Coke shed*, halle au coke; — *Mixing room*, atelier de mélange; — *Clay place*, séchoir pour l'argile; — *Furnace*, fourneau; — A. *Annealing grate*, grille à recuire les creusets; — B, *Open fire*, feu découvert.

Fig. 86. — *Cellar*, cave.

Fig. 87. — *Steps*, escalier.

Les creusets ou les *pots*, comme on les appelle ordinairement, sont fabriqués dans des moules dont la confection rappelle celle des petits moules suédois pour les creusets à essais (1). Ils consistent en un vase ou « moule à creuset » circulaire, en fonte, ouvert aux deux bouts et dont l'intérieur a les dimensions que doit avoir l'extérieur du pot. Il est muni de deux pièces faisant saillie de chaque côté, afin de le soulever commodément. Dans ce moule s'adapte un tampon ou mandrin en bois dur, tel que le gaïac, dont les dimensions sont celles de l'intérieur du pot ; au sommet se trouve une tête en fer destinée à recevoir les coups d'un maillet, et dans cette tête, un trou transversal sert à faire passer une broche de fer pour faire tourner sur son axe le mandrin au bas duquel sort un pivot en fer (fig. 90 et 91). Il y a à l'intérieur du moule un disque de fer libre, juste assez grand pour ne pas sortir par le fond, et percé d'un

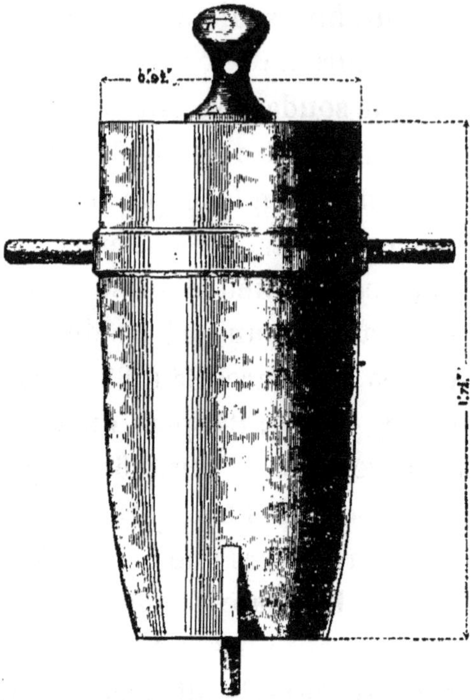

Fig. 90. — Moule à creusets d'acier.

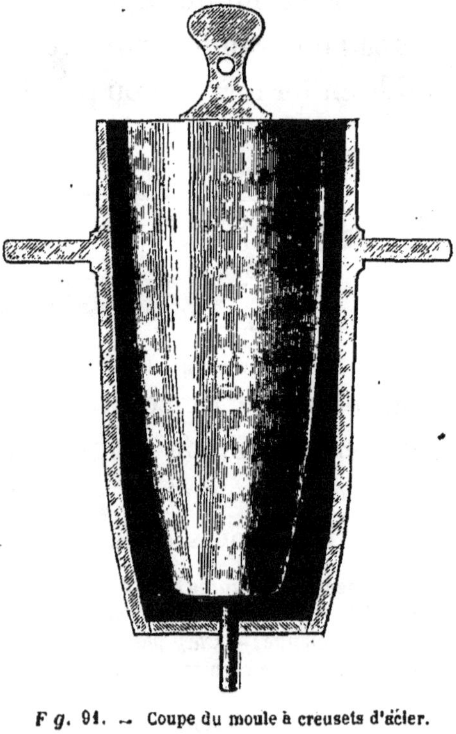

Fig. 91. — Coupe du moule à creusets d'acier.

(1) *Métallurgie*, t. I, p. 357.

trou central pour le passage du pivot. Le moule, ayant été bien graissé à l'huile, est placé sur un billot peu élevé, solidement fixé au sol et percé d'un trou dans lequel pénètre le pivot du mandrin.

On met dans le moule la charge d'argile sous forme d'un cylindre court, et l'on y enfonce de $0^m.05$ à $0^m.07$, au moyen d'un lourd maillet, le mandrin également bien huilé, qui est maintenu d'aplomb par le pivot du fond. On retire ensuite le mandrin par un mouvement de vis, à l'aide de la broche mobile qui traverse la tête, puis on le frotte d'huile une seconde fois, on l'introduit encore et on l'enfonce complétement; l'argile s'élève dans l'espace compris entre le mandrin et l'intérieur du moule. On coupe l'argile au niveau du sommet du moule avec un couteau et l'on retire le mandrin du creuset. On amincit ensuite un peu la paroi du creuset, en introduisant à la partie supérieure un couteau, entre le creuset et la partie correspondante du moule, et en tenant le couteau incliné vers le centre. On place alors le moule sur un billot peu élevé, de manière à forcer le fond mobile à remonter avec le creuset qui repose dessus. Le creuset enlevé, on le porte au séchoir (1).

Les couvercles sont façonnés avec la même matière que les pots. Ils sont circulaires, d'un diamètre un peu plus grand que l'orifice des pots, plats en dessous et légèrement convexes à la partie supérieure. Les supports sont aussi de la même argile, circulaires, mais un peu plus étroits par le bas, où ils reposent immédiatement sur les barreaux.

Les creusets employés à l'un des principaux établissements de Sheffield pèsent environ $11^k.350$ chacun et sont fabriqués avec le mélange suivant (2) :

(1) Voir p. 349 *Useful Metals and their Alloys* (Les métaux utiles et leurs alliages), une bonne description de la fabrication des creusets, à laquelle quelques détails ont été empruntés.

(2) On a donné, t. I, p. 531, les analyses de ces argiles.

Argile d'Edensor, comté de Derby.	6^k.800
— de Stannington.	3 .175
Vieux creusets broyés.	0 .910
Scories broyées.	0 .465
	11^k.350

D'après M. William Baker, de Sheffield, l'argile crue apportée à l'usine, est déchargée derrière les fourneaux pour s'y dessécher complétement. Le « trempage de l'argile, » c'est-à-dire son mélange avec l'eau, se fait dans une vaste citerne en fonte. La quantité d'argile sur laquelle on opère est déterminée par le nombre de pots à fabriquer. On ajoute du poussier de coke broyé, dans la proportion de 0^k.600 à 1 kilogramme par 9 kilogrammes d'argile sèche. Quand l'argile est parfaitement trempée, on la transporte au pétrissoir, où elle est marchée à pied nu durant huit ou dix heures. Elle est ainsi étendue en couche de 0^m.05 à 0^m.07 d'épaisseur, que l'on coupe transversalement à la pelle, puis à angle droit, en parallélipipèdes, dont chacun est rejeté sur celui contigu, ce qui forme un certain nombre de tas. On subdivise cette argile en morceaux que l'on pèse et qui suffisent chacun pour faire un pot. Un pot capable de contenir 12^k.700 d'acier exige 10^k.900 d'argile. Un homme peut faire vingt pots par jour. Les pots varient de dimensions, et contiennent les uns de 12^k.700 à 13^k.600, et les autres de 20^k.400 à 22^k.700 d'acier. On les laisse sécher pendant huit jours avant de les utiliser. Ils coûtent en moyenne environ 80 centimes chacun.

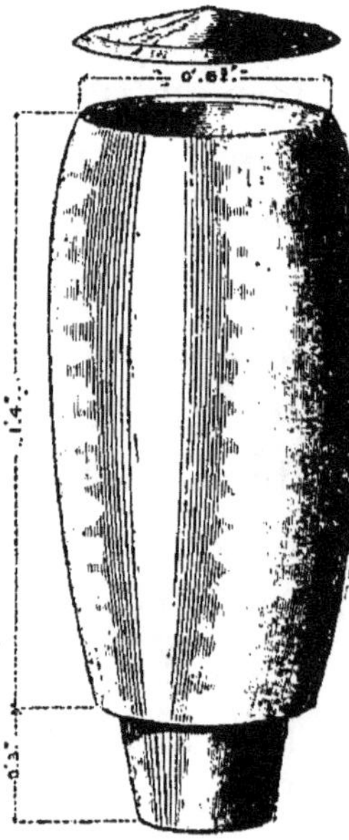

Fig. 92. — Creuset à acier, couvercle et support.

Les pots sont recuits, c'est-à-dire chauffés graduellement jusqu'au rouge, avant d'être employés dans les fourneaux de fusion. On place, après les avoir remplis de houille embrasée, environ vingt pots, l'orifice en bas, sur la *grille à recuire* et l'on comble avec du coke, les interstices compris entre eux. On place les couvercles sur le fond des creusets renversés. Cela se fait pendant la nuit ou dans l'après-midi. Vers cinq ou six heures, le lendemain matin, les pots ainsi chauffés sont remis droits, leurs couvercles sont ajustés et leurs supports placés sous eux dans les fourneaux. Les fours ont été préalablement chargés de charbon incandescent, pris dans le foyer ouvert, à côté de la *grille* à recuire.

On dispose dans chaque fourneau, suivant les circonstances, un ou deux creusets préalablement *recuits*, dans lesquels on jette une poignée de sable pour boucher le trou laissé au fond par le pivot du tampon de moulage.

Les creusets sont ensuite *montés*, c'est-à-dire portés à une haute température et au bout de vingt minutes environ on introduit, par un entonnoir en tôle, une charge d'acier cémenté, concassé et assorti, du poids de $13^{k}.600$ à $18^{k}.150$; on ferme alors l'orifice du creuset avec son couvercle et l'on remplit le fourneau de coke. Trois quarts d'heure après, on le charge de nouveau complétement. Au bout de trois autres quarts d'heure, le contre-maître enlève le couvercle du pot pour examiner le progrès de la fusion et ajoute plus ou moins de coke pour compléter l'opération. Quand on se sert de manganèse, on l'introduit en même temps que l'acier. Dès que l'acier est parfaitement fluide et prêt à couler (1), le releveur ou *puller out* entoure ses jambes de toile à sac humide et se tient au-dessus de l'orifice du fourneau, pendant que le *servant de cave* débarrasse le creuset du mâchefer qui adhère au fond du fourneau. On lève d'un seul coup le creuset pour le transporter au trou de coulée qui consiste en une caisse de fonte rectangulaire d'environ $0^{m2}.012$, et d'une profondeur de $0^{m}.012$, établie dans le sol de l'atelier et dont le fond est re-

(1) En anglais, *teaming*, mot employé vulgairement dans les comtés du centre, au lieu de *pouring*.

couvert d'une grande quantité de poussier de coke, de manière à empêcher le creuset de se trouver en contact avec le fer, ce qui le fendrait. Le couvercle enlevé est placé sur le pot qu'on vient de vider et que l'on replace immédiatement dans le fourneau. Alors, le chef fondeur saisit le pot avec les pinces de *coulée* (fig. 93) et verse l'acier, en ayant soin qu'il ne touche pas les parois du moule. Si quelque scorie parait vouloir sortir avec l'acier, un fondeur saisit la tige de fer, à l'extrémité de laquelle adhère une boule de laitier et touche avec cette boule la surface du métal ; il se produit alors une répulsion remarquable de la scorie, qui se précipite aussitôt au fond du creuset. On jette du sable à la surface du lingot et l'on met le tampon, c'est-à-dire un morceau de fer s'adaptant bien à l'orifice du moule, et muni d'un manche de $0^m.20$ à $0^m.25$ de longueur.

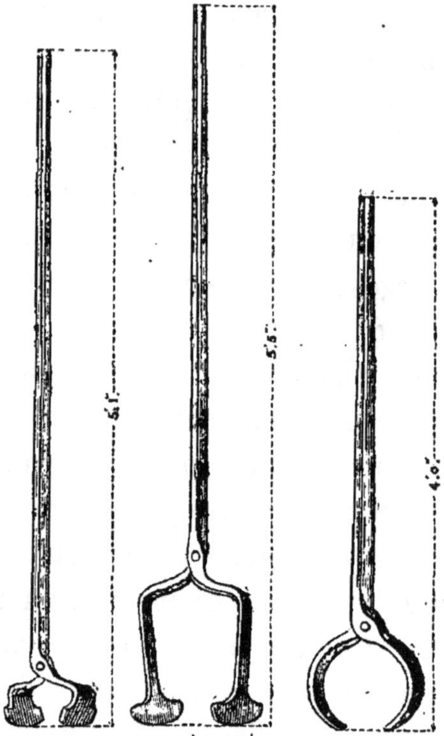

Fig. 93.
Pinces à creuset. Pinces de levée. Pinces de coulée.

Un creuset sert à trois fontes, mais il porte chaque fois une charge moindre; ainsi la première fois, il peut recevoir $20^k.400$; la seconde fois, $18^k.150$, et la troisième, seulement $16^k.300$.

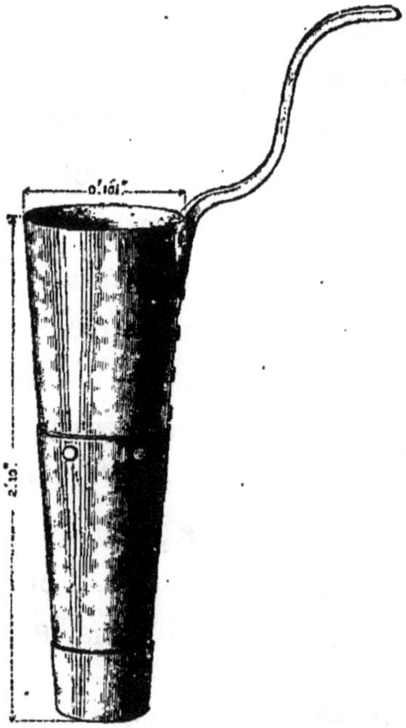

Fig. 94. — Entonnoir de coulée.

Le fourneau exige une réparation une fois par mois. Les lingotières sont enfumées avant de servir. A cet effet, les moitiés des lingotières sont placées, sens dessus dessous, sur des chevalets formés de deux barreaux de fer d'environ 1m.80 de longueur, distantes de 0m.30, élevées de 0m.30 au-dessus du sol et supportées à leurs extrémités. On place au dessous une cuiller peu profonde contenant du goudron de houille enflammé. Malgré l'enfumage, l'acier fondu ronge le fond des lingotières et les creuse considérablement vers le centre ; quand elles ont 40 centimètres carrés de section, il donne au fond l'aspect cellulaire. Il y a une grande variété dans la dimension des moules, suivant les usages auxquels on destine les lingots.

En 1862, on exposa, dans le département autrichien, les dessins d'un four à fondre l'acier, construit sur le principe des régénérateurs Siemens et destiné à brûler du lignite. Sur chacune des parois de la chambre où l'on chauffe les creusets, il y a un régénérateur. Ce fourneau fonctionne avec succès à l'usine de Mayr, à Kapfenberg, près de Leoben, en Styrie. On assure que vingt pots contenant environ 27 kilogrammes de métal chacun, peuvent être chauffés à la fois dans un seul four. La consommation du combustible est de 3 parties en poids de lignite pour 1 d'acier fondu. En six jours, on fond 500 kilogrammes d'acier. On a lieu de compter que l'adoption du système Siemens apportera de grandes améliorations dans le travail des fours de fusion.

A la même exposition, M. Krupp, d'Essen, montrait une série inusitée d'énormes lingots d'acier fondu, d'une homogénéité admirable, ainsi que d'autres pièces : bandages, essieux de locomotives, arbres de machines marines, canons, etc. On affirme qu'il se sert surtout d'acier puddlé, fabriqué en grande partie avec le spiegeleisen de Müsen et qu'il fait fondre cet acier dans des creusets contenant 32 kilogrammes d'acier ou davantage. Il faut, dans ce cas, que l'organisation du travail soit poussée à un haut degré de perfection pour permettre de produire de si gros lingots. Mais, comme M. Krupp entoure sa fabrication du plus grand mystère, il convient de ne pas accorder trop de confiance, sur de simples on-dit, au mode de travail suivi à son usine (1).

Le plus gros lingot exposé par M. Krupp en 1851 pesait 2 tonnes 1/4, tandis que celui exposé en 1862, pesait 21 tonnes : ce dernier avait la forme d'un cylindre solide, d'environ $2^m.75$ de hauteur et $1^m.12$ de diamètre; il avait été brisé en travers pour faire voir la cassure. Nous l'avons examiné à plusieurs reprises, avec le plus grand soin, sans pouvoir y découvrir de défaut dans aucune partie, même à l'aide d'une loupe; le grain était partout d'une homogénéité remarquable.

La plus grosse pièce que M. Krupp ait jamais fondue pèse 25 tonnes. Un lingot rectangulaire pesant 15 tonnes avait été cassé sur huit points différents, et sur aucun l'on ne pouvait distinguer le moindre défaut.

Les moules où l'on fond de si grosses pièces sont, bien entendu, verticaux et construits, assure-t-on, de manière à éviter tout angle, dont l'effet inévitable, à cause des bulles d'air interposées, serait de nuire à l'homogénéité ; on ajoute que jusqu'ici, on n'a pas encore trouvé, par aucune disposition de jets, le moyen de prévenir ces soufflures, par suite de la rapidité avec laquelle l'acier s'y solidifie. Le grain homogène signalé n'est pas le caractère invariable de l'acier Krupp; nous avons reçu, il n'y a pas longtemps, de M. Lloyd, ingénieur en chef de la marine, un fragment d'arbre fabriqué avec cet acier qui était *beaucoup plus* cristallin vers le centre qu'ailleurs.

Voici l'analyse d'un fragment de canon Krupp en acier fondu, faite par M. Abel, de l'arsenal royal :

(1) On rapporte que le contenu des creusets est d'abord versé dans une poche semblable à celle qui a été décrite à propos du procédé Bessemer, et que grâce à une disposition spéciale les creusets peuvent être soulevés, à un signal donné, par les releveurs qui sont dans la cave.

Carbone combiné	1.18
Silicium	0.33
Soufre	Néant.
Phosphore	0.02
Manganèse	Traces.
Cobalt et nickel	0.12
Cuivre	0.30
Fer, par différence	98.05
	100.00

Il reste à relever ici une assertion qui a été publiée (1) à propos de la fabrication des limes avec l'acier cémenté ; ainsi il est dit que « lorsque ceux-ci (il s'agit des paquets d'acier « prêts à être entaillés) sont polis et dressés avant d'être en- « taillés, ils ne présentent extérieurement aucun défaut ; mais « les ciseaux des coupeurs pénètrent souvent dans des parties « qui ne sont point homogènes, ce qui paraît provenir d'une « poudre blanche incorporée à l'acier ; pour distinguer ce « défaut des effets dus au soudage imparfait, on l'appelait « *white-loose*. C'était, dans le temps, une source de graves « ennuis pour les fabricants de limes, car cela gâtait l'aspect « de leurs outils qu'ils étaient forcés de vendre à un prix « inférieur. Ils s'en plaignaient depuis nombre d'années, et « personne ne s'inquiétait du remède, bien que très-simple, « à y apporter ; ce qui prouve combien il est difficile aux indus- « triels de changer leur mode de travail. Il y a environ vingt « ans, M. Ekman, maître de forges en Suède, vint à Shef- « field, et à la vue des limes défectueuses, il assura qu'il savait « d'où le mal venait et qu'il pourrait envoyer à l'essai des « barres qui en seraient exemptes. Il les envoya en effet ; on « les convertit en acier, mais on ne s'en servit pas jusqu'à sa « visite suivante à Sheffield ; on fit alors l'essai en sa présence. « La cause du mal avait été trouvée et le remède appliqué : « les limes n'eurent plus de *white-loose*. Voici l'explication « qu'il donna : — « Dans mon pays, on se sert de cendres de

(1) *Useful Metals and their Alloys* (Les métaux utiles et leurs alliages), p. 344.

« bois au lieu du sable que l'on emploie dans les forges an-
« glaises, lorsque l'on soude les loupes; le *white-loose* n'est
« autre chose que des cendres de bois mêlées au fer. Les
« barres que je vous ai envoyées, je les ai vu faire et je n'ai
« pas permis aux ouvriers de se servir de cendres de bois... »
« Ce fut là une leçon utile pour les autres maîtres de forges
« suédois. »

Il s'agit ici de M. Gustave Ekman, l'inventeur du four à souder au gaz. Or, M. Ekman qui était à Londres, en octobre 1863, interrogé sur la véridicité de cette anecdote, répondit qu'il n'avait aucun souvenir de cette circonstance et que certainement il n'aurait jamais pu attribuer le défaut en question à la présence des cendres de bois, parce qu'on n'y avait jamais eu recours en Suède, et que, du reste, il ne pouvait provenir que de l'interposition de scories de silicate de protoxyde de fer dont l'oxyde, dans l'acier, est réduit partiellement par le carbone.

Fusion de l'acier dans le fourneau à réverbère. — Pour couler l'acier en gros lingots, il serait évidemment désirable de pouvoir opérer la fusion dans des fourneaux, au lieu de creusets. On ne peut pas se servir de cubilots, même en employant les combustibles les plus purs, tels que le charbon de bois; car la composition du métal serait notablement altérée par le contact avec des matières charbonneuses solides, à des températures élevées. Il ne reste donc plus qu'à tenter la solution de cet important problème dans les fours à réverbère, chauffés à la manière ordinaire ou par la combustion des produits gazeux des générateurs à gaz. M. Sudre, en France, a proposé l'emploi de fours à réverbère de construction analogue à celle des fourneaux dans lesquels on fond le fer pour fabriquer les canons ou pour d'autres usages où la qualité du métal est de la plus haute importance. Les moyens proposés par M. Sudre ont été essayés en grand, par ordre et aux frais de l'Empereur, aux forges de Montataire, sous l'inspection de MM. Treuille de Beaulieu, colonel d'artillerie, Henri Sainte-Claire-Deville et Caron, capitaine d'artillerie. Un rapport officiel sur les résultats de ces essais a été publié dans les *Annales des Mines* (1); en voici le résumé :

« Les deux principales difficultés à combattre sont la décarburation de l'acier par oxydation et la corrosion du fourneau par l'oxyde de fer. On a, paraît-il, triomphé de la première, en recouvrant le métal d'un fondant composé de verre de bouteille ordinaire, ou de scories de haut fourneau, et l'inventeur propose un remède pour la seconde. Les conclusions des rapporteurs sont constatées sommairement comme il suit :

« 1. Que la fusion de l'acier, sous ce laitier, s'opère facilement et rapidement, sans faire perdre au métal aucune de ses qualités.

« 2. Qu'avec cette méthode de fusion, on arriverait sans peine à pouvoir fondre à la fois 2 000 kilogrammes d'acier dans le même four.

« 3. Que, dans l'état actuel des choses, et malgré certaines imperfections du four d'essai, il y aurait une notable économie, tant par la suppression des creusets que par la diminution du combustible employé, par rapport à la quantité d'acier mis en fusion.

« 4. Que les fours construits en briques réfractaires ne résistent que médiocrement à cause de la multitude des joints, et qu'il y aurait avantage à faire les soles et les voûtes soit d'une seule pièce, soit d'un petit nombre de morceaux s'assemblant à rainure, comme les soles des fours à cuivre. »

Cette construction des soles des fours à cuivre est nouvelle pour nous.

« En résumé, il semble bien démontré que le procédé de M. Sudre est une amélioration sérieuse apportée à la fabrication de l'acier fondu ; qu'il est susceptible d'être avantageuse-

(1) *Ann. des Mines*, 6e série, t. I, p. 221-330, 1862.

ment utilisé par l'industrie, à laquelle il ne restera plus que quelques expériences à faire sur la nature des matériaux les plus convenables à employer dans la construction du four, et sur les formes les plus heureuses pour utiliser toute la chaleur du foyer.

« Nous sommes convaincus que l'industrie aurait tout intérêt à entreprendre l'essai du nouveau procédé comparativement à l'ancien, et nous ne doutons pas que nos aciéries ne s'empressent de l'adopter, dès qu'elles apprendront les heureux résultats des premières épreuves faites sous le haut patronage de l'Empereur, épreuves qui témoignent une fois de plus du vif intérêt qu'inspire à Sa Majesté tout ce qui peut contribuer au progrès de l'industrie française. »

Malgré la sage libéralité de l'Empereur, « les procédés de M. Sudre sont l'objet de brevets, en France et à l'étranger, et ne peuvent être employés sans le consentement de l'inventeur. »

M. Sudre n'est pas le premier qui ait employé le verre à bouteille comme fondant, dans la fusion de l'acier; on rapporte que Huntsman avait employé la même substance dans ses creusets (1).

Il est inutile de reproduire le détail des expériences consignées dans le mémoire de M. Sudre. On y donne de nombreux calculs relatifs au prix de revient de la fusion de l'acier dans le four à réverbère, comparé à celui de cette fabrication dans les creusets. Il sera temps d'examiner ce côté de la question quand le procédé aura été adopté dans la pratique, ce qui a eu lieu sans doute dans certaines aciéries de l'Allemagne, antérieurement aux brevets de M. Sudre. Si l'emploi du verre à bouteille dans un four à réverbère peut constituer un brevet valable, il est difficile de prévoir quelle invention pourra désormais ne pas être brevetée (*).

(1) *The Useful Metals and their Alloys*, p. 348.

(*) Nous avons appris indirectement par la lecture d'une notification si-

De l'addition du manganèse dans la fusion de l'acier.

Dans un brevet qui lui fut concédé en 1839, Josiah Marshall Heath (1), revendique l'emploi du manganèse résultant de la réduction à une température très-élevée dans les creusets d'un mélange d'oxyde noir de manganèse et de matière charbonneuse, ou, comme il l'appelle, du *carbure de manganèse*, avec l'acier cémenté concassé, pour fabriquer l'acier fondu.

Voici un extrait du brevet, qui a rapport au carbure de manganèse :

« Je propose en outre d'améliorer la qualité du fer malléa-
« ble ou marchand, en ajoutant dans le four à puddler, pen-
« dant que la fonte est en fusion, de 1 à 5 pour 100 ou
« environ, d'un oxyde pur de manganèse, mais sans mélange
« d'autre substance; le sesquioxyde est celui que je préfère.
« Enfin, je me propose d'obtenir une qualité supérieure d'acier
« fondu, en introduisant dans un creuset des barres d'acier
« cémenté ordinaire, concassé comme d'habitude, ou des mé-
« langes de fonte ou de fer malléable et des matières char-
« bonneuses, avec 1 à 3 pour 100 de leur poids de carbure
« de manganèse, et en soumettant le creuset à la chaleur con-
« venable pour fondre ces matières; celles-ci, lorsqu'elles

(1) *Improvements* (Perfectionnements dans la fabrication du fer et de l'acier), année 1839, 5 avril, n° 8021.

gnifiée au Ministre de la marine, à l'occasion de l'emploi des procédés de M. Sudre dans une des forges de l'Etat, que Son Excellence avait contesté la propriété desdits procédés de fusion au four à réverbère, pour lesquels M. Sudre aurait été illégalement breveté depuis le 23 octobre 1858. En effet, l'avantage de l'emploi des silicates neutres et du verre à bouteille en particulier, comme bain préservatif de l'acier contre le contact de l'air, dans les creusets, serait connu depuis le siècle dernier. Hassenfratz a ajouté, dans sa *Sidérotechnie*, t. IV, qu'en 1812, on produisait de l'acier au réverbère par l'affinage de la fonte et en même temps par réaction, au moyen de rognures de tôle, sous la protection d'un lit de verre terreux et de scories vitrifiées. Ces objections de la part du ministre sont singulièrement corroborées par l'avis impartial du docteur Percy. (*Les Traducteurs.*)

« sont devenues fluides, doivent être coulées dans une lingo-
« tière, à la manière ordinaire. Je ne revendique pas comme
« faisant partie de mon invention l'emploi de l'un quelconque
« de ces mélanges de fonte et de fer malléable, ou de fer mal-
« léable et de matière charbonneuse, mais uniquement l'em-
« ploi du carbure de manganèse dans tout procédé servant à
« convertir le fer en acier fondu. »

Par cette addition à l'acier cémenté, fabriqué avec du fer marchand à bas prix, on obtiendra de l'acier fondu malléable et soudable, tandis que précédemment cette qualité d'acier fondu ne pouvait s'obtenir qu'avec des fers de choix, tels que ceux de Suède et de Russie.

Peu de temps après, Heath trouva qu'un mélange intime d'oxyde de manganèse et de matière charbonneuse, substitué au carbure de manganèse, diminuait les frais de réduction. Il céda des licences à divers fabricants d'acier de Sheffield, et signa des marchés pour leur fournir le manganèse nécessaire à l'application immédiate de son procédé. Au lieu donc de livrer la substance désignée dans son brevet sous le nom de *carbure de manganèse*, il y substitua le mélange en question. Un nommé Unwin, agent de Heath, se mit bientôt après à fabriquer de l'acier pour son propre compte, en employant le mélange de manganèse indiqué au lieu du carbure, et en déclarant qu'il ne contrevenait pas ainsi au brevet de Heath. Plusieurs fabricants d'acier de Sheffield se concertèrent avec Unwin et firent un fonds commun, pour contester les droits de Heath. Après un procès long et coûteux, les adversaires de Heath eurent finalement gain de cause contre sa veuve. Un des points discutés à fond devant la Cour fut de décider si, en employant le mélange, il se produisait nécessairement du carbure de manganèse ; car, s'il en était ainsi, l'usage de ce mélange n'était qu'une contrefaçon du procédé Heath. L'opinion des savants, que nous partageons pleinement, fut en faveur de la production du carbure de manganèse ; car, si un mélange d'oxyde noir de manganèse et de matière charbonneuse en excès est chauffé en vases clos, de manière à produire du manganèse métallique, il faut que la température soit extrêmement élevée, et l'on peut en inférer, avec un degré de certitude suffisant pour les chimistes, qu'en présence d'un excès de matière charbonneuse, le métal doit, au moment de son dégagement, fixer du carbone et se transformer en ce que l'on désigne sous le nom de carbure de manganèse. La carburation du métal se produit simultanément avec sa réduction. Les jurés et quelques-uns des juges avaient adopté cette manière de voir; mais d'autres membres de la Cour arrivèrent à une conclusion contraire. Entre autres remarques ridicules, émanant des interprètes de la loi, on prétendit qu'il était impossible de regarder dans les creusets chauffés à blanc pour voir ce qui s'y passait! Les preuves, en pareil cas, pour ne pas être palpables, peuvent être de toute évidence et péremptoires (1).

(1) M. Webster, l'un des avocats de Heath, a publié un excellent rapport sur toute cette procédure, et c'est dans son travail que nous avons puisé les renseignements suivants (*). Les différents jugements y sont reproduits *in extenso*; celui de lord Brougham notamment mérite quelques commentaires. Sa Seigneurie, au début de sa carrière, s'est beaucoup occupée de recherches scientifiques, et en particulier de l'optique; mais quand il rendit son jugement dans l'affaire Heath, il n'était pas depuis longtemps au courant des progrès de la science chimique. La nomenclature qu'il emploie est inexacte, et les exemples dont il s'autorise ne sont ni justes, ni bien placés. S'il n'est pas permis d'attaquer le savoir de Sa Seigneurie comme jurisconsulte, on peut du moins contester l'exactitude de ses connaissances chimiques et métallurgiques. Il suffit pour le démontrer de parcourir les extraits du jugement cités par M. Webster.

On fit comparaître plusieurs témoins pour attester que l'invention de Heath n'en était pas une, car elle avait déjà été appliquée (**). Webster, des Penns, près de Birmingham, très-connu comme fabricant de cordes de piano, témoigna que de 1827 à 1834, il avait fondu du fer suédois de marques inférieures, découpé en morceaux, en mélange avec de l'oxyde noir de manganèse et du charbon. Il avait toujours pesé lui-même ces matières et les avait mises dans le creuset. Le manganèse était pulvérisé, et le charbon de bois *en petits morceaux*. Il affirmait avoir produit ainsi, avec du fer détestable, une qualité d'acier supérieure. « L'amélioration ou la supériorité consistait en une plus grande ténacité, et dans la mal« léabilité parfaite de l'acier. » L'acier fondu ainsi produit était désigné sous le nom d'*acier malléable ou soudable*. Webster en employait de grandes quantités pour sa fabrication et vendait le reste sous le nom d'*acier malléable ou soudable*. Il achetait régulièrement les quantités nécessaires de manganèse. Il affirma, en outre, que « la fabrication de l'acier avec

(*) *The case of Josiah Marshall Heath.* (Procès de Josiah Marshall Heath, inventeur de la fabrication de l'acier fondu soudable); par Thomas Webster, M. A., F. R. S. avocat. Londres, 1856, p. 115.

(**) Le 6 décembre 1799, un brevet (n° 2363) fut accordé à William Reynolds, pour la « conversion du fer en acier. » L'invention consiste dans l'emploi d'oxyde de manganèse ou de manganèse, pour convertir la fonte en fer malléable ou en acier; mais on n'y indique ni proportions, ni détails. *Abrégés*, p. 17.

Théorie de l'action du manganèse sur l'acier en fusion.—L'action du manganèse aurait dû être précisée depuis longtemps; mais il n'en est pas ainsi. Elle ne peut être déterminée que par l'analyse. On sait que l'acier, qui, fondu seul, ne peut

l'oxyde noir de manganèse et le carbone était pratiquée depuis 1837, » et que, pour son compte, il « avait complétement ignoré, jusqu'en 1850, l'existence du brevet de Heath. » Il avait gardé le procédé secret. La déposition de Webster fut, sauf le point du secret, corroborée par celle de son fils, mort depuis; mais, interrogé contradictoirement, celui-ci déclara qu'il n'y avait « aucune instruction pour garder le secret, » et que c'était là « un de ces « secrets connus de tout le monde. » On remarquera que le charbon de bois, suivant Webster père, était « en petits morceaux, » et il est certain, d'après cela, que la réduction de l'oxyde de manganèse était incomplète.

M. David François Davis, directeur de l'aciérie de Brades, à Tividale, près de Birmingham, déposa qu'il avait fondu à l'usine de MM. Hunt, de l'acier en mélange avec de l'oxyde de manganèse seulement, ou avec cet oxyde et du charbon. Le produit était désigné sous le nom d'*acier fondu soudable*. Il avait gardé le procédé secret, en trompant, sur son mode d'opérer, les ouvriers qui étaient chez lui. La déposition de Davis est assez ambiguë. La voici : « J'ai fabriqué de l'acier fondu avec de l'acier cémenté et du fer non cémenté; avec le fer « je mettais une grande quantité de charbon; dans l'un et l'autre cas, je me servais de « charbon quand j'en avais besoin [or, quand c'était du fer, on ne pouvait obtenir de l'acier « sans carbone], et *j'ai employé de l'oxyde de manganèse quand j'avais besoin d'un acier « plus doux qu'à l'ordinaire*; l'oxyde noir et le carbone adoucissaient la trempe. J'ai fabri- « qué de l'acier tellement doux que les forgerons ne pouvaient le casser. »

L'idée du charbon adoucissant la trempe, dans le sens où l'expression est ici employée, est ridicule. Il est bien clair que la « douceur » était le résultat de l'action oxydante de l'oxyde de manganèse sur le carbone de l'acier, ce qui le décarburait d'autant. Un métal assez doux pour qu'un forgeron ne puisse le casser se rapproche beaucoup du fer malléable. Dans tous les cas où l'on a employé l'oxyde de manganèse pour fondre l'acier avant le brevet Heath, il est probable que l'effet obtenu provenait d'une décarburation plus ou moins grande par oxydation; l'oxygène étant fourni par l'oxyde de manganèse. Mais il est certain que par le procédé de Heath, ce résultat n'était pas produit.

D'autres témoignages furent recueillis dans le même but; entre autres personnes, un certain Samuel Mitchell exprima l'opinion suivante :—« Le carbure [de manganèse] ne se forme pas « avant que l'acier soit fondu, mais environ une heure après. » Il est à peine besoin de faire remarquer que cette déclaration n'a aucune valeur.

Plusieurs témoins confirmèrent, au contraire, en termes formels, la nouveauté de l'invention de Heath, notamment M. Charles Atkinson, fabricant d'acier depuis plus de trente ans à Sheffield.

Ce qui demeure incontestable, c'est que l'emploi du carbure de manganèse ou d'un mélange d'oxyde de manganèse et de matière charbonneuse, ne s'introduisit à Sheffield qu'après la publication du brevet de Heath. C'est là un argument puissant en faveur de sa prétention à la priorité. Quant à nous, il nous paraît évident que ceux qui déclaraient avoir précédemment employé l'oxyde de manganèse et le charbon ne pouvaient l'avoir fait que d'une manière très-incomplète, puisqu'un mélange intime est absolument essentiel au succès de l'opération, et qu'aucun d'eux n'y fait allusion, même en passant. Heath, au contraire, préparait un mélange très-intime de l'oxyde avec le goudron de houille, qui était ensuite séché et durci à l'état de loupe par le chauffage en vases clos. Si le mélange n'est pas intime, il en résulte une rapide corrosion des creusets. Peu de personnes ont eu plus d'expérience que nous dans la préparation du manganèse métallique ou de ses alliages; de sorte que l'on peut nous permettre d'exprimer une opinion très-nette à ce sujet. Après une étude approfondie du procès Heath et des dépositions qui se sont produites, nous concluons que si jamais quelqu'un mérita un brevet, ce fut Heath. Nous réservons toute opinion sur le procès en ce qui concerne la se travailler sous le marteau ni se souder, devient à la fois malléable et soudable quand il est fondu avec une petite proportion de manganèse. Evidemment, le carbone que le manganèse peut contenir n'explique pas cette action : elle doit être attribuée exclusivement au métal lui-même. Or, cette action est-elle mécanique ou chimique, ou mécanique et chimique à la fois ?

A notre demande, M. E.-F. Sanderson a préparé deux échantillons d'acier fondu, avec le même acier en barres, d'après les procédés actuellement appliqués à Sheffield : l'un fondu sans manganèse, l'autre avec du manganèse. Ils étaient

légalité, et nous nous bornons à juger l'affaire d'après nos connaissances métallurgiques et les principes du bon sens.

« Une très-grande incertitude, écrit M. Webster, règne malheureusement dans la procédure, pour le maintien et la défense de la propriété en matière d'inventions. L'affaire Heath est un des exemples les plus extraordinaires de cette incertitude. Ainsi, après quinze ans de débats auxquels prirent part jusqu'à *dix-huit* juges, conseillers privés et lords, il est résulté que sur onze des juges présidés par lord Brougham et le lord chancelier, *sept* furent favorables et *six* opposés aux prétentions de M. Heath ; sur les *onze* juges qui formulèrent leurs conclusions devant la Chambre des lords, dans la séance finale, *sept* furent favorables et *quatre* contraires aux réclamations de Heath, et la Chambre des lords se prononça en faveur de la minorité. »

M. Webster pose clairement ses conclusions en ces termes : « Heath a été l'auteur d'une invention dont les avantages commerciaux sont appréciés par des milliers de personnes ; il a décrit cette invention le mieux qu'il pouvait le faire à cette époque. Les fabricants ont suivi le même procédé au point de vue chimique, le même comme résultat ; mais qui exigeait une description quelque peu différente, puisqu'il consistait dans l'emploi des éléments chimiques constituant la substance (ces éléments, aurait pu ajouter M. Webster, devaient nécessairement produire cette substance dans les conditions indiquées), au lieu de la substance elle-même. La connaissance de l'emploi de ces éléments, au lieu du composé, fut communiquée par Heath aux fabricants, quelques mois après la date de son brevet, et pendant que l'invention, pour ainsi dire à l'essai, était adoptée par eux. Son adoption immédiate, grâce aux conseils et à la direction de M. Heath et de son agent, fut le résultat des premières expériences et offrit une économie de 40 à 50 pour 100 sur le prix de l'acier. La redevance demandée par Heath était d'environ *un cinquantième* ou *deux pour cent* sur l'économie réalisée. Le payement de cette redevance fut refusé par un groupe de fabricants d'acier, qui, s'appuyant sur la distinction subtile dont nous venons de parler, avaient créé avec leurs économies un fonds commun pour contester les droits de l'inventeur. Les frais d'une procédure de quinze années retombèrent entièrement sur celui qui combattait seul contre un fonds commun, où s'était amassée la richesse créée par son invention. »

Suivant M. Webster, l'affaire Heath est la seule que l'on puisse citer, où l'opinion du jury en pareille matière ait été rejetée par la Cour. Heath était employé dans le service civil (district de Madras) de l'honorable Compagnie des Indes orientales. C'est lui qui avait fondé la forge de Porto-Novo. Il mourut en 1850, avant l'appel qui fut porté devant la Chambre de l'Echiquier, en 1852. On a tout lieu de croire que sa mort fut hâtée par l'anxiété et les difficultés causées par la défense de ses droits. De tous les acteurs de ce « drame si fécond en incidents, » comme le qualifie fort justement M. Webster, l'agent Unwin est celui qui joue le rôle le moins enviable.

sous forme de lingots et accompagnés d'échantillons des mêmes aciers réduits, par le martelage, à de plus petites dimensions. M. A. Dick a analysé des portions de ces lingots dans notre laboratoire ; le carbone seul n'a pas été déterminé. Voici les résultats :

	I. Fondu seul.	II. Fondu avec du manganèse.
Fer	99.05	99.09
Manganèse	0.03	0.10
Silicium	0.24	0.24
Soufre	0.05	0.07
Phosphore	0.02	0.02
Aluminium	0.12	0.01
Carbone, non déterminé	»	»
	99.51	99.53

On trouva des traces de plomb, d'étain et de cuivre dans le n° II, en opérant sur 77^{gr}.728, mais on ne rechercha pas ces corps dans le n° I. Les analyses furent faites avec le plus grand soin ; les réactifs avaient été préparés spécialement au point de vue de la pureté. Les deux aciers se dissolvaient parfaitement dans l'acide chlorhydrique, sans aucun résidu. On ne put découvrir aucunes traces de chaux ni de magnésie.

L'effet de la fusion avec le manganèse paraît avoir consisté principalement dans l'élimination de 0,11 pour 100 d'aluminium et l'addition de 0,07 pour 100 de manganèse. Mais il ne convient pas de tirer aucune conclusion de deux analyses seulement. On les donne ici, parce que les résultats peuvent servir dans les recherches à faire ultérieurement sur cet intéressant sujet.

Henry pensait qu'une certaine proportion de silicium était essentielle pour constituer de bon acier, et tout aussi importante que le carbone. Dans une communication faite à M. E. F. Sanderson sur l'action du manganèse, il s'exprimait ainsi : —
« Si le manganèse que vous employez est tel que je l'ai vu,
« c'est un carbure de ce métal contenant une quantité consi-

« dérable de silicium; il ne faut pas oublier que vous in-
« troduisez ces substances dans votre acier en les fondant
« ensemble. Or, il n'est pas douteux que l'acier ne devienne
« plus fusible, d'une texture plus régulière et plus homogène
« par cette addition. Je ne crois cependant pas que cela soit dû
« au manganèse métallique qui est allié au fer, mais bien au
« composé que vous ajoutez. C'est un fondant qui s'unit à
« une température élevée avec l'acier, et, quoiqu'il puisse
« augmenter sa douceur et, pour ainsi dire, l'homogénéité de
« sa composition, je ne doute nullement qu'il ne doive influer
« jusqu'à un certain point sur son élasticité. » Henry insiste surtout sur la proportion relativement élevée de silicium qu'il a trouvée dans le fer feuillard L. L'action du silicium sur l'acier n'a pas été suffisamment étudiée pour justifier une conclusion, et l'opinion de Henry ne peut être contrôlée que par des expériences bien faites.

M. Parry a récemment étudié les propriétés de l'acier allié au manganèse, et il affirme que le manganèse est un correctif de la propriété rouveraine, de sorte que l'acier fondu, *qui ne peut être martelé ou laminé qu'au rouge sombre*, peut, lorsqu'il est allié avec 0.5 à 1 pour 100 de manganèse, se marteler ou se laminer à une température beaucoup plus élevée, voire même au blanc soudant; mais la présence du manganèse en quantité notable dans l'acier le rend plus cassant à froid. C'est pourquoi M. Parry constate qu'il importe d'éviter l'addition du manganèse, et qu'il convient de recourir à des appareils plus puissants pour le laminage que ceux généralement employés. Cet avis mérite d'être pris en sérieuse considération, surtout lorsqu'on fait tant d'efforts pour fabriquer l'acier sur une grande échelle, en vue des besoins de la construction.

V. TRAVAIL DE L'ACIER.

Du recuit et de la trempe.

Quand l'acier est chauffé au rouge, puis plongé dans l'eau froide, ou quand on le refroidit instantanément de toute autre manière, il durcit et devient très-cassant. Réchauffé au rouge et refroidi lentement, il reprend sa douceur et sa malléabilité primitives ; mais si on le réchauffe bien au-dessous du rouge et qu'ensuite on le refroidisse subitement, on l'adoucit aussi ; le degré d'adoucissement, dans des limites déterminées de température, est dans le rapport inverse de celle-ci. Il est possible de communiquer ainsi au même acier des degrés de dureté très-différents ; l'opération qui produit le durcissement s'appelle *la trempe*. L'acier devient d'abord extrêmement dur ; puis il est chauffé et refroidi subitement à des températures variables suivant le degré de dureté ou de « trempe » cherchée. Pendant le réchauffage, la surface de l'acier poli prend successivement des couleurs caractéristiques qui correspondent aux différents degrés de température ; ces couleurs rendent par conséquent inutile l'usage d'instruments thermométriques. Elles sont consignées ici dans l'ordre où elles se présentent et en regard des températures correspondantes (1) :

TEMPÉRATURE.	COULEUR.	TREMPE DES DIVERS ARTICLES.
Degrés centigrades.		
221	Jaune très-pâle.	Lancettes.
232	Jaune pâle.	Rasoirs de qualité supérieure et la plupart des instruments de chirurgie.
243	Jaune ordinaire.	Rasoirs communs, canifs, etc.
254	Brun.	Petites cisailles, ciseaux, ciseaux à couper le fer à *froid*, houes.
265	Brun teinté de pourpre.	Haches, fers de rabot, couteaux de poche.
277	Pourpre.	Couteaux de table, grandes cisailles.
288	Bleu pâle.	Épées, ressorts de montre, ressorts de sonnette.
293	Bleu ordinaire.	Scies fines, poignards, tarières.
316	Bleu foncé.	Scies à main et de charpentier.

(1) *Parkes' Chemical Essays* (Essais chimiques de Parkes), t. IV, p. 465.

On sait de longue date que la trempe dilate sensiblement l'acier et diminue par conséquent sa pesanteur spécifique. Réaumur le premier semble avoir rapporté les résultats d'expériences faites avec soin sur ce sujet : Perrault lui avait déjà fait remarquer qu'un fil d'acier trempé ne pouvait pas passer par le même trou de la filière qu'avant la trempe ; et en répétant cette expérience de plusieurs manières, Réaumur trouva toujours une augmentation de volume dans l'acier trempé ; mais il a voulu s'assurer si cette augmentation était assez sensible pour être mesurée. Il fit donc faire un compas d'épaisseur en fer dans lequel s'adaptait exactement un morceau d'acier long de 6 pouces ; les morceaux avaient ordinairement 2 pouces de largeur sur 6 lignes d'épaisseur. Quand ils avaient été recuits au rouge blanc, il les trouvait toujours au moins d'une ligne plus longs qu'à leur état de douceur primitive ; il n'y avait pas seulement augmentation en longueur, bien qu'il ne fût pas aussi aisé de mesurer les autres dimensions ; mais ce n'est pas une raison, ajoute-t-il, pour douter que cet accroissement ne fût proportionnel à l'allongement. Ceci admis, les diamètres des volumes d'aciers, trempés à un certain degré, sont aux diamètres des volumes d'aciers non trempés, au moins comme 145 est à 144. D'où Réaumur calculait que par la trempe l'acier augmentait de 1/48 en volume (1). — Rinmann dit avoir confirmé l'exactitude des observations précédentes ; il a constaté que deux morceaux d'acier de cémentation ou d'acier poule (*Brenn-Stähl*) avaient pour poids spécifiques 7.751 et 7.991 à l'état naturel, et qu'après la trempe, leurs poids spécifiques respectifs étaient 7.553 et 7.708 (2). Le même métallurgiste remarque que le poids spécifique de l'acier styrien, au contraire, est à l'état naturel de 7.782 et de 7.822 après avoir été trempé : son volume se réduit par là de 1/37 (3).

(1) L'Art de convertir le fer forgé en acier, 1722, p. 313.
(2) *Geschichte des Eisens* (Histoire du fer), 1785, t. I, p. 134.
(3) *Ibid.*, p. 137.

Le changement de volume de l'acier par la trempe varie avec la température à laquelle on le chauffe avant de le refroidir ; quand il est trempé à une température très-élevée, il perd toute ténacité et toute élasticité et devient extrêmement cassant ; Karsten attribue ces effets à l'augmentation de volume due à cette opération (1).

Elsner a déterminé aussi l'effet de la trempe sur la densité de l'acier fondu (2) :

	Poids spécifique à 11° C.	
	Non trempé.	Trempé.
Acier fondu.	7.9288	7.6578
— refondu.	8.0923	7.7647
Le même acier refondu avec 1/500 d'argent.	8.0227	7.9024

M. Caron a publié récemment plusieurs observations sur les modifications qu'on remarque à la suite de la trempe dans les dimensions de l'acier (3). Une barre d'acier de qualité supérieure, chauffée rapidement à la température nécessaire pour obtenir une bonne trempe et plongée immédiatement dans l'eau froide, a subi les changements suivants :

	Avant.	Au rouge.	Après la trempe.
Dimensions en centimètres. . . .	20.00	20.32	19.95
	1.00	1.03	1.01
	1.00	1.03	1.01
Volume en centimètres.	20.00	21.557	20.351

Une barre d'acier martelé, de 1 centimètre carré sur 20 centimètres de longueur, a diminué après la trempe de 0m.005 en longueur ; les autres dimensions avaient augmenté de 0m.006. mais comme ces différences étaient très-petites, M. Caron a répété la même opération plusieurs fois sur le même morceau d'acier et il a obtenu les nombres suivants :

(1) Karsten. *Eisenhütten-Kunde* (Métallurgie du fer), t. IV, p. 529.
(2) *Journ. für praktische Chemie*, 1840, t. XX, p. 110.
(3) *Comptes rendus*, 1863, t. LVI, p. 211.

	Avant la trempe.	Après 10 trempes.	Après 20 trempes.	Après 30 trempes.
Dimensions en centimètres.	20.00	19.50	18.64	17.97
	0.94	0.96	0.97	1 00
	0.93	0.96	0.97	1.00
Densité.	7.817	»	»	7.743

Ces expériences furent renouvelées sur un grand nombre de barres d'acier de bonne qualité, et toujours avec les mêmes résultats : les barres diminuaient en longueur, mais les autres dimensions augmentaient. M. Caron a fait d'autres expériences sur de l'acier diversement fabriqué, et il est arrivé à constater : que sous l'influence de la trempe, l'acier en barres martelé diminue dans le sens de l'étirage ; que l'acier rond obtenu en partie au marteau et ensuite étiré au banc change à peine de longueur, et que l'acier laminé, pris soit en long, soit en travers des feuilles de tôle, augmente de longueur. Dans tous les cas, sa densité décroît de la même façon.

L'acier laminé augmente considérablement en longueur, tandis que ses autres dimensions restent les mêmes. M. Caron fournit à l'appui les résultats suivants :

	Avant la trempe.	Après la trempe.
Dimensions en centimètres de l'acier laminé (tôle d'allemagne).	20.00	20.45
	1.51	1.51
	3.70	3.70

La dilatation de l'acier par la trempe est, toutes choses égales d'ailleurs, directement proportionnelle au degré de carburation (1).

M. Caron a encore obtenu les résultats suivants avec la même barre d'acier chauffée et refroidie plus ou moins rapidement :

	Eau.	Eau.	Eau et 10 °/₀ de dextrine.	Alcool à 36°.
Température du liquide avant la trempe. . . .	10°	50°	10°	10°
Id. après la trempe. . .	22°	61°	23°	30°.5

(1) *Useful Metals and Alloys*, p. 369.

	Eau.	Eau.	Eau et 10 °/₀ de dixtrine.	Alcool à 36°.
Durée du refroidissement du métal.	4″.7	11″.3	13″.2	21″.7
Qualité de la trempe . .	bonne	faible	très-faible	nulle
Diminution dans la longueur de la barre après 10 trempes.	1/28	1/147	1/172	insensible

D'après un grand nombre d'expériences sur la trempe de l'acier dans différents liquides, tels que le mercure, l'eau chargée de différents sels ou acides, l'eau recouverte d'huile ou tenant en dissolution des matières mucilagineuses ou sirupeuses, l'huile, etc., M. Caron conclut que la dureté, l'aigreur ainsi que les autres effets produits par la trempe semblent toujours être inversement proportionnels au carré de la durée du refroidissement du métal, qui dépend de la température, de la densité, de la chaleur spécifique, de la conductibilité, et « peut-être aussi de la mobilité du liquide employé pour la trempe » (1).

Quand l'acier trempé, réchauffé au rouge est ensuite abandonné à un refroidissement lent, il reprend sa densité primitive, ou, ce qui est équivalent, son volume primitif (2).

La pellicule d'oxyde de fer qui recouvre l'acier chauffé au blanc soudant avec libre accès de l'air atmosphérique se détache complétement lorsque l'on plonge dans l'eau froide le métal encore presque à blanc ; il reste une surface métallique nette, polie et d'un blanc argentin. Ce phénomène est attribué à la différence de contraction entre la croûte et le métal (3) ; peut-être que la nature toute particulière de la surface de l'acier tend aussi à empêcher l'adhésion de la pellicule d'oxyde. Si l'acier est chauffé au rouge, puis refroidi dans l'eau froide, sa surface ne reste pas uniformément métallique, mais elle est plus ou moins souillée par une croûte d'oxyde foncé.

(1) Ouvrage cité, p. 215.
(2) Karsten, *Eisenhütten-Kunde*, t. IV, p. 526.
(3) Karsten, *ibid.*, p. 526.

Le recuit et la trempe modifient notablement la cassure caractéristique de l'acier, surtout après l'étirage sous les coups répétés du martinet. Quand une petite barre d'acier fondu, ainsi martelée, dont la cassure ne présente à l'œil nu aucunes traces de grain, est chauffée au rouge, la cassure devient nettement grenue, que le métal soit plongé au rouge dans l'eau froide, ou abandonné à un refroidissement lent. La grosseur du grain, toutes choses égales d'ailleurs, s'accroît avec la température à laquelle le métal est soumis avant la trempe.

Trempé au rouge cerise dans l'eau froide, l'acier peut présenter une cassure terne, plus ou moins veloutée, dont le grain est assez fin pour n'être plus visible à l'œil nu; celle-ci devient plus brillante et d'une couleur plus pâle par la trempe. Les différences indiquées ci-dessus ne peuvent être reconnues que sur les cassures de petites barres étirées, et particulièrement sur des barres d'acier fondu. Schafhautl a décrit avec beaucoup de soin l'aspect, soit à l'œil nu, soit au microscope, des cassures de l'acier trempé à différentes températures; il affirme que la cassure d'une barre d'acier mince, trempée au rouge cerise dans l'eau froide, ressemble à la surface de la lune vue avec un bon télescope! (1).

La ténacité de l'acier augmente par la trempe dans certaines limites de température; mais au delà, c'est-à-dire depuis le rouge vif jusqu'au blanc soudant, l'inverse a lieu. Si la trempe est opérée au blanc soudant, ou à peu près vers cette température, la cassure est à grains grossiers; l'on dit alors que l'acier est « brûlé ». Il y a, pour chaque variété d'acier, une certaine température à laquelle, après refroidissement dans l'eau froide, la ténacité maximum se produit; mais on ne cherche pas toujours à l'atteindre et, dans bien des cas, il est nécessaire de diminuer la ténacité pour obtenir une plus grande dureté. On a prétendu que l'acier qui acquérait une té-

(1) *Technologische Encyclopädie*, Prechtl, t. XV, p. 334.

nacité maximum combinée avec une dureté suffisante, par la trempe à la température la plus basse, devait être regardé comme le meilleur. Les axiomes de cette nature sont purement hypothétiques. Ainsi tel acier excellent pour un usage, peut être des plus mauvais pour un autre; il n'y a pas d'acier qui soit également propre à tous les usages. Par conséquent, lorsque l'on applique à l'acier les qualificatifs de bon et de mauvais, on le fait par rapport aux applications spéciales auxquelles il est destiné. Il ne faut pas conclure, toutefois, de ces remarques qu'il n'y a aucun acier *absolument* mauvais; on a fabriqué souvent du métal désigné à tort sous le nom d'acier et tout à fait impropre à un service quelconque. Une très-légère différence dans la composition de l'acier peut causer des altérations notables dans ses qualités et il est certain que les nombreuses variétés d'acier du commerce diffèrent sensiblement par leur composition.

Cinq corps principalement : le carbone, le silicium, le soufre, le phosphore et le manganèse, — et il y en a probablement d'autres, — influent, même en proportion minime, sur les qualités du métal; comme les proportions de ces éléments varient sensiblement dans les différentes espèces d'acier, il s'ensuit qu'ils offrent une grande variété.

Ces différences dépendent principalement de la composition du fer malléable ou de la fonte dont l'acier provient. M. Le Play les explique par la *propension aciéreuse* (1) de certains fers, ce qui est simplement une façon de parler. Du reste, c'est à la suite d'observations attentives et par une longue pratique seulement que les ouvriers chargés du recuit et de la trempe parviennent à déterminer exactement les températures les plus convenables pour la trempe des divers aciers du commerce : ils suppléent par le coup d'œil aux instruments thermométriques.

(1) *Annales des Mines*, 4e série, t. III, p. 608.

Répétons-le, les propriétés physiques de l'acier ne dépendent pas seulement des causes énumérées, mais encore de la température et de la durée du refroidissement après la trempe. Si deux barres du même acier, réchauffées à la même température, refroidies dans la même eau, sont ensuite réchauffées dans les mêmes conditions jusqu'à ce qu'elles présentent la même coloration superficielle, puis refroidies à la même température, l'une dans l'eau, et l'autre dans l'huile, chacune d'elles aura une trempe différente suivant les différents modes de refroidissement dans ces liquides. Ces différences tiennent à la conductibilité, à la capacité pour la chaleur, et, comme le suppose M. Caron, à la mobilité des liquides. Aussi attachait-on autrefois beaucoup d'importance aux liquides employés dans la trempe; et de nos jours plusieurs fabricants d'acier affectent une très-grande réserve à ce sujet. Du temps de Pline, on était convaincu que la qualité de l'acier dérivait principalement de l'eau, et, à l'appui de son dire, cet auteur cite plusieurs localités célèbres par leurs aciéries établies là uniquement à cause de la présence d'eaux de bonne qualité, puisqu'il n'y avait là aucun minerai de fer (1). Les effets attribués à ces eaux étaient sans doute exagérés; mais la croyance qu'on avait dans leur efficacité était fondée jusqu'à un certain point; car la conductibilité de l'eau peut être modifiée par la présence des matières salines en dissolution. De tous les liquides, le mercure produit le refroidissement le plus rapide, à cause de son très-grand pouvoir conducteur, relativement à l'eau et aux autres liquides; dans les essais, on peut y recourir avec avantage. L'emploi de ce métal dans l'industrie est dangereux pour les ouvriers, à moins qu'on ne prenne des précautions extraordinaires pour empêcher le contact ou le dégagement de ses vapeurs; les difficultés que ces soins entraînent ne rendraient probablement

(1) Lib. XXXIV, cap. XIV, sect. 41. Sillig's edition, 1851, t. V, p. 185. « *Summa autem differentia in aqua cui subinde candens immergitur.* »

pas la trempe aussi efficace. Pour tremper à des températures plus élevées qu'il n'est possible avec l'eau, on a recours à des dissolutions salines, à l'huile et à des bains d'alliages métalliques facilement fusibles. L'emploi de l'huile est mentionné par Pline comme propre aux variétés d'acier susceptibles de trop durcir par l'immersion dans l'eau (1); depuis lors, on l'a toujours pratiqué ainsi. Toutefois, il y a peu de temps encore, on annonçait que M. Anderson, de l'arsenal de Woolwich, avait fait une merveilleuse découverte en trempant dans l'huile les culasses des canons Armstrong. Personne ne dut être plus surpris ou plus contrarié que M. Anderson lui-même de se voir cité comme l'inventeur d'un procédé déjà appliqué du vivant de Pline.

On doit remplir deux conditions essentielles dans la trempe : chauffer et refroidir l'acier le plus uniformément possible, et de part en part, que l'on ait à le durcir ou à le tremper. Quand il s'agit de petits objets, la difficulté n'est pas grande; mais, avec les grosses pièces, c'est tout différent. Il se peut que dans le recuit de ces pièces, chaque particule métallique soit portée à la même température; mais il est impossible, dans le refroidissement, que chaque particule soit refroidie avec la même rapidité, parce qu'au centre la température s'abaisse toujours plus lentement qu'à la partie extérieure.

Les détails nombreux et minutieux de la trempe d'objets en acier, de formes et de dimensions variées et de qualités différentes, sont en dehors du cadre de cet ouvrage. Un petit traité a été récemment publié sur ce sujet par un fabricant d'acier très-expérimenté, M. Ede, de l'arsenal de Woolwich; il paraît contenir beaucoup de renseignements précieux pour quiconque aurait l'intention de se vouer à ce qu'on appelait autrefois « le mystère de la trempe de l'acier (2). »

(1) Pline, lib. XXXIV, cap. XIV, sect. 41, p. 186. « *Tenuiora ferramenta oleo restingui mos est, ne aqua in fragilitatem durentur.* »

(2) *The Management of Steel including Forging, Hardening, Annealing*, etc. (Traitement

Avec de l'acier de « bonne qualité, » la température à laquelle on le réchauffe ne doit pas dépasser le rouge sombre, et l'on recommande de le plonger dans de l'eau « dégourdie. » Les objets à surface métallique brillante sont, dit-on, plus sujets à se criquer, lors de la trempe, que ceux dont la surface est revêtue d'une pellicule d'oxyde de fer par le laminage ou le martelage. Quand une pièce est formée d'une partie épaisse et d'une partie mince, la partie épaisse devra être plongée dans l'eau la première, afin d'égaliser autant que possible la durée du refroidissement dans la masse entière. Mais cela n'est pas toujours praticable, parce qu'il y a des pièces trop épaisses au centre; alors il faut les plonger peu à peu et perpendiculairement, en les faisant monter et descendre dans l'eau même, sans les sortir.

Dans le recuit et la trempe de certaines pièces, telles que les colliers d'excentrique, on peut d'abord adapter sur la paroi une pièce de fer, de manière à en rendre l'épaisseur égale à celle de la paroi, ce qui égalise dans toutes les parties plus ou moins la durée du chauffage et du refroidissement. On affirme que si l'on retire de l'eau de grosses pièces d'acier, avant d'être parfaitement froides, elles sont très-sujettes à se criquer. M. Ede insiste particulièrement sur ce point, et déclare que « des centaines de pièces se brisent parce qu'on les retire avant leur refroidissement complet. » Il ajoute qu'il s'est longtemps servi d'un bain de plomb chauffé au rouge pour réchauffer avant la trempe; bien qu'il ait constaté que pour beaucoup d'objets ce moyen répond au but proposé, il a évité d'y recourir, sauf dans les cas urgents, parce que l'acier éprouve de mauvais effets du plomb porté à cette température. Avant de plonger les pièces dans le plomb, il faut les frotter avec du savon vert, un mélange de plombagine et d'eau, ou de

de l'acier, comprenant l'étirage, le recuit, la trempe, le retrait et la dilatation, ainsi que la cémentation du fer, par George Ede, employé aux fabriques royales de canons, à l'arsenal de Woolwich). 2e édition, Londres, 1865, petit in-8°, p. 31.

la soudure de plombier. A l'exception du savon vert, il faut faire bien sécher les pièces avant de les immerger dans le plomb.

On a adopté pour la trempe, afin de chauffer les pièces uniformément, divers expédients : des plaques de fonte chauffées, des bains de sable, des bains d'huile ou de suif, des bains métalliques, etc. Le tableau suivant, où sont consignés les points de fusion des divers alliages de plomb et d'étain, a été publié, il y a bien des années, par Parkes pour l'usage des fabricants de coutellerie (1).

Composition des bains métalliques, à l'usage des fabricants de coutellerie.

NUMÉROS.		COMPOSITION DU BAIN.		TEMPÉRATURE
		Plomb.	Etain.	Degrés cent.
1	Lancettes	7	4	215,5
2	Autres instruments de chirurgie	7 1/2	4	221,1
3	Rasoirs, etc	8	4	227,7
4	Canifs et quelques instruments de chirurgie.	8 1/2	4	232,2
5	Canifs de plus grandes dimensions, scalpels, etc	10	4	243,3
6	Ciseaux, cisailles, houes de jardin, ciseaux à froid, etc	14	4	254,4
7	Haches, ciseaux plus forts, fers de rabot, couteaux de poche, etc	19	4	265
8	Couteaux de table, grandes cisailles, etc	30	4	276,6
9	Sabres, ressorts de montre, etc	48	4	287,7
10	Grands ressorts, poignards, tarières, petites scies fines, etc	50	2	292,2
11	Scies de charpentier, scies à main, et quelques ressorts particuliers	Huile de lin bouillante.		315,5
12	Articles qui exigent un acier un peu plus doux	Plomb fondant.		322,2

En 1854, un brevet fut accordé à James Horsfall, de Birmingham, pour un procédé de trempe des cordes d'acier à l'usage des pianos et d'autres instruments de musique (2). Ce brevet, devenu, dit-on, une source de grands bénéfices, mérite une

(1) *Chemical Essays*, 1815, t. V, p. 269.

(2) *An Improvement or Improvements in the manufacture of Wire for pianofortes*, etc. (Un ou plusieurs perfectionnements dans la fabrication des cordes d'acier pour pianos et autres instruments de musique). Année 1854, 15 mai, n° 1104.

mention particulière, parce qu'un brevet postérieur, attaqué en contrefaçon, a occasionné des procès dispendieux. Voici la description du brevet : « Le fil métallique étiré par le procédé « ordinaire, jusqu'au diamètre environ que doit avoir la corde, « est soumis au traitement suivant : je le chauffe au rouge, « et je le plonge ainsi chauffé dans l'eau ou dans l'huile; « cette opération durcit le fil. Je le plonge ensuite dans un « bain de plomb fondu, ou tout autre bain ayant à peu près la « température du point de fusion du plomb ; je laisse ledit fil « dans ce bain jusqu'à ce qu'il ait acquis la trempe voulue. La « durée varie avec la grosseur du fil. Après le rechauffage et la « trempe, le fil est soumis à un étirage final qui le réduit à la « grosseur convenable. Quoique j'aie décrit la méthode de ré- « chauffage et de trempe qui convient pratiquement au but pro- « posé, je ne m'y astreins pas, car on peut avoir recours à « d'autres procédés ; et quoique je préfère réchauffer et « tremper le fil immédiatement avant l'étirage final, comme je « l'ai décrit ici, toutefois ces opérations peuvent se faire à une « période quelconque antérieure à l'étirage final. Par le trai- « tement exposé, le fil métallique acquiert une dureté et une « ténacité qui le rendent admirablement propre aux pianos et « aux autres instruments de musique.

« Je revendique comme mon invention le réchauffage et la « trempe des fils d'acier pour pianos et autres instruments de « musique, avant l'étirage final qui réduit ces fils au diamètre « nécessaire, ainsi que je l'ai décrit ci-dessus. »

Ce brevet consiste donc à étirer finalement le fil métallique précédemment trempé au bleu foncé ou à peu près, c'est-à-dire aux environs du point de fusion du plomb.

L'expérience a amplement confirmé la valeur de cette invention fort simple.

Un brevet fut accordé ultérieurement à William Smith, d'Aston, près de Birmingham, en 1856 (1). Le point essentiel

(1) *Improvements in the manufacture of Steel wire.* (Perfectionnements dans la fabrica-

du procédé est mentionné dans l'extrait suivant : « Mes perfec-
« tionnements dans la fabrication de ces fils sont relatifs au
« recuit de l'acier ; ils ont pour objet un chauffage rapide et
« uniforme de ce métal jusqu'au rouge quand il est en masse,
« que cette masse soit formée d'une longueur considérable
« de fil enroulé, ou de la pièce même de métal à une des
« périodes de la fabrication. Mes perfectionnements sont aussi
« relatifs au traitement par le manganèse de ces masses d'a-
« cier, une fois chauffées au point déterminé. Ils consistent à
« disposer le four à recuire de telle manière que le feu ne
« puisse agir directement sur l'acier, ce qui attaquerait la sur-
« face extérieure du métal par suite de la chaleur intense
« qu'il recevrait ; on fait donc en sorte que la chaleur soit pro-
« duite par rayonnement.

« Le laboratoire du four où l'on introduit l'acier, en fil ou
« sous toute autre forme, est séparé du foyer, d'un côté par un
« autel qui s'élève jusque vers la voûte du four ; de l'autre
« côté, un autel semblable le sépare de l'endroit qui débouche
« dans le carneau, de sorte que le courant de gaz passe au-
« dessus des masses d'acier placées sur la sole du four, et ne
« les chauffe que par rayonnement.

« Toutefois, je ne m'astreins pas à la disposition de four
« telle que je viens de la décrire ; on peut y apporter des modi-
« fications ; mais je constate que par cette disposition la cha-
« leur se communique très-rapidement à travers la masse en-
« tière du métal, et quand il est chauffé au point fixé, ce qui
« exige ordinairement de six à dix minutes, la masse doit être
« immédiatement plongée dans l'oxyde de manganèse ; on
« l'étire ensuite pour la réduire à la grosseur demandée, sans
« réchauffage ultérieur... Ce que je revendique, c'est le ré-
« chauffage de l'acier employé à la fabrication de fils pour cordes
« d'instruments de musique ou pour d'autres usages, dans des

tion des fils d'acier pour les instruments de musique et autres usages) Année 1856, 15 avril, n° 897.

« fours tels que je les ai décrits, et l'action de l'oxyde de man-
« ganèse sur l'acier ainsi chauffé. »

Ce brevet semble aussi consister dans l'étirage final du fil métallique après l'avoir chauffé jusqu'à un certain degré, quoique le mode de trempe diffère de celui décrit dans le brevet précédent. Il s'agit de savoir si l'immersion du fil chauffé dans l'oxyde de manganèse constitue une trempe au degré spécifié dans le brevet Horsfall, ou si l'oxyde de manganèse agit d'une manière spéciale et différente de la brique pulvérisée, de l'oxyde de fer, de la chaux, etc. Horsfall intenta contre Smith un procès en contrefaçon. Des chimistes furent appelés à donner leur avis, etc., et rendirent finalement un jugement en faveur du défendeur.

Théorie du recuit et de la trempe de l'acier. — Dans la partie de cet ouvrage qui traite des composés de fer et de carbone, on trouve rapportés plusieurs faits tendant à éclaircir ce sujet. La question qui se présente naturellement tout d'abord est de savoir si la différence physique entre l'acier dur et l'acier doux dépend simplement d'une cause physique, ou si elle est due à une modification chimique, ou enfin si elle provient des deux causes agissant simultanément.

Or, il paraît certain qu'un morceau d'acier qui, après avoir été durci, se dissout complétement dans l'acide chlorhydrique, donne toujours une proportion appréciable de résidu charbonneux lorsqu'il est soumis, à l'état doux, à l'action du même dissolvant. M. Faraday, autant que nous sachions, est le premier qui, en 1822, ait signalé cette différence (1). « La
« poudre, dit-il, qu'on obtient dans ces expériences, de l'acier
« doux ou de l'alliage, quand elle n'est pas restée longtemps
« dans l'acide, ressemble exactement à de la plombagine divi-
« sée, et paraît être un carbure de fer, et probablement aussi
« un carbure de l'alliage. » [Il s'agit ici spécialement de l'acier

(1) *On the Alloys of Steel.* (Sur les alliages d'acier.) *Trans. Phil.*, lu le 21 mars 1822, p. 265.

allié avec le platine.] « L'eau n'exerce pas d'action sur cette « poudre ; mais à l'air, le fer s'oxyde et décolore la substance. « Quand elle reste longtemps dans l'acide ou qu'on l'y fait « bouillir, elle se réduit au même état que la poudre provenant « de l'acier ou de l'alliage dur. Quand on fait bouillir l'un ou « l'autre de ces résidus dans de l'acide sulfurique ou chlorhy- « drique dilué, le protoxyde de fer se dissout et il reste une « poudre noire, inattaquable ultérieurement par l'acide ; il pa- « raît s'en former une plus grande quantité avec les alliages « qu'avec l'acier pur. Quand elle est lavée, séchée, puis chauf- « fée à 150° C. ou 215° C. à l'air libre, elle brûle comme le fer « pyrophorique avec beaucoup de fumée ; ou bien si on l'al- « lume, elle brûle comme le bitume et avec une flamme bril- « lante ; le résidu est du protoxyde de fer et du métal d'al- « liage. Ainsi, durant l'attaque, une partie de l'hydrogène « entre en combinaison avec une partie du métal et du char- « bon de bois et forme un composé inflammable sur lequel « l'acide n'agit point. L'action de l'acide azotique sur ces pou- « dres produit certains effets très-notables. Si l'on prend celle « qui provient de l'acier pur, elle se dissout entièrement ; c'est « aussi le cas, si la poudre est fournie par un alliage dont le « métal est soluble dans l'acide azotique ; mais si la poudre « provient d'un alliage dont le métal est insoluble dans l'acide « azotique, il reste un résidu noir que n'attaque point l'a- « cide, et qui, lorsqu'il est lavé et séché avec soin, crépite « quand on le chauffe et détone fortement quand il est préparé « avec soin, pour quelques métaux. »

Les acides attaquent beaucoup plus difficilement l'acier durci que le même acier adouci ; et à l'appui, on peut citer l'expérience suivante de Daniell : « Une barre d'acier à « cassure grenue, homogène, fut cassée en deux. Les deux « morceaux furent chauffés au rouge cerise. Dans cet état, « l'un d'eux fut plongé dans l'eau froide, tandis que l'autre se « refroidit très-lentement en éteignant peu à peu le feu. Ils

« furent plongés l'un et l'autre dans l'acide chlorhydrique au-« quel on avait ajouté quelques gouttes d'acide azotique. Le « dernier morceau fut attaqué graduellement, mais il fallut, « pour saturer l'acide, cinq fois autant de temps qu'avec le pre-« mier. Quand les dissolvants eurent cessé d'agir, les deux « morceaux furent examinés. L'acier trempé [recuit dur] était « extrêmement cassant ; sa surface était couverte de petites pi-« qûres analogues à celles du bois rongé par les termites ; mais « sa texture était très-compacte et nullement striée. L'acier « non trempé [adouci] était facilement plié, mais sans élasti-« cité ; il présentait une texture fibreuse et à facettes (1). »

Dans l'acier en fusion, ou même dans l'acier solide, mais fortement chauffé, la totalité du carbone est combinée ou simplement dissoute, et par la solidification subite du métal dans le premier cas, ou par son refroidissement soudain dans le second cas, la totalité du carbone reste disséminée dans toute la masse. Cependant, le carbone peut s'être séparé et se trouver à l'état de division extrême ; on conçoit qu'il puisse être à l'état allotropique de graphite, et que par suite de son état atomique de désagrégation, si on peut s'exprimer ainsi, il puisse se combiner avec l'hydrogène naissant et donner un résidu qui atteste la présence du carbone *combiné*. Que cette manière de voir soit exacte ou non, il est certain que l'acier dur et l'acier doux diffèrent essentiellement quant au mode d'existence du carbone dans la masse.

La présence du carbone ou de quelque autre élément est essentielle pour faire durcir le fer quand, après avoir été porté au rouge, il est subitement refroidi. Ce procédé, en effet, ne modifie sensiblement aucun *métal pur* dans ses propriétés physiques. Certains alliages, on le sait, éprouvent un changement dans leurs propriétés par un refroidissement instantané ; plusieurs exemples de ce changement seront cités par la suite.

(1) *The Journal of Science and the Arts*, 1817, t. II, p. 281.

Ainsi, l'alliage de cuivre et d'étain, ou bronze, s'adoucit lorsqu'il est plongé au rouge dans l'eau, tandis qu'un alliage de zinc avec une faible proportion de plomb, se durcit lorsqu'on le refroidit rapidement, après l'avoir fondu.

Les molécules d'acier durci sont évidemment à un état de tension, probablement analogue à celui des molécules de verre à l'état non recuit; il est raisonnable de supposer que si l'acier était transparent, le polariscope y révélerait une structure semblable à celle que cet instrument rend visible dans le verre.

Forgeage de l'acier.

En martelant l'acier à des températures convenables, on modifie d'une manière remarquable sa structure et on augmente considérablement sa ténacité. L'effet du martelage est de produire du grain, comme cela apparaît à la cassure, et si on compare la cassure d'une petite barre d'acier martelée avec celle d'une partie de la même barre rougie et ensuite refroidie lentement, on observera une différence frappante : le grain est beaucoup plus gros dans la dernière. La température à laquelle l'acier peut être martelé dépend de sa qualité, ou, en d'autres termes, de sa composition chimique. Quelques variétés ne peuvent être forgées sans se criquer, qu'à des températures relativement très-basses, et par conséquent entraînent des frais considérables, parce que la facilité avec laquelle un métal peut être façonné sous le marteau varie en proportion directe de sa douceur, et que sa douceur est, toutes choses égales d'ailleurs, proportionnelle à sa température. L'acier wootz, par exemple, ne peut être travaillé qu'au rouge sombre. D'un autre côté, il y des aciers qui peuvent être forgés ou laminés à des températures relativement très-élevées.

Soudage de l'acier.

La facilité avec laquelle l'acier peut se souder sur l'acier diminue à mesure que le métal se rapproche de la fonte par sa teneur en carbone, ou, ce qui revient au même, elle augmente suivant que le métal se rapproche davantage du fer forgé sous le rapport du carbone. Ainsi, pour souder ensemble deux morceaux d'acier, toutes choses égales d'ailleurs, plus leurs points de fusion coïncident, — et ces points sont déterminés par la proportion de carbone que les aciers contiennent, — moins la difficulté est grande. Si les points de fusion diffèrent sensiblement, le degré de soudage de l'un étant rapproché du degré de fusion de l'autre, la différence de plasticité, pour ainsi dire, entre les deux morceaux, peut être assez considérable pour que, portés sous le marteau à la température de soudage la plus basse, celui qui est le moins fusible soit plus facilement martelé; or, sous ce rapport, la moindre inégalité est nuisible : elle constitue la difficulté de souder l'acier sur le fer forgé. Une autre condition évidemment défavorable est déterminée par la différence de dilatation entre deux pièces quelconques de métal qu'il s'agit de souder.

Raffinage de l'acier.

On casse des barres d'acier de cémentation en morceaux d'environ 0m.40 de longueur, et on les étire au rouge sous le marteau, de manière à leur donner environ 0m.038 de largeur, et 0m.013 d'épaisseur. On fait une trousse de plusieurs barres ainsi obtenues, et l'on cercle solidement l'une des extrémités du paquet, en y adaptant un manche. On chauffe, dans un four à coke, l'extrémité libre de la trousse jusqu'au blanc soudant, en la saupoudrant, pendant le réchauffage, d'argile finement pulvérisée; ensuite on la soude sous le martinet et on réduit la dimension à environ 12 centimètres carrés. On détache alors le cercle de fer à l'autre extrémité de la barre, et on la traite absolument comme la première. A cet état, l'acier s'appelle « une fois corroyé. » On le casse en deux parties égales, que l'on peut encore souder ensemble et étirer de manière à donner au métal les dimensions dont on a besoin, et l'on forme ainsi de « l'acier deux fois corroyé. » L'argile projetée est destinée à prévenir, autant que possible, l'oxydation de la surface et la décarburation qui en résulte. Le nom de *shear-steel* donné en anglais à cet acier s'explique par ce fait que les lames de ciseaux servant autrefois à tondre les étoffes de laine étaient fabriquées comme on vient de le dire (1).

Moulage de l'acier sur le fer.

On a trouvé dernièrement le moyen de souder le fer forgé et l'acier, en faisant fondre ce dernier et en le mettant en contact avec le fer chauffé préalablement à blanc et saupoudré de borax, afin de rendre la croûte d'oxyde extrêmement fusible. A l'Exposition de 1862, on remarquait des bandages de roues en fer forgé sur lequel on avait coulé extérieurement de l'acier fondu. En examinant ces bandages entiers ou cassés, le soudage entre les deux cercles de métal paraissait parfait; une partie de l'un de ces bandages, qui avait été martelée à chaud, n'indiquait aucune trace d'exfoliation. Cette invention est toute française (2); en Angleterre, la Compagnie des fers de Monkbridge, près de Leeds, fabrique d'après ce procédé. Voici la description du mode de fabrication extraite d'une circulaire imprimée. — « La couronne intérieure du bandage est en fer du Yorkshire de la meilleure qualité, spécialement adapté à cet usage; la couronne extérieure et le boudin sont en acier fondu raffiné. Le fer qui forme le cercle intérieur du bandage est martelé et laminé de manière à former une couronne solide à la dimension

(1) *The Useful Metals and their Alloys*, p. 345.

(2) L'invention de M. Verdié est appliquée actuellement aux aciéries et forges de Firminy.

voulue; lorsqu'il est chauffé au blanc soudant, et que sa surface a été soigneusement décapée (1), on le place dans une lingotière en fonte, puis on coule l'acier sur le fer, dans le vide ménagé entre la couronne et la face intérieure du moule. Le fer étant au blanc soudant, et l'acier à une température encore plus élevée, le soudage est parfait. On retire ensuite la couronne aciérée et on la soumet au martelage en lui conservant sa forme circulaire, afin de lui donner cette solidité et cette homogénéité que le martelage seul peut faire acquérir; ensuite on la lamine, de manière à lui donner exactement les dimensions et la forme exigées, avec un puissant laminoir construit spécialement pour cette fabrication. On finit le bandage après l'avoir mandriné si exactement, qu'il est prêt pour l'embattage sur la roue, sans qu'on ait besoin plus tard de rafraîchir sa surface extérieure, ce qui est un point très-important, car la surface extérieure est toujours la partie la plus dure et la plus homogène du bandage. Le soudage de l'acier et du fer est si parfait qu'il est impossible de les séparer. »

Damassage.

La signification et l'origine de ce mot ont été déjà expliquées (2), et l'on a parlé plusieurs fois de ce procédé en traitant des alliages de fer. Damas a été longtemps célèbre par la fabrication des lames de sabre avec l'acier wootz (3). Ces lames, après avoir été polies, sont soumises à l'action d'un acide ou de toute autre matière corrosive; un dessin ou un moiré particulier, qui provient d'une inégalité de composition du métal, ne tarde pas à apparaître à la surface, d'où résulte une irrégularité dans l'attaque de l'acide. C'est dans ce siècle seulement qu'on s'est rendu compte de la cause

(1) C'est-à-dire saupoudrée de borax.

(2) *Métallurgie*, t. II, p. 311.

(3) Wilkinson, *Engines of War*, etc. (Machines de guerre : Des sabres, du bronze et du fer, et du moiré des lames de Damas), p. 184 et suiv.

de cette inégalité et de la méthode de fabrication. Le moiré du damassage tient à la différence de coloration qui résulte de l'action des acides sur le fer et l'acier; la surface du premier conserve son éclat métallique et celle du dernier se recouvre d'un résidu charbonneux noir et très-adhérent. En mettant en paquet des barres d'acier et de fer, qu'on soude, et qu'on étire ensuite sous le marteau ou autrement, des dessins de diverses espèces peuvent être produits, absolument comme pour le verre lorsque l'on chauffe ensemble des morceaux de verre de diverses couleurs, et qu'on en fait des tiges. Les objets de verre, tels que serre-papiers, etc., ainsi fabriqués, sont devenus d'un usage très-répandu. Depuis quelques années, les objets en acier damassé et en fer sont souvent colorés en brun par l'application à leur surface de liquides particuliers. M. Charles W. Lancaster, armurier distingué, nous a fait connaître la recette suivante pour damasser et rubaner les canons de fusil; il a répété cette opération en notre présence : La surface est d'abord soigneusement polie, puis enduite d'un mélange épais de blanc d'Espagne et d'eau, qui, lorsqu'il est sec, est frotté avec une brosse dure afin d'enlever complétement l'huile; ensuite on applique, avec une éponge, à la surface du canon de fusil une petite portion d'un mélange dont la recette est donnée plus loin, et qu'on laisse adhérer pendant trois heures; toute la surface est alors couverte d'une rouille qui s'enlève avec une brosse fine en fils d'acier. On répète la même opération dix ou quatorze jours de suite. Quand le canon de fusil a pris une teinte assez foncée, on le réchauffe en projetant de l'eau bouillante à la surface, et dès qu'il est refroidi, on le frotte avec de l'huile de spermaceti de la meilleure qualité. Voici comment se prépare ce mélange : on mêle soigneusement dans un mortier 1^{gr}.770 de sublimé corrosif ($HgCl$) avec 60 grammes d'une dissolution de chlorure de chaux (hypochlorite) et on abandonne le tout pendant six heures. On ajoute ensuite à ce mélange 10 gouttes d'acide azotique, et on laisse reposer le tout pendant huit heures, puis on ajoute $1^l.135$ d'eau distillée. Le mélange est prêt à employer au bout de trois jours.

VI. RÉSISTANCE ET DILATATION.

Résistance de la fonte, du fer et de l'acier.

Les tableaux qui suivent plus loin (page 313 à 323) résument les principales séries d'expériences faites en Angleterre sur la résistance mécanique de la fonte, du fer forgé, et de l'acier.

Le tableau n° I, publié dans les Actes de l'Institut des ingénieurs civils de l'année 1844, contient les résultats des essais sur la résistance à la rupture, par effort transversal, de cinquante-deux échantillons de fonte différents. Il est extrait d'une série plus considérable d'expériences publiée dans les *Mémoires de la Société littéraire et philosophique de Manchester*, vol. VI, p. 273. Les chiffres de ce tableau représentent les poids nécessaires pour rompre des barres d'une section de $6^{cq}.45$ et de $1^m.370$ de longueur, supportées aux deux extrémités et chargées au centre, ainsi que la limite extrême de flexion avant la rupture.

Le tableau n° II, contient les moyennes d'une série d'essais très-consciencieux faits sur diverses qualités de fonte à l'arsenal royal de Woolwich dans les années 1856-1859, pour déterminer leur résistance à la traction, à la tension et à l'écrasement. Ce tableau renferme les données suivantes :

1. *Traction.* — On a généralement déterminé cette résistance en prenant la moyenne de douze essais de rupture de : —
2 barres moulées verticalement et refroidies rapidement,
2 — — graduellement,
2 — — lentement,
— et de 3 autres barres refroidies de même, mais moulées

horizontalement. Ces barres avaient $0^m.559$ de longueur et 13 centimètres carrés. Les poids indiqués sont ceux nécessaires à la rupture d'une barre de un pouce ($0^m.0254$) de côté, à la distance de un pouce ($0^m.0254$) du point d'appui. On peut ramener à ce type les nombres consignés dans le tableau n° I, en les multipliant par 13,5. L'allongement limite était enregistré au moment de la rupture par un appareil automoteur.

2. *Flexion.* — On a déterminé cette résistance en arrachant par pression de petites tiges ayant 1,3 pouce ($0^m.033$) pour plus petit diamètre. Les valeurs du tableau sont presque dans tous les cas la moyenne de dix-huit essais. La flexion limite, avant la rupture, est celle d'une colonne de 1,8 pouce ($0^m.046$) de hauteur ; elle n'est qu'approximative.

3. *Torsion.* — Cette résistance a été déterminée sur des barres rondes de $0^m.203$ de longueur entre les points d'appui, et de $0^m.046$ de diamètre. Les angles mesurent le degré de torsion de la barre au moment de la rupture. Le résultat est basé sur six expériences, dont une sur chacun des six groupes de trois barres ayant servi à l'essai des résistances à la traction et à la flexion.

4. *Écrasement.* — Les chiffres sont déduits d'expériences sur des cylindres de $0^m.033$ de hauteur et de $0^m.0152$ de diamètre. Chacun d'eux représente la moyenne de six résultats calculés de la même manière que ceux des séries précédentes.

Le tableau n° III contient les résultats d'une série d'expériences de M. W. Fairbairn, empruntée au Compte rendu de l'Association britannique de l'année 1853, pour montrer l'influence que des fusions répétées exercent sur la résistance de la fonte à la flexion et à l'écrasement. La résistance à la traction est représentée, comme dans le tableau n° I, par le poids nécessaire à la rupture d'une barre de 1 pouce carré (6 centimètres carrés), et de $1^m.370$ de longueur entre les points d'appui, chargée au centre. Il faut multiplier ces nombres par 13,5 pour les ramener au type de résistance adopté dans les expériences de Woolwich. Dans quelques cas, la teneur en soufre, en silicium et en carbone des échantillons a été donnée d'après les dosages du professeur C. Calvert. Comme la fusion s'opérait au cubilot avec du coke, il est évident que, pendant la fonte, le fer pouvait avoir subi des modifications chimiques importantes, de nature à altérer notablement sa qualité. Il est difficile d'admettre qu'une *simple fonte* qui n'ajouterait ou ne retrancherait aucun élément au métal puisse produire un effet décisif.

Dans les tableaux n°s IV, V, VI, VII et VIII, on a consigné les résultats généraux d'une série d'expériences très-consciencieuses sur la résistance de diverses variétés de fer forgé et d'acier, en barres et en tôle. Ces expériences de M. D. Kirkaldy ont été publiées *in extenso* dans son ouvrage intitulé *Recherches expérimentales* (1) sur la résistance à la traction et sur quelques autres propriétés de différentes variétés de fer forgé et d'acier. La dernière colonne fait connaître la proportion dans laquelle l'aire de résistance se réduit avant la rupture et diffère de l'aire primitive de l'échantillon, c'est-à-dire la contraction de la surface produite par la force de traction : c'est un élément important dans l'indication des qualités de travail du métal. Les spécimens dans lesquels la stricture de l'aire est la plus grande, ont généralement le plus de corps et sont les plus doux ; ils exigent pour se rompre un effort agissant progressivement; le poids de rupture croissant est ainsi supporté par une surface décroissant constamment, tandis que des échantillons plus durs peuvent supporter un poids absolu plus grand ; mais, à cause de leur résistance à la traction, ils conservent, à très-peu de chose près, jusqu'à la fin leur aire primitive et se rompent tout à coup avec secousse.

(1) On a déjà mentionné cet excellent ouvrage, qui devrait être entre les mains de tous les ingénieurs.

TABLEAU I.

Résultats d'expériences sur les fontes à air chaud et à air froid des principales usines de la Grande-Bretagne (FAIRBAIRN, Institut des ingénieurs civils, 1844).

NUMÉROS.	NOMS.	POIDS spécifiques.	POIDS DE RUPTURE en livres par pouce quarré.	POIDS DE RUPTURE en kilogram. par millimètre quarré.	LIMITE DE LA FLEXION DES BARRES de 1m,372 de longueur. Pouces anglais.	LIMITE DE LA FLEXION DES BARRES de 1m,372 de longueur. Millimètres.
1	Ponkey........ nº 3 air froid.	7.122	581	0.40834	1.747	44.373
2	Devon........ nº 3 » chaud.	7 251	537	0.37741	1.090	27.685
3	Cleator........ » froid.	7.296	537	0.37741	1.001	25.425
4	Oldbury....... nº 3 » chaud.	7.300	530	0.37249	1.005	25.527
5	Carron........ nº 3 » id.	7.056	527	0.37039	1.365	34.670
6	Beaufort....... nº 3 » id.	7.069	517	0.36336	1.599	40.105
7	Butterley....... nº 3 » id.	7.038	502	0.35282	1.815	46.100
8	Bute........ nº 1 » froid.	7.066	491	0.34508	1.764	44 805
9	Windmill End. nº 2 » id.	7.071	489	0.34368	1.581	40.157
10	Old Park...... nº 2 » id.	7.049	485	0.34087	1.621	41.173
11	Beaufort....... nº 2 » chaud.	7.108	474	0.33384	1.512	38.404
12	Low Moor..... nº 2 » froid.	7.055	472	0.33173	1.852	47.040
13	Buffery....... nº 1 » id.	7.079	463	0.32541	1.550	39.369
14	Brymbo....... nº 2 » id.	7.017	459	0.32259	1.748	44.398
15	Apedale....... nº 2 » chaud.	7.017	456	0.32049	1.730	43.941
16	Oldbury....... nº 2 » froid.	7.059	455	0.31978	1.811	–45.999
17	Pentroyn...... nº 2 »	7.038	455	0.31978	1.484	37.793
18	Maesteg....... nº 2 »	7.038	454	0.31908	1.957	49.707
19	Muirkirk...... nº 1 » froid.	7.113	453	0.31838	1.734	–44.043
20	Adelphi....... nº 2 » id.	7.080	449	0.31557	1.759	44.678
21	Blaina........ nº 3 » id.	7.159	448	0.31486	1.726	43.840
22	Devon........ nº 3 » id.	7.285	448	0.31486	0.790	45.465
23	Garthsherry... nº 3 » chaud.	7.017	447	0.31416	1.557	39.547
24	Frood......... nº 2 » froid.	7.031	447	0.31416	1.825	–46 354
25	Lane End..... nº 2 »	7.028	444	0.31205	1.414	–35.915
26	Carron........ nº 3 » froid.	7.094	443	0.31135	1.336	33 934
27	Dundyvan..... nº 3 » id.	7.087	443	0.31135	1.469	–37.312
28	Maesteg.......	7.038	442	0.31065	1.887	–47.929
29	Corbyn's Hall.. nº 2 » chaud.	7.007	442	0.31065	1.687	–42.849
30	Pontypool...... nº 2 »	7.080	440	0.30924	1.857	–47.167
31	Wallbrook..... nº 3 »	6.979	440	0.30924	1.443	–36.652
32	Milton........ nº 3 » chaud.	7.051	438	0.30784	1.368	34.747
33	Buffery....... nº 1 » id.	6.998	436	0.30643	1.640	–41.655
34	Level......... nº 1 » id.	7.080	432	0.30362	1 516	–38.506
35	Pant.......... nº 1 » id.	6.975	431	0.30292	1.251	31.775
36	Level......... nº 2 » id.	7.031	429	0.30151	1.358	–34.493
37	W. S. S....... nº 2 »	7.041	429	0 30151	1.339	–34.010
38	Eagle fonderie. nº 2 » chaud.	7.038	427	0 30010	1 512	–38.404
39	Elsecar....... nº 2 » froid.	6.928	427	0.30010	2.224	31.089
40	Varteg........ nº 2 » chaud.	7.007	426	0.29940	1.450	–36.829
41	Colsham....... nº 1 » id.	7.128	424	0.29800	1.532	–38.912
42	Carroll........ nº 2 » froid.	7 069	419	0.29448	1.231	31.267
43	Muirkirk...... nº 1 » chaud.	6.953	418	0.29378	1.570	–39.877
44	Brierley....... nº 2 »	7.183	418	0,29378	1.222	31.038
45	Coed Talin.... nº 2 » chaud.	6.969	416	0 29237	1.882	–47.702
46	Blackbarrow... froid.	7.172	416	0.29237	1.736	–44.094
47	Coed Talin.... nº 2 » id.	6.955	413	0.29026	1.470	–37 337
48	Sarnakoff...... id.	7.216	372	0.26145	1.160	29.463
49	Monkland..... nº 2 » chaud	6.916	403	0.28324	1.762	–44.754
50	Lays Works... nº 1 » id.	69.57	392	0.27505	1.890	–48.005
51	Milton........ nº 1 » id.	69.76	369	0.25934	1.525	–38.734
52	Plas Kynaslon.. nº 2 » id.	6.916	357	0.25091	1.366	–34.696

TABLEAU II.

Expériences sur les résistances mécaniques de la fonte, faites à l'Arsenal royal de Woolwich.

NUMÉROS.	NOMS des hauts fourneaux et forges.	MARQUES.	MINERAIS.	COMBUSTIBLE.	FONDANTS ou castine.	VENT.	DENSITÉ.	A LA TRACTION en tonnes par pouce quarré.	A LA TRACTION en kilogrammes par millimètre quarré.	A LA FLEXION en tonnes par pouce quarré.	A LA FLEXION en kilogrammes par millimètre quarré.	A LA TORSION en tonnes par pouce quarré.	A LA TORSION en kilogrammes par millimètre quarré.	A L'ÉCRASEMENT en tonnes par pouce quarré.	A L'ÉCRASEMENT en kilogrammes par millimètre quarré.	ALLONGEMENT LIMITE en pouces.	ALLONGEMENT LIMITE en millimètres.	FLEXION LIMITE en pouces.	FLEXION LIMITE en millimètres.	Angle en degrés.
	FONTES ANGLAISES. *Whitehaven.*																			
1	Fonderie hémat.	No 1, moulage.	Hématite rouge.	Coke.	Calcaire houiller et schiste.	»	7.097	6.35	9.9968	2.07	3.2388	1.66	2.6133	23.28	36.6497	0.011	0.279	0.101	4.089	7.2
2	»	No 3, id.	»	»	»	»	7.214	7.93	12.4842	2.28	3.5894	1.87	2.9439	36.72	57.8083	0.012	0.305	0.120	3.048	5.8
3	»	No 4, id.	»	»	»	»	7.100	7.84	12.3425	2.72	4.2821	2.22	3.4949	36.87	58.0444	0.012	0.305	0.152	3.861	4.9
	Ulverstone.																			
4	Harrison, Ainslie et Ce.	Fonte 1re fusion.	Hématite rouge.	Charbon de bois.	»	»	»	»	»	2.49	3.0200	»	»	»	»	»	»	»	»	»
5	»	Id. 2e id.	»	»	»	»	7.330	7.85	12.3583	2.71	4.2663	»	»	»	»	»	»	»	»	»
6	Weardale et Ce.	Fonte no 1.	Fer spathique et minerai brun	Coke.	Calcaire houiller.	»	7.088	8.07	12.7016	2.50	3.9357	2.46	3.8728	26.68	42.0023	0.010	0.254	0.147	3.734	10.1
7	»	Id. no 3.	»	»	»	»	7.158	9.76	15.3652	3.29	5.1794	2.66	4.1876	40.20	63.2869	0.011	0.279	0.181	4.597	7.7
8	»	Id. no 4.	»	»	»	»	7.248	10.50	16.5302	3.43	5.3998	2.83	4.4553	48.79	76.8101	0.009	0.229	0.173	4.394	7.2
9	»	Id. 2e fusion.	»	»	»	»	7.180	13.54	21.3160	3.99	6.2814	2.80	4.4080	54.56	85.8938	0.012	0.305	0.191	4.851	5.2
	Middlesboro'-on-Tees.																			
10	H. F. de South-bank.	Fonte no 2 durcie par le procédé Calvert.	Carbonate vert siliceux des monts Cleveland.	Coke épuré.	Calcaire permien (dolomie)	»	7.089	8.23	12.9565	2.79	4.3023	2.86	4.5025	38.79	71.0671	0.008	0.203	0.110	2.794	5.7
11	»	Fonte, moulage no 2.	»	»	»	»	7.023	7.07	11.1303	2.48	3.9042	2.51	3.9515	34.79	54.4078	0.006	0.152	0.105	2.667	6.5
12	Forges de Stockton.	No 1, air chaud.	Minerai Cleveland et hématite rouge.	Coke.	Calcaire houiller.	Air chaud.	7.148	11.52	18.1360	3.20	5.0378	2.62	4.1247	44.43	69.9401	0.011	0.279	0.136	3.454	4.2
13	»	No 3, id.	»	»	»	»	7.135	9.94	15.6485	3.09	4.8746	2.81	4.4238	38.87	61.1930	0.009	0.228	0.134	3.403	5.7
14	Forge de Bowling.	A. canon.	Minerai houiller	Coke.	»	Air froid.	7.233	12.43	19.5685	4.51	7.1001	»	»	»	»	»	»	»	»	»

NUMÉROS.	NOMS des hauts fourneaux et forges.	MARQUES.	MINERAIS.	COMBUSTIBLE.	FONDANTS ou castiné.	VENT.	DENSITÉ.	A LA TRACTION		A LA FLEXION		A LA TORSION		A L'ÉCRASEMENT		ALLONGEMENT LIMITE		FLEXION LIMITE		Angle en degrés.
								en tonnes par pouce quarré.	en kilogrammes par millimètre quarré.	en tonnes par pouce quarré.	en kilogrammes par millimètre quarré.	en tonnes par pouce quarré.	en kilogrammes par millimètre quarré.	en tonnes par pouce quarré.	en kilogrammes par millimètre quarré.	en pouces.	en millimètres.	en pouces.	en millimètres.	
15	»	»	»	»	»	»	7.233	12.01	18.9073	4.19	6.5063	»	»	»	»	»	»	»	»	»
16	»	N° 2, 1er échantillon.	»	»	»	»	7.154	6.90	10.9571	2 83	4.4553	»	»	»	»	»	»	»	»	»
17	»	N° 3, id.	»	»	»	»	7.046	7.83	12.3268	2.24	3.5264	»	»	»	»	»	»	»	»	»
18	»	N° 2, 2e échantillon.	»	»	»	»	7.203	11.97	18.8444	4 02	6.3287	»	»	»	»	»	»	»	»	»
19	»	N° 3, id.	»	»	»	»	7.289	13.10	20.6233	4 47	7.0371	»	»	»	»	»	»	»	»	»
20	Forge de Butterley	N° 1, moulage.	»	Houille.	Calcaire houiller.	Air chaud.	7.141	10.44	16.4357	3 17	4.9905	3.23	5.0850	39.50	62.1848	0.010	0.254	0.145	3.683	9.3
21	»	N° 2, id.	»	»	»	»	7.078	8.47	13.3343	2.71	4.2663	2.68	4.2191	23.37	36.7914	0.010	0.254	0.128	3.251	7.5
22	»	N° 3, id.	»	»	»	»	7.126	10.39	16.3570	2.99	4.7072	3.10	4.8803	40.92	64.4204	0.009	0.229	0.130	3.331	7.5
23	»	N° 3, *blue rake.*	»	»	»	»	7.073	10 77	16.9552	3.29	5.1794	2.84	4.4710	43.32	68.1987	0.010	0.254	0.153	3.886	6.4
24	»	Brevet Low.	»	»	Fondant breveté contenant du peroxyde de manganèse, du graphite et du nitre.	»	7.186	11.24	17.6951	3 53	5.5573	2.13	3.3533	55.89	87.0876	0.009	0.229	0.145	3.683	3.9
	Ilkeston. *Derbyshire.*																			
25	Forge de Ouest Hallam.	N° 1, *fusion.*	»	1/3 houille et 2/3 coke.	»	Air chaud.	7.121	9.87	15.5383	3 39	5.3369	3.26	5.1322	36.71	57.7926	0.012	0.305	0.153	3.886	8.1
26	»	N° 2, id.	»	»	»	»	7.217	13.32	20.9697	4 04	6.3602	3.62	5.6990	53.34	83.9732	0.014	0.355	0.172	4.369	8.0
27	»	N° 3, id.	»	»	»	»	7.239	13 44	21.0586	4.20	6.6121	3.56	5.6045	53.71	84.5557	0.013	0.330	0.157	3.988	8.6
28	»	Grise de forge.	»	»	»	»	7.166	11.33	17.8368	3.46	5.4471	3.44	5.4156	44.28	69.7100	0.012	0.305	0.142	3.607	8.3
29	»	N° 4, forge forte.	»	»	»	»	7.117	8.86	13.9483	3.20	5.0378	2.86	—4.5025	33.62	52.9280	0.010	0.254	0.159	4.039	8.7
	Staffordshire nord																			
30	Forge de Goldendale.	Gueuse.	»	Houille.	Calcaire houiller.	»	7.096	11.35	17 8683	3.39	5.3369	3.05	4.8016	50.65	79.7383	0.008	0.203	0.132	3.353	4.5

NUMÉROS.	NOMS des hauts fourneaux et forges.	MARQUES.	MINERAIS.	COMBUSTIBLE.	FONDANTS ou castine.	VENT.	DENSITÉ.	A LA TRACTION		A LA FLEXION		A LA TORSION		A L'ÉCRASEMENT		ALLONGEMENT LIMITE		FLEXION LIMITE		Angle en degrés.
								en tonnes par pouce quarré.	en kilogram. par millimètre quarré.	en tonnes par pouce carré.	en kilogram. par millimètre quarré.	en tonnes par pouce quarré.	en kilogram. par millimètre quarré.	en tonnes par pouce quarré.	en kilogram. par millimètre quarré.	en pouces.	en millimètres	en pouces.	en millimètres	
31	Forge de Netherton.	No 1, moulage.	»	Coke.	Calcaire silurien.	Air froid.	7.125	9.16	14.4206	3.10	4.8803	2.74	—4.3136	33.02	51.9834	0.010	0.254	0.166	4.216	14.4
32	»	No 2, id.	»	»	»	»	7.175	11.61	18.2776	3.63	5.7147	3.21	5.0535	38.60	—60.7680	0.011	0.279	0.196	4.978	14.9
33	»	No 3, forge grise.	»	»	»	»	7.161	10.81	17.0182	3.41	5.3684	2.77	4.3608	38.79	61.0671	0.012	0.305	0.177	4.495	14.5
34	»	Nos 4 et 5, forge.	»	»	»	»	7.217	13.55	21.3318	4.20	6.7337	3.38	5.3211	48.34	76.1017	0.014	0.355	0.200	5.054	14.1
35	»	No 5, forge forte.	»	»	»	»	»	»	»	3.63	5.7147	»	»	»	»	»	»	0.123	3.124	»
36	H. F. de Parkhead, Dudley.	Moulage.	»	Coke.	Calcaire silurien.	Air froid.	7.195	12.06	18.9861	3.47	5.4028	3.22	5.0692	42.76	67.3171	0.011	0.279	0.168	4.267	16.2
37	»	Forge grise.	»	»	»	»	7.082	8.41	13.2399	2.68	4.2191	2.66	4.1876	31.12	48.9922	0.010	0.254	0.144	3.657	10.6
38	»	Forge.	»	»	»	»	7.193	13.64	21.4735	3.95	6.2185	3.44	5.4156	47.87	75.3617	0.013	0.330	0.183	4.648	11.7
39	H. F. de Old Hill, près de Dudley.	No 2, moulage.	Argileux houiller et hématite d'Ulverstone.	Coke.	Calcaire silurien deSpringfield.	»	6.949	6.51	10.2487	2.32	3.6524	2.07	3.2588	22.54	35.4847	0.009	0.228	0.133	3.378	10.1
40	»	No 3, forge grise.	»	»	»	»	7.111	10.63	16.7348	3.34	5.2582	3.19	5.0220	36.16	56.9267	0.011	0.279	0.167	4.242	13.5
41	»	No 4, forge.	»	»	»	»	7.058	10.23	16.1051	3.09	4.8646	2.57	4.0460	35.81	56.3757	0.012	0.305	0.157	3.988	8.5
42	»	Forge forte.	»	»	»	»	7.143	12.36	19.4583	3.48	5.4786	2.62	4.1247	53.49	84.2093	0.011	0.279	0.153	3.886	6.1
43	Forge de Leys, près de Dudley.	Fonte hématite 1re fusion.	Hématite d'Ulverstone, minerai brun et houiller.	Coke.	Calcaire houiller et silurien en proportions égales.	»	7.253	14.05	22.1180	3.63	5.7147	2.26	3.5579	53.41	84.0834	0.012	0.305	0.171	4.343	5.1
44	Forge Level, Brierley Hill.	Air chaud.	Argileux.	Coke.	Calcaire silurien.	Air chaud.	7.143	11.69	18.4036	3.24	5.1007	2.62	4.1247	44.55	70.1351	0.013	0.330	0.145	3.683	5.7
45	»	Air froid.	»	»	»	Air froid.	7.052	11.55	18.1832	3.08	4.8488	2.52	3.9673	38.68	60.8939	0.013	0.330	0.129	3.276	6.2
46	Forge Lilleshall, Salop.	Fonte Price et Nicholson brevetée.	Mélange de fonte à air froid et de fine metal.	»	»	»	7.259	12.93	20.3557	4.07	4.8331	»	»	»	»	»	»	»	»	»
47	Forge East End, Wellingborough, Northampton.	No 1, grise moulage.	Brun oolithique	Houille.	Calcaire oolithique et chaux.	Air froid.	7.185	8.98	14.1372	2.50	—4.0302	2.42	3.8098	47.65	74.0708	0.008	0.203	0.107	2.718	3.4
48	»	No 2, truitée.	»	»	»	»	»	»	»	2.17	3.4162	»	»	»	»	»	»	0.082	2.083	»

NUMÉROS.	NOMS des hauts fourneaux et forges.	MARQUES.	MINERAIS.	COMBUSTIBLE.	FONDANTS ou castine.	VENT.	DENSITÉ.	A LA TRACTION		A LA FLEXION		A LA TORSION		A L'ÉCRASEMENT		ALLONGEMENT LIMITE.		FLEXION LIMITE.		Angle en degrés.
								en tonnes par pouce quarré	en kilogram. par millimèt. quarré.	en tonnes par pouce quarré	en kilogram. par millimèt. quarré.	en tonnes par pouce quarré.	en kilogram. par millimèt. quarré.	en tonnes par pouce quarré.	en kilogram. par millimèt. quarré.	en pouces.	en millimètr.	en pouces.	en millimètr.	
49	Forge Heyford, Weedon, Northampton.	1re fusion.	Brun oolithique	Coke.	Calcaire oolithique	»	6.886	4.85	7,6354	1.37	—2.1568	1.74	—2.7493	34.68	54.5967	0.002	0.051	0.082	2.083	1.9
50	H. F. Parkend, Lydney, Gloucester.	Moulage.	Hématite avec carbonate de chaux.	Coke.	Schiste houiller grillé.	»	7.115	5.62	8.8476	2.33	3.6681	1.99	3.1329	25.05	39.4362	0.009	0.228	0,180	4,750	11.5
51	»	Forge grise.	»	»	»	»	7.176	7.60	11.9647	3.03	4.7701	2.78	4.3766	32.77	51.5898	0,009	0.228	0,167	4.242	10.5
52	Forge d'Ystalyfera, Glamorgan.	2e fusion. Nº 1, moulage.	Argileux houiller et hématite d'Ulverstone.	Anthracite.	Calcaire houiller.	»	7.165	11.24	17.6951	3.50	5.5100	2.99	4.7072	39.05	61.4764	0.011	0.279	0.163	4.140	12,2
53	»	Nº 2, id.	»	»	»	»	7.157	11.95	18.8129	3.55	5.5888	2.76	4.3451	40.58	63.8851	0.013	0.330	0.196	4.978	9.6
54	»	Nº 3. id.	»	»	»	»	7.150	10.95	17.2386	3.23	5.0850	2.55	4.0145	39.63	62.3895	0.012	0.305	0.166	4.216	6.8
55	»	Nº 1, 1re fusion.	»	»	»	»	7.132	11.30	17.7896	3.42	5.3841	2.80	4.4080	39.09	61.5394	0.013	0.330	0.174	4.420	12.4
56	»	Nº 2, id.	»	»	»	»	7.132	9.67	15.2235	3.22	5.0692	2.93	4.6127	34.63	54.5180	0.012	0.305	0.175	4.445	12.1
57	»	Nº 3, id.	»	»	»	»	7.153	10.58	16 6561	3.48	5.4786	3 08	4.8488	37.99	59.8077	0.012	0.305	0.188	4.775	13.3
58	Forge Blaenavon, Monmouth.	Nº 1, forge ordin.	Argileux houiller.	Coke.	Calcaire houiller.	Air froid.	7.163	11.95	18.8129	3.56	5.6045	2.45	3.8570	46.97	73.9440	0.011	0.279	0,182	4.623	6.1
59	»	Nº 1.	»	»	»	»	7.137	11.36	17.8840	3 35	5.2739	2.25	3.5422	41.03	64.5935	0.012	0.305	0,171	4.343	9.0
60	»	Forge ordinaire.	»	»	»	»	7.268	12.78	20.1195	3.48	5.4786	2.66	4.1876	58.42	91.9706	0.009	0.228	0,144	3.657	4.4
61	»	Nº 3.	»	»	»	»	7.158	10.67	16.7978	3.39	5.3369	2.53	3.9830	38.99	61.3820	0.011	0.279	0.191	4.851	10.2
62	»	Blanche.	»	»	»	»	7.150	10.33	16.2625	2 94	—4.0284	1.73	—2.7235	56.29	88.6173	0.009	0.228	0.120	3.048	2.0
63	Forge Pontypool, Monmouth.	Air froid.	Argileux.	Coke.	»	Air froid.	7.169	11.74	18.4823	2.98	4.6914	2.34	3.6839	44.47	70.0091	0.015	0.381	0.144	3.657	5.3
	FONTES DIVERSES.																			
64	Forge Begbie, *Suède.*	Fonte grise.	»	»	»	»	»	»	»	2 53	3.9830	»	»	»	»	»	»	»	»	»
65	Ce Acadienne.	Id.	»	»	»	»	7.209	10.35	16.2940	3.61	5.6832	3.45	5.4313	38.81	61.0085	0.011	0.279	0.202	5.131	22.5
66	»	Fonte blanche.	»	»	»	»	»	»	»	1.85	—2.9125	»	»	»	»	»	»	0.066	1.676	»
67	Townsend, New-York.	Fonte nº 1, sterling	Magnétite.	Charbon de bois.	»	»	7.181	10.54	16.5931	3.67	5.7777	2.56	4.0302	37.68	59.3196	0.011	0.270	0.213	5.410	9.8
68	East Indian Ce.	Au bois.	»	»	»	Air froid.	»	»	»	1.84	—2.8969	»	»	»	»	»	»	0.086	2.184	»
69	Fonte d'Elbe.....	»	»	»	»	»	»	»	»	1.90	2.9912	»	»	»	»	»	»	»	»	»
70	Fonte toscane....	»	»	»	»	»	»	»	»	1.76	2.7708	»	»	»	»	»	»	»	»	»

TABLEAU III.

Expériences sur la résistance de la fonte après plusieurs fusions successives.

NOMBRE DE FUSIONS.	POIDS SPÉCIFIQUE.	TENEUR POUR 100.			POIDS DE RUPTURE		FLEXION.		RÉSISTANCE A L'ÉCRASEMENT	
		SILICE.	SOUFRE.	CARBONE.	en livres par pouce quarré.	en kilogrammes par millimèt. quarré.	POUCES.	MILLIMÈTRES.	par tonnes, par pouce carré.	en kilogrammes par millimèt. carré.
1	6.969	0.77	0.42	2.76	490.0	0.344	1.440	36.575	44.0	69.269
2	6.970	»	»	»	441.9	0.311	1.446	36.677	43.6	68.639
3	6.886	»	»	»	401.6	0.281	1.486	37.744	41.1	64.704
4	6.938	»	»	»	413.4	0.290	1.260	32.003	40.7	64.074
5	6.842	»	»	»	431.6	0.303	1.503	38.176	41.1	64.704
6	6.771	»	»	»	438.7	0.308	1.320	33.527	41.1	64.704
7	6.879	»	»	»	449.1	0.316	1.440	36.575	40.9	64.389
8	7.025	1.75	0.60	2.30	491.3	0.345	1.753	44.525	41.1	64.704
9	7.102	»	»	»	546.5	0.384	1.620	41.147	55.1	86.744
10	1.108	1.98	0.26	3.50	566.9	0.398	1.626	41.300	57.7	90.837
11	7.113	»	»	»	651.9	0.4582	1.636	41.554	69.8	109.886
12	7.160	»	»	»	652.1	0.4583	1.666	42.316	73.1	115.081
13	7.134	»	»	»	634.8	0.446	1.646	41.808	66.0	103.904
14	7.530	»	»	»	603.4	0.484	1.513	38.430	95.9	150.975
15	7.248	»	»	»	371.1	0.261	0.643	16.332	76.7	120.749
16	7.330	»	»	»	351.3	0.247	0.566	14.376	70.5	110.988
17	»	»	»	»	Perdu.	Perdu.	Perdu.	Perdu.	Perdu.	Perdu.
18	7.385	2.22	0.75	3.75	312.7	0.220	0.476	12.090	88.0	138.538

La fonte qui a servi à ces essais avait été obtenue à l'air chaud, à Eglinton, et portait le n° 3 ; elle a été refondue dix-huit fois au cubilot avec du coke. Les barres employées avaient $1^m.524$ de longueur et 6 centimètres de section ; elles ont été brisées en appliquant la charge au centre. Les essais d'écrasement ont eu lieu sur des cubes de $0^m.019$ et de $0^m.022$ de côté.

TABLEAU IV.

Barres rondes et quarrées (Essais KIRKALDY).

NUMÉROS.	DISTRICTS ET MARQUES.	NOMBRE d'expériences.	POIDS spécifique.	POIDS DE RUPTURE		CONTRACTION de la surface pour 100.
				en tonnes par pouce quarré.	en kilogram. par millimètre quarré.	
1	Yorkshire. Low Moor.. Bowling.... Farnley....	20	7.760	27.5	43.293	49.8
2	Lanarkshire ◇*GOVAN*◇	12	7.720	26.0	40.932	49.4
	Id. *Extra B Best*	30	7.683	25.6	40.302	39.9
	Id. *Best Best B Best*.....	61	7.658	26.2	41.247	36 0
	Id. *Best* *	24	»	26.0	40.932	22.6
3	Staffordshire L au bois..	4	»	25.6	40.302	60.9
	B B Scrap.	4	»	26.5	41.719	52.0
	Id. S. C. *Best Best Best.*	21	7.689	26.2	41.247	39.5
	Id. *Best K. B. M.*	4	»	24 6	38.728	27.0
4	Lancashire. *Best Rivet*....	8	»	24.0	37 785	48.6

TABLEAU V.

Fers à poutres, fers rubans, fers d'angle ou cornières (Essais KIRKALDY).

NUMÉROS.	DISTRICTS ET MARQUES.	NOMBRE d'expériences.	POIDS spécifique.	POIDS DE RUPTURE en tonnes par pouce quarré.	POIDS DE RUPTURE en kilogram. par millimètre quarré.	CONTRACTION de la surface pour 100.
1	Low Moor, Farnley, Bowling................	4	7.728	27.4	43.136	41.4
2	Lanarkshire. *Extra B Best Best*.....	6	7.571	25.0	39.358	20.1
	Id. *Best Best B Best Rivet*.......	24		24.5	38.570	16.8
	Id. *Best* *	3		20.3	31.958	9.2
3	Staffordshire S. C. *Best. Best Best.*	12	7.539	24.4	38.413	18.2
	Id. *Best.* K. B. M....	9		22.9	36.051	17.7
4	Durham..... *Best Best*...	6	7.633	23.9	36.209	18.3
	Id. Id	4		22.6	35.579	11.7
5	Pays de Galles sud.......	4	7.531	18.5	29.125	9.8

TABLEAU VI.

Tôles (Essais KIRKALDY).

L. signifie dans le sens de l'étirage, C. dans le sens perpendiculaire à l'étirage.

NUMÉROS.	DISTRICTS ET MARQUES.	NOMBRE d'expériences.		POIDS spécifique.	POIDS DE RUPTURE dans le sens de l'étirage. en tonnes par pouce quarré.	POIDS DE RUPTURE dans le sens de l'étirage. en kilogr. par millimèt. quarré.	POIDS DE RUPTURE perpendiculaire à l'étirage. en tonn. par pouce quarré.	POIDS DE RUPTURE perpendiculaire à l'étirage. en kilog. par millimè. quarré.	CONTRACTION de la surface pour 100.	
		L.	C.		L.	L.	C.	C.	L.	C.
1	Low Moor, Farnley, Bowling.............	21	24	7.732-7.699	24.6	38.728	22.6	35.579	20.9	12.8
2	Lanarkshire. ◇GOVAN◇	6	6	7.675	24.4	38.413	22.1	34.792	18.1	8.5
	Id. *Extra B Best Best*.....	4	»	»	22.7	35.736	»	»	13.0	»
	Id. *Best Best B Best, Rivet*......	38	34	»	21.9	34.477	19.4	30.541	8.2	4.4
	Id. *Best* *......	18	18	7.541	20.7	32.588	18.5	29.124	6.9	3.7
3	Staffordshire. S. C. *Best, Best Best*...	30	29	7.570-7.619	23.3	36.681	21.8	34.320	12.9	7.8
	Id. *Best,* K. B. M....	8	8	»	20.4	32.116	19.9	31.329	9.4	6.6
4	Shropshire... *Best.*	5	5	7.580	23.4	36.839	19.2	30.227	15.0	5.3
5	Durham.... *Best Best*...	37	8	7.613	22.9	36.051	20.7	31.596	12.9	7.4

TABLEAU VII.

Barres d'acier (Essais Kirkaldy).

F signifie forgé, R signifie laminé.

NUMÉROS.	NOMS.		NOMBRE d'expériences.	POIDS spécifiques	POIDS MOYEN DE RUPTURE en tonnes par pouce quarré.	POIDS MOYEN DE RUPTURE en kilogr. par millim. quarré.	CONTRACTION de la surface pour 100.
1	Acier fondu Turton à outils.......	F	6	»	59.3	93.356	4.7
2	Id. Sowitt à outils.......	F	4	»	59.1	93.041	12.8
3	Id. Id. à ciseaux......	F	8	7.823	55.7	87.689	17.0
4	Id. Id. à ciseaux double	F	4	»	52.9	83.282	19.6
5	Id. Id. à fleurets......	F	4	»	51.7	81.391	21.5
6	Acier Bessemer à outils..........	F	8	7.821	49.8	78.400	22.3
7	Acier fondu Moss et Gamble à rivets.	R	4	»	47.9	75.409	32.1
8	Acier fondu Naylor Vickers à rivets.	R	4	»	47.6	74.937	32.8
9	Acier cémenté Wilkinson.........	F	4	7.720	46.6	73.362	21.4
10	Acier fondu Jowitt à tarauds......	F	4	»	45.2	71.158	28.8
11	Acier fondu Krupp à boulons......	R	4	»	41.1	64.704	34.0
12	Métal homogène Shortridge et Ce..	R	4	»	40.4	63.602	36.6
13	Id. Id.	F	4	»	40.1	63.129	26.0
14	Acier Jowitt à ressorts..........	F	4	»	32.4	51.007	24.1
15	Acier puddlé de la Ce Mersey.....	F	6	»	31.9	50.220	35.3
16	Id. Blochairn..........	R	6	7.707	31.3	49.276	19.4
17	Id. Id.	F	6	»	29.1	45.812	19.0
18	Id. Id.	F	4	»	28.0	44.080	11.9

TABLEAU VIII.

Tôles d'acier (Essais Kirkaldy).

L signifie dans le sens de la longueur, C dans le sens transversal.

NUMÉROS.	NOMS.	ÉPAISSEUR.	POSITION.	NOMBRE d'expériences.	POIDS spécifiques.	POIDS MOYEN DE RUPTURE en tonnes par pouce quarré.	POIDS MOYEN DE RUPTURE en kilogr. par millim. quarré.	CONTRACTION de la section de rupture pour 100.
1	Acier fondu Turton et fils....	$0^m.0063$	L	4	7.815	42.1	66.278	5.6
2	Id. Id.	»	C	4		42.9	67.537	13.4
3	Id. Shortridge et Ce.....	$0^m.0047$	L	5	7.802	43.0	67.695	15.6
4	Id. Id.	»	C	5		43.4	68.325	14.8
5	Id. Naylor, Vickers et Ce.	$0^m.0063$	L	6	7.825	36.5	57.462	21.4
6	Id. Id.	»	C	6		38.9	61.240	22.0
7	Id. Moss et Gamble......	$0^m.0016$ et $0^m.0047$	L	7	7.822	33.7	53.054	28.2
8	Id. Id.	»	C	3		30.9	48.646	38.6
9	Id. Shortridge et Ce.....	$0^m.0095$	L	1	»	43.3	68.167	14.4
10	Acier puddlé de la Ce Mersey.	$0^m.0032$ et $0^m.0047$	C	4	»	45.3	71.316	6.4
11	Id. Id.	»	L	4	»	37.9	59.666	4.4
12	Id. dur. Id.	$0^m.0063$	C	3	»	45.8	72.103	4.5
13	Id. Id. Id.	»	L	2	»	38.1	59.980	4.7
14	Id. Blochairn...........	$0^m.0047$	C	5		45.6	71.788	5.3
15	Id. Id.	»	L	5	7.640 à 7.667	37.7	59.351	4.2
16	Id. Id.	$0^m.0079$	C	2		43.0	67.695	10.4
17	Id. Id.	»	L	2		32.9	51.795	3.8
18	Id. Shortridge et Ce......	$0^m.0063$	C	4		32.3	50.849	11.5
19	Id. Id.	»	L	2	7.683	32.8	54.637	5.7
20	Id. doux de la Ce Mersey..	$0^m.0063$	C	2		34.4	54.156	12.5
21	Id. Id.	»	L	2	»	30.2	47.544	8.5
22	Id. Id.	$0^m.0190$	C	2	»	31.9	50.220	7.5

TABLEAU IX.

Expériences sur la résistance à la traction des tôles de chaudière, à diverses températures, par W. Fairbairn.

(Rapport à l'Association britannique, 1856.)

Les tôles essayées provenaient des marques ordinaires du Staffordshire.

TEMPÉRATURE		POIDS DE RUPTURE			
		dans la direction des fibres.		Perpendiculairement aux fibres.	
en degrés Fahrenheit.	en degrés centigrades.	En tonnes par pouce quarré.	En kilogrammes par millimètre quarré.	En tonnes par pouce quarré.	En kilogrammes par millimètre quarré.
0	32	21.88	34.446	»	»
60	15.55	22.41	35.280	18.69	29.424
114	45.55	18.46	29.062	19.71	31.029
212	100	19.96	31.423	20.39	32.100
270	132.22	19.65	30.935	»	»
340	171.11	22.31	35.123	18.79	29.581
395	201.66	20.57	32.383	»	»
Chaleur rouge.	»	»	»	15.50	24.087

TABLEAU X.

Expériences sur la résistance à la traction du fer à rivets à diverses températures, par M. Fairbairn. (Rapport cité.)

TEMPÉRATURE		POIDS MOYEN DE RUPTURE	
en degrés Fahrenheit.	en degrés centigrades.	en tonnes par pouce quarré.	en kilogrammes par millim. quarré.
— 30	— 1.11	28.26	44.490
60	15.55	28.05	44.159
114	45.55	31.61	49.764
212	100	35.39	55.714
250 à 270	121.11 à 132.22	36.89	58.076
310 à 325	154.44 à 162.77	37.52	59.068
415 à 435	212.77 à 223.88	37.47	58.989
Chaleur rouge.	—	15.62	24.591

La résistance maximum du fer à rivets paraît être atteinte à la température de 160° C. ; cette température est supérieure à celle à laquelle la résistance maximum des tôles a été constatée. Or, on ne remarque dans les tôles que peu ou point d'altération dans la résistance, tandis qu'elle est augmentée de près de moitié dans les barres. Le fer choisi pour l'essai était de bonne qualité et fabriqué avec des riblons de choix.

DILATATION PERMANENTE DE LA FONTE SOUMISE A UN DEGRÉ DE TEMPÉRATURE CONTINU, AU ROUGE OU AU-DESSUS.

Ce fait est connu de longue date ; il a été particulièrement signalé par le docteur Thomas Beddoes, dans un mémoire lu à la Société royale en 1791 (1).

« En chauffant le fer brut, avec ou sans charbon de bois, on sait, dit-il, qu'il augmente en tous sens. J'ai vu des barres droites se tordre comme un S, après avoir été longtemps exposées à la chaleur, dans des circonstances où elles ne pouvaient pas s'allonger par les extrémités. »

En 1829, M. Prinsep constatait que la fonte conserve son accroissement de volume après avoir été fortement chauffée. Il avait remarqué que la capacité d'une cornue de fonte chauffée deux fois s'était augmentée chaque fois. La capacité était mesurée par le poids de mercure pur que la cornue contenait à 80° F. (26° C.). On est arrivé aux résultats suivants (2) :

	Capacité en pouces cubes.	Capacité en centimètres cubes.
Avant la 1re expérience.	9.13	148.6
Après la 1re chauffe.	9.64	157.9
Après 3 chauffes.	10.16	166.5

Dans des expériences sur la fonte en coquille, M. Guettier s'est assuré que de petites barres de fonte blanche ou grise, moulées dans des lingotières de fer, s'allongeaient légèrement quand on les chauffait au rouge ; mais qu'une barre de fonte blanche, coulée dans un moule de sable, se raccourcissait un peu quand on la traitait de même (3).

(1) 24 mars, 1791, p. 179.

(2) Brewster's *Edinb. Journ. of Science*, 1829, t. X, p. 356.

(3) *Berg-und-Hüttenm. Zeit.*, 1848, t. VII, p. 8, d'après le *Moniteur industriel*, oct. 1847

Brix a remarqué que les barreaux en fonte d'une grille de chaudière augmentaient de longueur après chaque nouvelle chauffe, mais dans une proportion décroissante après un certain nombre de fois, et que finalement leur longueur restait constante. Un barreau de $1^m.0668$ de longueur, après avoir été exposé trois jours de suite à un feu doux, s'était allongé de de $0^m.0048$; le dix-septième jour, l'allongement atteignit $0^m.0111$; au bout de trente jours il était de $0^m.0206$, ou à peu près 2 pour 100, et même alors, il ne paraissait pas avoir atteint son maximum. Un autre barreau de mêmes dimensions, après un service continu, augmenta de $0^m.0317$ en longueur, c'est-à-dire à peu près de 3 pour 100 (1). On en conclut que dans les barreaux neufs on devrait laisser un jeu de $0^m.0425$ environ par mètre de longueur, c'est-à-dire 1/24 de la longueur totale.

M. John James, *manager* à l'usine de Blaina, a fait, à notre demande, l'essai suivant (novembre 1859) : Une barre de fonte de moulage, de $1^m.422$ de longueur, et de 6,5 centimètres carrés, fut placée dans l'un des appareils à air chaud utilisant les gaz perdus des hauts fourneaux. Après cinquante-quatre heures elle avait augmenté en longueur. de $0^m.0127$ Abandonnée dans le même four durant une période de cent soixante-huit heures, elle acquit un allongement additionnel et permanent de $0^m.0016$. Comme la surface s'était couverte d'oxyde et de pailles, il ne fut pas possible de déterminer si la barre s'était dilatée dans le sens transversal.

On a profité de cette augmentation permanente de volume que la fonte acquiert par une longue exposition à une température élevée, pour faire servir des boulets coulés trop petits. Ils furent chauffés dans un foyer de charbon de bois, bien entourés de combustible, et on les laissa refroidir sous la cendre. Leur surface était d'un gris bleuâtre et n'exigeait aucun décapage ; tandis qu'en essayant de les chauffer dans un

(1) *Berg-und Hüttenm. Zeit*, 1854, t. XIII, p. 12.

appareil à air chaud, ils se recouvraient d'oxyde rouge si adhérent, qu'on aima mieux les refondre que de supporter les frais d'un décapage (1).

Dilatation de la fonte par la chaleur.

Le retrait de la fonte généralement admis dans les fonderies est de 1 pour 100, de sorte que les modèles sont agrandis dans ce rapport (2). Pour la fonte blanche, le retrait dû au refroidissement est plus considérable encore : de 2 à 2 1/2 pour 100 de la longueur totale des pièces.

Dans la construction du bazar allemand de Langham Place, incendié en 1863, on avait employé des colonnes et des poutres en fonte. Un grand nombre d'entre elles furent singulièrement pliées et tordues par le feu. Les poutres avaient $5^m.50$ de longueur et $0^m.33$ d'épaisseur au milieu, s'amincissant légèrement vers les extrémités; elles étaient munies d'une cornière à la partie inférieure. Parmi celles qui étaient tombées à terre, il n'y en avait qu'un petit nombre de brisées; deux de celles qui étaient restées entières avaient fléchi latéralement d'une quantité à peu près égale. La flexion s'était opérée graduellement d'une extrémité à l'autre. La flèche était de $0^m.559$ aux extrémités. On n'y remarquait aucune fissure. Un grand nombre des colonnes de fonte restées debout étaient curieusement tordues au sommet, comme si le métal eût été ramolli en cet endroit et eût cédé sans rupture à la pression supérieure.

(1) *Berg- und Hüttenm. Zeit.*, 1855, t. XIV, p. 189.

(2) *Traité de la fabrication de la fonte et du fer.* Flachat, Barrault et Petiet, 1842, t. I, p. 70.

VII. MÉTHODES D'ANALYSE CHIMIQUE.

Méthode pour doser le carbone combiné dans le fer et l'acier; par le professeur EGGERTZ, de Fahlun (Stockholm, 1862 (1).

Lorsque l'on fait dissoudre, avec certaines précautions, de la fonte blanche dans l'iode, on obtient un résidu contenant du carbone, de la silice, etc. D'après plusieurs essais de M. Eggertz sur de nombreuses variétés de fonte blanche et d'acier dur, ce résidu charbonneux a une composition uniforme et renferme en moyenne 59 pour 100 de carbone. Une partie de ce résidu, préparée au moyen de fonte blanche non graphiteuse, analysée par M. T. L. Ekman, fournit, après déduction de la silice, les résultats suivants :

Carbone	59.69
Iode	16.07
Eau	22.50
Azote	0.13
Soufre	0.23
Perte	1.38
	100.00

Dans quatre essais, la proportion de carbone a varié de 0.5 pour 100; dans le résidu elle peut être évaluée à 60 pour 100. On ne constate aucun changement de poids quand on le chauffe de 95° à 110° C.; à 150° il perd 9 pour 100, et à 240°, environ 33 pour 100.

Le mode d'analyse est celui-ci : 1 gramme de fer, pulvérisé de façon à pouvoir passer par des trous de 0.2 ligne de diamètre, est ajouté par petites portions avec 5 grammes d'iode et 5 centimètres cubes d'eau, dans un petit verre recouvert d'un verre de montre.

(1) M. Sandberg nous a communiqué la traduction de ce mémoire et des deux suivants, qui sont en suédois. (Voir aussi Dingler, *Polyt. Journal*, 1865, t. CLXX, p. 350, et *Bulletin de la Soc. chimiq.*, 1846, p. 226.

On maintient le mélange pendant vingt-quatre heures à la température de 0° C. Pendant les six premières heures, il faut l'agiter soigneusement avec une baguette de verre, et ensuite moins fréquemment; grâce à ces précautions, on peut opérer sans qu'il y ait le moindre dégagement d'hydrogène carboné. Le résidu insoluble, composé de carbone, de silice, etc., est recueilli sur un filtre taré, puis lavé à l'eau chaude jusqu'à ce qu'il devienne blanc, ou que le liquide qui filtre soit exempt de fer. On peut encore le laver avec une dissolution de 2 parties d'eau et de 1 partie d'acide chlorhydrique, chauffée à 70° ou 80° C., et finalement avec de l'eau. On fait sécher le filtre à 95° ou 100° C., jusqu'à ce que le poids demeure constant; on l'incinère ensuite, et l'on déduit le poids de la silice, etc. La perte par incinération représente la proportion de résidu charbonneux renfermant 60 pour 100 de carbone. D'après ces données, on trouve par le calcul la proportion de carbone contenue dans le fer soumis à l'essai. Quand il y a du carbone graphiteux en présence, il faut l'évaluer à la manière ordinaire (1), et déduire son poids du résidu charbonneux.

Exemple : Une fonte truitée renfermait 1.25 pour 100 de graphite; par dissolution dans l'iode on obtint 5.5 pour 100 de matière charbonneuse; en en retranchant 1.25 de graphite, il reste 4.25 pour 100 de résidu charbonneux renfermant 60 pour 100 de carbone, ou 2.55 de carbone combiné. Cette fonte contenait donc 1.25 pour 100 de graphite, et 2.55 pour 100 de carbone en combinaison chimique.

(1) Pour reconnaître si le fer contient du graphite (cas qui se présente pour presque toutes les espèces de fontes), on dissout 1 gramme du métal bien divisé dans 15 centimètres cubes d'acide chlorhydrique de 1,12 poids spécifique. Après dissolution, on porte immédiatement la liqueur à l'ébullition, qu'on entretient pendant une demi-heure; tout le carbone combiné au fer se dégage à l'état d'hydrogène carboné fétide, et il ne reste plus que du graphite et de la silice. Si l'on négligeait de faire bouillir de suite, et qu'on laissât la matière charbonneuse à l'air, elle éprouverait une altération telle, que le carbone non graphiteux ne pourrait plus se convertir en combinaison gazeuse volatilisable. Le graphite siliceux ayant été lavé sur un filtre taré, puis séché à 95°-100° et pesé, on brûle le filtre et le graphite, et le poids de la silice blanche fournit par défalcation celui du graphite. (*Les Traducteurs.*)

Méthode colorimétrique pour doser le carbone combiné dans la fonte ou l'acier, par le professeur Eggertz.

Le sesquioxyde de fer, dissous dans de l'acide azotique qui n'est pas trop concentré, donne une solution incolore ou d'une teinte légèrement verdâtre. Lorsqu'on attaque par de l'acide azotique de la fonte ou de l'acier, la solution est colorée par le produit charbonneux, suivant la quantité de carbone combiné qui s'y trouve; mais aucune action ne s'exerce sur le graphite. On prépare donc une liqueur normale en dissolvant, avec certaines précautions qui seront décrites, de l'acier fondu contenant une quantité connue de carbone, dans de l'acide azotique d'une densité de 1.2 et en quantité telle, que chaque centimètre cube de la solution représente 1 gramme de carbone. Cette liqueur normale ne conserve pas sa couleur et pâlit ordinairement au bout de vingt-quatre heures. Du sucre peu brûlé donne une couleur jaune, et du sucre fortement brûlé donne une couleur brune : en dissolvant un mélange des deux dans un mélange à parties égales d'eau et d'alcool, on peut obtenir une liqueur normale d'un brun jaune convenable, que l'on conservera quelque temps dans un tube hermétiquement fermé et à l'abri de la lumière. Afin de vérifier au besoin la liqueur normale, on fait dissoudre 0.1 gramme d'acier contenant un poids connu de carbone dans 5 centimètres cubes d'acide azotique, et l'on étend la solution jusqu'à ce que sa teinte corresponde à celle de la liqueur normale de sucre brûlé.

Pour le dosage, on dissout à froid 1 gramme du fer ou de l'acier finement divisé dans de l'acide azotique, d'une densité de 1.2 et exempt de chlore, contenu dans un tube d'essai d'environ 10 centimètres de longueur et de 1 centimètre de diamètre.

On emploie d'autant plus d'acide azotique que le métal renferme plus de carbone. Après dissolution du fer, on place ce tube dans un bain-marie ne contenant qu'une couche d'eau d'environ 5 millimètres de hauteur, et l'on chauffe tout à une température de 80° C. Si la température dépasse ce point, la couleur de la solution faiblit et indique une proportion de carbone trop faible. A une température plus basse, le dissolvant agit trop lentement, et la nuance du liquide peut être trop foncée. La partie inférieure du tube d'essai étant seule en contact avec l'eau chaude, il en résulte dans l'acide un mouvement qui favorise la réaction.

Dès que le dégagement de gaz acide carbonique a cessé, ce qui, pour l'acier, exige environ deux ou trois heures, on retire de l'eau le tube d'essai, et on le laisse refroidir jusqu'à la température ambiante. Puis on décante avec soin la dissolution dans une burette graduée, de manière à la débarrasser de toutes les particules noires qui peuvent s'être déposées pendant le refroidissement. On ajoute dans le tube quelques gouttes d'acide azotique sur le résidu, et l'on chauffe avec précaution. S'il ne se produit aucun dégagement de gaz, c'est que le résidu noir ne consiste qu'en graphite ou en silice ; s'il y a dégagement de gaz, on laisse refroidir le tube d'essai, et l'on ajoute la dissolution à celle obtenue précédemment; puis on étend le tout dans la burette avec de l'eau, jusqu'à ce que la couleur corresponde exactement à celle de la liqueur normale.

Si 1 centimètre cube de la liqueur normale correspond à 0.1 pour 100 de carbone, et que la solution de la burette représente un volume de 7 centimètres cubes, le fer ou l'acier sur lequel on a opéré contiendra 0.7 pour 100 de carbone.

Comme il est difficile de dissoudre 0.1 gramme de fer dans moins de 1.5 centimètre cube d'acide azotique, il s'ensuit qu'on ne peut doser avec la liqueur normale une proportion de carbone inférieure à 0.15 pour 100. Mais il est rare que cette limite extrême se présente dans la pratique.

Lorsque la proportion de carbone excède 0.5 pour 100, la solution a une teinte verdâtre qui rend plus difficile la comparaison avec la liqueur normale ; en pareil cas, on prépare une liqueur normale trois fois plus faible et ne correspondant, par centimètre cube, qu'à 0.033 pour 100 de carbone, en ajoutant 6 parties d'eau en volume à 3 parties de la liqueur type ordinaire. Si la proportion de carbone est très-forte, comme dans la fonte blanche, il ne faut opérer que sur 0.05 gramme de métal, et, dans ce cas, 1/2 centimètre cube de la solution correspond à 0.1 pour 100 de carbone.

Dans plusieurs forges de la Suède, où l'on applique le procédé Bessemer, cette méthode colorimétrique de dosage du carbone a déjà été adoptée ; elle offre beaucoup de facilité et de certitude pour classer l'acier, tandis qu'auparavant l'on était obligé de s'assurer de la qualité par le forgeage et par la trempe (1).

Dosage du phosphore dans le fer forgé, la fonte, l'acier et les minerais de fer(2), par le professeur EGGERTZ.

On réduit en poudre fine le fer ou l'acier, et on le fait passer par un tamis dont les trous ont environ 0.2 ligne de diamètre. On introduit peu à peu 1 gramme de fer ainsi pulvérisé dans un petit verre recouvert d'un verre de montre et contenant 12 centimètres cubes d'acide azotique d'une densité de 1.20. On le chauffe au bain-marie, et, quand le métal est dissous, on retire le verre ; on fait évaporer la solution jusqu'à siccité ; on humecte le résidu avec 2 centimètres cubes d'acide azotique et autant d'acide chlorhydrique, et on le laisse ainsi environ pendant une heure. Puis on ajoute 4 centimètres cubes d'eau, et l'on filtre la solution. La liqueur filtrée et l'eau de lavage ne doivent pas mesurer plus de 15 à 20 centimètres cubes.

(1) A Edsken, tout l'acier Bessemer, grâce à l'analyse colorimétrique du professeur Eggertz, est marqué après l'étirage par des chiffres exprimant sa dureté, correspondant au degré de carburation du métal. (*Les Traducteurs.*)

(2) *Journ. für Prakt. Chemie*, t. LXXIX, p. 496, 1860, et *Répertoire de chimie pure*, 1860, p. 328.

A cette liqueur, on ajoute au moins 2 centimètres cubes d'une solution de molybdate d'ammoniaque par 0.001 gramme de phosphore supposé présent dans le fer ou l'acier, et on laisse digérer le tout pendant trois heures à une température d'environ 40° C., en l'agitant de temps en temps. Si, au bout d'une heure, il ne s'est formé aucun précipité, on ajoute un peu de la solution molybdique. Le précipité jaune cristallin est recueilli sur un filtre taré, lavé avec de l'eau contenant 1 pour 100 d'acide azotique et séché au bain-marie, jusqu'à ce que le poids demeure constant. On essaie ensuite la liqueur filtrée, pour s'assurer qu'il ne se produit plus de précipité par l'addition du molybdate d'ammoniaque. Le précipité jaune contient 1.63 pour 100 de phosphore. Si la quantité de phosphore est considérable, on opère sur une moins grande quantité de fer. Un très-grand nombre d'essais ont été faits en Suède par cette méthode sur la même variété de fer, avec une différence de 0.01 pour 100 seulement dans la teneur en phosphore. Pour doser le phosphore dans le minerai de fer, on chauffe 1 gramme du minerai réduit en poudre fine avec 6 centimètres cubes d'acide azotique et autant d'acide chlorhydrique, et l'on opère de la manière indiquée. Quelquefois on traite un poids connu du minerai comme pour un essai ordinaire, et l'on dose le phosphore dans le bouton de fonte obtenu.

On peut encore doser le phosphore en mesurant le volume du précipité jaune obtenu. On introduit le précipité dans un tube de verre en forme d'entonnoir, où on le comprime avec un fil d'acier, et on le mesure à l'aide d'une petite règle d'ivoire graduée ; on trouve par le calcul la quantité du phosphore. Le précipité jaune contient :

Acide molybdique.	91.69
— phosphorique.	3.72
Ammoniaque..	3.41
Eau.	1.18
	100.00

On prépare la solution de molybdate d'ammoniaque en calcinant à basse température du sulfure de molybdène en poudre fine que l'on agite de temps en temps. On fait dissoudre dans de l'ammoniaque concentrée l'acide molybdique ainsi formé, et on sépare par filtrage le résidu insoluble. La liqueur filtrée est évaporée jusqu'à siccité, et le résidu est porté au rouge en ayant soin de l'agiter jusqu'à ce que la couleur bleue foncée devienne jaune ou presque blanche après refroidissement. Ce produit contient ordinairement un peu d'acide phosphorique; il faut le chauffer au bain-marie avec de l'acide azotique pendant trois ou quatre jours, puis l'évaporer jusqu'à siccité. On fait alors digérer cet acide molybdique dans un flacon fermé, avec de l'ammoniaque d'une densité de 0.95, à 16° C. On ajoute 4 parties en poids d'ammoniaque pour 1 partie d'acide molybdique; on filtre la solution, et on l'additionne aussitôt de 15 parties d'acide azotique d'une densité de 1.20, à 16° C. La liqueur a ordinairement une couleur jaune et laisse bientôt déposer une petite quantité de précipité jaune de phospho-molybdate; ensuite elle devient incolore. Un centimètre cube de cette solution contient 0,06 gramme d'acide molybdique. Si on la chauffe durant six heures à 40° C., il ne se forme aucun précipité blanc d'acide molybdique; mais il s'en forme un, si on la porte à une température plus élevée, à moins qu'on n'y ajoute encore de l'acide azotique.

Dosage du soufre dans la fonte, par le professeur EGGERTZ.

On introduit 1 gramme de fonte, finement divisée, dans un flacon tubulaire en verre, dans lequel on a préalablement versé 1 gramme d'eau et 0.5 gramme ou 15 gouttes d'acide sulfurique concentré. On y suspend à la partie supérieure, au moyen d'un fil fin d'argent ou de platine, une petite plaque métallique bien décapée et brillante. Elle est solidement assujettie lorsque l'on enfonce le bouchon de verre. Le flacon est ensuite abandonné pendant environ quinze minutes à la température ordinaire, puis on retire la plaque métallique.

Si la fonte contient du soufre, la plaque est ternie par le gaz sulfhydrique dégagé dans l'attaque de la fonte par l'acide sulfurique ; sa couleur varie, suivant la quantité de soufre qui s'y trouve, du jaune paille au brun marron, au brun bleuâtre ou au bleu ; ou bien, comme il arrive souvent, la plaque métallique est inégalement colorée ; une des nuances prédomine : ainsi deux tiers de la surface seront colorés en brun marron, et l'autre tiers en brun bleuâtre. En comparant la couleur de la plaque métallique avec une échelle chromatique établie d'après des expériences sur des fontes contenant des quantités déterminées de soufre, on obtient la proportion de soufre qui existe dans la fonte. Si la plaque métallique est colorée en bleu, le fer en barres obtenu par le procédé d'affinage (*frischen*) sera rouverain ; si la couleur est seulement brune, le fer pourra encore être rouverain ; mais alors, ce défaut proviendra de la présence de matières autres que le soufre.

Le flacon dont on fait usage a environ $0^m.15$ de hauteur et $0^m.02$ de diamètre. La plaque métallique, qui a environ $0^m.019$ de longueur, $0^m.0079$ de largeur et $0^m.0015$ d'épaisseur, est percée d'un petit trou à l'une des extrémités. Elle est composée de 75 parties en poids d'argent et 25 parties de cuivre ; c'est l'alliage employé pour les *rigsdälers* (rixdales) suédois. Avant de s'en servir, on la décape, pour lui donner tout son éclat, avec une eau douce et une poudre à polir ; puis on la fait sécher entre des feuilles de papier buvard, de manière à éviter le contact des doigts. Cette méthode d'essai est généralement trop sensible pour les fers anglais, qui contiennent une quantité de soufre beaucoup plus grande que les fers suédois.

APPENDICE

PAR

MM. E. PETITGAND ET A. RONNA.

I. — FOURS ET CHAUDIÈRES.

Les fours à réverbère, employés en Angleterre, ont été décrits avec beaucoup de soin ; il nous reste à compléter le chapitre qui leur a été consacré par les détails de quelques autres dispositions usitées ailleurs, pour la fabrication du fer.

1. FOURS A PUDDLER.

Les fours anglais se distinguent par la simplicité de leur construction. Les maçonneries y occupent le volume minimum ; la voûte, fortement inclinée de la chauffe vers le rampant, s'appuie sur la face plane de la paroi antérieure de la chauffe et forme un angle aigu, peu favorable peut-être à l'utilisation complète de la chaleur rayonnante du foyer, mais dont les réparations sont plus faciles.

Les fours à double sole sont assez rares en Angleterre; ceux à double porte, connus en France sous le nom de *fours champenois*, ne s'y rencontrent pas.

Creusot. — Ici, les fours à puddler sont à courant d'air autour de la sole. A l'arrière de la grande sole, une autre plus petite est affectée au réchauffage préalable des lopins. Ils sont assez compliqués dans la nouvelle forge, et n'offrent d'autre particularité que le remplacement possible de la plaque de sole, sans démolir le four.

La planche IV représente :

Fig. 1, la coupe longitudinale d'un des fours de la nouvelle forge ;

Fig. 2, le plan ;

Fig. 3 et 4, les coupes transversales sur AA et BB du plan.

Les bords verticaux de la cuvette sont entourés d'un courant d'air froid qui passe par un carnau rectangulaire ABCH, formé de deux plaques verticales AB,CH (Pl. IV, fig. 4) en fer et de deux plaques horizontales AC,BH en fonte. L'air entre froid par le canal K et sort au-dessous de la plaque de sole M, dans la petite cheminée O. Il y a deux de ces petites cheminées du même côté d'un four, et le courant est suffisant pour préserver la plaque et les rebords de la cuvette. La plaque M, de $0^m.06$ d'épaisseur, est placée sur quatre traverses, D, E, F, G, dont une face est découpée en dents de scie, afin que les traverses, étant plus légères, supportent la plaque sur des points qu'on puisse mettre de niveau, en les rabattant au besoin. La plus petite sole, servant à réchauffer les lopins, n'a que $0^m.80$ de largeur. Le rampant a $0^m.40$ de largeur sur $0^m.30$ de hauteur.

Deux fours sont accolés avec un intervalle de 0m.30 à 0m.40 ; un intervalle de 7 mètres est ménagé entre deux couples ; c'est l'espace nécessaire à deux ouvriers pour travailler dos à dos.

Vierzon. — On trouvera, fig. 95, le croquis coté d'un four à puddler, en coupe longitudinale et en plan, employé dans différentes forges fran-

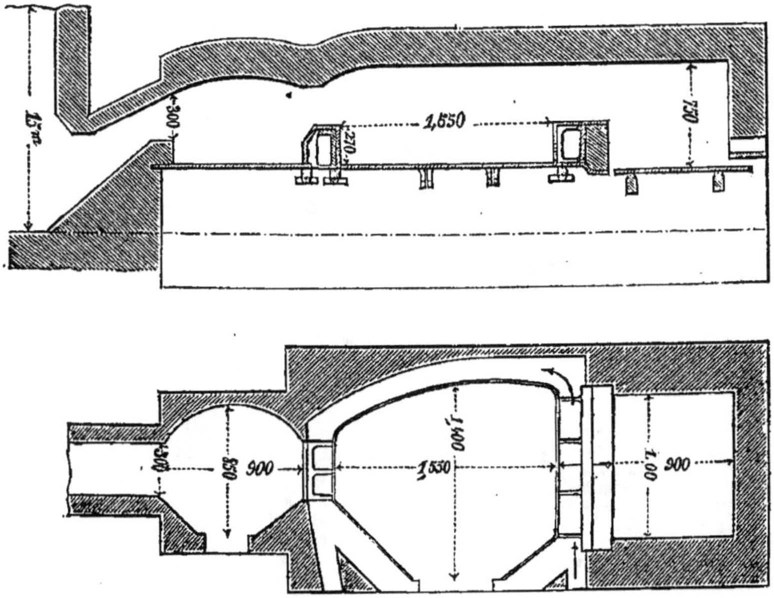

Fig. 95. — Four à puddler (Vierzon). Coupes longitudinale et horizontale.

çaises et qui passe pour avoir toujours donné d'excellents résultats (1). Ce four bouillant, à courant d'air, est également suivi d'un petit four, destiné à chauffer les gueuses, au moyen de la flamme perdue.

Dimensions du four.

Grille	Longueur du grand axe	0m.90
	Largeur	1 .00
	Hauteur, des barreaux à la voûte	0 .75
	Surface totale	0m².90
Grand autel	Longueur	1m.00
	Largeur	0 .37
	Hauteur	0 .27
Petit autel	Longueur	0 .30
	Largeur	0 .24
	Hauteur	0 .27

(1) Mémoire sur la fabrication du fer à grains, etc., par M. Janoyer. *Ann. des Mines*, t. XV, 5e série, 1859.

Creusot. Four à puddler.

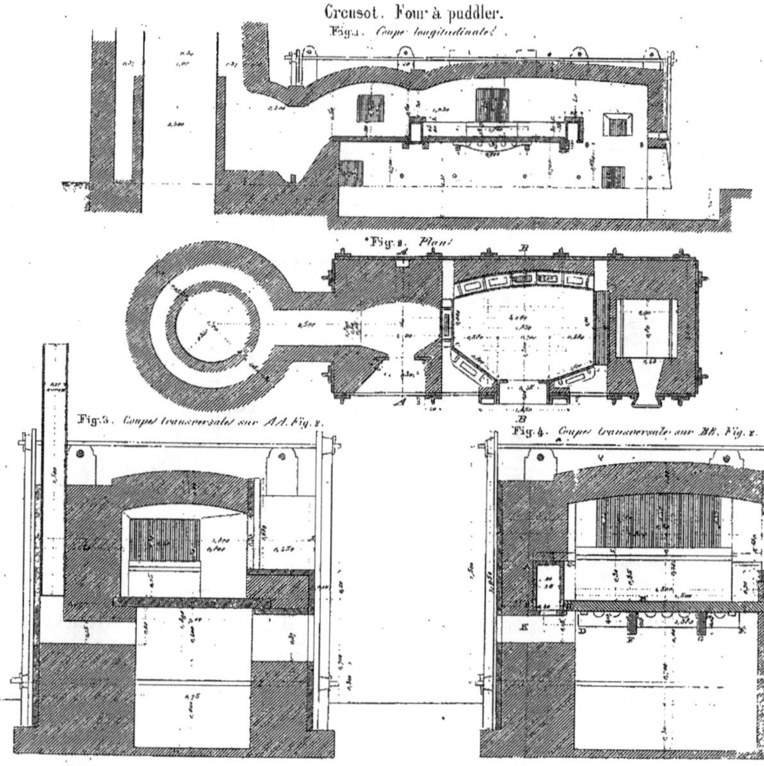

Fig. 1 et 2. Echelle de 0,0166 par mètre. Fig. 3 et 4. Echelle de 0,00333 par mètre.

Etabl.t et impr.ie de J. Baudry, à Liège.

Sole.	Longueur.	1m.55
	Largeur.	1 .40
Rampant..	Largeur..	0 .30
	Hauteur..	0 .30
Hauteur du seuil de la porte du travail au-dessus de la sole.. . .		0 .27
— de la sole à la voûte.		0 .70
Section de la cheminée..		0^{m2}.25
Hauteur de la cheminée.		13 à 15m

Dans le cas où l'on utilise la flamme perdue pour produire de la vapeur, on conserve la même section de cheminée qu'avec des chaudières verticales ou horizontales sans retour de flamme, et on place, pour chaque four, une cheminée à l'extrémité de la chaudière. La surface des barreaux de grille, avec du bon charbon, peut être réduite à 0^{m2}.40 avec neuf barreaux de 0m.005 sur 0m.03; avec du combustible de très-mauvaise qualité, la surface est de 0^{m2}.58 et l'on travaille avec treize barreaux.

D'après M. Janoyer, ces dimensions, fournies par l'expérience, sont considérées par lui *comme les meilleures* pour le travail du fer à grains.

Montataire. — Aux forges de Montataire, on a construit des fours à puddler à quatre portes, dont deux de chaque côté. La disposition de ces portes est combinée pour favoriser le service des quatre puddlings : deux sont exclusivement réservées au travail et les deux autres servent en outre à l'enfournement de la fonte et à l'enlèvement des balles ou loupes. La maçonnerie intérieure est évasée, de manière à faciliter l'opération proprement dite du puddlage. La capacité du four est concentrée pour les quatre services, sans étendre sa longueur, de façon à conserver une chaleur régulière depuis la sortie de la grille jusqu'à l'échappement dans le four à réchauffer, qui fait suite au four à puddler. La sole en fonte est rafraîchie latéralement par un courant d'eau. Les avancées intérieures se sont pas en regard, pour éviter toute gêne dans le service.

Four belge. — La figure 96 indique les détails d'un four belge à air et à foyer conique, dont la construction diffère essentiellement de celle des autres fours, par la disposition du foyer.

Dans cet appareil, représenté par une coupe en élévation et en plan, on a :

G, grille ;
c, chauffe ou foyer ;
t, tisard ou porte de chauffe ;
A, grand autel ou pont de chauffe ;
S, sole de travail ;
m, minerai ou castine garnissant la sole;
a, petit autel ou pont de rampant ;
R, rampant ;

P, porte de travail à levier;
F, flux ou chio;
V, voûte en briques réfractaires;
O, parois en briques réfractaires;

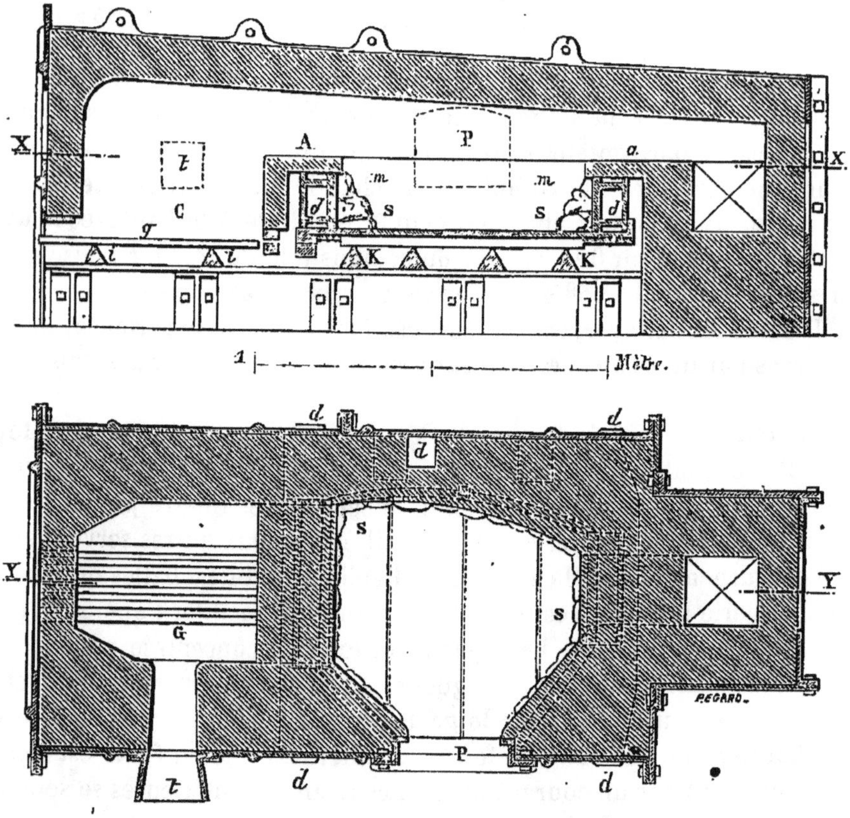

Fig. 96. — Four belge à puddler (Charleroi). Coupes longitudinale et horizontale.

ii, supports en fonte de la grille;
JJ, supports en fonte du grand autel;
kk, supports en fonte de la taque de sole;
hh, trous d'aérage pratiqués dans la taque pour l'entrée de l'air qui circule dans les canaux *bb*, formés de pièces de fonte;
dd, trous d'aérage.

Les principaux avantages de cette disposition seraient :

Une plus grande durée;

Une économie dans la consommation des minerais, parce que le cordon de la sole se dégrade moins vite;

Une économie de combustible et une détérioration moindre des barreaux de grille;

Des frais de construction moins élevés.

Anina (Autriche). — On trouvera, planche V (1), le dessin des fours à puddler construits dans la nouvelle forge de l'Anina (usine de la Société autrichienne). Ces fours, groupés deux à deux et chauffant ensemble une chaudière à un seul bouilleur, sont figurés dans tous leurs détails, bien qu'à une petite échelle ; ce qui nous dispense d'explication.

Etats-Unis. — Aux États-Unis, dans la région Ouest et notamment dans le district houiller de Pittsburg, les puddlings sont *simples*, à parois pleines et à sole creuse en fonte, et *doubles*, à l'Est des monts Alleghanys (1).

Les figures 97, 98 et 99 représentent, en croquis, le plan et les coupes d'un four *simple* qui a $3^m.65$ de longueur, à laquelle il faut ajou-

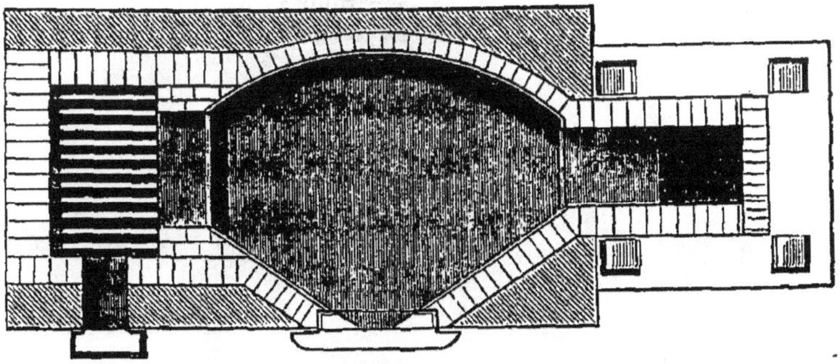

Fig. 97. — Four à puddler simple (Etats-Unis). Coupe horizontale en plan.

ter $1^m.35$ pour la cheminée. Les dimensions intérieures varient suivant la qualité du fer et du combustible et suivant le mode de travail. En général, la surface de la grille est comprise entre $0^{m^2}.65$ et $0^{m^2}.95$; celle de la sole, entre $1^{m^2}.50$ et $2^{m^2}.25$. La profondeur du foyer ou la hauteur du pont de chauffe au-dessus des barreaux de grille est de $0^m.46$ à $0^m.56$; la profondeur de la plaque de sole, au-dessous de la tablette de travail, est de $0^m.15$ à $0^m.18$ pour le puddlage sec et de $0^m.25$ à $0^m.30$ pour le puddlage gras, en scories. La largeur du rampant est calculée de manière à ce que sa section soit égale à 1/5 de la surface de grille. La cheminée a de $1^{m^2}.15$ à $1^{m^2}.30$ intérieurement ; elle est garnie de briques réfractaires et repose sur quatre piliers en fonte, de $1^m.50$ de hauteur environ. L'intervalle entre ces piliers est comblé par de la maçonnerie en briques réfractaires et recouvert de plaques de fonte de $0^m.02$ d'épaisseur, comme le massif du four.

Dans le four simple, les dimensions de la sole sont plus grandes que dans le four double, ce qui permet de travailler avec plus de scories pour

(1) Dans cette planche, le nombre de chacune des pièces de détail est désigné par un chiffre.

(2) Fr. Overman, *Treatise on Metallurgy*, New-York, 1865.

une quantité de fer déterminée; de plus, l'existence d'une seule porte de travail fait que la sole n'est pas aussi refroidie dans le four simple que

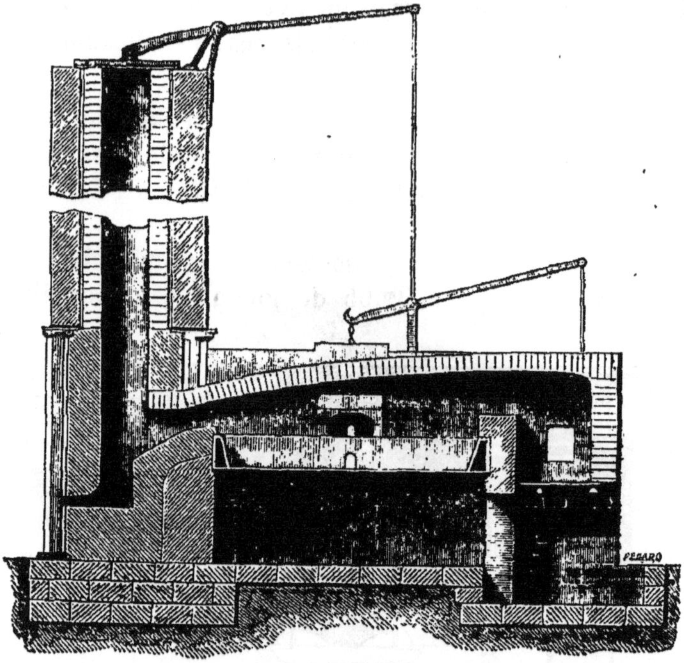

Fig. 98. — Four à puddler simple (États Unis). Coupe verticale en élévation.

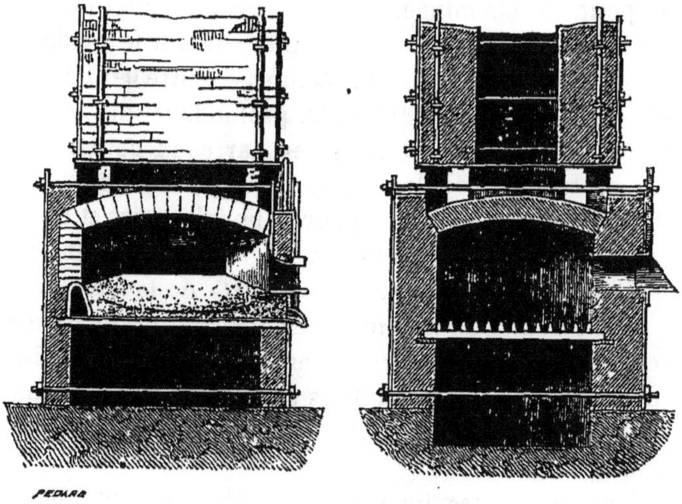

Fig. 99. — Four à puddler simple (États-Unis). Coupes transversales par la sole et par le foyer.

dans le four double; ce dernier néanmoins est devenu d'un usage presque exclusif dans les États de l'Est.

Dans le four *double* (fig. 100, 101 et 102) la surface de grille est de

Four à puddler avec chaudière. Usine de l'Anina. (Autriche).

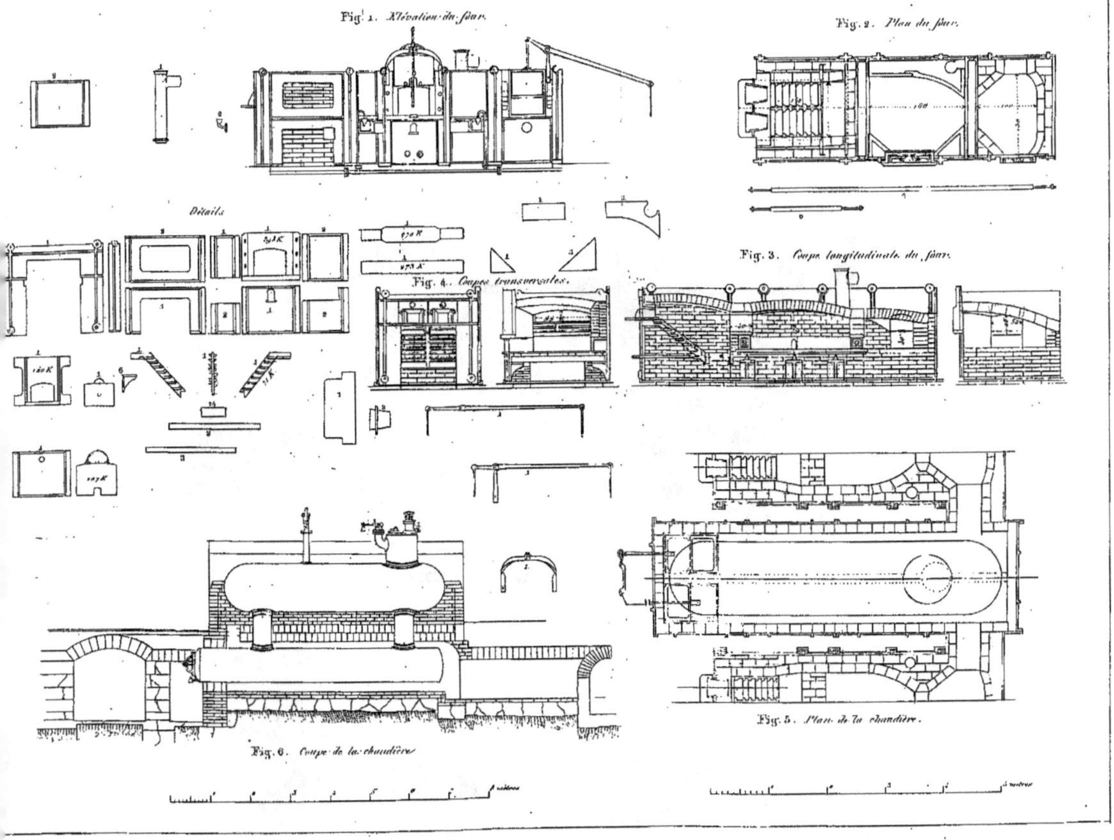

$1^{m2}.40$; la sole a environ $3^{m2}.70$ et le rampant $0^{m2}.18$. La longueur totale, non compris celle de la cheminée, est de $3^{m}.65$ à 4 mètres, et la largeur

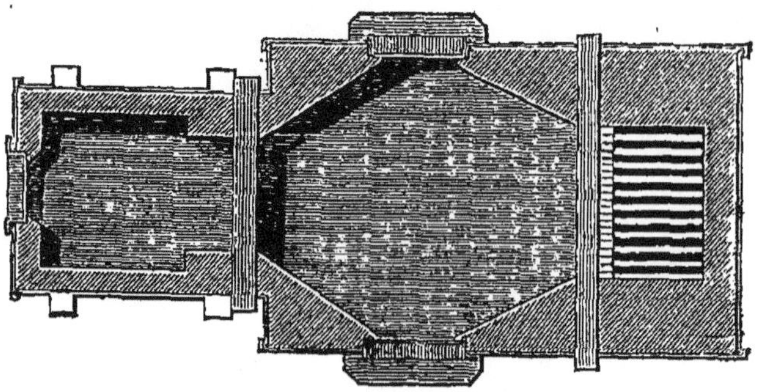

Fig 100. — Four à puddler double (Etats-Unis). Coupe horizontale en plan.

Fig. 101. — Four à puddler double (Etats-Unis). Coupe verticale en élévation.

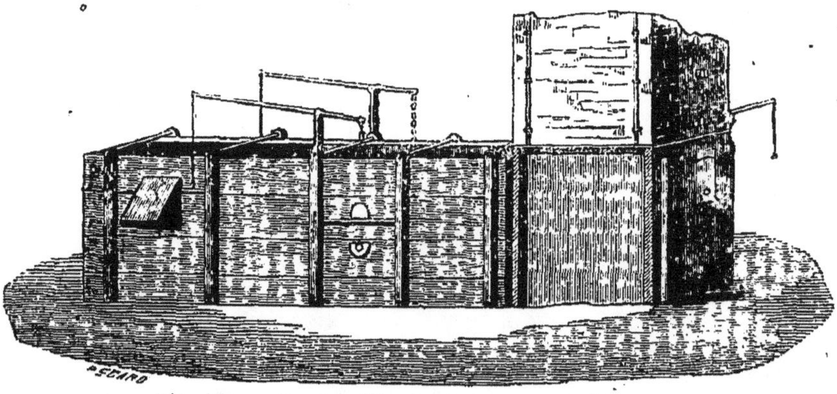

Fig. 102. — Four à puddler double (Etats-Unis). Élévation.

mesurée extérieurement, de 2 mètres à $2^{m}.30$. Le rampant se termine ici, sous la cheminée, par une seconde sole qui sert à chauffer les gueuses ou les lopins. Les canaux rectangulaires en fonte, qui forment la face intérieure des deux autels, ont 0m.15 de largeur et sont en communication avec l'extérieur, de manière à empêcher l'infiltration de scories dans la maçonnerie des autels. Le cordon est fait avec du minerai de fer magnétique ou de la dolomie (*soapstone*). Dans la plupart des fours doubles, l'air est insufflé sous la grille par un ventilateur (fig. 103); il a un diamètre

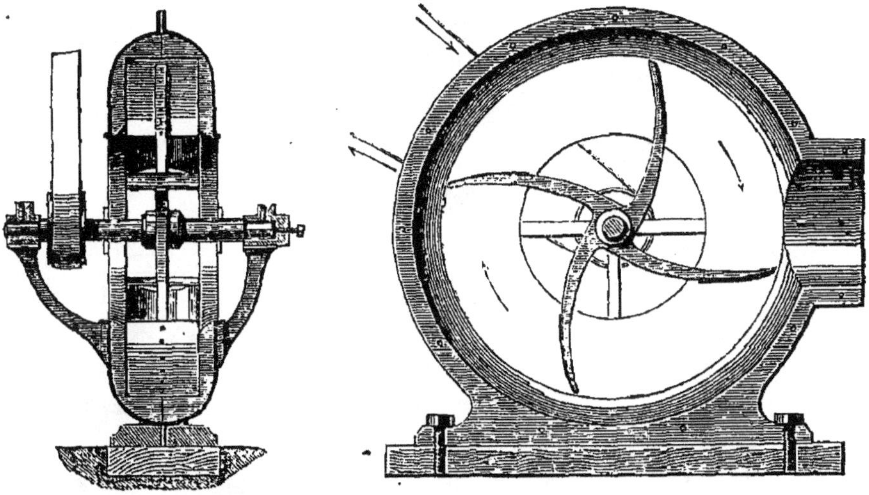

Fig. 103. — Ventilateur des fours à puddler (Etats-Unis).

de 0m.90 et fait de 700 à 800 tours. Le cendrier est alors muni de portes et le vent est refoulé par des canaux souterrains. Un ventilateur donne le vent à deux fours à la fois.

2 FOURS A RÉCHAUFFER.

Les fours anglais à réchauffer diffèrent fort peu, comme profil général, des fours à puddler. La sole y est généralement plus grande et à section rectangulaire; le petit côté du rectangle étant toujours dans le sens du grand axe du four. Toutefois, la section réduite de la grille par rapport à celle de la sole ne paraît pas avoir été adoptée sur le continent, où l'on préfère de plus grandes chauffes, plus sujettes peut-être aux cheminées d'air et exposant à plus de déchet, mais donnant un tirage plus énergique pour le chauffage des chaudières à flammes perdues, d'ailleurs peu usitées en Angleterre.

Creusot. — Le four à réchauffer du Creusot, pour les ballages et les paquets de rails (fig. 104), est à deux portes de travail et à courant d'air forcé. La pression du vent n'est que de quelques centimètres d'eau. Les

Four à réchauffer de l'Anina. (Autriche.)

Avec chaudière.

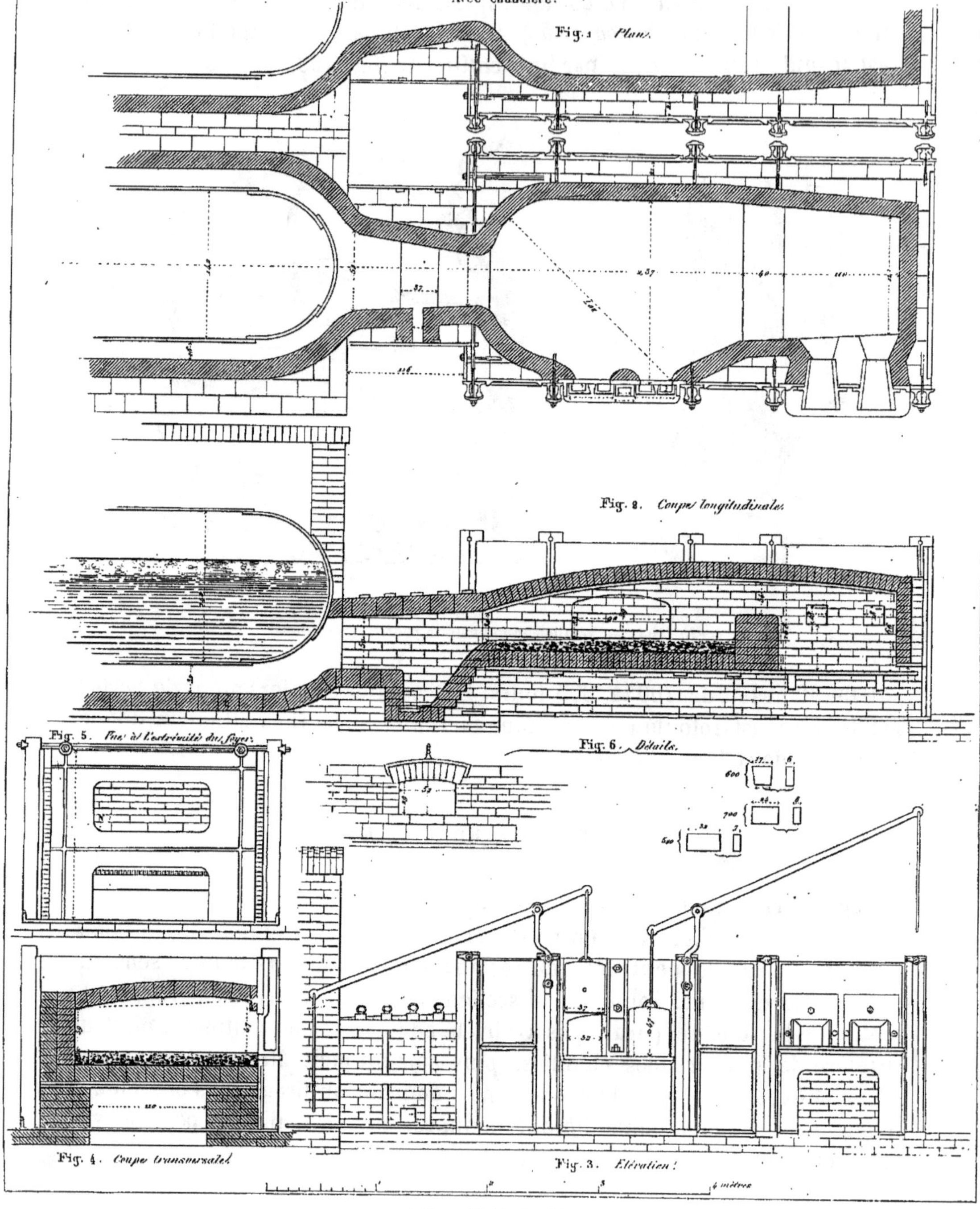

Établ. et imp. de A. Baudry, à Liège.

barreaux très-rapprochés de la grille permettent de brûler du charbon menu. Dans quelques fours, un chalumeau à air, qui pénètre au-dessus de l'autel par trois ouvertures, sert à brûler les gaz. Le pont est construit obliquement, de manière à laisser d'un côté 0m.18 d'ouverture, et 0m.10 de

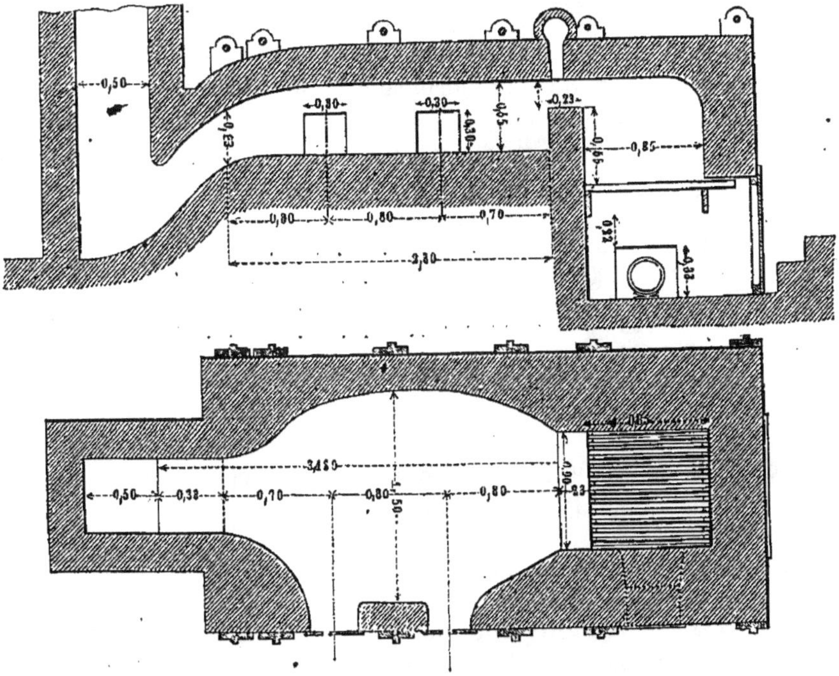

Fig. 104. — Four à réchauffer (Creusot). Coupes longitudinale et horizontale.

l'autre. Cette inégalité s'obtient en plaçant des briques mobiles sur le pont du côté le plus élevé; ce côté correspond à la partie du four où sont les portes et, par conséquent, la plus refroidie. Chaque four a ses dimensions spéciales pour l'admission inégale de la flamme; à défaut de règles précises, la conduite en devient très-délicate.

Les fours ont les dimensions suivantes :

Longueur de sole.	2m.50
Largeur de la sole.	1 .50
Hauteur de la voûte au-dessus de la sole, à l'endroit de l'autel.	0 .55
— — — de la grille.	0 .75
Surface de grille, 0m.90 × 0.85.	0m².765

Anina (Autriche). — On trouvera, planche VI, le dessin des fours à réchauffer de l'Anina (dans le Banat) (1). Ces fours, groupés deux à deux, chauffent chacun une chaudière, afin de ne pas altérer le tirage.

Comme pour les fours à puddler, on emploie exclusivement dans cette

(1) Pl. VI, fig. 1, plan; fig. 2, coupe longitudinale en élévation; fig. 3, élévation; fig. 4, coupe transversale; fig. 5, vue à l'extrémité du foyer; fig. 6, détails.

usine les briques d'Altwerk. Leur qualité réfractaire est due en grande partie à la proportion de quartz qu'elles contiennent. La terre étant par elle-même un peu fusible, on est parvenu à faire ces briques avec 9/10 en volume de quartz de rivière et 1/10 de terre réfractaire, ou 92 pour 100 en poids de quartz et 8 pour 100 d'argile.

Liége (Belgique). — Pour certaines fabrications spéciales, comme celle des petits fers, les fours de chaufferie sont à voûte très-surbaissée et construits de façon à produire en peu de temps une chaleur très-forte ; le rapport de l'aire de la chauffe à celle de la sole est aussi très-grand. Voici les dimensions prises sur un de ces fours :

Sole, $2^m.32 \times 1^m.28$	$2^{m2}.97$
Chauffe, $0^m.90 \times 0^m.75$	0 .67
Largeur de la sole, près de la porte	$1^m.28$
— au rampant	0 .32
Hauteur de la voûte au-dessus du pont	0 .49
— au rampant	0 .30
— du pont au-dessus de la sole	0 .15

Ces fours reçoivent 200 kilogrammes de fer, et consomment de 500 à 700 kilogrammes de houille par tonne.

Four à réchauffer à double chauffe.

Saint-Jacques. — La figure 105 représente le fourneau à deux chauffes construit par M. Coingt, à l'usine Saint-Jacques de Montluçon. Les portes

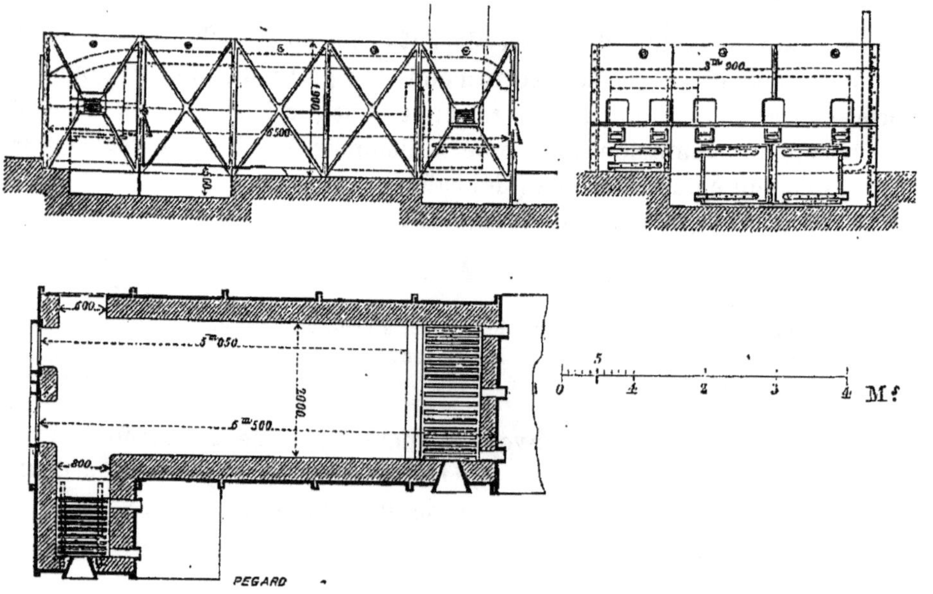

Fig. 105. — Four à réchauffer à double chauffe (Saint-Jacques).

Fours à recuire.

Fig. 1. Four à sole. Coupe longitudinale.

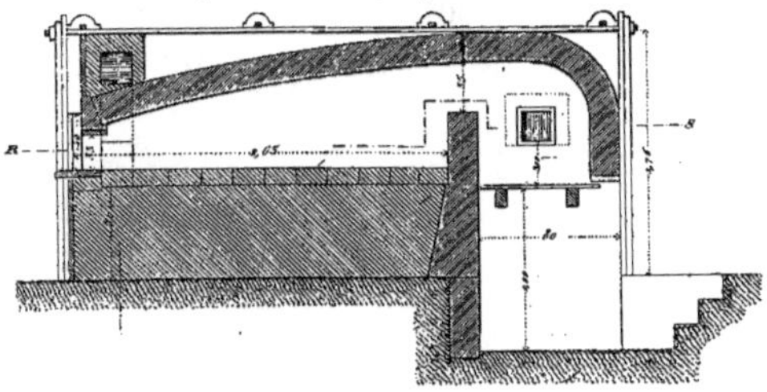

Fig. 3. Four dormant. Coupe sur D F. Fig. 5.

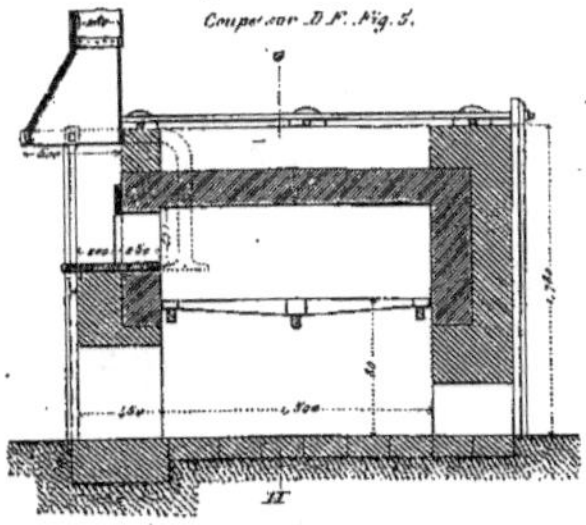

Fig. 4. Four dormant. Élévation.

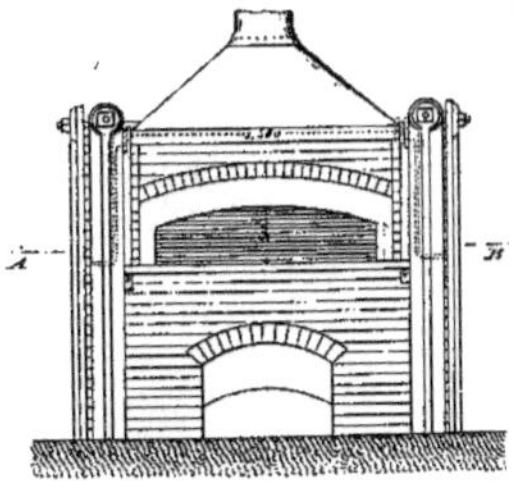

Fig. 2. Four à sole. Coupe horizontale sur R S. Fig. 1.

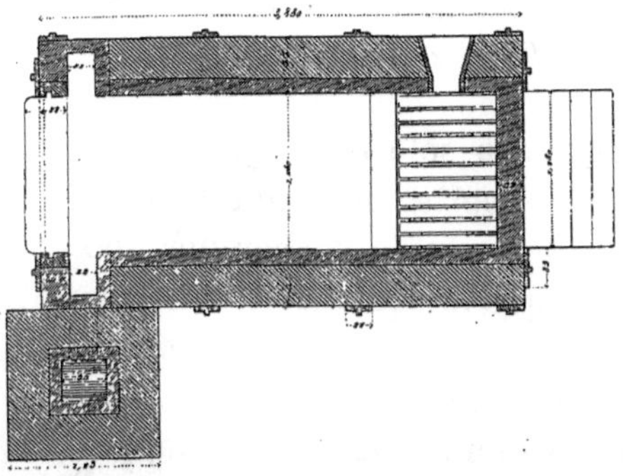

Fig. 5. Four dormant. Coupe sur A B. Fig. 4.

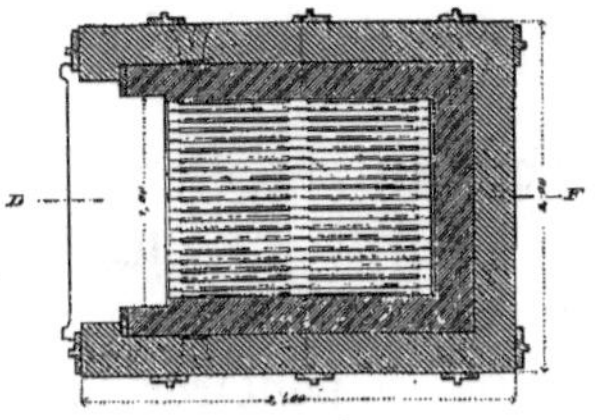

Fig. 6. Four dormant. Coupe sur G H. Fig. 3.

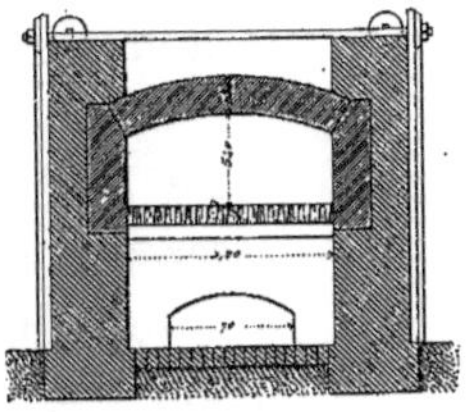

Échelle de 1/25.

Établ.t et imp.ie de J. Baudry, à Liège.

de travail situées à l'extrémité du grand axe de la sole facilitent l'introduction et la sortie des paquets réchauffés en deuxième chaude et destinés à la fabrication des gros fers de construction.

Des fours de construction analogue sont employés à Lowmoor et à Bowling, pour réchauffer les blooms servant à la fabrication des bandages.

La section des carnaux des fours à réchauffer étant de 1/3 à 1/2 de mètre carré, celle de la cheminée doit être égale à la somme des sections des carnaux des fours dépendant d'un même tirage. On place le plus souvent deux fours sur chaque cheminée, pour que le refroidissement, pendant le chargement de l'un des fours, soit moins sensible. Dans quelques laminoirs, on place sur une même cheminée les tirages de plusieurs fours, en dirigeant les flammes pendant une partie de leur parcours, pour éviter qu'ils ne se contrarient. Les cendriers sont reliés par des galeries souterraines aboutissant à l'air libre.

3. FOURS A RECUIRE.

Les *fours à recuire* servent, dans la fabrication des tôles, à réchauffer les bidons qui doivent être étirés en tôles moyennes ou en tôles fines, et à recuire les tôles, afin de leur rendre la douceur que le fer a perdue pendant le travail. Ces fours appartiennent à trois catégories, désignées sous le nom de *fours à sole*, de *fours dormants* et de *fours à recuire en caisse*.

Le *four à sole* est un simple réverbère dont la sole rectangulaire est assez grande pour recevoir les tôles à recuire. La porte, de même largeur que le four, est placée du côté opposé à la grille, près de la cheminée, de façon que l'air ne puisse pénétrer dans le four que lorsqu'elle est ouverte. Les produits de la combustion se rendent à la cheminée, soit par un échappement à la voûte, soit par des ouvertures latérales ou dans la sole.

Les figures 1 et 2, pl. VII, représentent un four à sole, avec échappement latéral, dans lequel la sortie des gaz, par la voûte, n'a lieu que lorsque la porte du four est levée ; à cet effet, le registre s'élève lorsqu'on soulève la porte, et demeure fermé pendant toute la durée du chauffage. La sole est établie en briques réfractaires posées de champ ; elle est garnie dans le sens de sa longueur de chenets en fonte ou en fer, sur lesquels on place les feuilles.

La température doit toujours être uniforme dans toutes les parties du four, et la grille bien uniformément couverte. Malgré ces soins, le déchet y est plus élevé que dans le four dormant, et la qualité des feuilles en contact avec la flamme est très-souvent altérée.

On compte généralement qu'un four à sole peut réchauffer, par vingt-quatre heures, abstraction faite du déchet, de 8 à 12 tonnes de fer; on consomme, pendant ce temps, de 3.5 à 4 tonnes de charbon.

Le *four dormant*, pl. VII, fig. 3, 4, 5 et 6, se compose d'une vaste grille ayant au moins $0^m.30$ en longueur et $0^m.20$ en largeur de plus que les tôles à recuire; elle est recouverte d'une voûte surbaissée à une hauteur de $0^m.60$ environ. La couche de combustible est assez épaisse sur la grille pour que la flamme ne soit pas oxydante et que le tirage soit faible, mais uniforme, afin de présenter partout le même degré de combustion; les fumées s'échappent par une ouverture proche de la porte de chargement et surmontée d'une cheminée. Les feuilles étant placées sur le combustible même, sa pureté doit être assez grande. La flamme de ces fours est très-carburée, c'est-à-dire, au rouge sombre.

Pour les tôles fines et moyennes, les fours dormants ont de 1 mètre à $1^m.50$ de largeur sur 2 à 3 mètres de profondeur; ils brûlent de 600 à 1 200 kilogrammes de charbon par vingt-quatre heures. Pour les grosses tôles, ils ont jusqu'à 2 mètres de largeur sur 5 mètres de profondeur, et consomment de 2 500 à 3 000 kilogrammes de charbon. Quand ils sont destinés au réchauffage des bidons, les dimensions sont moindres; le fer n'étant jamais porté au blanc soudant, le déchet est faible et la consommation de combustible atteint environ 1 000 kilogrammes par vingt-quatre heures.

Le *four à recuire en caisses* (fig. 1 et 2, pl. VIII) est surtout affecté aux tôles à fer-blanc et aux tôles fines.

Les vases clos ou caisses en fonte dépassent de $0^m.075$ en largeur et de $0^m.150$ en longueur les dimensions rigoureuses des tôles. Le chargement varie de 1 500 à 1 800 kilogrammes. Les caisses sont introduites dans un four à réverbère au moyen d'un chemin de fer, ou d'une grue, quand la voûte du four est mobile.

En Belgique (1), la voûte des fours est très-surbaissée et l'autel élevé. Une des parois latérales est formée presque entièrement de deux portes jointives, et la sole est au niveau du sol de l'usine. Les caisses en fonte se composent de deux parties: une plate-forme à rebords, élevée sur deux ou trois patins, et une boîte qui recouvre les tôles posées sur cette plate-forme, avec laquelle on la lute soigneusement. Ces boîtes, de $0^m.60$ de hauteur environ, peuvent contenir de 600 à 700 feuilles; on charge de six à huit caisses par four. Pour enfourner ou pour défourner, on fait passer sous la plate-forme une fourche à deux roues ou galets, conduite par une longue tige en fer et terminée par un contre-poids. En appuyant sur ce dernier, on soulève la caisse, qu'on peut alors facilement manœuvrer. La consommation de charbon est, dit-on, peu considérable. Dans quelques

(1) O. Rongé, De la fabrication de la tôle, *Revue universelle*, etc., t. XIII, p. 62; 1863.

forges, les caisses en fonte sont chauffées par les flammes perdues des fours dormants.

Le travail du recuit en caisses est coûteux, par suite de leur prompte mise hors de service causée par les variations de température auxquelles les caisses sont soumises.

La conduite du feu exige un soin particulier dans les fours à recuire, pour que la grille soit continuellement recouverte d'un couche régulière de combustible, car l'air pénétrant en trop grande masse activerait l'oxydation. Cet inconvénient se produit surtout avec les grilles inclinées, qui donnent, sauf à la partie supérieure de l'autel, une combustion relativement lente et un décrassage plus difficile. On y obvie en faisant usage d'un courant d'air forcé et en terminant la partie inférieure de la grille inclinée par des grilles mobiles.

Dans certains fours, comme à Sclessin, la grille horizontale peut recevoir un mouvement de rotation autour du porte-barreaux placé à demeure et à proximité de l'autel. L'autre porte-barreaux est en deux pièces, ce qui permet à chaque moitié de la grille, suivant le grand axe du four, de suivre le mouvement imprimé aux demi-porte-barreaux, à l'aide de bascules adossées à la paroi postérieure du foyer. On incline ainsi une moitié de la grille que l'on décrasse et que l'on remet en place, puis on procède au décrassage de la seconde; mais cette manœuvre n'est possible qu'avec des charbons collants, susceptibles de rester suspendus dans le foyer.

Dans d'autres fours, la grille n'est mobile que dans la moitié avoisinant l'autel; l'autre moitié est en gradins. Il résulte de cette disposition une économie de combustible, une plus longue durée des grilles et surtout la possibilité d'employer des charbons demi-gras, assez menus.

Fours à courant d'air forcé.

L'emploi du *vent forcé*, c'est-à-dire l'insufflation d'air sous la grille, dans le but d'activer la combustion, n'est pas encore d'un emploi général.

Dans quelques forges, on admet le soufflage des fours pour des paquets de moins de 200 kilogrammes, et on le condamne pour des paquets d'un poids supérieur, dont les faces extérieures restant trop longtemps sous l'influence d'une température élevée, s'oxydent, tandis que les mises intérieures deviennent aigres ou sèches.

Dans d'autres forges, où l'on fait usage de fours soufflés pour le réchauffage de paquets de toutes les dimensions, on estime que, malgré le déchet plus grand et la consommation plus forte de combustible, on obtient des produits plus régulièrement fabriqués ou mieux réussis.

On peut réduire dans une certaine mesure le déchet causé par le soufflage, en élevant davantage l'autel et la voûte qui s'incline fortement vers le rampant. On soustrait ainsi le métal à l'action oxydante de la flamme, mais au prix d'une plus forte dépense de combustible et en se privant de la chaleur produite par le contact direct de la flamme. Or le contact de la flamme, qui est nuisible pendant la première période de la chaude, est désirable une fois que le fer est au rouge. Il serait facile de concilier ces deux nécessités du réchauffage, en ne faisant usage de l'insufflation que jusqu'au moment où la base des paquets aura atteint le rouge-cerise, au moyen de la fermeture partielle du registre de la cheminée; puis, les paquets étant convenablement chauffés par rayonnement, on ouvrirait complétement le registre, afin de déterminer le contact de la flamme, jusqu'au blanc soudant.

L'insufflation offre un autre avantage assez important, c'est de permettre de brûler des charbons inférieurs et du menu dont le prix est relativement peu élevé.

4. CHAUDIÈRES.

Chaudières horizontales. — Les chaudières horizontales sont encombrantes, à moins qu'on ne puisse les établir dans une halle spéciale. On a imaginé de les enterrer, ce qui a pour effet de diminuer le tirage des fours et de donner lieu à un entretien plus difficile, le nettoyage ne pouvant s'effectuer qu'après le refroidissement.

Une autre disposition consiste à élever les chaudières horizontales sur des piliers en briques ou des colonnes en fonte, les fours étant placés au-dessous. A moins que la hauteur ne soit considérable, pour que l'air puisse circuler librement entre le four et le générateur, le travail des ouvriers est rendu très-pénible; en outre, les frais de premier établissement sont accrus notablement.

Dans les planches V et VI nous avons montré une disposition de chaudières horizontales chauffées par les fours à puddler et à réchauffer de l'Anina (dans le Banat).

Pour les fours à puddler groupés deux à deux, la chaudière horizontale n'a qu'un seul bouilleur; les flammes de chacun des fours parcourent isolément la longueur de la chaudière et se rendent au grand canal, en chauffant le bouilleur sur la moitié de sa circonférence.

Chaque four à réchauffer a sa chaudière, sans bouilleur, et les flammes n'en parcourent qu'une fois la longueur, avant de se rendre au canal général. Ces chaudières ont, en outre, une chauffe spéciale qui est employée dans le cas où l'on doit travailler avec un petit nombre de fours.

Chaudières verticales. — Les avantages des chaudières verticales sont d'occuper moins de place, d'offrir plus de surface de chauffe, puisque tout le pourtour est chauffé, de laisser perdre moins de gaz chauds, de ne pas gêner les ouvriers par le rayonnement, enfin d'économiser une cheminée,

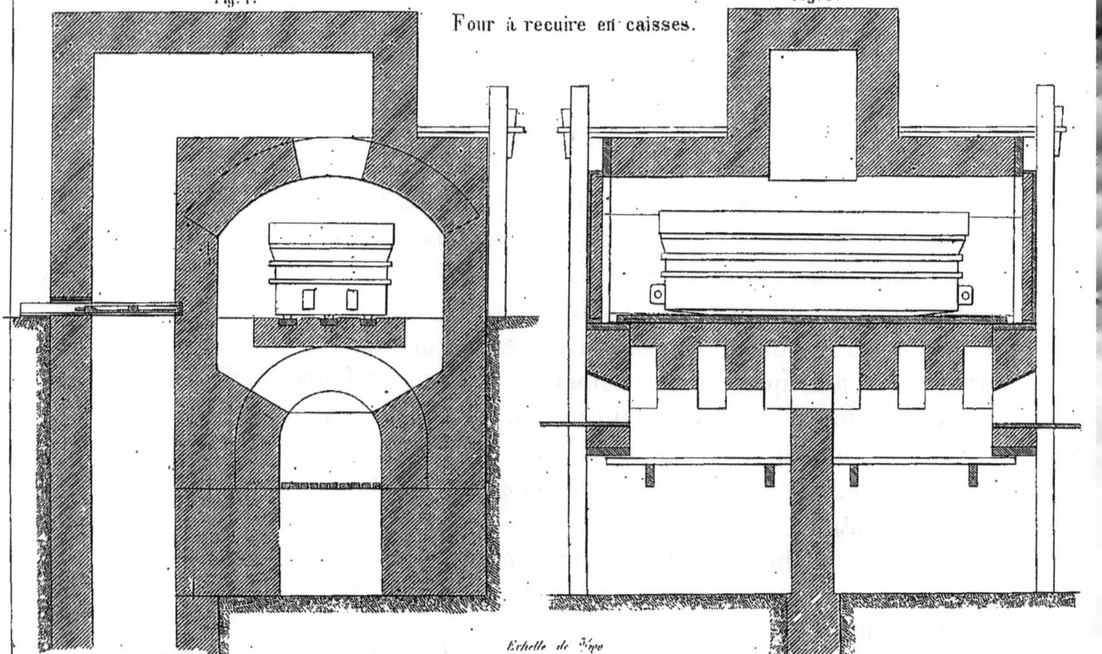

Four à recuire en caisses.

Echelle de

tout en facilitant le tirage. Les inconvénients sont : 1° que l'alimentation exige une attention soutenue, par suite des variations plus grandes du niveau de l'eau ; 2° que la flamme peut s'élever sans toucher les parois, et que la vapeur, suivant à l'intérieur le cylindre en tôle qui est toujours à une température plus élevée que l'eau, forme une enveloppe non conductrice entre le feu et l'eau.

Dans les chaudières horizontales, les dépôts dus aux eaux incrustantes reproduisent cet inconvénient d'une enveloppe intermédiaire ; tandis que dans les chaudières verticales les dépôts tombent au fond sans gêner la vaporisation.

Il est résulté de l'étude à laquelle a donné lieu l'établissement de 150 chaudières pour la nouvelle forge du Creusot, que si les chaudières verticales sont généralement préférables aux chaudières horizontales, celles-ci, là où la place ne manque pas, donnent un service aussi satisfaisant, à la condition de faire des carnaux le moins longs possible, du four à la chaudière. Dans les fours à réchauffer, où les flammes renferment encore des gaz carburés qui n'ont pas brûlé, la disposition verticale devra être de préférence adoptée.

Creusot. — A la nouvelle forge, chaque four à puddler a sa chaudière verticale dont nous décrivons la construction. On fouille le terrain pour y placer les maçonneries, dans lesquelles on ménage deux puisards reliés par une petite voûte. Au-dessus de la maçonnerie, on assied une longue plaque circulaire en fonte, de 0m,05 d'épaisseur, qui est reliée à une couronne, par quatre colonnes engagées par un pivot (fig. 106). Le tout est noyé dans la maçonnerie. Sur la couronne en fonte est établie la maçonnerie en briques ordinaires et réfractaires de la tour qui forme la chaudière. Cette disposition a le double avantage de donner beaucoup de corps au massif inférieur et de permettre de démolir la maçonnerie entre les couronnes et la plaque où débouchent les flammes, sans toucher à la maçonnerie supérieure. La plaque au-dessus du fond de la chaudière est reliée elle-même aux maçonneries par quatre gros tirants qu'on boulonne dans le puisard. La chaudière est fixée sur cette plaque au moyen de six consoles composées d'un cordon de cornières doubles, comprenant entre elles une plaque de tôle. Les cornières sont rivées à la chaudière et boulonnées à la plaque de fondation.

Les flammes arrivent par le carnau latéral. La chaudière est garnie d'un manchon de briques réfractaires, laissant 0m.01 ou 0m.02 de vide entre lui et la chaudière. Entre ce manchon et la chemise réfractaire, il y a un espace de 0m.25. Ce manchon n'existe du reste qu'au bas de la chaudière, sur une hauteur de 1m.10 ; ce qui nécessite un renflement conique à cette partie.

La tour de maçonnerie a un autre renflement en haut, pour que l'on puisse établir deux petites cheminées en tôle de 6 à 7 mètres de hauteur environ et de $0^m.40$ de diamètre intérieur, pour la fumée et le tirage. La

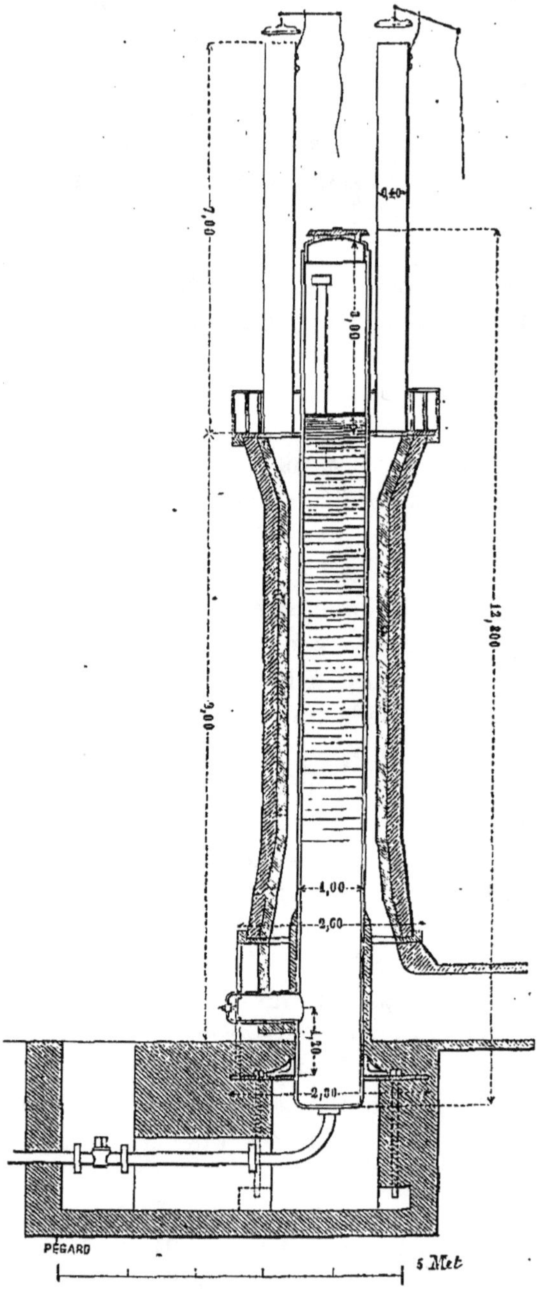

Fig. 106. — Chaudière verticale des fours à puddler (Creusot).

plaque de fonte qui supporte ces deux cheminées est percée de huit regards elliptiques pour le nettoyage des carnaux.

Au bas de la chaudière, un tuyau passe dans la voûte des fondations. La prise qui traverse le dôme de vapeur et ressort au milieu de la chaudière à 4m.50 du sol, donne de la vapeur bien sèche. On injecte avec des machines indépendantes. En haut de la chaudière, se trouvent deux soupapes de sûreté et un flotteur qui fait mouvoir un indicateur à la portée de l'ouvrier. Il y a enfin deux tubes en cuivre, dont l'un communique avec la chaudière au niveau de l'eau et l'autre un peu au-dessous du couvercle, descend jusqu'au bas de la tour et porte des robinets. En ouvrant tantôt un robinet, tantôt l'autre, on voit s'il y a trop d'eau ou pas assez.

La chaudière a 13 mètres de hauteur et 1 mètre de diamètre; la partie sans eau a de 3 mètres à 3m.50 de hauteur. La tôle a de 0m.011 à 0m.012 d'épaisseur. Chaque chaudière est timbrée à 5 atmosphères, quoique le fond emboîté porte près de 6 atmosphères.

La section des deux cheminées en tôle est de $0^{m^2}.25$ et la surface de chauffe de la chaudière, de $26^{m^2}.700$.

Au centre de la chaudière, sur toute sa hauteur, une tringle supportant des bâtons de perroquet permet à un ouvrier de monter à l'intérieur et d'opérer le curage de la tôle.

Les gaz s'échappent à une température variant entre 300 et 500° C.

On admet, en pratique, qu'un four suffit pour donner la vapeur nécessaire à une machine de 15 chevaux; mais il est facile d'obtenir le double en portant la surface de chauffe des chaudières à 40 et 50 mètres carrés au lieu de 20 à 30 mètres.

Aux laminoirs du Haut-Pré (Belgique), deux fours à réchauffer suffisent pour fournir la vapeur nécessaire à une machine de 140 chevaux, qui commande un gros train, à travail intermittent, et deux trains moyens. La surface de chauffe des générateurs est, il est vrai, de 50 mètres carrés par four.

II. — APPAREILS MÉCANIQUES.

Parmi les appareils mécaniques des forges, nous signalons quelques appareils à percussion et nous retraçons dans leurs détails les laminoirs et les machines spéciales, cisailles, scies, machines à dresser, à percer, etc., qui complètent l'outillage des ateliers de forgerie.

1. MARTEAUX.

Marteaux à soulèvement. — Les marteaux et les martinets des anciennes forges sont encore aujourd'hui, sauf l'emploi d'ordons en fonte, ce qu'ils étaient il y a cinquante ans. De tous ces engins, le marteau à soulèvement ou à bascule a été récemment modifié aux États-Unis, par M. Paye, dans le but de proportionner la force du coup à l'effet que l'on veut obtenir (1). Il s'ensuit qu'avec un seul marteau, on peut faire les diverses sortes d'élaboration pour lesquelles plusieurs marteaux étaient indispensables.

A la partie inférieure du bâti qui supporte le marteau, se trouvent des coussinets sur lesquels repose un arbre horizontal. Autour de cet arbre oscille un levier courbé en arc de cercle; l'une des extrémités de ce levier est commandée par une bielle et une poulie qui transmet la force motrice; l'autre extrémité, dans son oscillation ascendante, soulève le manche du marteau par une bielle agissant entre le marteau et le centre de rotation; il se compose d'un cylindre creux, à l'intérieur duquel est un piston dont la tête bride le manche et descend par un fort ressort spiral en acier, enroulé autour de sa tige. C'est par la réaction de ce ressort que la force du coup est obtenue. En faisant glisser la bielle sur le levier courbe, on fait varier la levée du marteau. Le point fixe du manche étant près de l'extrémité, des ressorts spéciaux le soutiennent à l'avant, pour équilibrer le poids du marteau; des ressorts agissent de même sur la queue extrême, pour aider à l'action des premiers.

Ce système, assez compliqué, permet de donner des coups de toute intensité avec une consommation moindre de force motrice. Le mouvement est transmis par une courroie et une poulie que l'on embraye ou désembraye à l'aide d'un simple rouleau de friction, manœuvré par un levier.

Dans les forges anciennes, on retrouve le marteau *frontal* sans aucune modification des formes et des dimensions données à cet outil au début de la méthode anglaise. Le marteau frontal, pour le cinglage des loupes, pèse de 5 à 6 tonnes, et pour le corroyage des paquets, de 7 à 8 tonnes.

2. MARTEAUX-PILONS.

Les marteaux-pilons se rencontrent aujourd'hui dans la plupart des établissements; ils appartiennent en général au modèle créé par les premiers constructeurs. Leur poids, pour fer marchand, est ordinairement de 1 à 2 tonnes, avec une course de 0m.80 à 1m.30.

Marteau Morrison. — Pour compléter la description des marteaux-pilons des systèmes Nasmyth et Condie, représentés par l'auteur (fig. 46, 47 et 48) et destinés aux fabrications spéciales, nous reproduisons (pl. IX) le marteau Morrison, dont le principe a été établi (p. 83).

L'inconvénient principal du système Nasmyth, appliqué à des marteaux puissants (de 5 à 10 tonnes, par exemple), gît dans la solidarité, par la

(1) *Scientific american*, 1861. *Revue Universelle*, t. X, p. 454.

Marteau Morrison.

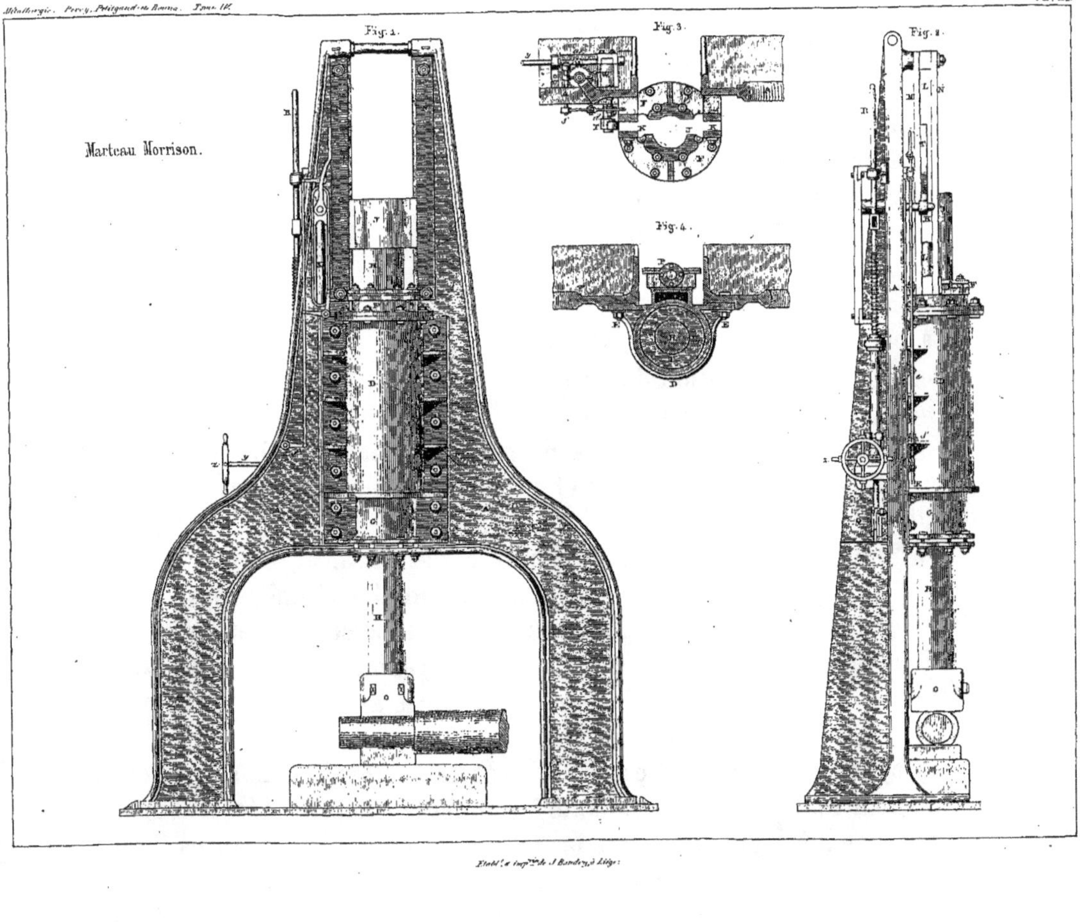

Etabl.t d'imp.ie de J. Baudry, à Liège.

chabotte, entre l'enclume, les montants et les parties supérieures de l'appareil. Quelque fortes que soient les masses des montants, ceux-ci finissent, sous l'influence de chocs énergiques et par un travail prolongé, par se décaler par le bas et souvent par le haut, aux jonctions du chapiteau ou du cylindre à vapeur. Les systèmes Condie et Morrison ont surtout été combinés en vue de rendre indépendants les bâtis et le massif de l'enclume, tout en garantissant la stabilité de l'ensemble.

Ainsi, dans le système Condie, les supports étant disposés comme dans les autres marteaux-pilons, la hauteur totale de l'appareil est diminuée à peu près de toute la hauteur du cylindre. Dans le système Morrison, la stabilité du piston est augmentée, en reliant les montants, immédiatement au-dessous de la courbe que forment leurs pieds, par le cylindre lui-même, boulonné et fixé en porte-à-faux sur les bâtis renforcés à l'arrière. Le pilon Morrison présente, en outre, une tige beaucoup plus grosse que les modèles ordinaires et destinée à former une grande partie du poids total du marteau. A partir du fond supérieur du cylindre, les montants s'élèvent, en s'amincissant, d'une hauteur égale à celle du cylindre au-dessus de l'enclume, et portent les guides de la tige.

La planche IX retrace les détails de cet outil.

Fig. 1, vue en élévation de face;

Fig. 2, vue en élévation de côté;

Fig. 3, coupe horizontale passant par le sabot de la tige et les bâtis, avec une projection du cylindre et du jeu pour le mouvement du tiroir de distribution;

Fig. 4, coupe horizontale du cylindre et des bâtis.

Une forte plaque de fondation B, embrassant l'enclume, reçoit le pied des colonnes A, entre des ergots venus de fonte avec elle, et les retient à l'aide de forts boulons. Les colonnes A sont réunies vers le haut par une entretoise C, engagée dans des douilles fondues avec elle et fixées par des clefs.

Le cylindre à vapeur D est coulé avec les pattes E, qui se prolongent jusqu'au niveau extrême de la boîte à étoupes G. Deux rangées de boulons *d* maintiennent le cylindre contre les tables des bâtis ; des nervures *d'* relient le corps principal du cylindre avec les pattes.

Le couvercle supérieur F et sa boîte à étoupes sont coulés de deux pièces, par moitié; enfin, la boîte G est coulée d'une seule pièce, avec le cylindre, et lui sert de couvercle inférieur.

La tige du piston H est en fer forgé et le piston I est soudé sur cette tige. La tête J glisse dans les coulisses verticales L, fermées de chaque côté par une paire de lames MN. L'extrémité inférieure passe à travers la boîte à étoupes G.

Le jeu même de l'appareil ouvre et ferme le tiroir à vapeur aux extrémités de la course du piston. La boîte à vapeur ou chapelle est adaptée à la base du cylindre, entre les deux bâtis; elle est surmontée d'un robinet modérateur ordinaire P et renferme le tiroir dont la tringle est réunie, par articulation, à l'extrémité d'un levier horizontal Q. Le centre de rotation de ce levier est attaché à l'un des bâtis AA, tandis que son autre extrémité est reliée à une tige verticale, composée de deux parties RS, dont la longueur totale peut varier.

Le bâti porte à la partie supérieure une douille avec un coussinet dans lequel passe, de manière à pouvoir prendre un mouvement circulaire alternatif, le petit axe U, sur lequel est calé, d'un côté, un levier à marteau T, et de l'autre, un second levier V engagé dans un œillet rectangulaire faisant partie de la tige R. Il s'ensuit que, dans la position où la vapeur est admise, si la crossette K rencontre le levier T et le soulève, la tringle RS descendra et fera remonter le tiroir qui, recouvrant alors la lumière d'admission, mettra le cylindre en communication avec les conduites de décharge. Le marteau retombera sur l'enclume ou sur la pièce à souder, de la hauteur correspondante à celle où le sabot K aura buté contre le bras T, qui imprime le mouvement à tout le système.

Le coussinet qui porte l'axe V est mobile dans une coulisse W, dont l'ouverture est ménagée dans l'une des colonnes A. Ce coussinet est supporté par une tringle verticale dont l'extrémité inférieure est filetée et mise en rapport, par une roue dentée horizontale, avec une petite vis sans fin, calée sur le petit arbre Y et manœuvrée au moyen d'un petit volant à main Z. Ainsi, en manœuvrant le volant Z, on obtient simultanément les variations de la longueur de la tige RS et de la hauteur de l'axe U, et enfin, de la hauteur où le sabot viendra frapper le levier T.

Un marteau-pilon à vapeur, construit pour la Russie, par MM. Morrison, dans leurs ateliers de Newcastle-on-Tyne, est un des plus puissants engins qui aient été jusqu'ici livrés à la forgerie. D'après le *Journal de la Société des Arts*, la tige du piston a $11^m.40$ de longueur sur $0^m.610$ de diamètre et pèse 35 tonnes. Le diamètre du piston est de 2 mètres et sa course, de $4^m.35$. Le cylindre à vapeur pèse plus de 40 tonnes, et le poids de chacun des montants du bâti est presque aussi considérable.

Le marteau Morrison, ainsi que le marteau Condie, réalise les conditions de stabilité mieux que le marteau Nasmyth, sans que les parties basses soient trop solidaires et sujettes par là à des réparations et à des chômages trop fréquents. L'abaissement des masses principales dans les deux systèmes permet, en outre, de disposer le pilon et les guides en porte-à-faux, moyennant qu'on y fasse contre-poids. Aussi peut-on disposer, comme facilité du travail des grosses œuvres, de tout un demi-cercle d'approchage de l'enclume.

Plusieurs modifications du mécanisme automoteur du tiroir permettent de rendre la chute variable, pendant le travail.

Marteau Voisin. — En dehors du système Morrison, on a cherché à conserver aux appareils d'un grand poids et d'une grande chute, une stabilité plus certaine, tout en évitant les inconvénients du cylindre frappeur Condie et de la tige creuse.

Le système Voisin, imaginé dans ce but, consiste à se servir de deux cylindres placés, dans les bâtis mêmes qui sont tubulaires, à la même hauteur que le marteau ; ces deux cylindres portent les coulisses dans lesquelles est guidée la tête du marteau. Les tiges de piston sortant de ces cylindres sont réunies par une traverse qui tient suspendu en son milieu le corps du marteau. Mais ce système, très-compacte, est d'une complication telle, qu'il est resté à peu près sans application.

Marteau Daelen. — Il nous reste à examiner quelques appareils où l'on s'est préoccupé plus spécialement de l'admission et de l'économie de la vapeur.

Dans le marteau à expansion du système Daelen, la vapeur est d'abord employée à pleine pression pour soulever le marteau jusqu'à une certaine hauteur, à partir de laquelle l'admission est renversée. Pendant cette première période, la vapeur qui se trouve au-dessus du piston, s'échappe. Ensuite, le conduit supérieur est mis en communication avec le conduit inférieur et y reste jusqu'à la fin de la chute. Pendant cette seconde période, la vapeur en dessous du piston se détend, et la vapeur au-dessus passe de la pression atmosphérique à une pression égale à celle de la partie inférieure. Mais le piston continuant à monter, il en résulte une compression de la vapeur jusqu'au plus haut point de sa course. Puis, à partir de là, elle se détend de part et d'autre, durant toute la chute, jusqu'à ce que le piston arrive en bas.

La différence essentielle de ce système consiste ainsi dans une distribution particulière de la vapeur, par le tiroir tournant équilibré de Wilson, appliqué aux marteaux système Nasmyth, et le piston différentiel, qui permettent d'utiliser la vapeur consommée en dessous, d'une part, par son expansion, pour l'effet utile direct, et d'autre part, par la compression, comme ressort ou rabat.

Marteau Farcot. — MM. Farcot et fils construisent un marteau-pilon à action directe de la vapeur, au-dessus du piston, et à contre-pression constante et élastique au-dessous, pour remonter le marteau, dont la figure 1, pl. X, représente la coupe, et la figure 2, l'élévation.

Ce système permet : 1° d'obtenir des effets puissants sans beaucoup de chute, parce que la vapeur agit à 5, 6 ou 7 atmosphères sur la grande surface du piston, et 2° d'économiser la vapeur, parce qu'elle agit par expansion.

Le corps du bâti est creux et forme un réservoir où la vapeur est entretenue à une pression d'environ 2 atmosphères, au moyen d'une soupape d'équilibre fonctionnant seule. Ce réservoir est constamment en communication avec le dessous du piston. La vapeur y produit la contre-pression sans dépense, dès que le dessus du piston est en communication avec l'atmosphère, puisqu'elle agit comme un simple ressort.

L'espace libre de la partie inférieure du cylindre, qui occasionne une grande perte de vapeur dans les anciens marteaux, est supprimé. Le matelas de vapeur servant de heurtoir et disposé dans le fond du cylindre, empêche les ruptures du fond. La force des coups se règle par la pression et la durée d'introduction de la vapeur au-dessus du piston, à l'aide d'un tiroir d'une manœuvre facile. On peut ainsi intercepter très-rapidement l'arrivée de la vapeur dans le cylindre à tous les points de la course du piston, ce qui permet d'utiliser la détente.

Voici, d'après MM. Farcot, la valeur de ce système par rapport aux marteaux du système ordinaire.

Si l'on admet que la vapeur est employée sans détente, on a : 1° pour un pilon ordinaire du poids de 1 000 kilogrammes, tombant d'une hauteur de $1^m.50$, un effet correspondant à $1\,000^k \times 1^m.50 = 1\,500$ kilogrammètres ; 2° avec un pilon Farcot de 1 000 kilogrammes, ayant une levée de $0^m.70$ et un piston de $0^m.50$ de diamètre, et avec 5 atmosphères de pression dans la chaudière, la pression utile est de 7 000 kilogrammes sur le piston, en y comprenant celle due à la pesanteur. L'effet comparé au cas précédent sera de $7\,000 \times 0.70 = 4.900$ kilogrammètres.

Si l'on utilise la détente pendant les deux tiers de la course seulement, on aura encore 3.265 kilogrammètres, soit un peu plus du double que par l'ancien pilon de 1 000 kilogrammes, tombant d'une hauteur double. On a plus d'avantage à employer des pressions supérieures à 5 atmosphères, parce qu'on peut marcher avec plus de détente et d'économie de vapeur, tout en frappant plus fort.

Pour le marteau de 2 000 à 3 000 kilogrammes (fig. 2, pl. X), la course du piston étant de $1^m.20$ à $1^m.50$, le diamètre $0^m.80$, la pression nette ajoutée au poids du marteau par l'action de la vapeur sur la surface du piston sera :

Pour 5	atmosphères	de.	15 078	kilogrammes.
6	—	de.	20 104	—
7	—	de.	25 130	—

3. MACHINES SPÉCIALES A FORGER.

Marteau Arbel. — MM. Arbel et Cie ont construit, pour la fabrication des roues en fer forgé de leur invention, un marteau-pilon qui a été recommandé à divers points de vue : économie, stabilité de l'appareil et

Marteau-pilon. (Système Farcot.)

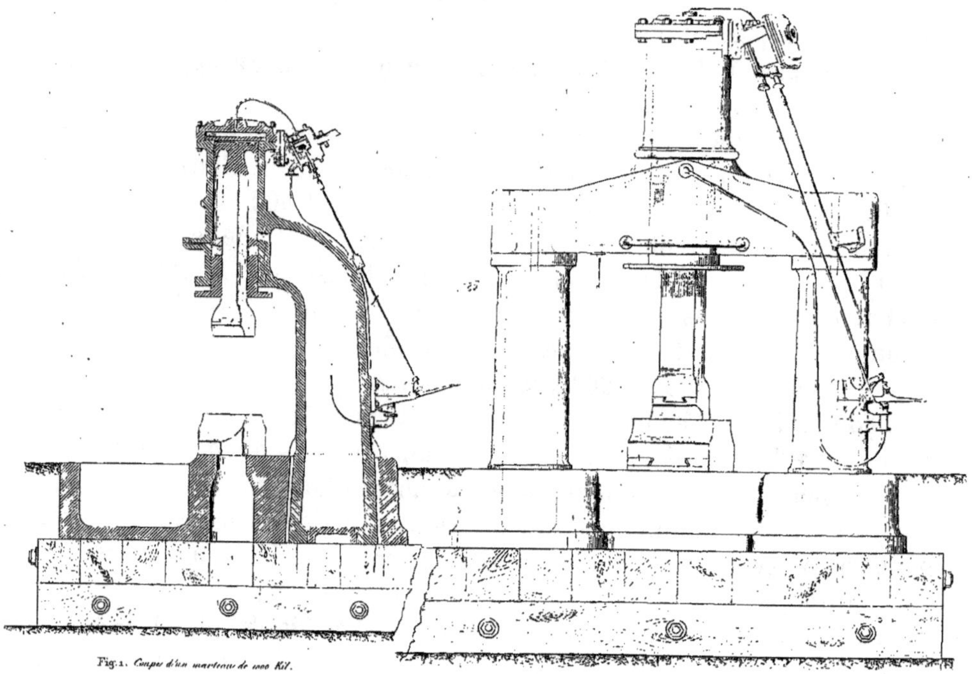

Fig. 1. Coupe d'un marteau de 1000 Kil.

Fig. 2. Élévation d'un marteau de 3000 Kil.

Établ. et impr. de J. Baudry, à Liège.

commodité du travail (1). Les figures 107 et 108 représentent en coupe

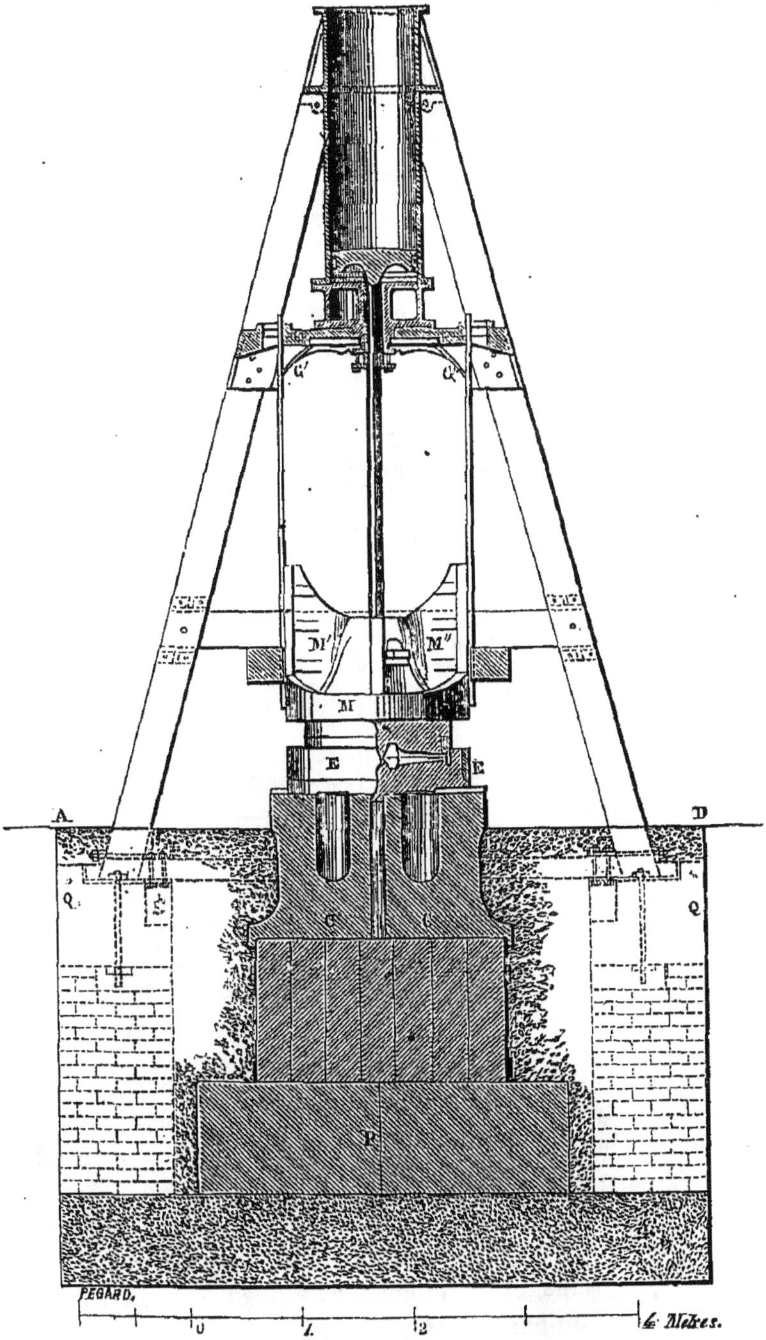

Fig. 107. — Marteau Arbel à forger les roues. Coupe verticale.

(1) C. Lan, Applications du marteau-pilon. *Bulletin de la Société de l'industrie minérale*, t. IV, 1859.

et en élévation ce marteau destiné au pilonnage et au matriçage des roues.

Au bas de la fosse ABCD, on coule une fondation de béton BB, sur laquelle s'élèvent, aux angles de la fosse, quatre piliers de maçonnerie couronnés par des dés en pierre QQ, qui supportent les montants du pilon. Au centre de la fosse, des blocs de pierre P soutiennent la chabotte en

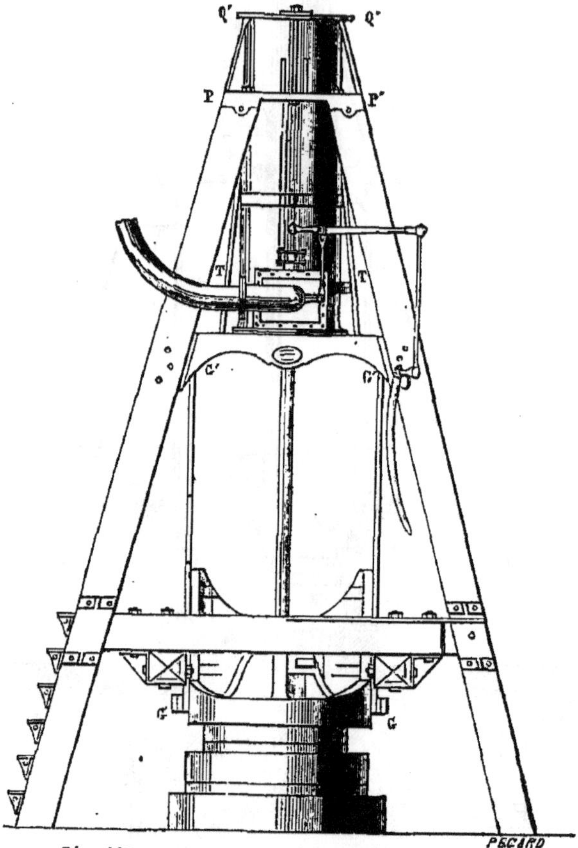

Fig. 108. — Marteau Arbel pour forger les roues.

fonte CC par l'intermédiaire de bois cerclés. Les vides sont comblés avec des graviers, et le cadre en bois de sapin qui forme la base des bâtis y est enterré. Ce cadre, boulonné sur les dés QQ, est consolidé par des plaques de fonte avec ergots qui retiennent les pieds des jambages. C'est entre ces jambages, formant les arêtes d'un tronc de pyramide rectangulaire, que se trouvent le cylindre, le marteau et l'enclume. Trois étages de traverses relient ces jambages parallèlement au cadre de la base : les deux traverses inférieures supportent les guides du marteau *b b'*. Le cylindre porte à sa partie supérieure des nervures et une semelle PP', rattachée à la traverse du haut des jambages Q'Q'; il est fixé par le bas à la traverse intermédiaire *b' b'* et relié par des tirants TT.

La tête M du marteau consiste en une masse de fonte à peu près tron-

Presse hydraulique pour la forge. (Système Haswell.)

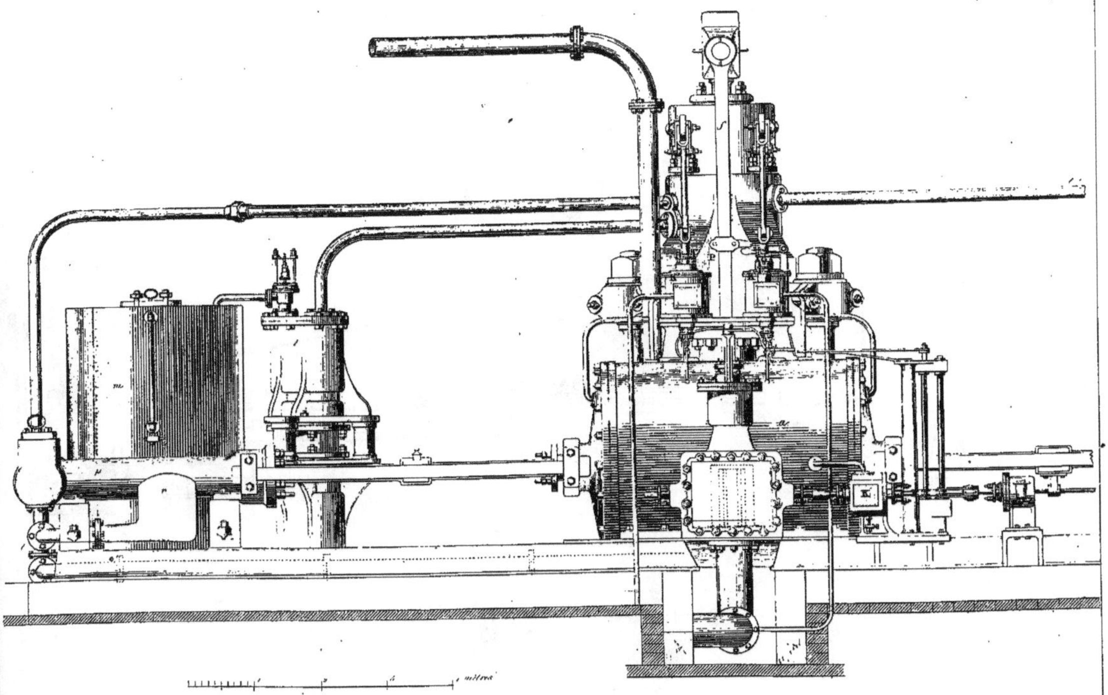

Kuhl et imp. de J. Baudry à Liège

Presse hydraulique pour la forge. (Système Haswell.)

Fig. 2.

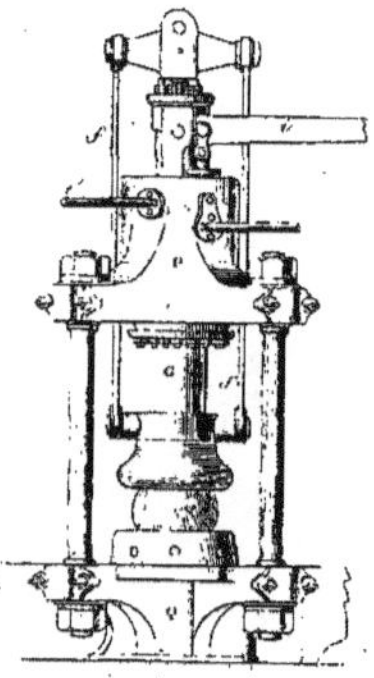

Fig. 1. Plan.

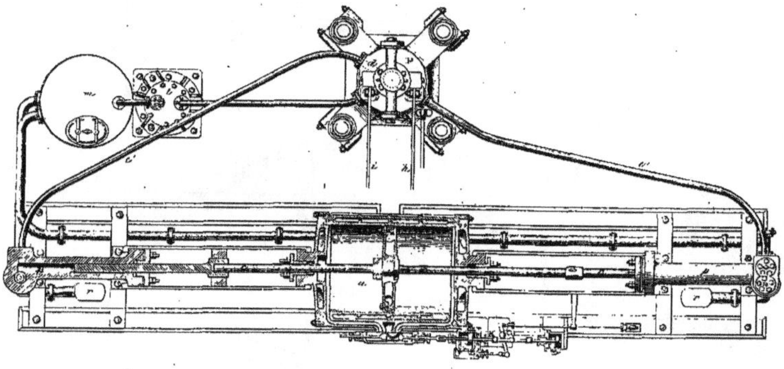

Fig. 3.

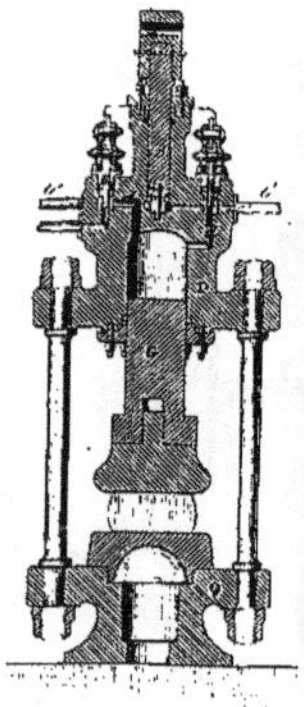

Établt et impie de J. Baudry, à Liège.

conique, à la base de laquelle se loge l'attache de la matrice supérieure. Des glissières ou oreilles assurent la verticalité le long des guides. La matrice inférieure EE est fixée de la même manière, c'est-à-dire par des entailles en queue-d'aronde, dans la chabotte CC. La tige du piston à vapeur est arrêtée dans la tête du marteau par la clavette K.

Le piston, la boîte à vapeur, le levier de mise en marche, etc., n'offrent rien de particulier.

Cet appareil fonctionne sans dégradation, grâce à l'indépendance des massifs de fondation du bâti et de l'enclume, et offre une grande commodité de travail ; les approches de l'enclume restent libres sur tout son pourtour, de manière à manœuvrer les roues et à changer les matrices au besoin. Nous ne le citons ici que comme un exemple de marteau destiné à un usage spécial.

Presse hydraulique Haswell. — M. Haswell, directeur de la fabrique de machines de la Société autrichienne I. R. P. des chemins de fer de l'État, à Vienne, a construit pour la fabrication par matriçage des pistons de machines, des manivelles, etc., une presse hydraulique destinée d'ailleurs à remplacer dans les forges le travail rapide de soudage par le laminoir et le marteau (1).

Le jeu de l'appareil est expliqué par la description suivante, dont les lettres se rapportent aux dessins des planches XI et XII :

a, Cylindre à vapeur horizontal;

K, Appareils de règlement du grand tiroir du cylindre *a*;

cc, Tiges de piston du cylindre *a*, formant pistons plongeurs dans les deux pompes aspirantes et foulantes *p*;

t, Tuyaux d'aspiration des pompes *p*;

r, Récipient d'air pour régulariser le travail des pompes *p*;

t, Tuyau amenant l'eau refoulée dans le corps de la presse *P*;

P, Corps en fonte de la presse, présentant deux cylindres superposés, l'un inférieur, dans lequel se meut le piston forgeur *G*, l'autre supérieur, dans lequel se meut le contre-piston *C* qui sert à remonter le piston *G*;

H, Bielles reliant les deux pistons *G* et *C*;

Q, Chabotte de l'enclume supportant le corps de la presse, au moyen de quatre colonnes en fer;

dd, Tuyaux venus de fonte avec le corps de la presse *P*; ils servent à conduire l'eau des pompes *p* aux cylindres de la presse, et des cylindres de la presse au réservoir *l*;

ss, Soupapes à tiges destinées à ouvrir ou à fermer la communication entre les pompes *p* et la presse, et entre la presse et le réservoir *l*;

(1) *Notices sur les objets envoyés à l'Exposition de Londres par la Société autrichienne*, etc. Vienne, 1862.

ih, Leviers pour la manœuvre des tiges de soupapes ci-dessus;

K'K', Petits cylindres à vapeur agissant sur l'extrémité des leviers *i* et *h* par l'intermédiaire de bielles;

l, Réservoir recevant l'eau de la presse quand on remonte le piston forgeur. Ce réservoir est divisé en deux parties par un piston. On peut, en faisant agir la vapeur sous ce piston, renvoyer l'eau dans le cylindre de la presse et faire ainsi descendre le piston forgeur au contact de l'objet à forger. Le travail de compression est ensuite terminé par l'action des pompes *p;*

m, Réservoir fournissant l'eau d'alimentation des pompes *p;* il reçoit en même temps le trop-plein de l'appareil *l*.

Cette légende permet d'expliquer facilement le jeu de l'appareil. Supposons le piston forgeur *G* au haut de sa course et la pièce à forger en place sur l'enclume, avec les matrices ou étampes qui doivent lui donner sa forme; on dispose les soupapes *ss* de manière à ouvrir la communication entre le réservoir *l* et le cylindre de la presse ou du piston forgeur G, puis on fait agir la vapeur sur le piston du réservoir *l*. L'eau, chassée par ce piston, fait descendre rapidement le piston forgeur G jusqu'au contact avec les matrices ou la pièce à forger, qui reçoit ainsi la compression compatible avec la puissance mise en jeu; alors la position des soupapes *ss* est changée, pour mettre en communication le cylindre de la presse avec les pompes *p*. Le piston du réservoir *l* cessant de fonctionner, on introduit la vapeur dans le grand cylindre *a*, pour faire agir les pompes de la presse hydraulique sur le piston forgeur *G* jusqu'au maximum de compression que l'on veut obtenir.

Les appareils sont alors disposés de manière à faire agir les pompes sur le contre-piston *C* seul, et à faire communiquer le cylindre de la presse avec le réservoir *l*. Le piston forgeur *G* est ainsi ramené à sa position primitive et maintenu dans cette position, soit par l'eau retenue sous le contre-piston, soit au besoin par un calage. La manœuvre exécutée pour faire descendre le piston forgeur sert aussi à vider le cylindre du contre-piston.

Avec la machine représentée par les planches XI et XII, la pression donnée à l'eau dans la presse peut atteindre 392 atmosphères, soit 405 kilogrammes par centimètre carré, et le piston de la presse ayant 0m.49 de diamètre, l'effort exercé par l'eau sur la face supérieure de ce piston est de 763 830 kilogrammes.

Machine Ryder. — La *machine Ryder* mérite une mention spéciale dans l'outillage des forges, en raison de la rapidité et de la précision avec laquelle elle permet de confectionner des pièces de consommation courante. Elle se compose d'un certain nombre d'enclumes sur lesquelles tombent respectivement des marteaux glissant entre des coulisses verticales, ménagées dans le bâti de la machine. Chacun de ces marteaux s'abaisse au moyen

Machine à forger (Système Ryder.)

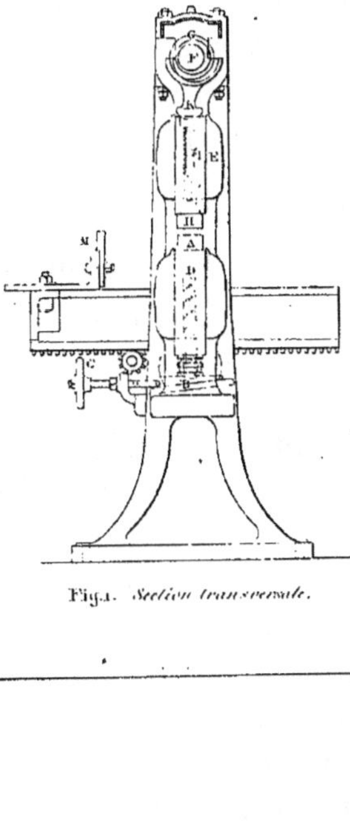

Fig. 1. *Section transversale.*

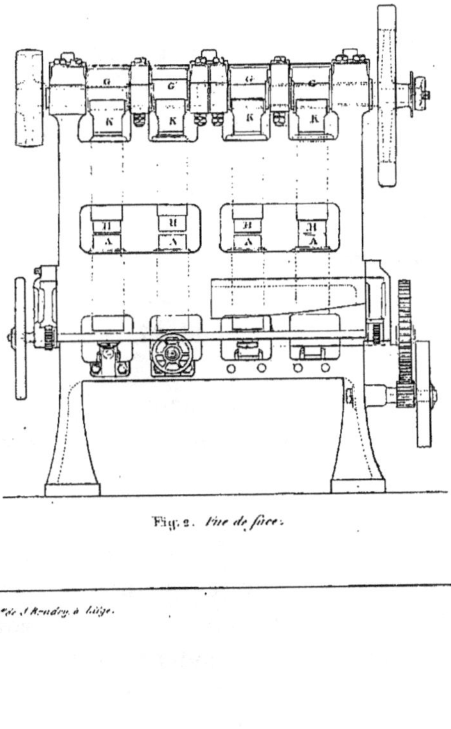

Fig. 2. *Vue de face.*

Lith. à l'impr.rie de J. Rendry, à Liège.

d'un excentrique et d'une came qui agit par pression sur la tête, tandis qu'il se relève par un fort ressort à boudin. Dans la machine Ryder, perfectionnée par MM. Platt, d'Oldham (1) (pl. XIII, fig. 1 et 2), A, A, A, A, indiquent les enclumes reposant sur un plan incliné en forme de coin B. La distance entre l'enclume et le marteau se règle en poussant plus ou moins le coin B, au moyen du petit pignon et de la vis C. Le ressort D, destiné à amortir les chocs, est formé d'une bande d'acier de $0^m.044$ de largeur sur $0^m.016$ d'épaisseur, tournée en spirale de $0^m.164$ de longueur sur $0^m.05$ de diamètre. — H, H, H, H, marteaux supportés par des ressorts qui les tiennent relevés; l'un de ces ressorts est visible en E. — G, G, G, G, excentriques montés sur l'arbre F, que mène la poulie L, par l'intermédiaire d'une courroie; ces excentriques agissent sur les cames K, K, K, K, qui, maintenues en contact par les ressorts E avec la tête des marteaux, forcent ceux-ci à s'abaisser rapidement. Les cames passées et le coup donné, les marteaux remontent avec une rapidité dépendant de la force des ressorts. Cette machine peut donner facilement mille coups par minute ; elle fait mouvoir par un long levier une cisaille qui sert à couper les pièces de longueur, lorsqu'elles sont terminées. Le matriçage des enclumes et des marteaux permet enfin de donner aux objets telle forme que l'on désire. M. Fairbairn cite comme exemple de la rapidité remarquable avec laquelle la machine Ryder fonctionne, qu'une barre de fer de $0^m.068$ sur $0^m.062$ peut être réduite à $0^m.031$ sur $0^m.254$, et débitée dans l'espace d'une minute. Tous les articles, tels que boulons, écrous, broches, etc., sont fabriqués aussi rapidement et avec une précision telle, qu'on les croirait tournés.

Le principe de la machine Ryder a servi à établir un certain nombre d'autres appareils à percussion, destinés à façonner des articles de dimensions variées.

Enclume Nasmyth. — Nous devons insister, avant de terminer avec les marteaux, sur les avantages que rend à la forgerie l'enclume en V de Nasmyth, surtout pour les arbres et les pièces de fer cylindriques. Cette disposition est indiquée fig. 47, n° 5. Avec une panne et une enclume plates, l'effet des coups successifs du marteau est d'étendre la pièce ronde sous forme d'ellipse, et comme on retourne la pièce de temps en temps, de désagréger le centre de la masse et d'y créer en quelque sorte un noyau poreux. Cette altération dans la direction des fibres est telle, qu'elle se manifeste tôt ou tard à l'extérieur. Avec l'enclume en V, au contraire, l'action du choc est convergente, le métal étant maintenu sous le centre de gravité du marteau, au fur et à mesure qu'on le fait tourner. Un forgeron peut faire avec cette enclume, en une seule chauffe, ce qui en exi-

(1) W. Fairbairn, *On Iron*, etc., p. 127; Édimbourg, 1861.

geait trois avec les enclumes ordinaires. Un autre avantage est l'expulsion plus complète des scories.

Un angle de 80 degrés convient le mieux pour l'inclinaison des côtés du V. Les arêtes supérieures doivent être rabattues ou arrondies, et les parois ont une courbure dans la direction de l'axe de la pièce, afin de faciliter son extension.

4. LAMINOIRS.

Nous arrivons à une partie de l'outillage qui n'a été qu'indiquée par l'auteur et sur laquelle il importe de s'arrêter, pour faire saisir l'importance du rôle de la mécanique dans la sidérurgie moderne; nous voulons parler des outils de laminage, qui expliquent la rapidité du travail et la capacité de production de nos grandes usines.

Nous décrirons successivement les organes d'un laminoir ordinaire et les laminoirs spéciaux, avant de passer aux outils qui complètent le matériel d'une forge.

Train de laminoirs.

Un train comprend : le moteur, les transmissions, le volant et le train de laminoir proprement dit.

Moteurs. — Les moteurs employés sont ou des roues hydrauliques ou des machines à vapeur.

Les roues hydrauliques ont de nombreux inconvénients : elles fixent invariablement la position de l'usine le long des cours d'eau, souvent à de grandes distances des voies navigables ou des chemins de fer; elles exposent, par suite, l'industriel à des chômages fréquents, à des dépenses de transport élevées, etc. En revanche, il est vrai que si elles sont éloignées des grands centres industriels, elles permettent d'obtenir la main-d'œuvre à des prix moins élevés; mais ce léger avantage disparaît devant la perte des chaleurs provenant des fours à puddler, à réchauffer, etc., qu'entraîne l'usage des chutes d'eau.

Les machines à vapeur ne présentent aucun des inconvénients qui résultent des moteurs hydrauliques.

Nous ne reviendrons pas, du reste, sur la discussion des divers systèmes de machines en usage, que nous avons abordée à l'occasion des souffleries (T. III, p. 509). Si les machines verticales sur bâti en fonte tendent à se généraliser dans certains districts, vu l'avantage d'un emplacement moindre, de fondations moins coûteuses, de réparations moins fréquentes et d'un entretien plus facile ; les machines à balancier, malgré leur prix élevé et les accidents graves auxquels elles donnent lieu, ne continuent pas moins à être employées, en Angleterre notamment. Les machines horizontales se rencontrent également dans un grand nombre de forges.

Il est à peu près impossible, pour ces machines, de calculer *à priori* leur puissance, à cause de la résistance variable déterminée par le degré de chaleur et de la nature du fer à laminer, et par suite des chocs produits à l'entrée entre les cylindres. L'expérience est ici le seul guide. En général, on préfère disposer d'un excès de force, les machines faibles étant un obstacle permanent à tout progrès.

Les machines de laminoir reposent toujours sur de solides taques en fonte, afin d'augmenter la stabilité de la fondation, tout en fixant invariablement les différentes pièces de la machine.

L'influence des trépidations étant très-sensible avec les fondations en bois, on ne conserve plus que les longrines inférieures et supérieures reliées par de forts boulons en fer, et l'on comble l'espace, entre ces madriers, avec de la maçonnerie. Encore est-il préférable de remplacer les longrines inférieures par des taques métalliques, encastrées dans les murs.

Transmissions. — Les *transmissions* comprennent l'ensemble des appareils destinés à communiquer la force du moteur au train, à l'aide d'un mouvement continu ou d'un mouvement alternatif.

Le mouvement du moteur étant toujours continu, les modifications dans la vitesse ou dans la nature du mouvement transmis dépendent d'agents mécaniques intermédiaires.

Pour éviter les inconvénients de communications appliquées à un moteur puissant et unique, chargé d'un grand nombre de trains marchant à des vitesses différentes, on attaque généralement le train directement par le moteur, dont l'arbre se trouve dans le prolongement de l'axe du train. Le laminoir à action directe doit être préféré lorsque la vitesse de rotation est comprise depuis quarante jusqu'à cent révolutions par minute. Pour les vitesses plus grandes, nécessaires à l'étirage des petits fers, par exemple, ce système imposerait l'emploi de machines marchant à plus de deux cents tours, ce qui ne serait pas sans danger.

La diversité de vitesses pour les mêmes fers, que l'on observe dans les forges, enseigne qu'on peut fabriquer tous les fers de fortes dimensions, y compris les tôles, à la même vitesse, et que les petits fers seuls exigent une vitesse plus considérable. Ainsi, d'après l'expérience, on reconnaît que les fers ébauchés ou corroyés, les fers marchands, les rails et bandages de roue, les tôles, peuvent être laminés depuis la vitesse de vingt tours jusqu'à celle de soixante-dix tours par minute; les petits fers, depuis deux cent vingt jusqu'à trois cent quatre-vingts tours. On a donc conseillé d'adopter une vitesse unique, reconnue la meilleure, de soixante tours par minute, avec des cylindres de $0^m.40$ à $0^m.45$ de diamètre, pour les fers de la première catégorie, et pour les petits fers, une vitesse de deux cents tours par minute, avec des cylindres de 0m.25. Grâce à une vitesse unique, adoptée pour le volant des trains, il suffirait alors d'avoir sur l'axe deux trains jumeaux, de même vitesse pour tous les fers, en changeant seulement les cylindres. Cet avis n'a pas été partagé, car aucun laminoir ne semble l'avoir réalisé; nous ne le notons ici que pour tenir compte de l'expérience d'un praticien (1).

Volant. — Le *volant* est destiné à emmagasiner la force développée dans les intermittences du travail, et à atténuer par sa masse les chocs produits à l'entrée du fer entre les cylindres. Il protége la machine motrice et les organes de transmission, quand il est placé sur l'axe du train.

Un volant doit être d'autant plus fort que la machine est plus faible par rapport au travail moyen à effectuer; ce n'est pas la force du moteur qui doit intervenir comme élément dans la détermination du poids des volants, mais bien les résistances du laminage. C'est en se guidant sur la nature du travail des cylindres que l'on a calculé les formules suivantes, d'après les différentes fabrications (2) :

La fabrication des tôles de grande longueur absorbe une force de 70 à 80 chevaux et donne lieu aux chocs les plus considérables; la quantité d'action du volant, égale à la moitié de sa force vive, doit être d'environ 225 000 kilogrammètres; on a donc :

$$\frac{PV^2}{2g} = 225.000;$$

d'où

$$P = \frac{4.500.000}{V^2}, \text{(A)}$$

P représentant le poids de la jante et v la vitesse au milieu de la couronne.

Dans la fabrication des tôles moyennes, des rails, des feuillards de grande longueur et des fers de tréfilerie, la formule devient :

$$P = \frac{3.920.000}{V^2}; \text{(B)}$$

la quantité d'action du volant étant de 200 000 kilogrammètres.

Pour les trains de dégrossisseurs, les fers marchands, les petits fers et les tôles fines, les machines ont de 30 à 40 chevaux; le volant, 180 000 kilogrammètres; d'où la formule :

$$P = \frac{3.528.000}{V^2}. \text{(C)}$$

Ces formules fournissent aujourd'hui des poids insuffisants; la puissance

(1) Henvaux, *Mémoire sur la construction des laminoirs*; Verviers, 1858, p. 24.

(2) E. Flachat, A. Barrault et J. Petiet, *Traité de la fabrication de la fonte et du fer*, 2e partie, p. 826; 1844.

des moteurs et des volants ayant été augmentée, ainsi que la dimension des fers en usage.

M. Rongé a cité des exemples de l'insuffisance de ces formules (1). Ainsi, aux usines de Longdoz, le volant d'un train, d'un diamètre de 10 mètres, faisant quarante révolutions par minute, pèse 40 000 kilogrammes; la formule, pour un rayon moyen de 5 mètres, n'indique que 10 300 kilogrammes. Aux usines du Haut-Pré, l'arbre moteur attaque par des transmissions un gros train et deux trains moyens. Il porte deux volants de même diamètre, pesant 50 000 kilogrammes ; leur vitesse à la circonférence est de 25 mètres environ. En faisant usage des deux premières formules, on trouve près de 20 000 kilogrammes environ, au lieu de 33 333 kilogrammes, poids approximatif des deux jantes. M. Rongé conclut que, pour obtenir un volant de gros trains en rapport avec les résistances considérables des pièces fabriquées aujourd'hui dans les forges, il convient de doubler le poids fourni par la première formule (A).

Les volants puissants, ordinairement très-lourds, présentent l'inconvénient d'augmenter les frais d'installation et de donner lieu à des frottements considérables. On cherche avec avantage à remplacer ces volants, dont l'énergie est proportionnelle au poids, par d'autres de moindre diamètre, mais dont l'énergie augmente comme le carré de la vitesse, au milieu de la couronne. On réduit ainsi le poids du volant, le diamètre de l'arbre et les frottements sur les tourillons.

Les trains à gros fers étant attaqués directement par le moteur, le nombre de révolutions du volant sera celui du train dont la vitesse est limitée par les exigences du travail. On ne dispose que d'un seul élément pour augmenter la vitesse du volant ou plutôt de la couronne; c'est son diamètre.

A Longdoz, le nombre de révolutions du train à tôle, par exemple, étant compris entre quarante et soixante, les vitesses sont de $20^{m}.93$ à $31^{m}.14$. Dans certains laminoirs, cette vitesse est portée jusqu'à 38 mètres. Dans le cas d'un train de tôlerie, il faudrait donner 12 mètres de diamètre au volant pour lui communiquer une vitesse maxima de 37 mètres; or, une masse énorme, animée d'une aussi grande vitesse, n'est pas sans danger et sans difficulté d'exécution. Cependant, en apportant tout le soin nécessaire au calcul des résistances pour une vitesse maxima, et à la disposition des assemblages, on peut, sans crainte, aborder des volants de plus de 10 mètres de diamètre.

Dans les trains moyens et à petits fers, pour lesquels les formules (B) et (C) s'appliquent plus exactement, le volant étant placé sur l'arbre moteur qui fait soixante à quatre-vingts révolutions, peut marcher à grande vitesse, sans qu'on ait recours à des diamètres de plus de 10 mètres.

(1) Fabrication de la tôle. *Rev. univ. des mines*, t. XIII.

L'arbre du volant repose, par ses tourillons, sur des paliers en fonte; quoique présentant une grande solidité, son diamètre devra être faible afin de réduire les frottements. On remplace avantageusement, au point de vue de la résistance et de la sécurité, les arbres en fonte par des arbres en fer, ou, mieux, en acier. Les paliers dans lesquels se meuvent les tourillons des arbres sont en fonte et boulonnés aux taques d'assise de la machine ou à un système de taques, reliées par des boulons.

Engrenages et pignons. — La force seule de la machine, quelque puissante qu'elle soit, est insuffisante sans volant pour opérer le laminage des fers. Si à la masse du volant, on ajoute celle d'un grand engrenage qui le commande ainsi que le train, la réaction qu'offrent le laminage des barres et le poids des cylindres, des cisailles, des presses, etc., devient encore moins sensible. On a, par cette raison, proposé de remplacer la manivelle du volant par un engrenage de dimension proportionnelle aux trains à commander et à la vitesse voulue pour atteindre le maximum de 25 mètres par seconde. D'après le diamètre de cet engrenage, l'arbre qui le porte se trouve à $0^m.15$ ou $0^m.20$ de l'arbre du volant. Ce système, d'une grande solidité, remplace utilement celui à traction directe et celui d'engrenages multiples sur lesquels porte le travail et réagissent les chocs.

Rien n'étant plus fréquent dans la fabrication des fers à fortes pressions que la rupture des engrenages et des pignons, on a imaginé divers procédés pour couler ces roues avec dents en fer.

La fonte employée est de la fonte grise n° 4, fondue au réverbère. Les dents sont en bon fer de masses, laminé sur des profils semblables à ceux des dents en fonte. Ces dents, à queue-d'aronde, sont placées dans les moules, en se servant d'un calibre, pour en assurer les distances et la bonne direction, puis enduites d'une couche d'argile délayée, et chauffées avec des briques rouges. On ferme le moule après avoir retiré les briques, puis on coule l'engrenage. Il ne reste plus qu'à découper les cercles latéraux qui épaulent les dents jusqu'à mi-hauteur, pour mettre à jour la gorge entre chacune d'elles jusqu'à la couronne.

Un autre procédé consiste à couler les couronnes en fonte, sans dents, mais avec les rainures à queue-d'aronde, dans lesquelles, après un ajustage préalable, on chasse les dents en fer, à froid. La partie rectangulaire des dents est épaulée par des cercles latéraux jusqu'à mi-dent.

Dans ces deux méthodes, les cercles latéraux peuvent être en plusieurs pièces et sont fixés sur les parois de la couronne par des boulons. Ils ont pour but d'empêcher que les dents ne soient arrachées et ne vacillent.

M. Henvaux, en proposant ces deux systèmes, qui lui ont également réussi (1), ajoute que, pour avoir des engrenages perpétuels, il faut avoir

(1) *Mémoire sur la construction des laminoirs*, 1858.

soin de couler toujours la circonférence séparée des bras; ceux-ci devront être coulés pièce par pièce, pour les engrenages grands et moyens. Il n'y aura ainsi que les dents à remplacer quand elles seront usées. Quant aux pignons, qui s'usent par les tourillons et par les trèfles, on les coulera avec dents, d'après le premier procédé.

Cylindres. — Chaque jeu de cylindres d'un train ou chaque équipage est formé par deux et quelquefois trois cylindres horizontaux, parallèles, superposés, dont les tourillons sont maintenus dans des cages verticales.

Les axes des pignons et des cylindres se trouvent sur une même ligne horizontale et sont reliés entre eux par des *arbres d'accouplement*, au moyen de manchons en fonte ou *moufflettes* qui passent à la fois sur les deux axes. Les arbres d'accouplement ou allonges sont en forme de trèfles, comme les extrémités des cylindres, et les moufflettes présentent un creux de la même forme, pour recevoir les extrémités des allonges et des cylindres. Les moufflettes ont entr'elles un jeu de quelques millimètres, afin de permettre aux axes des cylindres une déviation légère dans le plan horizontal, sans rupture. Il résulte de cet agencement que le mouvement imprimé directement à l'un des pignons se transmet à toutes les parties du train; c'est généralement le pignon inférieur qui reçoit le mouvement; dans les équipages à trois cylindres ou *trios*, c'est celui du milieu qui agit. Les cylindres ont des mouvements de rotation égaux et, pris deux à deux, ils tournent en sens contraire.

La communication du train avec le moteur s'opère par une griffe d'embrayage, un petit arbre et un manchon d'accouplement. La manœuvre de l'embrayage et du débrayage s'exécute au moyen d'un levier à fourche qui agit sur le manchon.

Les cylindres, placés dans des cages en fonte, sont portés sur des coussinets en bronze; leur écartement est réglé par des vis de pression reposant sur une *boîte de sûreté*, destinée à se rompre quand le passage d'une barre présente une trop grande résistance. Les cages sont reliées deux à deux par de forts boulons à clavettes; elles sont fixées très-solidement par leurs semelles sur une grande plaque de fonte, boulonnée sur la fondation. Cette disposition permet d'employer des jeux de cylindres plus longs ou plus courts que ceux qui sont montés, parce qu'on peut faire glisser à volonté les cages de leur portée d'ajustement.

On entend par *table* dans les cylindres, la surface travaillante qui porte les cannelures. Le cylindre supérieur s'appelle le *cylindre mâle*; le cylindre inférieur est désigné sous le nom de *cylindre femelle*. Lorsqu'on travaille à trois cylindres, on a soin que le cylindre intermédiaire soit femelle par rapport à celui de dessus.

Les diamètres des cylindres varient dans des limites très-étendues, d'après le travail auquel ils sont soumis, les cylindres étant plus grands pour les fers de fortes dimensions que pour les échantillons faibles. Le diamètre moyen est compris entre 0m.18 et 0m.60 et la longueur de la table de 0m.25 à 2 mètres. La vitesse de rotation varie également, suivant la qualité et les dimensions des fers, entre vingt-cinq et deux cent cinquante tours par minute.

Les cylindres des laminoirs constituent la partie essentielle de l'outillage des grandes forges, par suite de leurs réparations, de leur rupture et de leur mise hors de service très-fréquente.

Dans le système ordinaire, dès qu'un trèfle, un tourillon, un collet ou une cannelure sont usés, tout le cylindre doit être mis au rebut et remplacé. On a cherché à obvier à cette ruineuse usure par des cylindres à collets et à tourillons en fer. On coule le cylindre mâle en plaçant dans le moule autant de rondelles en fer qu'il y a de collets; chaque rondelle, ayant l'épaisseur du collet, est percée au milieu d'un trou semblable au trèfle des manchons, pour le passage de la fonte. Il reste ainsi un cercle de 0m.04 à 0m.05 de hauteur, qui forme chaque collet du cylindre, en pénétrant dans la fonte. En tournant les cylindres comme à l'ordinaire, on conserve aux rondelles l'épaisseur voulue pour les fers à fabriquer. Le cylindre femelle est coulé en bonne fonte dure, avec cercles d'acier boulonnés sur les deux collets extérieurs qui servent à maintenir le cylindre mâle et l'empêchent de voyager de droite à gauche ou *vice versa*, ce qui détruit les cannelures.

Les cannelures peuvent encore être protégées et se passer pendant longtemps de réparation, en garnissant tous les collets, dessus et dessous, de cercles en fer de même largeur et d'une épaisseur de 0m.020 à 0m.025. Ces cercles sont ajustés et soudés sur des mandrins en fonte et placés à chaud sur les collets avec des vis à têtes perdues; ou bien ils sont enroulés au blanc soudant, à la manière des bandages, soudés, vissés et tournés.

Les tourillons des cylindres, des pignons et des arbres en fonte peuvent être protégés de la même manière et fortifiés contre les chocs.

La griffe d'encliquetage qui ne s'use que par les dents d'arrêt, peut être coulée sans ces dents, mais avec des trous carrés pour y placer des arrêts en fer forgé, qu'on remplace quand ils sont usés.

Accessoires d'un train. — Les appareils accessoires d'un train de laminoirs sont :

1° Les *tabliers* ou plaques de fonte ou de tôle, placés à la hauteur de la séparation des deux cylindres, du côté où le fer est engagé dans les cannelures, de manière à soutenir les barres pendant leur passage;

2° Les *plaques de garde*, en fonte ou en tôle, dont le bord est entaillé pour laisser passer les cannelures du cylindre femelle. Elles sont disposées de l'autre côté des cylindres, à la même hauteur que les tabliers, pour recevoir les barres et les empêcher de s'enrouler sur le cylindre femelle;

3° Les *guides* en fer ou en fonte, pour faciliter l'entrée du fer dans les cannelures et l'empêcher de dévier à droite ou à gauche. On s'en sert surtout pour les fers de petites dimensions; le lamineur n'a qu'à les pousser dans les guides, qui ont un jeu de quelques millimètres, pour forcer les cylindres à mordre.

4° Des tenailles de différentes formes et dimensions servent à tenir les barres incandescentes. Des crochets, suspendus à des chaînes dont les extrémités glissent le long de barres de fer horizontales, placées des deux côtés du train, servent à soutenir la barre à la sortie des cylindres ou à son passage d'une cage à l'autre; ce sont les *aviots*. Enfin, des *grues* ou des *treuils* permettent de manœuvrer les cylindres dans les cages.

Nous référons, pour les détails des pièces de laminoirs, aux différentes descriptions que nous donnons des trains de fers marchands, à tôle, à rails, etc., et nous nous bornons présentement à décrire le train le plus simple, s'appliquant à toutes les fabrications.

Train de puddlage.

Le train de puddlage comprend un jeu de cylindres à cannelures ogives et carrées et un jeu de cylindres à cannelures plates.

La disposition que nous rapportons, pl. XIV et XV, se compose :

1° Pour la transmission de mouvement : d'un arbre tréflé portant griffe et moufflette et reposant sur une fourchette mobile, dont la base tient aux plaques de fondation;

2° D'un jeu de pignons accouplés;

3° D'un jeu de cylindres dégrossisseurs de 0m.40 de diamètre et de 1m.20 de table;

4° D'un jeu de cylindres méplats de 1m.40 de table et de même diamètre.

Ce système repose sur quatre plaques de fondation, évidées dans le milieu pour le passage des battitures, posées bout à bout et fixées sur les beffrois par des boulons de fondation. Les beffrois, reliés à ceux de la communication de mouvement, sont établis sur un lit de béton et soutenus sur les côtés par des murs. Chaque cage est fixée, d'une part, par des boulons clavetés sous la plaque et portant des écrous sur sa semelle; d'autre part, par un calage entre les ergots qui limitent les parties dressées des plaques sur lesquelles repose chaque cage.

Le train de cylindres (pl. XIV) comprend les pièces suivantes :

A, arbre moteur recevant son mouvement par l'engrenage E;

G, griffe d'embrayage du train;

T, arbre tréflé servant d'intermédiaire entre le train et l'arbre A;

F, fourchette à pivot supportant l'arbre T;

P, cage à pignons accouplés;

N, moufflettes reliant les arbres d'accouplement;

Q, arbres d'accouplement;

D, cages des ébaucheurs;

M, cages de cylindres méplats;

RR', canal placé au-dessus des cages, distribuant l'eau aux tourillons par les petits tubes *r*;

SS', chemin suspendu portant les deux galets LL', qui servent à la manœuvre des aviots *a*, *v*.

Passons aux détails (pl. XV) :

Le mouvement est transmis au pignon inférieur, tréflé aux deux bouts pour recevoir une griffe et une moufflette, et portant au milieu un tourillon qui s'engage dans une fourchette à douille, dont la semelle est fixée sur la plaque de fondation.

Dans la cage à pignons (fig. 1 et 1 *bis*) :

BB représentent les chapeaux des beffrois;

SS, la semelle de fondation;

PP', montants de la cage;

H, chapeau de la cage;

VV', boulons à deux écrous qui maintiennent le chapeau;

EE', empoises du pignon supérieur;

aa', *bb'*, *dd'*, *ee'*, coussinets en bronze.

Ainsi, chaque tourillon se meut entre quatre coussinets réglés par des cales en fer; ceux de la partie inférieure de la cage sont fixés sur des portées en fonte venues à la semelle; les autres tiennent à des empoises ajustées entre les montants.

Le chapeau de la cage est maintenu par deux vis, dont la partie inférieure s'engage dans le montant, et dont la partie supérieure porte un filet carré avec écrou et contre-écrou.

Les détails de la cage à cylindres sont représentés (fig. 2, 2 *bis* et 2 *ter*, pl. XV) :

PP', montants de la cage;

H, chapeau de la cage;

LL, rainures latérales;

O, O, passage des entretoises;

aa'b, coussinets du cylindre inférieur;

EE', DD', empoises supérieures;

T, boîte de sûreté;

dd', *ee'*, coussinets en bronze;

V, vis à filet carré du chapeau;

v, *v*, vis de règlement des empoises.

Les cylindres portent des tourillons et des trèfles de mêmes dimensions que les pignons. Les trois coussinets du cylindre inférieur sont ajustés sur la cage elle-même; ceux du haut sont assujettis sur des empoises. Les

Train de puddlage.

Fig. 1. *Élévation longitudinale.*

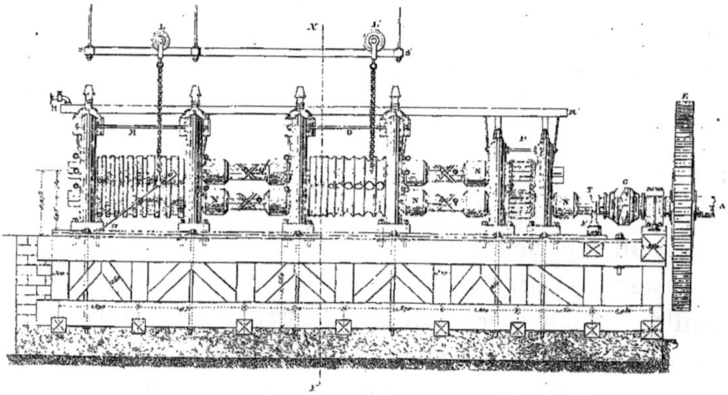

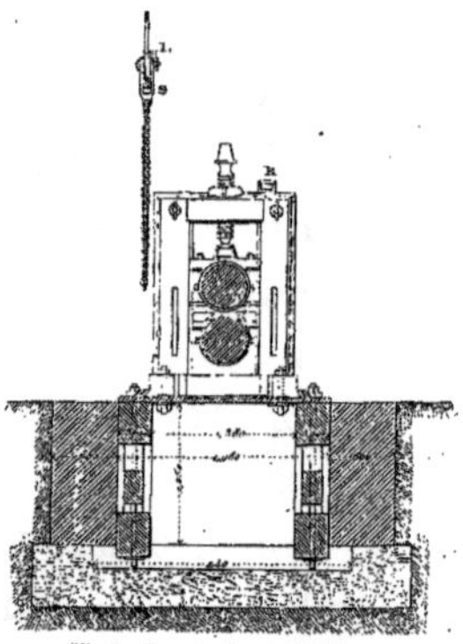

Fig. 3. *Coupe suivant X Y Fig. 1.*

Fig. 2. *Plan.*

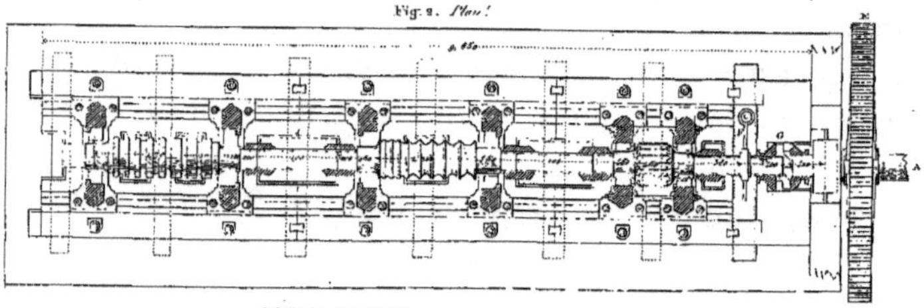

Échelle de 0,03 pour mètre

1 2 3 5 mètres

Lith. et imp. de J. Baudry, à Liège.

quatre coussinets latéraux se règlent chacun au moyen de deux coins glissant l'un sur l'autre; les trois autres avec des cales. Les tourillons inférieurs sont gardés par des plaques en tôle qui empêchent les battitures de s'intercaler entre le cuivre et la fonte. L'empoise supérieure reçoit une boîte de sûreté sur laquelle agit la vis.

Les cages sont reliées deux à deux par des entretoises en fer; trois d'entr'elles sont surmontées par des supports en fer qui reçoivent une forte barre horizontale, sur laquelle se meuvent deux galets à chapes, auxquels sont suspendues les grosses tenailles ou *aviots*.

La première cage d'ogives est garnie d'un *tablier* et d'une *plaque de garde* en fonte, supportés par de fortes barres de fer engagées dans les rainures latérales des montants.

La deuxième cage de méplats est pourvue à l'arrière de gardes en fer et de *sous-gardes*, qui ne servent que lorsque les gardes viennent à manquer. L'avant porte une simple barre de fer rond ou un tablier en fonte, comme la cage d'ogives.

Les cannelures ogives des cylindres de la première cage (pl. XIV) sont distribuées par moitiés égales sur le cylindre mâle (supérieur) et le cylindre femelle (inférieur); seulement, on donne au premier un diamètre un peu plus fort de quelques millimètres, afin que la barre, à sa sortie, ait plus de tendance à appuyer sur la plaque de garde qu'à se relever : c'est une règle générale. La cannelure la plus profonde est toujours placée le plus près possible des tourillons, afin de diminuer les chances de rupture. La section des cannelures décroît dans un rapport qui ne peut s'établir d'une manière générale, car il dépend de la nature du métal. Il arrive que, pour réduire le nombre de cannelures, on passe le fer deux fois dans la même, en lui faisant faire un quart de tour au second passage; ce qui donne une section plus faible que celle de la cannelure elle-même, la largeur de celle-ci étant plus grande que la hauteur.

Les cannelures plates de la seconde cage sont disposées en trois séries pour chaque dimension de fer généralement employée dans la formation des paquets d'échantillons ordinaires.

Avec ces cylindres, l'épaisseur du fer est prise tout entière dans le cylindre femelle, dont les cannelures sont assez profondes pour emboîter en outre les rondelles du cylindre supérieur. Le diamètre du cylindre mâle étant au maximum égal à la distance des deux axes, celui du cylindre femelle le dépasse d'environ le double de la hauteur de l'emboîtement. On peut ainsi obtenir différentes épaisseurs de fer au moyen des mêmes cannelures, en réglant la hauteur du cylindre mâle. D'autre part, si l'on veut arriver aux dimensions les plus faibles, on passe le fer plusieurs fois de suite dans la même cannelure en serrant les vis des cages, après chaque passage. Les premières cannelures de chaque série, étant fortement creusées, se placent toujours près des tourillons et sont souvent renforcées par des rondelles latérales. La largeur des cannelures plates d'une même série varie peu ; quant au rapport entre leurs sections, il dépend en grande partie de la puissance de la machine.

Dans les trains de puddlage, les diamètres des cylindres varient entre $0^{m}.45$ et $0^{m}.50$, et la longueur de la table a de 1 mètre à $1^{m}.50$. Leur vitesse est presque toujours comprise entre 25 et 30 tours, atteignant rarement 40.

Les barres brutes, que l'on obtient avec les dimensions précitées, ont depuis $0^{m}.06$ jusqu'à $0^{m}.18$ de largeur sur $0^{m}.0125$ à $0^{m}.05$ d'épaisseur.

Arrosage des cylindres. — Les cylindres et les tourillons étant très-sujets à s'échauffer, en raison des frottements et de la température que donne le contact du fer chauffé au rouge, on les rafraîchit par un courant d'eau froide qui les conserve, tout en facilitant le travail. La distribution d'eau s'effectue au moyen de petits tubes *r* (fig. 1, pl. XIV), fixés au fond d'un chéneau RR′ placé au-dessus du train de laminoirs. Les cylindres dégrossisseurs ne sont du reste arrosés qu'en dehors du travail, à cause de la température élevée à laquelle la masse de métal se trouve, et des accidents auxquels donnerait lieu la décomposition de l'eau à cette température.

Devis d'un train de puddlage avec deux cages (Ars-sur-Moselle).

			Prix des 1 000 k. Fr.	Prix payé. Fr.
Fondations.				2 000 »
Fontes.				
1 arbre tourné en fonte. . .	420k			
1 engrenage.	1 700	2 820 kil. ajustés avec modèles. .	500	1 410 »
2 paliers.	700			
2 griffes.	400			
Support.	150	825 — —	450	371 25
1 arbre à griffes tourné. . .	295			
2 cages à pignons.	4 472	16 760 kil. ajustés avec empoises		
4 cages à cylindres.	12 288	et modèles.	500	8 380 »
3 plaques de cages.	3 320		450	1 494 »
2 pignons tournés.	1 400		600	845 »
4 cylindres tournés.	9 075		600	5 440 »
9 moufflettes.	1 620	2 620 kil.	350	917 »
4 arbres à trèfles.	1 000			
		Total des fontes.		18 857 25

			Prix	Prix payé
Fers.				
Boulons pour paliers de l'arbre de l'engrenage. . .	160k			
— de fondation.	506			
— d'attache des cages.	264			
— des chapeaux de cages à pignons.	84	936 kil. . .	120	1 223 20
4 clefs de vis.	72			
Clavettes.	50			
		A reporter.		1 223 20

Train de puddlage. Détails.

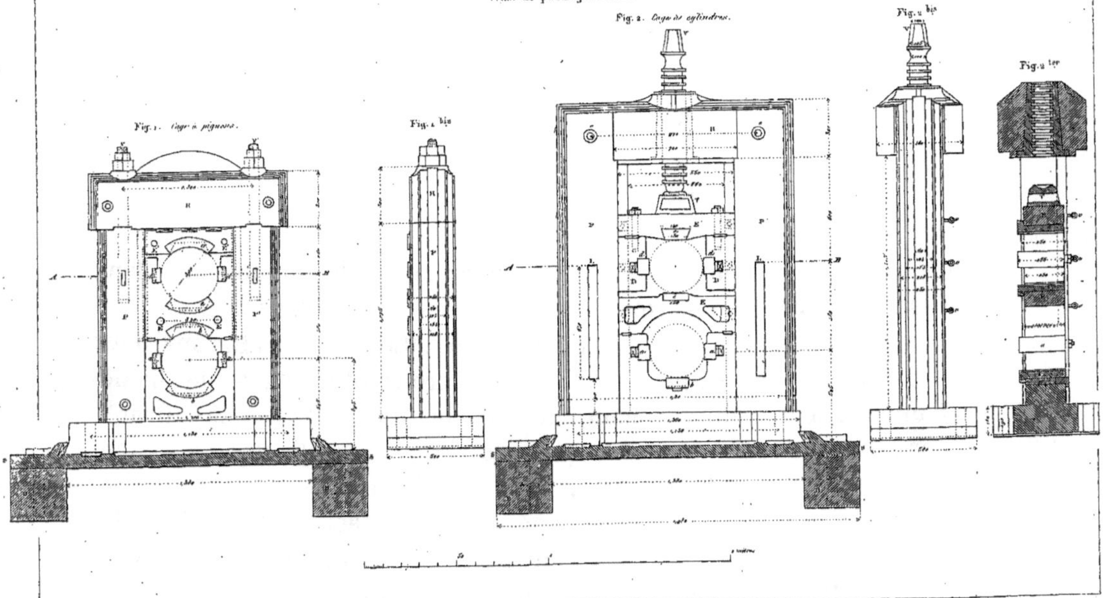

	Report.		1 223 20
4 vis filetées, 240 kil.		300	720 »
Plaques d'amarre de boulons, 220 kil.		250	55 »
Boîtes à vis, 60 kil.		200	120 »
	Total des fers.		2 118 20

Cuivre.

2 coussinets de paliers.	120k	820 kil. . .	350	2 870 »
8 — de pignons.	280			
12 — de cylindres.	420			

Résumé.

Fondations.	2 000 fr. »
Fontes.	18 857 25
Fer.	2 118 20
Cuivre.	2 870 »
Prix du train de puddlage.	25 845 fr. 25

5. LAMINOIRS SPÉCIAUX.

Trains à marche inverse.

Plusieurs moyens ont été appliqués pour opérer le laminage des deux côtés, sans avoir besoin de relever et de repasser les paquets.

En Angleterre, on avait imaginé pour la fabrication des rails Barlow, deux trains parallèles avec dix paires de cylindres creux d'un mètre de diamètre, à une seule cannelure chacun, et tournant d'une paire à la suivante en sens inverse, pour y laminer les paquets, d'une cage à l'autre, en passant et en repassant. Ces deux trains, d'une longueur considérable, étaient activés par quatre machines de cent chevaux chacune. A Dowlais, les laminoirs finisseurs à rails sont à marche inverse. Une première paire de cylindres peut, à volonté, marcher à cinquante et cent tours par minute. Une seconde paire, située un peu en arrière et au-dessus du premier équipage, tourne en sens inverse de la précédente. Une barre engagée dans une des cannelures de la première paire, au lieu de repasser librement par-dessus, arrive immédiatement dans la cannelure correspondante de la seconde paire.

En France (1), on a appliqué le même principe avec deux trains parallèles ou jumeaux, mais où les cylindres de chaque cage, comme à l'ordinaire, avaient plusieurs cannelures ; de façon que, pour laminer un rail, on passait d'abord dans la première cannelure de la première paire, puis on se transportait au même niveau à la cage suivante, pour repasser le paquet

(1) Laminoirs jumeaux de M. Lebrun-Virloy et co-lamineur de M. Cabrol, t. X, *publication Armengaud*, 1857.

dans la cannelure de la seconde paire tournant en sens inverse ; on revenait ensuite à la deuxième cannelure de la première paire et ainsi de suite. Le transport d'une cage à l'autre s'exécutait, devant et derrière le train, au moyen d'une caisse ou chariot en tôle de la longueur d'un rail et de la largeur d'une cage, desservie par une machine à vapeur spéciale et roulant sur de petits chemins de fer.

Releveurs.

Les cages à trois cylindres, tant pour les trains de puddlage que pour les trains à fer marchand, avec des appareils à relever les paquets, constituent un moyen bien moins compliqué et moins dispendieux d'accélérer le laminage et, par conséquent, d'augmenter la fabrication.

Un appareil des plus simples consiste à fixer, sur les côtés des cages à cylindres, deux barres de fer dont les bouts supérieurs, au-dessus des montants, sont entaillés pour recevoir deux petits coussinets sur lesquels on place un arbre en fer avec deux poulies. Sur chacune de ces poulies, une chaîne en fer descend jusqu'au tablier de sortie, auquel on l'attache par un crochet. Au bout de l'arbre, une troisième poulie porte une chaîne qui s'enroule sur le manchon du cylindre situé au-dessous. Le tablier étant suspendu par les chaînes des deux premières poulies, quand l'ouvrier tire la chaîne enroulée sur le manchon, pendant la marche des cylindres, l'arbre tourne, les deux petites poulies enroulent les chaînes et lèvent le tablier avec le gros paquet ou la tôle. Dès que le tablier a atteint le montant de la cage, un arrêt le retient, tandis que le lamineur saisit le paquet ou la tôle. Dès que le mouvement est exécuté, l'ouvrier lâche la chaîne et le tablier redescend sur le sommier en fer placé à l'avant et à l'arrière.

Au lieu d'un tablier fixe, on fait parfois usage d'un chariot en fer à deux roues, dont la table fait charnière et repose sur une traverse glissant entre les colonnes. Une fois le laminage opéré, ce chariot peut conduire la pièce à la cisaille, au four ou aux taques à refroidir, sans perte de temps.

Les releveurs mécaniques à vapeur (fig. 1 et 2, pl. XVI) ont été appliqués dans plusieurs usines (1). Ils consistent en un tablier à roulettes PP attaché par le cadre ABCD à la tige Q d'un piston, mobile dans le cylindre à vapeur C. Ce cylindre reçoit la vapeur au bas, par une soupape S qu'un levier *ll'l''* fait ouvrir : à l'admission, par le tuyau ST; à l'exhaustion, par SE. A chaque levée du piston le tablier monte, en partie équilibré par les contre-poids RR et guidé par les anneaux GG qui embrassent les tringles LL. A chaque échappement de vapeur, l'excès de poids du tablier et de ses armatures sur les balanciers RR, le fait descendre aussi lentement

(1) La description de ce releveur est empruntée au Mémoire de MM. Gruner et Lan, *Ann. des Mines*, 6e série, t. I ; 1862.

Relevenr mécanique.

Fig. 1.
Élévation longitudinale.

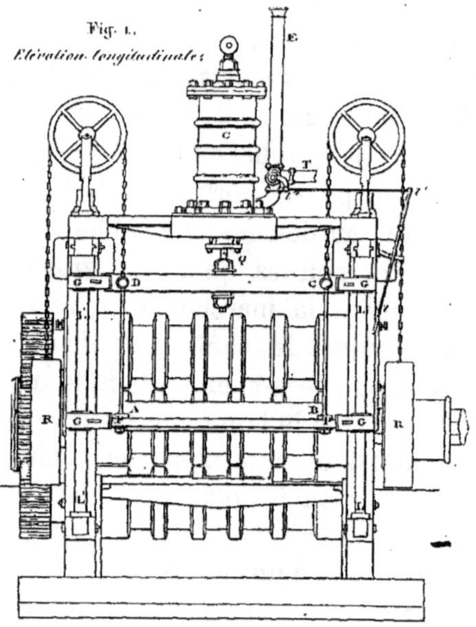

Fig. 2.
Élévation latérale.

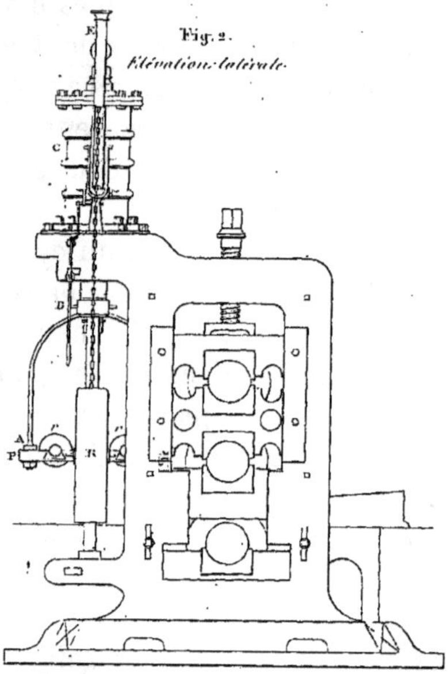

Échelle de 2 cm pour mètre.
2 mètres

Lith. empr. à Liège.

que le veut l'ouvrier placé au levier $ll'l''$. Cet appareil qui rappelle le principe du marteau-pilon se place en avant et en contre-haut des cylindres, ou sur un pilier situé à une certaine distance et relié au tablier par des chaînes et des poulies de renvoi.

On trouvera (pl. XXVI et XXVIII) le releveur appliqué au laminoir à tôles de Seraing; la liaison y est obtenue très-simplement par des leviers et des tringles.

Train à mouvement alternatif.

Le mouvement alternatif est communiqué au train par des organes compliqués. L'application de ce mouvement au laminage rend toutefois de grands services pour l'étirage des pièces de poids extrà, en réduisant les manœuvres nécessaires des trains ordinaires. Les organes des trains alternatifs, utilisés au soudage ou à l'étirage de gros paquets, sont très-résistants, afin d'éviter les chances de rupture. La vitesse de rotation étant inférieure à trente révolutions, la force vive des cylindres s'amoindrit sans secousses trop violentes, à chaque modification dans le sens de la rotation.

Le train reçoit, après chaque passe, une marche inverse à l'aide de deux embrayages commandés (dans le cas des blindages, par exemple) par un petit cylindre à vapeur. Voici une disposition adoptée en Belgique par les forges de la Providence et par l'une des principales usines de France, pour l'étirage des pièces des plus fortes dimensions destinées à la marine et aux grosses constructions.

a (fig. 1, pl. XXV), grande roue recevant le mouvement du moteur;

b, seconde roue dentée en fonte ou en acier fondu portée sur l'arbre de *a*;

c, troisième roue de même diamètre que *b*, et l'engrenant;

m, *n*, *p*, trois pignons portés par des arbres en fer; les arbres de *m* et *n* sont dans le prolongement des roues *b* et *c*; *n* sert à changer le mouvement;

q, q', embrayages établissant les communications des arbres des pignons *m* et *p* et des roues *b* et *c*;

s, levier avec centre en *u*, pour embrayer les griffes q ou q' dans la position v ou v';

Dans la position v, le mouvement reçu par *a* est transmis directement au train par les arbres et les manchons d'accouplement ll'; dans la position v', le mouvement communiqué à *c* est transmis aux pignons *m*, *n*, *p*, et ensuite au train, mais en sens inverse.

Le levier *s* est commandé par un cylindre à vapeur ou à la main.

Laminoirs universels.

Dans les laminoirs qui ont été décrits, la régularisation de la largeur à donner aux barres ou aux paquets par la position des vis de serrage, ne peut être effectuée qu'au moyen de rondelles saillantes ou encolures, dont la position sur les cylindres est fixe. Comme à une largeur de fer correspond une certaine position de ces encolures, il en résulte que pour chaque échantillon de fer, et souvent pour des lots peu importants, il faut changer les cylindres. En rendant indépendantes les encolures et en les fixant à la demande de la largeur du fer à fabriquer, il ne faut pas moins changer la paire de cylindres. Le laminoir à échelons (*stufenwalgen*), qui permet de modifier et de régler dans la même cage et entre les mêmes cylindres l'épaisseur et la largeur, ne comporte qu'une assez faible limite jusqu'à 8 ou 10 centimètres. Il opère en faisant passer la barre à laminer entre des cylindres horizontaux, une première fois à plat, une seconde fois de champ. Le premier passage règle l'épaisseur, le second la largeur.

Un nouvel et puissant appareil, qui paraît avoir été employé pour la première fois en Westphalie, vers 1854, a pour but de remédier aux inconvénients signalés, tout en assurant une économie considérable et une production plus forte. Le *laminoir universel*, ainsi dénommé, offre l'avantage de pouvoir fournir des fers de toutes dimensions en largeur et épaisseur, au moyen des mêmes cylindres, sans les monter ni les démonter, comme dans les trains ordinaires. Il se compose de quatre cylindres unis, dont l'écartement est variable ; deux cylindres sont placés horizontalement et deux verticalement, de telle sorte que le fer est toujours comprimé dans un espace rectangulaire, formant une véritable cannelure à côtés mobiles.

a. La planche XVII représente le laminoir universel des usines de Hœrde, qui se recommande par sa simplicité.

Les cages à cylindres sont en une pièce et portent les cylindres horizontaux de 0m.75 de diamètre et 2m.50 de table. Le mouvement est reçu du moteur par le cylindre femelle et communiqué par une cage à pignons au cylindre mâle.

Les cylindres verticaux sont placés du côté de la sortie et le plus près possible des cylindres horizontaux. Chacun d'eux est supporté par deux vis *a a* qui traversent les montants renforcés des cages et déterminent l'écartement. Ces vis sont rendues solidaires par deux roues dentées *bb* et un pignon central *d*. Les cylindres verticaux ont 0m.50 de diamètre et 0m.50 de table. Le mouvement de rotation leur est communiqué par un arbre horizontal *ff*, à engrenages coniques qui commandent ceux calés à l'extrémité inférieure des cylindres verticaux. Cet arbre *ff* reçoit son mouvement du cylindre femelle au moyen d'un engrenage et d'un pignon.

Laminoir universel de Hörde.

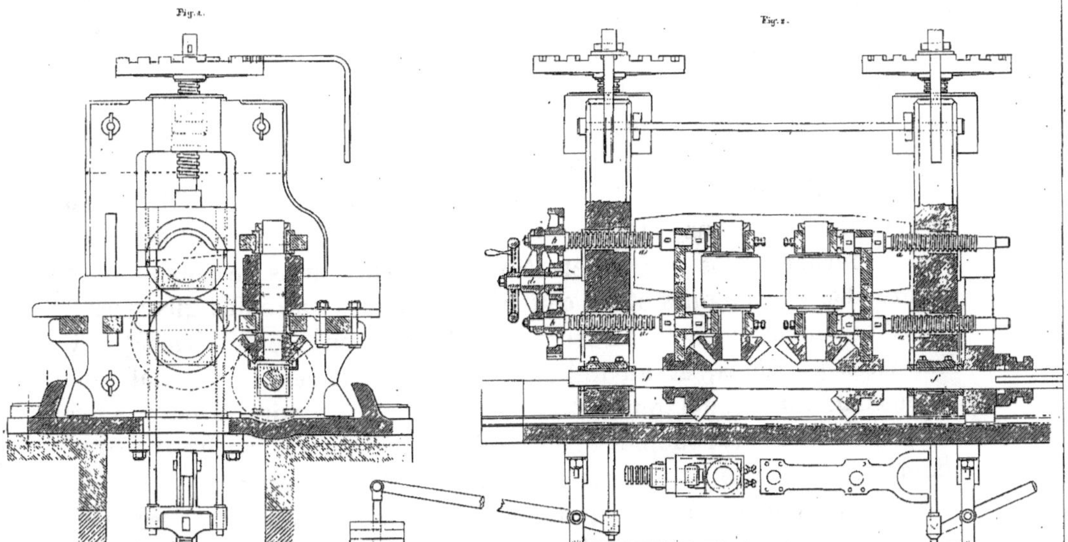

0m,065 par mètre

Établ.t et impr.ie de J. Baudry, à Liège

Les pièces *mm'* font suivre aux engrenages de l'arbre le même mouvement que celui imprimé aux cylindres verticaux par les vis latérales.

Pour les gros fers, la vitesse des cylindres horizontaux est comprise entre trente et soixante révolutions par minute; celle des cylindres verticaux qui ont un diamètre moindre est évidemment plus grande.

Le laminoir de Hoerde se prête à la marche dans les deux sens, sans recourir à un élévateur.

b. Le laminoir universel des forges de Wittkowitz a été décrit par M. Bazant, ingénieur des usines de Reschitza (1).

Les deux cylindres horizontaux AA' (pl. XVIII) sont installés entre les bâtis CC' et activés par le mode ordinaire de transmission. Le cylindre inférieur A' porte à une de ses extrémités une roue dentée D qui, par les roues EF folles sur des axes fixés dans le bâti C', communique le mouvement à l'engrenage C et par suite à l'arbre K. Cet arbre, situé derrière les cylindres horizontaux et tournant dans des coussinets, porte un filet de vis et deux roues d'angle LL qui engrènent avec deux autres roues semblables MM, fixées sur les tourillons supérieurs des cylindres verticaux BB qu'elles mettent en mouvement.

Les cylindres verticaux BB sont supportés par les crapaudines HH, garnies de coussinets en bronze et d'une lentille en acier; leurs tourillons supérieurs tournent dans des collets NN également garnis de coussinets en bronze. Les crapaudines et les collets sont mobiles entre des glissières I,I et I',I' en fer forgé, filetées à leurs extrémités et entretoisant les bâtis CC'. Entre ces glissières, et au milieu de leur écartement horizontal, deux écrous OO, dans lequel tournent des vis PP, servent à faire varier et à fixer les positions des crapaudines et des collets des cylindres verticaux BB, de manière à écarter ou à rapprocher leurs axes l'un de l'autre.

A chaque changement de position des cylindres BB, les roues d'angle L,M cessent d'être engrenées et sont rétablies suivant chaque largeur de fer, au moyen du pas de vis que porte l'arbre K et une rainure longitudinale qui reçoit, pour chaque rotation de 90 degrés, une des quatre encoches de l'œil des roues d'angle. On peut ainsi, au moyen d'une clef, fixer solidement la roue à cette position sur l'arbre.

L'écartement des cylindres horizontaux AA se règle à l'aide des vis de pression XX, portant une roue d'angle VV et tournant autour d'une tige fixe à supports ZZ. L'arbre Q qui tourne sur ces supports, porte aussi deux engrenages coniques. Une des extrémités de cet arbre est munie d'une roue à manettes R qui se manœuvre depuis un siége S, et sert à fixer l'écartement des cylindres pendant le laminage.

Le cylindre supérieur A est équilibré par des contre-poids, qui, au moyen

(1) Note sur le laminoir universel de Wittkowitz, communiquée par S. Jordan, *Rev. univ.*, t. XIII, 1863, p. 350.

des leviers TT et de tiges VV, agissent sur le coussinet inférieur de ce cylindre.

Tout l'appareil repose sur une plaque de fondation solidement fixée par six boulons au massif.

La pratique a indiqué quelques dispositions accessoires qui assurent la bonne marche de cet appareil. Ainsi, pour empêcher le desserrage des vis XX, l'arbre Q est muni à une de ses extrémités d'une roue à rochet. Pour empêcher également le soulèvement du tourillon, pendant le passage de la barre entre les cylindres verticaux, la roue D est maintenue au moyen d'un fort collet en fer forgé, garni en dessous d'un coussinet en métal. Les engrenages doivent ne pas avoir de jeu pour résister aux chocs et, par conséquent, être très-exactement moulés.

Les limites d'échantillons entre lesquelles les fers peuvent être obtenus avec ce laminoir, varient de $0^m.08$ à $0^m.47$ pour la largeur et de $0^m.006$ à $0^m.05$ pour l'épaisseur.

D'après M. Bazant il faut, pour un bon laminage, s'assurer que les génératrices des cylindres horizontaux d'un diamètre bien uniforme, soient exactement horizontales et que les tabliers-guides à l'entrée, soient perpendiculaires à la longueur des cylindres.

6. MACHINES DIVERSES.

Cisailles.

Les cisailles sont des outils à couper les barres de fer en morceaux de différentes longueurs ou à affranchir les extrémités des fers finis. — Elles se composent de deux mâchoires, l'une fixe, l'autre mobile, terminées par des lames tranchantes. Le *support*, ou partie fixe, est boulonné sur une charpente de fondation et porte l'axe de rotation ou *clou* de cisaille, autour duquel tourne la mâchoire supérieure. Celle-ci se termine par une *queue* ou longue branche qui reçoit et transmet le mouvement du moteur.

On distingue les cisailles *à queue* et les cisailles *droites*, suivant que la longue branche est verticale ou horizontale. Dans les premières, celle-ci est mue par un excentrique, une manivelle, ou une bielle, tandis que dans les secondes, elle est activée par un excentrique monté sur l'arbre moteur.

Les figures 109 et 110 représentent deux cisailles du premier système, c'est-à-dire commandées par une manivelle et une bielle. L'une (fig. 9) coupe des deux côtés AA et sert principalement pour les barres au sortir des ébaucheurs ou pour le fer destiné au cinglage. — Le second type (fig. 110) porte également deux couteaux mobiles, placés de chaque côté de l'axe de rotation du levier. Les couteaux fixes sont adaptés à un bâti très-solide, boulonné sur une charpente de fondation.

Laminoir universel de Wittkowitz.

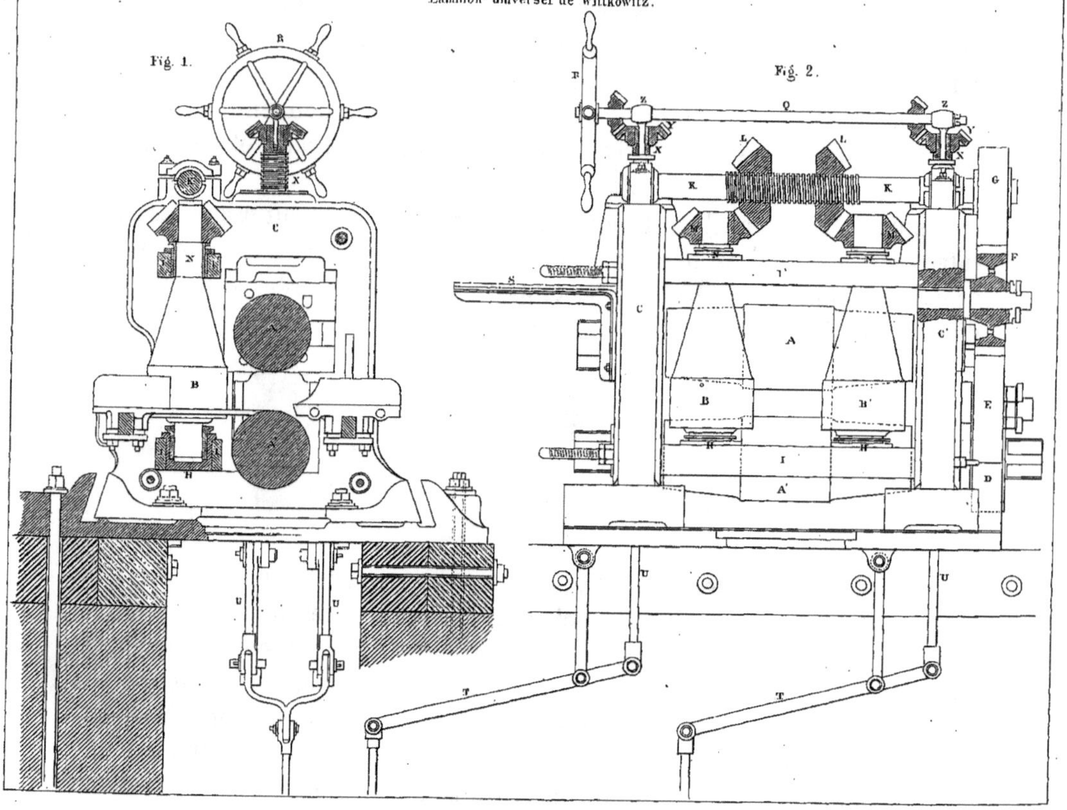

Établ. et impr. de J. Baudry, à Liège

Les lames des cisailles se font en fer aciéré ou en acier fondu ; mais lorsqu'on coupe le fer à chaud, elles peuvent se faire en bon fer de masses. Dans les cisailles à froid, il faut remplacer les taillants, dès qu'ils sont

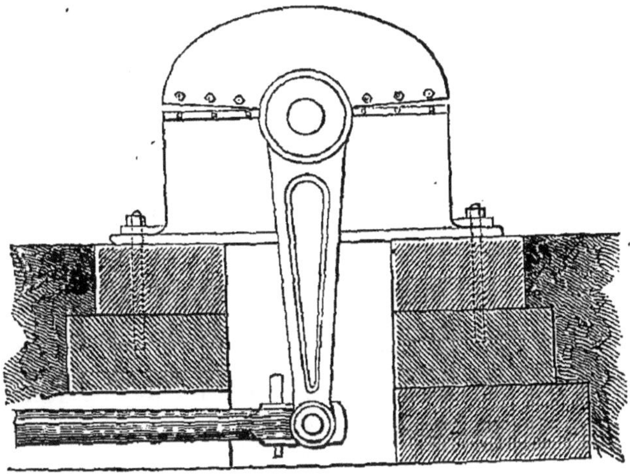

Fig 109. — Cisaille à queue.

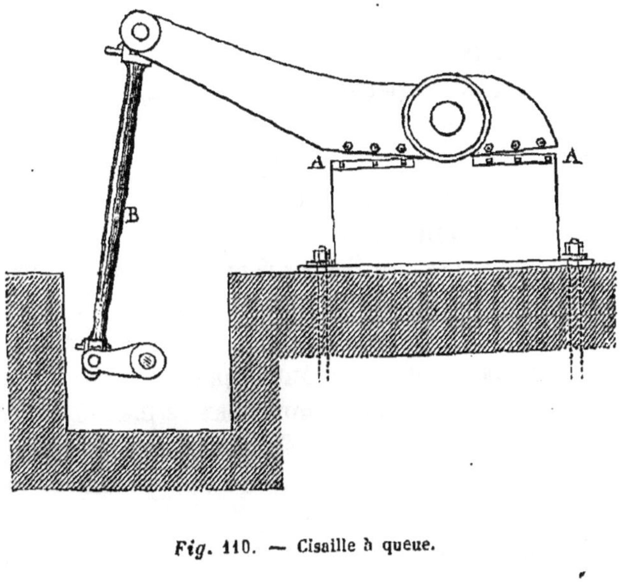

Fig. 110. — Cisaille à queue.

émoussés, de crainte que la barre ne puisse être tranchée dans l'intervalle d'une oscillation de l'outil, qui éprouve alors une résistance que le moteur peut vaincre seulement par la rupture de l'appareil.

Le travail d'une grosse cisaille exigeant un effort considérable, il y a souvent avantage à isoler cet outil des engrenages de la machine. Or, dans le système des machines à traction directe, on est forcé de placer les cisailles par engrenages sur le volant, ou de les commander par une machine à part, encore par engrenages, avec les pompes, etc. De sorte que, s'il arrive un accident à la machine, le chômage d'une partie de l'usine s'ensuit.

Dans le système de deux machines commandant un volant commun, on peut activer les cisailles par les manivelles des machines en avant, à l'aide d'un levier placé dans le canal des cisailles et oscillant sur des tourillons, dans des coussinets placés à son extrémité inférieure.

Pour préserver la tête ou la queue de la cisaille des cas de rupture, on peut doubler leur poids et placer l'axe dans des embases à coussinets, maintenu par un chapeau à boulons. Si les taillants sont émoussés ou que le fer soit trop épais, la tête tendra à se lever sur le fer par la force du moteur agissant sur la queue, et les boulons ou le chapeau se briseront pour laisser achever au moteur sa course.

Il y a avantage, en tous cas, à ne pas couper à froid les fers de fortes dimensions, tels que ceux employés à la fabrication des rails, des tôles, etc.

Pour certains fers profilés ou ronds, la lame inférieure des cisailles porte une entaille de la forme des fers à couper, de manière à donner des extrémités bien nettes.

Les cisailles sont munies de *gardes* et d'*arrêts*. La première pièce, fixée dans le sol, du côté où se place l'ouvrier, sert à maintenir la barre dans la position voulue; la seconde se compose d'une barre verticale présentant une ouverture, dans laquelle est enchâssée une tige horizontale qui glisse de telle sorte que la distance entre elle et la cisaille soit égale à la longueur fixée pour chaque partie du fer à découper. Pour des barres très-pesantes ou très-longues, on place, à une certaine distance de l'outil, un support, sur lequel l'ouvrier fait reposer la barre.

La vitesse des grosses cisailles et des cisailles à petits fers varie de seize à quarante coups par minute.

Cisailles à tôles. — Les cisailles à *grandes mâchoires* pour la tôle diffèrent des autres par la longueur des lames, qui ont jusqu'à $0^m.70$. Ces lames en acier fondu, ajustées avec soin, peuvent durer plusieurs mois. Le support porte une longue partie plate servant à appuyer le bord des tôles à rogner. Ces cisailles sont ordinairement mues par la machine motrice du train, quand sa vitesse est inférieure à 40 révolutions par minute, mais il est préférable, comme nous l'avons vu, de les commander par une machine spéciale.

Les cisailles à *guillotine*, composées de deux couteaux dont l'un fixe et horizontal, l'autre mobile et légèrement incliné, s'abaissant verticalement entre deux rainures, sont préférées, parce qu'elles permettent de rogner d'un seul coup des bandes très-longues et d'une plus grande valeur. Le couteau mobile est souvent porté par deux excentriques, calés sur un même arbre que met en mouvement une machine spéciale.

Grosse cisaille à tôles.

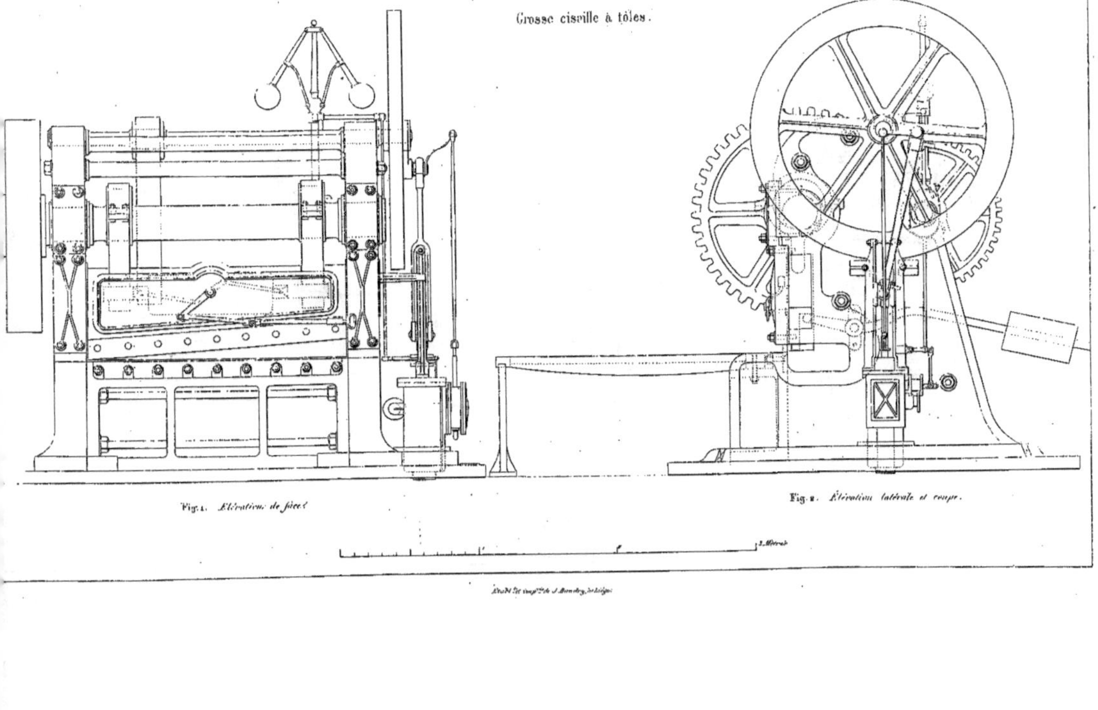

Fig. 1. *Élévation de face.*

Fig. 2. *Élévation latérale et coupe.*

[illegible] de J. Baudry, à Liège.

Cisaille à grosses tôles. Système Thorneycroft.

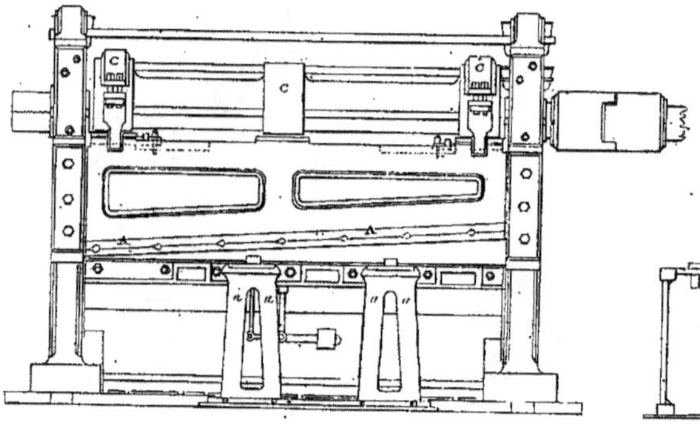

Fig. 1. Vue de face.

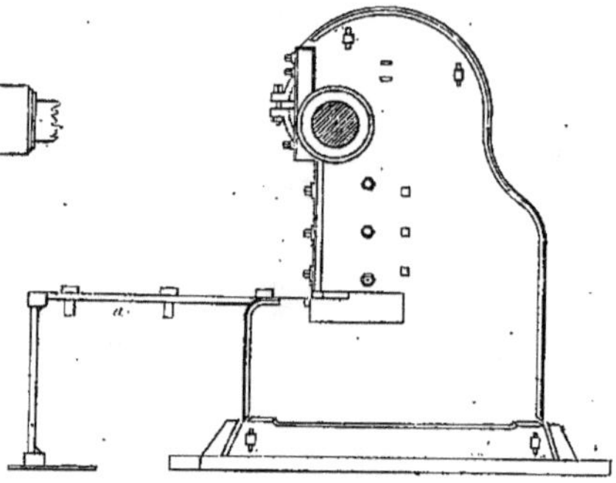

Fig. 2. Vue de côté.

Une cisaille de ce genre, établie à Couillet, coupe des bandes de 2 mètres de longueur sur 0m.015 à 0m.016 d'épaisseur; elle est commandée par une machine spéciale.

L'appareil (pl. XIX) sert à couper des tôles de toutes les longueurs et de 1m.80 de largeur sur 0m.025 d'épaisseur; elle rogne à 0m.45 du bord (1). Le nombre des descentes de la lame est de six par minute; la force de la machine qui la conduit, de 15 à 20 chevaux. Le poids total de l'appareil est de 26 tonnes.

Les figures 1 et 2 (pl. XX) représentent la cisaille, vue de face et de côté, établie par MM. Thorneycroft et Ce pour la fabrication des énormes tôles employées aux ponts tubulaires de Britannia et Conway (2).

aa, Tréteaux et table sur laquelle on place la plaque à découper; cette table, dont on règle à volonté les dimensions, peut glisser en avant, en restant constamment dans un plan perpendiculaire à celui des couteaux AA, AA. Le couteau supérieur descend par le moyen de trois excentriques CCC, calés sur un même arbre et agissant sur le châssis B auquel ce couteau est fixé. La tôle, attaquée sur toute sa longueur, est taillée d'un seul coup; puis elle est retournée et la table étant de nouveau approchée, un second coup de la cisaille en découpe l'autre bord. On peut ainsi trancher des tôles de plus de 3 mètres, avec une précision et une rapidité remarquables.

Une disposition spéciale permet, avec un bâti double, de cisailler et de poinçonner les tôles par l'appareil (planche XXI); fig. 1, élévation latérale; fig. 2, élévation à l'extrémité (3).

Scies.

La scie circulaire s'emploie pour affranchir certains fers et équarrir les grosses barres sans déchirures, comme il arrive parfois avec les cisailles. C'est, sans contredit, l'appareil le plus parfait sous le rapport de la simplicité, de la solidité et du travail. Il représente une fenderie à deux taillants, montés hors colonnes.

Dans les scies *fixes*, le support est mobile et la scie est fixe. Pour trancher le fer, on fait avancer, parallèlement à lui-même, le support portant la barre, vers la lame de scie. La figure 111 donne le croquis en plan de l'un de ces appareils. AA est un bâti en fonte, boulonné sur une fondation solide et muni de chaque côté de deux chariots BB, sur lesquels se placent les barres à couper. Deux scies circulaires CC, montées sur un même arbre, sont mises en mouvement au moyen d'une courroie s'enroulant sur les poulies D, E, et font de huit cent à mille tours par minute. Pour mettre

(1) Cette cisaille est construite par MM. Berchmans et Falize, constructeurs à Liége.
(2) W. Fairbairn, *On Iron*, etc., p. 117.
(3) Construction mécanique et fonderie de MM. Berchmans et Falize, à Liége.

en marche, on fait passer la courroie de la poulie folle D sur la poulie fixe E, et dès que la vitesse de rotation a atteint une certaine limite, les chariots BB sont dirigés sur les scies par un levier G ou un excentrique, et poussés en avant, jusqu'à ce que la barre FF soit coupée à ses deux extré-

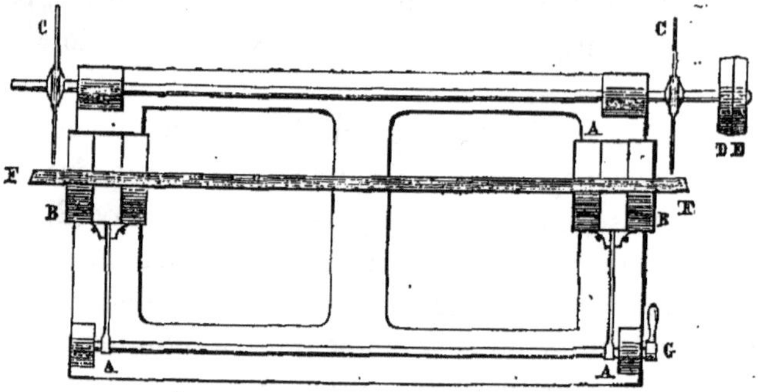

Fig. 111. — Scie circulaire; plan.

mités. Le degré de pression à exercer sur les scies peut se régler à l'aide de contre-poids. Pour éviter qu'elles ne s'échauffent trop, on les fait tourner dans des augets remplis d'eau fraîche. On préserve les ouvriers de la poussière incandescente qui se dégage pendant le travail et on empêche la projection de l'eau des augets, en recouvrant chaque scie d'un chapeau de tôle, qui ne laisse libre que l'endroit où la scie entame le fer.

Les scies fixes à rails ont un diamètre de 1 mètre à $1^m.40$; l'axe qui porte les deux scies a de 1 mètre à $1^m.20$ de longueur; les deux parties sont réunies par des boulons. Elles portent cent vingt dents et sont fabriquées en acier puddlé. Leur vitesse est de 800 à 900 et même de 1 000 à 1 200 tours.

A Ebbw-Vale, les scies circulaires à rails ont 1 mètre de diamètre et $0^m.005$ d'épaisseur; elles sont maintenues contre le plateau par des boulons qui les empêchent de se voiler et trempent constamment dans une bâche d'eau. On les affile deux ou trois fois par jour, afin d'obtenir une section parfaitement lisse et d'équerre avec l'axe du rail. Leur vitesse est de 1 300 à 1 500 révolutions par minute, et elles coupent un rail en trois secondes.

Les scies *mobiles* ont un support fixe et une scie mobile. Elles servent à affranchir les petits fers et sont commandées par la machine du laminoir qu'elles desservent.

A l'Exposition universelle de 1855, les États-Unis avaient envoyé un appareil fondé sur ce principe, et s'appliquant au découpage des grandes tôles. Il se compose d'un solide châssis en fonte de $2^m.75$ à 3 mètres, portant dans un encastrement une plaque d'acier sur laquelle la tôle à découper est maintenue fortement par une vis de pression. Au-dessus, fonctionne un disque d'acier tranchant, de $0^m.230$ environ, disposé sur un axe horizontal qui lui permet de rouler sur toute la longueur du châssis. La commande est obtenue à l'aide d'une poulie et d'une courroie. En agissant par compression, ce couteau circulaire opère une section parfaitement rectiligne, suivant l'arête de la plaque d'acier qui porte la tôle. Malgré l'originalité du mouvement horizontal de transmission appliqué au disque taillant, cet appareil exige une force énorme et ne saurait être recommandé au point de vue de la simplicité (1).

Machines à dresser.

a. La figure 112 représente une presse à double marteau servant au dressage des rails à froid. L'arbre *a* reçoit sur chacun de ses coudes, calés à 180 degrés, un excentrique *c* auquel s'articule la tige T d'un marteau *m*.

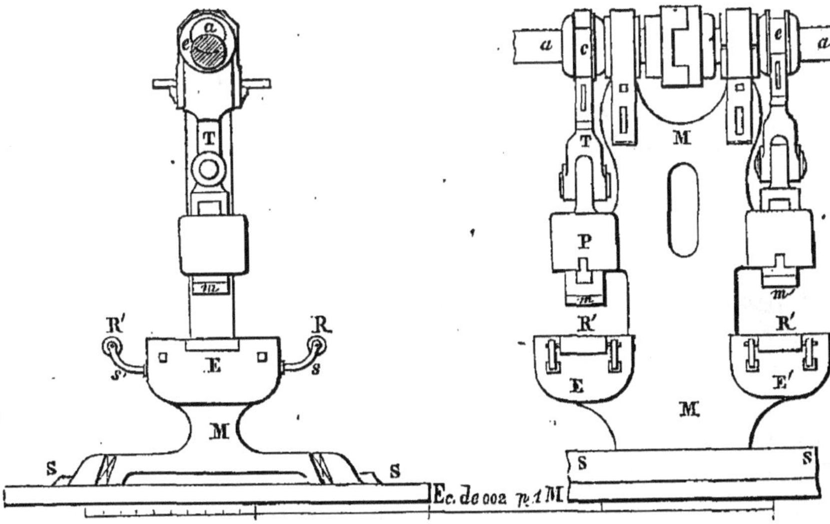

Fig. 112. — Machine à dresser les rails.

Cet arbre est porté par un bâti en fonte M, venu à la coulée, avec deux enclumes EE'. A ces enclumes se rattachent les supports *ss'* des rouleaux RR', sur lequels glissent les rails à dresser.

Une paire de presses, exigeant une force nominale de sept à huit chevaux-vapeur, marche à la vitesse de vingt-huit à trente coups par minute.

b. On peut dresser les rails en plaçant des tables en AA et BB, avec une disposition analogue à celle de l'appareil (pl. XXI, fig. 1 et 2), pour poinçonner et cisailler les tôles. La presse ainsi modifiée est adoptée à Sclessin pour le dressage des rails.

(1) W. Fairbairn, *On Iron*, etc., p. 117.

Machines à percer.

Les machines à percer ne diffèrent des presses à froid que par la substitution d'un ou deux emporte-pièce aux marteaux *mm'* (fig. 112) et celle d'une enclume mobile, appropriée à la section du rail, à l'enclume fixe E ; elles donnent en général de trente à quarante coups par minute.

Nous donnons, sans les décrire, les dessins de différentes machines de perçage employées dans les ateliers des forges.

Pl. XXI, fig. 1. Petit perçoir pour éclisses de rails, et cisaille pour éclisses et pour petits fers ; élévation latérale.

Fig. 2. Gros perçoir pour rails et pour gros fers.

Pl. XXII, fig. 1. Machine à percer sur colonne ; élévation latérale. Cette machine peut percer des trous de $0^m.025$ de diamètre et $0^m.017$ de profondeur et admettre $0^m.44$ de diamètre.

Pl. XXII, fig. 2. Machine radiale à percer ; élévation latérale. La broche à mouvoir a de $0^m.54$ à $1^m.44$ de rayon ; le bras à mouvoir verticalement, de $0^m.46$, peut percer des trous de $0^m.06$ de diamètre et $0^m.22$ de profondeur.

Machines à raboter et à fraiser.

La machine à repasser les bouts de rail consiste ordinairement en une simple raboteuse, dont le ciseau se meut comme le marteau *m* (fig. 112). Ce ciseau rogne par tranches verticales le bout du rail auquel on imprime un mouvement horizontal convenable. La vitesse de cette machine est à peu près la même que celle des machines à percer.

L'appareil pl. XXI, fig. 1 et 2, sert encore, avec quelques modifications, à tailler les extrémités des rails, suivant la section en BB, et à les percer en AA ; il combine ainsi le rabotage et le perçage.

Dans la fig. 3, pl. XXIII, nous donnons le plan d'une machine à fraiser les rails, que nous devons à l'obligeance de M. Valentin, ingénieur. Cette machine, employée avantageusement à l'usine de Thy-le-Château, permet d'obtenir une section du rail plus unie et moins arrachée que par la cisaille. En outre, le travail se faisant à froid, le fer n'est pas altéré.

Ces machines sont sujettes à des inconvénients ; elles occupent beaucoup d'espace, leur travail est lent, et il en faut quatre ou cinq pour desservir un laminoir à rails.

Tour à cylindres.

Pour compléter la série des outils d'un laminoir, nous représentons pl. XXIII (fig. 1, élévation latérale ; fig. 2, plan) un tour à cylindrer et à fileter de $0^m.60$ de centre, qui sert à tourner les cylindres sur lunettes.

Machines à percer.

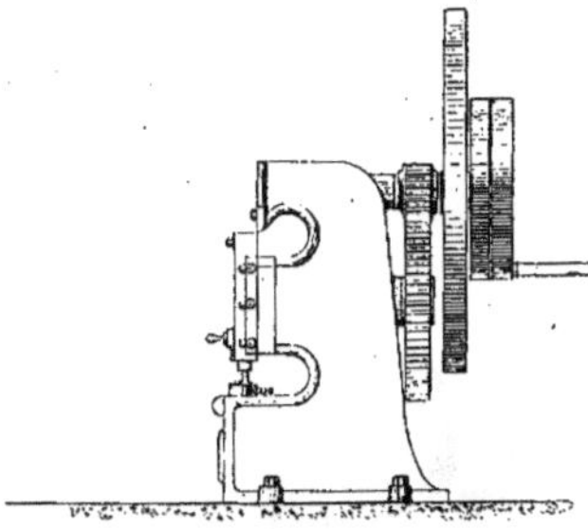

Fig. 1. *Petit perçoir et cisailles.*

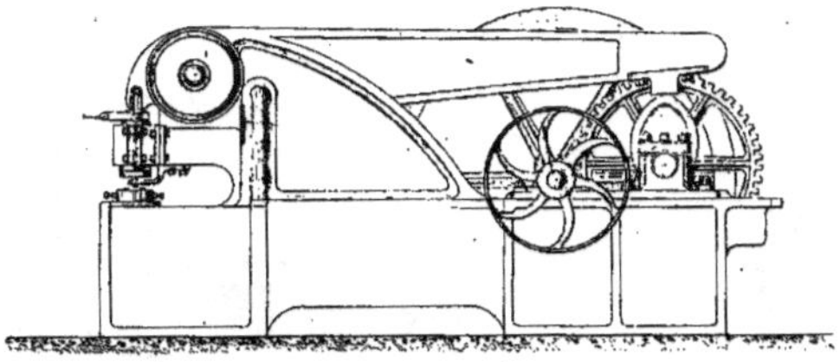

Fig. 2. *Gros perçoir.*

Machine à poinçonner et à cisailler les tôles.

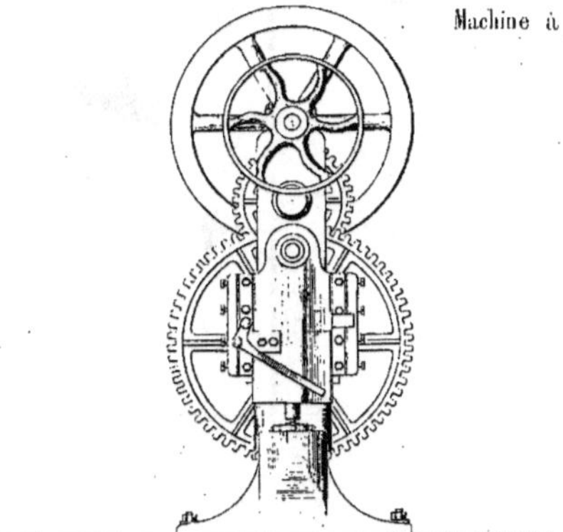

Fig. 3. *Vue à l'extrémité* A.

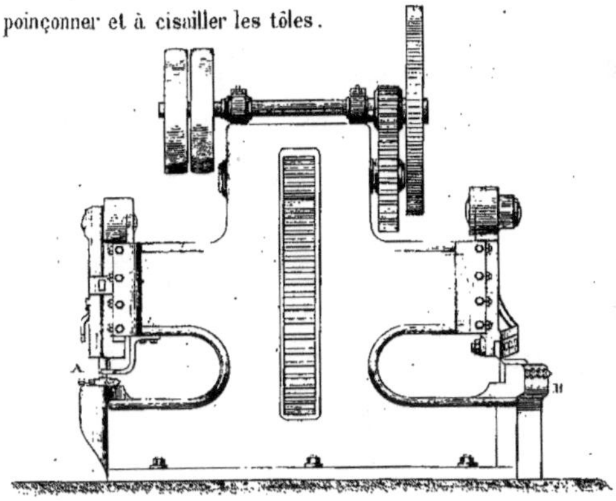

Fig. 4. *Élévation latérale.*

Etabl^t et imp^rie A. J. Paudry à Liège.

Machines à percer.

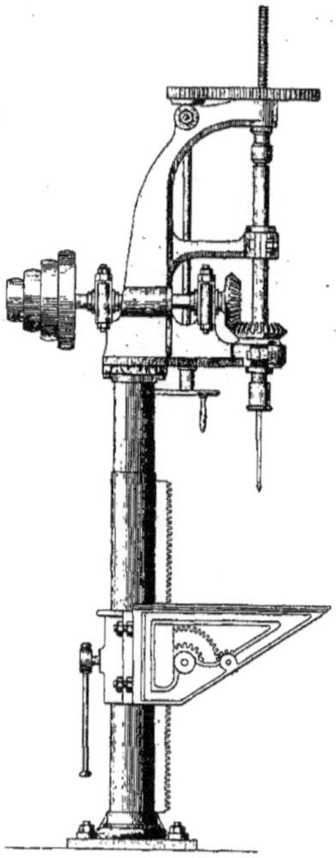

Fig. 1. Machine sur colonne.
Élévation de côté.

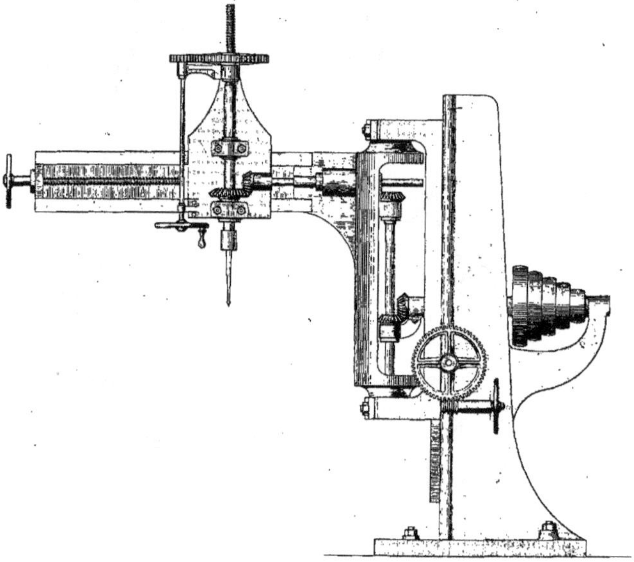

Fig. 2. Machine radiale.
Élévation de côté.

Établ.t et impr.ie de J. Baudry, à Liège.

Tour à cylindrer et à fileter. Élévation.

Fig. 1.

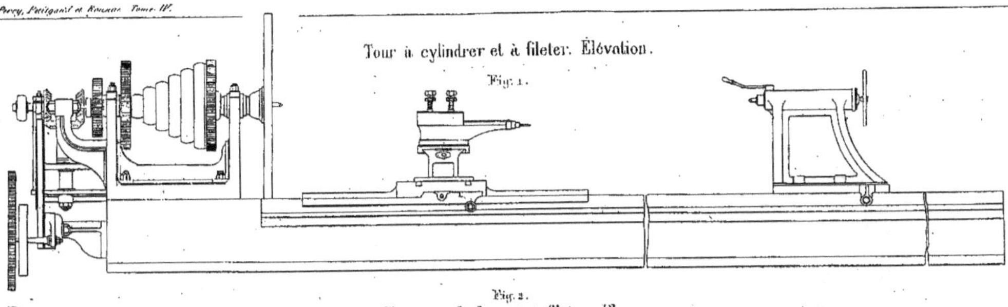

Fig. 2.

Tour à cylindrer et à fileter. Plan.

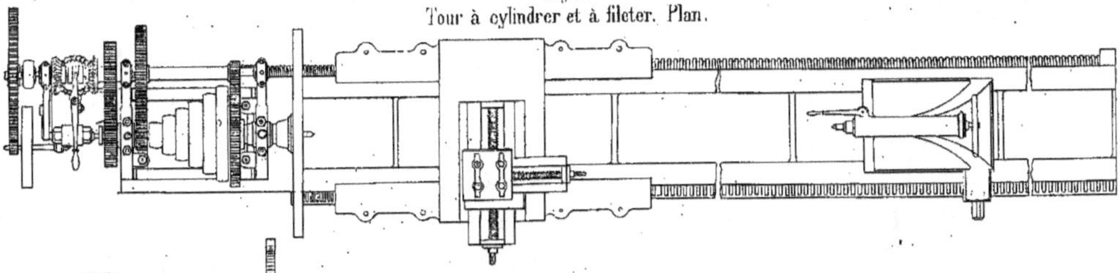

Fig. 3.

Machine à fraiser. Plan.

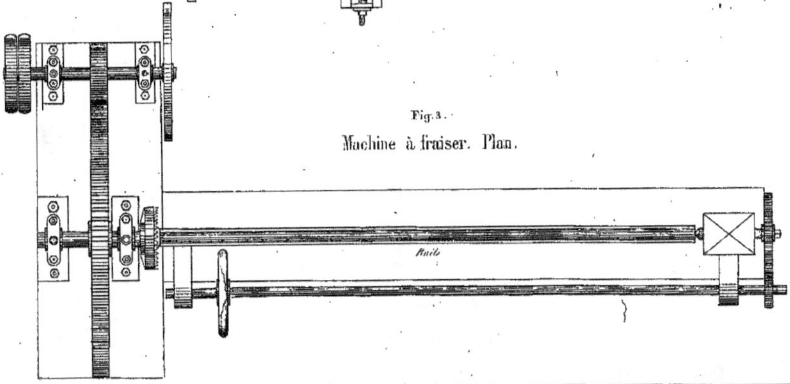

Krabbé imp. de J. Baudry à Liège

III. — FER BRUT.

PUDDLAGE.

La théorie et le travail général du puddlage ont été suffisamment exposés. Il reste à examiner ici les procédés suivis, non-seulement sous le rapport de la qualité du fer, mais encore au point de vue du temps et de l'économie. Nous voulons parler des deux modes usités, savoir :

1° Puddlage sec ou maigre;

2° Puddlage gras ou en bouillon.

Puddlage sec. — Le puddlage sec s'applique spécialement, en dehors du fine-metal, aux fontes blanches d'une fusion difficile; mais il convient également aux fontes grises et très-fusibles; de sorte que la qualité du métal n'influe pas sur ce procédé, mais bien la forme de la sole et le mode de travail. La profondeur de la plaque de sole au-dessous de la table de travail n'excède guère 0m.15 pour le fine-metal seul, ou en mélange avec des fontes blanches; et de 0m.05 à 0m.07 pour les fontes brutes. Dans ce dernier cas, la sole devra être très-résistante, car il y reste peu de scories. La voûte des puddlings est élevée seulement de 0m.46 à 0m.56 au-dessus de la sole. Les parois, en briques réfractaires, sont généralement pleines ; la sole peut être plus grande que celle des fours bouillants avec la même surface de chauffe.

Dans un four neuf, chauffé doucement pendant quelques jours, puis nettoyé à l'intérieur, on recouvre la sole, sur 0m.07 à 0m.10 d'épaisseur, d'un mélange de scories concassées et de crasses de marteau que l'on relève contre les parois, de manière à ce que la couche soit moins haute du côté de la porte de travail. On donne alors un fort coup de feu qui fond les matières et constitue une sole de 0m.03 à 0m.05 d'épaisseur. Le fine-metal se puddle sur des soles presque planes; les fontes, et principalement les fontes grises, exigent des soles concaves.

Le travail se divise en cinq périodes :

1° Chargement du métal sur la sole généralement sèche, ou à peine couverte de laitiers. Le métal est pris dans le four de réchauffage attenant au puddling ou chargé à froid. Durée, cinq ou six minutes.

2° Coup de feu de quinze à vingt minutes, qui ramollit le métal. L'ouvrier accélère cet effet, à registre grand ouvert, en brassant de temps en temps, et on remarque bientôt des flammèches bleues produites par des bulles d'oxyde de carbone qui viennent crever à la surface. Un nouveau coup de feu de cinq minutes active la fusion pâteuse.

Avec une charge faible et le réchauffage préalable du métal, celui-ci est ramolli au bout de quinze à vingt minutes. Avec une charge forte et du métal froid, il faut une demi-heure. Dans un puddling simple, la charge varie entre 160 et 250 kilogrammes; dans un double, elle varie entre 300 et 450 kilogrammes.

3° La masse pâteuse est immédiatement brassée au rabot, avec force, afin d'effectuer le mélange intime de toutes ses parties. Le registre est baissé pendant quelques instants et le vent est arrêté, de manière à maintenir l'allure du puddling telle qu'elle est. La matière devient fluide, sans gonfler beaucoup.

4° Au bout de vingt ou vingt-cinq minutes de brassage, les scories ont formé une couche mince qui recouvre le métal; le registre est ouvert; le bouillonnement est des plus vifs; les grumeaux métalliques d'un blanc éclatant se soudent entre eux. Le puddleur, armé du ringard biselé, les soulève et retourne avec force pour les exposer à l'influence oxydante des gaz de la chauffe. Cette période dure dix minutes environ.

5° La masse ayant pris un aspect homogène, les morceaux de fer affiné présentent assez de résistance pour que le puddleur puisse les rassembler et les souder à la chaleur blanche en les comprimant. Les boules ainsi formées pèsent de 30 à 35 kilogrammes, et sont extraites une à une, à registre grand ouvert. Ce travail dure de huit à dix minutes.

La durée totale de l'opération s'élève ainsi à une heure et un quart au plus. La nature du métal n'influe pas sensiblement sur cette durée.

En résumé, le but du puddlage sec est le travail rapide, en n'employant que peu de laitier et en élevant progressivement la température au fur et à mesure que la décarburation de la masse se poursuit. Mais il arrive fréquemment, qu'avec le désir de produire vite et beaucoup, le brassage débute avec une masse trop froide, et que les fragments non décarburés et souillés par les impuretés de la fonte donnent au fer puddlé des propriétés rouveraines.

Le fer puddlé avec des fontes impures ne peut supporter une température élevée et beaucoup de laitier; mais s'il a été bien travaillé et martelé à froid, il donnera un fer aussi nerveux que s'il avait été obtenu avec du fine-metal. Trop chauffé, il donnera du fer grenu.

Pour puddler à sec, il convient que la fonte brute ou mazée soit coulée en coquille. Les fontes grises et celles coulées dans le sable ou le charbon ne se puddlent pas bien à sec. Les fontes blanches ou celles coulées en coquille ne conviennent pas au puddlage gras (1).

Puddlage gras. — Quand on veut améliorer la qualité du fer, il faut recourir au puddlage *gras*, *chaud* ou *en scories*, mais en consacrant plus de temps au travail et en augmentant les frais. Ce puddlage permet d'obtenir du bon fer, quelle que soit la nature du métal, pourvu que l'on puisse le

(1) Fr. Overman, *Treatise on Metallurgy*, p. 570.

traiter avec des crasses ou scories convenables. Ainsi, ce procédé n'est limité dans la pratique que par la quantité de bonnes scories dont on dispose. D'ailleurs, il n'est applicable, pour les fontes brutes, que dans des fours à parois métalliques creuses, à courant d'eau ou d'air; car, dans les puddlings à parois pleines, il est impossible de brasser un bain liquide de fontes et de scories, sans dissoudre les parois et sans amaigrir les scories, au détriment de leur pouvoir affinant.

La sole du four bouillant est faite comme celle du puddling à sec, sauf que l'épaisseur du lit de scories est de 0m.10 au lieu de 0m.05; par cette raison, elle est située plus profondément au-dessous du seuil de la porte de travail. Le lit de scories est bien égalisé et ramené sur les côtés du four et les autels, de manière à présenter la forme concave. Les cinq périodes du travail, décrit minutieusement par le Dr Percy, se résument ainsi :

1° Le four étant amené à une bonne chaleur blanche, on charge la fonte froide ou préalablement réchauffée sur la sole adjacente. Seulement, au lieu de la répandre sur toute la surface de la sole, on la ramasse de façon que la scorie soit en fusion avant que la fonte ne se liquéfie. La charge est de 200 kilogrammes environ, mais on gagne en sûreté dans le travail, en descendant la charge à 180 et même à 160 kilogrammes. Si on traite des fontes blanches donnant beaucoup de scories et des scories grasses, on jette, avant de charger, de 15 à 20 kilogrammes de crasses de marteau ou de battitures. Pour certaines fontes grises, la proportion de crasses s'élève jusqu'à 30 et 35 kilogrammes.

2° La grille étant regarnie, on lève le registre, on ferme la porte, et la fusion commence à feu plein. Pendant toute cette période, on charge du combustible à différentes reprises.

Le mode de chargement a une influence singulière sur la qualité et la quantité du produit. Ainsi, tandis que, pour le puddlage à sec, il importe de travailler le métal chaud dans la scorie *relativement* froide, c'est l'inverse qui a lieu dans le puddlage gras. On a constaté qu'avec des fontes très-impures et rebelles, on pouvait obtenir un bon produit, les additions de scories étant convenablement faites, en empilant les saumons de fonte de la manière indiquée (fig. 113) et en chauffant en plein, avant le travail. La hauteur de la voûte au-dessus du rampant est alors réduite autant que possible : ce qui permet de procéder lentement et de concentrer la chaleur sur la fonte jusqu'à ce qu'elle se liquéfie goutte à goutte sans être remuée (1). La hauteur de la voûte au-dessus de la sole, dans l'axe de la porte de travail, est élevée de 0m.60 à 0m.70. La fusion est, dans tous les

(1) Ces remarques sur le mode de chargement et sur la conduite de fusion sont indiquées par Overman (*Treatise on Metallurgy*) comme le résultat de sa propre expérience. Elles sont en contradiction avec la description souvent donnée des procédés où le puddleur retourne la masse en tous sens pendant la deuxième période de fusion. Overman insiste sur l'importance du mode de chargement et sur la nécessité de ne pas retourner avant que la fonte soit complétement fondue (p. 572).

cas, beaucoup plus longue que dans le puddlage sec, et cause un plus grand déchet de métal. Le four étant au blanc très-vif, la fonte n'est complétement liquéfiée qu'après quarante ou quarante-cinq minutes.

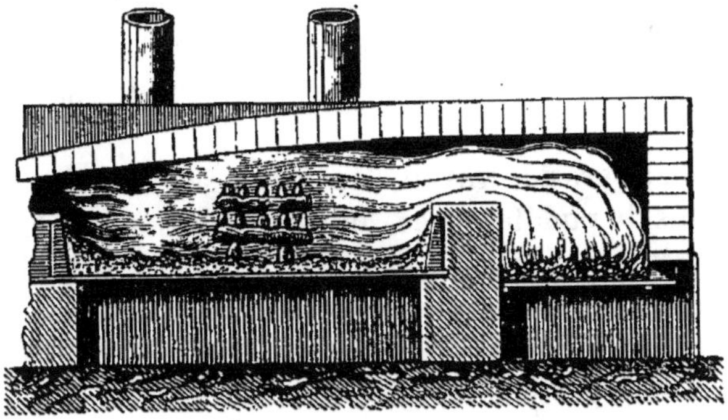

Fig. 113. — Four à puddler. Mode de chargement.

3° Le brassage ne doit commencer que lorsque le bain métallique offre une fluidité parfaite. Le registre est baissé et la chaleur du four, maintenue au point de fusion. On charge en même temps du combustible pour empêcher toute entrée d'air. Le brassage de la masse s'opère alors activement, et, le bain devenu parfaitement homogène, on ajoute une petite quantité de crasses de marteau mouillées, ou des fondants artificiels, si l'on y a recours, tout en continuant à brasser. Le bain, s'épaississant et se boursouflant, finit par *monter*.

4° A ce moment, on lève partiellement le registre et on active le feu peu à peu. Le bouillon augmente ainsi progressivement ; le bain, qui s'était arrêté au-dessous de la porte de travail, monterait rapidement au-dessus, si l'ouvrier ne continuait à brasser énergiquement, tout en graduant l'ouverture du registre. Il importe alors de ne pas élever trop brusquement la température, car la scorie, qui a une consistance pâteuse, repasse à l'état liquide et s'affaisse, ce qui donne du fer jeune et moins de rendement. Dès que la scorie a atteint le seuil, on voit apparaître des grumeaux rouges, puis de plus en plus blancs, qui s'élèvent à la surface et descendent alternativement ; plus tard ces grumeaux s'agglomèrent par les remous de la masse. Le fer est à l'état de petits cristaux flottants, que soulèvent les bulles de gaz oxyde de carbone. Une fois le gaz dégagé, le métal retombe.

Avec les fontes grises et une chaleur modérée, on voit apparaître à la surface du bain des flammes bleues d'oxyde de carbone ; avec les fontes blanches, quelque carburées qu'elles soient, ces flammes ne sont pas visibles. Les fontes grises, fortement chauffées avec une addition considérable de battitures, ne donnent pas de flammes. On a remarqué qu'avec les mêmes variétés de fonte, l'absence de flammes à la surface du bain dénotait un produit de qualité inférieure.

Au bout de vingt à vingt-cinq minutes, l'effervescence a cessé ; le puddleur agglomère, à l'aide du ringard, les grains de fer soudants. Le registre, qui avait été levé à moitié ou aux trois quarts, est alors abaissé.

5° Le puddleur détache successivement de la masse métallique cinq ou six loupes de 30 à 35 kilogrammes, qu'il fait porter au cinglage l'une après l'autre. La confection des loupes dure de six à huit minutes au plus.

Dans le puddlage gras, le travail d'épuration se faisant beaucoup plus lentement que dans le puddlage sec, la décarburation ne devient énergique que dans la troisième période d'incorporation, avec plus de main-d'œuvre et plus de déchet ; mais le procédé est plus régulier, plus sûr, plus parfait et partant le fer est de meilleure qualité.

Dans le puddlage gras, l'épuration précède la décarburation, et les matières fluides entrent en contact parfait. Le seul écueil consiste à ne pas prolonger au delà du temps indispensable le soulèvement du fer au milieu des flammes oxydantes, de crainte de trop épaissir les scories et de les suroxyder, ce qui compromet la pureté ultérieure du fer. Il est préférable, dans ce cas, de pratiquer le soulèvement de durée réduite, au risque d'obtenir un fer un peu jeune, aciéreux, qui se soude et se purifie mieux.

L'affinage par le puddlage sec est, au contraire, trop précipité, de telle sorte que la décarburation et l'épuration marchant à la fois, il arrive ou que l'on dépasse l'affinage, et alors le fer est doux, mou et mêlé de scories ; ou bien, à défaut d'affinage suffisant, on obtient un fer cru, mal épuré et de mauvaise qualité. A moins que les fontes ne soient d'une qualité supérieure, il arrive très-souvent que, dans le brassage, leur état pâteux s'oppose à la division des matières et contribue à laisser dans les loupes des noyaux de fonte presque bruts, à côté de parties suraffinées.

Les fontes les mieux appropriées au puddlage gras doivent non-seulement offrir une très-grande fluidité, mais encore un certain degré de pureté. Il est donc d'un usage très-fréquent de mazer les fontes grises, surtout celles provenant exclusivement de minerais houillers.

La méthode d'affinage progressif au réverbère, comprenant le mazéage et le puddlage, s'applique également au cas extrême des fontes blanches.

Nous n'avons pas à revenir sur le mazéage pratiqué dans le bas foyer au coke, décrit tome III, p. 471, sous le nom de *finerie*. Un procédé moins irrégulier et moins coûteux consiste à mazer les fontes au réverbère, immédiatement à leur sortie du haut fourneau.

Puddlage pour fer à nerf et pour fer à grains. — Nous examinerons encore à un autre point de vue les opérations spéciales du puddlage, pour fer grenu ou pour fer nerveux. C'est sur cette distinction que repose la qualité des fers affectés aux différentes fabrications spéciales.

Le puddlage pour fers nerveux ou pour fers grenus exige différentes fontes ou différents moyens de les affiner.

S'il y a avantage, lorsque la fonte est pure, à en accélérer l'affinage, il faudra la rendre bien liquide et retarder sa prise de nature, lorsqu'elle est souillée de matières étrangères (soufre, phosphore), afin de prolonger la durée de la décarburation. Ainsi, la première condition est de connaître la composition de la fonte soumise à l'affinage.

Toutes les fontes, on l'a vu, ne se comportent pas de même dans le travail du puddlage. Les fontes grises, en raison de la haute température qu'exige leur fusion, de la fluidité qu'elles conservent, dès qu'elle a lieu, et de la fixité du carbone, sont plus longues et plus difficiles à affiner ; mais elles s'affinent mieux, tout en occasionnant plus de travail et de déchet. Les fontes blanches ou truitées sont faciles à fondre et se maintiennent à un état pâteux favorable à la décarburation ; comme elles ne retiennent pas le carbone avec une grande énergie, il y a lieu de les empêcher de prendre nature trop promptement pour les épurer complétement. On comprend, d'après cela, que le mélange des fontes permet de rendre le travail plus ou moins long et plus ou moins facile ; il permet encore, dès que sa nature et ses proportions ont été déterminées par l'expérience, d'obtenir des fers de qualité constante.

Les fontes grises sont employées pour la production des fers de première qualité ; elles ne peuvent servir à la fabrication du fer à grain que lorsqu'elles sont pures et manganésifères. Les fontes truitées ou blanches donnent des fers de deuxième et de troisième qualité. Quand elles sont très-carburées ou que les fontes blanches sont lamelleuses et rayonnées, elles peuvent être employées indistinctement pour fers à grain ou pour fers à nerf; elles donnent alors les meilleurs fers de l'une et l'autre qualité. Si le puddleur traite ces fontes avec peu de scories et surtout peu de battitures, ou, en langage de forge, avec peu de *gigouille;* s'il règle l'entrée de l'air à la grille au moment du loupage, et qu'à l'apparition des grumeaux sur la sole, il ferme le registre et la grille pour former aussitôt les balles, qu'il éloigne du pont, afin qu'elles ne s'oxydent pas, il obtiendra du fer à grain. Le fer, en effet, sera jeune ou peu décarburé ; il se rapprochera de la fonte non affinée, semi-fluide, et restera emprisonné comme dans une éponge. L'écueil de cette opération est le cinglage; car, pour peu que la proportion de fer jeune soit trop considérable, la loupe ne se soude pas sous le marteau et s'émiette.

Avec des fontes caverneuses très-froides, on peut aussi produire du grain, parce que, à peine sur la sole, elles donnent du fer soudable, et qu'en menant rapidement le puddlage, on peut emprisonner du fer jeune dans les loupes. Mais, le plus souvent, le produit, trop aciéreux ou trop nerveux, ne peut se cingler au marteau.

En général, les opérations sont beaucoup plus longues avec les fontes chaudes, plus siliceuses, qu'avec les fontes froides. Dans certaines usines, on ne fait ainsi, par douze heures, que six à huit opérations, au lieu de dix et douze.

Pour faire du fer à nerf avec les fontes chaudes, il faut pousser la carburation avec force battitures, et faire lentement les loupes sans fermer le registre. L'opération exige plus de temps que pour le fer à grain et moins de fatigue, car les grumeaux adhèrent moins à la sole. Avec ces mêmes fontes, le bain de scories monte très-vite et donne beaucoup de laitiers. Il faut exercer un contrôle sévère, dès que le bain monte, pour empêcher les ouvriers d'affiner trop rapidement.

Nous indiquons plusieurs modes de travail suivis dans différentes localités pour le puddlage à grains, le seul qui paraisse convenable au point de vue de la bonne qualité des produits ; du reste, il se distingue du puddlage à nerf, par la haute température développée pendant la deuxième période du travail et pendant le corroyage. La réussite de l'opération pour fer à grain dépend en grande partie de la chaleur intense qu'il faut déterminer à un instant donné; par cette raison, M. Janoyer recommande l'emploi des combustibles de bonne qualité (1).

Puddlage du fer à grain dans le pays de Charleroi (Belgique) (2). — Le puddlage se fait dans des fours à circulation d'eau, avec un fort tirage.

Les fontes de Charleroi étant, en général, très-douces, on n'entretient pas le cordon avec du minerai, mais avec quelques morceaux d'une sorte d'argile que l'on mouille et prépare au moment de son emploi, pour l'appliquer sur le pont du grand autel, qui seul se dégrade sérieusement. Les réparations des parois se font avec des fragments de vieilles soles ou des scories, et exigent un temps très-court, ce qui permet de faire six charges en douze heures.

Immédiatement après le défournement de la charge, le maître puddleur jette, sur la sole, de l'eau en assez grande abondance, avec une petite louche en fer ; il répare au besoin le pont de chauffe avec de la glaise et lance contre les parois quatre ou cinq pelletées de crasses, en même temps qu'il relève les scories de la charge précédente. On introduit alors de 25 à 30 kilogrammes de scories riches provenant du cinglage, puis 120 kilogrammes de fonte grise d'Acoz et 90 kilogrammes de fonte blanche lamelleuse de Chatelineau.

Le chargement opéré, le puddleur introduit de nouveau sur la sole de 30 à 40 kilogrammes de scories en gros fragments, puis il ferme et cale la porte. Dix minutes suffisent pour la réparation et l'introduction des matières ; pendant ce temps, le deuxième puddleur nettoie la grille, rafraîchit le cendrier, charge le combustible et pousse le feu avec vigueur.

(1) *Ann. des Mines*, t. XV, 5e série, p. 150; 1859.

(2) L. Ansiaux et L. Masion, *Traité pratique de la fabrication du fer* ; Liége, 1861.

Une opération, commencée à midi, est conduite de la manière suivante :

Chargement de la fonte.	12h 20m
Nettoyage de grille et premier chargement de combustible.	12 35
Piquage des barreaux..	12 38
Deuxième chargement de combustible.	12 40
Le maître retourne la fonte qui blanchit.	12 40
Troisième chargement de combustible..	12 50
La fonte est presque entièrement fondue à.	12 50
Fusion complète après avoir retourné les fragments. . .	12 58

A une heure, brassage énergique pendant cinq minutes, tandis que l'aide charge la grille.

A une heure cinq minutes, nouveau brassage encore plus vigoureux.

A une heure vingt minutes, cinquième chargement de la grille. A ce moment, l'aide remplace le maître. Le bouillonnement du bain est très-vif.

A une heure vingt-cinq minutes, sixième chargement de combustible. Le maître reprend le travail avec un ringard : le fer est en gros grains disséminés ; le bain gonfle et le puddleur continue à le remuer ; des scories s'écoulent pendant trois minutes environ et le puddleur suspend son travail.

A une heure trente-trois minutes, piquage de la grille et chargement.

A une heure quarante minutes, confection des loupes.

A une heure cinquante minutes, huitième chargement de combustible par l'aide.

A deux heures, défournement de la première loupe.

A deux heures douze minutes, défournement de la cinquième loupe.

Durée totale de l'opération : une heure cinquante-deux minutes.

Pendant tout ce temps, le registre de la cheminée reste entièrement levé; on ne l'abaisse que dans le cas de retard dans le défournement. On travaille toujours à grande chaleur.

A Seraing, la garniture des fours à puddler le fer se fait en minerai violet de fer oligiste. Ce minerai, destiné à préserver les taques des fours, ne se délite pas. On a renoncé à l'emploi de la castine, qui donne des fers de mauvaise qualité. D'après M. Coste, directeur de l'usine, on trouve interposées dans les fers des pellicules de chaux et une poussière noirâtre qui occasionne des défauts de soudure, et par suite une diminution dans la résistance des fers. De plus, la castine fournit des scories très-épaisses, dont on ne peut débarrasser le fer, même par le cinglage.

Puddlage au Creusot. — Pour faire les soles des fours, on les nettoie toutes les vingt-quatre heures; on met ensuite au milieu du four des riblons, des paquets de gros fragments de tôle, du fer plat, etc., et on attend qu'ils aient fondu en partie, au contact de la silice qui se trouve encore dans le four. Quand il y a deux ou trois doigts de matière fondue sur la plaque, on jette de l'eau par-dessus pour la figer, et la sole ainsi préparée dure assez longtemps, sans ronger la plaque, en assurant un rendement plus élevé.

On charge 200 kilogrammes de fontes blanches chaudes ; on escarbille bien la grille ; on la charge de 20 centimètres de charbon ; on fait écouler les laitiers de l'opération précédente ; on ajoute très-peu de laitier sec et deux ou trois pelletées de battitures ; on ferme soigneusement la porte et on chauffe fortement pendant trente ou quarante minutes, de façon à avoir un bain très-chaud. Pendant ce temps, on charge cinq ou six fois la grille. La fonte chaude se reconnaît à sa fluidité ; des crasses ou des grumeaux à la surface indiquent, au contraire, que la fonte est froide ou peu carburée. On procède alors au brassage. Avec de bonnes fontes on peut travailler à quatre ou cinq crochets. Avec des fontes froides, on ne peut plus travailler après deux ou trois crochets, tant elles sont sèches. Pendant le brassage, on charge deux fois la grille, mais assez rapidement pour ne pas laisser pénétrer l'air. Au bout de dix à quinze minutes, la sole doit être couverte de grumeaux agglomérés et très-secs. On ferme alors le registre pendant six ou sept minutes, et, sans toucher la grille, on fait les loupes de manière à enfermer le plus de fer jeune possible. Il faut surtout éviter de laisser des grumeaux non agglomérés sur la sole, car ils s'affineraient complétement et deviendraient nerveux ; aussi les premières loupes sont-elles plus à grain que les suivantes. Après ces six ou sept minutes de travail très-pénible, on rouvre le registre, on charge la grille et on donne un coup de feu de une ou deux minutes. Les loupes sont aussitôt cinglées et passées au laminoir ébaucheur.

On fait, au Creusot, vingt charges par vingt-quatre heures. Le déchet est de 12.5 pour 100 ; la consommation de houille est de $10^{\text{hect.}}5$ par tonne de fer. On ajoute, la plupart du temps, 20 kilogrammes de ferraille pour favoriser l'affinage. La limaille de fer rend parfois le fer résistant, mais pailleux.

Le puddleur est payé (1863) 4 fr. 25 c. pour le fer de premier choix ; 2 fr. 50 c. pour le second. Le premier aide reçoit un salaire qui équivaut aux deux tiers de celui du maître ; le second aide est payé 1 fr. 75 c. On accorde une prime de 1 franc par 100 kilogrammes d'excédant, et on retient la même somme pour le déficit. La tolérance par 1 000 kilogrammes de produit est de 1 143 kilogrammes. Enfin, il est accordé une prime de 10 centimes par hectolitre de houille économisée au-dessous de 10 hectolitres par tonne.

Puddlage à Pont-Evêque (Isère). — Pour obtenir du fer à grain destiné à la fabrication des rails, on a dû essayer, à Pont-Evêque, un certain nombre de mélanges de fontes blanches : les unes froides, ternes et caverneuses; les autres chaudes, à lamelles brillantes, compactes et parfois même légèrement piquées.

Les fontes chaudes provenaient (1862) d'un lit de fusion ayant la composition suivante :

Minerai de Saint-Quentin.	470	670
— de Saint-Marcel.	200	
— de Veyras.		200
Scories de forge.		150
		1 020

En employant simultanément, sur la même sole, des fontes blanches et des fontes grises, l'affinage ne marchait pas de pair ; les premières se travaillaient à deux ou trois crochets, tandis que les secondes en exigeaient cinq ou six; aussi, pour pousser l'opération jusqu'au bout, il arrivait que les loupes obtenues avec les fontes blanches se brûlaient, tandis que celles des fontes grises étaient à peine formées. Les résultats obtenus avec un bain trop abondant en scories étaient également mauvais. D'ailleurs, on était souvent exposé ainsi à avoir des niveaux de laitier tellement élevés, qu'à peine le brassage commencé, lorsque s'opèrent les réactions chimiques qui décarburent la fonte, au contact soit de l'air, soit de l'oxyde de fer des scories, soit des battitures mises sur la sole, l'oxyde de carbone boursouflait la masse liquide, au point de la faire monter bien au-dessus des portes de travail; ce qui obligeait l'ouvrier à faire des barrages pour empêcher l'écoulement.

Après bien des essais, on a adopté (1863), pour le puddlage des fontes servant aux fers à grain, le mode de travail suivant :

On choisit un four à une seule sole (les fours à deux soles ont l'inconvénient de ne pas assez concentrer la chaleur sur la première sole et d'exiger une conduite du feu plus difficile); on y met 200 kilogrammes de fonte blanche, mais la plus chaude possible. On chauffe fortement d'abord, avec 0m.30 de charbon au plus sur la grille, afin de dégager moins d'oxyde de carbone et d'obtenir plus d'intensité de chaleur. On attend que les morceaux soient bien fondus avant de commencer le mélange. C'est alors que l'on reconnaît si les fontes sont chaudes; car, dans le cas contraire, il se forme à la surface du bain une écume très-lente à fondre, prompte à se brûler et qui donne du nerf. La fusion dure trente-cinq minutes environ, et on brasse vivement le mélange aux crochets. Les réactions s'opèrent avec une grande vivacité; le boursouflement de la masse a lieu; mais comme on a eu soin de mettre peu de laitier et de battitures (deux pelletées de laitier et quatre de battitures), le bain monte peu et la masse devient de plus en plus difficile à travailler. Après trois ou quatre crochets, il est impossible de continuer à brasser plus longtemps. Ces brassages durent de dix à douze minutes. Pendant ce temps, on charge la grille à trois reprises différentes et par intervalles égaux. Le bain liquide s'est transformé en une pâte composée de petits grumeaux de fer juxtaposés ou soudés et extrêmement brillants. Le point difficile est alors d'enfermer dans les loupes le plus vite possible du fer *à nouveau* ou jeune, pour le soustraire à l'action oxydante. On ferme donc le registre, et il convient de faire remarquer ici qu'il est préférable d'avoir un registre au rampant du four qu'en haut de la chaudière verticale, car le feu est plus facile à régler. On évite également, en chargeant la grille, de trop ouvrir la porte ; si l'on peut, on ne charge pas. Les loupes sont faites le plus promptement possible ; la première doit être sortie cinq minutes après. Un retard de deux ou trois minutes donne du fer nerveux.

Le ballage fait, c'est-à-dire cinq minutes après la fermeture du registre, on l'ouvre pour donner un coup de feu de une à deux minutes qui permet de bien chauffer les loupes et de les souder ; ce qui est sans inconvénient, car la surface des loupes peut seule s'oxyder, et l'on a soin de les faire constamment rouler dans le laitier.

On est arrivé ainsi à obtenir des fers ébauchés, se laminant sans criques ni gerçures et donnant des couvertes à grain fin. Seulement, au lieu de faire dix opérations au four à puddler en deux heures, on n'en fait que sept ou huit.

Toutes les douze heures, on est obligé de refaire la sole, qui se ronge très-vite, à cause du peu de laitier employé. Pour cela, on le vide complétement, et, sur la plaque de fonte, on met 70 kilogrammes de riblons qui fondent en partie. On refroidit la masse avec de l'eau et on tasse sur 5 à 6 centimètres d'épaisseur.

Puddlage à l'usine de Moabit (Prusse). — La fabrication du fer brut, dans cette usine, présente une particularité relative à la formation des balles dans le four à puddler. La charge de ce four, au lieu d'être divisée en quatre ou cinq balles, comme d'ordinaire, n'est formée qu'en une seule ; de sorte qu'elle varie suivant les dimensions de la pièce à fabriquer. On a formé ainsi en une seule loupe jusqu'à des charges de 600 kilogrammes ; la moyenne est de 400 à 500 kilogrammes. Ces loupes sont cinglées sous des marteaux-pilons de 3000 kilogrammes. Elles ne sont employées que pour la fabrication des tôles, des bandages et des pièces destinées aux machines.

Ce mode de fabrication donne, paraît-il, sous le rapport de l'homogénéité, de très-bons résultats.

Puddlage à l'Anina (Autriche). — Dans cette usine, on emploie concurremment les fontes au coke de l'Anina même (voir les analyses, tableau B, t. III, p. 651), les fontes au bois de Dognaczka, ou un mélange des deux.

Le tableau ci-dessous reproduit les résultats d'essais comparatifs pour fer à grain exécutés à la fin de janvier 1864, avec les deux sortes de fontes (1).

FONTES.	NOMBRE DE CHARGES		POIDS de fonte employée.	PRODUC-TION.	DÉCHET.	COMBUSTIBLE	
	total.	par 24 heures.				en poids.	pour 100 du fer.
			kil.	kil.		kil.	
Dognaczka grise.	18	10	4.739	4.305	10.0	4.225	98.8
Dognaczka grise.	18	10	4.741	4.205	12.7	4.595	109.5
Anina grise.....	27	10	7.055	6.235	13.1	5.500	88.2

Le déchet est un peu plus fort avec les fontes de l'Anina, qui provenaient d'une allure chaude avec des minerais silicatés et renfermaient du silicium; mais la consommation de combustible est plus faible pour la fonte au coke et la qualité des produits est supérieure. Le travail de la fonte grise au coke est généralement un peu plus long que celui des fontes au bois, mais les fontes blanches de l'Anina se travaillent plus rapidement que les fontes analogues de Dognaczka, tout en donnant des fers de qualité égale.

Les conditions de la marche du puddlage en fer fort et en fer à grain ordinaire et de la marche moyenne, sont reproduites dans le tableau suivant.

La marche en fer fort correspond à de bonnes conditions, et si l'on arrive quelquefois à neuf charges en douze heures pour fer fort, on reste fréquemment au chiffre de sept.

On emploie, souvent, moitié gailletterie et moitié menu. La gailletterie est un produit accessoire de la laverie et contient environ 20 pour 100 de cendres; sa consommation la plus forte coïncide avec les époques de la marche où le nombre des fours en travail est réduit. La proportion de menu atteint parfois le chiffre de 85 à 90 pour 100.

La mise à feu exige généralement 900 kilogrammes par four, dont un tiers en gailletterie.

Les campagnes, en marche régulière, durent une semaine, et les réparations se font le dimanche.

(1) Ces renseignements sont dus à l'obligeance de M. Henry, ingénieur attaché à cette usine.

DATES.		NOMBRE de charges.	FONTES consommées	FER produit.	DÉCHET pour 100.	CONSOMMATION de combustible totale.	CONSOMMATION de combustible pour 100.
			kil.	kil.		kil.	
Marche en fer fort.	1865. 25 avril...	112	29.400	26 490	»	16.500	»
	26 id....	112	29.400	26.605	»	18.200	»
	27 id....	112	29.400	26.690	»	18.330	»
	28 id....	112	29.400	26.540	»	18.700	»
		448	117.600	106.325	9.6	71.730	67.4
Marche en fer à grain.	1865. 5 mars..	21	5.515	5.055	»	4.810	»
	6 id....	20	5.250	4.460	»	4.420	»
	7 id....	10	2.625	2.405	»	2 540	»
	16 id....	20	5.250	4.745	»	4.810	»
	17 id....	21	5.510	4.925	»	4.810	»
	22 id....	21	5.510	4.855	»	4 625	»
	23 id....	24	6.300	5.605	»	4.750	»
		137	35.960	32.050	10.8	31.565	95.3
Roulement du 30 novembre au 13 décembre 1864. 854 charges dont 275 (soit 1/3) pour fer à grain..		Par four en 24 heures 12.2	226.810	203.675	11.5	155.640	76.4

Les prix de main-d'œuvre, aux 1 000 kilogrammes, pour le puddlage, sont les suivants :

	Fer fort.	Fer à grain.	Platines de déchets.
Puddleur.........	4 fr. 50	5 fr. 50	2 fr. 30
Aide-puddleur......	2 60	3 10	1 30
Chauffeur........	1 95	2 15	1 »
Peseur de fonte......	» 30	» 30	» »
Transport des cendres et scories..........	» 20	» 25	» 20

Le puddleur est taxé d'une amende de 25 centimes par loupe rebutée.

Puddlage des riblons.

Le travail des riblons se fait, soit au réverbère à la houille, soit au petit foyer au charbon de bois, mais plus généralement au réverbère.

Les riblons sont découpés en menus fragments de quelques centimètres cubes et jetés au milieu d'un bain de scories, sur la sole du four à puddler, où ils se soudent, au milieu du bain, par un travail analogue à celui qui se fait lors de l'effervescence au puddlage gras; seulement le travail est plus rapide et ne comporte pas de soulèvement proprement dit. On obtient ainsi une ou plusieurs loupes, qu'on soumet ensuite aux mêmes élaborations mécaniques que les boules de fer brut.

Dans le Staffordshire, les charges de riblons découpés sont de 200 kilogrammes environ; la chaude proprement dite dure de une heure à une heure et demie au plus, en y comprenant les intervalles des charges, le cinglage, etc. On fait ainsi, en moyenne, huit ou neuf chaudes par douze heures qui, avec un déchet de 6 à 7 pour 100, donnent une tonne et demie de barres de différentes largeurs. La consommation de houille atteint 60 à 70 pour 100 du poids des barres.

Puddlage à la tourbe.

La tourbe s'emploie le plus souvent en mélange avec le bois de pin; les dimensions du four à puddler sont à peu près celles du four ordinaire, mais la grille doit être placée plus bas, afin d'éviter l'entraînement des cendres sur la sole.

Comme on perd une forte portion de la chaleur rayonnante, il devient très-difficile, en puddlant à la tourbe, d'obtenir un produit de qualité constante. En conséquence, on sépare le plus souvent le lieu de production des gaz de celui de leur combustion.

Dans les districts de Côme et de Bergame, où la tourbe sert au puddlage, mélangée de bois ou de résidus charbonneux, le générateur à gaz le plus usité a la forme d'une cuve pyramidale de 1m.30 de côté et de 2m.50 à 3 mètres de hauteur, terminée à la partie inférieure par une grille et surmontée d'un tube élevé qui sert à charger le combustible. Le cendrier étant hermétiquement fermé, un courant d'air comprimé alimente la combustion sur la grille. Les gaz sont entraînés au-dessous du gueulard par un tube communiquant avec la caisse qui tient lieu de foyer, à l'extrémité du four à réverbère, et s'y mélangent avec l'air nécessaire à leur combustion. Cet air est toujours comprimé et chauffé par la circulation dans des tuyaux de fonte, chauffés eux-mêmes par la chaleur perdue du four. Les fours sont suivis d'un autre petit four où l'on réchauffe la fonte à puddler. Les gaz sont brûlés si complétement, qu'à leur sortie ils se répandent sans danger dans la forge (1).

La figure 114 représente la coupe longitudinale et le plan d'un four à puddler à la tourbe, employé dans les provinces lombardes, et la figure 115, la coupe du gazogène. Les matériaux réfractaires employés sont les pierres de Dubino (Valteline) et les micaschistes tendres de Dongo.

La difficulté de se procurer de la tourbe suffisamment épurée et sèche a fait adopter le mélange avec le bois ou avec les déchets de charbon dispo-

(1) *Industria del ferro in Italia*, p. 193; Turin, 1864.

nibles. A Bellano, à Lecco et à Castro, où le bois se paye 3 francs le quin-

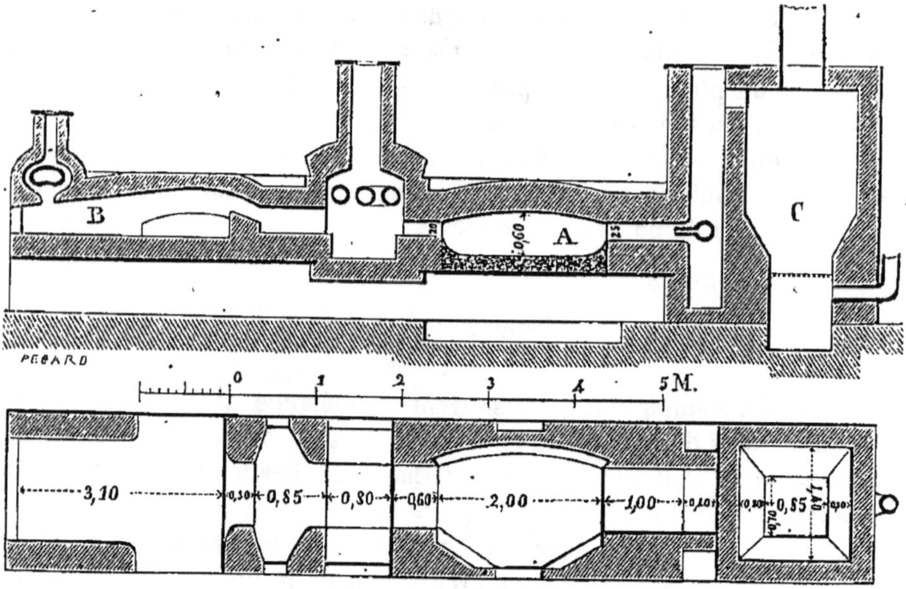

Fig. 114. — Four à puddler à la tourbe (Lombardie). Coupe longitudinale et plan.

tal, on en ajoute d'un quart à un cinquième du poids de la tourbe. Bien que la proportion de cendres exerce une influence sur la marche du générateur, on a reconnu, à Castro, que, grâce à la grille inférieure, on pouvait brûler, dans les gazogènes, des tourbes qui contiennent jusqu'à 20 pour 100 de matières terreuses.

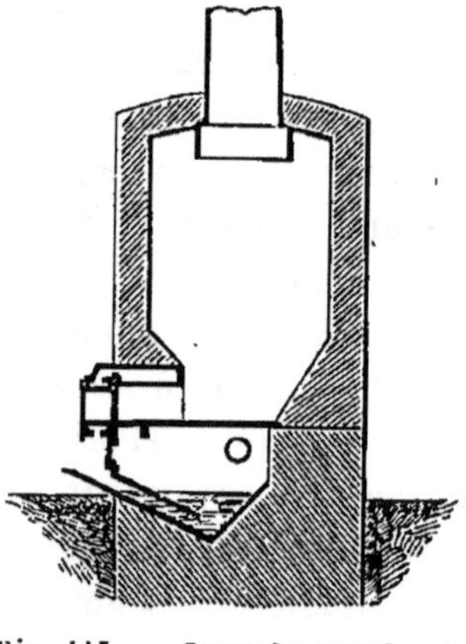

Fig. 115. — Coupe du gazogène du four à puddler à la tourbe (Lombardie).

La durée du puddlage est d'environ deux heures; on fait douze charges en moyenne par jour, qui donnent environ 30 quintaux de lopins martelés, de forme rectangulaire et de différentes grosseurs, suivant les usines. A Dongo, ces lopins n'ont que 0m.06 de côté; à Lecco, ils sont plus gros.

Les ouvriers se payent à forfait et le puddlage représente, par quintal de fer fini, une dépense de 1 fr. 10 c. à 1 fr. 20 c. Le maître puddleur gagne ainsi de 4 à 5 francs par jour. Dans les fours à gaz, on consomme 2 de tourbe environ, pour 1 de fer puddlé.

Voici le prix de revient aux forges de Lecco et de Bellano :

La tourbe y coûte de 1 fr. 70 c. à 1 fr. 90 c., et le bois 3 francs; de sorte que le prix moyen du mélange de ces deux combustibles (1/4 à 1/5 de bois) peut être compté à 2 francs le quintal. Les fontes blanches de Val di Scalve et de Val Camonica sont mélangées avec un tiers de fontes grises de Toscane.

202 kilogrammes tourbe, bois (1/5), à 2 francs les 100 kil.	4 fr. 05
109 — fonte à 16 fr. 50 les 100 kil.	17 95
Main-d'œuvre.	1 50
Frais divers; réparations, etc.	0 50
Prix des lopins puddlés.	24 fr. 00

A la forge de Castro di Lovere, sur le lac d'Isée (province de Bergame), où l'on puddle exclusivement au gaz de tourbe, on a comme prix de revient du quintal de fer puddlé :

111 kilogrammes fonte provenant d'Allione, de Val di Scalve et de Pisogne, à 14 francs les 100 kil.	15 fr. 54
160 kilogrammes tourbe, à 1 fr. 75 les 100 kil.	2 80
Main-d'œuvre et réparations.	2 60
	20 fr. 94

Les fours à souder et à réchauffer, alimentés par le gaz de tourbe, offrent la même disposition que les fours à puddler.

A l'usine d'Underwiller (1), le générateur à gaz de tourbe se compose d'une caisse rectangulaire en briques réfractaires, armée extérieurement, et formant au bas un tronc de pyramide, tandis qu'en haut, elle affecte la forme de la cuve d'un fourneau ordinaire.

La hauteur du vide dans œuvre varie de 2m.70 à 3 mètres, et le diamètre de la partie prismatique, de 0m.65 à 0m.90. L'une des faces, à la partie inférieure, est munie d'une ouverture pour le nettoyage et fermée par un tampon. Au-dessus de cette ouverture, se trouvent les tuyères.

Les charges de tourbe sont introduites par le gueulard, dont la fermeture s'oppose à l'issue des gaz ; avec des tourbes ordinaires, la pression du vent est, pour un appareil des dimensions indiquées, de 28 à 32 centimètres d'eau.

La prise de gaz se fait à peu près au tiers de la hauteur, à partir du gueulard, de manière à éviter l'entraînement des cendres. Les gaz, à l'entrée du fourneau où ils doivent être utilisés, traversent une lame d'air à 220° ou 280° C., au contact duquel ils s'enflamment. Dans les fours à souder et à recuire, où il convient d'éviter l'oxydation, les jets d'air chaud sont presque horizontaux et l'on donne à l'autel une largeur de 0m.70 à 0m.80. Dans les fours à puddler, l'autel a moins de largeur et l'air chaud plonge davantage sur la sole.

D'après l'ingénieur de l'usine, on peut, avec les gaz de tourbe, chauffer au blanc soudant 2 000 kilogrammes de massiaux, en six heures. La con-

(1) *Rev. Univ.*, t. X, p. 452; 1861.

sommation moyenne, dans le générateur, est de 750 kilogrammes de tourbe ordinaire.

Puddlage mécanique.

C'est certainement un problème digne du plus haut intérêt que celui qui a pour but de faciliter l'opération du puddlage, l'une des plus pénibles de la métallurgie. En effet, outre la question d'économie et de rapidité du travail, il y a pour tous un intérêt d'humanité à alléger les fatigues du puddleur, qui résiste rarement au delà de quinze années à ce labeur énervant; il y a pour le maître de forges, en particulier, un grand intérêt à se passer de ces ouvriers spéciaux, chèrement payés et trop souvent coalisés pour lui imposer des salaires ruineux. Le problème ainsi posé a longtemps occupé les ingénieurs, et s'il paraît avoir reçu une solution satisfaisante par l'établissement des fours automatiques, il convient de citer quelques autres tentatives qui ont eu pour objet de faire concourir des appareils mécaniques au brassage de la fonte; nous voulons parler des puddleurs mécaniques de MM. Harrison, Eastwood, Bennett, Duméný et Lemut, etc. Il nous suffira, pour faire connaître le principe de cette classe d'appareils, de décrire celui de MM. Duméný et Lemut.

Puddleur mécanique. — Le puddleur de MM. Duméný et Lemut, dans sa forme la plus simple (1), fait travailler les mêmes outils que ceux du puddleur ordinaire, par la petite ouverture de la porte des fours. Il est installé au-dessus du four, de façon à n'en pas gêner les abords. Au moyen d'un tendeur, l'ouvrier le commande ou l'arrête à son gré. Un balancier suspendu à la charpente pend au devant du four, et, à son extrémité inférieure, les crochets s'attachent en quelques secondes. Ce balancier recevant d'une bielle et d'une coulisse directrices un mouvement complexe d'oscillation, dans un plan qui oscille lui-même à droite et à gauche de l'axe de la porte, fait parcourir à l'outil toutes les parties du four. Le brassage fini, l'ouvrier arrête la machine, détourne le balancier et reprend le travail comme d'habitude.

L'appareil est double, quand il doit s'appliquer à des fours de grandes dimensions, à deux portes opposées.

Dans la disposition inventée par MM. Duméný et Lemut, le crochet de puddlage reçoit à la fois un mouvement rectiligne d'arrière en avant, dans le travers du four, et un autre mouvement beaucoup plus lent de transport horizontal, de droite à gauche et inversement, dans la longueur de la sole. De cette double action, résulte un brassage méthodique qui

(1) Voir les détails mécaniques de cet appareil, *Ann. des Mines*, 6e série, t. II, p. 136; 1862.

aurait les résultats suivants, constatés pendant quatre années de pratique courante aux forges du Clos-Mortier, près de Saint-Dizier :

1° Amélioration dans la qualité du fer, obtenu avec des fontes inférieures à celles employées autrefois;

2° Réduction dans la durée du brassage;

3° Réduction dans le personnel des fours;

4° Economie de combustible, due, assure-t-on à l'accélération du puddlage.

Au Clos-Mortier, où l'on traite des fontes noires au bois, d'un affinage difficile, on obtient, par l'appareil Lemut, à l'aide de trois hommes, 3000 kilogrammes de fer en douze heures. Le salaire des puddleurs a pu être augmenté de 50 centimes, moyennant une économie de 2 francs par tonne de fer, sur la main-d'œuvre seulement. L'économie de la houille est, en moyenne, de 200 kilogrammes par tonne de métal. Un moteur de 14 chevaux suffit pour vingt fours, y compris les transmissions. Les déchets, en bonne marche, ne sont pas plus considérables que par le puddlage à la main (1).

Nous nous contenterons de faire observer que, dans le puddlage des fontes blanches et du fine-metal, où le brassage est de très-courte durée, les frais de l'appareil ne semblent pas devoir compenser les avantages indiqués et que sa manœuvre complique le travail, de manière à ce que, dans la courte période du bouillonnement, on puisse négliger le moment où le tirage doit être activé ou arrêté, et où la loupe doit être formée. L'appareil n'est guère plus avantageux pour les fours simples, où l'on ne traite qu'en petites masses les fontes d'un affinage facile. Ce ne serait donc que pour les grands fours, où l'on travaille des fontes grises, d'un brassage long et rebelle, qu'il y aurait utilité à employer l'appareil, pour ébaucher seulement le travail du puddleur. C'est donc là un cas spécial, qui n'empêche pas que le puddleur doive déployer toutes ses forces pour la formation des balles et des loupes.

L'appareil à puddler de M. Eastwood est, comme le précédent, boulonné sur l'un des côtés extérieurs du four. Une chaîne, qui reçoit le mouvement d'un moteur quelconque, embrasse et commande une poulie à gorge, calée sur un arbre. Celui-ci, au moyen d'une manivelle et d'une bielle, fait mouvoir un levier coudé auquel est attaché le ringard ou crochet, qui exécute ainsi des mouvements alternatifs d'avant en arrière et réciproquement. En outre, une vis sans fin, agissant sur un pignon hélicoïde, communique au système un déplacement latéral. Un levier d'embrayage et de débrayage permet à l'ouvrier de mettre en marche ou d'arrêter l'appareil, suivant le besoin.

La machine Bennett diffère peu de celle de M. Eastwood; elle a été

(1) *Bulletin de la Société des ingénieurs civils*, communication de M. J. Gaudry; séance du 15 septembre 1865.

installée aux forges de Wombridge (Yorkshire), où elle donne une économie notable, dit-on, surtout avec les fours doubles.

Nous examinerons maintenant le système fondé sur un principe tout différent, dans lequel la sole du four tourne sur un axe.

Four tournant. — Le four à puddler automatique a été l'objet de plusieurs inventions; celui de Warren et Walder, installé à l'usine de Dowlais, ne se distingue des fours ordinaires que par une sole et une voûte mobiles. Ces deux parties sont d'une pièce, de forme ellipsoïdale, en tôles de chaudière très-fortes et rivées ensemble, ouverte à chaque bout du grand axe. Un col annulaire, à chacune des extrémités, repose sur deux couples de roues de friction verticales, et l'ellipsoïde reçoit le mouvement par une poulie enroulée autour du col postérieur. Deux forts tourillons en fer, perpendiculaires au grand axe, servent à soulever l'ellipsoïde et à le transporter, à l'aide d'étriers et d'une grue à vapeur. Le pont du rampant est un peu plus grand que dans les fours ordinaires; un registre règle à volonté le tirage des gaz qui se rendent, par un canal inférieur, dans la cheminée commune à plusieurs fours. Enfin, en face du pont, se trouve une porte de travail semblable à celle des autres fours, avec un regard qui permet de suivre l'opération. Voici la marche suivie avec ce nouvel appareil (1) :

Une charge de 300 kilogrammes de fonte blanche est introduite avec une certaine quantité de scories et de battitures par la porte du rampant. Un peu avant le terme de la période de fusion, on fait faire quelques tours à l'ellipsoïde pour assurer le mélange encore pâteux de la fonte avec la scorie. On fait ensuite tourner lentement la sole, tandis que le bouillonnement se poursuit. La rotation de l'appareil concourant à la réunion des boules de fer, on procède à leur formation en une seule loupe. Pour cela, on arrête le mouvement pendant deux ou trois minutes; on charge une nouvelle dose de scories de forge et on fait tourner de nouveau; après quelques révolutions, les petites boules se sont réunies en une masse de la forme d'un pain allongé, qui s'arrondit d'autant mieux qu'elle retombe plus souvent dans le four. Dès que la compacité a atteint le point voulu, on arrête de nouveau le mouvement, on accroche les étriers aux tourillons et l'on porte, à l'aide d'une grue, l'ellipsoïde sur un piédestal formé de deux supports de fonte qui reçoivent les tourillons dans leurs coussinets. On incline alors l'ellipsoïde vers le rampant, pour faire écouler la scorie; puis on le culbute presque verticalement, et la loupe, tombant dans un chariot inférieur, est portée au marteau-pilon.

La conduite du travail ne consiste plus qu'à charger le feu et à détacher de temps en temps au ringard les parties métalliques qui adhèrent à la paroi intérieure de l'ellipsoïde.

(1) Ad. Gurlt, Note sur le puddlage mécanique, *Rev. Univ.*, 9e année; 1865.

Il arrive, parfois, que l'on obtient deux loupes et même davantage, quand le ballage n'a pas été bien opéré, et que les loupes sont aplaties, quand elles n'ont pas été assez roulées. Ces inconvénients peuvent s'éviter par une certaine pratique, mais on éprouve beaucoup plus de difficulté à trouver un revêtement de l'ellipsoïde résistant à l'action corrosive des scories, tout en étant réfractaire et compacte. Le *ganister*, employé pour les cornues Bessemer, cède trop facilement son acide silicique à la scorie de puddlage et retarde l'épuration du fer; on peut, jusqu'à un certain point, y remédier par des additions convenables; seulement, l'usure par frottement subsiste toujours. On a encore appliqué un mélange, qui est trop peu compacte, de *bull dog* avec de l'hématite; des mélanges d'argile et de graphite; du calcaire, etc. Le revêtement de graphite se comporte le mieux jusqu'ici.

Les avantages se traduisent par une réduction notable de main-d'œuvre, un ouvrier *ordinaire* suffisant pour desservir un four, et par une meilleure qualité du fer, qui, se trouvant plus que dans les fours communs à l'abri des courants d'air oxydant, se rapproche de la texture aciéreuse; ce qui a donné lieu de penser que le four automatique était surtout à recommander pour le puddlage des fontes aciéreuses.

Chaque four fait en douze heures de six à sept charges, et l'on espère qu'avec un revêtement approprié on arrivera à neuf et même dix. En avril 1865, le docteur Percy nous annonçait qu'à Dowlais, on obtenait, avec ce four, des loupes de 300 kilogrammes.

D'après M. Ad. Gurlt, l'atelier de puddlage installé avec les nouveaux appareils devra comprendre, pour un haut fourneau récemment construit, huit fours automatiques, une grue à vapeur, un piédestal et un marteau-pilon. Ces huit fours seront disposés de telle façon que leurs grands axes formeront les rayons d'un cercle, dont le centre est occupé par la grue; les foyers des fours sont à la circonférence extérieure; le piédestal se trouve également sur l'un des rayons de ce cercle, entre deux fours consécutifs, et le marteau-pilon, à peu de distance, en avant du piédestal. Chaque four est desservi par une petite machine à vapeur auxiliaire (*donkey engine*) qui peut mettre en mouvement un ou deux fours tournants, à volonté.

DÉGROSSISSAGE.

Le dégrossissage du fer, qui s'applique aux loupes sortant des fours à puddler, comprend deux manipulations :

1° Le cinglage à la presse ou au marteau, pour convertir la loupe en lopins ;

2° L'étirage des lopins en barres de fer brut ou ébauché, au moyen du laminoir ébaucheur.

Mais il arrive, pour certains fers, que le dégrossissage se fait directement par le laminoir, sans recourir au marteau ni à la presse.

Cinglage.

Le marteau-pilon et le marteau frontal sont réputés les meilleurs outils de compression et d'épuration du fer brut.

Les inconvénients du marteau frontal sont d'exercer sur la loupe une action trop énergique peut-être, au commencement du cinglage, et de causer un ébranlement dangereux pour les bâtiments. Ce marteau continue cependant à être employé, surtout pour les fers marchands. Comme il tombe toujours de la même hauteur, l'ouvrier n'est pas tenté de donner de trop petits coups, afin de détacher moins de métal de la loupe et d'avoir ainsi moins de déchet. Pour les fers à grain, il ne permet pas de purger aussi complétement le laitier que le marteau-pilon, par exemple. On peut autant attribuer au marteau-pilon qu'aux perfectionnements de l'affinage, les progrès réalisés dans la fabrication des fers à la houille.

Le squeezer, qui agit par compression énergique mais graduée, convient mieux que le marteau au cinglage des boules sans adhérence et notamment des fers métis; mais l'expulsion des scories est incomplète.

Quant aux machines rotatives ou moulins, elles ne s'appliquent utilement qu'aux boules déjà pures et faciles à souder. Leur action est insuffisante pour les boules surchargées de laitiers; elles ne livrent, comme les squeezers, qu'un lopin mal épuré et de peu de densité.

Le service du squeezer se fait par un maître et un aide; le premier cingle et le second enlève les crasses, arrose l'enclume et nettoie. Le marteau-pilon est servi par un machiniste et deux marteleurs qui travaillent alternativement.

Étirage.

La loupe réduite par le cinglage, sous forme de prisme carré ou *lopin* et refoulée aux extrémités, est étirée en barre au laminoir ébaucheur. Le service de ce laminoir, décrit page 371, exige par douze heures et pour chaque cage un *lamineur* du côté de l'entrée, et un *rattrapeur* à la sortie. Un *releveur* à l'aviot fait passer la barre par-dessus le cylindre mâle, où le lamineur la reprend. Cinq ouvriers au train de puddlage peuvent ainsi desservir dix ou douze fours à puddler.

Le lopin est traîné de l'appareil cingleur au train ébaucheur et engagé dans la première cannelure. Le rattrapeur le saisit à l'aide d'une tenaille et le passe au lamineur, qui l'engage dans une seconde cannelure, puis dans une troisième. Il est enfin amené par le rattrapeur, aidé du releveur, à la cage des finisseurs, où il passe quatre ou cinq fois, jusqu'à ce qu'il ait les dimensions voulues.

Quand le fer est à grain, la surface des barres est lisse comme du corroyé. Il ne faut pas, en tout cas, pousser l'ébauchage trop loin, car, pour faciliter la soudure ultérieure des barres entre elles, un peu de laitier sert à fixer l'oxyde de fer et à les décaper.

Au sortir de la dernière cannelure, la barre est portée par les *dresseurs* sur une table ou *banc de dressage*, composée de plaques de fonte de 0m.70 de largeur et d'une longueur de 7 mètres environ, où, à l'aide de maillets en bois, ils la frappent fortement, de manière à faire disparaître toute inflexion.

Les barres d'ébauché ainsi obtenues portent le nom de *mill-bars*. Elles sont mises en piles, par fournées correspondant aux numéros des fours, puis pesées et marquées suivant leur qualité, c'est-à-dire suivant l'aspect de leur cassure.

Si les loupes sont cinglées directement au laminoir, il faudra les passer trois fois au moins dans la première cannelure, en leur faisant faire un quart de tour après le premier passage, puis on les présente dans l'autre sens pour comprimer les bouts. Elles traversent encore deux fois de suite la deuxième cannelure, et l'opération continue comme pour les lopins.

On calcule sur une durée de sept à dix minutes pour le cinglage et pour l'étirage de toutes les balles d'un four à puddler, le laminoir marchant à trente ou quarante tours par minute.

Le croquis des cylindres du train ébaucheur et du train finisseur à

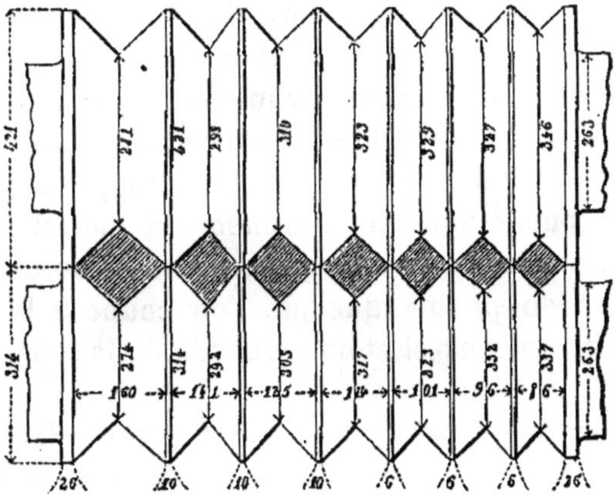

Fig. 116. — Croquis des cylindres du train ébaucheur à loupes (Usine de l'Anina).

loupes, employés à l'usine de l'Anina (Autriche) est indiqué fig. 116 et 117.

Pour les barres ébauchées, destinées aux fers marchands de moyennes dimensions, on peut, à la rigueur, se passer du marteau-pilon en employant la presse, qui coûte moins de frais d'établissement, d'entretien et de main-d'œuvre, et qui expédie les loupes plus promptement.

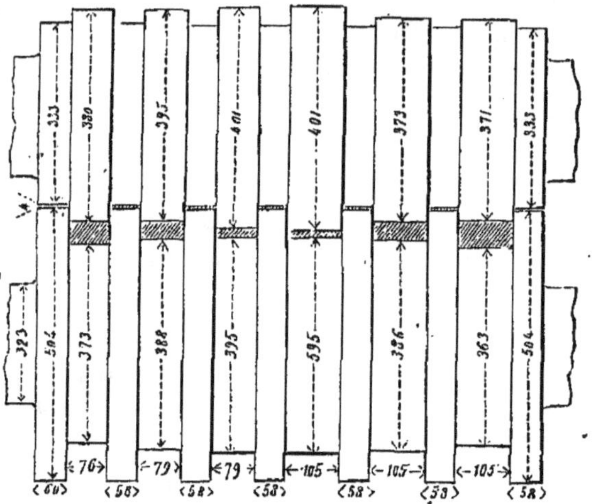

Fig. 117. — Croquis des cylindres du train finisseur à loupes (Usine de l'Anina).

Les cylindres cingleurs de 0m.50 à 0m.60 de diamètre, marchant à une vitesse de trente tours par minute, sont aussi avantageux que la presse dans une petite usine à fers marchands; car les mêmes cylindres servent à cingler et à laminer les fers ébauchés et les corroyés, de sorte qu'on économise l'établissement d'une presse. Dans ce cas, il convient de placer le train sur l'arbre du grand engrenage ou d'un second engrenage, car la vitesse du volant serait trop grande. Dans les usines importantes, au contraire, la presse et le marteau sont préférables; en effet, si les mêmes cylindres doivent d'abord cingler, puis laminer les loupes, ils ne peuvent desservir autant de fours que lorsqu'on a une presse ou un marteau pour cingler et, en outre, des cylindres à soixante-dix tours par minute pour laminer les loupes.

Dans certaines fabrications, notamment celle des largets pour couvertes, on cingle en *doublant* les loupes; c'est-à-dire que la loupe est d'abord martelée à plat, puis repliée sur elle-même et martelée de nouveau pour souder les parties avant le laminage. Un autre procédé consiste à cingler la loupe en massiau prismatique que l'on coupe à la tranche en deux *bidons*. On superpose ceux-ci et on les soude de la même chaude.

Service et prix du dégrossissage. — On estime, dans le Staffordshire, qu'un marteau frontal ou un pilon peut desservir onze ou douze puddlings; un train de deux ou trois cages peut en desservir dix-neuf ou vingt, donnant ensemble de 10 à 13 tonnes par douze heures. Ce roulement, qui permet de passer, en douze heures, au train ébaucheur, de 20 à 21 tonnes de barres brutes de différentes largeurs, exige, comme personnel, un maître et deux aides, deux rattrapeurs et trois ou quatre enfants. On donne généralement par tonne de barres brutes, de dimensions assorties, 1 fr. 40 c. au maître lamineur, qui paye, par jour, 3 francs à chaque aide; 3 fr. 75 c. aux deux rattrapeurs et 1 fr. 50 c. à chaque gamin. Le déchet pour barres brutes laminées ou doublées est compris entre 7 et 10 pour 100.

Dans le pays de Galles, le laminoir pour barres brutes dessert moyennement de seize à dix-huit fours, quelquefois quatorze ou quinze seulement. Pour ce service, il faut, à chaque cage, le même personnel à peu près que dans le Staffordshire. Grâce à la plus grande vitesse des cylindres, on peut laminer de 25 à 30 tonnes de barres brutes par douze heures. Le maître lamineur reçoit de 70 à 80 centimes par tonne et solde ses aides, rattrapeurs, etc.; ce qui lui laisse un bénéfice journalier de 8 à 10 francs.

Au Creusot, un marteau-pilon de 1 500 kilogrammes fait le service de dix fours à puddler et consomme 10 chevaux de force à 2 1/2 atmosphères. Le cinglage se paye 45 centimes par tonne de fer brut; l'ébauchage, 1 fr. 45 c. A la nouvelle forge, un marteau de 3 000 kilogrammes dessert six fours, et comme chaque four produit cinquante loupes en douze heures, on a à cingler trois cents loupes dans cet espace de temps. Le cinglage d'une loupe dure, en moyenne, quarante cinq secondes; trois cents loupes exigeront donc deux cent vingt-cinq minutes.

Consommation de fonte par tonne de fer puddlé. — On a calculé, à Ebbw-Vale, la consommation moyenne de fonte par tonne de fer puddlé. Cette moyenne a été prise sur la totalité de la fabrication pendant douze mois, de 1845 à 1859 inclusivement :

Années.	Fabrication de barres puddlées pendant 12 mois.	Quantité de fonte employée par tonne de fer.
	Tonnes.	Kilogrammes.
1845	34 691	1177.06
1846	40 428	1189.30
1847	41 813	1207.89
1848	42 102	1202.30
1849	48 484	1235.55
1850	44 508	1279.98
1851	37 220	1204.27
1852	45 030	1130.36
1853	47 696	1149.86
1854	49 070	1132.17
1855	41 877	1152.59
1856	43 649	1158.47
1857	47 152	1157.11
1858	47 700	1167.99
1859	48 211	1153.48

Voici, d'après Ch. Richoux, le roulement du puddlage en 1858, à l'usine de Bességes (Gard), et le prix de revient du fer puddlé par 1 000 kilogrammes, tel qu'il ressortait alors de la comptabilité de cette usine.

I. *Roulement du puddlage.*

MOIS.	FONTE.	FINE-METAL.	RIBLONS.	TOTAL.	FER nº 1.	FER nº 2.	FER nº 3.	TOTAL.	FONTE consommée par tonne de fer.	HOUILLE consommée totale.	HOUILLE consommée par tonne de fer.
1858.	kil.	kil.	kil.	kil.	kil.	kil.	kil.	kil.	kil.	kil.	kil.
Janvier.	495.100	565.985	16 020	1.077.105	189.870	758.815	60	948.745	1.134	1.043.620	1 100
Février.	464.125	514.055	12.415	990.595	153.855	718.720	105	872.680	1.133	942.494	1.080
Mars...	494.155	573.195	15.165	1.083.015	202.635	758.300	165	961.100	1.126	999.544	1.040
Avril...	541.560	484.570	11.700	1.037.830	295.705	633.020	395	929.120	1.117	1.014.599	1.092
Mai....	306.460	500.320	7.495	814.275	31.490	701.830	»	733.320	1.110	761.186	1.038
Juin....	318.680	388.080	7.985	715.345	96.995	543.660	»	640.655	1.116	704.721	1.100
	2.020.580	3.026.805	70.780	5.718.165	970.550	4.114.345	725	5.085.620	1.119	5.466.164	1.075

II. *Prix de revient du fer puddlé par tonne de fer produit.*

Fontes brutes	32 fr.	46
Fine-metal	92	09
Riblons	1	15
Houille (1 075 kilogrammes à 5 francs les 1 000 kil.)	5	37
Main-d'œuvre de fabrication	11	85
Réparations	»	10
Machines	»	31
Chaudières	»	33
Décrassage	1	09
Grésil et battitures	»	17
Tours à cylindres	»	28
Forges de réparation et entretien de l'outillage	1	53
Charpenterie	»	31
Maçonnerie pour les fours	»	21
Matières réfractaires	1	39
Moulages pour les fours	2	08
Fournitures diverses	»	84
Equipages	»	16
Surveillance, primes	»	88
Réparations et constructions diverses	»	24
Frais généraux	»	98
Entretien du chemin de fer de l'usine	»	18
	154 fr.	»

On trouvera dans les fabrications spéciales des tôles, des fers marchands, des rails, etc., d'autres indications sur le service et le prix de revient de l'ébauchage.

Classement des ébauchés. — Au Creusot, le fer ébauché est mis en chantier pour refroidir ; chaque tas de barres représente un four. D'après la texture, on classe ce fer en trois séries : n° 1, *nerveux;* n° 2, *métis;* n° 3, *très à grain.*

Les morceaux coupés sont placés dans un magasin particulier, par cases, correspondant à chaque four; la cassure est tournée vers le spectateur, de sorte que le contrôleur et les ouvriers peuvent juger rapidement des progrès du travail journalier.

Les ouvriers étant payés d'après le classement du fer brut en deux séries, l'inspecteur du puddlage note sous chaque case les quantités de premier ou de deuxième choix. Il résulte de ce mode de classement une certaine émulation parmi les ouvriers et la nécessité d'un contrôle sévère des qualités. Du reste, les définitions de premier et de deuxième choix varient suivant les diverses productions. Ainsi, pour des rails où les deux champignons devront être à grain, le premier choix devra être moins aciéreux que pour les rails Vignoles, où le patin nerveux permet d'augmenter sans crainte la proportion de grain du champignon.

IV. — FER FINI.

1. CORROYAGE.

Le corroyage (1) transforme le fer brut ou ébauché en fer dit *corroyé,* d'une composition plus pure et plus homogène, à surface unie et lisse, et à arêtes égales et intactes. Le fer corroyé ne sert que dans certaines fabrications; il s'obtient par un réchauffage des barres ébauchées et un laminage, ou encore par un réchauffage, un martelage, un second réchauffage et un laminage.

Fer à grain. — Comme les cylindres rendent le fer plus nerveux, on applique de préférence aux fers à grain le corroyage au marteau. Si l'on lamine, c'est de *champ,* c'est-à-dire suivant l'épaisseur, de manière à éviter la formation du nerf.

Les barres échauffées sont coupées à la cisaille, à des longueurs déterminées; on en fait des paquets ou trousses que l'on chauffe et que l'on martelle, puis on les réchauffe et on les lamine directement en fers marchands.

Si les loupes ont été cinglées en plaquettes, de 0m.08 d'épaisseur environ, sans avoir été étirées sous les cylindres, on en superpose deux ou trois que l'on passe au four, puis on les soude au marteau-pilon. Le lopin ainsi formé subit un nouveau réchauffage, et est enfin laminé.

(1) On emploie parfois comme synonyme de corroyage le mot *ballage*; alors le fer corroyé devient le *fer ballé*.

Fer à nerf. — Les paquets pour corroyés de fortes dimensions, et très-nerveux, sont montés à double pile, c'est-à-dire, avec des fers à joints croisés. On les passe au four, puis on les lamine dans un train à fers marchands, où ils se convertissent en barres plates ou carrées.

Lorsqu'on emploie des lopins, au lieu de paquets, pour obtenir du corroyé à nerf, il faut avoir soin de les souder au marteau après le réchauffage, et de les réchauffer une seconde fois avant l'étirage.

Voici, d'après le carnet d'un des ingénieurs de Vierzon, la consommation de fer puddlé et la production de fer corroyé au marteau-pilon pour essieux.

Un four a produit en trois semaines et consommé :

908 hectolitres de houille;

145 796 kilogrammes de fer brut, qui ont produit 128 074 kilogrammes de fer corroyé brut;

Soit une mise aux 1 000 kilogrammes, de 1 138 kilogrammes de fer et de 7 hect..10 de houille.

2. FINISSAGE.

Le finissage du fer comprend la série d'opérations nécessaires pour convertir les barres d'ébauché et de corroyé en fers d'échantillons livrables au commerce, c'est-à-dire la confection des paquets, le laminage, le réchauffage, le dressage, etc. — Les appareils employés dans ces manipulations ont été décrits.

Paquetage. — Sans répéter ici ce qui a déjà été dit sur la forme et la confection des paquets, et sans anticiper sur la nature des fers à employer dans les fabrications spéciales, nous donnerons quelques indications générales.

Les barres ayant été divisées en tronçons de longueur déterminée par la cisaille, on détermine avec soin les qualités des lames dont seront formés les paquets, leur position en double ou simple pile, leurs dimensions et leur poids. En composant un paquet d'ébauché, au milieu, et de corroyé, à la surface, on obtient par le laminage une barre de même apparence que si elle était entièrement en fer corroyé. De même, on peut obtenir du fer à grain à la surface, et du fer nerveux à l'intérieur.

Dans les paquets pour qualités supérieures, on a recours le plus souvent à un petit nombre de mises de même nature; les éléments sont des barres préalablement cinglées et étirées au marteau. Dans les paquets pour qualités ordinaires, les mises comprennent des barres brutes laminées, en plus ou moins grande quantité, et les dimensions sont calculées de manière à accroître le rapport de la section du paquet à celle de la pièce finie. Dans les paquets pour qualités intermédiaires, le fer laminé y est remplacé en totalité par du fer corroyé ou par des barres martelées.

C'est surtout au fer de couvertes que l'on applique dans certaines localités les cinglages soignés, les doublages des loupes avec ou sans chaude supplémentaire, avec ou sans addition de riblons au puddlage. Bien que nombre de forges emploient les couvertes ballées, les largets de couvertes en fer n° 1 sont souvent préférables, après un bon martelage, à cause de leur soudage plus facile.

Voici quelques règles essentielles pour le paquetage en général :

1° Les barres élémentaires doivent être autant que possible d'une seule pièce sur toute la longueur du paquet, les soudures bout à bout pouvant produire des solutions de continuité dans la masse; elles seront coupées nettement aux extrémités, pour éviter la déchirure au laminoir et le déchet à l'affranchissage.

2° Dans les paquets à double pile, les mises extrêmes, ou *couvertures*, devront être formées d'une seule barre de même largeur et de même longueur que le paquet. Les joints de deux barres d'une même mise devront être recouverts par une des barres de la mise supérieure, pour que les soudures s'opèrent exactement.

3° Il faut choisir de préférence des barres plates, afin de réduire le nombre des joints sur la largeur.

4° Pour obtenir une bonne soudure, non-seulement il convient que les surfaces à souder soient portées à la chaude suante, mais encore, lorsqu'on les met en contact, faut-il qu'elles soient exemptes de scories qui adhèrent et donnent naissance à des soufflures.

5° Les barres à souder dont la surface est légèrement convexe permettent aux scories de sortir plus facilement, la soudure se faisant d'abord par la partie centrale. Il en résulte, au martelage, une masse parfaitement homogène et saine.

En principe, on cherche toujours à donner au paquet la plus forte épaisseur possible, afin de donner beaucoup d'étirage au fer, surtout lorsqu'il est nerveux. Mais il convient, en outre, de se préoccuper pour les dimensions : 1° des cannelures des dégrossisseurs; 2° de la dimension des fours; 3° du déchet que subissent les fers de diverses qualités au four à réchauffer.

La pratique seule peut guider dans l'évaluation approximative du cubage des paquets, qui repose sur celle des déchets au réchauffage, à l'affranchissage, etc. On estime qu'en moyenne, le déchet total subi par chaque espèce de fer est le suivant :

Nos 3.	4 à 10	pour 100.
2.	10 à 12	—
1.	12 à 15	—

On calcule le poids du mètre cube de l'échantillon, en faisant le produit de ses trois dimensions, qu'on multiplie par 7 800; on y ajoute la valeur des déchets au four et à l'affranchissage.

Dans la plupart des usines, le cisaillage des barres, leur mise en paquets, le pesage et le transport aux fours, sont confiés à une brigade d'ouvriers dirigée par le contre-maître de fabrication; elle comprend un maître cisailleur, un monteur de paquets et leurs aides.

Réchauffage. — Dans les fours à tirage naturel, les entrées d'air par suite des manœuvres et le défaut d'attention des chauffeurs ou de qualité du combustible, tendent à diminuer l'intensité du chauffage et causent un déchet parfois considérable, en même temps qu'une détérioration de la qualité du métal. En outre, les trousses s'échauffent irrégulièrement suivant leur position sur la sole, et par rapport à leur éloignement plus ou moins grand du pont de chauffe. On a cherché à corriger ces défauts du réverbère, d'une part, en élevant le pont, en courbant les parois et en inclinant la voûte et la sole, et, d'autre part, en fermant les chauffes pour recourir à un courant d'air forcé; mais la solution n'est jamais complète, et le succès du finissage ne dépend que trop souvent de l'habileté du maître chauffeur.

Dans plusieurs fabrications spéciales, on a, par ces motifs, remplacé les réverbères pour le réchauffage, par des fours construits sur le modèle des bas foyers. Ces derniers consistent en une cuve de 0m.50 à 0m.60 de profondeur remplie de coke, dans lequel un courant d'air forcé alimente la combustion. Cette cuve est recouverte d'une voûte, au-dessous de laquelle s'élèvent les flammes et les gaz chauds qui s'échappent dans un second compartiment également couvert. Les trousses, préparées à une chaude plus énergique par un séjour plus ou moins prolongé dans ce second compartiment, sont ensuite portées sous la première voûte et disposées sur des supports, au-dessus du combustible. Elles se chauffent ainsi sur toutes les faces à la fois, au milieu d'une atmosphère limitée par rapport à l'action de l'air, sans perte de chaleur rayonnante et sans déchet trop sensible par oxydation.

Laminage. — En dehors des paquets pour fer fini ou pour fer corroyé, les autres sortes sont rarement martelées avant laminage. Le *laminoir* les soude et les profile généralement d'une même chaude, d'où il résulte une cause d'infériorité incontestable vis-à-vis du marteau. En effet, non-seulement la compression d'un paquet entre deux cylindres est plus limitée que sous le marteau, mais l'action y est double : soudage et déchirement. La compression opère normalement le soudage des molécules, tandis que le frottement dû à la différence de vitesse des cylindres, pendant le passage du paquet, entraîne le métal à la surface sans réagir à l'intérieur. Il en résulte un étirage inégal qui explique l'origine de la cassure nerveuse déjà signalée.

Le laminoir encore n'offre l'avantage d'un travail plus rapide que par rapport à l'étirage et non au soudage. En effet, à chaque passage dans les cannelures, le paquet n'éprouve de compression transversale que pendant quelques instants, sur chacun des points de sa longueur; la majeure partie du passage est perdue pour la soudure, d'autant plus que, dans l'intervalle d'un passage à l'autre, le fer imparfaitement épuré se refroidit plus rapidement qu'entre deux coups de marteau. Il en résulte que sur les dix ou douze passages qui réduisent le paquet en barre pendant une chaude, deux ou trois seulement sont soudants.

Ces observations expliqueront les effets particuliers dus à la manière dont les paquets passent dans les cannelures, c'est-à-dire, la différence due au laminage *sur champ* ou *à plat*. Quand on lamine à plat, l'étirage se fait dans le sens du nerf et favorise plus ou moins celui-ci ; au contraire, le laminage sur champ amoindrit le nerf et favorise la production ou la conservation du grain. Aussi, les fers grenus sont-ils laminés plus souvent sur champ ou alternativement sur champ et à plat, tandis que les fers nerveux se laminent toujours à plat. On a remarqué également que lorsqu'on passe une barre au laminoir, la dernière partie de cette barre est toujours d'une qualité supérieure à la partie qui est sortie la première.

On peut dire d'une manière générale que les fers à grain sont le résultat d'un faible étirage et d'une haute température, tandis que les fers à nerf proviennent d'une température basse au réchauffage et d'un étirage très-étendu. Il s'ensuit que les martelés ou les laminés, en gros échantillons, sont souvent à grain, et que les petits fers qui ont subi un étirage très-grand sont toujours à nerf.

Au sortir des cylindres finisseurs, les fers sont dressés, affranchis à froid ou à chaud, et bottelés quand ils sont en petits échantillons.

Lorsque les fers sont durs ou aciéreux, on doit apporter beaucoup de soin à ne les refroidir que lentement, pour qu'ils ne subissent pas un effet de trempe. Pour cela, on les laisse sur la plaque de dressage qui est ordinairement très-chaude; ou bien on les met en tas, de manière à ce qu'ils gardent leur chaleur le plus longtemps possible.

Le tracé des cylindres du train finisseur à fer corroyé de l'Anina (Autriche) est indiqué en croquis par la figure 118.

Ces observations faites sur le laminage en général, nous passons à la description du train marchand et du train de petits fers.

3. TRAIN DE GROS FERS MARCHANDS.

Un train de laminoirs marchands, ou *gros mill*, se compose de trois cages à deux cylindres; la première reçoit les *ébaucheurs* à cannelures ogives, ovales ou carrées; la seconde reçoit les *finisseurs*, dont les cannelures portent la forme des fers que l'on veut obtenir, et la troisième,

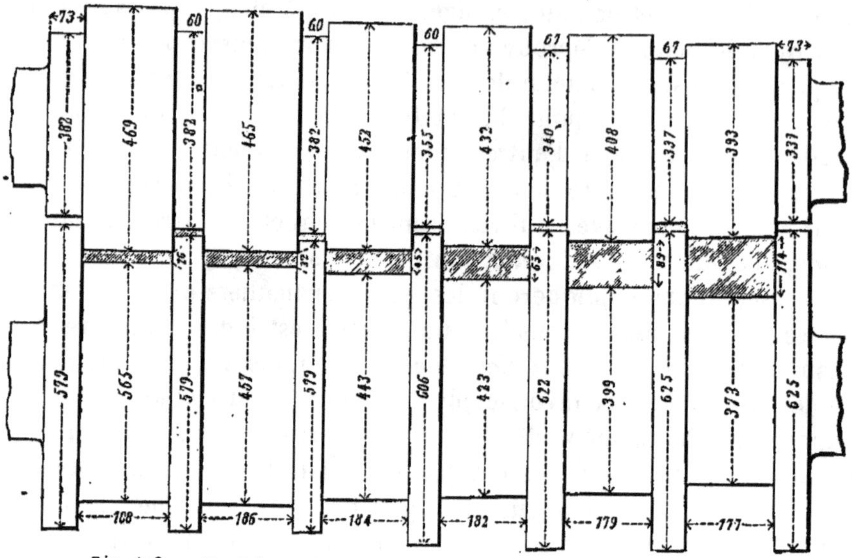

Fig. 118. — Tracé des cylindres du train finisseur à corroyé (Usine de l'Anina).

des cylindres sans cannelures, appelés *espatards* ou *polisseurs*, qui servent à allonger les barres de fer minces, en glaçant leur surface.

La *cage des espatards*, qui établit la principale distinction entre le train marchand et le train de puddlage, est faite sur le même modèle que les cages des ébaucheurs et des finisseurs. Les cylindres, qui ont 0m.30 de table, sont coulés en coquille et parfaitement tournés et polis. La cage porte à l'arrière une plaque de garde en fonte ou en tôle, et à l'avant un petit appareil appelé *racloir*, au moyen duquel on fait tomber la couche d'oxyde qui recouvre les barres, avant leur passage entre les cylindres. Les espatards sont souvent montés de manière que le cylindre mâle tire son mouvement par son contact avec le cylindre femelle, et qu'il ne communique pas au cylindre mâle finisseur par un arbre d'accouplement.

Les cylindres, avec lesquels on garnit les cages à fers marchands, sont disposés pour fabriquer tous les échantillons de fer plat, compris entre 0m.035 et 0m.135 de largeur, quelle que soit leur épaisseur, et tous les fers ronds ou carrés compris entre 0m.02 et 0m.08. Il faut, pour préparer les trousses nécessaires à ces différents échantillons, trois paires d'*ébaucheurs* à cannelures ogives : la première, pour les gros fers ; la seconde, pour les fers moyens, et la troisième, pour les plus faibles.

Souvent, la cage des *dégrossisseurs* comprend, en outre, une ou deux cannelures non emboîtantes, dites cannelures soudantes, précédant les cannelures ogives, dégrossisseuses.

La cage des *finisseurs* comprend naturellement trois séries de cylindres : la première pour les fers ronds, la seconde pour les fers carrés, et la troisième pour les fers plats.

Les cannelures rondes ou carrées étant disposées symétriquement et par moitiés égales sur chacun des deux cylindres finisseurs, il importe qu'elles se correspondent parfaitement, pendant toute la durée du travail, en réglant les coussinets ou en faisant emboîter les extrémités des cylindres.

Le nombre des cannelures plates, nécessaires au finissage d'un échantillon, varie de trois à cinq ; aussi supprime-t-on assez souvent, pour les fers minces, les cannelures finisseuses, et les remplace-t-on par un *polisseur* ou partie cylindrique plus large que le fer lui-même.

Les cannelures profilantes, quelles qu'elles soient, sont toujours légèrement évasées du dedans au dehors, afin de faciliter la sortie du fer et d'éviter à la machine un travail inutile ; c'est par le même motif qu'il convient d'accroître successivement la largeur des cannelures d'une même série, parce que l'on diminue ainsi la pression latérale du fer sur les rondelles.

La longueur de ces rondelles, entre les cannelures, varie avec la profondeur de ces dernières, et doit être toujours égale au moins à la profondeur de la cannelure la moins creuse qui l'avoisine. Non-seulement les sections relatives des cannelures d'une même série doivent décroître dans un rapport aussi grand que possible, afin de n'employer que le nombre de cylindres strictement nécessaire, mais il faut encore se guider d'après la puissance du moteur, la résistance des cylindres, la dimension, la température et la nature du fer, de façon à ce que le travail soit aussi uniforme et aussi rapide que possible. La barre, au sortir d'une cannelure, doit pouvoir s'engager sans difficulté dans celle qui la suit ; telle est la condition essentielle d'un travail rapide et régulier. Quant au rapport de décroissance à adopter pour la section des cannelures, il ne peut être établi qu'en tenant compte du genre de fabrication, du degré de rapidité et de perfection recherché, et surtout de la nature des échantillons les plus courants. En moyenne, une série de cinq cannelures paraît devoir satisfaire aux besoins les plus généraux.

Les cylindres ont de $0^m.30$ à $0^m.40$ de diamètre, une longueur de table de $1^m.20$ à $1^m.80$ à la dégrossisseuse, et de $0^m.92$ à $1^m.08$ à la finisseuse ; ils tournent avec une vitesse variable de soixante à soixante-dix tours, quelquefois quatre-vingts tours, pour les petits échantillons.

D'après MM. Flachat, Petiet et Barrault (1), le nombre de cylindres nécessaires à l'outillage d'un train de laminoirs marchands est, au minimum, de vingt-six paires, savoir :

(1) *Traité de la fabrication de la fonte et du fer*, 1842.

3 paires de dégrossisseurs ;
3 — carrés de 0m.20 à 0m.81 ;
3 — ronds. —
5 — méplats de 0m.135 à 0m.095 :
8 — — de 0m.090 à 0m.060 ;
4 — — de 0m.054 à 0m.034 ;

Total : 26 paires,

pesant en moyenne 1 400 kilogrammes chacune, auxquelles il faut ajouter trois paires d'espatards coulés en coquille et pesant ensemble 2 200 kilogrammes environ.

La figure 119 représente les cylindres du train finisseur à fers plats,

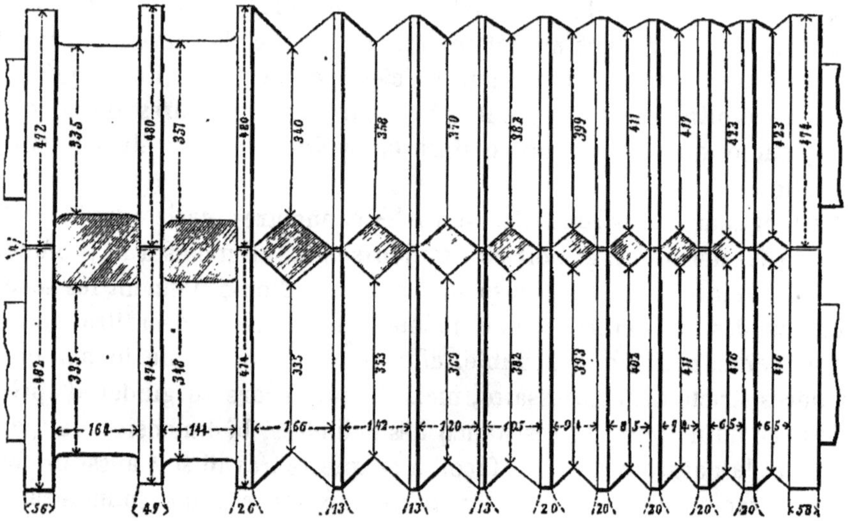

Fig. 119. — Croquis des cylindres du train ébaucheur pour fers plats (Usine de l'Anina).

employé à l'usine de l'Anina (Autriche), pour la fabrication des platinés.

Nous donnons plus loin le devis d'un train de fer marchand établi aux usines d'Ars-sur-Moselle, et comprenant douze paires de cylindres, dont une paire de dégrossisseurs et deux paires d'espatards. Nous le faisons précéder de quelques renseignements sur les dimensions et les cannelures des cylindres employés dans cet établissement.

1. Cylindres dégrossisseurs : longueur, 1m.40 ; distance des axes, 0m.50 pour les fers plats de 180 millimètres.

2. Cylindres dégrossisseurs des fers marchands, pour les carrés et les plats : longueur de table, 1m.20, dix cannelures :

Nos 1. Ogive de 0m 180 sur 0m.078
2. — de 0 .150 0 .068
3. Carrée de 0 .090
4. — de 0 .080

5. Carrée de 0 .070
6. — de 0 .060
7. — de 0 .053
8. — de 0 .047
9. — de 0 .040
10. — de 0 .036

3. Cylindres marchands pour fers ronds : longueur de table, 1m.20; espace des vingt et une cannelures, 0m.91. Reste 0m.29, dont il faut déduire deux fausses cannelures extrêmes ou 0m.030, soit 0m.260, ce qui donne 0m.013 pour chacune des vingt fausses cannelures. Les vingt et une cannelures ont les dimensions suivantes :

Nos 1.	0m.020	Nos 11.	0m.045
2.	0 .0225	12.	0 .045
3.	0 .025	13.	0 .047
4.	0 .027	14.	0 .050
5.	0 .030	15.	0 .052
6.	0. 032	16.	0 .055
7.	0 .034	17.	0 .057
8.	0 .036	18.	0 .060
9.	0 .038	19.	0 .063
10.	0 .041	20.	0 .065
		21.	0 .068
		Total.	0m.910

4. Cylindres pour gros fers carrés et ronds : longueur du cylindre, 1m.20; espace des onze cannelures, 1m.035. Reste pour les dix fausses cannelures 0m.165, moins 0m.035 pour deux fausses cannelures extrêmes ou 0m.140, soit 0m.014 par fausse cannelure. —Voici le détail des cannelures :

Carrés de. . . .	0m.070	Diagonale. . . .	0m.099
	0 .075		0 .105
	0 .080		0 .113
	0 .085		0 .120
	0 .090		0 .130
Ronds.		Diamètre. . . .	0 .068
			0 .070
			0 .075
			0 .080
			0 .085
			0 .090
		Total.	1m.035

Devis d'un train de fer marchand (Ars-sur-Moselle).

			Prix des 1 000 kil. Francs.	Prix total. Fr. C.
FONTES.				
1 engrenage.	550k		500	275 »
1 grille.	125	1 485k	350	519 75
11 moufflettes.	880			
6 arbres à trèfles.	480			
A reporter.				794 75

			Prix des 1 000 kil. Francs.	Prix total. Fr. C.
Report.				794 75
2 cages à pignons garnies	3 000	13 287	500	6 643 50
4 — à cylindres	7 244			
2 — à espatards	2 948			
1 arbre à griffes tourné	95			
3 pignons tournés		1 440	600	664 »
1 plaque et support de griffes		500	500	250 »
1 paire de cylindres dégrossisseurs de 1m.20	1 700	15 600k	600	9 360 »
1 — *ronds* de 0m.020 à 0m.060	1 600			
1 — — 0 .060 à 0 .090	1 600			
1 — *carrés* 0 .020 à 0 .050	1 600			
1 — — 0 .050 à 0 .080	1 600			
1 — *plats* 0 .022 à 0 .038	1 500			
1 — — 0 .040 à 0 .050	1 500			
1 — — 0 .054 à 0 .060	1 500			
1 — — 0 .063 à 0 .070	1 500			
1 — — 0 .075 à 0 .090	1 500			
2 — espatards durs		1 640	700	1 148 »
Total des fontes				18 860 25

FER.

4 vis pour cylindres	100k	150	300	450 »
2 — espatards	50			
4 boulons de chapeaux pour cylindres	60	120	100	120 »
4 — — pour espatards	60			
6 clefs de vis	72	892	120	1 070 40
32 boulons d'attache des cages	320			
Boulons de fondation	500			
Total du fer				1 640 40

CUIVRE.

12 coussinets en cuivre pour cylindre	240k	300	350	1 050 »
4 — — pour espatard	60			
Total du cuivre				1 050 »

OUTILLAGE.

Plaques de cylindres	1 500k	300	450 »
— en tôle	500	600	300 »
Guides et gardes aciérés	1 500	1 000	1 500 »
Tenailles	1 500	1 000	1 500 »
Tuyaux de conduite d'air			500 »
Total de l'outillage			4 250 »

RÉSUMÉ :

Fondations en bois et maçonnerie	1 500 fr. »
Fontes	8 352 25
Cylindres (10 paires)	10 508 »
Fer	1 640 40
Cuivre	1 050 »
Outillage	4 250 »
Train marchand	27 300 fr. 65

4. TRAIN DE PETITS FERS.

Un train de petits fers, appelé généralement *petit mill*, marchant dans des conditions ordinaires, se compose d'une cage d'ébaucheurs, d'une cage de préparateurs, d'une cage de finisseurs et une d'espatards. Pour les petits fers ronds de $0^m.005$ à $0^m.006$ de diamètre, que les forges livrent aux tréfileries, on fait suivre une première cage d'ébaucheurs de quatre cages de préparateurs et de finisseurs, dont la dernière peut à volonté recevoir des espatards.

Les cylindres ne portent que $0^m.40$ à $0^m.55$ de table, et marchent à une vitesse de deux cent cinquante à quatre cents tours par minute. Les espatards n'ont que $0^m.20$ de table.

Tout dans le petit laminoir est disposé pour un travail rapide, parce que le fer de faibles dimensions se refroidit promptement, et que, pour se prêter à des échantillons si faibles, il se fait avec du métal préalablement épuré. On fabrique au petit train des fers ronds et carrés, depuis $0^m.006$ de diamètre ou de côté jusqu'à $0^m.025$ et $0^m,030$; des fers plats de $0^m.015$ à $0^m.035$ de largeur sur $0^m.005$ à $0^m.020$ d'épaisseur ; des feuillards de $0^m.010$ à $0^m.040$ de largeur sur $0^m.001$ à $0^m.005$ d'épaisseur.

On compte dans un petit mill trois espèces de dégrossisseurs :

1° Ceux servant à l'ébauchage des fers des dimensions les plus fortes pour ces trains, et qui se montent généralement au nombre de deux ;

2° Les cylindres montés au nombre de trois, pour les fers de dimensions moyennes ;

3° Les dégrossisseurs servant à préparer les trousses et les billettes pour les plus petits échantillons, et montés au nombre de trois. Pour les petits ronds de $0^m.004$ à $0^m.009$, les cylindres, de $0^m.60$ de table et $0^m.20$ à $0^m.24$ de diamètre, portent quatre cannelures ogives, cinq carrées et trois ovales.

Les cylindres *préparateurs*, qui forment le trait distinctif des petits laminoirs, ont de $0^m.60$ à $0^m.40$ de table, et portent jusqu'à dix-sept cannelures, dont les plus petites se répètent plusieurs fois, parce que ce sont celles qui s'usent le plus rapidement.

Quant aux finisseurs, ils se divisent en quatre classes, correspondant aux fers ronds, carrés, plats et profilés : ces cylindres ont $0^m.40$ de table.

On trace les cannelures rondes de deux manières : soit en donnant à chaque cylindre la demi-circonférence exacte, qu'on arrondit dans les angles par un congé ; soit en divisant le diamètre en trois parties égales et en traçant les deux parties extrêmes avec le rayon pris du centre et les autres avec le rayon plus grand. On obtient par cette dernière méthode un congé à peu près égal au premier, mais qui ne donne pas de bavures ; la pièce sort ovale et devient ronde à la passe suivante.

Les cannelures pour petits ronds sont composées d'un demi-cercle exact pour chaque demi-cannelure.

Nous donnons maintenant le nombre et les dimensions des cannelures des cylindres à petits fers ronds et carrés, et le devis d'un petit mill relevé à Ars-sur-Moselle.

Dimensions des cylindres à petits fers ronds.

Nombre de cannelures.	Dimensions de la cannelure.	Dimensions totales.
2	0m.013	0m.026
2	0 .014	0 .028
2	0 .015	0 .030
1	0 .016	0 .016
1	0 .017	0 .017
1	0 .018	0 .018
1	0 .020	0 .020
1	0 .022	0 .022
1	0 .025	0 .025
12		0 .202
	Pour arrondissement.	0 .100
	Fausses cannelures.	0 .300
	Longueur de table.	0 .602

Dimensions des cylindres à petits fers carrés.

Nombre de cannelures.	Dimensions de la cannelure.	Dimensions totales.
2	0m.011	0m.022
2	0 .012	0 .024
1	0 .013	0 .013
1	0 .014	0 .014
1	0 .015	0 .015
1	0 .016	0 .016
1	0 .018	0 .018
1	0 .020	0 .020
1	0 .022	0 .022
1	0 .025	0 .025
12		0 .189
	Pour diagonales.	0 .111
	Fausses cannelures.	0 .300
	Longueur de table.	0 .600

Devis d'un train de petits fers.

		Prix des 1 000 kil. Francs.	Prix payé Francs.
12 cages à 320 kilogrammes l'une.		300	1 152
3 pignons à 100 kilogrammes l'un.		400 tournés.	120
6 empoises à 40 —		400	96
12 vis, boites et clefs.	25k chacun.	2 500	750
72 empoises de cylindres.	15 —	300	324
		A reporter.	2 442

		Prix des 1 000 kil. Francs.		Prix payé. Francs.
Report.				2 442
72 coussinets en cuivre.	2k.50 chacun.	3 000		540
72 moufflettes.	17 —	300		367
36 arbres à trèfles.	25 —	300		270
6 plaques de fondation.	300 —	350	ajustées.	630
1 griffe et son arbre.	150 —	300		45
48 boulons d'attache des cages sur plaques, 4k. . .		1		192
3 cylindres dégrossisseurs. . . .	200k chacun.	600	tournés unis.	360
4 cylindres durs de 0m.60 de table,	230 —	600	id.	552
4 cylindres durs de 0m.40 de table,	160 —	600	id.	384
3 arbres de cages.	100 k	400	id.	120
Cannelures des cylindres durs.				300
Plaques de cylindres, barres de guides, guides, sabots.				800
12 boulons d'entretoises de cages. .	5k chacun.	1 000	id.	60
Train complet, non compris les fondations. . .				7 062

Produits et consommations du finissage.

Nous empruntons au mémoire de MM. Lan et Gruner (1) les chiffres, que nous n'avons pu contrôler, des produits et consommations du finissage des barres de fabrication courante, dans une des forges du Staffordshire. Les barres fabriquées avaient 0m.025 de côté.

Staffordshire.—Le paquet comprenait deux couvertes en fer de loupe doublé, de 0m.10 de largeur et 0m.02 d'épaisseur et entre ces deux couvertes, quatre barres brutes de mêmes dimensions. Sa longueur était de 0m.46 et son poids de 45 kilogrammes. Deux fours à réchauffer reçoivent chacun 18 paquets. Le fer, amené au blanc soudant, passe par deux cannelures soudantes rectangulaires et successivement par cinq autres ébaucheurs en ogive et quatre cannelures profilantes et carrées. Les cylindres, de 0m.30 de diamètre, tournent à 75 tours par minute. Les deux cages, travaillant simultanément, sont desservies par deux chauffeurs, un maître lamineur, deux rattrapeurs, deux releveurs, trois ou quatre gamins. Le prix total payé au personnel, toutes moyennes calculées, est de 5 fr. 75 c. à 6 francs par tonne de barres finies. Ce prix doit être doublé, soit 12 francs, si on comprend les frais de changement d'équipage, de transports intérieurs, de pesage, cisaillage, paquetage, les journées des machinistes, tourneurs, etc. La force nominale de la machine est de 35 à 40 chevaux.

Dans ces conditions, la production par douze heures, pour deux fours et deux cages, est, en barres finies et affranchies, de 9 800 kilogrammes; le déchet s'élève à 15 pour 100, dont 5 à 6 au réchauffage.

(1) *Ann. des Mines*, 6e série, t. I, 1862.

La consommation de houille atteint de 50 à 55 pour 100 du fer fini. Le laminage d'une chaude dure de trente à trente-cinq minutes.

Ces prix et ces rendements, pour les barres rondes ou plates de mêmes dimensions, sont à peu près les mêmes dans les autres districts du Cleveland et de l'Ecosse.

Pays de Galles. — Dans le pays de Galles, les paquets pour barres communes sont laminés et finis d'une seule chaude. Les paquets correspondant à la qualité *bon ordinaire* sont formés de barres brutes provenant du puddlage à mi-bouillon d'un mélange de brut et de mazé, avec couvertes en fer mazé et ballé. Ceux pour qualité *inférieure* sont en fer brut à scories puddlé à sec, avec couvertes uniquement en mazé. Les laminoirs tournant à soixante-dix ou quatre-vingts tours donnent une production hebdomadaire un peu plus considérable, et par suite moins de frais de main-d'œuvre; mais pour les qualités inférieures, le déchet du finissage est d'autant plus élevé que le puddlage a été moins soigné.

Vierzon. — Nous relevons sur le carnet de l'ingénieur de Vierzon le produit et la consommation de cette forge, pendant trois semaines de roulement, avec deux fours en fer marchand et un four pour petits ronds de tréfilerie :

Fer marchand.

Fer puddlé brut.	187 953	kilogrammes.
Fer corroyé.	20 166	—
	208 119	—
A déduire, bouts écrus.	11 335	—
	196 784	—

196 784 kilogrammes de fer brut et corroyé ont produit, moyennant une consommation de 1 537 hectolitres de houille, 189 487 kilogrammes de fer marchand ; soit une mise aux 1 000 kilogrammes, de 1 040 kilogrammes de fer brut et corroyé et de 8 hectolitres de houille :

Petits ronds.

Fer brut.	96 707	kilogrammes.
A déduire, bouts écrus.	829	—
	95 878	—

Ces 95 878 kilogrammes ont produit 78 131 kilogrammes de fer rond, moyennant une consommation de 835 hectolitres de houille; soit une mise aux 1 000 kilogrammes, de 1 227 kilogrammes de fer brut et de $10^{h}.70$ de charbon.

En résumé, pendant les trois semaines, on avait consommé : 2 491 hectolitres de houille et 329 820 kilogrammes de fer brut et produit 283 532 kilogrammes de fer marchand; soit une mise aux 1 000 kilogrammes de 1 163 kilogrammes de fer brut et $8^{h}.79$ de houille.

5. FENDERIES.

Il y a peu de fenderies organisées aujourd'hui pour un travail continu ; les cages de fenderie sont le plus souvent placées à la suite des espatards du train de fer marchand, et tout l'équipage marche à la même vitesse.

La machine proprement dite, pour le découpage des barres en verges de $0^{m}.003$ à $0^{m}.010$ de côté, se compose de deux trousses de *taillants* dont les lames s'emboîtent de $0^{m}.010$ à $0^{m}.015$, et entre lesquelles on fait passer le fer; ces trousses sont établies dans une cage à quatre colonnes, boulonneés et entretoisées, et reçoivent leur mouvement de rotation par l'intermédiaire d'une cage à pignons de forme ordinaire.

Chaque trousse de taillants est composée d'un axe en fer rond ou carré, sur lequel s'emmanchent les lames circulaires, séparées par des rondelles d'entre-deux, d'un diamètre assez faible pour laisser place aux *vergettes*. Les vergettes sont des petites pièces en fer qui empêchent le fer de s'enrouler autour des trousses et servent de guides horizontaux aux barres à fendre. Dans la trousse supérieure, la rondelle *fixe*, soudée sur l'arbre à une extrémité, et la rondelle *de garde* ou mobile, à l'autre extrémité, sont d'un diamètre inférieur à celui des lames, afin de permettre à celles-ci de s'emboîter sans obstacle entre celles du bas. Les taillants, en fer aciéré ou trempé, sont tournés sur leur circonférence et sur les bords, afin de couper le fer avec toute la netteté désirable. Leur nombre est toujours impair et égal à la somme des taillants des deux trousses, diminuée de deux ; la vitesse correspond à cinquante ou soixante tours par minute ; la force varie de 8 à 10 chevaux.

La planche XXIV (fig. 1, 2 et 3) représente un train de fenderie :

AB, plaque à quatre mamelons, fixée sur une semelle de fondation ;

DD', colonnes fixées par des clavettes et portant des vis en fer V ;

EE', empoises inférieures à douilles;

FF', secondes empoises à douilles ;

GG', empoises terminées par un demi-cercle ;

HH', empoises supérieures à douilles ;

SS, entretoises;

R, rondelles en fonte ;

QQ', trousses de taillants ;

PP', porte-vergettes;

O et O', vergettes supérieures et inférieures ;

TT', tirants qui retiennent les porte-vergettes ;

KK, guides attachés aux tirants TT'.

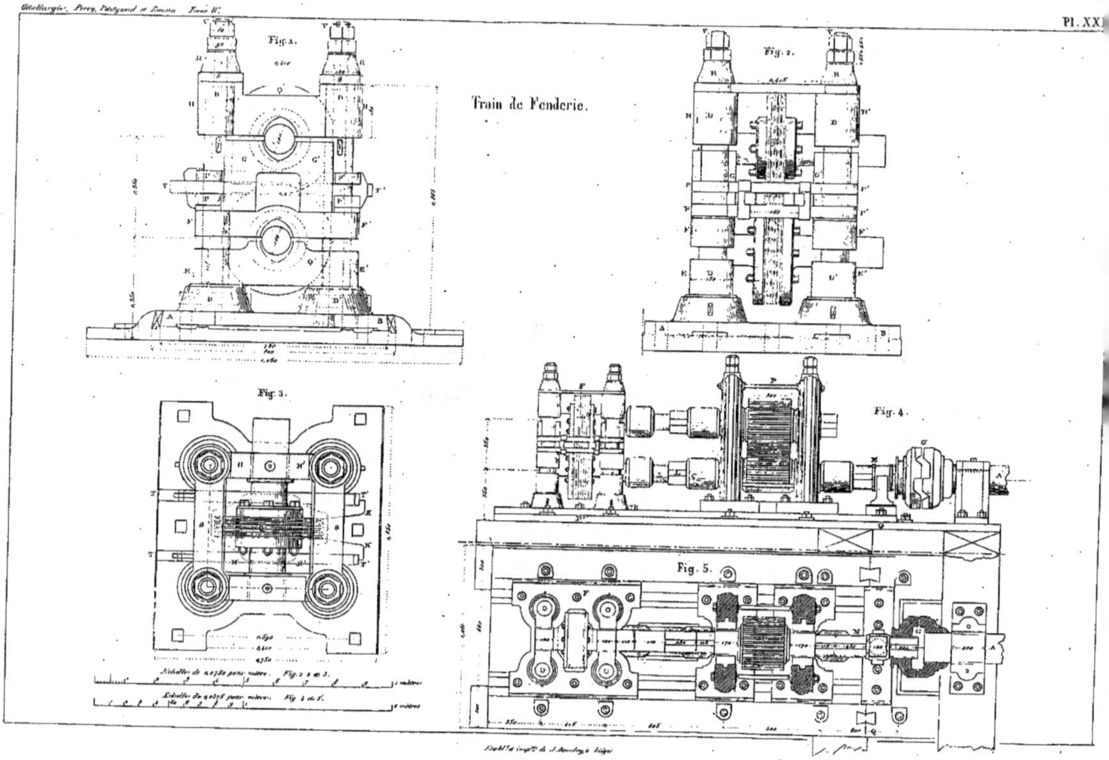
Fig. 1.
Train de Fenderie.
Fig. 2.
Fig. 3.
Fig. 4.
Fig. 5.
Echelle de 0,0750 pour mètre. Fig. 1, 2 et 3.
Echelle de 0,0375 pour mètre. Fig. 4 et 5.

Pl. XXIV, fig. 4 et 5, élévation et plan d'ensemble d'un train de fenderie :

A, arbre moteur ;

G, griffes d'embrayage ;

M, arbre de transmission de mouvement ;

P, cage à pignons ; les pignons ont $0^m.35$ de diamètre et portent vingt dents ;

L, arbre d'accouplement, tréflé à un bout et carré de l'autre ;

F, cage de fenderie ;

P'Q, plaque de fondation sur beffrois.

6. FERS LAMINÉS.

On désigne spécialement, sous le nom de fers laminés, les fers plats et feuillards, les fers ronds et petits ronds et les fers carrés.

Nous ne pouvons songer, à moins d'entrer dans des détails trop minutieux, qui varient d'ailleurs avec chaque usine, à aborder la description des procédés suivis pour les nombreux échantillons de fers dits marchands. Aussi, nous bornerons-nous à indiquer sommairement les règles générales qui s'appliquent à chaque catégorie.

Fers plats. — Les fers plats présentent une très-grande variété d'échantillons ; on en fabrique depuis $0^m.010$ de largeur jusqu'à $0^m.250$, sur des épaisseurs comprises entre $0^m.005$ et $0^m.040$ et quelquefois au delà. On n'emploie généralement, dans les dimensions ordinaires, que de l'ébauché ; ce n'est que pour certaines dimensions offrant des difficultés de travail, qu'on fait usage d'ébauchés de première qualité et de corroyés. Quand la longueur excède 4 mètres, par exemple, on est presque toujours obligé de recourir au corroyé, pour les couvertes.

La qualité de l'ébauché et du corroyé décide celle des fers plats et naturellement la catégorie où on les place pour la vente.

Les plats en fer à grain, de petites dimensions, se font avec des lopins ou billettes de fer corroyé, à grain, ayant de $0^m.035$ à $0^m.050$ d'équarrissage, suivant l'échantillon à fabriquer. Ceux à fortes dimensions se font avec des loupes martelées en une chaude, qui ont de $0^m.10$ à $0^m.20$ d'équarrissage.

Les fers plats désignés sous le nom de *cavaliers*, dont la largeur est comprise entre $0^m.020$ et $0^m.040$ et dont l'épaisseur varie de $0^m.010$ à $0^m.020$, réclament de bons fers nerveux, et servent spécialement aux maréchaux pour les fers à cheval.

Feuillards. — Les feuillards sont des fers plats de $0^m.010$ à $0^m.150$ de largeur, sur 1 à 4 millimètres d'épaisseur. Moins l'épaisseur de l'échantillon est considérable, plus les matériaux doivent être de premier choix.

Il faut que les charges des fours à réchauffer ne soient pas trop fortes, à moins d'exposer les barres à se gercer et à se criquer sous les cylindres. Or, les feuillards, doux et nerveux, doivent être exempts de criques et de gerçures; on exige généralement qu'ils présentent une belle couleur bleuâtre sans taches d'oxyde, ce qui ne s'obtient qu'en laissant refroidir la barre au rouge sombre, avant de l'engager dans les espatards. Ceux-ci, à leur tour, pour donner un beau poli aux feuillards, doivent être unis, très-durs, constamment rafraîchis par l'arrosage et munis d'un racloir qui débarrasse les barres de la couche d'oxyde adhérente.

La plupart des feuillards s'affranchissent à chaud et sont livrés en bottes. Le bottelage se fait sur un banc qui porte trois formes ou supports en fer, demi-circulaires et évidés, dans lesquels on dispose les barres symétriquement par rapport à une des extrémités. On serre ensuite la botte au moyen d'étriers, et on la relie aux extrémités et au milieu, avec du petit fer préalablement chauffé.

Fers ronds. — Pour les fers ronds de moyennes dimensions, on emploie des paquets composés de tout ébauché, ou bien des paquets à couvertes en corroyé.

Pour les ronds de fortes dimensions, on a parfois recours à des pièces d'une composition particulière ou *loupes carrées* à une ou deux chaudes. Ces loupes se fabriquent avec des paquets de $0^m.20$ à $0^m.30$ de largeur, ayant pour couvertes deux lames de corroyé de $0^m.030$ d'épaisseur; les autres mises sont composées de barres d'ébauché d'épaisseur uniforme. Quand elles doivent peser plus de 500 kilogrammes, on emploie pour couvertes des mises ou plaques déjà battues à une ou deux chaudes.

Petits ronds. — Les *petits ronds,* de $0^m.004$ à $0^m.009$ de diamètre, sont confectionnés pour l'usage des tréfileries, au moyen du train à petits fers. Pour le rond de $0^m.005$ par exemple, la billette de $0^m.020$ d'équarrissage et pesant $1^k.5$ à 2 kilogrammes, donnant une barre de 9 à 10 mètres de longueur, passe dans trois cannelures ogives, une ovale, une carrée, afin de réduire la billette en une barre de $0^m.006$ d'équarrissage, puis encore dans une cannelure ovale, et, finalement, dans une cannelure ronde finisseuse. Au sortir des cylindres, la barre de fer est enroulée sur une bobine et prend le nom de *verge*. A défaut de bobine, les fers ronds sont bottelés après refroidissement.

Cette fabrication est dominée par la nécessité d'un étirage des plus rapides. En effet, pour que la longue tige puisse passer par toutes les cannelures du petit train, en conservant une température convenable qui lui permette de ne pas s'écraser sous l'action des cylindres, il est nécessaire que la verge serpente, revenant plusieurs fois dans la même cage, pour passer successivement par des cannelures décroissantes. Aussi arrive-t-il qu'elle peut, sur toute sa longueur, se trouver engagée en même temps, dans trois cannelures de cages différentes.

Lorsqu'on fait du fer rond de 4 millimètres, par exemple, la pièce passe par onze cannelures du dégrossisseur et par huit cannelures, dont trois ovales, trois carrées, une ovale et la dernière ronde. L'ouvrier qui s'est emparé de l'extrémité de la tige, court l'accrocher, encore rouge, à une bobine à axe horizontal, placée assez loin en avant du train, et que l'on fait tourner à l'aide d'une manivelle. La tige s'y enroule; on enlève immédiatement le rouleau ainsi formé, et on le place dans des étouffoirs en tôle, dont le couvercle se ferme par un contre-poids, après l'introduction de chaque pièce. On préserve ainsi le fer destiné à la tréfilerie d'une oxydation trop forte et d'un refroidissement trop brusque. Le réchauffage et l'étirage d'une charge de 225 kilogrammes de billettes, en vingt-cinq ou trente billettes de $0^{m}.04$ de côté, sur $0^{m}.60$ à $0^{m}.70$ de longueur, en petits ronds de $0^{m}.0045$ de diamètre, durent de douze à quinze minutes. En quarante-cinq secondes, chaque billette est transformée en fil de fer rond d'environ 60 mètres de longueur. Les 100 mètres de verge de $0^{m}.0045$ pèsent $12^{k}.96$.

Le laminage des petits ronds exige, plus que tout autre, des ouvriers exercés, et l'emploi de guides. Les tourillons doivent être toujours en parfait état, et la barre doit être immédiatement rattrapée, à cause de la vitesse très-grande du train (deux cent cinquante à trois cent cinquante tours en moyenne par minute), sinon elle s'enroule et doit être mise au rebut.

Fers carrés.— La fabrication des fers carrés est analogue à celle des fers ronds; la confection des paquets est la même pour ces deux échantillons. Toute la différence réside dans une plus forte consommation de corroyé pour les fers carrés, qui, à cause de leurs angles, sont plus sujets à se criquer et à se déchirer.

Nous terminons ces considérations sur les fers marchands, par le tableau de leur classification, dans les Forges françaises (1).

(1) M. Desbrière, secrétaire du Comité des Forges de France, a bien voulu nous communiquer ce tableau, ainsi que ceux des fers profilés et des tôles, donnés plus loin.

Classification des fers laminés adoptée par les Forges de France.

	Au coke.	Au bois.
1re classe.		
Carrés de 20 à 54 millimètres		
Ronds de 30 à 61 —		
Plats de 27 à 39/11 et plus		
— de 10 à 115/9 et plus		
2e classe.		
Carrés de 16 à 19 millimètres		
— de 55 à 69 —		
Ronds de 17 à 29 —		
— de 62 à 74 —		
Plats de 20 à 39/8 et plus		
— de 40 à 8 1/9 à 8 1/2		
— de 116 à 165/12 à 40		
Verges et côtières		
3e classe.		
Carrés de 11 à 15 millimètres		
— de 70 à 81 —		
Ronds de 12 à 16 —		
— de 75 à 90 —		
Plats de 82 à 115/6 1/2 à 8 1/2		
— de 116 à 165/7 à 11 1/2		
Bandelette de 20 à 39/5 1/2 à 7 1/2		
Aplatis de 40 à 81/4 1/2 et plus		
Plate-bande demi-ronde de 27 à 50		
4e classe.		
Carrés de 5 à 10 1/2 millimètres		
— de 82 à 110 —		
Ronds de 6 à 11 —		
— de 91 à 110 —		
Plats de 82 à 115/4 1/2 à 6		
— de 116 à 165/5 1/2 à 6 1/2		
Bandelette de 14 à 19/4 1/2 et plus		
— et aplatis 20 à 39/3 1/2 à 5		
Aplatis de 40 à 81/3 1/2 et 4		
Plate-bande demi-ronde de 14 à 26		
Hors classe.		
Ronds de 111 à 135 millimètres		

7. FABRICATION DES ESSIEUX.

La disposition des pièces pour le laminage des essieux varie d'une usine à l'autre. On fait usage tantôt de *paquets,* tantôt de *loupes* battues à une chaude, et parfois de *fagots.*

Les paquets se composent de lames de corroyé en fer à grain, ou en fer à nerf de toute première qualité, et s'étirent en deux chaudes ; c'est-à-dire qu'on les dégrossit au laminoir, on les repasse au four et on les achève aux cylindres finisseurs.

Les loupes sont battues à une chaude au marteau-pilon et donnent surtout des essieux à texture grenue.

Les fagots sont des masses formées de barres de fer à coins, disposées autour d'une barre de fer rond de $0^m.060$ à $0^m.080$ de diamètre, et qui ont de $0^m.80$ à $0^m.90$ de longueur. Ces fagots, frettés ou cerclés, exigent deux chaudes pour être étirés, dans les cylindres, en ronds de $0^m,13$ à $0^m.14$ de diamètre.

Les *fers à coins* se font avec des paquets de $0^m.15$ de largeur, en ébauché de première qualité, dont la couverte correspondant au grand côté est en corroyé. La barre centrale est en fer à grain ou en ébauché nerveux. Le laminage se fait au train de gros fers marchands.

Essieux de locomotives.

Moabit (Prusse).—Les fers employés dans cette usine pour la fabrication des essieux de locomotives proviennent de fontes au coke, puddlées dans un four ordinaire. Les charges varient de 200 à 250 kilogrammes ; on en fait trois loupes que l'on cingle sous des marteaux-pilons de 1 500 kilogrammes, et que l'on étire sous les cylindres ébaucheurs, en barres plates de $0^m.075$ de largeur sur $0^m.015$ d'épaisseur. Ces barres sont coupées, à l'aide d'une cisaille, en longueurs de $0^m.45$, dont on forme des paquets pour corroyés. Le corroyage s'opère en deux chaudes, et à la seconde chaude, le fer est de nouveau étiré sous les cylindres, en barres destinées aux paquets pour essieux.

Ces derniers sont formés de treize mises de fers plats superposés, à joints croisés. Chaque mise se compose de trois barres, dont deux de $0^m.156$ de largeur et une de $0^m.104$; ces barres ont, en outre, $0^m.026$ d'épaisseur et $0^m.520$ de longueur. Les paquets sont chauffés au four à souder, et forgés sous un pilon de 5 000 kilogrammes. Ils reçoivent trois chaudes pour être forgés en une barre carrée, qui reçoit à son tour deux chaudes, une sur chaque moitié de la longueur, afin de terminer l'essieu.

On affranchit chaque extrémité à la scie circulaire, sur une longueur de $0^m.250$.

Les essieux de tenders sont fabriqués de la même manière que les essieux de locomotives ; seulement, au lieu de fontes grises, on emploie, pour les paquets d'ébauché, des riblons mélangés de copeaux de tours.

La cassure des essieux de locomotives indique un fer à grain fin et serré ; celle des essieux de tenders offre une texture nerveuse.

Essieux de wagons, etc.

L'ancienne fabrication de Vierzon se faisait de la manière que nous décrivons; nous complétons cette indication par la description des procédés suivis récemment chez MM. Petin, Gaudet et Ce; aux forges de Fourchambault et à l'usine Patent Shaft (Staffordshire).

Vierzon. — On prend du fer n° 1 qu'on met en paquets et que l'on chauffe dans un four à réchauffer ordinaire; ces paquets sont portés au marteau et forgés en forme de fusée, avec une partie du corps de l'essieu. On les porte de là à un feu de chaufferie à la houille, pour réchauffer la maquette et on forge celle-ci au gros marteau. Les essieux dégrossis sont ensuite réchauffés par bouts à un feu de forge maréchale et étampés au martinet.

On fait usage pour cette fabrication d'un four à réchauffer, de deux feux de chaufferie à la houille, d'une forge maréchale, de deux marteaux cingleurs et d'un martinet. Le déchet est de 17 pour 100 au four; 3 pour 100, au feu de chaufferie, et 3 pour 100 pour l'affranchissement des bouts. On consomme 600 kilogrammes de houille au four, 600 kilogrammes au feu de chaufferie et 250 kilogrammes à la forge.

La main-d'œuvre se payait, en 1848, 19 francs les 1 000 kilogrammes au dégrossissage, et 10 francs pour l'étampage. Le prix de revient s'établissait alors de la manière suivante :

1 180 kilogrammes fer brut à 260 francs. . . .	300 fr.	75
1 500 kilogrammes houille à 25 fr. 20 c. . . .	37	80
Main-d'œuvre.	30	»
Déchet aux feux de chaufferie et de forge. . . .	1	25
Frais généraux.	70	»
	439 fr.	80

Le prix de vente était de 500 francs. On fabriquait par semaine, avec les appareils indiqués, 30 000 kilogrammes d'essieux, en échantillons moyens. Le martinet en étampait 2 500 à 3 000 kilogrammes par vingt-quatre heures.

Fabrication Petin, Gaudet et Ce. — Le travail des essieux commandés, en 1860, à MM. Petin, Gaudet et Ce, par la grande Société des chemins de fer russes, se faisait dans trois usines distinctes. Ils étaient laminés à Saint-Chamond, corroyés et forgés à Rive-de-Gier; enfin tournés et montés à Oullins. Les procédés suivis dans les deux premières usines méritent seuls de nous occuper.

La première opération consiste à laminer des barres de $2^m.80$ de longueur, d'un diamètre de 0m.175, et qui pèsent en moyenne 525 kilogrammes. Les paquets sont formés de huit mises (fig. 120, I); les deux mises extrêmes sont chacune d'une seule pièce, doublement biseautée, de 0m.060 d'épaisseur et de 0m.220 de largeur. Les mises intermédiaires sont en fer méplat de 0m.020 d'épaisseur. Leurs joints verticaux sont

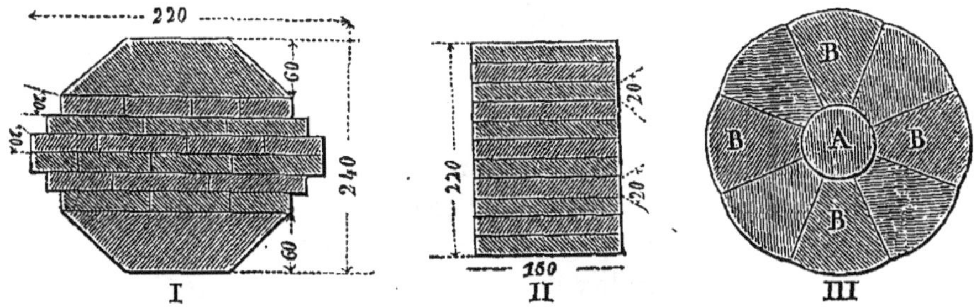

Fig. 120. — Paquets pour essieux : I, Petin, Gaudet et Ce ; II, Fourchambault; III, Patent-Shaft.

croisés, et la section transversale représente un polygone, c'est-à-dire que le contour extérieur du paquet s'approche du cercle. La barre est laminée en une seule chaude, dans cinq cannelures qui donnent un rondin de 0m.170 de diamètre, puis affranchie à une certaine distance, pour avoir du fer sain. Le fer provient du puddlage des fontes au bois du Berri, mélangées avec des fontes aciéreuses fabriquées en Corse, également au bois.

Les barres laminées sont expédiées à Rive-de-Gier, où elles donnent chacune deux essieux. Pour cela, la barre est d'abord divisée en deux longueurs égales et la ligne de séparation est tracée assez profondément et à froid, à l'aide d'une tranche. On porte l'une des moitiés dans un four à réverbère où, en quarante minutes en moyenne, elle atteint la température la plus favorable pour le corroyage; puis on étire, sous le pilon, le corps de l'essieu, c'est-à-dire, la partie comprise entre les portées de calage. Dans la même chaude, on corroie également un peu les deux extrémités. La pièce est alors refroidie dans du sable argileux pour conserver au fer sa qualité. L'autre moitié est traitée de la même façon.

Un four n'admettant qu'un essieu à la fois donne seize chaudes ou produit seize corps d'essieu par douze heures.

La pièce refroidie est portée au pilon, puis brisée à l'endroit entaillé par la tranche, ce qui permet d'examiner l'aspect de la cassure.

Les extrémités des essieux sont chauffées dans un autre four qui admet deux pièces à la fois : l'une soumise autant que possible à l'action de la flamme; l'autre, un peu en arrière, remplaçant la précédente, lorsqu'elle est chauffée au point voulu. Une chaude dure environ quarante minutes. La pièce est portée sous le pilon, où elle est corroyée, puis étampée, pour former la portée de calage et la fusée. Il est parfois nécessaire, avec des essieux un peu forts, de recourir à une deuxième chaude. L'extrémité de chaque pièce est refroidie lentement, comme le corps l'a été. Un four à fusées peut en chauffer trente-deux par douze heures et produire seize essieux.

L'essieu brut de forge pèse, en moyenne, 222 kilogrammes; ce qui donne par essieu, déchet et rognures compris, 42 kilogrammes de perte. On le redresse à froid, s'il y a lieu; on le pèse et on l'expédie au montage à Oullins.

Fourchambault. — Le paquet pour essieux se compose de onze barres de fer n° 2 (fig. 120, II), de 0m.020 d'épaisseur, 0m.150 de largeur et 1m.05 de longueur, et pèse 265 kilogrammes, Ce paquet est soudé, après chauffage, sous un marteau-pilon de 3 000 kil. et amené à 1m.40 de longueur sur 0m.160 d'équarrissage avec les angles abattus. Il pèse alors 256 kilogrammes et ne donne qu'un seul essieu.

Patent-Shaft. — Le fagot pour essieux, de la Compagnie Patent-Shaft, est breveté; le centre est formé par une barre A (fig. 120, III) de fer rond n° 1, de 0m.060 à 0m.075 de diamètre, autour de laquelle on dispose en voussoir les barres de fer puddlé BB, faites d'une balle cinglée et laminée, à la section voulue et d'une même chaude. On cercle le paquet à chaque extrémité et on lui fait subir une première chaude, après laquelle il est laminé à la forme cylindrique. On chauffe de nouveau chaque extrémité, aussi avant que l'exige la portée de calage, et de cette chaude on fait à l'étampe, sous le marteau, la partie conique de la fusée, la portée et l'épaulement. Les essieux sont affranchis à chaud, puis dressés sur un bloc de fonte et transportés aux ateliers de construction où on les cintre, avant de tourner les fusées et les portées de calage.

V. — TOLES ET BLINDAGES.

1. LAMINOIRS A TOLES.

Le train de tôlerie se compose souvent de deux équipages, l'un pour dégrossir, l'autre pour finir. Les cylindres, étant unis dans les deux équipages, ne diffèrent que par leurs dimensions et leur dureté. Dans quelques usines, on ajoute un troisième équipage, dont les cylindres portent de larges cannelures rectangulaires pour le corroyage des paquets.

Un équipage se compose de deux cages qui reçoivent les cylindres par leurs tourillons.

Les cages à cylindres sont ordinairement d'une pièce; elles présentent plus de résistance que les cages à chapeaux en deux pièces, réunies par des boulons. Celle représentée fig. 2, pl. XXV, pesant 5 000 kilogrammes, appartient à un gros train et permet une levée de 0m.30. Aux trains moyens et à tôles fines, la hauteur des cages peut être réduite, vu la moindre levée des cylindres et leur moindre diamètre. Le cylindre femelle repose, par ses tourillons, sur deux demi-coussinets en bronze, encastrés dans les cages mêmes. Les tourillons du cylindre mâle se meuvent entre des coussinets en bronze rapportés en queue d'aronde, dans des coulisseaux en fer qui se déplacent verticalement avec le cylindre. Les coulisseaux inférieurs, qui supportent le poids du cylindre mâle, sont maintenus par de longues tiges de suspension en fer, traversant les semelles des cages, pour se fixer sur les petits bras des balanciers des bascules. Les coulisseaux supérieurs doivent résister à la pression résultant du passage du fer entre les cylindres. Après ce passage, on serre simultanément, au moyen de deux engrenages et d'un pignon central, les vis des chapeaux, pour conserver le parallélisme des cylindres.

Comme la moindre altération du parallélisme peut amener une forte différence d'épaisseur dans les feuilles, on remplace quelquefois les vis par un serrage à coins. Deux coins en fer forgé, réunis par une tige en fer, traversent, perpendiculairement à leur longueur, les cages d'un même équipage. Ils reposent, par leur pan coupé, sur des pièces en fonte s'appuyant sur les coulisseaux supérieurs. Enfin, entre les coins et les chapeaux, se trouvent des clefs en fer contre lesquelles s'exerce la pression. Le mouvement est transmis aux coins par une roue dentée et une crémaillère fixée sur la tige.

La bascule qui équilibre le cylindre mâle est formée d'un balancier à bras inégaux, le grand bras permettant de diminuer la masse des contre-poids. L'axe de ce balancier est fixé à la taque de fondation du train, au moyen d'une tige à charnière (fig. 3, pl. XXV).

Les cages à pignons sont ordinairement à chapeau; elles n'ont pas à supporter les efforts considérables que le passage du fer détermine dans les cages à cylindres. Leur poids dépasse rarement 3 000 kilogrammes.

Le train à grosses tôles possède seul une cage à pignons (fig. 4, pl. XXV). Dans les autres trains, le mouvement n'est transmis qu'aux cylindres inférieurs, et les cylindres mâles ne tournent que par le contact des cylindres femelles et des feuilles qu'on étire ; on se passe ainsi de cage à pignons, d'arbres et de manchons d'accouplement.

La cage à pignons se place ordinairement en queue du train ; c'est-à-dire que le mouvement est d'abord reçu par toute la rangée inférieure des cylindres et renvoyé par les pignons à la rangée supérieure : ce qui soustrait en partie les pignons aux chocs qui déterminent leur rupture, surtout dans les trains à marche alternative. Les cages sont coulées en fonte très-résistante.

Les cylindres à tôle (fig. 5, pl. XXV) ont la table unie, et, de plus, bien dressée et polie, pour communiquer aux feuilles une épaisseur uniforme et une surface unie.

	Trains à tôles	
	Grosses.	Moyennes et fines.
Longueur des cylindres.	$1^m.50$ à $2^m.20$	1 mètre à $1^m.50$
Diamètre correspondant.	0 .55 à 0 .625	$0^m.45$ à 0 .55

Les cylindres finisseurs, et particulièrement ceux des trains moyens et à tôles fines, sont coulés en coquilles, afin d'obtenir une fonte plus dure et susceptible d'un poli plus parfait. La trempe se produit sur une épaisseur variable, mais au-dessus de $0^m.025$. On choisit les fontes de meilleure qualité, à cassure truitée. Pour les cylindres dégrossisseurs et soudants, on emploie un mélange de fontes fortes au coke et au bois. La fusion s'opère de préférence au four à réverbère, parce que la fonte durcit davantage et que le bain est plus homogène.

Le diamètre du cylindre mâle est égal ou légèrement plus grand que celui du cylindre femelle, afin d'empêcher le fer de se relever au sortir des cylindres.

Les tourillons ont à peu près les deux tiers du diamètre des cylindres.

Les cylindres soudants (fig. 6, pl. XXV) portent plusieurs cannelures de $0^m.15$ à $0^m.40$ de largeur. Le cylindre supérieur étant équilibré, on peut obtenir des fers de toute épaisseur pour chacune des largeurs. En Angleterre, les cylindres, au lieu d'être équilibrés, portent des cannelures non emboîtantes et décroissantes.

Les pignons d'une pièce sont en fonte ; ceux en deux pièces, avec arbre en fer et avec roue dentée en fonte, se nomment *pignons montés*. Les dents, dont l'épaisseur et la largeur sont calculées de telle sorte qu'elles résistent aux efforts, sont souvent consolidées, jusqu'au milieu de leur hauteur, par deux cordons faisant corps avec elles.

Les arbres et les manchons d'accouplement sont des cylindres tréflés en fonte, pouvant s'emboîter les uns dans les autres. Dans les gros trains, les manchons sont cerclés en fer ; ils pèsent de 250 à 300 kilogrammes, et les arbres, de 1 mètre environ de longueur, 400 kilogrammes.

Le tablier, ou plaque en fonte à rainures à la partie supérieure, est placé du côté de l'entrée et sert à soutenir les feuilles, pour faciliter leur introduction entre les cylindres.

Les releveurs à rouleaux ou à vapeur, déjà décrits, permettent de soulever

Laminoir à tôle. Détails.

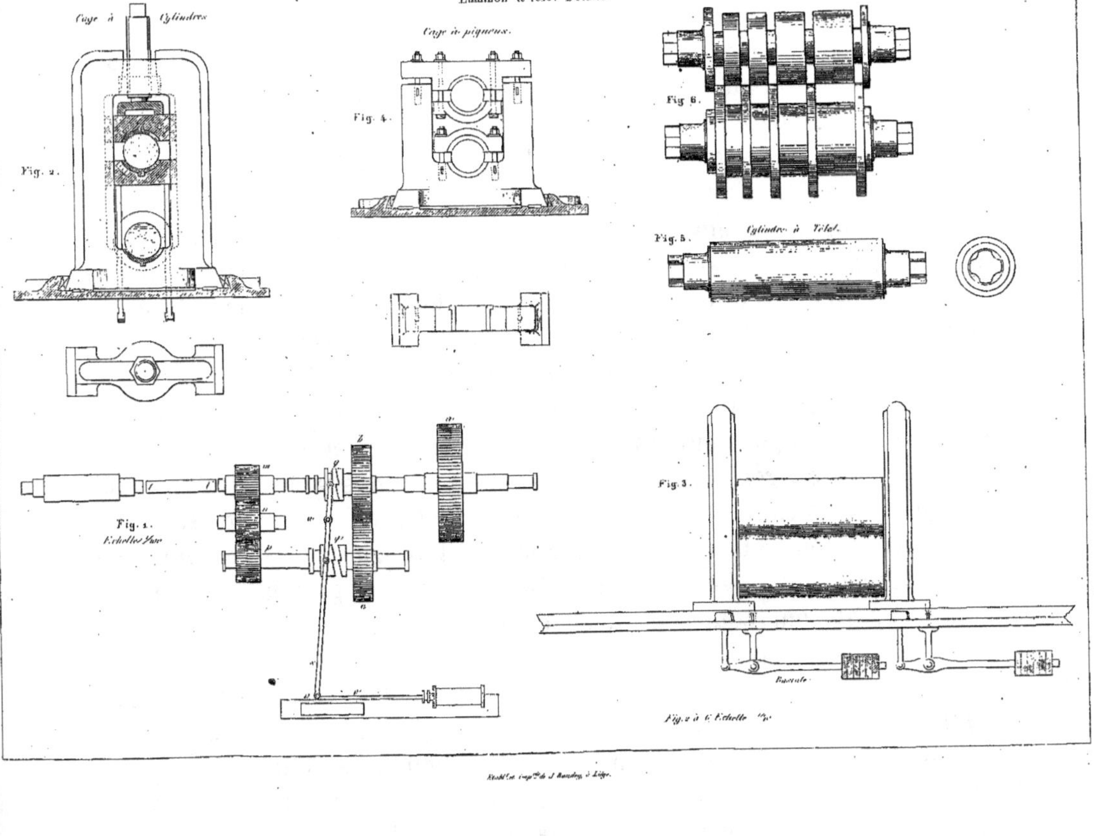

Établ.t et impr.ie de J. Baudry, à Liège.

les blocs de fer ou les tôles de fortes dimensions, jusqu'au niveau du cylindre mâle.

Les cages reposent par leurs semelles sur des plaques en fonte placées bout à bout, et boulonnées sur deux rangées de madriers en chêne. Les plaques ont de 0m.08 à 0m.12 d'épaisseur, et pèsent, le mètre courant, depuis 1 500 kil. jusqu'à 2 000 kil. et plus. Les cages sont fixées sur ces plaques au moyen de coins en bois, chassés entre les semelles et les ergots, de façon à pouvoir régler exactement le parallélisme des cages.

Pour éviter la destruction rapide des beffrois en chêne, on établit, à 3 mètres environ de profondeur, une maçonnerie en briques sur laquelle on élève deux pieds-droits parallèles, en ménageant de distance en distance des vides qui permettent de serrer les boulons de fondation. On pose ensuite sur ces espaces vides des plaques métalliques. Les pieds-droits sont alors élevés jusqu'au ras du sol de l'usine et reliés par une série de traverses, sur lesquelles on pose deux nouvelles rangées de plaques. Toute cette construction est consolidée par des boulons en fer.

Les trains à tôles fines et moyennes, marchant à de faibles vitesses, sont attaqués sans inconvénient par des transmissions de mouvement, chargées de communiquer aux cylindres un nombre de révolutions moindre que celui du moteur. D'ailleurs, les dimensions des pièces à laminer étant réduites, les chocs ont rarement une grande intensité. Quand on adopte le principe de la division des moteurs et des trains, la transmission se borne à un pignon sur l'arbre moteur et à un engrenage sur la résistance. Dans les engrenages pour trains de tôlerie, on augmente l'épaisseur de la couronne, et on renforce les dents par des cordons latéraux. Dans quelques usines, les engrenages à dents en bois sont préférés en vue des chocs ; ces dents durent, en moyenne, une année. Les engrenages en fonte sont coulés d'une seule pièce, quand ils ne sont pas très-grands ; dans le cas contraire, ils sont coulés en deux ou trois parties que l'on ajuste. Des fontes très-résistantes sont choisies.

Les trains à grosses tôles ont une vitesse de rotation variable de quarante à soixante tours par minute. Comme, à d'aussi grandes vitesses, le laminage d'échantillons de fortes dimensions donne lieu à des chocs violents, les transmissions ne sont pas souvent adoptées. Toutefois, pour l'étirage de tôles de 1m.80 de largeur et au delà, vu le poids extrà, on est obligé de réduire la vitesse à vingt-cinq ou trente tours, et on a recours au mouvement alternatif.

La machine a une force qui varie, suivant les dimensions des tôles, entre 30 et 80 chevaux.

Laminoir à marche inverse. — Dans les tôleries, les passages inverses sont obtenus au moyen d'une cage à trois cylindres, ou d'un train à mouvement alternatif; ni l'un ni l'autre de ces laminoirs ne peuvent être utilisés au platinage des tôles minces; les cylindres du premier étant soumis à une dilatation inégale, ceux du second, à des dérangements dans le montage. On a, en conséquence, proposé, afin de conserver aux cylindres un parallélisme parfait et de s'opposer à leur échauffement, d'étirer les tôles minces dans les deux sens, à l'aide de deux paires de cylindres animés d'un mouvement inverse. Ces trains à marche inverse permettraient, assure-t-on, d'économiser plus de la moitié du temps employé dans les laminoirs ordinaires.

Laminoir de Seraing. — Ce laminoir (1) est composé de trois cages, une à pignon et deux à cylindres; la deuxième paire de cylindres servant surtout au finissage (pl. XXVI, XXVII et XXVIII). Chaque montant des cages B, B, afin de résister aux chocs et aux efforts considérables du passage des tôles, présente un équarrissage de $0^m.205$ sur $0^m.380$. Les cages sont fixées par des semelles larges de $0^m.380$, et épaisses d'environ $0^m.075$, sur une plaque de fondation AA, scindée en deux parties, et boulonnée sur deux jumelles parallèles BB. Des traverses CC, constituant la partie supérieure du beffroi de fondation OO, relient ces jumelles, entre lesquelles un grand espace vide permet aux battitures de s'amonceler. Les plaques AA, en deux pièces bridées, boulonnées et consolidées par des parties frettées, sont repliées d'équerre intérieurement au beffroi, afin d'augmenter la stabilité du système et d'assurer le montage exact des cages.

Les cages à pignon AA, assemblées à la plaque de fondation par des boulons de $0^m.05$ de diamètre, sont rendues solidaires transversalement par deux tirants *a a*, à écrous en fer, s'engageant dans des oreilles venues de fonte avec eux.

Les pignons DD ont $0^m.50$ de diamètre à la circonférence moyenne. La denture a $0^m.40$ de largeur, et $0^m.07$ d'épaisseur; les dents s'engagent par leurs extrémités et jusqu'au milieu de leur hauteur, dans deux couronnes faisant corps avec elles.

Les arbres des pignons ont la forme hexagonale dans leur portée de calage, et cylindrique ($0^m.22$ de diamètre) dans les tourillons. Ils sont tréflés à leurs extrémités communiquant le mouvement aux cylindres lamineurs; le pignon inférieur est seul attaqué par le moteur. Un appareil de désembrayage permet d'interrompre très-rapidement cette transmission. A cet effet, l'extrémité de l'arbre du moteur porte aussi un trèfle Q réuni à celui du pignon par un manchon d'accouplement, susceptible de recevoir un mouvement de translation de droite à gauche.

Deux supports en fonte S, boulonnés sur des épaulements *g*, coulés avec la cage antérieure A, reçoivent un arbre transversal en fer *d*, sur lequel sont calés deux leviers *f*, s'engageant par leur extrémité inférieure dans

(1) *Portefeuille de J. Cockerill*, t. I, p. 508. Paris et Liége, 1859.

Train de laminoirs à tôles. (Seraing.)

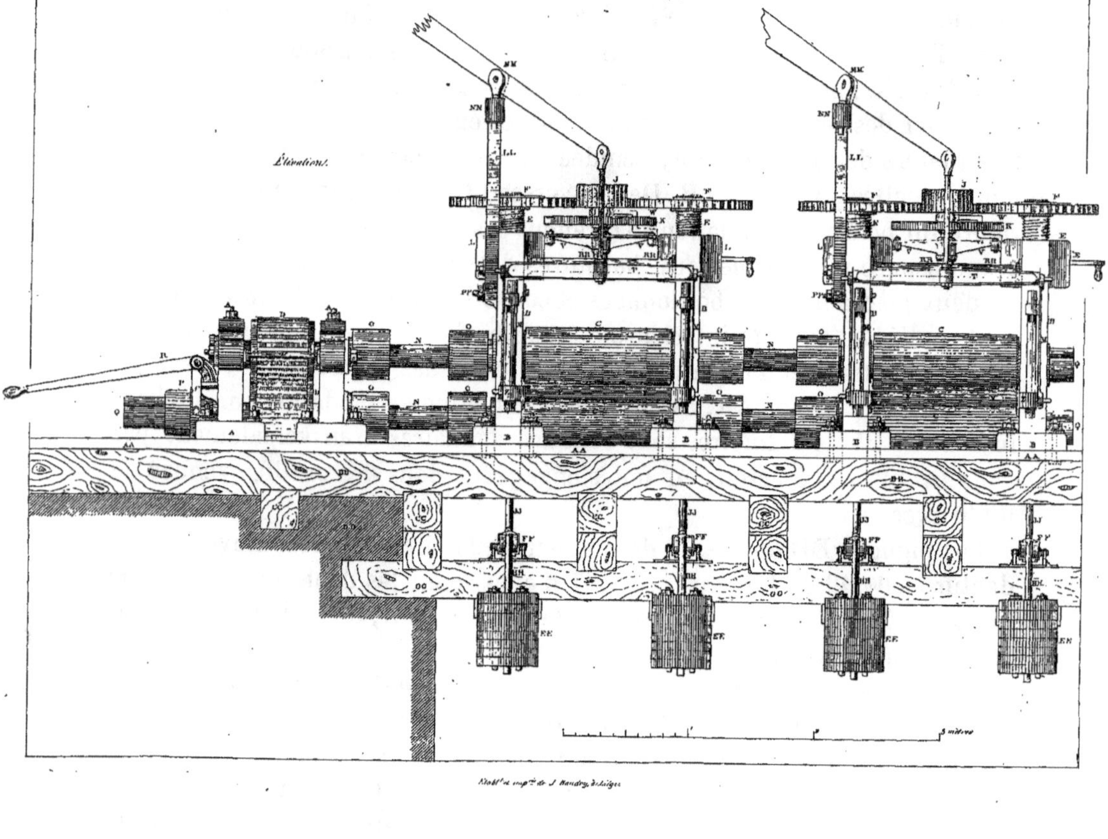

Établ. et impr. de J. Baudry, à Liége

Train de laminoirs à tôles. (Seraing.)

Plan

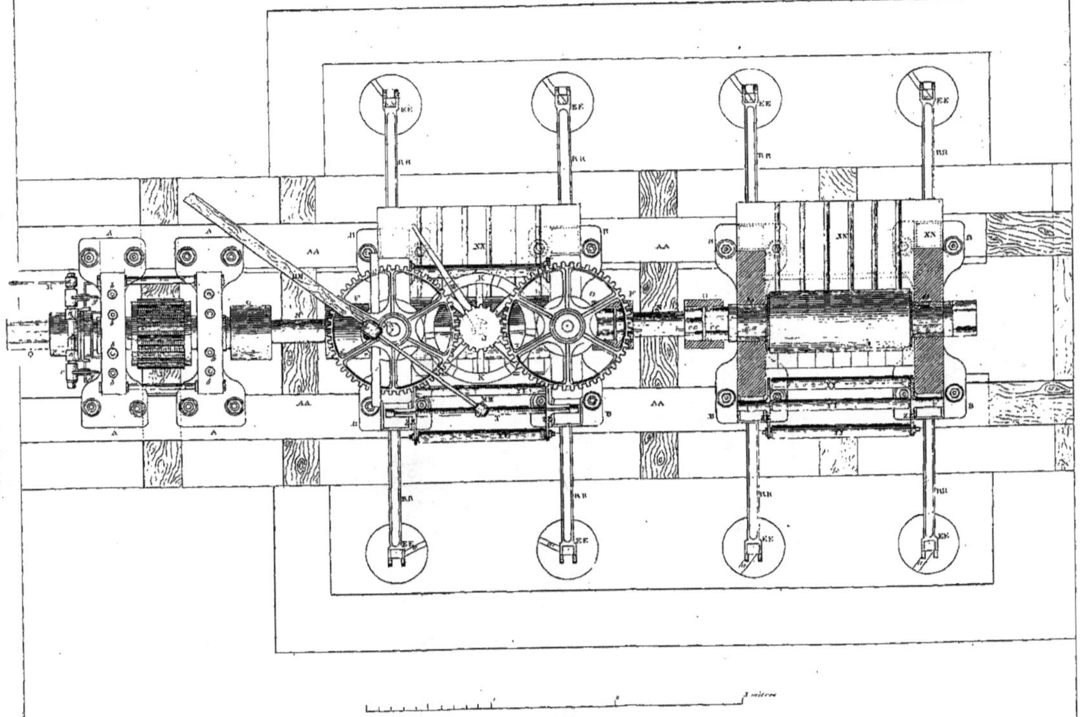

Lithᵉ et impⁱᵉ de J. Baudry, à Liège.

Train de laminoirs à tôles.
(Seraing.)

Coupe transversale par les cages à pignons.

Fig. 1.

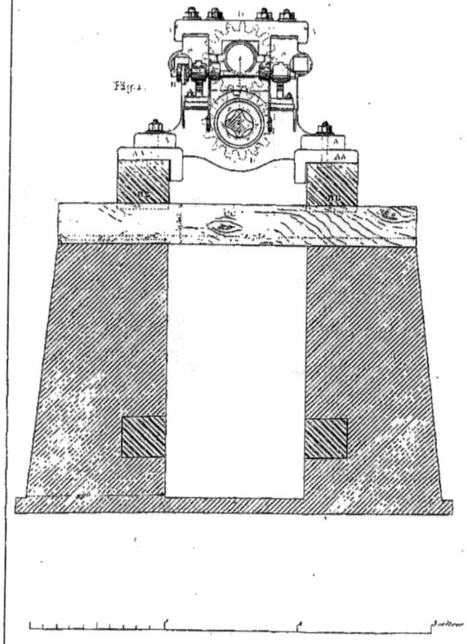

Coupe transversale par les cages à cylindres.

Fig. 2.

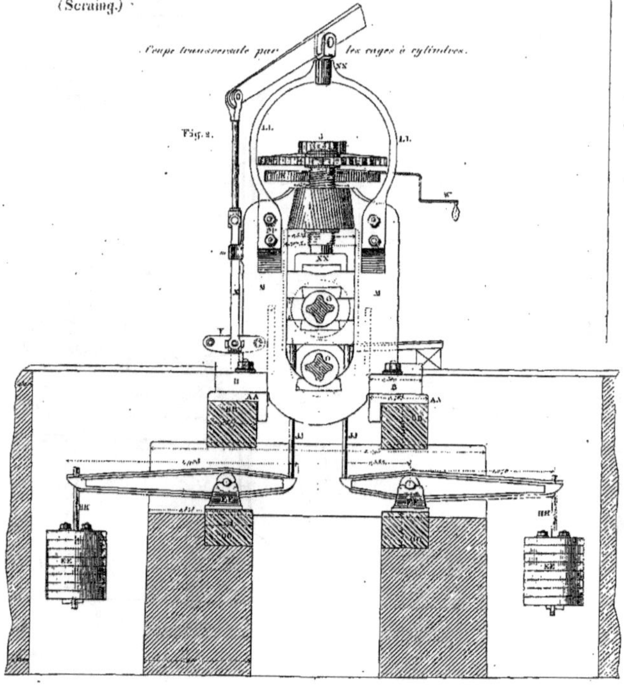

Établ.t imp.rie de J. Baudry, à Liège

une sorte de gorge ou rainure circulaire dont est muni le manchon. Un grand levier de manœuvre R est calé à l'autre extrémité de l'arbre, de telle sorte que tout le mouvement qu'on lui imprime se transforme en un déplacement horizontal pour le manchon, entraîné en avant ou en arrière, à la suite des leviers *e* et *f*.

Les tourillons des arbres des pignons se meuvent entre des coussinets en bronze. Le coussinet supérieur, du pignon supérieur D (pl. XXVIII), s'encastre dans le chapeau A, qui emboîte de toutes parts les deux montants V; l'autre demi-coussinet est porté par une pièce en fonte ou chaise, supportée elle-même par une bride en fer dont les deux branches s'engagent dans le chapeau.

L'accouplement des trèfles des arbres des pignons avec ceux des tourillons des cylindres, a lieu au moyen de deux moufflettes O et d'un arbre en fonte N, dont les dimensions sont telles qu'il soit le premier à se rompre, en cas d'un choc trop fort. Cet arbre a, du reste, du jeu dans les moufflettes, et sa longueur tend à rendre moins sensibles les variations de position du cylindre supérieur, relativement à l'axe du pignon.

Le cylindre inférieur C (pl. XXVI) repose, par ses tourillons, dans un demi-coussinet en bronze, encastré dans la cage même. Le cylindre supérieur, se déplaçant verticalement, se meut sur ses tourillons entre des coussinets en bronze, rapportés sur des coulisseaux, que tient en équilibre un système de bascule à contre-poids (pl. XXVIII). Pour éviter le choc entre les deux cylindres, après chaque passage de la tôle, le cylindre supérieur est tenu en équilibre dans chaque cage par deux balanciers en fonte à bras inégaux RR, le grand bras permettant de diminuer la masse du contre-poids. Chacun de ces balanciers repose par son axe sur deux supports FF, aussi en fonte, bien fixés aux pièces de bois *oo*. Les contre-poids se composent de rondelles en fonte EE, enfilées dans une tige en fer HH. Deux longues tiges de suspension en fer traversent la partie inférieure de la cage, s'engagent sous le coulisseau de dessous qu'ils supportent, et reposent par leur autre extrémité sur le petit bras du balancier. Les coulisseaux supérieurs, devant résister, pendant le passage du fer, à toute la pression, sont maintenus par de fortes vis en fer, s'engageant dans un écrou en bronze, encastré dans le bourrelet L du chapeau. Les vis de serrage EE pressent sur la pièce en fonte XX, ou boîte de sûreté, établie de manière à offrir une résistance inférieure à celle des tourillons.

Après chaque passage, la distance entre les deux cylindres est diminuée, en serrant simultanément les vis des deux cages. La solidarité est établie entre elles, au moyen d'un système de roues FF et du pignon J, calé sur un arbre en fer, maintenu dans un support à nervures VV. Sur le même arbre, est calé inférieurement un croisillon K, et entre ce croisillon et le pignon J, un grand levier W est assemblé librement par un joint universel ou à rotule. Le mouvement communiqué par ce levier s'opère avec beaucoup de promptitude et de facilité. Le corps de levier engagé dans l'encoche du croisillon le fait tourner, ainsi que le pignon ; la rotation est transmise aux roues et aux vis, et, comme l'écrou est immobile, celles-ci descendent verticalement d'une quantité subordonnée à leur pas et au rapport des diamètres des engrenages.

L'appareil de relevage des blocs ou des tôles se compose d'une table formée par la réunion de trois cylindres YY, mobiles chacun autour d'un axe, que deux étriers en fer ZZ saisissent par les extrémités. Deux bielles pendantes XX réunissent le pivot des étriers à la traverse rectangulaire. Une tige cylindrique est assemblée d'une part à cette traverse, et de l'autre au grand bras ou balancier en fer MM, à articulation, qui a un point d'appui résistant dans la pièce à anneau LL. Les brides PP servent à boulonner fortement cette pièce à anneau sur deux mentonnets coulés avec la cage même. L'autre extrémité du balancier MM est réunie par une bielle à la tige du piston d'une petite machine à vapeur verticale, à simple effet, dont la course est égale à la levée maximum de la table YY, c'est-à-dire, sensiblement égale au diamètre des cylindres. Pour assurer un mouvement ascensionnel de la table parfaitement rectiligne, deux fortes tiges verticales sont fixées aux cages mêmes, par des brides *b*, dans lesquelles s'engagent les étriers d'assemblage de la table YY; dès lors, la table ne peut plus céder aux secousses, ni osciller.

Les laminoirs font de vingt-quatre à vingt-cinq révolutions par minute. Les cylindres, coulés en coquilles et tournés, ont un diamètre de $0^m.50$, et la longueur de la table est de $1^m.15$. Les tourillons ont un diamètre de $0^m.24$.

Laminoir Borsig. — Dans ce laminoir, établi à Neustadt (Hanovre), les cylindres ont $1^m.50$ de table et $0^m.60$ de diamètre. Les arbres d'accouplement ont une longueur inusitée de $1^m.88$ (1).

Le cylindre supérieur est équilibré par des leviers à contre-poids, ses paliers en fonte étant traversés par des tringles qui butent contre les tiges des leviers. Ces tringles filetées traversent le chapeau de la cage, puis l'entretoise des montants, sur lesquels elles s'appuient par leurs écrous; on peut ainsi, par une roue à poignée, régler les abaissements du cylindre mâle. Les tabliers, formés de châssis munis de petits rouleaux, sont suspendus par des tirants à une traverse horizontale qui est liée à la tige verticale d'un piston à vapeur, de façon que les tabliers soient à volonté levés ou abaissés avec les feuilles de tôle. Ce mouvement de translation remplace avantageusement celui de rotation généralement adopté, surtout sous le rapport du temps économisé dans la main-d'œuvre et le chauffage.

(1) *Berg- und-Hüttenm. Zeitung*, 1860.

2. FABRICATION DES TÔLES ORDINAIRES.

Formation des paquets.—L'homogénéité des tôles dépend non-seulement du choix des ébauchés, mais encore des dimensions des barres et des paquets. Pour que les produits soient très-homogènes, il faut que le fer ait été bien étiré, et, par cette raison, les barres des paquets devront être réduites aux plus faibles dimensions pratiques. Les dimensions des ébauchés sont au minimum de $0^m.060$ à $0^m.070$ de largeur, sur $0^m.015$ à $0^m.018$ d'épaisseur.

Dans les tôleries où l'on soude les paquets en cannelures, les couvertures des paquets se composent de deux ou trois barres d'ébauché de $0^m.125$ à $0^m.200$ de largeur, de façon à réduire à un ou deux le nombre des joints. On produit ainsi, mais en deux chaudes, des tôles d'une surface irréprochable. D'autres usines font usage de largets de même largeur que le paquet; les couvertures n'ont alors que $0^m.020$ à $0^m.025$ d'épaisseur. A la Société de la Providence, les barres, de mêmes dimensions pour les couvertures que pour l'intérieur, ont de $0^m.070$ à $0^m.100$ de largeur sur $0^m.015$ à $0^m.020$ d'épaisseur.

Dans les paquets en ébauché et en corroyé, le poids de ce dernier représente, en moyenne, le tiers de celui du paquet; mais l'augmentation des frais de fabrication, par suite de l'emploi du corroyé pour couvertures, ne trouve pas de compensation dans l'amélioration de la qualité des tôles. Si la surface est plus belle, il est à craindre que la soudure ne soit moins parfaite, le corroyé étant moins soudable que l'ébauché.

Les paquets sont, d'ailleurs, rarement composés entièrement en corroyé, à cause de sa valeur : on ne l'affecte qu'aux tôles d'un très-grand poids. Les plaques corroyées, ayant alors la largeur des paquets et de $0^m.025$ à $0^m.050$ d'épaisseur, pèsent de 200 à 500 kilogrammes et au delà. La largeur, déterminée par celle de la porte des fours à réchauffer, est en rapport avec la hauteur que limite la plus grande levée des cylindres.

En règle générale, on obtient une soudure plus parfaite, en augmentant la hauteur des paquets par rapport à l'épaisseur des feuilles. Lorsque les paquets sont martelés, la hauteur doit être à peu près égale à la largeur, et la longueur un peu supérieure à cette dernière, afin que les *brames* soient d'un maniement facile. Quand ils sont corroyés au laminoir, leur hauteur est limitée par la plus grande levée du cylindre mâle, qui est d'ordinaire de $0^m.18$ à $0^m.22$. A Couillet, cette levée atteint $0^m.30$, et dans d'autres usines $0^m.40$.

Confection des masses. — Les *masses*, employées dans la fabrication des tôles, proviennent de ferrailles dont le prix est moindre que celui des ébauchés, et qui peuvent donner par un bon travail des produits estimés.

Les morceaux étant irréguliers, il faut, afin de diminuer les vides, couper et dresser chaque morceau, de telle sorte que la masse soit compacte. La ferraille est comprise entre deux couvertures en fer ébauché, comprimée au moyen d'une vis de pression et liée avec de solides ligatures en fer.

Le poids des masses est calculé d'après les mêmes considérations que celui des paquets, en ne négligeant pas de leur donner la plus grande hauteur possible.

Bidons. — Les tôles fines et moyennes se fabriquent avec des *bidons* ou des *platinés*; les tôles à clous, avec des bidons en ébauché.

Les bidons sont des fers découpés dans des fers plats de 0m.120 à 0m.200 de largeur, sur 0m.005 à 0m.025 d'épaisseur : ces fers sont laminés entre des cylindres cannelés ordinaires. On leur donne rarement plus de 0m.200 de largeur, parce que, l'étirage devenant plus difficile, leur soudure n'est parfaite qu'à la condition de les soumettre à deux chaudes.

Les fers à bidons sont cisaillés en morceaux, dont la longueur dépasse de 0m.035 à 0m.040 la largeur des tôles à fabriquer. Chaque barre fournit deux bouts, dont le poids représente 3 à 4 pour 100 de celui des bidons obtenus par le cisaillage des fers.

Platinés.—Dans certaines usines, on substitue aux bidons, pour la fabrication des tôles minces, des fers *platinés,* ordinairement produits en fer de ferraille. On prend des masses de 100 à 200 kilogrammes, qui sont chauffées, soudées entre des cylindres à cannelures, réchauffées immédiatement après le laminage et étirées en feuilles de 0m.700 à 0m.800 de longueur. Pour les feuilles très-minces, les platinés ont de 0m.003 à 0m.004 d'épaisseur.

Réchauffage des paquets. — Les paquets et les masses sont réchauffés au four à souder; les bidons pour tôles moyennes sont réchauffés le plus souvent au four dormant.

La charge d'un four à souder varie avec la grosseur des paquets. Lorsqu'ils pèsent moins de 200 kilogrammes, elle est de 800 à 1 000 kilogrammes, et le nombre de charges, de onze à douze par vingt-quatre heures.

Les paquets de 200 à 300 kilogrammes et au delà, sont fréquemment soumis à deux chaudes. Lorsqu'on dispose de plusieurs fours, on met par charge deux, trois ou quatre paquets, dont le poids total ne dépasse pas 1 000 à 1 500 kilogrammes. Le nombre de charges, par vingt-quatre heures, est de sept à huit, ou de dix à onze, selon que les deux réchauffages se font dans le même four ou dans des fours distincts.

On calcule, en moyenne, pour les paquets en ébauché, jusqu'à 200 kilogrammes, sur un déchet de 10 à 12 pour 100 à la première chaude, et pour les paquets de 200 à 500 kilogrammes sur 12 à 15 pour 100. La seconde chaude, qui a lieu après l'étirage, dure peu de temps et occasionne peu de perte.

Le réchauffage au four dormant donne, pour les bidons et les platinés, un déchet de 1 à 2 pour 100, et pour les bidons en ébauché une perte moyenne de 5 à 6 pour 100.

Étirage des paquets. — L'étirage se fait au marteau ou au laminoir.

Le *martelage* fournit des *brames* bien soudées, mais avec une augmentation des frais de fabrication. Les paquets sont retirés des fours à souder à la température soudante et amenés au marteau sur un chariot en fer. Le marteleur, après que le bloc est déposé sur l'enclume, y soude une queue ou barre de fer; il s'en sert pour présenter successivement chaque face aux chocs du marteau, dont l'intensité augmente progressivement. Le corroyage terminé, les blocs sont rentrés immédiatement au four pour diminuer la durée du réchauffage.

Les brames martelées ont une forme régulière qui se rapproche de celle que doivent avoir les tôles, de sorte que le déchet au cisaillage est aussi réduit que possible.

Un marteau-pilon de 2 à 3 tonnes, marchant à une assez grande vitesse, peut fournir 20 tonnes de brames, par vingt-quatre heures. Deux fours à réchauffer suffisent à cette production. La consommation de charbon est de 8 000 kilogrammes environ, par vingt-quatre heures. Les brames martelées à une chaude pèsent rarement plus de 300 kilogrammes la pièce. Pour produire des brames d'un poids plus grand, lorsque le marteau n'est pas assez lourd, on réunit deux brames d'un poids moindre, que l'on réchauffe et que l'on soude l'une sur l'autre. Mais ce travail est de moins en moins usité, parce qu'il est trop dispendieux.

Le *laminage* s'effectue sous les cylindres unis du train dégrossisseur ou sous des cylindres à larges cannelures, équilibrés ou non.

1° Avec les cylindres unis, la pression latérale fait défaut, les joints verticaux ne sont pas convenablement soudés; de plus, les tôles ont une forme peu régulière qui prête à un plus grand déchet au cisaillage. Ce procédé n'est employé que dans la fabrication des tôles communes.

2° Les cylindres à larges cannelures donnent des produits mieux soudés, car le paquet est maintenu en tous sens et soumis à la pression qui doit déterminer la soudure. Pour les paquets dont la largeur dépasse $0^{m}.40$, le serrage des joints verticaux étant moins parfait, on a recours à des plaques corroyées d'une faible épaisseur ou à des paquets d'ébauché, à section trapézoïdale.

Les brames soudées en cannelures n'ont pas une forme aussi régulière que les brames martelées et donnent lieu à un déchet plus considérable.

Recuit. — Les tôles qui ont moins de 0m.004 à 0m.005 d'épaisseur, ne pouvant se faire en une seule chaude, sont réchauffées plusieurs fois pendant l'étirage et *recuites* après le travail, surtout lorsque le fer est un peu dur; car le laminage à une température peu élevée rend le fer assez cassant pour qu'on ne puisse plus ployer la feuille à angles vifs sans la casser. Pour rendre au fer sa douceur, on place les feuilles par trousses, dans le four à sole, et on les y fait rougir. Lorsqu'elles ont été recuites suffisamment, on les retire du four et on les laisse se refroidir lentement.

Cisaillage. — Le cisaillage et les manutentions diverses des tôles fines se font par des outils déjà décrits et sur lesquels il n'y a pas lieu de revenir. Le déchet au cisaillage des tôles carrées ou rectangulaires de dimensions moyennes s'évalue à environ 20 pour 100 du poids de la tôle. Les tôles fines et moyennes subissent, au rognage, un déchet de 15 pour 100 environ.

Finissage.—Le docteur Percy nous apprend (p. 131) que les tôles russes, si remarquables sous le rapport de la surface et de la ténacité, sont fabriquées, après corroyage sous les cylindres, en les martelant en paquets, avec interposition de poussier de charbon. Voici, d'après M. Yates, ingénieur d'une fabrique de machines à Nijni Sergha, dans l'Oural, comment ces tôles sont finies (1).

Au sortir des cylindres, les feuilles, après le puddlage ordinaire, ou après l'affinage au foyer comtois, sont humectées avec une brosse et saupoudrées de poussier de charbon de bois. On en empile quatre-vingts environ, et on les porte dans un four à réchauffer, où elles séjournent trois heures. On les retire à l'aide d'une grue et on les dirige vers le marteau, dont le poids est d'une tonne environ. Le tas, après avoir reçu environ soixante coups, est ramené au four pour être de nouveau chauffé et martelé. On examine les feuilles séparément pour constater s'il y en a de soudées. On réchauffe alors une troisième fois et on retourne la masse sur la face opposée pour la marteler. Après un quatrième réchauffage, suivi d'un martelage, le travail est achevé. Les feuilles sont alors cisaillées et classées d'après leur aspect, suivant les numéros 1, 2 et 3; mais les qualités indiquées par ce classement ne diffèrent pas sensiblement. Enfin, on classe chaque numéro d'après son poids, depuis 50 jusqu'à 90 kilogrammes; les dimensions sont invariablement de 1m.22 × 0m.70.

Le prix de ces tôles est de 625 francs la tonne. Les ouvriers sont payés

(1) Cette note nous a été communiquée par M. le docteur Percy, pour être jointe à notre Appendice.

par 100 feuilles; le maître marteleur reçoit 1 franc; les trois aides, 70 centimes chacun; les autres, 60 centimes.

La fonte brute coûte 14 centimes de puddlage et 18 centimes de laminage par poud (16k.360). Le martelage des cent feuilles revient à 5 francs.

Un ingénieur français, des usines de Bernadah, signale quelques variantes dans le procédé de fabrication décrit. Ainsi, on emploie deux marteaux : l'un de 40 pouds (655 kilogrammes), donnant soixante coups par minute, et l'autre de 60 pouds (980 kilogrammes), donnant quarante coups. Le marteau le plus léger est employé le premier. Le paquet se compose de soixante feuilles et n'est pas retourné. Le nombre de coups par chauffe dépend de l'ouvrier.

3. FABRICATION DES GROSSES TÔLES.

Les grosses tôles sont étirées entre des cylindres ayant de 0m.55 à 0m.625 de diamètre sur 1m.70 à 2m.20 de longueur de table. La vitesse de rotation est variable ; dans quelques usines, les trains à grosses tôles font cinquante à soixante tours par minute, et dans d'autres, trente à trente-cinq tours seulement. La marche est d'autant plus lente, que les feuilles étant plus larges se rapprochent davantage de la longueur de la table des cylindres. D'un autre côté, les avantages d'un laminage à grande vitesse sont de pousser plus loin l'étirage du fer avant le refroidissement, et d'augmenter la production.

On abandonne les cylindres à cannelures pour le soudage des paquets au-dessus de 0m.40 de hauteur, la pression latérale n'étant plus assez énergique pour serrer les joints verticaux des barres. On compose alors les paquets, pour tôles de plus de 1,000 kilogrammes, de plaques superposées, que les cylindres unis compriment et soudent suffisamment ; mais il est préférable, au lieu de ces corroyés dispendieux, de donner au fer ébauché à l'intérieur des paquets, la section trapézoïdale, et de serrer dans les cylindres à cannelures. Les joints étant obliques, le serrage est parfait; les côtés de la cannelure ne servent qu'à maintenir les faces latérales des paquets, et à empêcher l'écartement des barres qui les composent.

Le laminoir universel paraît l'appareil le plus rationnel pour le serrage des paquets de grandes largeurs, qui s'y trouvent comprimés sur quatre faces. Mais, pratiquement, on n'a pu laminer sans accident que des largeurs assez réduites, et en employant au début, comme pour les rails, une cage soudante spéciale ou même le marteau. Le laminoir universel fonctionne généralement à faible vitesse et marche dans les deux sens sans releveurs mécaniques. La feuille, passant la première fois aux cylindres horizontaux et verticaux, successivement, s'engage à l'inverse au retour; de sorte qu'en réglant convenablement les pressions verticales et horizontales, on peut obtenir, dans ces passages inverses, l'équivalent des passages à plat et de champ. En outre, le laminoir universel réduit le déchet au cisaillage. Ces avantages n'ont cependant décidé l'adoption de cet appareil que dans quelques grandes tôleries.

Les paquets de plus de 1 000 kilogrammes sont réchauffés dans de grands fours spéciaux ; on n'a plus alors qu'un paquet par charge, et le nombre de charges par vingt-quatre heures descend à six ou sept, ou même à quatre ou cinq.

Les deux chaudes pour les paquets de fortes dimensions sont suantes ; le déchet atteint jusqu'à 25 pour 100.

Les paquets et les masses sont amenés, au sortir des fours à souder, sur un chariot au train soudant ; les brames, aux cylindres unis. Après réchauffage, les blocs ainsi dégrossis sont étirés directement à l'équipage finisseur ; d'abord, dans un sens pour la longueur, puis, dans l'autre sens pour l'épaisseur. Plus les tôles sont larges et froides, moins on doit donner de serrage aux cylindres ; si elles sont trop refroidies, il faut les réchauffer. Pour faciliter les premières passes, on jette quelquefois du sable sur le paquet afin d'augmenter son adhérence aux cylindres ; il vaut mieux desserrer les vis quand le fer se refuse à traverser. La couche de battitures formée pendant le laminage se détache avec des balais en bois humectés, ou, mieux, avec un racloir.

Les tôles fortes exigent rarement un recuit après le laminage, parce qu'elles conservent encore assez de chaleur pour se recuire d'elles-mêmes. On ne les recuit que lorsqu'on doit les rogner au burin.

Tôles corroyées au marteau et étirées au laminoir. — Pour les poids de tôles supérieurs à 200 kilogrammes, on fait usage de brames à deux ou plusieurs chaudes, dont on diminue la durée en remettant les brames au four, immédiatement après le martelage. Le déchet de ces fers corroyés, de forme régulière, atteint un quart seulement du poids de la tôle à fabriquer. On calcule par train sur une production moyenne de 15 tonnes de tôle finie, avec deux fours à réchauffer et un four à recuire. La consommation de charbon est de 10 tonnes environ par vingt-quatre heures.

Tôles corroyées et étirées au laminoir. — Les tôles dont le poids est supérieur à 200 kilogrammes ne sont pas fabriquées entièrement en ébauché ; les paquets reçoivent des couvertes en corroyé et subissent deux chaudes. Une production de 15 tonnes correspond à deux fours à souder, un four à réchauffer et à un four à recuire, qui consomment par vingt-quatre heures environ $13^t.5$ de charbon.

Au delà de 500 kilogrammes, il devient difficile de chauffer ces paquets étirés à une trop grande largeur, sous des cylindres dont la levée dépasse rarement $0^m.20$ et dont les cannelures ont $0^m.40$ de largeur. On divise alors le paquet en deux autres de poids moindres, que l'on réchauffe et qu'on soude isolément et que l'on superpose à la seconde chaude, suivie de l'étirage.

Lorsque le poids des pièces à fabriquer excède 1 tonne, on ne peut conserver au paquet une largeur de 0m.40 sans avoir des longueurs considérables. On compose le paquet de plaques corroyées. Chaque plaque provient d'un paquet de 200 à 500 kilogrammes laminé ou martelé, puis élargi sous les cylindres ; sa largeur doit être inférieure à celle de la porte du four ; sa longueur doit être supérieure à la largeur de la tôle à fabriquer ; enfin son épaisseur, multipliée par le nombre de plaques, ne doit pas dépasser la plus grande levée du cylindre mâle.

Le réchauffage de ces plaques, formant paquet dans le four, est très-long ; il dure quelquefois de cinq à six heures et donne lieu à un déchet considérable. Des griffes, fixées à des chaînes enroulées sur un cabestan, permettent de manœuvrer les paquets pour les amener aux cylindres. On prend toutes les précautions pour que le bloc ne s'engage pas de travers. Du reste, les difficultés du laminage disparaissent avec des trains à mouvement alternatif.

Exemples de fabrication.

Staffordshire. — Ici, le paquetage pour *grosses tôles* et pour feuilles dont l'épaisseur varie entre 0m.238 et 0m.035 consiste en deux largets de 0m.22, 0m.30 ou 0m,35, comprenant une hauteur variable de fer brut ou de bouts de barres, auxquels on substitue des riblons ou des rognures de tôles finies, quand il s'agit de marques un peu meilleures. Dans les deux cas, on croise les mises à l'intérieur des paquets.

Cleveland. — Dans le Cleveland, on adopte ce même paquetage, avec couvertes pour les grosses tôles, comme pour les rails.

Le travail de soudage et d'étirage se fait en une seule chaude. Les laminoirs ordinaires comprennent trois cages de cylindres. La première, à trois ou quatre cannelures non emboîtantes, rectangulaires ou carrées, reçoit les paquets chauffés à blanc. Cette cage, affectée au soudage des mises, facilite le laminage en une seule chaude des deux paires suivantes et se prête également au travail en deux chaudes successives, l'une de soudage, l'autre de profilage. Enfin, quand on fait usage de paquets à couvertes en fer corroyé, elle sert aussi à la préparation des couvertes ballées.

La seconde cage, formée de cylindres unis dégrossisseurs, passe, sans réchauffage général, la plaque soudée à cinq ou six reprises.

La troisième, composée de cylindres unis finisseurs, durs et polis, achève le travail, suivant l'épaisseur à donner à la tôle finie.

Pour les *tôles de chaudières,* de 1m.80 de longueur, 0m.90 de largeur et une épaisseur de 0m.009, dont la feuille pèse environ 112 kilogrammes, le paquet a 0m.30 de largeur, 0m.15 à 0m.17 de hauteur et 0m.50 de longueur; son poids brut est de 140 kilogrammes environ. On y emploie du fer brut provenant de fontes au coke n° 3, sans addition de scories au haut fourneau.

On soude et on finit en une seule chaude. Le paquet est d'abord passé dans le sens de la longueur à trois cannelures soudantes, puis quatre fois dans le sens de la largeur sous les cannelures dégrossisseuses, et enfin, parallèlement à la largeur du paquet, sous les trois cannelures finisseuses.

On produit dans ces conditions de 7 à 8 tonnes de tôle par douze heures, avec une consommation de 80 à 85 pour 100 de houille et un déchet de 20 à 22 pour 100 du fer brut en paquet, y compris les rognures.

L'atelier comprend deux fours à réchauffer et un laminoir à trois cages, desservis par un réchauffeur et son aide, un chef lamineur, deux aides et deux releveurs, et deux ou trois gamins.

Le paquet servant à la fabrication des *tôles de ponts* de 2m.40 de longueur, 0m.60 de largeur et 0m.012 de largeur, est en fer brut commun; ses dimensions sont 0m.50 × 0m.25 × 0m.20; il pèse environ 155 kilogrammes. On le passe d'une seule chaude à la cage dégrossisseuse et à la cage finisseuse, sans soudage préalable. Un personnel comprenant un maître lamineur et son aide, un releveur et son aide, un ou deux garçons pour tirer les plaques, dessert ces deux cages.

Pour les *tôles ondulées* destinées aux toitures métalliques, on obtient l'ondulation, dans le sens perpendiculaire à la longueur de la feuille, à l'aide d'une paire de cylindres à dents ou à arêtes saillantes, arrondies et parallèles à l'axe. La feuille de tôle, légèrement rougie, est passée une seule fois entre ces cylindres cannelés. Le fer choisi pour cette fabrication est généralement un peu plus mou que pour les tôles plates.

Commentry. — Voici, d'après un rapport sommaire, le mode suivi à l'usine de Commentry pour la fabrication des tôles qui ont servi à la construction du pont métallique d'Asnières.

La fonte, avant d'être mazée, est mélangée dans les proportions suivantes :

120 à 130 kilogrammes de fonte provenant du fourneau n° 3, marchant avec une certaine proportion de minerai spathique et 1 300 kilogrammes de fonte provenant des minerais purs du Berri.

Le fine-metal est livré aux fours à puddler qui font de seize à dix-huit opérations par vingt-quatre heures; le fer pour la tôle y est traité comme le fer à câble. Pendant le puddlage, et quand la fonte est en fusion, on ajoute, par 180 kilogrammes de fine-metal, 20 kilogrammes de ferraille et de rognures de tôle.

On divise le fer en quatre balles et parfois en cinq, que l'on cingle à la presse. Aux laminoirs ébaucheurs, on obtient des barres qui ont 0m.080 sur

$0^m.022$ de section, et d'autres plus petites, de $0^m.055$ sur $0^m.022$. Chacune de ces barres est essayée et classée d'après la cassure. On les coupe à la cisaille, en morceaux de $0^m.55$ de longueur, pour former l'intérieur des paquets.

Les paquets sont revêtus de deux couvertes, corroyées une fois de plus que les mises intérieures. Ils sont disposés en double pile et ont $0^m.55$ de longueur sur $0^m.39$ de largeur. On ménage à l'intérieur des barres transversales disjointes, pour faciliter la pénétration de la chaleur dans la masse. Ces paquets, à l'origine, pesaient 500 et 510 kilogrammes; on les réduisit ensuite au poids de 490 et 475 kilogrammes.

Les fours à réchauffer sont soufflés par un ventilateur de $0^m.60$ de diamètre, faisant cent vingt tours; l'air froid débouche, à une faible pression, par un gros tuyau sous la grille. Les paquets y séjournent d'une heure un quart à une heure quarante minutes, avant d'atteindre le blanc soudant.

On les porte à cet état sous le marteau-pilon qui pèse 2 000 kilogrammes et a une levée de 1 mètre. Le tableau suivant indique quelques pilonnages de paquets pour tôles :

	I.	II.	III.	IV.
Coups à plat.	47	69	68	62
— sur la grande tranche. .	19	24	16	32
— à plat.	15	19	24	21
— sur la petite tranche. . .	11	20	27	24
— à plat.	20	24	35	42
— sur la grande tranche. .	24	34	22	23
— à plat.	18	21	49	32
— sur la petite tranche. . .	9	7	»	»
— à plat.	15	10	»	»
— sur la grande tranche. .	28	32	25	14
— à plat.	28	29	12	17
	234	289	278	267
	en 8 minutes;	en 10 minutes;	en 9 minutes;	en 8 min. 1/2.

Les derniers coups se succèdent plus rapidement.

Dès qu'ils sont pilonnés, les paquets sont reportés dans les mêmes fours, où ils séjournent encore de trente à quarante minutes; puis, de là, aux laminoirs.

Les cylindres ont $0^m.54$ de diamètre, $1^m.23$ de longueur, et une vitesse de trente à trente-cinq tours. Pendant le travail, surtout au finissage de la tôle, cette vitesse descend jusqu'à vingt-cinq tours seulement, avec une machine de quatre-vingts chevaux.

Le nombre des passées varie peu : il est généralement compris entre quinze et dix-huit. On présente le paquet dans le sens de la largeur, et on lui donne de neuf à onze passées ; puis dans l'autre sens, et on lui donne cinq à sept passées. Le laminage ne dure que cinq minutes au dégrossisseur.

Le cylindre supérieur est calé, à l'aide d'une vis à filet carré, de 3 centimètres de pas. On donne à chaque fois, d'un sixième à un tiers de tour;

ce qui produit une pression de 0m.002 à 0m.01. Les plus fortes pressions ont lieu quand la pièce est chaude et de plus forte épaisseur.

Au sortir des dégrossisseurs, la pièce a de 1m.30 sur 0m.83 à 0m.85 environ. Après une nouvelle chaude de vingt minutes, elle est apportée aux cylindres finisseurs, dont la longueur est de 1m.36, et le diamètre aux extrémités est d'un tiers de millimètre plus fort que celui des ébaucheurs. Cette disposition a pour but de forcer les tôles à sortir droites. Les tôles passent dix fois en quatre minutes.

En résumé, dans cette fabrication, le fer de la couverte a subi quatre réchauffages et cinq corroyages, dont un à la presse, deux au marteau-pilon et deux au laminoir. Le fer à l'intérieur, a subi trois réchauffages et quatre corroyages, savoir : un à la presse, un au marteau-pilon et deux aux laminoirs.

La fabrication d'une tôle exige ainsi de deux heures et demie à trois heures de travail. On fait habituellement trois tôles de suite, une par four, et on en lamine environ vingt par vingt-quatre heures.

4. CLASSIFICATION DES TOLES.

Nous donnons ci-après le texte de la classification adoptée par le Comité des Forges de France, et que nous empruntons, avec les remarques suivantes, au *Bulletin* de ce Comité, publié le 15 juillet de cette année :

« La pensée des auteurs du projet a été d'établir sinon un rapport exact, ce qui serait impossible, au moins une corrélation aussi rapprochée que possible entre les prix de vente et les prix de revient des divers échantillons, et de donner en outre aux tarifs une forme telle que l'acheteur, comme le vendeur, puissent en faire une application facile et exacte.

« D'après le projet adopté, toutes les tôles seraient vendues sur un *prix de base* applicable aux échantillons les plus faciles, ainsi qu'on le pratique pour les fers marchands ; ce prix serait *majoré*, pour les autres échantillons, suivant la classe à laquelle ils appartiendraient.

« Pour les tôles de commerce et les tôles à tuyaux qui, d'ordinaire, se vendent au poids, et sur un petit nombre de dimensions adoptées par l'usage, la classification est réglée d'après le poids des feuilles afférent à chacune de ces dimensions ; elles forment ainsi un tableau très-simple et facile à saisir.

« Pour les tôles de construction, la classification est faite d'après les dimensions de chaque feuille, et l'on a établi une série de barêmes particuliers, pour chaque épaisseur, et où l'on trouve, pour chaque largeur, la classe de la tôle déterminée d'après sa longueur.

« Ce travail paraît constituer un progrès notable pour l'industrie, en ce que, sans complication, il permet d'obtenir une vérité relative pour la valeur des produits.

« On peut ainsi arriver à un prix relativement modéré, pour les échantillons dont la fabrication est aisée et qui se trouvent aujourd'hui fâcheusement grevés d'une plus-value, lorsqu'on vend les tôles de diverses dimensions, à un taux moyen. La consommation de ces produits sera par là même facilitée, et ce but se trouvera atteint sans qu'on en arrive, comme en Angleterre, pour certains échantillons ou poids, à des plus-values exorbitantes et presque prohibitives. »

Tôles de 3 millimètres d'épaisseur et au-dessus.

Série de 3 à 6 millimètres.

LARGEURS.	3 MILLIMÈTRES.				4 MILLIMÈTRES.				5 MILLIMÈTRES.				6 MILLIMÈTRES.			
	1re classe. Prix de base.	2e classe. + 1 fr. 00.	3e classe. + 2 fr. 50.	4e classe. + 4 fr. 50.	1re classe. Prix de base.	2e classe. + 1 fr. 00.	3e classe. + 2 fr. 50.	4e classe. + 4 fr. 50.	1re classe. Prix de base.	2e classe. + 1 fr. 00.	3e classe. + 2 fr. 50.	4e classe. + 4 fr. 50.	1re classe. Prix de base.	2e classe. + 1 fr. 00	3e classe. + 2 fr. 50.	4e classe. + 4 fr. 50.
Millimètres.	m.	m.	m.	m.	m.	m.	m.	m.	m.	m.	m.	m.	m.	m.	m.	m.
400	3.00	4.00	5.00	6.00	3.75	4.75	5.75	6.50	5.00	5.75	6.50	7.00	6.00	6.75	7.50	8.00
500	3.00	4.00	5.00	6.00	3.75	4.75	5.75	6.50	5.00	5.75	6.50	7.00	6.00	6.75	7.50	8.00
600	3.00	4.00	5.00	6.00	3.75	4.75	5.75	6.50	5.00	5.75	6.50	7.00	6.00	6.75	7.50	8.00
700	3.00	4.00	5.00	5.75	3.75	4.50	5.25	6.00	4.75	5.50	6.00	6.50	5.50	6.50	7.00	7.50
800	2.75	3.75	4.75	5.50	3.50	4.25	5.00	5.75	4.50	5.00	5.50	6.00	4.75	6.00	6.50	7.00
900	2.50	3.50	4.50	5.25	3.25	4.00	4.75	5.25	4.00	4.50	5.00	5.50	4.25	5.25	5.75	6.25
1.000	2.50	3.25	4.00	4.75	3.00	3.75	4.25	4.75	3.50	4.25	4.75	5.25	3.75	4.75	5.25	5.75
1.100	2.25	3.00	3.75	4.25	2.75	3.50	4.00	4.50	3.25	4.00	4.50	5.00	3.50	4.25	4.75	5.25
1.200	2.00	2.50	3.00	3.50	2.50	3.00	3.50	4.00	2.75	3.50	4.00	4.50	3.25	3.75	4.25	4 75
1.300	2.00	2.50	2.75	3.00	2.25	2.75	3.00	3.25	2.50	3.25	3.75	4.25	3.00	3.50	4.00	4.25
1.400	»	2.00	2.25	2.50	»	2.00	2.50	2.75	2.25	3.00	3.50	4.00	2.50	3.25	3.75	4.00
1.500	»	»	2.00	2.25	»	»	2.00	2.50	2.00	2.50	3.00	3 50	2.00	2.75	3.25	3.75
1.600	»	»	»	»	»	»	»	»	»	1.75	2.25	3.00	»	2.25	3.00	3.50
1.700	»	»	»	»	»	»	»	»	»	»	»	»	»	»	2.25	3.00
1.800	»	»	»	»	»	»	»	»	»	»	»	»	»	»	»	2.25
1.900	»	»	»	»	»	»	»	»	»	»	»	»	»	»	»	»
2.000	»	»	»	»	»	»	»	»	»	»	»	»	»	»	»	»

Série de 7 à 10 millimètres.

LARGEURS.	7 MILLIMÈTRES.				8 MILLIMÈTRES.				9 MILLIMÈTRES.				10 MILLIMÈTRES.			
	1re classe. Prix de base.	2e classe. + 1 fr. 00.	3e classe. + 2 fr. 50.	4e classe. + 4 fr. 50.	1re classe. Prix de base.	2e classe. + 1 fr. 00.	3e classe. + 2 fr. 50.	4e classe. + 4 fr. 50.	1re classe. Prix de base.	2e classe. + 1 fr. 00.	3e classe. + 2 fr. 50.	4e classe. + 4 fr. 50.	1re classe Prix de base.	2e classe. + 1 fr. 00.	3e classe. + 2 fr. 50.	4e classe. + 4 fr. 50.
Millimèt.	m.	m.	m.	m.	m.	m.	m.	m.	m.	m.	m.	m.	m.	m.	m.	m.
400	7.00	8.00	9.00	10.00	8.00	9.00	10.00	»	8.00	9.00	10.00	»	8.00	9.00	10.00	»
500	7.00	8.00	9.00	10.00	8.00	9.00	10.00	»	8.00	9.00	10.00	»	7.50	9.00	10.00	»
600	7.00	8.00	9.00	10 00	8.00	9 00	10.00	»	7.00	8.50	10.00	»	7.00	9.00	10.00	»
700	6.00	7.00	7.50	8.00	6.75	7.75	8 50	9.00	6.50	7.75	9.00	10.00	6.00	7.50	8.75	10.00
800	5.50	6.50	7.25	7.75	6.00	7.00	8.00	9.00	5.75	7.00	8.00	9.00	5.00	6.50	7.75	9.50
900	4.75	5.75	6.50	7.25	5.25	6.25	7.25	8.00	5.00	6.25	7.25	8.00	4.50	6.00	7.25	8.50
1.000	4.25	5.25	6.00	6.50	4.75	5.75	6.50	7.00	4.50	5.50	6.25	7.00	4.00	5.50	7.00	8.00
1.100	4.00	4.75	5.25	5.75	4.25	5.00	5.50	6.00	4.00	4.75	5.50	6.00	3.50	5.00	6.00	7.00
1.200	3.50	4.25	4.75	5.25	4.00	4.75	5.25	5.75	3.50	4.50	5.25	6.00	3.00	4.00	5.00	6.00
1.300	3.25	3.75	4.25	4.75	3.50	4.00	4.50	5.00	3.25	4.00	4.75	5.50	2.75	3.75	4.75	5.50
1.400	2.75	3.25	3.75	4.25	3.00	3.50	4.00	4.50	3.00	3.75	4.25	4.50	2.50	3.25	4.00	4.50
1.500	2.25	2.75	3.25	3.75	2.50	3.00	3.50	4.00	2.75	3.25	3.75	4.00	2.50	3.25	4.00	4.50
1.600	2.00	2.50	3.00	3.50	2.25	2.75	3.25	3.75	2.50	3.00	3.50	4.00	2.25	3.00	3.75	4.50
1.700	»	»	2.25	3.00	»	2.25	2.75	3.25	»	2.25	3.00	3.50	»	2.25	2.75	3.50
1.800	»	»	2.00	2.50	»	»	2.25	2.75	»	»	2.25	3.00	»	2.00	2.50	3.00
1.900	»	»	»	2.50	»	»	»	2.50	»	»	2.00	3.00	»	»	2.25	3.00
2.000	»	»	»	2.50	»	»	»	2.50	»	»	»	2.50	»	»	»	2.25

Tôles de 3 millimètres d'épaisseur et au-dessus.

Série de 11 à 14 millimètres.

LARGEURS.	11 MILLIMÈTRES.				12 MILLIMÈTRES.				13 MILLIMÈTRES.				14 MILLIMÈTRES.			
	1re classe. Prix de base.	2e classe. + 1 fr. 00.	3e classe. + 2 fr. 50.	4e classe. + 4 fr. 50.	1re classe. Prix de base.	2e classe. + 1 fr. 00	3e classe. + 2 fr. 50.	4e classe. + 4 fr. 50.	1re classe. Prix de base.	2e classe. + 1 fr. 00.	3e classe. + 2 fr. 50.	4e classe. + 4 fr. 50.	1re classe. Prix de base.	2e classe. + 1 fr. 00.	3e classe. + 2 fr. 50.	4e classe. + 4 fr. 50.
Millimèt.	m.	m.	m.	m.	m.	m.	m.	m.	m.	m.	m.	m.	m.	m.	m.	m.
400	8.00	9.00	10.00	»	7.50	9.00	10.00	»	7.25	8 25	9.25	10.00	6.75	8.00	8.75	9 50
500	7.00	8.50	10.00	»	6.50	8.00	9.00	10.00	6.25	7.75	9.00	10 00	6.00	7.25	8.50	9.50
600	6.00	8.00	10 00	»	5.75	7.25	8.75	10.00	5.25	7.00	8.75	10.00	5.00	6.50	8.00	9.50
700	5.50	7.00	8.50	9.50	5.00	6.50	8.00	9.50	4.50	6.00	7.50	9.00	4.25	5.75	7.00	8.00
800	4.50	6 00	7.25	8.50	4.50	5.75	7.00	8.00	4.00	5.25	6.50	7.50	3.75	5.00	6.00	7.00
900	4.00	5.50	6.75	8.00	3.75	5.00	6.25	7.50	3.50	4.75	6.00	7.00	3.50	4.50	5.50	6.50
1.000	3.75	5.25	6.75	8.00	3.50	4.75	5.75	7.00	3.00	4.25	5.25	6.25	3.00	4.25	5.25	6.25
1.100	3.25	4.50	5.75	7.00	3.00	4.00	5.00	6.00	2.75	3.75	4.75	5.50	2.75	3.75	4.75	5.50
1.200	3.00	4.00	5.00	5.75	2.75	3.50	4.25	5.00	2.50	3.25	4.25	5.00	2.50	3.25	4 25	5.00
1.300	2.75	3 75	4.50	5.25	2.50	3 25	4.00	4.50	2.25	3.00	3.75	4.50	2.25	3.00	3.75	4.50
1.400	2.50	3.25	4 00	4.75	2.25	3.00	3.75	4.50	2.25	3.00	3.75	4.50	2.00	2.75	3.75	4.50
1.500	2.25	3 00	3.75	4.50	2.25	3.00	3.75	4.25	2.00	2.75	3.50	4.25	2.00	2.75	3.50	4.25
1 600	2.00	3.00	3.75	4.50	2.00	2.75	3.50	4.25	»	2.50	3.25	4 00	»	2.25	3.00	4.00
1.700	»	2.25	3 00	3.75	»	2.25	3 00	3.75	»	2.00	2.75	3 75	»	2.00	2.75	3.75
1.800	»	2.00	2.75	3.50	»	2.00	2.75	3.50	»	»	2.50	3.50	»	»	2.50	3.50
1.900	»	»	2.25	3.00	»	»	2.00	3.00	»	»	»	3.50	»	»	»	3.00
2.000	»	»	»	2.25	»	»	»	2.25	»	»	»	2.00	»	»	»	2.00

Série de 15 à 18 millimètres.

LARGEURS.	15 MILLIMÈTRES.				16 MILLIMÈTRES.				17 MILLIMÈTRES.				18 MILLIMÈTRES.			
	1re classe. Prix de base.	2e classe. + 1 fr. 00.	3e classe. + 2 fr. 50.	4e classe. + 4 fr. 50.	1re classe. Prix de base.	2e classe. + 1 fr. 00.	3e classe. + 2 fr. 50.	4e classe. + 4 fr. 50.	1re classe. Prix de base.	2e classe. + 1 fr. 00.	3e classe. + 2 fr. 50.	4e classe. + 4 fr. 50.	1re classe. Prix de base.	2e classe. + 1 fr. 00.	3e classe. + 2 fr. 50.	4e classe. + 4 fr. 50.
Millimètres.	m.	m.	m.	m.	m.	m.	m.	m.	m.	m.	m.	m.	m.	m.	m.	m.
400	6.50	7.50	8.25	9.00	6.00	6.75	7.50	8.00	5.50	6.25	7.60	7.50	5.25	6.00	6.50	7.00
500	5 60	7.00	8.00	9.00	5.25	6.00	7.00	8.00	5.00	5.75	6.75	7.50	4.75	5.50	6.25	7.00
600	4.75	6.25	7.75	9.00	4.50	5.50	6.75	7.75	4.25	5.25	6.25	7.25	4.00	5.00	6.00	6.75
700	4.00	5.50	6.75	8.00	3.75	4.75	5.75	6.75	3.75	4 75	5.50	6.50	3 50	4.50	5.50	6 25
800	3.50	4.50	5.50	6.50	3.50	4.50	5.25	6.00	3 25	4.25	5.00	5.75	3.00	4.00	4.75	5.50
900	3 00	4 00	5.00	6.00	3.00	3.75	4.50	5.50	3.00	3.75	4.50	5.0[illegible]	2 75	3.50	4.25	4.75
1.000	2.75	3.75	4.75	5.75	2.50	3.50	4.50	5.50	2.50	3.25	4.00	4.75	2.25	3.25	4.00	4.50
1.100	2.50	3.50	4.25	5.00	2.25	3.25	4.00	4.75	2.25	3.00	3.75	4.50	2.00	3.00	3.75	4.25
1.200	2.25	3.25	4.00	4.75	2.25	3.25	4.00	4.50	2.00	2.75	3.50	4.25	1.75	2.75	3.50	4.25
1.300	2.00	3.00	3.75	4.50	2.00	2.75	3.50	4.25	1.75	2.50	3.25	4.00	1.75	2.50	3.25	4.00
1.400	1.75	2.75	3.75	4.25	1.75	2.75	3.50	4.25	1.75	2.50	3.25	3.75	1.75	2.50	3.09	3.75
1.500	1.75	2.50	3.25	4.00	1.75	2.50	3.25	4.00	1.75	2.25	3.00	3.50	»	2.25	2.75	3.50
1.600	»	2.25	3.00	3 75	»	2.00	2.75	3.50	»	2.00	2.75	3.25	»	2.00	2.50	3.25
1.700	»	2.00	2.75	3.50	»	2.00	2.50	3.25	»	»	2.25	3.00	»	»	2.25	3.00
1.800	»	»	2.50	3.25	»	»	2.25	3.00	»	»	2.00	2.75	»	»	2.00	2.75
1.900	»	»	»	3.00	»	»	»	2.75	»	»	»	2.50	»	»	»	2.50
2.000	»	»	»	2.00	»	»	»	2.00	»	»	»	2.00	»	»	»	2.00

Tôles de moyenne construction, de 1 1/2 millimètre à 2 3/4 millimètres.

LARGEURS.	1 1/2 MILLIMÈTRE. 1re classe. Prix de base.	1 1/2 MILLIMÈTRE. 2e classe. + 2 fr. 00.	1 1/2 MILLIMÈTRE. 3e classe. + 4 fr. 50.	1 1/2 MILLIMÈTRE. 4e classe. + 7 fr. 50.	1 3/4 MILLIMÈTRE. 1re classe. Prix de base.	1 3/4 MILLIMÈTRE. 2e classe. + 2 fr. 00.	1 3/4 MILLIMÈTRE. 3e classe. + 4 fr. 50.	1 3/4 MILLIMÈTRE. 4e classe. + 7 fr. 50.	2 MILLIMÈTRES. 1re classe. Prix de base.	2 MILLIMÈTRES. 2e classe. + 2 fr. 00.	2 MILLIMÈTRES. 3e classe. + 4 fr. 50.	2 MILLIMÈTRES. 4e classe. + 7 fr. 50.
Millimètres.		m.	m.	m.		m.	m.	m.		m.	m.	m.
400	»	2.50	3.25	3.75	»	2.75	3.50	4.00	»	3.00	3.75	4.25
500	»	2.50	3.25	3.75	»	2.75	3.50	4.00	»	3.00	3.75	4.25
600	»	2.25	3.00	3.50	»	2.50	3.25	3.75	»	2.75	3.50	4.00
700	»	2.25	3.00	3.50	»	2.50	3.25	3 75	»	2.75	3.50	4.00
800	»	2.00	2.75	3.50	»	2.30	3.00	3.75	»	2.50	3 25	3.75
900	»	2.00	2.75	3.25	»	2.30	3 00	3.50	»	2.50	3.25	3.75
1.000	»	2 00	2.75	3.25	»	2.30	3.00	3.25	»	2.30	3 00	3.50
1.100	»	2.00	2.20	2.50	»	2.20	2.50	3.00	»	2.30	3.00	3.50
1.200	»	»	»	»	»	»	2.30	2.50	»	2.30	2.75	3.25
1.300	»	»	»	»	»	»	»	»	»	»	2.30	2.50

LARGEURS.	2 1/4 MILLIMÈTRES.				2 1/2 MILLIMÈTRES.				2 3/4 MILLIMÈTRES.			
		m.	m.	m.	m.	m.	m.	m.	m.	m.	m.	m.
400	»	3.25	4.00	4.50	3.00	3.50	4.25	4 75	3 00	3.75	4.50	5.00
500	»	3.25	4.00	4.50	3.00	3.50	4.25	4.75	3 00	3.75	4.50	5.00
600	»	3.00	3 75	4.25	2.75	3.25	4.00	4.50	3.00	3.50	4.25	4.75
700	»	3.00	3.75	4.25	2.75	3.25	4.00	4.25	3 00	3.50	4.00	4.50
800	»	2.75	3.50	4.00	2.50	3.00	3.50	4 00	2.75	3.25	3.75	4 25
900	»	2.75	3.50	4.00	2.50	3.00	3.50	4 00	2.50	3.25	3.75	4.25
1.000	»	2.50	3.25	3.75	2.30	2.75	3.25	3.75	2.30	3.00	3.50	4.00
1.100	»	2.30	3 00	3.50	2.30	2.50	3 00	3.50	2.30	2.75	3.25	3.75
1.200	»	2.00	2.30	3.00	»	2.30	2.50	3.00	2.30	2.50	3.00	3.50
1.300	»	»	2.30	2.50	»	2.10	2.30	2.75	»	2.30	2.75	3.00

Tôles de commerce minces et moyennes.

	1re CLASSE. Prix de base.	2e CLASSE. + 2 fr. 00.	3e CLASSE. + 4 fr. 50.	4e CLASSE + 7 fr. 50.	5e CLASSE. + 11 fr. 00.
Millimètres	k. k.	k. k.	k. k.	k. k.	
1.300 / 2.300	»	52 à 69	46 à 51.9	»	»
1.200 / 2.300	55 à 61	43 à 54.9	36 à 42.9	28 à 35.9	»
1.150 / 2.300	55 à 61	42 à 54.9	36 à 41.9	25 à 35.9	»
1.100 / 2.300	46 à 59	35 à 45.9	30 à 34.9	22 à 29.9	»
					k. k.
1.000 / 2.000	36 à 46	22 à 35.9	15 à 21.9	12 à 14.9	9 à 11 9
900 / 2.000	33 à 42	18 à 32.9	14 à 17.9	11 à 13.9	8 à 10.9
800 / 2.000	30 à 37	16 à 29.9	12 à 15.9	10 à 11.9	7 à 9.9
		k.			
800 / 1.650	»	12 et au-dessus.	7.5 à 11.9	6 à 7.4	4.2 à 5.9
750 / »	»	11 —	7 à 10.9	5.5 à 6.9	4 à 5.4
700 / »	»	10 —	6 5 à 9.9	5.5 à 6.4	3.6 à 5.4
677-680 / »	»	9 —	5.5 à 8.9	4.5 à 5 4	3.5 à 4.4
650-660 / »	»	8 —	5 à 7.9	4. à 4.9	3.4 à 3.9
600 / »	»	7 —	4.5 à 6.9	3.5 à 4.4	3 à 3.4
550 / »	»	6 —	4 à 5.9	3.5 à 3.9	2.8 à 3.4
500 / »	»	5 —	3.5 à 4.9	3. à 3.4	2.6 à 2.9

Tôles à tuyaux.

	1re CLASSE. + 8 fr. 50 c.	2e CLASSE. + 11 fr. 50 c.	3e CLASSE. + 15 francs.
Millimètres.	k.	k. k.	k. k.
325 / 1.100 à 1.300..	1.6 et au-dessus	1.3 à 1.5	1.0 à 1.2
350................	1.8 —	1.4 à 1.7	1.1 à 1.3
375................	1.9 —	1.5 à 1.8	1.1 à 1.4
400................	2.0 —	1.6 à 1.9	1.2 à 1.5
430................	2.1 —	1.7 à 2.0	1.3 à 1.6
460................	2.3 —	1.9 à 2.2	1.4 à 1.8
490................	2.5 —	2.0 à 2.4	1.5 à 1.9

Toute tôle, non comprise dans cette classification, est traitée de gré à gré. Les tôles sur modèles et circulaires sont majorées pour leur forme.

Classification des tôles de Belgique.

Prix pour 100 kil.

N° 2. Réservoirs, etc. — N° 3. Chaudières, etc.

1re CLASSE.

Tôles de $0^{m}.003$ et $0^{m}.004$ au-dessous de 1 mètre de largeur jusqu'à $3^{m}.50$ de longueur. . . . .
— de $0^{m}.005$ et plus, au-dessous de 1 mètre de largeur jusqu'à $4^{m}.50$ de longueur. . . . .
— de $0^{m}.003$ et plus de 1 mètre de largeur et $2^{m}.50$ de longueur. . . . .
— de $0^{m}.004$ et plus, jusqu'à $1^{m}.10$ de largeur et $2^{m}.50$ de longueur. . . . .
— de $0^{m}.005$ et plus, jusqu'à $1^{m}.20$ de largeur et $2^{m}.50$ de longueur . . . .
— de $0^{m}.006$ et plus jusqu'à $1^{m}.30$ de largeur et $1^{m}.30$ de longueur. . . . .

2e CLASSE.

Tôles de $0^{m}.003$ et $0^{m}.004$ jusqu'à $1^{m}.20$ de largeur et $2^{m}.50$ de longueur.. . . . .
— de $0^{m}.005$ jusqu'à $1^{m}.30$ de largeur et $2^{m}.50$ de longueur. . . . .
— $0^{m}.007$ et plus, jusqu'à $1^{m}.40$ de largeur et $2^{m}.50$ de longueur. . . . .

3e CLASSE.

Tôles de $0^{m}.003$ et $0^{m}.004$ jusqu'à $1^{m}.30$ de largeur et $2^{m}.50$ de longueur.. . . . .

	Prix pour 100 kil.	
	No 2. Réservoirs, etc.	No 3. Chaudières, etc.
Tôles de $0^{m}.006$ jusqu'à $1^{m}.40$ de largeur et $2^{m}.50$ de longueur.		
— de $0^{m}.008$ et plus, jusqu'à $1^{m}.50$ de largeur et $2^{m}.50$ de longueur.		
4e classe.		
Tôles de $0^{m}.009$ et plus, jusqu'à $1^{m}.60$ de largeur et $2^{m}.50$ de longueur.		
5e classe.		
Tôles de $0^{m}.010$ et plus, jusqu'à $1^{m}.70$ de largeur et $2^{m}.50$ de longueur.		

Nota. Le poids maximum des tôles de toutes les classes est de 300 kilogrammes. Les tôles dépassant ce poids sont majorées par 100 kilogrammes, pour chaque poids ou fraction de poids supplémentaire de 50 kilogrammes.

Les tôles dépassant les longueurs maximum subissent une augmentation aux 100 kilogrammes par $0^{m}.50$ et par fraction de 50 centimètres.

Les tôles irrégulières et les ronds subissent, en outre, une majoration par 100 kilogrammes.

Les tôles extra ou n° 4 subissent une majoration sur le prix des tôles n° 3.

Les tôles au bois subissent une majoration sur les tôles n° 4.

Prix à convenir pour les tôles qui ne rentrent pas dans les dimensions indiquées.

Dans ce dernier tableau, la qualité *réservoirs*, etc., s'applique à des tôles aigres, cassantes et mal soudées ; la qualité *chaudières*, etc., correspond à peu près aux tôles puddlées ordinaires, fabriquées en France et propres à la construction.

5. FABRICATION DES BLINDAGES.

La fabrication des cuirasses en fer, pour protéger les batteries des côtes et les navires de guerre, exposés au feu de l'artillerie qui chaque jour se perfectionne davantage, a pris récemment un développement considérable.

Bien qu'on ait cherché aux États-Unis à faire des blindages en plaques de faible épaisseur, simplement superposées, on a persisté en Europe à employer des cuirasses d'une seule pièce, dont l'épaisseur varie de $0^{m}.10$ à $0^{m}.18$, et dont le poids est compris entre 1 et 12 tonnes. L'épaisseur la plus ordinaire de $0^{m}.10$ à $0^{m}.13$ permet de résister, dans les conditions ordinaires, aux projectiles en fonte des bouches à feu, du calibre de $0^{m}.165$ et $0^{m}.208$, dites pièces de 40 et de 80. Mais pour les projectiles cylindriques en acier, cette épaisseur ne suffit plus ; aussi l'a-t-on portée, dans quelques frégates cuirassées, russes et anglaises, jusqu'à $0^{m}.15$ pour les parties les plus exposées ; les Américains, qui emploient des pièces lançant des projectiles de 200 et 300 kilogrammes, ont fabriqué, pour leurs moniteurs et leurs béliers, des cuirasses de 0m.20 d'épaisseur, qui deviennent insuffisantes à leur tour devant des projectiles de 500 kilogrammes.

Pour se faire une idée de l'importance de cette fabrication nouvelle, créée par les exigences de la marine militaire, il nous suffira de rappeler que dans la frégate *la Gloire*, entièrement cuirassée avec des plaques de 0m.10 à 0m.12, le poids de la cuirasse métallique seul représente 840 000 kilogrammes ; dans les frégates anglaises *Prince-Consort*, *Royal-Oak*, *Royal-Alfred*, etc., le poids de la cuirasse varie de 1000 à 1400 tonnes.

D'après les épreuves auxquelles les armatures des navires ou des forts ont été soumises, le meilleur fer paraît être celui doué d'une dureté suffisante pour résister à la pénétration et d'une ténacité assez grande pour ne pas se déchirer ni éclater, sous le choc brusque et violent des boulets. Le plus sérieux inconvénient qu'offre une cuirasse est, en effet, sa fragilité. L'exfoliation partielle ou la destruction de la soudure dans le sens des fibres, n'est pas un sujet de danger immédiat, mais les fissures traversant les plaques de part en part, créent un danger imminent, surtout en face d'une pluie de projectiles se succédant rapidement sur le même point. On a pensé tout d'abord que, pour obtenir un métal à la fois très-tenace et très-nerveux, il fallait recourir aux fers provenant des fontes au bois. En effet, les cuirasses fabriquées avec des fontes au bois de Suède, de Corse et de Styrie, ont satisfait généralement aux épreuves. Mais il y aurait exagération à regarder l'emploi exclusif de fontes au bois comme une nécessité de la fabrication des blindages de bonne qualité ; des forges placées au premier rang pour la qualité de leurs produits n'hésitent pas à employer des fers provenant de mélanges de fontes au coke et de fontes au bois en proportions variables. Il est même permis de dire que la supériorité de leurs produits repose sur la nature de ces mélanges. On a également obtenu, paraît-il, de très-bonnes plaques avec des fontes au coke, non mélangées.

Les blindages se fabriquent au marteau ou au laminoir. Ils se composent généralement de deux couvertes, une sur chaque face, et d'une partie intérieure ou âme, comprise entre les couvertes. Les barres plates qui servent de mises élémentaires ont 0m.20 de largeur sur 0m.02 à 0m.04 d'épaisseur. Les couvertes et le corps du blindage sont fabriqués séparément, puis superposés, soudés et étirés.

Trois usines en France ont entrepris la fabrication des cuirasses : celle de M. E. Charrière, à Allevard ; la forge de MM. Marrel frères à Rive-de-Gier et la Compagnie Petin et Gaudet, à Saint-Chamond. En 1864, la dernière de ces usines, de beaucoup la plus importante, ne fabriquait que des plaques laminées. MM. Marrel livraient au contraire des blindages martelés. Nous ne nous occuperons ici que de ces deux usines.

Blindages Marrel. — En 1864, l'usine de MM. Marrel frères comprenait, outre les fours et les marteaux destinés au travail des arbres de marine, etc., six fours à réchauffer, sept marteaux-pilons de 3 à 12 tonnes (les marteaux de 10 et 12 tonnes servent au corroyage des couvertes et des plaques finies), un marteau de 20 tonnes réservé pour les plaques de dimensions exceptionnelles, des fours à recuire, des machines à raboter et à percer, etc., enfin une presse hydraulique de 1 200 tonnes pour courber les blindages. Avec ce matériel, l'usine pouvait livrer 500 tonnes de plaques finies par mois.

Le fer employé provient de l'usine de l'Horme. Les hématites, assez siliceuses, de la Voulte (Ardèche), traitées à l'air chaud avec un excédant de castine, donnent une fonte grise de bonne qualité, qui est mazée, puis puddlée avec soin pour fer à nerf, en mélange avec des fontes au bois. Les barres de fer puddlé sont coupées, mises en trousses et réchauffées, puis laminées en barres finies. Ces barres, découpées à 2m.50 de longueur, ont leurs bords longitudinaux en crochet, de façon à permettre, dans la confection ultérieure des paquets, de les enchevêtrer sans laisser de vide. On estime qu'elles reviennent à 32 francs environ les 100 kilogrammes.

On forme le paquet pour couverte avec les barres à crochet, dont on commence par souder les bords en chauffant légèrement et en donnant quelques coups de marteau, afin de maintenir les barres en place. On fait subir ensuite une première chaude à la moitié du paquet et on étire ; puis une seconde chaude et on étire de nouveau, pour donner à la brame les dimensions voulues, soit, la largeur de la plaque sur 0m.10 d'épaisseur. L'autre moitié du paquet est traitée de la même manière, en deux chaudes. Le martelage se fait de champ et à plat, en ayant soin de ne pas dessouder et de frapper du centre vers les extrémités, afin de conserver au fer son nerf. Le paquet ainsi corroyé est divisé en deux, et chaque moitié sert de couverte à la plaque.

L'âme de la plaque est formée de trois mises de barres enchevêtrées, comprises entre deux feuilles de tôle, puis étirée au laminoir.

Le paquet définitif est traité comme le paquet pour couverte, c'est-à-dire martelé par moitié, en quatre chaudes. Les fours à réchauffer sont à tirage naturel, pourvus de chaudières verticales. Les paquets y sont placés de champ et puis martelés du centre vers les extrémités.

Le corroyage donne lieu parfois à des soufflures que l'on attribue à la production de gaz ou à des laitiers entre les mises; on perce ces soufflures avec une pointe d'acier et on martèle de nouveau la partie soufflée pour la souder fortement.

Le corroyage d'une plaque exige quinze hommes, tant pour le service du marteau et des grandes tenailles que pour celui des fours et des grues. Comme la plaque a de 5 à 6 mètres de longueur, on la coupe par la moitié et on obtient ainsi deux plaques ordinaires. Le déchet du sciage et les rognures représentent un dixième environ du poids total.

On procède à la trempe qui a pour but de donner du corps aux tôles, rendues trop nerveuses par le travail des cylindres. Les plaques sont chauffées au rouge dans un réverbère spécial, puis plongées simplement dans une fosse pleine d'eau. Le recuit qui succède à cette trempe s'opère également dans un four spécial, où la plaque est chauffée au rouge naissant, puis abandonnée à un refroidissement lent, durant cinq ou six jours.

Les plaques recuites sont alors finies, c'est-à-dire limées sur les bords, décapées, percées et dressées, suivant la courbure exigée par les constructeurs de la marine. Cette dernière opération, facilitée par la presse hydraulique, se fait à froid. On affirme que le nerf du fer ne s'altère pas sensiblement par ce dressage, mais il est difficile d'admettre qu'il en soit ainsi pour les fortes courbures. Le travail à chaud serait peut-être préférable, mais il altérerait également la qualité du nerf et serait plus incommode.

Le fer des plaques Marrel est mélangé de grain et de nerf, offrant à la fois de la résistance et de la douceur. Le grain provient, assure-t-on, du degré élevé de température auquel se font les chaudes successives.

Les frais de cette fabrication s'établissent approximativement sur les données suivantes (1) : la quantité totale de barres employées par tonne de plaques rabotées et percées est évaluée à 1 tonne 1/2 environ ; la différence de 50 pour 100 est représentée par un déchet de 25 pour 100 aux fours ; par les rognures (15 à 18 pour 100), que l'on utilise d'ailleurs dans d'autres fabrications ; enfin, par le limage et le forage. On compte, en outre, qu'un dixième des blindages est rebuté ; les plaques rebutées sont traitées de nouveau pour la fabrication des couvertes, mais on leur attribue la moitié, ou, au plus, les trois quarts de leur valeur. Le combustible consommé à Rive-de-Gier représente de deux fois et demie à trois fois le poids des plaques ; il coûte à l'usine de 12 à 14 francs la tonne. Le prix de revient de la tonne de plaques peut alors s'établir ainsi :

1 500 kilogrammes barres plates ou largets, à 320 francs les 1 000 kil.	480 fr.	»
3 000 kilogrammes houille à 13 francs les 1 000 kil.	39	»
Main-d'œuvre pour corroyage.	27	»
— pour trempe, recuit, rabotage, perçage et dressage. . .	40	»
	586 fr.	»
Rebut de 1/10 à l'atelier, calculé à la moitié de sa valeur.	29	30
	615 fr.	30
A déduire : la valeur des rognures, 18 pour 100, à 200 francs les 1 000 kil.	36	»
Reste.	579 fr.	30
Frais généraux : réparations, direction, intérêt, représentant 100 pour 100 de la main-d'œuvre.	67	»
Prix de revient total.	646 fr.	30

(1) *Industria del ferro in Italia*, p. 394.

Le prix de vente à l'usine a été successivement de 1175, 975 et 925 francs; ce qui laisserait encore un bénéfice sur la fabrication de 280 francs par tonne ; mais il y a lieu de réduire notablement ce chiffre, par suite des défauts de fabrication, des accidents, des faux frais, des rebuts, etc.

Enfin, pour cuirasser un navire, il faut, outre les plaques légèrement courbées, un certain nombre de blindages pour la poupe et l'éperon de proue, en forme de V, qui exigent un martelage très-long et très-coûteux. Comme ces plaques sont relativement en petit nombre, elles sont fournies, dans les marchés conclus avec la marine, au même prix que les plaques ordinaires; mais leur prix de revient, beaucoup plus élevé, diminue d'autant le bénéfice de la fabrication ordinaire établi plus haut.

Blindages Petin, Gaudet et Ce. — La fabrication des blindages à l'usine de Saint-Chamond se fait, comme nous l'avons dit, au laminoir. Les couvertes se fabriquent séparément et sont réunies en trousses avec les mises intérieures. Chaque trousse se compose de barres biseautées à chaque extrémité, de 80 à 100 millimètres de largeur sur 20 à 25 d'épaisseur; de sorte que les joints sont horizontaux ou obliques. En outre, afin d'atténuer encore la possibilité de soudures mal faites, les barres sont disposées en diagonale, et alternativement dans chaque sens; ainsi, les joints d'une mise sont parallèles entre eux et perpendiculaires aux joints des mises supérieure et inférieure. On soumet les trousses à une première chaude modérée, et on les passe quatre ou cinq fois sous les cylindres pour les souder, avant de les porter à la chaude suante. Les fours sont à courant d'air forcé, et les trousses y sont placées à plat.

La manœuvre des paquets se fait à l'aide de tenailles de construction particulière et d'une longueur de 6 à 7 mètres. La tige inférieure de la tenaille porte deux griffes; la tige supérieure n'en a qu'une, que l'on peut éloigner ou rapprocher du paquet en la faisant glisser dans des guides, par la rotation d'un pignon mû par un levier et une crémaillère. On donne de fortes dimensions aux parties de la tenaille qui pénètrent dans le four pour saisir le paquet, à cause de leur usure rapide. La tenaille est suspendue à un crochet dont la chaîne est, à sa partie supérieure, munie de galets roulant sur un chemin de fer. On comprend que la différence du bras de levier, par rapport au point de suspension très-rapproché du paquet, permet de manœuvrer de très-lourdes pièces avec peu de fatigue et peu d'hommes. Chacune des tenailles est placée à l'avant et à l'arrière du laminoir, de façon à pouvoir fabriquer couramment des blindages, du poids de 4 à 5 000 kilogrammes, qui nécessiteraient avec l'outillage ordinaire une main-d'œuvre, des pertes de temps et des refroidissements préjudiciables.

Dans le laminage des tôles d'une largeur constante, d'une épaisseur partout égale et à bords longitudinaux suffisamment nets pour ne pas exiger un cisaillage ultérieur, on a adopté les perfectionnements qui constituent le laminoir universel, tel qu'il a été décrit (voir aussi la description du laminoir à mouvement alternatif, p. 377). Grâce à cet appareil, les extrémités seules des tôles ont besoin d'être affranchies. Un des bouts est affranchi à la scie circulaire, l'autre à la machine à raboter; ou bien on le réchauffe une seconde fois pour scier. Après le sciage d'une des extrémités, le blindage est descendu du rouge sombre au rouge presque noir; on le trempe alors comme il a été indiqué.

On compte pour un laminoir à blindages sur une force de trois à quatre cents chevaux. A Saint-Chamond, la machine horizontale de plus de quatre cents chevaux, avec mouvement de distribution et de renversement par une coulisse, fait soixante révolutions par minute. Le diamètre du volant est de 7 mètres, et le poids de la jante, de 7 000 kilogrammes.

Les laminoirs anciens, tout en fonte et en fer, à moins de marcher lentement et de refroidir, donnaient lieu à de nombreuses ruptures. Pour réduire à vingt le nombre des passes et faire en même temps des pièces de grandes dimensions, les pièces fixes ou travaillantes des laminoirs à blindages devaient présenter une résistance énorme. Aussi les cylindres (7 à 8 000 kilogrammes environ), les cages (11 000 kilogrammes environ), qui même en fer forgé n'ont pu résister aux pressions résultant du serrage; les manchons, les pignons, les arbres, les roues de commande, ont-ils été fabriqués en acier fondu. On leur a, du reste, conservé, pour plus de garantie, les mêmes dimensions qu'aux pièces rebutées en fonte. Le laminoir de Saint-Chamond ainsi établi a duré plusieurs années sans donner lieu à des réparations, tout en produisant facilement 50 tonnes de blindages par jour (2).

La plupart des plaques de MM. Petin et Gaudet ont une texture à grain. Elles ont subi les épreuves du tir dans les différents pays avec une supériorité marquée, et sont comptées à juste titre parmi les meilleures fabriquées en Europe. Si l'on ne peut pas affirmer que les fers entrant dans leur composition proviennent exclusivement des fontes au bois de la Corse et d'autres localités, on constate que la couleur de la cassure est généralement plus pâle que celle des blindages Marrel, Brown, etc., ce qui semblerait indiquer que l'excellence du produit tient plutôt au choix des matières premières et à leur mélange judicieux, qu'aux procédés spéciaux de fabrication et principalement au laminage. Il est difficile, en effet, de se prononcer sur l'avantage des deux méthodes de fabrication, qui ont fourni,

(1) *Industria del ferro*, etc., p. 596. Bien que M. Gaudet nous ait offert l'accès aux usines de sa Compagnie, nous regrettons de n'avoir pas pu contrôler l'exactitude de nos données; n'ayant pas obtenu de réponse à nos demandes. C'est dans un document italien, émanant, il est vrai, d'un gouvernement qui a fourni des commandes considérables à cette usine, que nous avons dû puiser des renseignements qui intéressent au plus haut degré l'industrie nationale française.

l'une et l'autre, des plaques excellentes. La méthode du martelage offre, il est vrai, au point de vue du matériel, une plus grande simplicité, et peut-être plus d'économie, puisque le laminoir seul, pour des plaques ordinaires, réclame un moteur de deux à trois cents chevaux, et par conséquent une fabrication considérable et continue. Le laminoir présente surtout l'avantage de pouvoir rapidement satisfaire à de fortes commandes.

Fabrication en Autriche. — Les usines de Putzer, à Storé, près de Cylli (Styrie) et de Zeltweg, qui fabriquent les blindages pour le gouvernement autrichien, suivent le procédé du martelage de l'établissement Marrel.

A Storé, on mélange les fontes au bois, blanches et grises, du Vordernberg, dans la proportion de trois quarts de fonte blanche pour un quart de fonte grise. Le puddlage a lieu avec du lignite d'assez mauvaise qualité, et les loupes sont corroyées sous un marteau de 2 tonnes. Les barres puddlées sont réchauffées et laminées sous forme de largets de $0^{m}.15$ à $0^{m}.20$ de largeur, sur $0^{m}.04$ d'épaisseur. La mise en trousses est analogue à celle suivie chez MM. Marrel. Les fours à réchauffer, alimentés d'abord avec du lignite, ne brûlent plus que de la houille, qui, malgré son prix élevé (45 à 50 francs la tonne), assure le succès et la rapidité du travail. On consomme de 1 200 à 1 900 kilogrammes de ce combustible par tonne de plaques. Cet établissement, subventionné à son début par l'Etat, ne peut livrer plus de 900 quintaux de blindages par mois. Les fontes reviennent à 15 fr. 60 et les largets à 41 fr. 50 le quintal.

A Zeltweg, l'usine, située à une assez grande distance de la station de Bruch (chemin de fer de Trieste à Vienne), suivait il y a quelques années les mêmes procédés de fabrication, sauf l'emploi exclusif du lignite de Frohsdorf, qui porte la durée de la chaude à quatre heures, au lieu de deux ou trois heures avec la houille anglaise. Si l'on recourait aux fours Siemens pour utiliser ces combustibles de qualité inférieure, on pourrait améliorer sans doute les conditions de la fabrication.

VI. — FIL DE FER.

La tréfilerie emploie les petits ronds de $0^{m}.004$ à $0^{m}.009$ dont nous avons indiqué sommairement le travail. Cette fabrication exige un fer très-tenace et très-ductile, pouvant subir la compression dans la filière; facile à travailler à chaud, afin de se prêter à un amincissement suffisant; plutôt dur que mou, à cause de la texture nerveuse qu'il prend par le travail. Les meilleures qualités de fil se fabriquent toujours avec des fontes affinées au charbon de bois.

Les numéros des fils se déterminent au moyen d'une *jauge* ou disque d'acier, sur le pourtour duquel des entailles rectangulaires sont désignées par des numéros. Dans la jauge française, les numéros et les diamètres des fils entrant dans les entailles marquées de ces numéros, vont en croissant, depuis le numéro 0 jusqu'au numéro 24; au-dessous du 0 ou *passe-perle*, la jauge comprend des numéros qui vont depuis le numéro 8 jusqu'au numéro 30, mais qui correspondent à des diamètres décroissants : le numéro 30, au-dessous du passe-perle, correspond ainsi au fil le plus fin que l'on puisse obtenir avec le meilleur fer.

La jauge de Birmingham contient 40 numéros qui vont en décroissant depuis $0^{m}.01135$ jusqu'à $0^{m}.0001$; le numéro 0 de cette jauge a $0^{m}.0085$ de diamètre, et le numéro 36, le plus fin, a $0^{m}.0001$.

Pour donner l'idée de cette fabrication dans les usines françaises, nous décrirons la méthode de Gorcy (Moselle), l'une d'elles, en faisant connaître les variantes qu'on observe ailleurs dans le mode de travail.

Le fil de fer laminé est généralement destiné aux usages suivants :

1° Pour les ressorts élastiques;

2° Pour être tréfilé et réduit à de petites dimensions; ce fil doit conserver un certain degré d'élasticité; sa surface doit être parfaitement unie et claire, et son diamètre uniforme sur toute sa longueur. On lui donne la dénomination de *fil de fer quincaillier ;*

3° Le fil de fer laminé peut être destiné au tréfilage, mais seulement après avoir été étiré; il n'est pas nécessaire qu'il conserve l'élasticité du précédent, ni son poli, ni l'uniformité de sa surface; quand il a été réduit par le tréfilage au diamètre voulu, on lui donne un recuit, et on le livre au commerce, recouvert de la couche d'oxyde acquise pendant le recuit : c'est pour cette raison qu'on le nomme *fil de fer recuit ;*

4° Pour la fabrication des pointes ;

5° Pour la chaudronnerie et différents usages de la quincaillerie qui exigent un fer très-tenace.

Quel que soit l'usage auquel on destine la verge de fer, on emploie généralement, pour le laminage, des bidons dont la section est de $0^{m}.040$ de côté, et de $0^{m}.60$ de longueur. A Gorcy, les bidons sont en fer affiné au charbon de bois, ou en fer puddlé, selon la nature de la fabrication. Avant d'être portés aux fours à réchauffer, les bidons subissent une chaude préalable sur la sole des fours à réverbère, placée à la suite des foyers d'affinage. La charge des fours à réchauffer se compose ordinairement de quinze à vingt bidons, et pèse environ 135 kilogrammes. Un four produit en moyenne, par vingt-quatre heures, 7 500 kilogrammes de verges.

Le diamètre du fil de fer obtenu par le laminage varie du numéro 30 au numéro 21 (jauge de Paris); sa longueur dépend naturellement de son diamètre, mais, en moyenne, elle est de 20 mètres environ.

Le train de laminoir en usage à Gorcy se compose de cinq paires de cylindres de $0^{m}.30$ de diamètre, faisant 300 tours par minute.

On a indiqué, en traitant de la fabrication des petits ronds, les conditions du travail des bidons, ou des billettes converties en verges de 0m.045.

Au sortir de la dernière cannelure, le fil de fer est enroulé sur une bobine de 0m.50 de diamètre ; de là, on le porte dans des chaudières en fonte ou étouffoirs, de 0m.75 de hauteur et de 0m.50 de diamètre ; on ferme ces étouffoirs, et on y laisse refroidir le fil, qui est ainsi préservé d'une oxydation trop forte et préparé, par une sorte de recuit, au tréfilage ultérieur. On place dans les étouffoirs les différents fils de fer qu'on lamine, à l'exception de ceux qui doivent servir pour les ressorts élastiques.

Fabrication du fil de fer pour ressorts élastiques.

Le fer employé pour les ressorts élastiques provient des fontes au charbon de bois, affinées également au charbon de bois. On choisit, en outre, les fers de la qualité la meilleure, d'après la cassure des bidons : leur texture doit présenter un grain uniforme ; on a soin de rejeter ceux dont la cassure est à lames plates, ou ceux qui présentent dans leur texture des taches noires, composées de grains d'une couleur terne et sombre, et qui n'auraient pas été, par conséquent, suffisamment présentés à l'action du vent pendant l'affinage.

On obtient, avec les laminoirs, des diamètres rapprochés de ceux que doivent avoir habituellement les ressorts élastiques.

Après le laminage, on laisse refroidir le fer à l'air extérieur, sans le mettre dans des caisses en fonte, car la chaude subie par le fil dans ces caisses altère son élasticité. Le fil est appointé et décapé ; ensuite, il passe deux ou trois fois par la filière, afin d'arriver aux dimensions voulues : ces passages augmentent, en outre, l'élasticité.

Dans aucun cas, ce fil ne reçoit de recuit, parce qu'on détruirait son élasticité.

Fabrication du fil de fer quincaillier.

On évite de prendre le fer qui est disposé à recevoir par le travail une texture trop nerveuse.

Le fer affiné au charbon de bois de Gorcy convient pour la tréfilerie. Après le laminage, sa cassure est nette et quelque peu nerveuse. On peut toutefois le plier et le redresser à plusieurs reprises sans le rompre, et sans qu'il offre des solutions de continuité, dans le sens de la longueur ; il se tréfile bien, et, quand cette opération est bien conduite, il y a peu de ruptures. On choisit, comme pour les ressorts élastiques, des bidons de bonne qualité, et l'on conduit le réchauffage et le laminage ainsi qu'il a été dit précédemment. Le fil de fer est amené par le laminage au diamètre correspondant au numéro 21 de la jauge de Paris. Après avoir été enroulé sur la bobine, il est porté dans des caisses en fonte, où il se refroidit à l'abri de l'air extérieur.

Le tréfilage s'exécute en faisant passer le métal à travers les trous pratiqués dans des plaques métalliques, appelées *filières*.

Filières. — On prépare une pièce en fer de 0m.15 de largeur, 0m.30 de hauteur et 0m.06 d'épaisseur. Dans cette pièce, qu'on nomme *porte-filière*, on ménage une cavité rectangulaire de 0m.025 de profondeur, qu'on remplit avec des morceaux concassés d'acier brut; on recouvre la pièce avec un enduit composé d'une pâte argileuse, et on la porte dans un feu de forge. Au bout d'une heure d'un feu soutenu, on retire la boîte d'acier; on ôte soigneusement la couche de scories qui s'est formée autour de la pièce, et on la frappe d'abord avec un marteau, ensuite avec un martinet, qui la martèle à plat et de champ. On recommence ainsi à plusieurs reprises à chauffer et à marteler la. pièce, afin de bien souder et réunir les différentes parties.

Pour percer la filière, on commence par creuser un trou conique dans la partie qui est en fer; on donne pour cela une chaude à la filière, et l'on perce le trou avec un poinçon arrondi à son extrémité. Après avoir pratiqué cette cavité, on réchauffe la pièce pour percer la plaque d'acier, et on prend un poinçon conique en acier très-effilé, de sorte que le trou qu'on pratique dans la plaque est à peine visible. On donne ensuite à ce trou les dimensions voulues, en l'agrandissant au moyen d'un poinçon cylindique, dont le diamètre est égal à.celui du fil de fer qu'on veut obtenir : ce dernier perçage se pratique à froid et en faisant pénétrer le poinçon par la partie extérieure de la plaque d'acier. Pour avoir des filières plus économiques, on a essayé de remplacer l'acier par de la fonte blanche; mais ces essais n'ont pas réussi, car les filières en fonte se détériorent très-vite.

On attache la plus grande importance à ce que les trous de la filière soient parfaitement polis et calibrés, puisque de la forme régulière de la filière résulte l'uniformité et la beauté du fil.

Le fil de fer laminé est appointé; mais, avant de le soumettre au tréfilage, il faut débarrasser sa surface de la couche d'oxyde dont elle est couverte, car cette rouille, en se détachant, élargirait promptement les trous de la filière, ou bien, autre inconvénient, elle produirait des raies longitudinales sur la surface du fil. On enlève cette couche d'oxyde par le décapage.

Décapage. — Le décapage se fait à l'aide de l'acide sulfurique étendu de deux cents fois son volume d'eau. On favorise l'action de l'acide, en élevant la température du liquide jusqu'à un degré voisin de l'ébullition. On décape dans des cuves en bois doublées en plomb, chauffées par un jet de vapeur; la capacité de ces cuves est de 1 200 litres. La durée du décapage varie suivant l'adhérence plus ou moins grande de la rouille;

elle est, en moyenne, d'une demi-heure. On se sert également de chaudières tout en plomb, chauffées au bain-marie, à la suite desquelles sont placés d'autres bassins contenant de l'eau. L'air chaud, après avoir circulé autour de la chaudière à décaper, sert ensuite à élever la température de l'eau contenue dans le bassin. Le fer, qui a subi l'action de l'acide, est lavé dans le bassin d'eau chaude; il en est retiré après quelques secondes, pour le placer dans des baquets contenant de l'eau froide, et on le laisse dans ces bassins jusqu'au moment où il doit être tréfilé. Le fil de fer, bien lavé et décapé, peut se conserver ainsi sous l'eau pendant très-longtemps, sans se rouiller. Dans certaines usines, on neutralise l'acide en plongeant le fil dans de l'eau de chaux.

C'est surtout pour le fil de fer, qui doit avoir après le tréfilage une surface parfaitement lisse et brillante, et qui est, selon l'expression adoptée, *tiré au clair*, qu'on attache la plus grande importance à débarrasser sa surface de la rouille, et à le mettre à l'abri d'une nouvelle oxydation.

Pendant longtemps, on a extrait le sulfate de fer qui se forme durant le décapage; mais on a abandonné cette extraction, car on ne l'a pas trouvée avantageuse, relativement au prix auquel le sulfate se vendait. On remplace ailleurs l'acide sulfurique, en tout ou en partie, par des résidus aigris de la fabrication de la bière. On a fait, en outre, quelques essais pour remplacer le décapage à l'acide, qui occasionne des déchets considérables, par un moyen mécanique qui consiste à faire passer le fil de fer entre des cylindres; mais les ruptures étaient alors fréquentes et les déchets étaient plus considérables que dans le décapage à l'acide. Le polissage du fil passé sur de l'émeri, contenu dans un petit cylindre animé d'un mouvement rapide d'oscillation, n'a guère mieux réussi.

Tréfilage. — Après avoir été décapé et appointé au marteau ou à la lime, on place le fil du n° 12 sur un dévidoir en bois à rotation libre; le tréfileur le fait passer, à l'aide de tenailles, à travers l'ouverture de la filière, et saisit la pointe de l'autre côté avec une pince nommée *chien*, adaptée à une bobine ou tambour cylindrique, qui se meut autour de son axe et qui, en tournant, force le fil à passer à travers la filière et à s'allonger. Les bobines ont de $0^m.30$ à $0^m.60$ de diamètre; leur axe est généralement horizontal pour les fils de fort échantillon, et vertical pour les fils minces. Elles présentent une forme légèrement conique qui facilite le déroulement du fil; enfin, elles embrayent et désembrayent aisément, suivant les besoins du service.

Après ce premier passage, on lui en fait subir un second de la même manière, et on le réduit ainsi progressivement à un calibre de plus en plus petit, en suivant la série décroissante des numéros des fils.

Le fil, en passant par la filière, acquiert de l'élasticité et de la dureté;

mais en même temps il s'aigrit et devient plus cassant. On corrige ces défauts par le recuit.

C'est dans les premiers passages à travers la filière qu'arrivent de fréquentes ruptures; car, le diamètre n'étant pas uniforme, l'effort que le fil a à supporter dépasse souvent la limite de ténacité du fer. A mesure qu'il a subi des recuits et des passages successifs, le fer de qualité se tréfile mieux; les recuits répétés qu'il a subis l'ont rendu, en effet, plus mou, plus malléable et plus apte à l'étirage. En outre, les passages à la filière donnent au fer un diamètre plus uniforme et font disparaître les causes de rupture provenant de l'inégalité de diamètre. A partir du numéro 12 jusqu'au numéro 0, les ruptures deviennent très-rares.

Les vitesses d'étirage varient avec la nature du fil, son diamètre et le degré d'allongement qu'on veut lui faire subir à chaque passage. Voici celles qui sont usitées, pour les différents numéros, à la tréfilerie de Gorcy :

Passage des numéros des fils.	Vitesse par seconde.
Du n° 30 au n° 20.	0m.170
Du n° 20 au n° 16.	0 .280
Du n° 16 au n° 13.	0 .458
Du n° 13 au n° 0.	0 .650

Depuis le numéro 30 jusqu'au numéro 12, on étire le fil en garnissant le trou de la filière d'une pelote de graisse ou d'un mélange de suif et d'onguent noir. Une disposition plus commode et plus économique consiste à plonger la filière dans un bain d'huile, contenu dans une caisse en tôle, à laquelle on fait des entailles correspondant aux trous de la filière. Chaque entaille est fermée par une paire de glissoires. Pendant que la glissoire supérieure se lève pour l'introduction du fil, l'autre se lève également pour prévenir l'écoulement de l'huile. Le fil introduit, on immerge le tout dans l'huile et on tréfile.

Du numéro 12 au numéro 0, le fil est tiré à l'eau, c'est-à-dire plongé dans un bain d'eau acidulée, et pour passer par la filière, il traverse la couche d'eau, afin qu'après le tréfilage sa surface soit parfaitement décapée et brillante. Un mélange recommandé pour l'immersion du dévidoir se compose d'eau, d'acide sulfurique, de lie de bière et d'un peu de sulfate de cuivre.

Du recuit. — Les recuits du fil de fer se font dans des cuves cylindriques en fonte, hermétiquement fermées et chauffées, soit avec les gaz des hauts fourneaux, ou directement, sur un foyer dont la flamme ne frappe pas le fond. Les chaudières dont les foyers sont alimentés directement par une grille circulaire posée autour de la maçonnerie du fond, ont des dimensions plus petites; leur diamètre est de 0m.80, leur hauteur de 1 mètre. Un carnau intérieur, qui entraîne les flammes, a 0m.10 de diamètre. Les cuves peuvent contenir 500 kilogrammes de fil de fer ; le four est composé de trois chaudières ; la circulation de l'air chaud est analogue à celle des fours chauffés par les gaz des hauts fourneaux. Les gaz en combustion pénètrent par le carnau intérieur et s'échappent par un carnau circulaire, ménagé autour du périmètre extérieur de la chaudière.

Les cuves à recuire employées en Belgique reposent sur une voûte de 0m.50 d'épaisseur. Elles sont traversées sur toute leur hauteur par un carnau central de 0m.25 de diamètre. La grille carrée est disposée à 0m.45 au-dessous de la voûte de fond. La flamme du foyer s'élève par le carnau central et par huit carnaux latéraux, percés dans la maçonnerie de la voûte, communiquant avec la circonférence de la cuve. Le mur qui entoure la cuve s'incline vers le haut, de façon à étrangler la flamme. La cuve est fermée, après le chargement de 1 500 à 1 800 kilogrammes de fil enroulé, par un couvercle que l'on lute avec de l'argile. Par-dessus ce couvercle, traversé par le carnau vertical, se place un second couvercle, appuyé sur la maçonnerie et portant une cheminée centrale. Chaque recuit exige environ quatre heures et consomme de 200 à 250 kilogrammes de houille. Le refroidissement demande environ dix-huit heures ; de sorte que le travail est intermittent et entraîne, à la partie inférieure des cuves, outre la perte de temps, une perte de combustible considérable et une irrégularité dans le recuit des fils.

Le four Cocker remédie à ces inconvénients. Il consiste en un fort cylindre en fonte placé horizontalement sur les murs d'un foyer. Les deux extrémités du cylindre sont closes par des portes verticales à coulisses. A la partie supérieure, une rainure, qui règne d'un bout à l'autre, sert de guide à une chaîne sans fin, à laquelle sont fixés des crochets qui maintiennent les rouleaux de fil à recuire. A l'extrémité du four, sont deux chambres contiguës, avec rainures et portes à coulisses, où les rouleaux de fil se refroidissent tour à tour, quand on a interrompu la communication entre elles (1).

On apporte un grand soin, pour recuire, à empêcher toute communication de l'air extérieur avec le fil, en garnissant le couvercle des chaudières avec une pâte argileuse. Malgré ces précautions, il arrive souvent que les rouleaux extérieurs du fil sont plus profondément oxydés que ceux à l'intérieur de la chaudière ; ils sont alors très-difficiles à décaper et il se produit sur la surface du fil des rayures par la rouille.

On juge du degré de recuit que le fil de fer a subi par la couleur que conserve sa surface après le refroidissement. Un recuit convenable dans le tréfilage s'annonce par une couleur bleu foncé.

Les chaudières chauffées par les gaz des hauts fourneaux servent à re-

(1) *Revue universelle des mines*, t. II, p. 63, 1857. Du travail dans les tréfileries, par A. Gillon.

cuire les fils d'un fort diamètre, tandis qu'on recuit avec celles au bois ou à la houille les fils d'un diamètre plus petit, qui ont besoin d'une chaleur moins forte.

Les chaudières à recuire se détériorent très-vite; elles se fendent souvent, et on est obligé d'en remplacer un grand nombre. Dans les chaudières chauffées au bois, la chaleur étant plus modérée, les réparations sont moins fréquentes.

Le nombre de recuits dépend entièrement de la nature du fil. Avec du bon fer, affiné au charbon de bois, on donne ordinairement trois recuits, pour le réduire du diamètre correspondant au numéro 27, à celui désigné par le numéro 12. Jusqu'au numéro 6, on tréfile sans donner de recuits.

Les recuits durent ordinairement dix heures dans les chaudières chauffées au bois.

Le fil de fer quincaillier, qui doit avoir, après le tréfilage, une surface nette, est décapé après chaque recuit.

Pour redresser le fil, on le fait passer rapidement, au sortir de la filière, entre deux plaques de fonte chauffées au rouge. Ces plaques portent chacune une même série de rainures, réunies au moyen de brides, de façon à former, pour le passage du fil, autant de petits canaux qu'il y a de rainures.

Fil de fer recuit.

Ce fil est livré au commerce, après avoir subi un dernier recuit qui lui donne sa couleur.

On le fabrique soit avec du fer puddlé, soit avec des fers mal affinés au charbon de bois. On suit la même marche pour le tréfilage que pour le fer quincaillier; seulement on corrige par des recuits plus nombreux son peu d'adhérence; malgré ces précautions, ce fer se casse fréquemment pendant l'étirage. On le tréfile jusqu'au numéro 6, et quand il a subi le dernier passage par la filière, il devient tellement aigre et cassant qu'il ne pourrait servir à aucun usage, si on ne corrigeait pas en partie ces défauts, en lui donnant un dernier recuit. On ne décape pas après chaque recuit, car la surface du fil n'a pas besoin d'avoir l'uniformité ni le brillant du fil quincaillier.

Fabrication des pointes.

On emploie, pour les pointes, du fer puddlé et du fer affiné au charbon de bois. Les pointes d'un fort diamètre sont fabriquées en fer puddlé; celles d'un diamètre plus faible sont en fer affiné au charbon de bois.

Le fil de fer qu'on doit convertir en pointes ne doit pas être trop nerveux, car les clous auraient des têtes étoilées. Le fer puddlé étant bien moins ductile que celui qu'on affine au charbon de bois, on prend de grandes précautions pour le tréfiler; aussi, pour les pointes, ne le réduit-on qu'au numéro 13. S'il était tréfilé à des numéros inférieurs, comme celui qu'on étire pour les fils de fer recuits, il n'offrirait pas assez de résistance; pour les pointes d'un diamètre plus petit que celui correspondant au numéro 13, on emploie du fer affiné au charbon de bois.

On lamine parfois, pour quelques autres usages de la quincaillerie, du fil de fer avec des trousses. Ces fers doivent offrir une grande ténacité et posséder une texture nerveuse. On leur donne ordinairement au laminoir les dimensions voulues, et ensuite on les décape avec soin, afin que leur surface soit nette; on les enroule toujours sur la bobine après le laminage, même pour les plus forts diamètres de la série de numéros énumérés précédemment. Ces fers sont fabriqués avec du fer puddlé ou affiné au charbon de bois, selon la qualité qu'on se propose de leur donner.

Tréfilerie de Kreutzthal.

L'usine de ce nom (1), dans le district de Siegen, fabrique des fils avec les fers bruts de la forge de Geiswerk, provenant des fontes du haut fourneau d'Heinrichshütte, à Hamm, sur la Sieg. Les fontes sont grises, à grain serré ou truitées pour les fils de fer ordinaires, et blanches pour les fils destinés à la fabrication des ressorts (2).

Les fers bruts, en barres carrées de $0^{m}.05$ environ de côté, sont débités en bidons de $0^{m}.90$ de longueur. Ces bidons sont réchauffés dans des fours à réverbère pouvant réchauffer environ 7 000 kilogrammes par jour chacun; puis transformés en petits ronds, au moyen d'un train à guides à cinq cages, activé par un moteur hydraulique. Les cylindres font 350 à 400 tours par minute. Les bobines de l'atelier de tréfilerie marchent à la vapeur; au rez-de-chaussée de cet atelier, 55 bobines servent au gros fil, et 257 au premier étage, alignées en rangées parallèles et à axe vertical, servent aux fils moyens et petits.

Après un premier décapage à l'acide sulfurique, le fer de tréfilerie commence la série d'étirages à la filière; la bobine dévideuse qui porte la botte du fil, avant son passage dans le trou, est toujours immergée dans un vase rempli de lie de bière. Dans l'intervalle des divers passages à la filière, le fil est soumis à des décapages ou à des recuits dont le nombre dépend de sa grosseur et de son usage.

Le recuit s'opère dans des vases cylindriques en fonte de $1^{m}.50$ à $1^{m}.80$ de hauteur et de diamètre variable, placés verticalement dans des fours qui les chauffent extérieurement, sauf sur le fond, qui n'est pas soumis à

(1) État actuel de la métallurgie du fer dans le pays de Siegen, par S. Jordan. *Revue universelle des mines*, 1864.

(2) Voir *Métallurgie*, t. III, p. 675.

l'action de la flamme. Une grue est employée à manœuvrer les cylindres des quatre fours de l'usine.

Pour enlever l'oxyde déposé à la surface des fils décapés à l'acide, puis recuits au feu, on se sert d'une batterie de rabats élastiques en bois. La botte de fil de fer est placée horizontalement sur une pièce de bois montée comme un manche de martinet. Un arbre à cames vient abaisser la queue de cette pièce, qui, en retombant par l'effet de son poids et de l'élasticité d'un rabat inférieur, heurte brusquement les bottes. Une batterie de huit appareils semblables, desservie par un seul arbre, fait très-rapidement le nettoyage de l'acide, sans aucune main-d'œuvre.

Tréfilage en Angleterre.

Parmi les variétés de fers ronds qui servent, en Angleterre, à la tréfilerie, on distingue ceux *au bois* qui proviennent de l'affinage des fontes suédoises et de l'affinage au bois de certaines fontes au coke, et les fers *au coke.*

Verges au charbon de bois. — Des fontes à l'air froid et au coke sont mazées dans de petites fineries, indépendantes ou liées au foyer d'affinage au charbon de bois. Les loupes sont cinglées avec soin au marteau frontal, puis laminées en barres à corroyer. Les rognures ou riblons divers sont traités de même. Le corroyage des barres s'opère par paquetage, réchauffage au réverbère, soudage et étirage au laminoir pour barreaux de $0^{m},03$ environ de côté. Si l'on a recours au martelage avant de laminer, on travaille à deux chauffes. Les barreaux sont cisaillés en bidons de longueur voulue, qu'on étire pour verge et que l'on tréfile jusqu'à 6/10 et 7/10 de millimètre.

On emploie les verges en fer de Suède, toujours un peu aciéreux, pour les diamètres plus fins et les usages spéciaux, tels que peignes et cardes.

Verges au coke. — Pour les marques ordinaires, on puddle directement les fontes grises au coke et à l'air chaud ; les loupes cinglées au marteau de la même chaude, sont laminées pour barres puddlées. Celles-ci sont paquetées, réchauffées au réverbère, et, d'une chaude ou d'une chaude et demie, soudées et étirées au laminoir en verges, propres tout au plus au tréfilage des gros numéros.

Pour les meilleures qualités, on choisit les barres puddlées provenant des meilleures fontes au coke ou d'un mélange de ces fontes avec celles du Cumberland et du Lancashire. Les paquetages comprennent plus de fer corroyé. Les verges ne donnent au tréfilage que $0^{m}.007$ comme diamètre maximum.

Les principaux ateliers de tréfilerie situés à Birmingham travaillent surtout les verges au coke. L'outillage et les conditions techniques du travail ne s'éloignent pas sensiblement de ceux déjà décrits.

VII. — FERS SPÉCIAUX.

A. — FABRICATION DES RAILS.

Parmi les fabrications de fers spéciaux, il y en a peu qui aient donné lieu à des discussions aussi suivies de la part des ingénieurs, et à des modifications de détail aussi nombreuses, que celles des rails de chemins de fer. C'est que le fer destiné aux rails doit remplir certaines conditions qui diffèrent par l'ensemble de celles recherchées pour les tôles, par exemple, ou pour les fers de construction.

En effet, les rails doivent présenter : — 1° une surface de roulement très-dure qui leur permette de résister à l'usure, due au frottement des bandages des roues ; — 2° une ténacité ou une densité qui assure leur résistance aux chocs et à la déformation ; — 3° une homogénéité telle que la *dessoudure* des mises ou l'exfoliation n'amène pas leur destruction trop rapide. Il est d'autant plus difficile de satisfaire, à la fois, à ces trois conditions de dureté, de ténacité et d'homogénéité, que, la consommation des rails croissant chaque jour, il importe de fabriquer rapidement et à des prix que la concurrence tend constamment à faire baisser d'un point à un autre.

Le matériel des forges à fers marchands, modifié pour cette fabrication spéciale, a exigé plus de force mécanique et, en même temps, un personnel plus nombreux ; d'où une branche nouvelle, peut-on dire, de la sidérurgie, ayant des exigences propres.

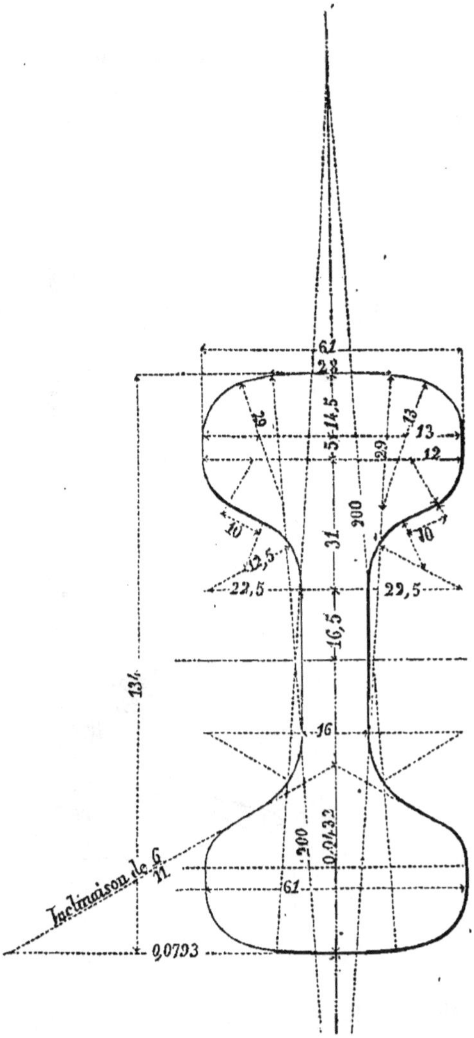

Fig. 121. — Rail à double champignon. Profil du Midi.

Types de rails. — La question de formes et de dimensions des rails, bien que liée intimement à celle de leur qualité, n'a pas à nous occuper ici. De nombreux profils ont été imaginés dans chaque pays : nous ne nous arrêterons qu'au profil à deux champignons symétriques ou à coussinets, et au profil à simple champignon, avec patin, ou à large base, parce que ce sont aujourd'hui les deux types les plus répandus.

Le rail à double champignon offre l'avantage de pouvoir être retourné dans les deux sens, et le coussinet sur lequel il repose assure la stabilité de la voie par l'épaulement que ses joues donnent au champignon supérieur. Mais comme il est nécessaire d'avoir deux surfaces de roulement en fer dur, il est parfois moins résistant. La figure 121 montre le type du rail de la Compagnie du Midi, dont nous décrivons la fabrication dans plusieurs usines françaises.

Le rail américain ou rail Vignoles avec patin, s'applique immédiatement sur les traverses et permet de réaliser l'économie résultant de la suppression des coussinets; de plus, comme il n'exige du fer dur que dans un seul champignon, il offre l'avantage d'être plus résistant pour la même qualité de fers employés. La figure 122 représente le type des rails

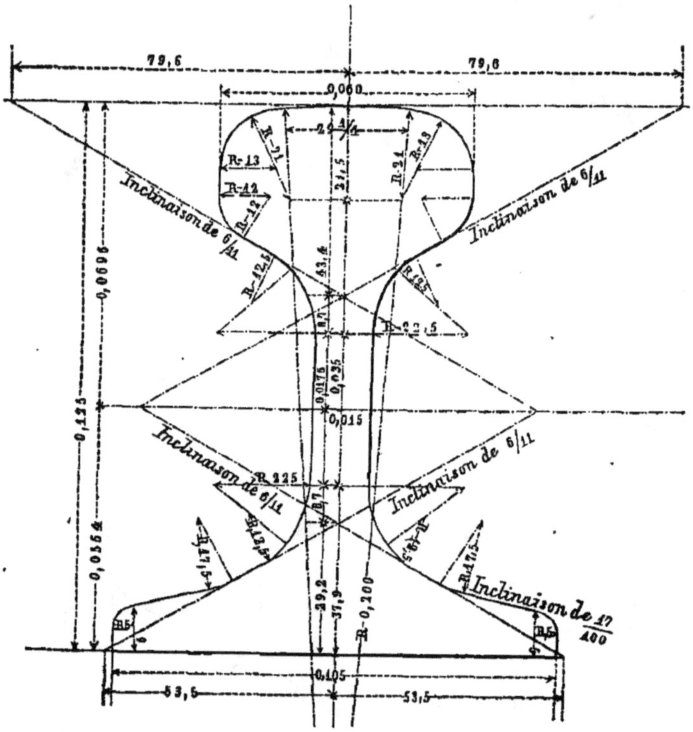

Fig. 122. — Rail Vignoles, à patin. Profil des chemins de fer russes.

Vignoles de la grande Société des chemins de fer russes; nous décrivons également leur fabrication en Angleterre.

1. LAMINOIRS A RAILS.

L'ancien train à rails comprend deux équipages, l'un de dégrossisseurs et l'autre de finisseurs, identiques à ceux employés pour la fabrication des fers marchands. Chaque espèce de rails exige une paire de dégrossisseurs qui portent cinq ou six cannelures rectangulaires, disposées de façon que le rail y soit successivement passé de plat et de champ. Ces cylindres sont montés au nombre de deux, mais le plus ordinairement on a adopté le jeu triple. On dispose également d'une paire de finisseurs par espèce de rails; la disposition et la forme des cannelures varient avec la nature du rail et les propriétés du fer.

Quand l'importance de la forge ne permet pas l'emploi d'un train spécial, le laminage des rails s'opère dans un train de gros fers marchands. De même, un train à rails, en changeant les cylindres, peut servir à laminer d'autres espèces de gros fers.

Un ancien train à rails exige une machine de la force de 70 chevaux; les cylindres ont une vitesse de cinquante à soixante tours par minute.

L'auteur a donné, fig. 76, le dessin à une petite échelle du laminoir à rails, employé à l'usine d'Ebbw-Vale.

Trio Talabot. — Le laminoir à trois cylindres ou *trio*, que Talabot a fait breveter pour la fabrication des rails, est représenté figure 123.

Le cylindre du milieu *b* porte des cannelures b^1 et des rondelles b^2 ; les cannelures b^1 reçoivent les rondelles a^1 du cylindre supérieur *a*, et les rondelles b^2 entrent dans les cannelures c^1 du cylindre inférieur. Le métal à laminer passe d'abord dans le vide 1, entre le cylindre du milieu *b* et le cylindre inférieur *c*, puis dans le vide 2, entre le cylindre *b* et le cylindre supérieur *a*, puis dans le vide 3, et ainsi de suite, jusqu'à ce que la barre ait acquis la forme voulue. Au dernier passage à travers les cylindres, l'espace est formé par des cannelures dans chaque cylindre, comme en 5, afin d'arrondir la tête du rail.

La cage figurée à droite indique la disposition des cylindres dans le sens vertical. Le détail des coins, vis et écrous pour opérer l'écartement vertical, est figuré à part : *aa*, coins placés entre les montants *bb* des cylindres ; à chacun des coins *a* est adaptée une vis *c*, dont l'extrémité traverse le bâti A. Extérieurement à ce bâti, un écrou *d* arrête la vis *c*, de telle sorte qu'en tournant cet écrou, la distance entre les cylindres peut être augmentée ou diminuée, sans arrêter la marche.

Le règlement des cylindres dans le sens horizontal et perpendiculairement à leurs axes, s'opère à l'aide des vis *e*, qui s'engagent dans les écrous *f* fixés au bâti A; à l'extrémité de chacune des vis *e*, il y a une tête *h*; l'autre extrémité presse contre les clefs *g*.

Ce mode de serrage a été reproduit, avec variantes, dans des laminoirs autres que ceux du système Talabot.

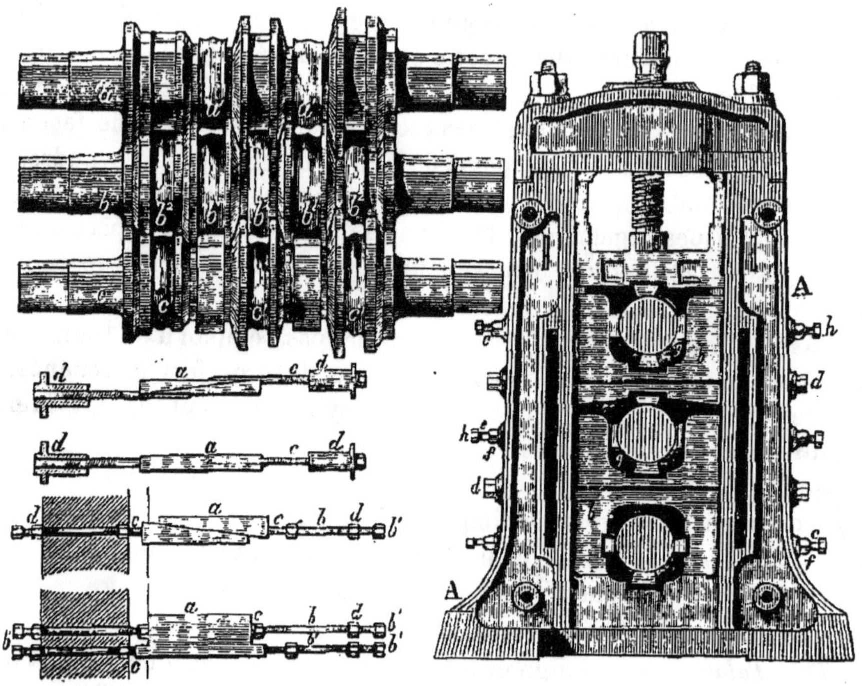

Fig. 123. — Laminoir à trois cylindres, système Talabot. Élévation des cylindres et de la cage. Détails du mode de serrage.

Cages soudantes. — L'accroissement donné aux paquets, en vue d'un étirage en deux chaudes, et dans le but d'assurer une soudure plus parfaite, a fait adjoindre à l'ancien train une cage à cannelures profondes, réservées spécialement au soudage des paquets. Cette cage, dite *soudante* ou *blooming*, tantôt à deux et tantôt à trois cylindres, a nécessité des machines motrices plus puissantes. Une force nominale de 120 chevaux suffit généralement pour la mise en mouvement d'un *blooming* et d'un train de finissage en moyenne activité.

Le plus ancien système de cage soudante consiste en une paire de gros cylindres de 0m.50 à 0m.56 de diamètre, recevant d'un embrayage spécial un mouvement alternatif (*reversing*). La vitesse de rotation, dans ce système, est de vingt à vingt-cinq tours par minute; ce qui permet de fonctionner sans accident et sans entretien coûteux. Cette vitesse réduite a, du reste, l'avantage de souder plus parfaitement les couvertes corroyées sur le fer brut, et de chasser les scories du paquet dans les deux sens, ce qui assure une épuration meilleure.

Le système le plus répandu dans les grandes usines est celui des *trios* composés de trois cylindres de 0m.50 à 0m.56, et parfois de 0m.72 de diamètre, sur $1^m.50$ à $1.^m80$ de longueur, montés entre deux fermes et pourvus de releveurs mécaniques. Cet appareil n'exige que l'emploi de deux hommes.

Appareil While. — Le docteur Percy a décrit, à l'occasion du grand laminoir de Dowlais (p. 163), le principe de cet appareil, qui est le même que celui du laminoir universel : deux cylindres verticaux, dont les arbres sont en relation par des roues d'angle avec les arbres d'une paire de cylindres horizontaux placés derrière eux, reçoivent le paquet de champ et le passent aux cylindres horizontaux, qui lui donnent en une passe les dimensions convenables pour les cylindres ébaucheurs. Les deux paires de cylindres sont assez rapprochées pour que le paquet soit en prise à la fois dans les deux. Le mouvement est donné directement aux cylindres horizontaux. La vitesse est de cinq révolutions par minute.

Cet appareil, d'après le rapport qui en a été fait à l'Institut des ingénieurs du pays de Galles, est appliqué non-seulement aux forges de Taff-Vale et de Dowlais, mais encore à celles d'Ebbw-Vale et d'Aberdare, où il réussit parfaitement.

Train finisseur. — Ce train n'offre rien de particulier ; il se compose, comme l'ancien train, de deux cages : une dégrossisseuse et l'autre finisseuse.

Nombre et tracé des cannelures. — L'introduction des paquets à section de $0^m.22$ à $0^m.25$ de hauteur a déterminé non-seulement la construction de cages soudantes, mais encore un accroissement notable du nombre des cannelures ébaucheuses. Ainsi, avec ces paquets, le nombre total des passages atteint 12 ou 13, au lieu de 8 ou 9 généralement employés avec des paquets de $0^m.18$.

Dans les cages soudantes, on a conservé aux cannelures la forme d'un rectangle ou d'un carré évasé, de $0^m.02$ à $0^m.03$ de chaque côté, sur la ligne de contact des cylindres. En outre, les cordons sont généralement arrondis, de façon à favoriser l'entraînement d'une certaine épaisseur de fer entre les cylindres ; les bavures ou les nervures sur la ligne de contact se prêtant mieux au laminage, après retournement. Les pressions sur les milieux des sections sont très-fortes ; elles oscillent réellement entre $0^m.04$ et $0^m.06$. La hauteur du paquet soudant excède ainsi sur le milieu, celle des côtés, de la largeur de 2 à 3 centimètres.

Si la première cannelure de 400 à 450 centimètres quarrés peut recevoir des paquets de 450 à 500 et 600 centimètres quarrés, les deux ou trois suivantes l'amènent à 300 ou 350, c'est-à-dire, aux sections des paquets soumis autrefois à la première cannelure ébaucheuse. Par une seconde chaude suante, le paquet ainsi réduit passe aux cannelures ébaucheuses du train finisseur qui ramènent la section à 140 ou 150 centimètres quarrés : de sorte que la section primitive se trouve réduite de 65 à 70 pour 100, avant aucun profilage.

Quant aux cannelures profilantes, elles varient avec le profil des rails, avec la qualité des fers, la rapidité de la fabrication, etc. Leur tracé ne se prête donc pas, comme pour les cannelures soudantes, à aucune formule générale.

Les figures 124 et 125 ci-dessous représentent les cylindres dégrossisseurs et finisseurs d'un équipage à rails d'une des usines du Cleveland. Au lieu de trios et de releveurs mécaniques, les cannelures soudantes sont ici disposées sur la cage dégrossisseuse elle-même.

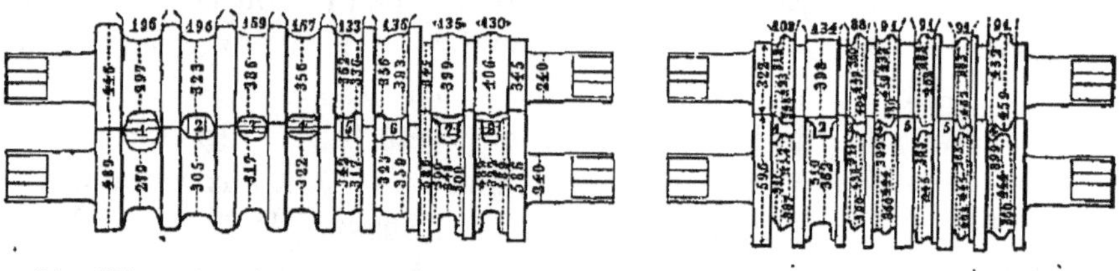

Fig. 124. — Croquis des cylindres dégrossisseurs et finisseurs pour rails à patin. (Cleveland.)

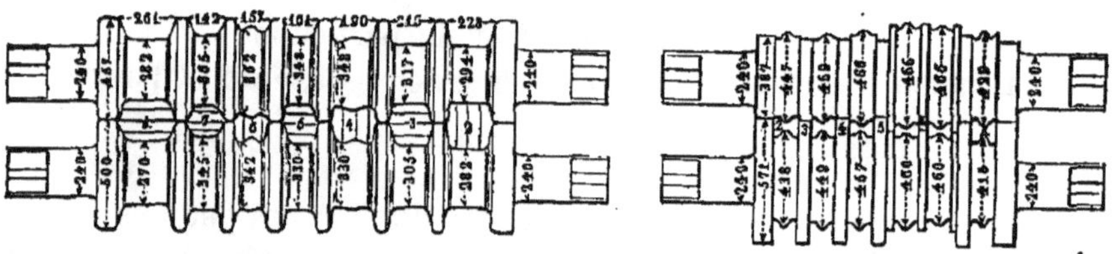

Fig. 125. — Croquis des cylindres dégrossisseurs et finisseurs pour rails à double champignon. (Cleveland.)

Les cylindres ébaucheurs ont jusqu'à 1m,90 de longueur entre cages. Le nombre total des cannelures ébaucheuses et finisseuses est : 1° pour *rails à patin*, de 15, se réduisant à 13, à cause de l'identité des deux dernières finisseuses, servant à tour de rôle ; 2° pour *rails à double champignon*, de 13, soit de 12 pour la même raison.

Dans le premier cas, sur 13 cannelures, les quatre premières sont quarrées et remplacent les cannelures soudantes ; dans le second cas, le nombre des passages soudants n'est que de 3.

Le profilage ne commence qu'à la seconde chaude, la section du paquet étant déjà réduite de plus de 50 pour 100. A partir de cette chaude, le profilage marche avec la plus grande lenteur. Les deux premiers passages de la deuxième chaude ne font que façonner le bourrelet du patin (dans le cas des rails à patin). Le rail prend sa hauteur par deux passages à plat, dans les ébaucheuses nos 7 et 8. Dans le passage du numéro 6 au numéro 7, la partie extérieure du patin est fortement serrée et soudée, par suite de la saillie au milieu de la cannelure que porte le cylindre mâle.

Aux finisseurs, un premier passage à plat rabat les nervures relevées par

Tracé des cylindres ébaucheurs et finisseurs à rails vignoles.

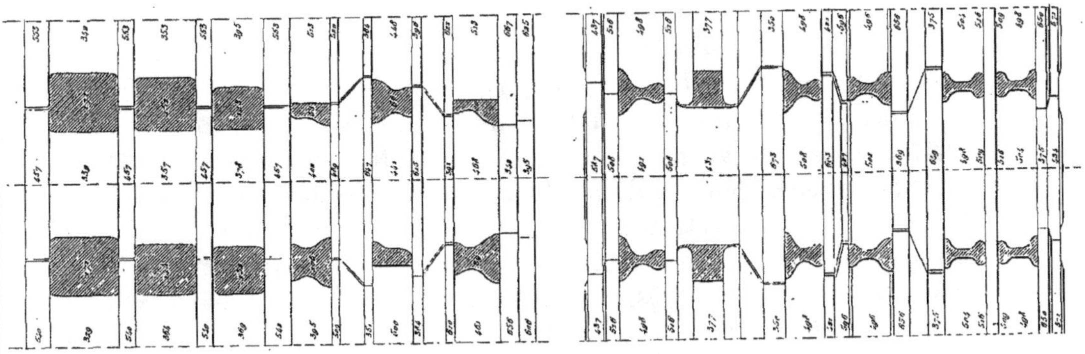

Profil de la société autrichienne I.R.P. des chemins de fer de l'état.

Établ^t et imp^rie de J. Baudry à Liège.

cette saillie; de sorte que le profilage de la tige et du boudin ne commence qu'au dixième passage depuis le commencement de l'opération, c'est-à-dire lorsque la masse a été convenablement soudée à cœur.

D'autres tracés de cannelures pour rails Vignoles sont indiqués pl. XXXII et XXXII *bis;* ils se rapportent à la fabrication des rails russes à Dowlais et à Tredegar (pays de Galles sud).

Enfin, le tracé des cylindres ébaucheurs et finisseurs adopté par la Société autrichienne des chemins de fer de l'Etat, pour la fabrication de ses rails Vignoles, est figuré pl. XXIX (1).

2. CONDUITE DU TRAVAIL.

Qualité des fers. — On emploie d'une manière générale, dans la fabrication des rails, deux qualités de fers : fers bruts n° 1 (*puddlebars*, *millbars*), et fers corroyés n°s 2, 3 et 4.

Les fers n° 1 sont laminés avec des loupes déjà travaillées au marteau, au pilon ou au squeezer. Ces barres, à moins qu'on ne leur assigne des dimensions spéciales, ont $0^{m}.125$ à $0^{m}.130$ de largeur, $0^{m}.015$ à $0^{m}.025$ d'épaisseur, et une longueur variable suivant la grosseur des loupes : leur surface est plus ou moins rugueuse, et la qualité n'en est jamais parfaitement homogène. L'emploi du marteau, nous le répétons, donne incontestablement des fers bruts mieux soudés que le squeezer ou les cylindres, mais il n'est pas approprié à certains fers de qualité inférieure.

Les fers n° 2, ou corroyés, sont formés avec des paquets de barres n° 1, et laminés après avoir été chauffés à blanc. Les angles sont ici plus vifs, la surface est régulière, et la cassure présente une couleur gris pâle. Ces fers n° 2, laminés une troisième fois, deviennent du fer n° 3, et ainsi de suite.

Le fer est ensuite affranchi, au moyen de cisailles, à une longueur convenable pour former les paquets, dont la composition la plus ordinaire peut se représenter par trois quarts de fer n° 1, et un quart de fers n°s 2, 3 ou 4 : ces derniers servent d'enveloppe ou de *couverte* aux fers n° 1. Chaque barre prise séparément doit être droite, pour l'exactitude de la mise en paquets; celles qui constituent la couverte ne doivent offrir ni criques, ni gerçures, que le travail du laminage augmenterait considérablement.

Confection des paquets. — La formation des paquets à mises spéciales ou *couvertes*, composées de fers à grain durs, destinés à la surface de roulement, et à mises de fers bruts ou corroyés à nerf, mais tenaces et mous, satisfait aux deux conditions déjà énoncées de dureté et de résistance;

(1) Ce tracé n'est pas à l'échelle; mais les cotes y sont exactement indiquées.

reste la troisième condition, la *soudure*, qui constitue la difficulté principale, vu la nature différente des fers mis en présence.

Deux systèmes de paquets sont communément employés : 1° des paquets rectangulaires plus élevés que larges, où les couvertes sont formées de mises juxtaposées, avec retour d'équerre, ou d'une seule pièce; 2° des paquets à section carrée, qui offrent les mêmes dispositions de couvertes.

Le poids de ces paquets se calcule en comptant sur un quart en plus que le poids du rail fini. Cet excédant de poids a pour but de compenser le déchet provenant de la soudure des mises, du réchauffage et du cisaillage. Comme la longueur des rails est déterminée, il y a d'ailleurs avantage à augmenter le poids des paquets. Le retrait qu'éprouve le rail en se refroidissant est évalué à $0^{m}.017$ par mètre.

Outre ces indications générales, la qualité du fer, les dimensions et le travail des mises qui entrent dans la formation des paquets à rails sont, de la part de certaines Compagnies de chemins de fer, l'objet des prescriptions les plus minutieuses, dont il est à peu près impossible de contrôler la parfaite exécution. D'autres Compagnies, au contraire, laissent toute latitude aux maîtres de forge, moyennant que les produits résistent à certaines épreuves de garantie déterminées. Ainsi, tandis que les cahiers des charges des chemins de fer de l'Etat, en Belgique, stipulent simplement que les rails seront en fer fort provenant de minerais de première qualité, et que le fer sera dur, bien affiné et parfaitement soudé, la plupart des Compagnies françaises entrent dans les détails les plus circonstanciés et les plus délicats.

D'après le cahier des charges de ces Compagnies, le puddlage doit être conduit en vue surtout du fer à grain; les fers puddlés doivent être classés en fer *à grain*, en fer *métis* ou à grain mélangé de nerf, et en fer *à nerf*. Ces fers seront de bonne qualité, travaillés avec soin, convenablement épurés, les bouts affranchis et les barres bien dressées : les barres des mises devront être de section rectangulaire. Dans les paquets pour *couvertes*, où il ne doit entrer que du fer à grain, le sens du laminage des mises est prescrit. Les barres doivent avoir la longueur du paquet et une largeur telle que les joints se croisent sur toute la longueur. Chaque mise a une épaisseur régulière : le paquet à couverte ainsi formé est étiré et recoupé en barres parfaitement affranchies, ayant la longueur et la largeur du paquet pour rail. La trousse pour rail se compose ainsi, en haut et en bas, de fer corroyé en une seule pièce, représentant en poids le tiers de la masse totale, et, dans l'intervalle, de fer puddlé brut, métis ou à nerf. Les barres brutes peuvent être en deux ou trois largeurs, pourvu que les joints soient bien croisés; pour la longueur, on tolère quelques barres en deux pièces, dans le milieu du paquet, pourvu que la plus petite ait au moins $0^{m}.30$ et qu'elles soient assemblées bout à bout avec soin, de manière à laisser le moins de

Paquets pour rails. (Compagnies et usines françaises.)

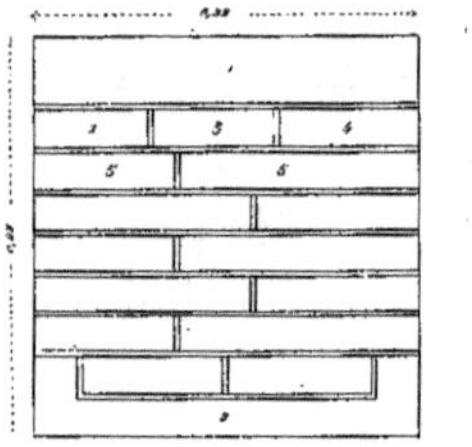

Fig. 1. *Paquet pour rails à patins (Lyon) 1/5.*

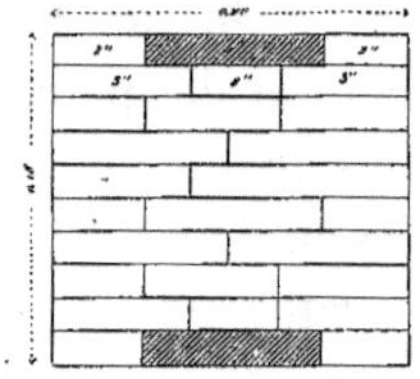

Fig. 3. *Paquet pour couvertes des rails du midi (Creusot) 1/5.*

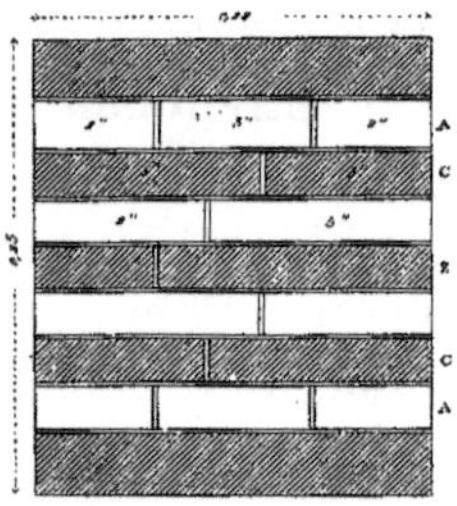

Fig. 4. *Paquet pour rails du midi (Creusot) 1/3.*

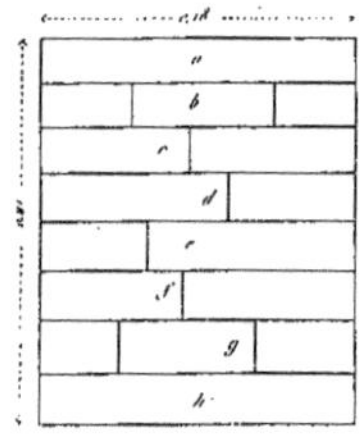

Fig. 5. *Paquet pour rails du midi (Saint Jacques) 1/3*

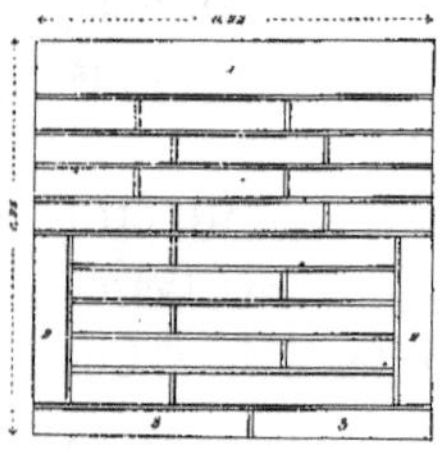

Fig. 2. *Paquet pour rail à patin. (Nord) 1/5.*

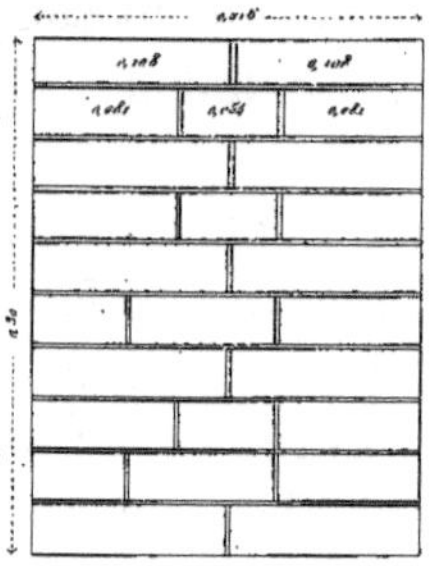

Fig. 6. *Paquet pour couvertes des rails du midi (Decazeville) 1/3.*

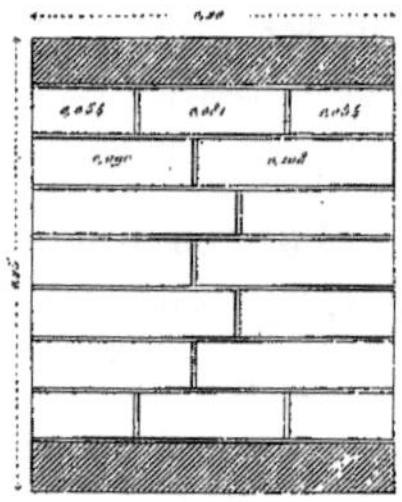

Fig. 7. *Paquet pour rails du midi. (Decazeville) 1/5.*

Etabl.t et impr.ie de J. Baudry à Liège.

vide possible; enfin, les assises doivent avoir une épaisseur régulière.

Nous considérerons actuellement les dispositions et les dimensions fixées par quelques Compagnies pour les rails à patin et à double champignon.

Paquetage pour rails à patin. — Dans la préparation du paquet pour rail à patin, la couverte supérieure est en fer dur à grain ; la couverte inférieure qui forme le patin est généralement composée de fer à nerf, qui résiste mieux que le fer grenu aux efforts de traction.

Le paquet des rails à patin du chemin de fer de Paris-Lyon-Méditerranée est représenté fig. 1, pl. XXX ; il a 0m.22 de hauteur et 0m.20 de largeur, vides non compris, et une longueur de 1m.10.: il pèse 250 kilogrammes.

Le paquet du rail Vignoles du chemin de fer du Nord (fig. 2, pl. XXX) a en largeur 0m.21, en hauteur 0m.22, et en longueur 0m.90. Il comprend : une couverte de 0m.36 d'épaisseur en fer à grains, corroyé, obtenue avec des mises laminées verticalement pour le champignon (n° 1, fig. 2) ; deux mises de fer à nerf, l'une verticale et l'autre horizontale (nos 2 et 3, fig. 2) pour former le patin ; au-dessus de cette dernière, une assise de fer métis ; enfin, l'intervalle est rempli par des mises de fer puddlé à grains. La couverte, dont les mises sont laminées en ayant soin de conserver à leur largeur le sens vertical, après étirage a 0m.22 de largeur sur 0m.035 à 0m.040 d'épaisseur. Elle représente en poids le cinquième environ de la masse totale, de façon que, sur la section du rail fini, l'épaisseur de la surface de roulement ait au moins 0m.02.

D'après le cahier des charges relatif aux rails des chemins de fer russes, le corps du paquet doit être en fer brut ; la mise supérieure, en fer corroyé et d'une seule pièce, représente en poids le quart de la masse totale ou une épaisseur de 0m.01 au moins pour la surface de roulement, sur la section du rail fini. La longueur normale des rails est de 6 mètres avec 0m.0015 de tolérance en plus et en moins. Le poids normal, fixé à environ 35k.700, est réglé par les premières livraisons de rails, dont la section reconnue exacte jouit d'une tolérance de 2 pour 100, en plus ou en moins, pour tenir compte des variations d'épaisseur du corps central, mais sans que la livraison totale puisse s'écarter de plus de 1 pour 100 du poids normal.

On trouvera, pl. XXI, la représentation des paquets à rails russes adoptés par les différentes forges anglaises chargées de cette fabrication : Dowlais, Ebbw-Vale et Tredegar, Walker, Consett, Tudhoe.

Paquetage pour rails à double champignon. — Pour le paquet de rail à double champignon, le fer des mises inférieure et supérieure doit être dur et résister à la compression.

Les paquets des rails du chemin de fer du Midi, fabriqués il y a quelques années dans le pays de Galles, avaient 0m.22 de largeur, 0m.25 de hauteur,

$0^m.95$ de longueur. Ils étaient composés de neuf mises ; les couvertes comprenaient immédiatement au-dessous d'elles deux barres en corroyé placées extérieurement pour empêcher les criques de se produire sur les faces latérales des champignons. Les autres mises intérieures étaient en fer puddlé.

On trouvera, pl. XXX, fig. 3 à 7, les paquets de rails du Midi adoptés par les forges françaises du Creusot, de Saint-Jacques et de Decazeville. Les procédés de fabrication correspondants sont décrits *in extenso* dans les chapitres consacrés à ces usines.

Méthodes de fabrication. — Les méthodes de fabrication correspondent à la nature des fers mis en œuvre.

Pour les fers provenant de fontes inférieures, on a cherché des garanties de ténacité dans le ballage, et de soudure, dans une plus grande section donnée aux paquets. Les trousses de fer puddlé, à couvertes ballées, sont alors laminées en deux chaudes pour rails finis.

Pour les fers de qualité intermédiaire, les paquets en fer puddlé sont à couvertes martelées, et finis en une ou deux chaudes.

Enfin, pour des matières de premier choix, on affine avec soin, et on travaille les paquets au marteau, avant tout profilage.

Les Compagnies de chemins de fer imposent rarement des conditions pour le laminage des paquets. Nous citerons toutefois la Compagnie du Midi, qui exige par son cahier des charges, depuis 1861, le travail en deux chaudes. Le puddlage étant en fer fort, les loupes sont martelées sous le dilon, de façon à leur donner la forme de prismes qui sont réchauffés et laminés. A défaut de marteau-pilon, la loupe est pressée au squeezer et passée de la même chaude dans quatre cannelures soudantes qui la réduisent en barres de $0^m.027$ d'épaisseur. Les barres, mises en paquet de neuf assises, sont chauffées, puis laminées en couvertes, de $0^m.03$ d'épaisseur sur $0^m.22$ de largeur.

Les détails que nous donnons plus loin sur la fabrication en Angleterre, en France, etc., nous dispensent de nous appesantir sur la description des méthodes.

Réchauffage. — Le réchauffage des paquets exige plus d'attention et de soins que celui des paquets pour fers marchands. Le fer à grain atteignant plus vite la température du blanc soudant que le fer à nerf et se refroidissant plus vite, on a soin de chauffer les paquets, la lame à grain sur la sole ; puis on les retourne de manière à obtenir une chaude uniforme. Si la couverte de fer à grain n'a pas été suffisamment chauffée, elle se détachera ou se déchirera sous les cylindres. Si les paquets ont été trop chauffés, ils s'ouvriront dès la première cannelure. Le suréchauffement est mis, du reste, en évidence par la manière dont les extrémités des rails sont égrenées et par le nombre de criques qu'on peut signaler sur les congés des champignons.

Les fours à réchauffer qui desservent les trains à rails sont plus grands que les fours ordinaires ; on a décrit (p. 344 et fig. 104) le four à chauffer les ballages et les paquets de rails du Creusot. Une charge varie entre quatre et cinq paquets de 180 à 220 kilogrammes ; on passe six à sept charges par poste de douze heures.

Étirage. — Le service d'un laminoir à rails exige un personnel variable, suivant les usines, mais qui comprend habituellement de huit à dix hommes par poste de douze heures : un maître lamineur, un aide-lamineur, deux rattrapeurs et de quatre à six releveurs, dont deux à l'avant et deux ou quatre à l'arrière.

Les considérations déjà exposées sur le nombre et le tracé des cannelures des cylindres à rails expliquent suffisamment la manière dont est conduit le laminage. Il est surtout important, dans les laminoirs pour couvertes, que les pressions soient bien réparties ; autrement la couverte, ne pouvant passer au moment voulu, se refroidit et se soude mal. Il arrive ainsi que des couvertes, bien soudées d'une mise à l'autre, sont mal soudées transversalement dans une même mise.

Certaines forges ont recours, au lieu de cages soudantes, au marteau-pilon pour opérer la soudure des paquets ; elles agissent par simple pression et donnent peu d'allongement ; mais, à cause de leur faible vitesse, le paquet perd sa température soudante avant la fin de l'opération. Le marteau-pilon a l'inconvénient de séparer, par le contre-forgeage ou forgeage sur champ, les mises déjà soudées par le forgeage à plat.

Dans les grandes usines à rails, les trios et les duos à renversement ou à releveurs qui doublent le nombre de passages dans un même temps, témoignent de l'importance attachée à un laminage rapide, pour que le fer se soude pendant qu'il possède une haute température. C'est pour cette raison, que l'on a dans le finissage, un nombre plus grand de révolutions que pendant le dégrossissage du paquet. Quelques maîtres de forge persistent toutefois à condamner l'emploi des trios : 1° parce qu'il est plus difficile de régler trois cylindres que d'en régler deux ; 2° parce que les rails passant plus chauds, puisqu'ils sont laminés dans un temps moins long, sont plus grenus et plus cassants ; 3° parce que, le laminage s'opérant en sens inverse, le pied du rail ne peut être assez à nerf. La seconde raison mérite seule nos remarques ; on aurait, en effet, constaté que les rails provenant du laminage à trois cylindres, c'est-à-dire terminés à une très-haute température, donnaient plus de rebuts et des produits d'autant moins homogènes, que la sortie des cannelures finisseuses a lieu à une température plus élevée. En conséquence, on a proposé de revenir au travail lent des anciens laminoirs (1), c'est-à-dire de faire subir au fer, pendant son refroidissement, une compression énergique à travers les dernières cannelures, jusqu'à ce que le rail atteigne son profil définitif. Il y a à opposer à ce finissage à basse température : 1° que la croûte plus dure n'implique pas nécessairement une plus grande durée ; 2° que si le travail à froid augmente la résistance à la rupture, il diminue le plus souvent la densité du fer ; 3° que la puissance motrice doit être augmentée et que la fabrication est ralentie par la condition du refroidissement des rails au rouge brun, avant de les durcir à une faible vitesse.

Au sortir de la dernière cannelure, les rails sont dressés et sciés à chaud.

Dressage. — Le dressage des rails se fait à chaud en les frappant de quelques coups de maillet pendant qu'ils sont sur le banc à dresser.

Sciage. — L'affranchissement aux deux bouts à la fois, ou alternativement à chaque bout, mais de la même chaude, se fait à l'aide des appareils déjà décrits. Aux deux extrémités de l'arbre des scies, et dans le prolongement de la dernière cannelure finisseuse, sont disposés deux bancs de sciage : l'un entre le laminoir et la première scie, l'autre au delà de la seconde. Le rail amené sur le premier banc est affranchi d'un côté, puis poussé sur le second banc, muni d'un arrêt, qui détermine exactement la position du second trait de scie.

Limage. — Le rail affranchi passe immédiatement aux limeurs à chaud et de là, aux presses à froid.

Dressage à froid. — Une paire de presses, telles qu'elles ont été décrites page 385, permet de dresser 80 à 100 tonnes de rails par semaine.

Forage et ajustage. — Les rails sont enfin percés et rabotés aux extrémités avec des appareils spéciaux indiqués page 386.

On s'interdit de réchauffer aucune partie des rails après le laminage, et de faire toutes réparations de criques, pailles, etc., soit à chaud, soit à froid. Les trous destinés à recevoir les boulons d'éclisses ou les attaches sur les traverses, sont parfaitement ébarbés. Un tracé remis aux fournisseurs indique leurs dimensions et leurs positions.

Les opérations que nous venons d'énumérer sont, de la part des Compagnies de chemins de fer, l'objet de recommandations singulièrement détaillées. Ainsi, le dressage, d'après les cahiers des charges, doit être fait autant que possible à chaud sur les quatre faces, et avec le plus grand soin. S'il y a lieu d'opérer à froid pour le rendre parfait, l'opération devra

(1) *Société des Ingénieurs civils*, séances des 5 juin et 20 novembre 1865. Communication de M. Sieber.

être exécutée sans percussion, au moyen de vis de serrage et par pression graduée. Quand les rails sont à champignons inégaux, la table de dressage doit avoir une courbure telle que les rails, appliqués bien exactement, se redressent par la simple différence de contraction, due au refroidissement des deux bases. L'emploi du marteau en fer est interdit pour le dressage, car il déforme le profil du rail, et il pourrait d'ailleurs être appliqué à parer quelque défaut. La surface de roulement sera parfaitement unie, lisse et sans côte : aucun défaut n'y sera toléré. Tous les rails seront coupés aux deux bouts, par un moyen mécanique, agréé par les ingénieurs des Compagnies. Les bavures seront enlevées à la lime ou au ciseau, et les plans des sections seront parfaitement d'équerre sur l'axe des rails.

Soudage des paquets. — La question du soudage de la couverte avec le paquet est des plus délicates, puisqu'une bonne soudure est la condition essentielle de la durée des rails. Peu importe, en effet, que le rail soit à grain ou à nerf, plus ou moins chauffé, etc., si la couverte ne fait pas corps avec lui. Dans ce cas, au bout de quelques mois, la couverte s'arrache sur une épaisseur plus ou moins considérable par bandes entières, et laisse le rail hors de service. De sorte qu'un rail nerveux, pouvant au besoin fournir deux et trois ans de garantie, peut échapper à la responsabilité, tandis qu'un rail à grain, mais dessoudé par sa couverte, peut exiger un rebut immédiat.

La difficulté du soudage vient de ce que la couverte étant à grain, exige pour se souder, une température moins élevée que le fer nerveux qui constitue l'âme. Si donc on chauffe extrêmement le paquet pour que l'âme puisse se souder à blanc avec la couverte, celle-ci se brûle ou se crique, et le rail devient cassant.

On a remarqué d'ailleurs que lorsque la chaude est bien suante, le moindre retard du lamineur fait brûler la surface des paquets sur une petite profondeur, et les bords des mises deviennent assez aigres pour ne plus vouloir se souder. Le paquet, porté alors au laminoir, en sort avec des mises très-apparentes, bien que l'intérieur soit fortement soudé. L'aspect extérieur du rail n'apprend donc rien de bien exact sur sa qualité.

Une autre cause qui s'oppose à la soudure de la couverte tient à ce qu'elle est composée de mises de fer brut, réchauffé et laminé plusieurs fois. Or, on ne peut bien souder que des fers ayant été corroyés un même nombre de fois.

Enfin, la couverte étant plus épaisse que les mises inférieures, ne s'infléchit pas aussi bien au laminoir, et les mises peuvent laisser des vides entre elles ; ou bien elle s'allonge moins et produit un glissement au point de jonction.

L'épaisseur des couvertes a été très-souvent discutée. Ainsi, on a essayé de donner à la couverte supérieure une épaisseur suffisante pour que le champignon supérieur des rails en fût entièrement formé. Les couvertes épaisses, exigeant un séjour prolongé dans le four pour arriver à la température soudante, il devient difficile de ne pas brûler le reste du paquet, et, dans la plupart des cas, la couverte n'a pas atteint la température nécessaire, au moment où il faut sortir celui-ci du four pour le laminer.

Les couvertes très-minces se soudent bien, mais se détachent promptement, surtout quand elles ont été mal chauffées. Les mises de fer puddlé se trouvant, dans ce cas, plus rapprochées de la surface de roulement, sont plus exposées à l'action des bandages, et, en présence d'une soudure imparfaite, les rails sont détruits presque immédiatement.

Dans le pays de Galles les couvertes sont comprises entre 0m.025 et 0m.038. Au-dessous de 0m.025, elles ne peuvent résister à l'effort des roues; et au-dessus de 0m.038, elles ne peuvent être assez chauffées pour se souder.

Les couvertes à crochets ou à nervures, destinées à envelopper complétement le champignon et à abaisser les surfaces de séparation du fer corroyé et du fer brut, ont été abandonnées, parce qu'elles ne servaient qu'à masquer les dessoudures, devenues plus faciles par l'interposition des laitiers entre les deux qualités de fer.

Dans la plupart des usines, les paquets pour couvertes sont composés de mises horizontales; aux forges de M. de Wendel (Moselle), elles sont verticales et au nombre de treize par paquet. Il résulte de cette disposition que si le corroyé contient des mises, mal disposées à se souder au reste du paquet, celles-là seules ne seront pas adhérentes, si les mises sont verticales; si, au contraire, elles étaient horizontales, on courrait la chance d'avoir, au contact du corps du rail, une de ces mises non soudantes, et par suite un défaut général d'adhérence entre la couverte et le corps du rail. D'après M. Alquié, ingénieur de la Compagnie du Nord, une des causes de la supériorité des rails de l'usine de Wendel est dans le mode de fabrication du corroyé (1). Une autre cause par laquelle, d'après le même ingénieur, on combat d'une manière très-efficace la dessoudure, est dans le triage minutieux des fers puddlés et dans le classement méthodique des natures de fer par paquet. Si les fers en présence sont de même nature, ils se soudent très-bien, même avec des couvertes de 0m.04 d'épaisseur, ainsi que cela se passe dans la fabrication de M. de Wendel.

Il convient de rappeler enfin que, dans cet ordre d'idées, l'on a insisté pour n'admettre que du fer à grain dans la fabrication des rails; la clause du grain dans le champignon et du nerf dans le corps et le pied, soulevant des objections de même nature que si l'on exigeait du fer puddlé pour le corps du paquet, et du fer corroyé pour la couverte. Il est difficile toutefois d'admettre que les différences entre ces deux qualités, dues au mode

(1) *Bulletin de la Société des ingénieurs civils*, séance du 3 juin 1864.

de travail ou à des artifices de fabrication, se traduisent par des différences sensibles dans la température de soudage, qui est le point important après la composition même des paquets. D'ailleurs, le fer à grain ne peut convenir, dans le rail Vignoles, pour les bords du patin, où il est soumis à l'extension.

Des réformes plus radicales ont fait essayer des paquets tout en fer corroyé et tout en fer puddlé, c'est-à-dire formés de mises homogènes.

Outre que le prix de fabrication des paquets tout en fer corroyé est plus considérable, ils sont beaucoup plus difficiles à chauffer; ce qui entraîne une lenteur dans le travail, et les barres tendent sous le laminoir à glisser les unes sur les autres, ce qui, en pratique, est un obstacle sérieux à la bonne soudure.

Quant aux rails tout en fer puddlé, la soudure est parfaite, mais on leur reproche une surface rugueuse, inégale, criquée, qui rend les rebuts de fabrication très-nombreux. Nous aurons pourtant à décrire un essai fait à l'usine de l'Horme, et qui démontre bien nettement *à priori*, sous le rapport de la qualité, la supériorité des rails en fer puddlé. Dans cette circonstance, le nombre de rebuts de fabrication et de réception n'a pas été plus considérable que pour les rails ordinaires.

Rails en fer-scorie. — Dans le pays de Galles et en Belgique, les fontes destinées aux rails ordinaires sont fabriquées avec de fortes doses de scories. Nous avons indiqué les caractères principaux des produits résultant de cette addition (t. III, p. 603). Les fontes-scories belges donnent par le puddlage un fer dur et bien soudant, réunissant les qualités voulues pour la confection du champignon.

De nombreux essais faits à Couillet, tant à chaud qu'à froid, dans le but de vérifier l'état des soudures des rails fabriqués dans cette usine, avec des bourrelets en fer-scorie et des bourrelets en fer ordinaire, moins siliceux, ont permis de constater l'excellence des rails en fer-scorie. D'ailleurs, les rebuts des rails en service, après la garantie de trois années écoulées, ont été réduits des deux tiers. Cependant, les fers siliceux sont très-cassants, et les rails ne résisteraient que faiblement à la flexion, si l'on n'avait pas soin de composer la partie des paquets, destinés à la confection des patins, avec des fers nerveux provenant de fontes de qualité spéciale. La soudure de ces deux fers exige, il est vrai, un soin tout particulier et l'emploi de mises intermédiaires, permettant de passer d'une nature de fer à l'autre. Les fers des fontes-scories sont, en outre, très-sensibles aux coups de feu; quand on les a surchauffés, ils deviennent aigres, très-cassants, et sans aucune ténacité. Par cette raison, il ne convient pas de leur faire subir plus d'un ou de deux corroyages; les meilleurs produits sont entièrement fabriqués en fer ébauché, travaillés en une seule chaude.

Ces faits sont confirmés par les résultats obtenus dans le pays de Galles avec des fers provenant de fontes blanches; les lits de fusion tenant toujours de 30 à 40 pour 100 de scories. Les rails fabriqués avec ces fers ont une cassure homogène, à gros grains, attestant la nature phosphoreuse du métal et offrent une soudure, ainsi qu'une résistance à froid suffisante.

La Compagnie du chemin de fer du Nord (France) s'est très-bien trouvée de fers provenant de minerais phosphoreux, et jouissant des qualités spéciales aux surfaces de roulement des rails. Ces fers, cassants à froid, se soudent cependant bien et résistent mieux en service que des fers plus purs.

Frais de fabrication. — Voici, d'après les livres de l'usine d'Ebbw-Vale, le compte de frais de 1 000 kilogrammes de fer puddlé, calculé sur une production mensuelle de 5 876 tonnes, et celui de 1 000 kilogrammes de rails à patin, établi sur une production mensuelle de 5 150 tonnes :

Travail du fer brut. — Compte de fabrication par 1 000 *kilogrammes.*

MATIÈRES PREMIÈRES.

Métal affiné	76 fr.	50
Fonte brute	4	50
Bouts écrus	0	20
Houille	2	60
Fonte moulée et fer en barres	1	30
Charpente, briques et argile	0	45
Machines et outillage	2	35

MAIN-D'ŒUVRE.

Pesage et transport du métal aux fours	0	15
Puddlage	5	65
Cinglage	0	55
Laminage	0	65
Finissage des barres et empilage	0	65
Inspection	0	20
Maçons, tourneurs et forgerons	0	30
Service des fours, nettoyage, etc.	0	50
	96 fr.	35

Travail des rails. — Compte de fabrication par 1 000 *kilogrammes.*

MATIÈRES PREMIÈRES.

Fer puddlé en barres	96 fr.	35
Houille	3	40
Briques, etc.	0	15
Machine et outillage	2	70

MAIN-D'ŒUVRE.

Transport du fer au laminoir	0	40
Paquetage	0	20
Réchauffage	1	65
Cinglage	0	60
Soudage au blooming	0	90
Laminage	0	65
Crocheteurs et rattrapeurs	0	30
Dresseurs	0	60
Sciage	0	20
Limage	0	35
Pesage et inspection	0	60
Tourneurs	0	40
Service des fours	0	25
Maçons et forgerons	0	30
Chargement	0	15
Total par tonne	113	45
A déduire : pour bouts écrus	3	95
	109 fr.	50

M. Goschler a établi le prix de revient de rails composés de fer corroyé et de fer puddlé, simplement laminés (1). Nous ne le reproduisons ici qu'à titre de renseignements, puisque, dans chaque cas particulier, les prix varient avec les éléments dont disposent les usines et les capitaux engagés.

Travail du fer brut.— Prix de revient des 1 000 *kilogrammes.*

Fonte, 1 150 kilogrammes à 80 francs	92 fr.	00	107 fr. 95
Houille, 800 kilogrammes à 9 francs	7	20	
Puddlage	7	00	
Cinglage et laminage	1	75	

Travail du fer corroyé. — Prix de revient des 1 000 *kilogrammes.*

Fer puddlé, 1 075 kilogrammes à 107 fr. 95 c.	116 fr.	04	122 fr.	44
Houille, 350 kilogrammes à 9 francs	3	15		
Chauffage	2	00		
Laminage	1	25		
A ajouter : perte sur les rognures			1	22
			123 fr.	66

Travail des rails.

Fer corroyé, 350 kil. à 123 fr. 66 c.	43 fr.	28	124 fr.	15
Fer brut, 700 kil. à 107 fr. 95 c.	75	20		
Houille, 200 kil. à 9 francs	1	80		
Chauffage	1	50		
Laminage	2	00		
Pertes sur rebuts			1	22
Dressage, ajustage, perçage et frais de réception			1	28
Frais généraux			1	50
Prix de revient de 1 000 kilogrammes de rails finis			128 fr.	15

(1) *Traité pratique de l'exploitation des chemins de fer*, t. I, p. 294; 1865.

3. TRAVAIL DES USINES A RAILS.

Nous décrirons actuellement, d'après les rapports des ingénieurs qui ont séjourné dans les usines, ou qui ont eu occasion de les visiter, les conditions principales de la fabrication des rails en Angleterre et en France, en insistant plus spécialement sur la formation des paquets. Qu'il nous soit permis, en passant, de témoigner notre reconnaissance à M. Rancès, ingénieur des chemins de fer du Midi, qui a mis à notre disposition les rapports des agents employés par cette Compagnie pendant ces dernières années, et à notre ami M. Doublet, ingénieur, qui nous a communiqué les documents relatifs aux commandes considérables exécutées par les usines anglaises (1858-60), pour le compte de la société des chemins de fer russes.

ANGLETERRE.

1. *Pays de Galles.*

1. *Dowlais.* — Le gros mill de cette usine, la plus vaste de la Grande-Bretagne, a été décrit par l'auteur, p. 160.

Le paquet pour *couvertes* des rails Vignoles fabriqués pour la Russie, est formé de douze assises de fer puddlé de deux dimensions :

$0^m.115$ de largeur $\times$ $0^m.019$ d'épaisseur
$0^m.076$ — $\times$ $0^m.019$ —

Les barres, de $3^m.60$ à $4^m.50$ de longueur, sont coupées à la longueur de $0^m.91$. Les joints sont croisés; la longueur du paquet est de $0^m.91$, et il pèse en moyenne 318 kilogrammes. Chaque barre de fer puddlé est, dans le sens de la longueur du paquet, généralement d'une seule pièce. Le fer est à grain, provenant exclusivement de fine-metal travaillé en sable. Le fine-metal est obtenu à son tour, avec de la fonte à air froid, coulée directement dans le feu de mazerie.

Les paquets sont laminés en deux chaudes. Après la première chaude, ils passent au trio soudeur, desservi par neuf fours à souder et marchant à une vitesse de vingt-quatre tours par minute. On fait subir au paquet quatre passages à travers les cannelures soudantes, à plat, de champ, à plat et de champ.

Le paquet est reporté aux fours à réchauffer; trois de ces fours desservent le train ébaucheur et finisseur, marchant à quatre-vingt-seize tours à la minute. Le paquet y subit six passages dont :

Paquets pour rails Vignoles. (Usines anglaises.)

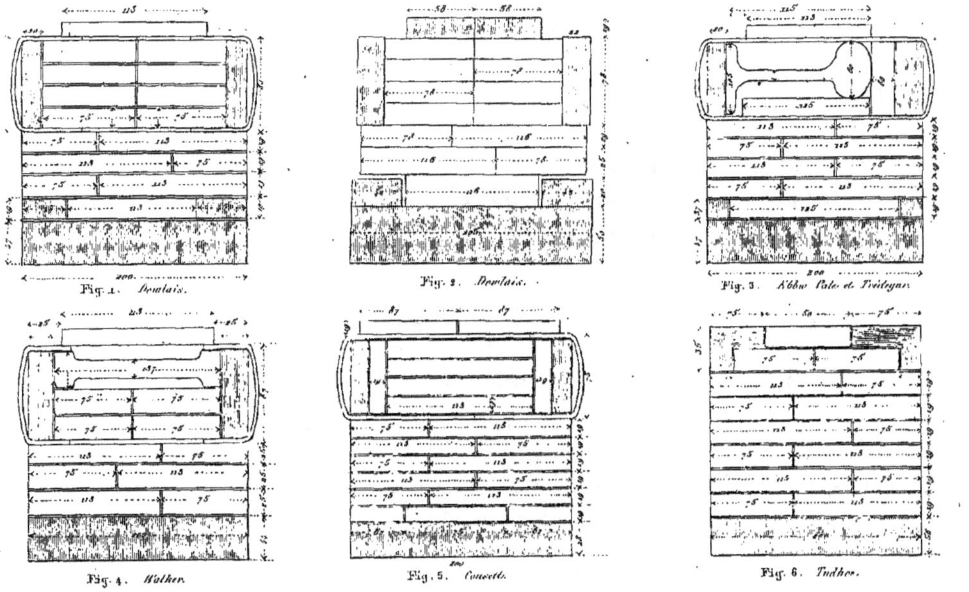

Fig. 1. Dowlais. — Fig. 2. Dowlais. — Fig. 3. Ebbw Vale et Tredegar. — Fig. 4. Walker. — Fig. 5. Consett. — Fig. 6. Tudhoe.

Établ.t lith.que de J. Baudry, à Liège

3 aux ébaucheurs.	A plat. A plat. De champ.
3 aux finisseurs.	A plat. A plat. A plat.

A sa sortie des finisseurs, la barre a 0m.204 de largeur, 0m.048 d'épaisseur, et 4 mètres de longueur. On la scie à chaud, immédiatement, en quatre tronçons de 0m.90. Chaque barre fournit deux bouts écrus de 0m.20.

Les paquets pour *rails* sont représentés fig. 1 et 2, pl. XXXI. La couverte est figurée en bas du paquet, c'est-à-dire dans la position où l'on introduit les paquets dans les fours à réchauffer. Les mises qui sont en blanc sont en fer puddlé (fer n° 1); celles à hachures obliques sont en fer corroyé (fer n° 2). Les mises de corroyé, placées dans la partie du paquet qui doit former la tête du rail, sont hachées différemment de celles qui forment les angles du patin. Les premières sont en effet en fer à grain (1); les secondes, hachées verticalement, en fer à nerf. L'épaisseur du fer corroyé à grain, sur la section du rail, est de 0m.015 à 0m.018 (fig. 1, pl. XXXI). Les mises de fer puddlé sont de deux dimensions principales : 0m.075 sur 0m.019 et 0m.113 sur 0m.019.

La couverte pèse.	66	kilogrammes.
Les quatre méplats de fer n° 2 servant à former les joues du champignon et les angles du patin. . . .	33	—
Les seize barres de fer n° 1 pour le corps du paquet. .	182	—
Poids total du paquet.	281	kilogrammes.

L'emploi des ligatures pour soutenir les méplats de fer n° 2 et les empêcher de tomber dans le four, est adopté à Dowlais (fig. 1), de même que dans les autres usines du pays de Galles et du nord de l'Angleterre.

Le fer n° 2 est de qualité supérieure ; il provient d'une fonte obtenue en diminuant la proportion de scories et en forçant celle du minerai de meilleure qualité, tandis que le fer n° 1 provient de fontes ordinaires, puddlées directement, sans passer par le feu de mazerie.

Les paquets tels qu'ils ont été décrits, sont laminés en deux chaudes. Douze fours sont employés à la première chaude, et quatre à la deuxième.

(1) La Compagnie des chemins de fer russes imposait, dans ses traités avec les usines, un quart du poids total en fer à grain, pour la tête des rails. Les matériaux employés par 1 000 kilogrammes de fonte destinée à la fabrication des couvertes tout en fer à grain, étaient les suivants :

Minerai du pays (houiller).	312	kilogrammes.
— de Northampton.	098	—
Scories de puddlage.	1 372	—
— d'affinage.	46	—
Castine.	863	—
Houille et coke.	2 080	—

Les paquets sont enfournés, de manière que la plaque devant former la tête du rail soit au-dessous, et le pied, par conséquent, est chauffé le premier. Les fours pour la deuxième chaude, ont généralement $0^{m}.30$ de plus de largeur que les autres. Au sortir des fours, les paquets sont conduits aux laminoirs. Le croquis (pl. XXXII) représente la succession des cannelures des cylindres soudeurs, ébaucheurs et finisseurs, avec les cotes importantes.

1. *Soudeurs.* — Ils consistent en trois cylindres superposés, avec élevateur mécanique, qui font vingt-quatre révolutions par minute.

Première chaude. — Le paquet subit trois passages à travers trois cannelures rectangulaires.

Cannelure n° 1. — 1er passage, *à plat ;* dimension horizontale de la cannelure, $0^{m}.205$, soit $0^{m}.005$ d'entrée pour le paquet ; dimension verticale, $0^{m}.180$.

Cannelure n° 2. — 2e passage, *de champ.* Le paquet est retourné de 90 degrés ; on lui donne $0^{m}.010$ d'entrée dans la cannelure (190 à 180). La dimension 205 est réduite à 160, soit $0^{m}.045$ de pression.

Cannelure n° 3. — 3e passage, *à plat.* Le paquet est retourné de 90 degrés ; $0^{m}.010$ d'entrée. La dimension 190 est réduite à 150, soit $0^{m}.040$ de pression.

Ce laminage dure trente secondes : douze fours à souder desservent la cage soudante ; ils font en moyenne sept chaudes de quatre paquets chacune, par poste de douze heures, soit trois cent trente-six paquets par douze fours et douze heures.

Deuxième chaude. — Quatre fours servent à réchauffer les paquets au sortir des soudeurs et desservent le grand mill (*ébaucheurs et finisseurs*).

Cette deuxième chaude ne dure que vingt-cinq minutes, la première ayant duré une demi-heure. Les cylindres du grand mill font quatre-vingt-seize révolutions à la minute. Le paquet subit quatre passages à travers les cannelures des ébaucheurs, et cinq à travers celles des finisseurs : ces neuf passages durent de une heure et un quart à une heure et demie.

2. *Ébaucheurs.* — Cannelure n° 4. — 1er passage, *à plat.* Cannelure rectangulaire ; peu de pression.

Cannelure n° 5. — 2e passage, *de champ.* La barre est retournée de 90 degrés. La dimension 140 entre dans la dimension horizontale 165 ($0^{m}.025$ d'entrée) ; la dimension 190 est réduite au milieu à 160, et à ses deux extrémités à 113 et à 157. Les pressions très-fortes sont facilitées par l'entrée considérable.

Tracé des cannelures à rails vignoles. (Dowlais.)

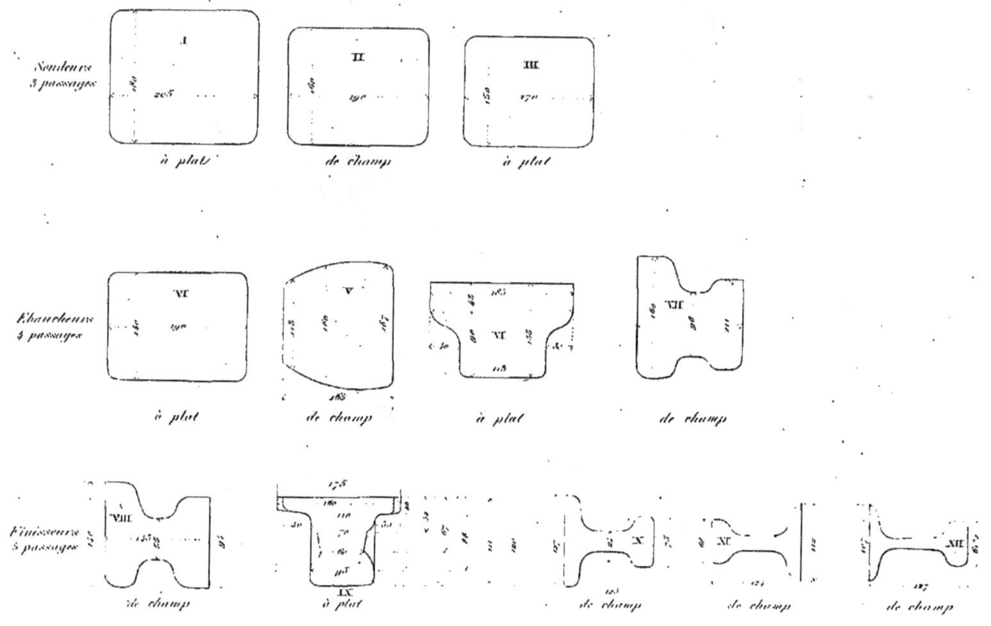

Cannelure n° 6. — 3e passage, *à plat*. On commence à dégorger la barre en donnant : 1° une forte pression ; 2° très-peu d'entrée à la partie inférieure, et beaucoup à la partie supérieure, afin de refouler le fer sur les deux côtés du haut pour former le patin.

Cannelure n° 7. — 4e passage, *de champ*. La barre est retournée de 90 degrés. On commence à former le champignon.

La comparaison des cotes des cannelures nos 6 et 7 rend compte des pressions subies.

3. *Finisseurs*. — Cannelure n° 8. — 1er passage, *de champ*. La barre est retournée de 180 degrés (sens dessus dessous). La pression est surtout portée sur l'âme du rail, la dimension 95 étant réduite à 50.

Cannelure n° 9. — 2e passage, *de plat*. On reprend de nouveau le patin pour l'amincir et l'allonger, en suivant le même principe que pour la cannelure n° 6 : 1° très-peu d'entrée au bas de la cannelure; 2° une entrée considérable dans le haut; 3° une forte pression. Il s'ensuit que la barre ne sort pas à pleine cannelure, car, serrée en son milieu par les pressions verticales, elle est sollicitée vers ses angles supérieurs par la résultante inclinée, en laissant des vides.

Cannelures nos 10, 11, 12. —3e, 4e et 5e passage, de *champ*. La barre est retournée de 180 degrés à chaque passage et terminée.

La fabrication de Dowlais réalise ainsi deux conditions importantes de succès : 1° le rail est dégorgé dès le deuxième passage aux ébaucheurs; 2° une grande vitesse de rotation est imprimée aux cylindres.

Outre l'emploi constant, au deuxième passage, de la cannelure n° 9 dans les finisseurs, il y a lieu de remarquer la disposition des cannelures, qui permet de forger les barres tout en les dégrossissant. C'est par ce motif, en se reportant, par exemple, aux cannelures nos 6 et 7, que la section de la barre n'a pas d'axe de symétrie, par rapport aux bases; dans le numéro 6, la distance du congé à la perpendiculaire est d'un côté de 0m.030, et de l'autre côté de 0m.040, tandis que, dans le numéro 7, l'inégalité est renversée; ce qui assure un forgeage énergique.

Enfin, il convient de noter le jeu très-faible ménagé au tournage entre les cordons des cylindres; d'où il suit que les cordons ne sont pas rigoureusement en contact dans les cylindres supérieur et inférieur. De plus, à chaque extrémité des cylindres, les cordons sont à joues coniques, de manière à ce que les pressions longitudinales s'exercent non plus sur les cordons, mais sur les surfaces coniques en contact. L'usure du cylindre mâle se fait sur la surface cône, et c'est seulement lorsque l'usure des surfaces cônes est de 1/4 ou de 1/2 millimètre dans le sens horizontal, que les cordons intermédiaires viennent à se toucher pendant ce laminage. Alors seulement, on remet les cylindres sur le tour pour raviver les surfaces, en même temps qu'on rafraîchit les surfaces cônes. Cette disposition est appliquée dans un certain nombre d'usines en France, en Belgique, etc.

Au sortir des laminoirs, les rails sont portés sur un chariot à rouleaux, placé près des scies à chaud, couchés sur le côté et sciés l'un après l'autre aux extrémités. La vitesse des scies est de huit cent cinquante tours par minute; on laisse de $0^m.025$ à $0^m.050$ pour le retrait. Les deux bouts affranchis, tandis qu'ils sont encore au rouge, sont laminés sous des cylindres spéciaux, à proximité des scies, et aplatis en barres de $0^m.045$ à $0^m.050$, d'épaisseur uniforme.

Une fois sciés, les rails sont placés sur un banc où un ouvrier, à chaque extrémité, lime à chaud les bavures laissées par les scies. Après le limage, on les dresse sur une courbe convexe en fonte : deux ouvriers frappent le rail avec un maillet en bois pour lui donner la courbure convenable. On empile les rails dressés les uns sur les autres sur les bancs à refroidir, et au bout de quarante-huit heures au moins après le laminage, on les dresse à froid. Dix presses servent à ce dressage; chaque presse emploie deux hommes. Les dix presses, travaillant de huit à dix heures par jour, peuvent dresser un total de 120 à 130 tonnes de rails; mais généralement on n'emploie que huit presses dressant par semaine 660 tonnes.

Le travail des laminoirs est très-variable suivant la saison. Dans les grandes chaleurs, les laminoirs de Dowlais ne font pas plus de 650 tonnes par semaine, tandis qu'en hiver, leur production atteint jusqu'à 760 et 800 tonnes.

Les rails dressés sont placés sur des bancs, et vérifiés par les ouvriers pour voir s'ils sont d'équerre et de longueur exacte. Ceux qui ne sont pas d'équerre sont immédiatement réparés à la lime; ceux qui sont un peu trop longs sont renvoyés aux machines à fraiser; ceux qui offrent une différence de longueur trop considérable sont sciés de nouveau; enfin, les rails trop courts sont coupés à $5^m.18$ ou à $4^m.25$ de longueur.

Les rails reconnus bons par l'usine sont percés. Un côté de la machine de perçage fait les encoches pour les crampons. Quand les encoches ont été percées, les rails sont renversés sur le banc situé à proximité du perçoir pour y pratiquer à la fois le trou et le demi-trou, de sorte que les poinçons étant bien à distance, les mêmes outils peuvent servir pendant vingt-quatre et même trente-six heures. Avec de bons poinçons, on perce environ 130 tonnes en douze heures.

Les rails percés sont finalement déposés sur des bancs pour être inspectés par les agents de réception. L'inspection se fait en prenant cinq ou six rails dont on vérifie la longueur, l'équerre, la tête, puis, en les renversant sur le côté, le perçage, etc. — L'agent les fait alors poinçonner aux extrémités et expédier.

2. *Ebbw-Vale.*

Les barres de fer puddlé employées pour les couvertes des *rails russes* sont en fer à grain provenant du fine-métal puddlé en sable. La fonte qui donne ce fine-metal est blanche et à l'air chaud.

Le paquet à couverte est composé de neuf assises contenant chacune deux barres de 0m.110 de largeur. La largeur du paquet est de 0m.22, la hauteur de 0m.18, la longueur de 0m.90.

Les soudeurs marchent avec une vitesse de vingt-cinq tours par minute; le train des ébaucheurs et des finisseurs, avec une vitesse de soixante-quinze tours. Les cylindres soudeurs sont en trio. Le nombre des fours à réchauffer est de neuf pour la première chaude, et de trois pour la seconde. Les passages sont répartis ainsi :

1re chaude.	*Soudeurs*, quatre passages (cannelures rectangulaires).	Mises placées de champ.
		— en retournant à 180 degrés.
		— à plat.
		— de champ.
2e chaude..	*Ébaucheurs*, quatre passages (cannelures rectangulaires).	De champ.
		A plat.
		De champ.
		De champ.
	Finisseurs, trois passages (cannelures rectangulaires).	De champ.
		De champ.
		De champ.

La barre, à sa sortie des finisseurs, est coupée à chaud en quatre tronçons.

Le vice de cette fabrication consiste en ce que la couverte, une fois finie, présente huit joints de dessoudure plus ou moins facile, venant affleurer à la surface.

La figure 3, pl. XXXI, représente le paquet pour *rails Vignoles*, la couverte en bas. On fait entrer dans sa confection, au détriment de la soudure finale des mises, des bouts de rails ou des rails de rebut, c'est-à-dire du fer corroyé plusieurs fois, qui se soude mal avec les barres de fer puddlé n° 1. On y emploie également des ligatures pour soutenir les méplats de fer n° 2.

Le laminage de ces paquets s'exécute en treize passages; on fait passer quatre fois aux cylindres soudeurs, au lieu de trois, comme à Dowlais; la vitesse de rotation des cylindres étant de soixante-quinze tours.

Les trousses destinées aux rails Vignoles fabriqués pour le gouvernement chilien (1860) se composent de quatre qualités de fer : *a* fer grenu corroyé; *b* fer nerveux corroyé; *c* fer métis, moitié à grain, moitié à nerf; *d* fer ébauché.

Le fer corroyé *a* présentait une surface unie et un grain assez serré et assez homogène, d'une couleur bleu vif, parfois tacheté de noir intérieurement. Le fer nerveux *b*, qui a subi comme *a* deux chaudes, offrait une surface unie, une texture fibreuse et soyeuse, une couleur gris bleuâtre ; il résistait à l'arrachement et se tordait. Le fer *c* avait une surface couverte de rugosités, à arêtes plus ou moins déchirées, de couleur gris noirâtre.

Les trousses se composaient de dix mises, avec *a* pour surface de roulement et *b* pour surface des patins. Les joints des mises étaient croisés.

Après une première chaude d'une heure et quart, le paquet était soudé au blooming, faisant de quinze à dix-huit tours à la minute; il était passé dans quatre cannelures, à plat, de champ, à plat et de champ, et remis au four, où il ne séjournait que quinze à vingt minutes. Le passage à travers six cannelures des cylindres dégrossisseurs durait cinq minutes, et quatre minutes dans cinq cannelures des finisseurs.

Les rails affranchis en trois secondes, à chaque bout successivement, rendaient, en moyenne, une longueur de 0m.30 pour chaque bout écru. Pour obtenir un rail de 6 mètres, on donnait à chaud un excédant de 0,115 pour le retrait. Le rail chilien pesait 37 kilogrammes par mètre courant.

3. *Tredegar.*

A Tredegar, la fabrication des couvertes est analogue à celle d'Ebbw-Vale. Les soudeurs, qui consistent en deux cylindres seulement, au lieu de trois superposés, marchent à la même vitesse de vingt-cinq tours dans les deux usines, mais l'équipage des ébaucheurs et les finisseurs n'a ici qu'une vitesse de soixante-cinq tours. Le paquet de couverte se lamine en deux chaudes :

Première chaude.	Soudeurs, trois passages.	A plat. De champ. A plat.
Deuxième chaude.	Ebaucheurs, trois passages de champ. Finisseurs, quatre passages de champ.	

Pendant cette deuxième chaude, on retourne le paquet de 180 degrés à chaque passage.

Le paquet pour rails, le même qu'à Ebbw-Vale (fig. 3, pl. XXXI), se lamine en douze à treize passages, ainsi qu'à Dowlais, mais la vitesse des cylindres n'est que de soixante-cinq tours. La planche XXXII *bis* indique le tracé de treize cannelures adoptées pour le laminage des rails Vignoles (profil russe).

4. *Blaina.*

Le fine-métal est puddlé à part et réservé pour fabriquer le fer corroyé; la fonte brute est puddlée comme fer ordinaire et sert pour le corps des rails.

Un seul équipage à rails peut passer 120 tonnes par jour au plus.

Tracé des cannelures à rails vignoles. (Tredegar.)

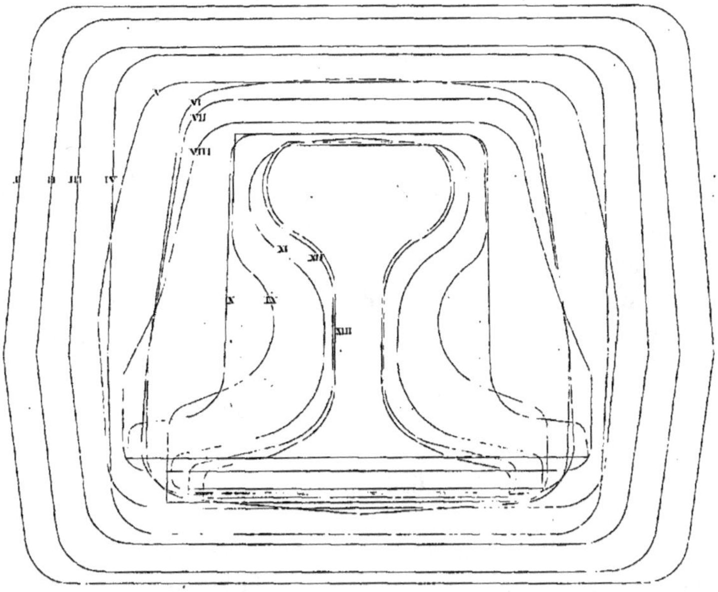

Échelle de 1/2.

Établ.t et imp.rie de J. Baudry, à Liège

L'équipage soudeur est à mouvement alternatif, et fait vingt-huit tours à la minute. Le train finisseur fait soixante-dix tours.

Les rails ont un bel aspect; le fer à grain est assez beau, le fer à nerf un peu court. Le dressage se fait à la presse; cinq presses à dresser et deux machines à percer.

Cette usine n'emploie pas de marteau pilon; le puddlage se fait au squeezer.

5. *Plymouth Works.*

Cette usine est située à 3 milles de Merthyr-Tydvil; elle expédie à Cardiff, par le canal ou par le chemin de fer de Taff-Vale.

Le laminoir à rails est mû par une roue hydraulique en dessus de $7^m.010$ de diamètre et 5 mètres de largeur à la couronne. Il peut fabriquer de 400 à 500 tonnes de rails par semaine.

Il n'y a que des squeezers, pas de marteaux; mais la loupe, cinglée légèrement une première fois, est réchauffée et cinglée de nouveau, après avoir été réunie à une autre loupe déjà cinglée. Le paquet est soumis à deux cannelures soudantes, cinq ébaucheuses, cinq finisseuses. Ce paquet est figuré pl. XXXIV, fig. 7. La vitesse du laminoir est de soixante-dix-huit tours par minute.

Trois machines doubles pour dresser les rails, avec mouvement de transmission en-dessous et deux machines à poinçonner à deux outils, sont animées par une machine horizontale spéciale.

Le fer marchand a une belle apparence nerveuse.

6. *Blænavon.*

On fabrique à Blænavon des rails, des bandages et des fers de toutes sortes. Les expéditions se font par un plan incliné de 2 kilomètres 1/2 qui rejoint le canal allant à Newport.

Le paquet pour rails (pl. XXXIV, fig. 8) est tout en fer n° 1, cinglé au marteau et laminé. La couverte est martelée avec deux loupes. Le paquet passe sous sept soudeuses et ébaucheuses et cinq finisseuses, en une seule chaude. La vitesse des laminoirs est de soixante-dix tours par minute.

L'usine peut livrer par semaine 250 tonnes de rails.

La cassure du fer marchand est nerveuse, sans grain, et de même qualité que celle des bonnes usines du Staffordshire.

Le tableau suivant indique, au commencement de l'année 1859, le roulement des principales usines à rails du pays de Galles.

Roulement des usines à rails du pays de Galles (1859).

NOMS des usines.	NOMBRE de hauts fourneaux.	PRODUCTION de fonte par semaine — par haut fourneau.	PRODUCTION de fonte par semaine — totale.	Nombre de mills à rails.	Production de rails par semaine.	PAR ÉQUIPAGE à rails. — Nombre de fours à souder.	PAR ÉQUIPAGE à rails. — Nombre de fours à chauffer.	Vitesse des cylindres.	TEMPS de passage d'un rail.	FORCE en chevaux par équipage.	NOMBRE de tonnes roulées par les cylindres avant retouche.	NOMBRE DE CANNELURES — Soudantes	NOMBRE DE CANNELURES — Ébaucheuses.	NOMBRE DE CANNELURES — Finisseuses	NOMBRE DE CANNELURES — Total.	Production moyenne de rails par mill par semaine.	Production de rails par année. (52 semaines).
		tonnes.	tonnes.		tonnes.			tours.	secondes.	chev.	tonnes.					tonnes.	tonnes.
Ebbw-Vale..	22	»	»	2	1 800	12	5	80	60	»	300	»	»	»	»	900	93 600
Tredegar....	7	140	980	2	850	9	3	65	80	100	250	4	4	5	13	425	44 200
Rhymney....	9	120	1 080	2	850	10 1/2	4	70	»	»	»	4	4	5	13	425	44 200
Aberdare....	6	250	1 500	1	300	12	4	»	»	»	»	»	»	»	»	300	15 600
Treforest....	»	»	»	1	1 200	18	6	120	50	150	400	4	4	5	13	1 200	62 400
Dowlais (1)..	16	196	3 836	3	2 200	»	»	60	»	90	200	3	4	5	12	1 000 700 500	114 400
Pen y Daran.	7	100		1	440	9	3	feront 90	»	»	»	»	»	»	»	440	22 880

(1) Non compris le nouveau mill.

Paquets pour rails employés en Angleterre.

Fig. 1. Usine Albion.

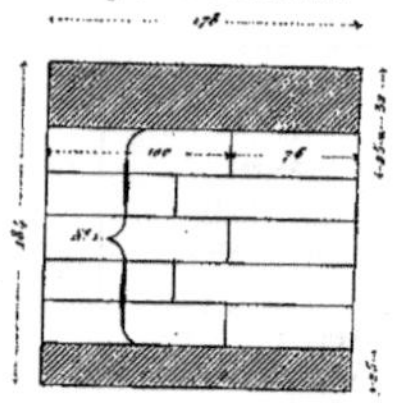

Fig. 2. Old Park.

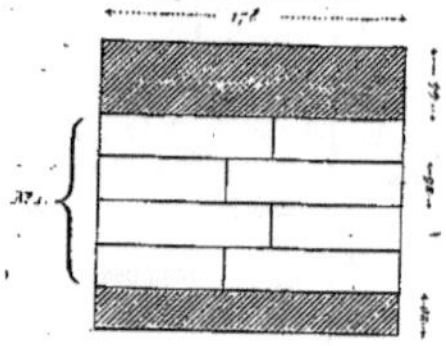

Fig. 3. Patent Shaft.

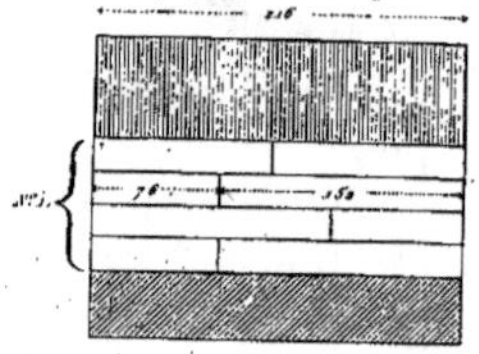

Fig. 4. Goldshill.

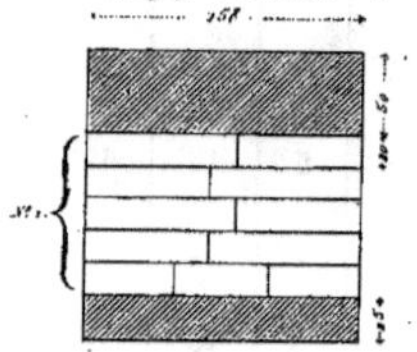

Fig. 5. Thorneycroft.

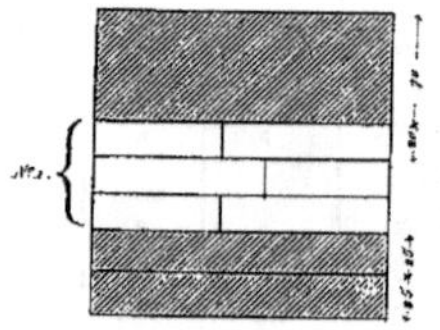

Fig. 6. Bilston.

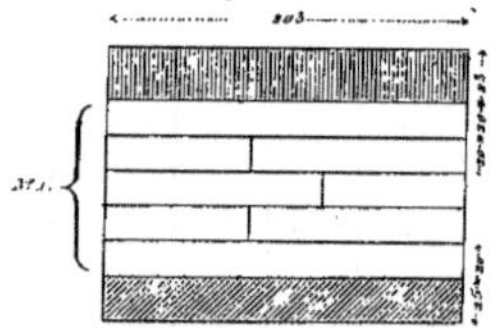

Fig. 7. Chillington.

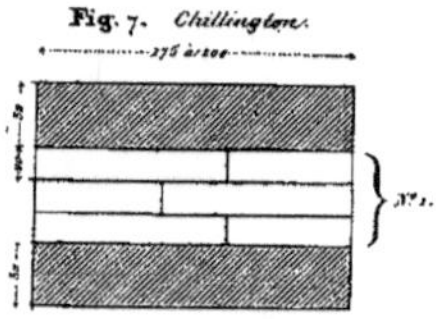

Fig. 8. Lord Ward's Round oak.

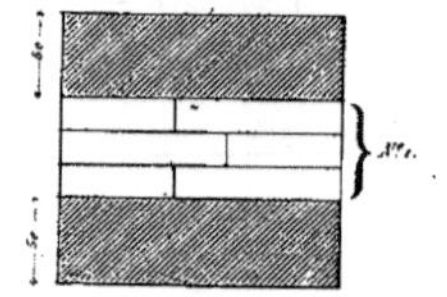

Fig. 9. Park gate.

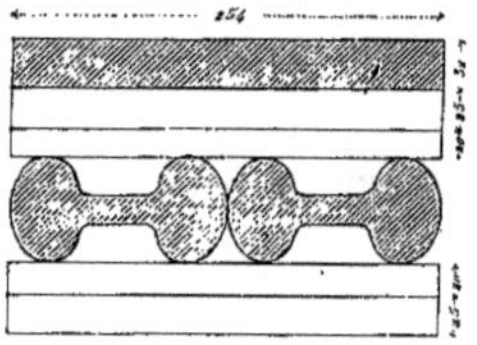

II. STAFFORDSHIRE.

1. *Albion works.*

Cette usine, située à quatre milles environ au nord-ouest de West-Bromwich, a à sa disposition cinq dérivations de canaux et trois chemins de fer sur Birmingham; elle fabrique toute espèce de fers marchands, de tôles fines, de rails, et de fers spéciaux pour ponts.

La fabrication des rails s'opère par un seul équipage, pouvant livrer 250 tonnes par semaine. Toutes les loupes sont cinglées au marteau frontal. Le fer des couvertes est cinglé au marteau, laminé et coupé en barres. Le paquet ainsi formé est ensuite réchauffé, cinglé au marteau et laminé, de manière à former du fer n° 2. Le pied est fabriqué de même; les autres barres sont du fer n° 1 (fig. 1, pl. XXXIII).

Le paquet pour rails est laminé directement sans chauffage, sous huit ou neuf cannelures ébaucheuses et finisseuses. La vitesse des cylindres est de soixante tours par minute.

Les rails sont dressés au marteau et percés à froid. Fabrication de fers généralement fibreux et très-résistants.

2. *Old Park.*

Cette usine, située à un mille au nord de la station de Wednesbury, fabrique des rails ordinaires et spéciaux, des bandages, des roues, des plaques, etc. Deux dérivations de canaux et un chemin de fer la desservent.

Fabrication des rails par un seul équipage pouvant livrer 100 tonnes par semaine. Tout le fer puddlé est traité au marteau. Le paquet pour rails (fig. 2, pl. XXXIII) est passé sous des cylindres marchant à soixante-dix tours par minute. Le dressage et le perçage se font à froid par une double machine. Rails à nerf au pied, et à grain fin et régulier à la tête.

3. *Patent Shaft Cᵉ.*

Usine de Brunswick, attenant à la station de Wednesbury; elle expédie par dérivations de canaux; fabrique des rails, des bandages, des essieux, des roues, des tôles et toute espèce de fers marchands. Fabrication renommée pour la qualité.

Un seul mill à rails, à mouvement inverse, peut produire 500 tonnes par semaine. Dans le paquet pour rails, la couverte à grain est entièrement terminée au marteau; la mise pour le pied est martelée et laminée. Vitesse du mill : soixante-douze tours par minute pour rail Vignoles; soixante tours pour rails à large patin. La série suivante de cannelures est employée :

4 soudantes.
4 ébaucheuses.
5 finisseuses.
———
13

Le paquet (fig. 3, pl. XXXIII) est lié très-solidement et se recommande par le mode de formation.

Dressage et perçage des rails à chaud. Le fer des couvertes est à grain régulier, serré, homogène; celui du pied est à fibres longues et bien soudées.

4. *Goldshill.*

Usine située sur un des embranchements du chemin de fer de Dudley, près de la station de Great-Bridge, desservie par un canal. Quatre forges séparées livrent des rails, des tôles et des fers marchands.

Un seul équipage pour rails produit de 200 à 250 tonnes par semaine. Cinglage au laminoir insuffisant. Le paquet (fig. 4, pl. XXXIII) passe sous les cannelures suivantes :

2 soudantes.
3 ébaucheuses.
5 finisseuses.
———
10

Vitesse des cylindres, soixante-dix tours par minute. La scie pour affranchissement des rails est mue par l'action directe d'une machine à vapeur rotative. Les machines à dresser et à poinçonner travaillent à froid.

Fer à grain mélangé de nerf, peu homogène.

5. *Thorneycroft.*

Usine à Wolverhampton; fabrique des rails, des bandages, des tôles et des fers profilés de commande. Un seul mill à rail peut produire 100 tonnes par semaine.

Tout le fer est fait au marteau. La couverte est à grain; les deux mises du pied (fig. 5, pl. XXXIII) sont fibreuses. On n'emploie pas de cylindres soudants; le rail passe par trois ébaucheurs et cinq finisseurs. La vitesse du mill est de cinquante tours par minute. Scie mue par une machine rotative.

Couverte à grain fin et régulier; pied à longues fibres, bien soudées. Usine renommée comme qualité.

6. *Bilston.*

Usine à Bilston, située à deux milles et demi de Wolverhampton, avec dérivations de canaux et station de chemin de fer. Production en rails : 200 tonnes par semaine.

Fer cinglé aux squeezers, sauf pour la couverte. Le paquet pour rails est représenté fig. 6, pl. XXXIII.

Fer à nerf court, mélangé de grains fins.

7. *Chillington.*

L'usine placée à 3 milles de Wolverhampton, fabrique des rails, des tôles, des fers échantillonnés et pour tréfilerie. Chaque équipage est mû par une machine à balancier du système Evans.

La loupe est cinglée au marteau ou au squeezer horizontal. Un mill à rails peut fournir 100 tonnes par semaine. Le paquet (fig. 7, pl. XXXIII) passe par sept ébaucheuses et cinq finisseuses. La vitesse du mill est de cinquante tours par minute. La fabrication est plutôt à nerf qu'à grain. La couverte est la même pour la tête que pour le pied des rails ; elle est formée de deux lopins et seulement martelée.

8. *Lord Ward's Round Oak.*

Près de Dudley. Fabrication de rails, de tôles et de fers marchands. Fer puddlé, cinglé au marteau-pilon.

Le mill pour rails peut fournir 300 tonnes par semaine. Il n'y a pas de cages soudantes. Le paquet (fig. 8, pl. XXXIII) passe par sept ébaucheuses et cinq finisseuses. Le mill fait soixante tours à la minute. La scie marche par une machine rotative à vapeur.

Fer de belle qualité ; expédition par canal.

9. *Shelton Bar-Iron C^e^.*

Cette forge est située à 3 milles au nord de Stoke-upon-Trent, sur le chemin de fer de Crewe à Birmingham.

On y emploie des fontes grises à grain serré et très-fin. Le grain est plus foncé et à facettes plus larges au centre des gueuses. Le coulage, dans des moules en fonte, donne parfois un grain compacte et un métal légèrement truité.

La charge d'un four à puddler est de 225 kilogrammes de fonte, tantôt entièrement grise, tantôt à moitié grise et à moitié truitée ; enfin, moitié fonte grise et moitié fine-métal. On fait six charges par jour ; l'opération dure une heure et demie environ ; le déchet varie entre 10 et 12 pour 100. La houille est de bonne qualité, peu sulfureuse et à longue flamme ; on en consomme de 1 150 à 1 200 kilogrammes par tonne de fer.

Les loupes sont cinglées sous un marteau frontal du poids de 6 tonnes ; deux loupes superposées sont martelées à la fois.

Après le cinglage, les lopins sont étirés au laminoir en barres de $0^m.20$ de largeur, $0^m.022$ d'épaisseur et de $2^m.15$ à $2^m.40$ de longueur. Ces barres sont débitées en longueurs de $0^m.56$, pour en former des paquets de neuf mises chacun.

Les paquets, au nombre de douze, sont portés au four à réchauffer où ils séjournent environ une heure vingt minutes; puis amenés un à un, à la température soudante, sous le marteau frontal, où ils reçoivent de quatre-vingt-dix à quatre-vingt-quinze coups par minute sur deux faces, et parfois en bout. Le paquet est réduit ensuite par une série de cannelures à la forme rectangulaire de $0^m.205$ de largeur sur $0^m.034$ d'épaisseur.

Pour la fabrication des rails, on ne fait pas usage de couvertes; on augmente seulement l'épaisseur de la mise de corroyé destinée à former la surface de roulement. L'homogénéité absolue de chaque mise, soumise au même degré de cinglage, permet d'obtenir une soudure satisfaisante. On affranchit en outre chaque plaque, afin d'obtenir des fers bien nets.

Dans ces conditions, la trousse pour rails se compose de six mises; sa largeur est de $0^m.205$, sa longueur de $0^m.850$, sa hauteur de $0^m.230$; le poids net est d'environ 292 kilogrammes.

La plaque de corroyé de la tête, de $0^m.060$ d'épaisseur, pèse environ 80 kilogrammes.

Les autres plaques, de $0^m.034$ d'épaisseur, pèsent 53 kilogrammes chacune.

On compte cinq paquets par four. Après une heure vingt minutes à une heure et demie, ces paquets sont de nouveau cinglés et reçoivent de cent à cent dix coups, avant de passer par la première cannelure dégrossisseuse; ils ont 1 mètre de longueur sur 17×17 et pèsent 270 kilogrammes; soit un déchet de 22 kilogrammes pour le chauffage et le martelage, ou 7,53 pour 100.

Pour laminer ces paquets, on leur donne une nouvelle chaude d'une heure environ, en ayant soin d'empêcher l'accès de l'air par les joints des portes du four et de maintenir la température égale dans l'intérieur. Ils passent alors sous trois cannelures soudantes ou dégrossisseuses, puis sont reportés au four pendant vingt minutes, et passent successivement sous quatre ébaucheuses et cinq finisseuses. La vitesse des cylindres est de soixante-dix à soixante-quinze tours par minute. L'équipage à rails, où la transmission se fait par engrenages, est mû par une machine horizontale de la force de soixante-dix chevaux.

Les presses et les machines à percer travaillent à froid.

Un seul équipage peut fournir de 200 à 250 tonnes de rails par semaine. L'aspect de leur cassure indique un travail homogène, une soudure complète, une texture fibreuse satisfaisante.

Paquets pour rails employés en Angleterre.

Fig. 1. Usine Milton.

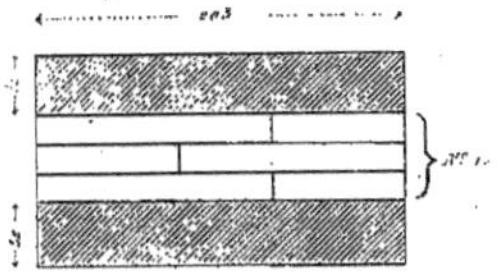

Fig. 2. Middlesbro'.

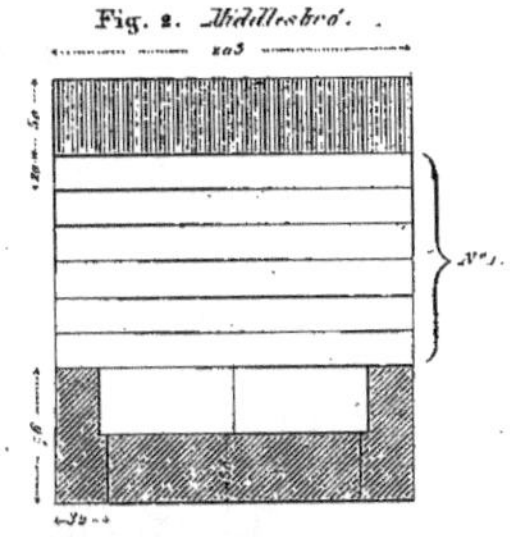

Fig. 3. Butterley.

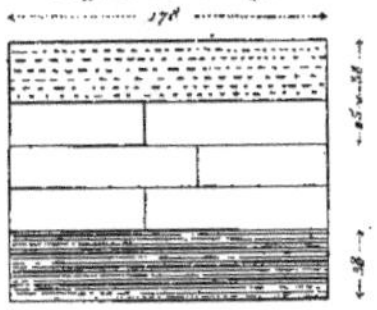

Fig. 4. Weardale.

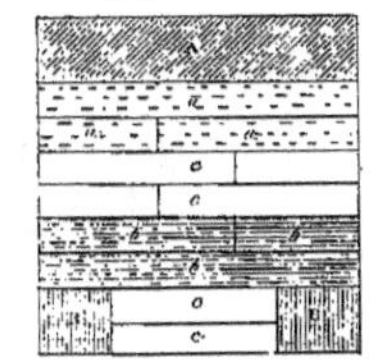

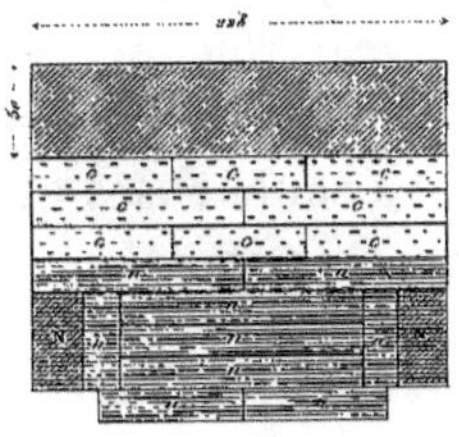

Fig. 5. Derwent.

Fig. 6. Walker.

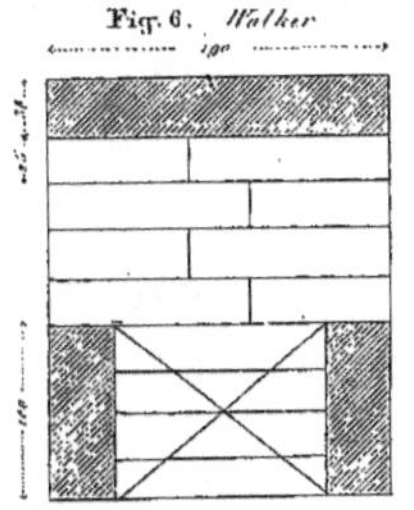

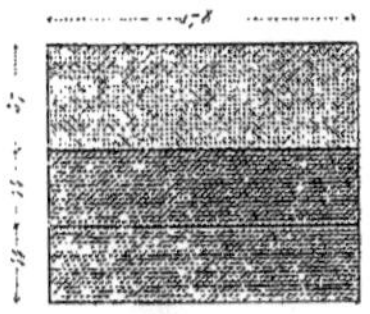

Fig. 7. Plymouth.

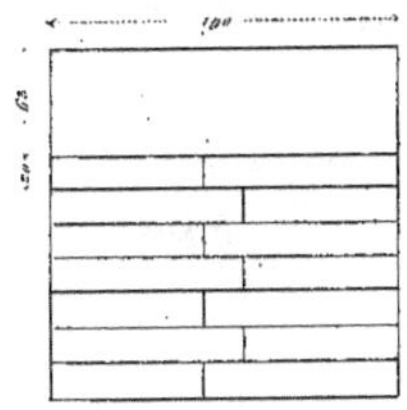

Fig. 8. Blaenavon.

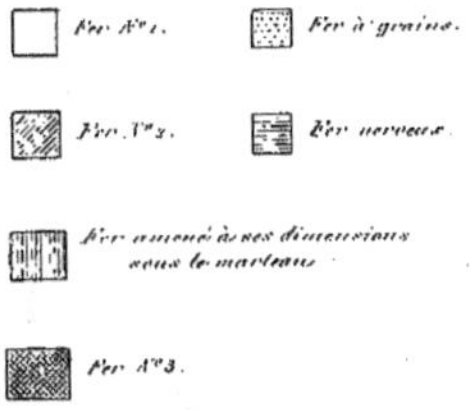

III. YORKSHIRE.

1. *Parkgate* (West-Riding).

Cette usine, située à 2 milles au nord de Rotherham, livre des rails, des tôles pour ponts et pour machines, etc.

Le cinglage se fait au squeezer. L'équipage à rails est à mouvement inverse, d'une vitesse de trente-six tours par minute; il peut fabriquer 450 tonnes par semaine.

Le paquet pour rails à double champignon, est représenté fig. 9, pl. XXXIII. Il est difficile d'admettre, malgré l'apparence de bonne soudure des rails, que ce paquet où les deux numéros de fer sont entrelacés, puisse convenir pour des rails de choix, et surtout pour des rails à patin. Le fer est à nerf fort, peu régulier et court.

2. *Milton et Elsecar* (West Riding).

Située à 9 milles, au nord de Sheffield, près de Bumsley, cette usine fabrique des fers de toute espèce, et expédie par canal.

Le laminoir à rails peut livrer 200 tonnes par semaine. Le fer puddlé est martelé (fig. 1, pl. XXXIV). Les rails passent par trois cannelures soudantes et dix cannelures, tant ébaucheuses que finisseuses. La vitesse du mill est de soixante-dix tours par minute.

3. *Middlesborough* (North Riding).

Deux usines : l'une à Middlesboro' même, sur la rive droite de la Tees; l'autre, au pied des monts Cleveland. Le chiffre de la fabrication des rails est de

700	tonnes par semaine	à Middlesboro' :	1 mill.
600	—	à Cleveland :	1 —
1 300	tonnes.		

Chaque mill est mis en mouvement par une machine horizontale à action directe. Les appareils et les mills sont indépendants les uns des autres.

La couverte des paquets à rails est amenée à ses dimensions sous le marteau. Les mises latérales (fig. 2, pl. XXXIV) sont d'équerre pour éviter les bavures sur les flanges. On obtient avec ces paquets des rails dont la tête est à grain très-fin et le pied en fer très-nerveux.

Le paquet passe sous	4 soudantes.
	4 ébaucheuses.
	5 finisseuses.
	13 cannelures.

IV. DERBYSHIRE.

Codnor Park, Butterley C^{e}.

L'usine de Codnor Park, établie à 4 milles au sud-est d'Alfreton, sur le chemin de fer de Trewash, produit toutes sortes de fers marchands, rails, tôles, bandages, etc.

Cinglage au marteau et laminage des barres.

Le paquet pour rails (fig. 3, pl. XXXIV) est en fer n °1, et donne un rail dont la tête est à grain, le pied à fibre et le corps mixte.

Le mill, à mouvement inverse, peut livrer 360 tonnes de rails par semaine; sa vitesse est de quarante-deux tours par minute. Le paquet passe sous cinq ébaucheuses et quatre finisseuses.

Rails en fer de bonne qualité, mais mal soudés.

V. DURHAM.

1. *Tudhoe*, Weardale Iron C^{e}.

Cette usine, située près de la station de Spenny Moor (Clarence Railway), à environ 4 milles de Ferryhill, fabrique des rails, des tôles, des bandages, etc., et expédie par chemin de fer jusqu'à Hartlepool.

On peut y fabriquer 600 tonnes de rails par semaine. Chaque mill a une marche indépendante. (Voir la description particulière de cette usine.)

La couverte A du paquet pour rails (fig. 4, pl. XXXIV) est en fer à grain, terminé au marteau ; les mises *a* sont en fer n° 1 à grain ; B, fer au marteau très-fibreux ; *b*, fer n° 1 à nerf ; *c*, fer tout venant.

Le paquet passe sous	6	soudantes, deux fois dans la même cannelure.
	4	ébaucheuses.
	5	finisseuses.
	15	

La vitesse du mill est de soixante-quinze tours par minute.

Le paquet est composé et laminé avec soin ; le rail a une tête-à grain régulier, et le pied est à nerf régulier et long.

Dans la confection du paquet des rails russes (fig. 6, pl. XXXI), on a heureusement évité l'emploi des ligatures, en adoptant des mises à crochet placées aux angles inférieurs du paquet. Cette mise en fer, de qualité supérieure, destiné à former l'angle du patin du rail, s'appuie par son plat sur la base supérieure de la mise en fer puddlé, et s'y maintient sans se déverser dans le four.

Le laminage est perfectionné. On fait subir aux rails quinze passages, dont cinq aux soudeurs, cinq aux ébaucheurs et cinq aux finisseurs. Les cylindres soudeurs sont au nombre de deux, et à marche renversée après chaque passage.

La première chaude, dont la durée est de une heure et demie, se fait dans huit fours, dont un de réserve. Chaque four reçoit cinq paquets. La seconde chaude, qui dure quinze minutes, occupe deux fours seulement.

Le personnel du train à rails consiste en un maître lamineur, deux contre-maîtres et cinq aides (1).

La préparation mécanique des rails emploie :

1° Au sciage, un scieur et deux aides, un *scrapman* pour les rognures, deux ouvriers pour limer à chaud;

2° Au dressage, quatre dresseurs et quatre aides (2);

3° Au mesurage, un vérificateur, deux ébarbeurs et deux aides (3);

4° Au perçage, un perceur et trois hommes à la journée (4);

5° Au grainage, deux graineurs à la journée, faisant cent quarante barres par jour (5).

Le train à rails de Tudhoe sert, au besoin, à laminer des fers marchands.

2. *Consett*, Derwent-Iron C°.

Cette usine, située près de la station de Carrhouse (Bishops' Auckland), à 15 milles de Newcastle, fabrique des rails, des fers marchands et des tôles, et expédie par le North Eastern Railway.

Le mill de Consett Works peut fabriquer de 6 à 700 tonnes de rails par semaine. Tout le fer des paquets est cinglé au marteau. La couverte à grain est martelée et laminée. Dans la composition de ce paquet (fig. 5, pl. XXXIV), *c* indique le fer n° 1 à grain, *n* le fer n° 1 à nerf, *N* le fer n° 2 à nerf. Il y a trois cannelures soudantes et six, tant ébaucheuses que finisseuses. L'équipage à rail, faisant soixante-dix à quatre-vingts tours, est conduit par une machine horizontale de cent chevaux.

Le paquet pour rails Vignoles (russe), est représenté fig. 5, pl. XXXI; la première assise de fer puddlé est composée de trois mises, dont les deux extrêmes sont de 0m.062 sur 0m.017. Ces dernières forment les joues du champignon et tout en permettant de placer bout à bout, au milieu de l'assise, des bouts écrus de fer puddlé, elles diminuent le nombre de joints, le long du parement du paquet. Les paquets ont 0m.20 de côté; ils sont un peu plus hauts que larges; leur longueur est de 0m.90. La section et la longueur, et par conséquent le poids, sont calculés de telle sorte, qu'en tenant compte du déchet, la barre sort des cylindres avec une longueur d'en-

(1) Les lamineurs et leurs aides sont payés 60 centimes par tonne.

(2) Le dresseur paye son aide; il perçoit 95 centimes par tonne.

(3) Salaires : 4 fr. 15 c.; 3 fr. 95 c.; 3 fr. 15 c. par jour.

(4) Salaires : 8 fr. 75 c. et 4 fr. 35 par jour.

(5) 4 fr, 35 c. et 4 fr. 65 c. par jour.

viron $0^m.90$, supérieure à la longueur normale, fixée pour le rail. On affranchit alors à chaque extrémité de $0^m.40$ à $0^m.45$ de bouts écrus. D'après cela, le poids des paquets varie entre 275 et 280 kilogrammes. La couverte, d'une seule pièce, pèse 66 kilogrammes.

La fabrication de cette couverte par *martelage* se résume ainsi :

On cingle à la fois et on soude sous le marteau-pilon trois balles de fer puddlé. Chaque charge au four à puddler est de 225 kilogrammes, composée de 150 kilogrammes de fine-metal et de 75 kilogrammes de fonte. Quinze fours desservent le marteau-pilon. Le premier cinglage, comprenant environ cent vingt coups, dure trois minutes. On obtient un lopin rectangulaire qu'on porte à l'un des deux fours à réchauffer. Quand le lopin est réchauffé, on le cingle une deuxième fois, mais sous le marteau frontal. Le cinglage dure encore trois minutes pour environ cent cinquante coups. On réchauffe le paquet une seconde fois dans un four unique, au sortir duquel on l'étire sous les cylindres. Après quatre passages à travers des cannelures rectangulaires, la barre est découpée en deux couvertes aux dimensions voulues, plus deux bouts écrus.

Les quinze fours à puddler, auxquels correspondent deux fours à réchauffer pour la première chaude, et un pour la deuxième, débitent cent soixante-quinze barres par douze heures, soit trois cent cinquante couvertes de $0^m.20$ sur $0^m.028$.

Par ce procédé de fabrication, chaque barre, ne fournissant que deux couvertes, produit deux fois plus de bouts écrus que celui suivi à Dowlais, à Ebbw-Vale, etc.; mais on a l'avantage d'avoir des couvertes sans soudure.

Le paquet pour rails Vignoles est laminé en douze passages; les soudeurs font vingt-cinq révolutions à la minute; les ébaucheurs et finisseurs, soixante-dix. Il y a treize fours pour la première chaude, et quatre pour la seconde. La production journalière de ce grand mill atteint six cent trente rails.

VI. NORTHUMBERLAND.

Walker.

Située à 3 milles de la station de Walker, sur le chemin de Newcastle à Tynemouth, cette usine est dans des conditions très-favorables pour l'expédition par navires, chargés directement à quai, dans l'usine. On y fabrique des rails et des fers marchands, mais pas de tôles.

L'équipage pour rails peut fournir de 400 à 450 tonnes par semaine.

Le fer pour rails est cinglé au squeezer. Le paquet est représenté fig. 6, pl. XXXIV; dans d'autres paquets, on met des bouts de rails entre les mises verticales, pour le patin. Les rails passent par les cannelures suivantes : trois soudantes, quatre ébaucheuses et cinq finisseuses. La vitesse du mill est de quarante à quarante-trois tours par minute.

La qualité du fer puddlé employé dans les paquets se ressent de l'introduction des scories dans les hauts fourneaux.

Dans la confection des paquets pour rails (russes), on fait entrer les bouts écrus (fig. 4, pl. XXXI) après les avoir aplatis dans les cannelures rectangulaires d'un petit laminoir spécial.

FRANCE.

1. *Usines du Creusot.*

Choix des fontes. — Au Creusot, les fontes à rails sont désignées par le numéro 6; les numéros de 1 à 6 désignent les fontes au bois ou à fer marchand. Chaque qualité est affectée d'une lettre dénotant la couleur; les fontes grises sont représentées par A; les fontes les plus blanches, par H. Le meilleur type de fonte à rails est la fonte F, qui est blanche, lamelleuse, compacte et brillante; elle se distingue des fontes G et H qui sont caverneuses et de la fonte E, par des lamelles plus ternes et non radiées. La fonte D est truitée au milieu; C l'est sur toute la section, A et B sont complétement grises.

Le premier choix pour rails offre en général peu de gerçures sur les arêtes, peu de barbes à la cassure et des bords nets. Le grain en est assez gros, brillant, avec des arrachements sans géodes de laitier et sans filaments de fonte non affinée.

Paquet à couvertes. — Les paquets de couvertes pour les rails du Midi, fabriqués au Creusot en 1863, avaient 1m.20 de longueur, 0m.20 de largeur et dix mises de 0m.018 de hauteur. Le poids est de 350 kilogrammes environ. Les huit pouces (0m.20) de chaque mise sont composés en largeur de :

2 de trois pouces et de 1 de deux pouces.
1 de quatre pouces et 2 —
2 de quatre pouces.

La face d'en haut et celle d'en bas renferment un quatre pouces, composé de fer tout à fait à grain (indiqué par des hachures dans la figure 3, pl. XXX). Le restant du paquet est généralement en fer métis, quoique le cahier des charges porte qu'il sera en fer n° 3.

Paquet à rails. — Le paquet de rails du Midi se compose d'une couverte en haut et en bas, comprenant entre elles sept mises, dont trois sont composées de bouts de rails laminés (fig. 4, pl. XXX). Les deux couvertes forment le tiers du paquet en poids. Au-dessous des couvertes des paquets, se trouve une première mise AA, composée de deux 2 pouces, et d'un 3 pouces, placé au milieu, en fer n° 3 à grain très-fin. Cette qualité est nécessaire pour que la soudure de la couverte et du corps du rail s'établisse aussi parfaitement que possible.

Les barres de 4 pouces qui sont au milieu de chaque face des couvertes, se soudent très-bien avec la barre de 3 pouces de la première mise AA, la composition étant la même. La seconde mise, en rails laminés à grain, CC, se soude également bien avec la barre de 3 pouces de AA. Au-dessous de ce rail laminé vient de l'ébauché métis, et enfin, en Z, un rail laminé nerveux qui donne de la résistance au paquet.

Les barres de 2 pouces des mises AA sont composées de fer ébauché obtenu par un mélange de fonte (120 kilogrammes de fonte pour fer marchand et 80 kilogrammes de fonte pour rail), qui donne un fer plus dur et se prête moins aux dentelures, à l'endroit où la couverte s'amincit.

Le poids du paquet est de 230 à 232 kilogrammes.

Fabrication des couvertes. — Les paquets de couvertes sont mis par quatre dans un four à réchauffer. On fait quatorze charges par vingt-quatre heures.

On engage les paquets dans les trios lamineurs; dans la première cannelure, ils passent de champ; dans les trois autres, on retourne successivement de 90 degrés. On passe ensuite quatre fois à plat, au finisseur.

Le four donne un déchet de 5 pour 100; il est desservi par un chauffeur et deux aides. On leur paie 1 fr. 05 (1863) par 1 000 kilogrammes.

La consommation par tonne de couverte est de $5^{\text{hect.}}$,5 de houille environ.

On coupe les couvertes à deux longueurs différentes, de manière à maintenir le poids des paquets aux environs d'une même moyenne, en ajoutant une couverte longue ou courte.

Chauffage des paquets à rails. — Les paquets sont chargés sur la sole, de manière à ne pas être en face des portes. On les chauffe trois quarts d'heure sans les retourner, puis on les met sens dessus dessous, à partir du côté du pont. Après dix minutes environ, on retourne en sens inverse le paquet le plus rapproché du pont et on le passe au laminoir. Le second paquet est retourné une seconde fois, sans quoi il brûlerait; et les autres le sont consécutivement. Afin de maintenir les côtés des paquets à la même température, on commence par escarbiller une moitié de la grille, et à la fin de l'opération, on escarbille l'autre, de façon à intervertir la température des deux parois du four. Entre chaque opération, on a le soin d'aplanir la sole, pour qu'il n'y ait pas de cavité où les gaz puissent brûler les paquets. Ces soles sont généralement établies en cailloux siliceux, pulvérisés.

Au sortir du four, les couvertes sont d'un blanc éclatant ; mais le milieu des mises est un peu terne.

Le chauffage et le laminage donnent un déchet de 4 pour 100. Il y a, en outre à tenir compte de 6 pour 100 en moyenne de rails rebutés à la fabrication, et de 1.06 pour 100 de bouts affranchis à la scie.

On fait dix-huit charges par vingt-quatre heures. La consommation de houille est de 398 kilogrammes par four et par douze heures. Chaque four est servi par un chauffeur et un aide-chauffeur ; un deuxième aide travaille à deux fours à la fois. On paye 1 fr. 15 c. par 1 000 kilogrammes (1863) ; et le double pour ce qui dépasse la production de vingt-neuf rails par four.

Laminage des rails. — Il y a un trio dégrossisseur et un laminoir finisseur.

Comme pour les ballages, l'emploi des laminoirs triples est essentiel ; car si les rails ne sont pas soudés après les trois ou quatre premières cannelures, ils ne peuvent se souder dans les autres, étant déjà trop refroidis. Il faut donc que le passage soit assez rapide pour que les rails conservent à la troisième cannelure leur chaleur soudante.

On fait en tout six passages au dégrossisseur et quatre au finisseur.

Dans les finisseurs, la troisième cannelure (avant-finisseuse) et la quatrième (finisseuse) sont profilées deux fois dans les deux cylindres ; autrement, comme elles s'usent le plus vite, le cylindre ne pourrait durer le temps ordinaire d'une fabrication, c'est-à-dire une semaine, sans être rafraîchi.

Pour un rail à double champignon ayant les dimensions suivantes, comme celui du Midi :

Hauteur	0m.134
Champignon	0 .061
Tige	0 .016

les pressions sont :

	Tige.	Champignon.
1re cannelure	69 millim.	112 millim.
2e —	29.5	86.5
3e —	17	66.5
4e —	13	60

L'axe de toutes ces cannelures est horizontal et l'âme est partagée en deux parties égales par cet axe ; mais il n'en est pas de même pour les champignons, du moins dans les deux premières cannelures du finisseur, où il est nécessaire de forcer le passage du fer dans les creux du cylindre-femelle.

Toutes les semaines on rafraîchit les cylindres, c'est-à-dire qu'on refait une cannelure du gabarit voulu, en enlevant un peu de fonte tout autour de l'ancienne cannelure. On n'a plus ensuite qu'à serrer les cylindres. On ne parvient ainsi qu'à combattre l'usure verticale ; quant à l'usure horizontale, elle se montre surtout dans l'avant-finisseuse, qui fatigue le plus, car la finisseuse ne sert qu'à donner la forme aux rails sans beaucoup comprimer le fer. Pour remédier à l'usure horizontale de l'avant-finisseuse, on a soin de lui donner horizontalement 0m.003 de moins qu'à la finisseuse, et on augmente la pression à mesure qu'elle s'élargit, suivant l'axe du cylindre.

Le champignon bombé n'apparaissant que dans la finisseuse, on donne à l'âme de celle-ci une forte pression (0m.013) qui refoule le métal vivement dans l'intervalle, entre le bord plat de l'avant-finisseuse et la surface convexe de la finisseuse.

Ainsi, les dimensions de la finisseuse qui représente le gabarit du rail au rouge cerise, étant de 60 au champignon et de 13 à la tige, tandis que le champignon refroidi a 61 et la tige 16, on remarque que, pendant le refroidissement, la tige gonfle ainsi que le champignon, et la hauteur et la longueur du rail seules diminuent.

Les laminoirs font soixante tours par minute. Pour que les rails à patin n'aient pas de criques, il en faudrait soixante-dix. Ils ont 0m.49, 0m.50, 0m.55 de diamètre. Le cylindre supérieur a 0m.006 de plus que le cylindre inférieur, afin que le rail tende à s'enrouler et soit plus facile à ressaisir de l'autre côté. Il y a 0m.002 de jeu entre les cylindres.

Dans le trio dégrossisseur, les différences de diamètre sont plus grandes à cause des pressions plus considérables à exercer. Il y a 0m.017 de différence entre les cylindres supérieur et inférieur ; le cylindre du milieu a un diamètre moyen.

Dans le finisseur, le cylindre mâle est coulé en coquille froide ; le cylindre femelle, pour ne pas trop user les tourillons, est coulé en sable.

On paye 1 fr. 50 c. (1863) par 1 000 kilogrammes de rail ; ce qui dépasse la production de vingt-neuf rails par four et par douze heures se paye double.

Le travail se répartit entre :

1 lamineur.	1 ébaucheur derrière.	2 crochets devant.
1 ébaucheur devant.	1 attrapeur.	1 aide-crochet.
1 aide-lamineur.	1 aide derrière.	1 aide.
1 aide.	1 aide.	1 crochet finisseur.
		2 leveurs à la barre.
		1 aide à la barre.
		1 aide.

Finissage. — Au sortir du laminoir, les rails sont sciés à la fois aux deux bouts, et les bavures des extrémités sont limées à chaud par deux ouvriers dont la figure est garantie par un masque, et dont la moitié inférieure du corps est abritée dans une fosse creusée dans le sol.

Une fois refroidi, le rail passe au hangar, où sont les presses à redresser, les rabots et les machines à percer.

Les presses consistent en une vis horizontale manœuvrée par une roue de 1m.80 de diamètre, placée verticalement, et que des ouvriers font manœuvrer à l'aide de bâtons de perroquet. On emploie également des presses à vis verticale avec balancier horizontal; deux hommes suffisent pour redresser un rail, au lieu de trois qu'exige la presse horizontale.

Les rabots sont destinés à raboter l'extrémité du rail placé à plat jusqu'à la longueur voulue. Cette opération est longue et produit des arrachements, à moins de précautions spéciales. Avec la machine à araser qui cisaille le rail couché sur le banc, que fait avancer graduellement un mécanisme spécial, l'opération marche plus rapidement et avec une exactitude mathématique.

Le rabotage ordinaire des rails se paye (1863) 8 centimes par rail, à répartir entre deux raboteurs et un aide.

Les qualités des rails du Creusot étant la dureté et la soudabilité, les défauts sont la fragilité et l'inégalité de longueur. Les laitiers phosphoreux ont une influence si marquée sur la fragilité du fer, qu'il suffit d'en ajouter un douzième ou un treizième de plus que d'habitude dans les lits de fusion pour que les rails deviennent presque aciéreux.

2. *Usine de Saint-Jacques.*

Composition des paquets. — Le poids des couvertes pour les rails du Midi est le tiers de celui du paquet. La trousse est composée comme il suit :

a, couverte en fer corroyé (fig. 5, pl. XXX);
b, fer brut à grain ;
c, fer métis composé d'un mélange de grain et de nerf;
d, fer provenant des bouts de rails aplatis;
e, fer brut, mélangé de grain et de nerf;
f, fer à grain;
g, fer à grain;
h, couverte en fer corroyé.

Le poids d'un paquet, pour des rails de 5m.500 de longueur, est de 239 kilogrammes. Les bouts de rail aussitôt coupés sont passés au laminoir, et c'est sous forme de lames plates qu'on les emploie dans la composition des trousses.

Réchauffage. — Les fours contiennent six paquets et chaque four fait six chaudes en douze heures. On emploie ordinairement cinq fours pour ce travail, et on fabrique cent quatre-vingts rails en douze heures, quand on a des couvertes fabriquées préalablement.

Pour un poids de paquets composé ainsi :

Bouts coupés	1 000 kilogrammes.	
Fer corroyé	2 640	—
Fer brut	4 249	—
	7 889 kilogrammes.	

on a obtenu trente-trois rails de 5m.500 et 820 kilogrammes de bouts de rails. Le poids des trente-trois rails finis étant de 6 534 kilogrammes, on a ainsi obtenu en tout 7 354 kilogrammes de fer fini ; soit 535 kilogrammes de déchet aux fours à réchauffer.

Laminage. — Les cylindres des laminoirs font soixante tours par minute; la planche XXXV représente les cannelures des ébaucheurs et des cylindres finisseurs. Les premiers portent sept cannelures, les seconds cinq.

Au sortir du four, le paquet est passé dans les cannelures nos 1, 2 et 3 des ébaucheurs et deux fois dans la cannelure no 3 ; puis reporté au four, et ensuite passé dans les cannelures nos 4, 5, 6, 7 des ébaucheurs et nos 1', 2', 3', 4' et 5' des finisseurs.

Finissage. — Le rail sortant des finisseurs est posé à plat sur une table devant la scie. Les deux bouts sont affranchis en même temps par deux scies parallèles. On est néanmoins obligé de fraiser un quart des rails pour les ramener à la longueur voulue.

Une fois cisaillé, le rail est porté sur une table parfaitement plane où on lui fait subir quelques coups d'un maillet en bois qui le dresse ; puis il est mis à refroidir sur des supports dressés au même niveau. Pendant qu'il est encore chaud, on enlève à la lime les bavures, s'il y en a, ou l'on retouche au burin les extrémités qui ne sont pas d'équerre.

On emploie pour le dressage à froid une vis horizontale mue par un volant qui exerce sa pression au milieu du rail appuyé contre deux supports. Cette opération exige trois ouvriers.

Une machine à fraiser est desservie par deux ouvriers ; on peut fraiser avec cette machine cent rails par jour environ.

Lorsque les rails de 5m.500 ont des défauts vers leurs extrémités, on les recoupe à l'aide d'un tour composé de deux cylindres ayant un mouvement circulaire et d'un burin fixé sur un appui. On place autour de chaque cylindre vingt-cinq rails, et on peut en recouper cinquante par jour avec un seul ouvrier.

On perce quatre cents rails en douze heures, avec quatorze ouvriers pour desservir la machine et transporter les rails sur les emplacements désignés.

3. *Usine de Decazeville.*

Couvertes. — Dans les paquets à couvertes, il n'entre que du fer puddlé à grain provenant des fontes blanches ordinaires, désignées à l'usine

Rails à double champignon du chemin de fer du midi.

1/4 de la grandeur naturelle.

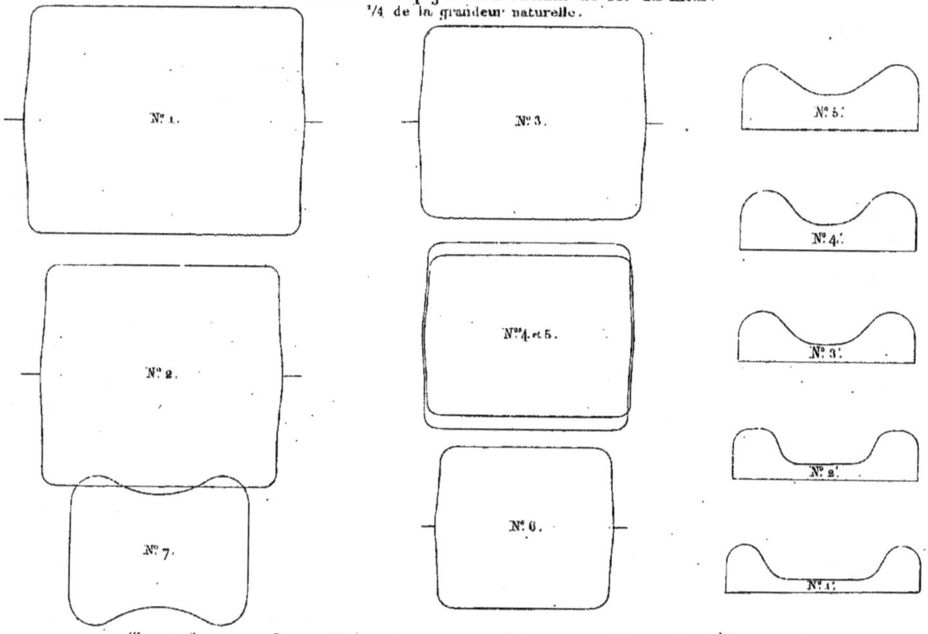

Tracé des cannelures dégrossisseuses et finisseuses. (Usine de St. Jacques.)

Établ.t et impr.ie de J. Baudry, à Liège

sous le nom de *fontes pour têtes de rails.* Ces fers puddlés sont généralement à grain fin. Le paquet est à dix mises, sa section est de 30×21; sa longueur varie de 0m.90 à 1 mètre; son poids moyen est de 335 kilogrammes; les joints sont contrariés (voir fig. 6, pl. XXX).

La première chaude est faite dans un four soudant; sa durée est de une heure quarante minutes. En sortant du four, le paquet est porté sous le marteau-pilon. La durée du martelage varie de une à deux minutes; le nombre de coups de marteau est de cent soixante en moyenne. Le paquet est ensuite réchauffé et laminé en barres pour couvertes. Le laminage se fait à huit cannelures, ainsi réparties :

Dégrossisseur.

Cannelures de champ	1	4
— de plat	3	

Finisseur.

Cannelures à plat	4
Total	8

Les dimensions de la couverte sont :

Épaisseur	0m.025
Largeur	0 .20
Longueur	0 .88

Paquets à rails. — Le paquet à rails a la dimension suivante : 0m.20×0m.25; longueur, 0m.88; poids moyen, 258 kilogrammes. Le poids des deux couvertes réunies est de 60 kilogrammes. La proportion de fer corroyé qui entre dans le paquet est inférieure au tiers du poids total, ce qui tient à la faible épaisseur des couvertes. Le paquet est à neuf mises, les mises (2) et (8) en contact immédiat avec les couvertes sont à fer puddlé à grain fin, de la même qualité que celui qui sert à fabriquer les couvertes; les cinq autres sont en fer puddlé métis à grain et à nerf; les joints sont contrariés. Le paquet est représenté par le croquis fig. 7, pl. XXX.

Les paquets sont traités en deux chaudes; les fours sont à deux portes et à vent forcé. La charge d'un four est de six paquets. Le nombre des charges est de sept par journée de douze heures; ce qui fait un total de quarante-deux heures par four et par poste. La durée moyenne de la chaude est de une heure quarante minutes. En sortant du four soudant, les paquets sont martelés, dans les mêmes conditions que ceux pour couvertes. La durée de cette opération est de deux ou trois minutes. Le nombre de coups de marteau est en moyenne de cent soixante.

Après le martelage, les paquets sont réchauffés et laminés en barres finies. Le laminage est fait à douze cannelures ainsi réparties :

Dégrossisseur.

Cannelures à plat	2	6
— en losange	4	

Finisseur.

Le rail est dégorgé à la première cannelure	1	6
Cannelures à finir	5	
Total		12

Au dégrossisseur et au finisseur, le rail est laminé alternativement par les deux bouts.

Le martelage a permis de supprimer le travail au cylindre ébaucheur pour les couvertes et pour les rails; le nombre de cannelures ainsi supprimées a été de *deux.*

Martelage. — Le martelage des paquets à couvertes et à rails se fait aux mêmes conditions.

Hauteur de chute	1 mètre.
Poids du marteau	3 000 kil.
Durée	2 à 3 minutes.
Nombre de coups en moyenne	160

Le martelage est fait de plat, de champ, de plat et enfin de champ.

Quand le paquet est bien chauffé, c'est-à-dire à la température la plus convenable pour un fer tendre et sensible aux coups de feu, le martelage des paquets à couvertes se fait bien.

Pour les paquets à rails, on martèle d'abord de plat sur les deux faces du paquet, et enfin de champ, quand la soudure est assez avancée et le paquet assez froid pour ne pas craindre le baillement des couvertes. Les paquets dont les couvertes ont glissé sont chauffés et martelés une seconde fois; mais ils sont souvent réchauffés et laminés directement, ce qui n'est pas suffisant pour leur donner la soudure qu'ils n'ont pas pu acquérir dans le premier martelage. Cette opération exige dans tous les cas un chauffage très-régulier.

Voici les résultats des essais suivis sur trois fours à souder, pour apprécier le déchet au martelage des paquets à couvertes et à rails.

La charge par four était de quatre paquets pour couvertes, soit de douze paquets pour les trois fours, et on avait confié le chauffage de chaque four à un seul ouvrier. Le combustible employé était du menu ordinaire, de qualité médiocre. La pression du vent était la même pour chaque four, soit $0^{m}.07$; la durée de la chauffe avait été de une heure trente minutes. Les paquets pesés froids, un à un, avant l'enfournement, l'ont été de même, chauds, après le martelage et après le laminage. Les barres qui en sont résultées ont été pesées, et on a obtenu, avec le déchet total, de chaque opération :

	Couvertes.		Rails.	
	Moyenne de 12 essais.	Pour 100.	Moyenne de 18 essais.	Pour 100.
Paquets froids.	349k.50	»	258k.72	»
— martelés.	312 .66	10.61	240 .61	7.00
— laminés.	309 .75	3.14	230 . »	4.40
Déchet total.	39k.75	13.75	28k.72	11.40

Dans chaque paquet à rails, il entre 60 kilogrammes de couvertes. En tenant compte de ce déchet pour 100, le déchet total donné par le martelage et le laminage des rails martelés s'accorde à peu près avec celui généralement admis dans les usines pour les rails laminés. La différence de main-d'œuvre consiste en ce que, toutes choses étant égales d'ailleurs, le travail au cylindre ébaucheur a été remplacé par celui au marteau. La main-d'œuvre par poste de douze heures s'établit ainsi :

Ébaucheur.

1 dégrossisseur	4 francs.	16 francs.
4 releveurs à 3 francs	12 —	

Marteau.

2 marteleurs	16 —	27 —
3 crocheteurs	9 —	
1 ouvrier au marteau	2 —	

Tous frais calculés, le prix de revient de la tonne de rails martelés n'est guère plus élevé que celui de la tonne de rails laminés. S'il y a une différence, petite cependant, elle ne consiste que dans une faible augmentation de la main-d'œuvre, les fontes et les déchets dans l'une et l'autre fabrication étant à peu près les mêmes.

4. *Usine de Bességes.*

Nous nous bornons pour cette usine à donner les frais de fabrication du ballage pour couvertes et des rails à double champignon.

Frais de fabrication du ballage pour couvertes.

Fer brut (1), 1 010 kilogrammes à 154 francs les 1 000 kil.	155 fr. 54
Réchauffage des paquets	2 00
Laminage	2 32
Houille consommée, 1 250 kilogrammes à 5 francs les 1 000 kil.	6 25
Frais généraux	6 90
	173 fr. 01

(1) Frais de fabrication du fer puddlé, voir p. 411.

Frais de fabrication des rails à double champignon.

Fer brut pour 1 000 kilogrammes de fer fini, 800 kilogrammes à 154 francs les 1 000 kil.	130 fr. 90
Fer ballé pour 1 000 kilogrammes de fer fini, 450 kilogrammes à 173 francs les 1 000 kil.	77 85
Réchauffage	2 00
Laminage	2 32
Sciage, dressage et réception	2 45
Perçage	0 73
Charbon consommé, 1 250 kilogrammes à 5 francs les 1 000 kil.	6 25
5 pour 100 de rebuts environ pour le prix de la main-d'œuvre	1 43
Frais généraux	12 50
	236 fr. 43
A déduire pour les bouts écrus, environ 125 kilogrammes au prix du fer brut.	19 25
	217 fr. 18

5. *Usine de l'Horme.*

Rails sans couvertes. — Cette usine, une des plus importantes du bassin houiller de la Loire, a proposé, il y a quelques années, pour obtenir une soudure plus certaine, un nouveau mode de fabrication dont un essai sur une petite échelle a été autorisé par le directeur de la Compagnie des chemins de fer du Midi. Nous extrayons du rapport de M. Brothier, en date du 12 décembre 1865, les observations suivantes relatives à cet essai.

Le paquet, de dimensions et de forme ordinaires, composé de fer brut, est absolument semblable à celui employé jusqu'alors par cette usine pour la fabrication des rails. Seulement, pour obtenir les six bandes remplaçant les couvertes, on a ajouté à la fonte ordinaire un cinquième ou un sixième de fonte mazée (fine-metal), dans le but de se mettre entièrement à l'abri des criques. Ce but a été atteint, car, sur les 400 rails fabriqués, pas un seul n'a été criqué.

L'innovation consiste exclusivement dans la forme particulière donnée aux bandes remplaçant les couvertes. Leur coupe oblique, analogue à celle déjà signalée pour les fers employés à la fabrication des blindages, permet à la compression, dans le sens vertical, d'agir sur elles en en rapprochant les bords, et assure par suite un bon soudage. Les bords extérieurs des deux bandes latérales sont arrondis en quart de cercle, nouvelle et utile précaution contre les criques, lesquelles, on le sait, se produisent plus fréquemment sur les angles vifs.

La fabrication est conduite comme à l'ordinaire. Après avoir passé sous les trois cannelures du dégrossisseur, le paquet est rapporté au four à réchauffer, où il reste environ dix minutes, il est ensuite ramené aux cylindres, où se complète son laminage. Ceci est d'une nécessité absolue, parce que, les fers bruts contenant plus de scories que les fers ballés, une seule chaude ne suffirait pas pour les expulser complétement, et il faut admettre qu'ils sont complétement expulsés, puisque la densité de ces rails sans couvertes est égale, et peut-être même supérieure, à celle des rails ordinaires, fabriqués avec les mêmes cylindres, dans la même usine.

De l'examen très-attentif des qualités apparentes de cette nouvelle espèce de rails, voici ce qui est résulté :

Comme aspect, ils sont plus beaux que les autres; et cela s'explique, puisque, n'étant plus forcé de chauffer le fer brut plus qu'il ne peut le supporter, afin d'obtenir une température suffisante au soudage du fer ballé ou des couvertes, on n'est plus exposé à ces brûlures, dont est criblée le plus souvent la partie inférieure du champignon des rails ordinaires.

La dureté des nouveux rails paraît un peu plus grande que celle des rails fabriqués suivant la méthode ancienne.

La résistance au choc ou à la pression, est restée la même; il est impossible de casser un rail sans l'avoir préalablement entamé à la tranche.

La rigidité n'a éprouvé aucun changement.

La cassure est plus belle et plus régulière, ce qui tient à ce que le fer brut n'ayant été exposé qu'au degré de chaleur qu'il peut normalement supporter, son grain n'a pas été altéré et n'a pas pris cette couleur cendreuse qu'on rencontre si souvent dans la cassure des rails ordinaires.

Sur un grand nombre de cassures examinées, on n'en a pas trouvé une seule dans laquelle les bandes remplaçant les couvertes ne fussent pas soudées au reste du champignon.

Le problème paraît donc parfaitement résolu, avec une économie qui est évaluée à 20 francs par tonne; M. Brothier pense que l'expérience viendra démontrer la supériorité de ces rails sous le rapport de la durée.

PRUSSE.

Usines du Phœnix.

Dans ces usines, la fabrication des rails Vignoles repose sur l'emploi du fer puddlé (1).

Les loupes obtenues avec des fontes grises phosphoreuses qui donnent un fer à grain dur, pour les mises extérieures destinées à la surface du champignon, sont martelées au marteau-pilon de 3000 kilogrammes, pendant cinq minutes. Réduites par ce martelage à la dimension de barres rectangulaires de $0^m.15$ sur $0^m.10$ environ, elles ne sont réchauffées qu'au

(1) Études sur la fabrication des rails, par M. Desbrière. *Mém. de la Soc. des ing. civils.*

rouge cerise avant d'être laminées. Pour les mises qui suivent immédiatement, le martelage dure trois minutes. Enfin, les mises formant l'âme et le pied, à l'exception des deux mises latérales en fer corroyé nécessaires pour les bords du patin, sont en fer nerveux puddlé brut.

Les paquets sont ainsi formés de dix mises, dont quatre à grain, quatre à nerf et deux corroyés, qui ont $0^m.05 \times 0^m.025$; les joints sont croisés dans le sens transversal; les couvertes sont en une seule pièce ou bien en deux et trois barres longitudinales. Le paquet a $0^m.25$ de largeur sur $0^m.24$ de hauteur, déduction faite des vides.

Le paquet, chauffé au rouge blanc, est porté sous le marteau-pilon de 3 000 kilogrammes et martelé sur les deux faces, jusqu'à ce que son allongement soit de $0^m.36$ environ; ce qui réduit les dimensions à environ $0^m.19$ sur $0^m.18$. On remet alors le paquet au four et on le lamine au blanc soudant.

D'après M. Desbrière, les résultats sont satisfaisants, *comme aspect*. La cassure réalise la condition exigée du grain et du nerf; la surface est très-dure et la soudure des mises provenant de loupes étirées directement au marteau et au laminoir est parfaite. Il convient toutefois d'attendre que la pratique ait confirmé des résultats attribués essentiellement à l'emploi de minerais phosphoreux.

AUTRICHE.

Usine de l'Anina.

Les fours à puddler et à réchauffer de l'usine de l'Anina ont été décrits, pages 341 et 345. Les conditions du puddlage ont été également indiquées, page 397. Nous nous astreindrons, par conséquent, à la fabrication des rails (1) avec des loupes travaillées d'abord sous le marteau-pilon (2 000 kilogrammes), puis passées aux laminoirs qui donnent ordinairement des *millbars* d'une longueur de $2^m.85$. Ces barres donnent à la scie deux morceaux pour le paquetage et des déchets qui sont traités au four à *riquettes* ou riblons.

Le prix de main-d'œuvre du laminage des loupes, par 1 000 kilogrammes de millbars, faisant suite à celui du puddlage (page 399), est indiqué dans le tableau suivant :

		Fer fort.	Fer à grain.	Platines de déchets.
Deux rouleurs de loupes	travaillant ensemble et en 24 heures,	0 fr. 15	0 fr. 20	0 fr. 15
Trois premiers lamineurs		0 60	0 65	0 85
Trois seconds —		0 40	0 45	0 50
Trois aides —		0 20	0 25	0 35
Quatre dresseurs.		0 60	0 60	0 55
Un dresseur.		0 55	0 60	0 55
Un dresseur.		0 25	0 35	0 30
Deux machinistes.		0 40	0 40	0 40

(1) Ces renseignements sur l'Anina sont dus à l'obligeance de M. Henry, ingénieur.

Paquets pour rails de l'usine de l'Anina. (Autriche.)

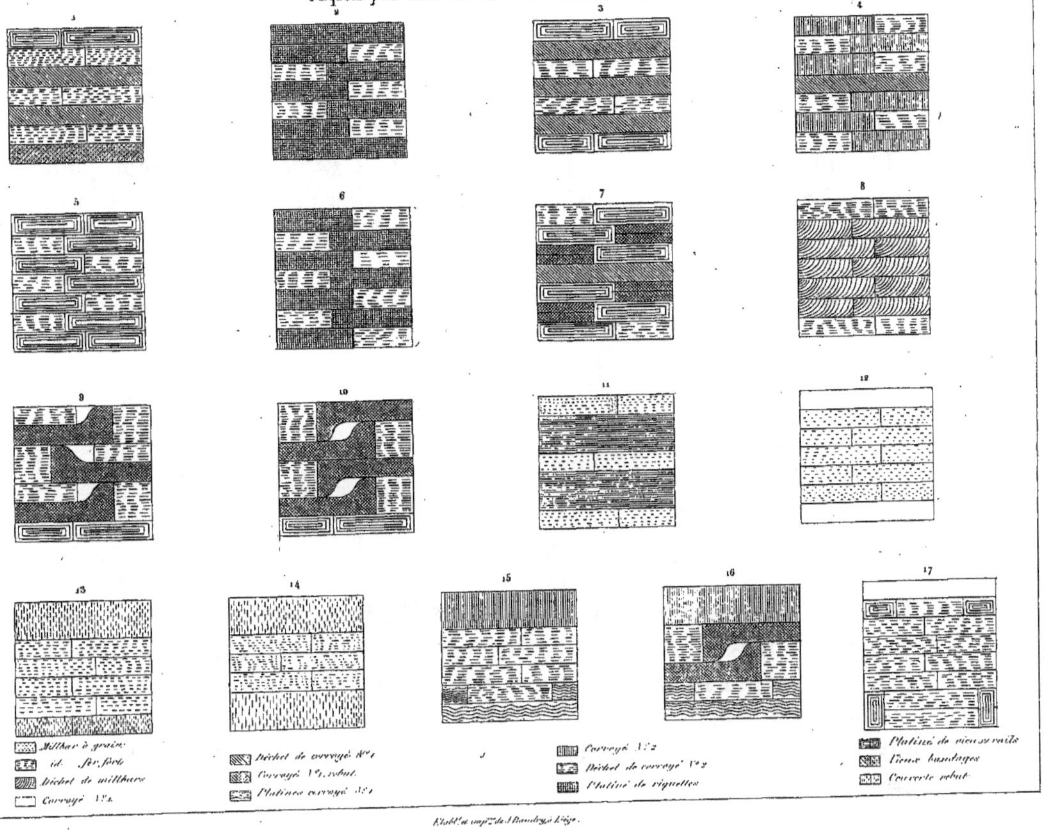

Établ.t et imp.rie de J. Baudry, à Liège.

Paquetage. — La planche XXXVI reproduit les différents paquets employés à l'Anina.

Les numéros 1 à 10 servent à fabriquer des corroyés n° 1 pour pied de rail; ils ont 0m.189 de largeur et 0m.263 d'épaisseur.

Le n° 1	pèse	280 kilogrammes et a une longueur de				1m.106
2	—	255	—	—		*Id.*
3	—	285	—	—		*Id.*
4	—	280	—	—		*Id.*
5 et 6	—	255	—	—		1m.053
7 et 8	—	290	—	—		1m.106
9	—	285	—	—		*Id.*
10	—	290	—	—		*Id.*

Le paquet n° 11 sert à fabriquer les couvertes du paquet n° 12; il pèse 250 kilogrammes, et sa longueur est de 1m.106. Le numéro 12 est le paquet pour fer corroyé n° 2, employé pour tête de rail; il pèse 275 kilogrammes et a 1m.106 de longueur. Les paquets n°s 13 et 14 sont également pour corroyé n° 2; leur longueur est de 1m.106, et leurs poids respectifs de 270 et 280 kilogrammes. Les paquets à rails de qualité supérieure, n°s 15 et 16, pèsent 280 kilogrammes et ont une longueur de 1m.106. Enfin, le paquet n° 17 à rails ordinaires se divise en poids et en centièmes de la manière suivante :

	Kilogrammes.	Pour 100.
Millbars.	35	12.3
Platinés.	40	14.»
Corroyé.	210	73.7
	285	100.0

Malgré la forte proportion de millbars dans le paquet, les rails sont d'une qualité très-satisfaisante. Le grain de la tête et le nerf du pied sont des mieux marqués, et la proportion des rebuts n'atteint que 3 à 5 pour 100.

Les paquets pour platinés et corroyés sont formés de telle sorte qu'ils donnent, suivant la section des rails, deux ou trois morceaux à la scie et très-peu de déchet.

Réchauffage. — Les fours à réchauffer (p. 345) reçoivent quatre ou cinq paquets, et de douze à quatorze charges en vingt-quatre heures. En marche avec trois fours seulement, la mise à feu consomme de 1700 à 2200 kilogrammes de gailleterie et autant de gaillette. Dans ces conditions, on est obligé, pour obtenir assez de vapeur, de faire du feu sur la chauffe d'une des chaudières, ce qui entraîne une dépense additionnelle de 1200 à 1500 kilogrammes de menu par vingt-quatre heures, soit de 5 à 8 pour 100 du poids des produits.

Laminage. — Le trio à rails, mû par une machine horizontale à action directe, de la force de cent chevaux, fait quatre-vingts tours par minute.

Le paquet est laminé en treize passes et en une seule chaude.

Les figures 116 à 119 et la planche XXIX, retracent les croquis des cylindres des divers trains en activité à l'Anina.

	Nombre de cannelures.
Train ébaucheur à loupes.	7
Train finisseur à loupes.	6
Train finisseur à corroyé.	6
Train ébaucheur à fers plats pour platinés.	11
Train ébaucheur à rails.	6
Train finisseur à rails.	6

Les deux derniers s'appliquent aux rails du profil de la Société autrichienne des chemins de fer de l'État. — Ce rail pèse 225 kilogrammes, et a une longueur de 6 mètres, soit $37^{k}.50$ par mètre courant.

Finissage. — Les deux bouts des rails sont immédiatement affranchis à la scie. Ils sont ensuite dressés sur une voûte de rails à claire-voie offrant une courbure inverse de celle que leur forme leur ferait prendre par le refroidissement. On les termine à la machine à ajuster, on les dresse exactement; on les coupe de longueur et, finalement, on les perce de trous circulaires pour recevoir l'éclisse. — Neuf hommes ajustent en douze heures de cent quinze à cent vingt rails.

Les tableaux qui suivent reproduisent les conditions du travail et le prix moyen par tonne de corroyé et de rails.

Dans le tableau I, A correspond à neuf jours et demi de travail (du 9 au 18 janvier 1865) dans la marche pour rails avec trois fours; — B représente quatre jours et demi de travail, dans les mêmes conditions (du 6 au 11 février 1865); — C se réfère à la fabrication des platines de $0^{m}.053$ sur $0^{m}.026$ et $0^{m}.039$, avec des bouts de rails (du 19 au 25 janvier 1865); — D correspond à une fabrication de rails de mines; — E comprend les résultats de la fabrication de corroyé nº 1 ($0^{m}.184 \times 0^{m}.026$), du 30 avril au 6 mai 1865.

Les prix des tableaux II et III s'appliquent aux platines, corroyés et rails reçus comme bons. Pour les platines qui ne passent pas à la scie, on admet 7 pour 100 de déchet.

TABLEAU I.

	NOMBRE de journées de 24 heures d'un four.	NOMBRE total de charges.	CONSOMMATION. Corr. I.	Millbars.	Platinés.	Total.	PRODUCTION. Rails.	Déchets.	Rebut.	PERTE en fer.	COMBUSTIBLE CONSOMMÉ. Gailletterie.	Gaillette.	Total.
			kil.	kil.	kil.	kil.	kil.	kil.	kil.	p. 100.	kil.	kil.	kil.
A	28.5	348 12,2 en 24 h.	48 860	290 260	55 840	394 960	359 910	46 450	3 550	9.7	72 490	77 250	149 740
Pour 100 rails........	»	»	15.7	93.6	18.0	127.3	100.0	14.9	1.1	11.3	24.9	23.4	48.3
B	13.5	174 12,0 en 24 h.	24 080	143 865	27 520	195 465	149 425	25 040	3 615	9.8	2 915	4 615	7 530
Pour 100 rails........	»	»	16.1	96.3	18.4	130.8	100.0	16.9	2.4	11.5	19.5	29.8	50.3
C	13.5	162 12 en 24 h.	»	»	»	Déchets. 124 335	Platines. 112 415	»	»	»	77 250	72 490	149 740
Pour 100 platinés......	»	»	»	»	»	110.6	100.0	»	»	»	24.9	23.4	50.9
D	11.6	140 12 en 24 h.	»	105 530	860	106 490	Rails de mines. 88 910	Déchets. 6 970	»	11.9	21 260	22 720	43 980
Pour 100 rails de mines.	»	»	»	118.7	1.1	119.8	100	7.8	»	12.0	24.0	25.5	49.5
E	13.5	162 12 en 24 h.	»	147 285	Déchets. 28 645	175 930	Corroyé 1 151 970	7 985	»	9.1	Menu et gailletterie. 41 500	29 160	70 660
Pour corroyé n° 1......	»	»	»	96.8	18.8	115.6	100.0	4.5	»	11.1	23.6	17.1	41.7

Tableau II.

TRAIN A CORROYÉ. Prix par 1 000 kil. produits.	PLATINES DE VIEUX RAILS jusqu'à 3 pouces de largeur.	PLATINES DE VIEUX RAILS au delà de 3 pouces de largeur.	CORROYÉ I ET II de millbars et platinés.
	f. c.	f. c.	f. c.
Un réchauffeur	1 55	1 30	1 30
Un premier aide	1 »	» 80	» 80
Un deuxième aide	» 70	» 55	» 55
Un gamin	» 30	» 25	» 25
Rouleur de charbon	» 25	» 15	» 15
Deux premiers lamineurs	» 90	» 75	» 75
Deux seconds lamineurs	» 70	» 60	» 60
Deux rattrapeurs de 1re classe	» 55	» 45	» 45
Deux rattrapeurs de 2e classe	» 50	» 40	» 40
Cinq dresseurs	» 85	» 70	» 70
Quatre cisailleurs	» »	» »	» 40
Transport des cendres et crasses	» 10	» 10	» 10
Machinistes	» 35	» 30	» 30
TOTAL	7 75	6 35	6 75

Tableau III.

TRAIN A RAILS.	PRIX par 1 000 kilog. de rails.
	f. c.
Un réchauffeur	1 40
Un premier aide	» 90
Un second aide	» 60
Un gamin	» 30
Rouleur de charbon	» 20
Deux premiers lamineurs	» 80
Deux seconds lamineurs	» 65
Trois rattrapeurs de 1re classe	» 75
Trois rattrapeurs de 2e classe	» 60
Six redresseurs	1 »
Classification	» 15
Quatre cisailleurs	» 50
Transport des cendres et crasses	» 10
Machinistes	» 30
TOTAL	8 25

B. — FABRICATION DES ÉCLISSES ET DES PLAQUES DE JOINT.

Quel que soit le mode d'armature adopté pour assurer la coïncidence exacte des extrémités des rails, il est indispensable que les éclisses, les coussinets-éclisses ou les plaques de joint, soient fabriqués avec des soins tout particuliers et des matières de choix. Ces armatures, en effet, soumises à des efforts considérables, sont percées de trous qui diminuent la résistance du fer et qui sont autant de causes de défectuosités.

Nous décrirons les procédés suivis pour la fabrication des éclisses du rail Vignoles aux usines de Tredegar et de Dowlais (pays de Galles); pour les coussinets-éclisses, dans l'une des usines du nord de la France, et pour les plaques de joint aux usines de Peny-Daran et de Dowlais (pays de Galles).

Éclisses. — Le fer employé à Tredegar pour les éclisses russes, provient des hauts fourneaux de l'usine. Les paquets se composent de quatorze mises de fer corroyé n° 3, et disposées en prisme rectangulaire. Le poids moyen des mises est de $8^k.170$; celui des paquets, de 114 kilogrammes. Chaque barre a pour section $0^m.075$ sur $0^m.025$, et $0^m.019$ d'épaisseur. La longueur du paquet est de $0^m.640$. Les paquets sont entourés par deux liens; on en charge six à la fois dans le four à souder, où on les laisse quarante-cinq minutes en moyenne.

Au sortir des fours, on les transporte un à un, sur le chariot, jusqu'au grand mill, où ils passent par huit cannelures, dont les trois dernières sont finisseuses.

Quand le laminage se fait au petit mill, ils ne passent que par cinq cannelures, mais les éclisses sont moins bien soudées et d'une section moins exacte.

La chauffe au blanc soudant cause un déchet de $10^k.5$ environ par paquet, et consomme 250 kilogrammes de houille.

La barre laminée pèse environ 100 kilogrammes et fournit de vingt-cinq à trente éclisses, du poids moyen de 3 kilogrammes. Elle est affranchie aux deux extrémités, transportée sur le banc de scie, dressée, s'il y a lieu, au moyen d'une masse en bois, puis débitée en éclisses par la scie circulaire, située en avant du laminoir. La division de la barre dure environ une minute et demie. Les éclisses retirées de la scie sont placées avec des tenailles sur des établis en fer où des limeurs enlèvent les bavures, puis amenées sous un double perçoir pour y recevoir trois trous de boulons. Le perçage de chaque éclisse exige quinze secondes. Une fois opéré, on place les éclisses une par une sous une presse à dresser, et on les met en tas pour refroidir.

La vérification a lieu avec un gabarit garni de trois goujons en acier, dont le diamètre et la distance sont réglés d'après le dessin de commande.

A Tredegar, les cylindres ont 0m.87 de table; leur section est vérifiée à chaque nouvelle fabrication. Le personnel se compose : d'un lamineur et trois aides, d'un scieur et deux aides, de huit ou neuf limeurs, et de huit ou neuf ouvriers assistés de leurs aides, pour l'affranchissement et l'ajustage. Les éclisses, pesées après réception, sont formées en paquets, mises en boîtes cerclées, puis fermées et plombées.

A Dowlais, les paquets pour éclisses en fer n° 1 sont chauffés et passés aux laminoirs en une seule chaude, c'est-à-dire sous cinq cannelures ébaucheuses et cinq cannelures finisseuses. Le poids des paquets est à peu près de 35 kilogrammes, ils fournissent chacun une barre de 6 mètres de longueur, qui est découpée en douze éclisses, percées et dressées à chaud. On fabrique 110 tonnes par semaine.

Coussinets-éclisses. — Voici la méthode suivie dans une des usines du nord de la France, la mieux outillée pour ce genre de travail (1).

Le paquet est formé de huit mises de 0m.020 d'épaisseur chacune, ce qui lui donne une hauteur totale de 0m.160; sa longueur est de 0m.90. Il est composé de deux mises superposées à la partie supérieure, et d'une mise inférieure en fer corroyé de 0m.080 de largeur; de deux mises en bouts de rails laminés, de 0m.10 de largeur, et de fer ébauché pour le reste.

Une charge formée de six paquets pesant 800 kilogrammes, moitié corroyé, moitié ébauché, correspond à soixante-six éclisses de 0m.40 de longueur. Au bout d'une heure et demie de chauffage, le paquet est passé sous sept cannelures dégrossisseuses en changeant la direction des mises, puis sous quatre cannelures finisseuses.

La barre finie est amenée à la scie circulaire par un chariot monté sur des roues dentées engrenant avec des crémaillères, affranchie aux extrémités, et découpée en onze morceaux de 0m.40 de largeur, qui sont présentés encore rouges à trois cannelures d'une molette ayant chacune le profil de l'une des trois faces de l'éclisse. On les dresse enfin, et on les ébarbe à chaud. L'ébarbage terminé, on passe les pièces aux machines à poinçonner, pour les percer des trous de boulons et de tire-fonds.

Plaques de joint. — Ces plaques se fabriquaient pour la voie russe, à l'usine de Peny-Daran, avec les fers n° 3 de l'usine.

(1) Ch. Goschler, *Traité de l'entretien et de l'exploitation des chemins de fer*, t. I, p. 551. Paris, 1865.

Les figures 126 et 127 indiquent la composition du paquet employé :

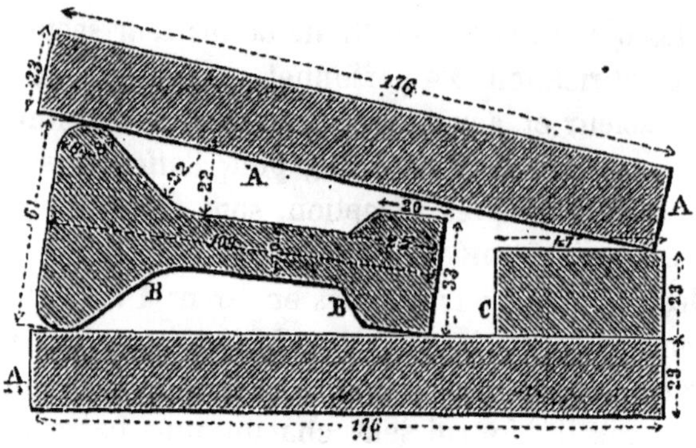

Fig. 126. — Paquet pour plaques de joint (Usine de Peny-Daran, pays de Galles).

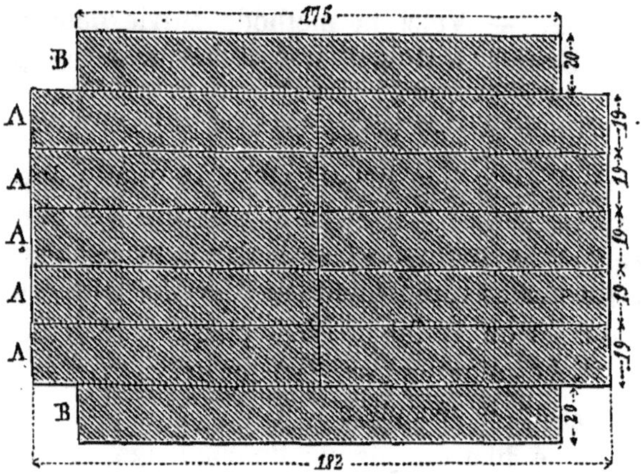

Fig. 127. — Paquet pour plaques de joint. (Usine de Peny-Daran, pays de Galles.)

		Poids.
Fig. 126.	Fer nº 2, A.	42 kilogrammes.
	Fer nº 2, C.	6 —
	Pièce de rail B.	18 —
	Poids total.	66 kilogrammes.
	Longueur totale.	0m.715

		Poids.
Fig. 127.	Fer nº 1, A.	99 kilogrammes.
	Fer nº 2, B.	34 —
	Poids total.	133 kilogrammes.
	Longueur totale du paquet. . .	0m.745

Les plaques se laminent au train de gros fers, en deux chaudes. Pour un train marchant à quatre-vingt-dix tours, les paquets sont passés sous deux cannelures de l'ébaucheur et une du finisseur à la première chaude, et sous les trois autres cannelures du cylindre finisseur à la deuxième chaude.

La planche XXXVII représente les cylindres à laminer les plaques de joint. Au sortir des cylindres, les barres sont dressées sur toutes leurs faces, découpées en plusieurs plaques qui sont forées comme les rails et les éclisses. Au laminoir marchant à quatre-vingt-dix tours, la quantité fabriquée en douze heures est de 11 tonnes; le nombre de plaques percées avec des poinçons bien trempés est de 4 tonnes. Le dressage de 3 tonnes exige le même temps.

A Dowlais, le paquet pour plaques de joint est formé de vingt-quatre barres de fer puddlé de $0^m.32$ de longueur, dont douze de $0^m.076$ de largeur et $0^m.019$ d'épaisseur; douze de $0^m.11$ de largeur et $0^m.019$ d'épaisseur. Après une première chaude, le paquet passe sous trois cannelures soudantes, puis reçoit une seconde chaude avant de passer sous quatre cannelures ébaucheuses et trois finisseuses. La barre laminée a environ 4 mètres de longueur; on la découpe à chaud en quatre parties qui sont réchauffées et laminées de nouveau au train finisseur. La longue barre obtenue sous les quatre cannelures de ce train est placée sur les bancs à refroidir, puis coupée de longueur par une grosse cisaille à froid, et amenée au rouge sombre pour être percée. La machine fore les quatre trous à la fois; le nombre de coups est de vingt par minute, et celui des plaques percées, de huit à dix. En tenant compte des temps d'arrêt nécessités par le remplacement des poinçons, plus rapidement usés que dans le perçage à froid, on calcule sur 3 tonnes ou 1 490 à 1 500 plaques de joint percées en dix heures de travail. Les plaques percées sont dressées, placées sur les gabarits et poinçonnées après réception.

C. — FABRICATION DES BANDAGES.

La fabrication des bandages ne doit nous occuper ici qu'au point de vue de la formation et du travail des paquets. Les principales conditions auxquelles un bon bandage doit satisfaire sont les suivantes : résistance aux frottements; ténacité suffisante pour qu'il n'éclate pas; compacité telle qu'il s'use très-uniformément. Pour les remplir, on a fabriqué les premiers bandages en fer à grain pour la face de roulement, et en fer à nerf pour le corps; c'est encore ainsi que se fabriquent les bandages des roues de wagons. Pour les roues des locomotives, qui s'usent très-rapidement, vu la pression et le frottement qu'elles font subir aux bandages, ceux-ci sont fabriqués entièrement en fer à grain de la meilleure qualité, en acier puddlé et en acier fondu.

Le procédé le plus ancien de fabrication des bandages en fer consiste à

Tracé des cylindres à laminer les plaques de joint.

Usine de Peny-Darran. (Pays de Galles Sud.)

Échelle au 1/8.

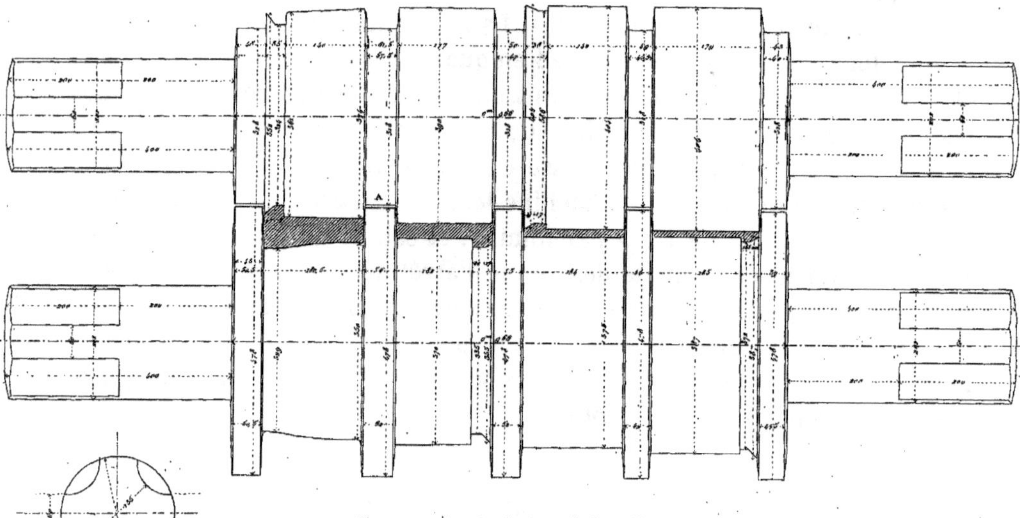

Distance entre les centres des deux cylindres = 0m,404.

Jeu des cylindres en A = 0m,006.

Établt et impie de J. Baudry, à Liège.

courber une barre droite laminée avec le boudin, à la souder au feu de forge, puis à calibrer la bague ainsi formée à l'aide de machines spéciales. Le diagramme A (fig. 128) indique les divers modes de soudure des paquets : *a* soudure en gueule de loup ; *b* soudure portée à un coin ; *c* soudure portée à deux coins; *d* soudure à large surface oblique. Ces diverses soudures sont également bonnes quand elles sont bien faites. D'ailleurs, le travail ultérieur du laminage fait découvrir les défauts de soudure.

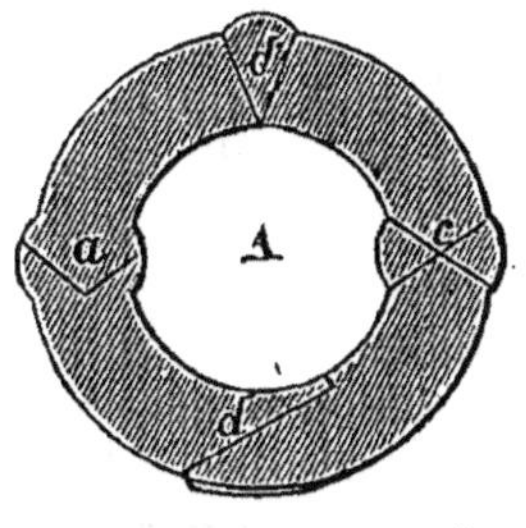

Fig. 128. — Modes de soudure des bandages.

Un autre mode de préparation du paquet consiste à allonger et à cintrer les barres de fer méplat avec un mandrin à galet conduit par un levier, suivant une spirale plane, et à ébaucher les paquets à l'aide de machines spéciales; telle est du moins l'idée mère des bandages *sans soudure* (1). En 1849, MM. Petin et Gaudet installaient la fabrication des bandages ainsi désignés, mais en enroulant ces barres en hélice. Nous décrirons plus loin un exemple de ce mode de fabrication. Le paquet, en forme d'anneau ou de bague, est porté au four pour y acquérir la température du blanc soudant, puis au marteau-pilon, dont la chabotte forme bigorne ronde. En même temps que le soudage se produit, le boudin se dessine, la frappe du pilon étant creusée en gorge suivant le gabarit déterminé. De là, la bague soudée et à boudin dégrossi est portée au laminoir dégrossisseur, pour y être étirée à la dimension convenable. On la calibre ensuite à la machine, et on lui fait subir par l'immersion dans l'eau une trempe qui lui conserve le rond que le mandrinage a produit.

L'appareil à courber les bandages se compose d'une partie fixe appelée *rouleau* et d'une partie mobile nommée *plate-forme*, montée sur un arbre vertical dont la partie inférieure est reliée à un engrenage conique, mis en mouvement par un pignon moteur. L'espace compris entre le rouleau et le disque de la plate-forme correspond exactement au profil du bandage, de sorte que si le disque tourne dans la direction suivant laquelle la pièce est introduite, celle-ci, pressée par le rouleau, doit se courber le long du disque et, après une révolution, être enroulée autour de lui.

Les premières machines à laminer ont été construites sur les mêmes données; elles se composent d'un cylindre *fixe* de position ou cylindre-enclume, et d'un cylindre *compresseur* portant le profil de l'extérieur du bandage et pouvant être éloigné ou rapproché du cylindre-enclume. Dans les machines actuelles, les deux cylindres peuvent avoir chacun un mouvement de déplacement indépendant du mouvement de rotation. Quelques-unes de ces machines servent à dégrossir et à finir, d'autres à dégrossir seulement; elles ont été successivement amenées à un degré de puissance

(1) G. Renard, Brevet d'invention du 17 janvier 1848.

très-grand. Nous exposerons ici comme type des machines pour l'ébauchage des bandages, celle de Longridge, qui se recommande par la simplicité et l'économie du travail (1).

La machine Longridge (fig. 129 et 130) se compose essentiellement d'un système de glissières mues par deux pistons hydrauliques permettant la mise en place très-rapide des cercles à laminer et leur dégagement. Le cylindre presseur C est relevé par les vis VV' commandées à deux vitesses par les poulies PP', calées sur un arbre à vis sans fin, correspondant aux écrous des vis VV'; ce cylindre étant relevé, on engage le bandage brut T et on rapproche le cylindre C de celui en D, jusqu'à ce que le dégrossissage soit suffisant. Le mouvement de rotation est communiqué au cylindre C par l'arbre de commande E, muni d'un manchon d'accouplement F. Pour sortir le bandage, on admet l'eau dans le cylindre H, et on enlève le cylindre inférieur D, après relèvement partiel du cylindre supérieur C.

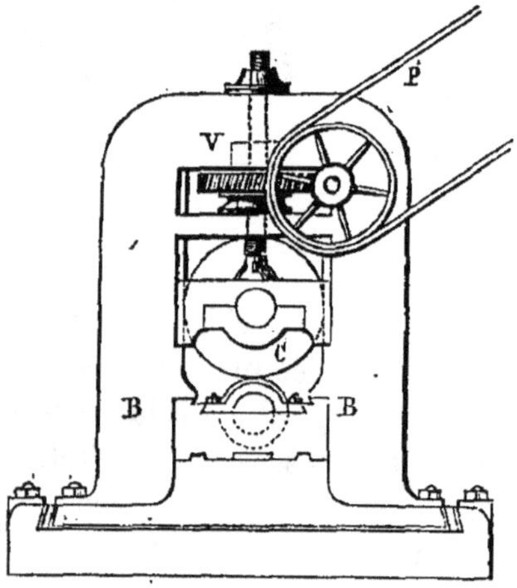

Fig 129. — Machine Longridge à laminer les bandages. Vue de bout.

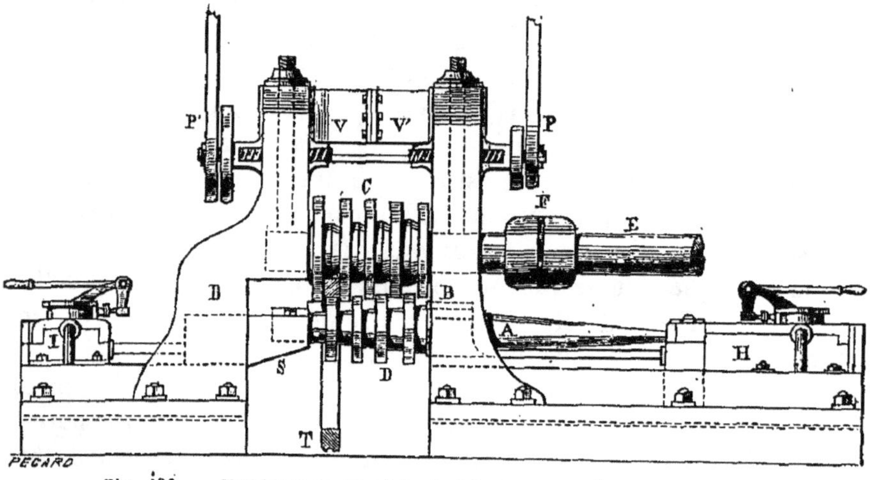

Fig. 130. — Machine Longridge à laminer les bandages. Élévation longitudinale.

On peut encore retirer le sommier-support S, en faisant appel par le piston hydraulique I, et relever le cylindre C de façon à engager ou à dégager le bandage. Tout le système repose sur de forts supports BB.

(1) Note sur les machines à laminer les bandages, par A. Chenot. *Annuaire de la Société des anciens élèves des Écoles d'arts et métiers*, p. 266, 17e année.

Dans la fabrication ordinaire, les paquets sont toujours martelés en loupes à une, deux ou trois chaudes, suivant qu'il faut leur faire subir ce nombre de chaudes pour les amener aux dimensions voulues. Les premières chaudes sont plus intenses que les suivantes, si l'on veut que les pièces soient parfaitement soudées.

Les loupes en fer à grain sont martelées en pièces prismatiques de $0^m.22$ à $0^m.25$ de longueur sur $0^m.15$ à $0^m.18$ de largeur. On forme un paquet de quatre de ces pièces, que l'on chauffe pour les souder au marteau-pilon et leur donner la forme d'un prisme aplati qui reçoit le nom de *mise à une chaude*. Il faut deux ou trois mises à une chaude pour former un nouveau paquet que l'on réchauffe et que l'on martèle en une pièce prismatique désignée sous le nom de *mise à deux chaudes*. Cette dernière pièce est réchauffée et martelée une ou deux fois pour former des loupes à une chaude ou à deux chaudes. Enfin, ces loupes sont mises en paquet pour bandages et laminées sur champ après une chaude, afin d'éviter la formation du nerf. On suit d'autres méthodes, dans les différentes usines que nous indiquons, pour la confection des paquets. Quant aux bandages soudés, les barres sont coupées à leur sortie des laminoirs, au moyen d'une scie circulaire, et courbées dans la même chaude, puis soudées à la forge et calibrées au moyen des appareils désignés.

Bandages soudés.

Usine de Moabit (Prusse). — Les fers destinés à la fabrication des bandages proviennent exclusivement de fontes au bois.

Les paquets se composent de deux lopins de fer puddlé superposés. Le paquet pèse 575 kilogrammes, et la barre de fer laminé destinée au bandage est réduite au poids de 475 kilogrammes. Les deux lopins formant le paquet sont de dimensions différentes; le plus gros pèse 375 kilogrammes, et le petit 200 kilogrammes. Le plus gros forme la partie extérieure du bandage, de telle sorte que le bandage puisse complétement s'user avant que la soudure ne soit atteinte. D'après des expériences faites à l'usine, le lopin intérieur n'occupe dans le bandage fini qu'une épaisseur de $0^m.016$.

Les deux lopins reçoivent quatre chaudes pour être forgés en une barre carrée, puis on les fait chauffer au rouge blanc pour les étirer entre les cylindres du laminoir, suivant la section du bandage. Ces barres sont affranchies à la scie, sur une longueur de $0^m.300$ de chaque côté. Les bouts écrus, étant refroidis, sont cassés à froid sous un pilon, et si la texture n'est pas homogène, on rebute les barres d'où ils proviennent.

Les barres laminées sont cintrées sur un mandrin à l'aide de leviers, et leur soudure se fait bout à bout, après avoir soigneusement enlevé les bavures de la scie. Pour opérer la soudure, les bouts distancés de $0^m.20$

l'un de l'autre, et chauffés au blanc soudant dans un feu de forge ordinaire, sont réunis au moyen d'une vis fixée au bandage par des brides. A cet état, la section du bandage est de $0^m.004$ plus forte que celle du bandage brut de forge. On chauffe alors au rouge sombre dans un four dormant, et on termine les bandages sur une machine à mandriner.

La cassure des bandages de Moabit indique un fer aciéreux, à grain fin, brillant et très-serré.

Niederbronn. — A Monterhausen, près de Niederbronn, on choisit des fontes du Bas-Rhin, à grain fin, grises et donnant habituellement des fers à grain serré et un peu dur. On fait au feu d'affinerie une loupe en rapport avec le poids du bandage. Cette loupe, au sortir du foyer, est cinglée sous un marteau frontal, en massiau octogone. On porte ce massiau au four, où on le chauffe à blanc, puis on le bat au marteau frontal en méplat de $0^m.220$ à $0^m.250$ de largeur sur $0^m.07$ à $0^m.09$ d'épaisseur. Si, dès la première chaude, il n'est pas bien soudé, on le chauffe de nouveau pour le marteler.

Pour les bandages de wagons, on met trois de ces méplats les uns sur les autres, et on les chauffe à blanc dans un four à réchauffer; on donne quelques coups de pilon pesant 2 500 à 2 200 kilogrammes, pour souder les mises. On reporte le paquet au four, puis on le martèle fortement sous le pilon. On obtient ainsi un bloc carré de $0^m.180$ à $0^m.200$ de largeur, à angles légèrement abattus, que l'on passe aux laminoirs pour leur donner la forme des bandages. Généralement ces blocs, après le martelage, sont mis en tas et abandonnés ainsi à un refroidissement lent avant de les passer aux cylindres. On les remet dans d'autres fours où on les chauffe légèrement, sans atteindre la chaleur blanche, avant de les laminer.

Usine Patent-Shaft. — Les bandages de la Compagnie Patent-Shaft (Staffordshire) se font avec deux qualités de fer : l'une à nerf, formant le corps, l'autre à grain aciéreux, formant le boudin et la surface de roulement. Les barres provenant d'une loupe cinglée et étirée d'une même chaude sont croisées à angles droits, pour former les paquets. Cette disposition des mises est brevetée. Les couvertes ont $0^m,075$ d'épaisseur; on superpose six rangées de fer corroyé. Les paquets reçoivent une première chaude pour être martelés sous la forme cubique. Après une seconde chaude, ils sont laminés sous quatre cannelures. Chaque paquet fait deux bandages, dont les bouts sont affranchis à la scie. On les courbe sur le plateau de la machine, animé d'un mouvement de rotation très-lent, puis on soude les extrémités, qui sont écartées de $0^m.030$ environ après une chaude au feu de forge. Pour cela, le bandage est suspendu à une grue et maintenu dans un bloc ou cadre de fonte, au-dessus duquel s'abat un mouton de 100 kilogrammes. Un coin en fer, de forme pyramidale, ayant 0m.50 de longueur et une base de 0m.10 sur 0m.05, est interposé entre le bandage, à l'endroit de la soudure, et le mouton. Celui-ci, tombant de 2 mètres de hauteur, fait pénétrer le coin dans le bandage qu'il comprime et soude à la fois. Deux forgerons égalisent la soudure avec des marteaux à main, l'un à l'intérieur et l'autre à l'extérieur ; le bandage est tourné ensuite à la machine.

Bandages sans soudure.

Le fer employé dans la fabrication des bandages sans soudure, aux usines Petin, Gaudet et Cie, provient des fontes grises au bois du Berri, mélangées avec une certaine proportion de fontes aciéreuses au bois de Corse.

Les paquets se composent de deux éléments : une virole intérieure et des viroles B (fig. 131), dont l'ensemble représente un cylindre creux ayant 0m.220 de longueur, 0m.250 de diamètre intérieur et 0m.450 de diamètre extérieur.

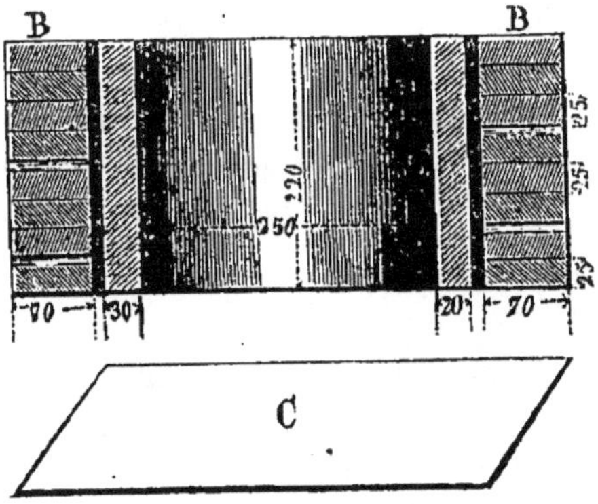

Fig. 131. — Paquet de bandage sans soudure. (Petin, Gaudet et Ce.)

mètre extérieur. La virole intérieure consiste en une bande de fer n° 2, de 0m.030 d'épaisseur, de 0m.220 de largeur, coupée obliquement (C, fig. 131), de telle sorte que, après l'enroulement entre trois cylindres, la ligne de contact soit oblique et permette la soudure *en sifflet*. Cette virole pèse environ 45 kilogrammes. Les viroles B sont en barres de fer puddlé de 0m.025 d'épaisseur et de 0m.070 de largeur, qui sont enroulées de champ sur un cylindre, au sortir de la dernière cannelure, et prennent la forme de ressorts à boudins. Ces viroles sont placées autour de la première et assujetties par des coins chassés au marteau, entre elles et la virole intérieure.

Les paquets, pesant environ 190 kilogrammes pour des bandages du poids moyen de 166 kilogrammes, sont placés au nombre de six dans un four à réverbère, et, après une chaude d'une heure, ils sont retirés pour être soumis au premier pilonnage. L'enclume du marteau-pilon est munie d'une cavité circulaire qui a environ $0^{m}.015$ de profondeur et qui admet le paquet, tandis que le marteau, d'un poids de 6 tonnes, est armé d'un tronc de cône destiné à maintenir le diamètre intérieur du paquet. Deux légers coups sont d'abord donnés, puis le paquet est retourné sur l'enclume; deux autres coups sont suivis d'un nouveau changement de face. On répète cette opération deux fois. Ce premier martelage achevé, on reporte le paquet dans le même four. La face qui touche la sole étant changée à chaque chaude, d'une durée de quinze minutes environ, le paquet subit trois autres martelages analogues au premier. Lorsque le dernier martelage est achevé, on frappe vigoureusement pour écraser le bord du paquet sur la partie extérieure de la cavité de l'enclume, ce qui ébauche le boudin du bandage. Ce martelage, en quatre chaudes, donne un déchet de 12 pour 100 environ.

Une dernière chaude de vingt minutes est alors donnée dans un autre four à réverbère, et le bandage est passé au laminoir, puis assujetti sur une plate-forme en fonte d'un diamètre exact, et plongé dans l'eau froide qui détermine une petite trempe et égalise les diamètres.

L'usine de Saint-Chamond, avec quatre fours pour les quatre premières chaudes et deux pour la cinquième, fabrique cent soixante-cinq bandages par jour. En chauffant à trois heures du matin, on charge sept fois, ce qui exige près de quatorze heures de chauffe.

D. — FABRICATION DES FERS D'ANGLE.

Dans la fabrication des fers d'angle, à cornières et à T, simples ou doubles, on ne se borne pas à rechercher la soudure du fer, mais une grande résistance à froid. Les difficultés du profilage avec des angles vifs, sur de faibles épaisseurs, obligent à l'emploi de fers qui ne soient pas rouverains. Aussi recourt-on, sinon pour le corps des paquets, du moins pour les couvertes ballées, à de bonnes fontes au coke ou mazées, ou à des riblons de choix.

Équerres.

L'étirage des équerres se fait dans un train de cylindres à gros fers marchands ou dans un train à petits fers, suivant leurs dimensions. Pour les équerres de grande largeur et de faible épaisseur qui, sous la pression très-forte des cannelures finisseuses, tendent à se relever et à s'enrouler autour des cylindres, on place au moyen de boulons, au-dessus des deux guides, une plaque de fer forgé. La barre, engagée dans cette sorte de boîte appelée *corbeau*, est forcée de suivre une ligne droite et de se rabattre sur la plaque de garde.

Les équerres de fortes dimensions se fabriquent avec des loupes battues à une chaude au marteau-pilon, ou avec des paquets de 0m.15 à 0m.17 d'équarrissage qu'on lamine en deux chaudes. Ce dernier mode est préférable.

Le paquet se compose, pour la fabrication des équerres de 0m.12 de côté et 0m.015 d'épaisseur (fig. 132), de deux mises, *cc*, de corroyé n° 3, de 0m.180 sur 0m.025; de deux mises *mm* d'ébauché en fer n° 3, de 0m.07 et 0m.10, et de mises d'ébauché en fer fort, *ee* (fig. 132). Quand les barres

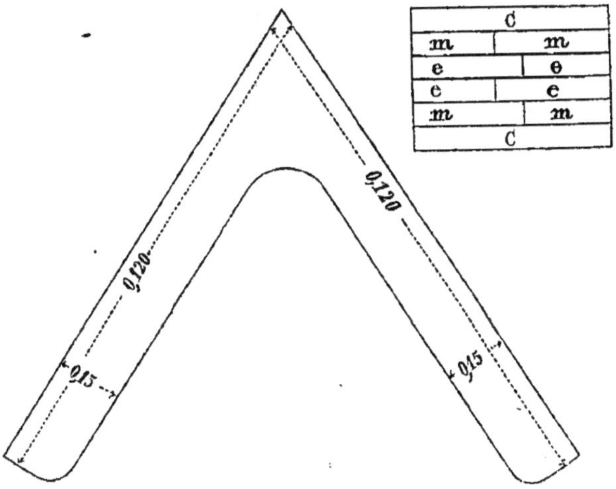

Fig. 132. — Équerre et paquet pour équerre.

finies ont 5 mètres de longueur, les paquets du poids de 170 à 180 kilogrammes sont passés au four à réchauffer et leur étirage se fait en deux chaudes.

Fers à T.

Les fers à T réclament les mêmes soins que les cornières ou les équerres. Pour ceux de très-grandes dimensions, la forme des paquets doit se rapprocher de celle des pièces à laminer. Si nous considérons les fers à T simple, de 0m.16 de largeur, 0m.10 de hauteur et 0m.0125 d'épaisseur, dont le mètre courant pèse 24 kilogrammes, il faudra employer pour les laminer des cylindres de 0m.50 environ de diamètre.

Le paquet se monte comme l'indique la figure 133; il pèse 150 kilogrammes pour une barre finie de 5 mètres de longueur. Il se compose d'une lame de corroyé n° 3, *c*, de 0m.24 de largeur sur 0m.02 d'épaisseur; de trois mises d'ébauché n° 3 en deux barres, *bbb*, de 0m.10 et 0m.12 de largeur; d'une barre d'ébauché de fer de riquettes, *m*, de 0m.150; de deux mises d'ébauché n° 3, *ff*, de 0m.10 de largeur, et enfin d'une barre d'ébauché en fer de riquette, *r*, de 0m.10. Toutes ces mises ont la même épaisseur, 0m.02.

Le laminage s'opère en deux chaudes; le paquet est dégrossi, puis remis au four et passé aux finisseurs. On a soin d'affranchir au moins l'une des extrémités de la pièce dégrossie, afin de l'engager facilement dans les cylindres, sans retarder la marche très-active de l'opération.

Pour les fers à double T, fabriqués en deux chaudes, le laminage des pa-

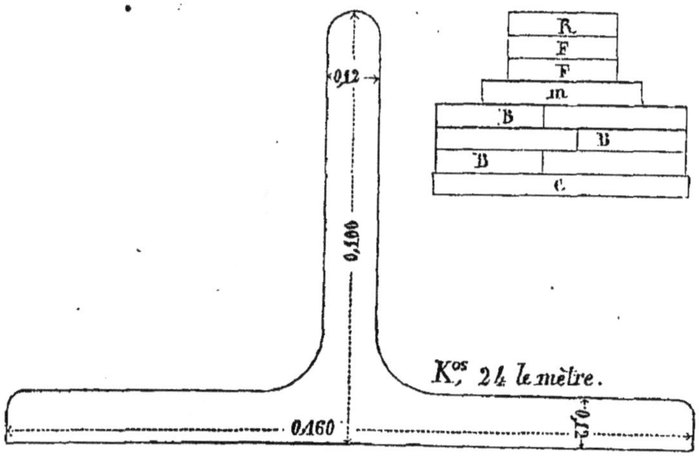

Fig. 133. — Fer à T et paquet.

quets se fait sur champ. Les cylindres ont généralement 0m.60 de diamètre. Les dimensions ordinaires de ces fers sont les suivantes :

1° Pour la base extérieure du double T, 0m.100 à 0m.120.

2° Pour la hauteur totale, 0m.205 à 0m,300.

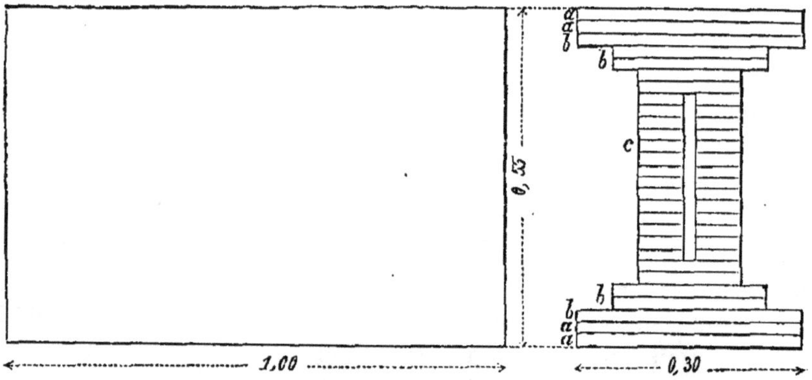

Fig. 134. — Paquet pour fers à double T. (Usine de Saint-Jacques.)

3° Pour l'épaisseur du corps, 0m.010 à 0m.012; le poids du mètre courant varie entre 40 et 55 kilogrammes.

Nous citons, à titre d'exemple, la fabrication de fers à T de dimensions extraordinaires, à l'usine de Saint-Jacques (Montluçon).

Fabrication des fers à T de 0m.500 *de hauteur pour les docks de Marseille* (1860). — Ces fers, destinés à supporter des poids considérables, ont été fabriqués avec des matériaux de choix.

Les paquets, d'un poids de 770 kilogrammes, sont composés de fer corroyé *a a*, de fer mazé *b b* et de fer brut *c c* (fig. 134). On emploie, pour le

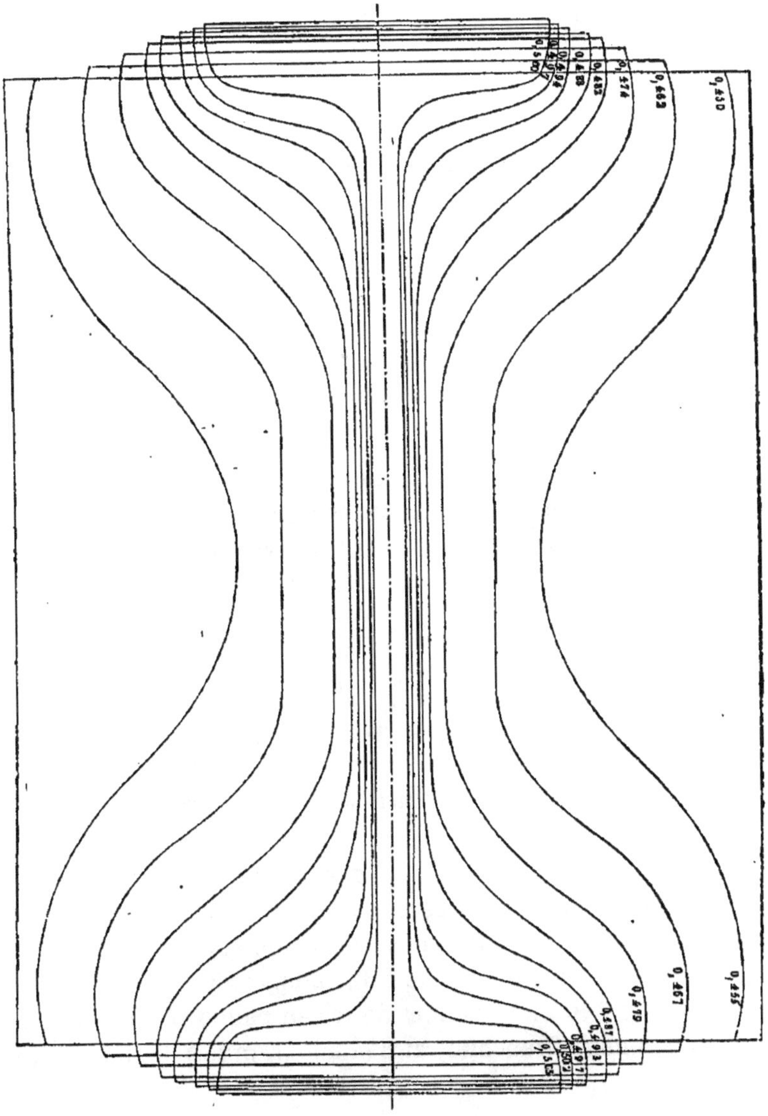

Échelle au quart.

Fig. 135. — Tracé des cannelures pour fer à double T. (Usine de Saint Jacques.)

réchauffage des trousses, des fours à deux portes, dont la sole est rectangulaire. L'air chaud, après avoir circulé dans l'intérieur, se rend dans la cheminée par une ouverture latérale placée au niveau de la sole, près de l'une des portes. La flamme, ainsi forcée de descendre avant d'arriver à la cheminée, assure une température uniforme. Après avoir introduit le paquet à l'aide d'une grande spatule, on la soulève en la retirant, et l'on place en dessous quelques briques, afin de faire circuler l'air chaud sous le paquet, et de faciliter son défournement.

Quatre paires de cylindres à deux cannelures servent au laminage. Les huit cannelures sont représentées figure 135. Les cylindres font soixante tours par minute.

Le paquet est passé dans les deux premières cannelures, puis reporté au four et laminé dans les deux cannelures suivantes. Après un nouveau réchauffage, on fait passer la pièce dans les quatre dernières cannelures; de sorte que le fer subit trois réchauffages. On se sert, pour laminer ces grosses pièces, de chariots roulants sur des rails parallèles à l'axe des laminoirs. Il y a, de chaque côté du train, un chariot mû, à l'aide d'engrenages, par les ouvriers.

Au sortir des cylindres finisseurs, une extrémité de la poutre est coupée à l'aide d'une scie circulaire; la seconde est coupée à froid et au burin. Si les deux bouts étaient cisaillés à la fois, pendant que la barre est chaude, la longueur ne serait pas uniforme, et il faudrait buriner une extrémité après coup. Il arrive assez fréquemment que les poutres se fendent pendant le refroidissement; cet accident semble tenir à la grande différence d'épaisseur entre l'âme de la poutre et les parois horizontales.

Cette fabrication comporte les consommations suivantes :

Houille, 56 hectolitres (85 kil. l'hectolitre) :	4 760 kilogrammes.
Fer brut..	1 920 kilogrammes.
— corroyé.	1 600 —
— mazé.	2 580 —
Total du fer. . .	6 100 kilogrammes.

Ce poids de fer, après les réchauffages, a donné les résultats suivants :

36m.70 de longueur de poutres non affranchies, constituant huit poutres. Le poids de 1 mètre de poutre non affranchie étant de 145 kilogrammes, le poids du fer fini employé est de 5 321 kilogrammes.

Ainsi, il faut 1 146 kilogrammes de fer en paquet pour 1 000 kilogrammes de poutres non affranchies, et 894 kilogrammes de houille par tonne de fer fini.

CLASSIFICATION DES FERS SPÉCIAUX.

Pour terminer le chapitre consacré aux fers spéciaux, nous donnons ci-après la classification qui vient d'être adoptée par le Comité des forges.

Proposée d'abord par MM. Dupont et Dreyfus, d'Ars-sur-Moselle, elle ne manquera pas de recevoir une sanction générale.

I *Fers à planchers.*

PREMIÈRE SÉRIE.

I Inégaux, $\frac{100 \times 43}{8^k.600}$. $\frac{120 \times 45}{11^k.650}$. $\frac{140 \times 47}{12^k.300}$. $\frac{160 \times 54}{151.600}$.

— $\frac{180 \times 55}{18^k.200}$.

Egaux, $\frac{100 \times 43}{8^k.250}$.

— $\frac{120 \times 45}{9^k.200}$. $\frac{140 \times 47}{11^k.800}$. $\frac{160 \times 48}{14^k.100}$. $\frac{180 \times 55}{18^k.100}$.

DEUXIÈME SÉRIE.

I Inégaux, $\frac{200 \times 60}{22^k.750}$, $\frac{230 \times 63}{28^k.500}$.

— $\frac{80 \times 40}{6^k.717}$.

Egaux, $\frac{200 \times 60}{22^k.000}$. $\frac{220 \times 64}{25^k.200}$.

Nota. De la première à la deuxième série, 1 franc d'écart. Longueur, jusqu'à 8 mètres; au-dessus, plus-value de 1 franc par mètre.

Fers spéciaux.

PREMIÈRE CATÉGORIE.

Rail à double champignon.	$20^k.000$	à	$15^k.000$
— Vignoles.	20 .000		
— —	8 .400	à	12 .750
— pour mines.	5 .000	à	9 .450

Fer octogone, $\frac{35}{7^k.285}$. $\frac{40}{12^k.800}$. $\frac{43}{15^k.500}$. $\frac{50}{19^k.200}$.

Barreaux de grille, $12^k.350$ $14^k.900$ $9^k.200$ $10^k.150$.
Fer à biseau pour plate-forme, $20^k.250$ $13^k.240$.
Rail à double champignon, $22^k.500$

DEUXIÈME CATÉGORIE.

Cornières égales, $\frac{100}{16^k.400}$. $\frac{90}{13^k.740}$. $\frac{85}{12^k.700}$. $\frac{80}{11^k.000}$. $\frac{75}{9^k.990}$. $\frac{70}{8^k.950}$. $\frac{65}{7^k.780}$. $\frac{60}{6^k.830}$.
$\frac{55}{5^k.520}$. $\frac{50}{4^k.305}$. $\frac{45}{3^k.620}$. $\frac{40}{2^k.920}$.

Equerre, 40 × 40 ($6^k.400$).
Rail creux pour mines ($9^k.500$).

Eclisses, $\frac{35}{2^k.000}$. $\frac{45}{3^k.180}$.

— $\frac{38}{3^k.030}$. $\frac{170 \times 12}{14^k.640}$.

Cornière couvre-joints, 80 × 80 (10 kil.).
Fer à listel ($13^k.180$).

— octogone, $\frac{55}{23^k.285}$. $\frac{60}{26^k.670}$.

— hexagone, $\frac{35 \times 27}{5^k.260}$.

— arrondi, $\frac{36 \times 30}{8^k.000}$. $\frac{75 \times 34}{17^k.925}$.

Raies pour roues de wagons, à épaisseur inégale ($9^k.400$).

TROISIÈME CATÉGORIE.

Cornières égales, $\frac{35 \times 35}{2^k.290}$. $\frac{30 \times 30}{1^k.950}$.

— inégales, $\frac{100 \times 80}{}$.

— — $\frac{100 \times 70}{13^k.000}$. $\frac{80 \times 50}{10^k.000}$.

— — $\frac{100 \times 55}{10^k.400}$. $\frac{65 \times 50}{4^k.500}$. $\frac{50 \times 45}{}$.

— — $\frac{85 \times 45}{7^k.410}$. $\frac{50 \times 60}{8^k.210}$. $\frac{70 \times 60}{7^k.140}$.

— — $\frac{70 \times 47}{6^k.850}$.

T Simple, $\frac{70 \times 40}{7^k.800}$. $\frac{65 \times 45}{}$.

I Triple, $\frac{180}{17^k.650}$. $\frac{160}{15^k.350}$. $\frac{140}{13^k.000}$.

QUATRIÈME CATÉGORIE.

I Double, larges ailes, $\frac{120 \times 76}{14^k.850}$ à $\frac{116 \times 85}{31^k.530}$. $\frac{140 \times 76}{20^k.930}$ à $\frac{136 \times 100}{42^k.100}$. $\frac{160 \times 80}{22^k.245}$.

Cornières inégales, $\frac{125 \times 80}{4^k.250}$. $\frac{68 \times 54}{4^k.125}$. $\frac{60 \times 40}{3^k.550}$. $\frac{60 \times 45}{3^k.895}$. $\frac{110 \times 60}{30^k.800}$. $\frac{120 \times 80}{17^k.750}$.

— — $\frac{50 \times 35}{3^k.300}$. $\frac{120 \times 90}{19^k.250}$.

Cornières égales, $\frac{120 \times 120}{25^k.000}$. $\frac{27 \times 27}{15^k.60}$.

— double, [105 millimètres ($10^k.400$).

T Simple, $\frac{90 \times 70}{2^k.025}$. $\frac{80 \times 60}{14^k.565}$. $\frac{55 \times 65}{8^k.700}$. $\frac{90 \times 45}{8^k.620}$. $\frac{55 \times 59}{7^k.360}$. $\frac{70 \times 60}{10^k.580}$.

— $\frac{86 \times 45}{11^k.730}$.

Vitrage, 110×52 ($15^k.200$).

CINQUIÈME CATÉGORIE.

I Double, larges ailes, $\frac{180 \times 100}{32^k.000}$. $\frac{200 \times 110}{35^k.650 \text{ à } 51^k.250}$.

Cornières inégales, $\frac{130 \times 90}{22^k.500}$. $\frac{52 \times 30}{3^k.275}$. $\frac{45 \times 20}{2^k.250}$. $\frac{35 \times 26\,^1/_2}{2^k.150}$.

— double, $17^k.500$.

— égales, $\frac{25 \times 25}{1^k.435}$. $\frac{23 \times 23}{1^k.160}$. $\frac{20 \times 20}{1^k.000}$.

— — renforcées, 20×20 ($1^k.670$).

Vitrages et 1/2 vitrages, $\frac{60 \times 30}{5^k.200}$. $\frac{60 \times 29}{4^k.600}$. $\frac{44 \times 34}{6^k.530}$. $\frac{36 \times 28}{4^k.000}$. $\frac{32 \times 26}{2^k.000}$. $\frac{60 \times 17\,^1/_2 \text{ vitrage}}{3^k.700}$.

— — $\frac{37 \times 46}{7^k.000}$. $\frac{31 \times 38}{4^k.150}$. $\frac{31 \times 38}{4^k.050}$. $\frac{37 \times 46}{6^k.250}$. $\frac{50 \times 47}{11^k.750}$. $\frac{47 \times 17}{3^k.100}$.

— — $\frac{45 \times 33}{3^k.245}$. $\frac{40 \times 30}{3^k.075}$. $\frac{36 \times 26}{2^k.375}$. $\frac{45 \times 21}{2^k.500}$. $\frac{45 \times 14}{2^k.125}$. $\frac{40 \times 20}{2^k.025}$. $\frac{40 \times 13}{1^k.700}$.
$\frac{50 \times 25}{3^k.300}$. $\frac{50 \times 13}{2^k.820}$.

— — $\frac{30 \times 19}{2^k.075}$. $\frac{20 \times 15}{1^k.425}$. $\frac{51}{3^k.620}$. $\frac{41 \times 35}{3^k.300}$. $\frac{41 \times 30}{2^k.830}$.

Fer rainé à vasistas, $\frac{23 \times 23}{3^k.680}$. $\frac{20 \times 20}{2^k.740}$. $\frac{18 \times 18}{2^k.200}$.

T Simple, $\frac{90 \times 60}{9^k.880}$. $\frac{85 \times 80}{15^k.200}$. $\frac{36 \times 46}{4^k.100}$. $\frac{45 \times 50}{4^k.450}$. $\frac{30 \times 35}{2^k.100}$. $\frac{30 \times 35}{2^k.180}$. $\frac{27 \times 31}{2^k.065}$. $\frac{26 \times 30}{2^k.300}$.
$\frac{31 \times 28}{2^k.200}$.

— $\frac{74 \times 79}{11^k.200}$. $\frac{100 \times 70}{11^k.900}$. $\frac{100 \times 60}{10^k.200}$. $\frac{90 \times 70}{10^k.935}$.

Fer à croix, $\frac{70 \times 70}{11^k.200}$. $\frac{40 \times 26}{3^k.900}$. $\frac{34\,^1/_2 \times 20\,^1/_2}{2^k.500}$. $\frac{65 \times 65}{10^k.333}$. $\frac{67 \times 67}{\quad}$.

— polygonal, ($5^k.000$).

— cannelé, $\frac{18}{0^k.880}$. $\frac{19\,^1/_2}{1^k.115}$.

SIXIÈME CATÉGORIE.

I Double, larges ailes, 235 × 95. 261 × 98 $^1/_2$.

— — renforcées, 205 × 100 (39^k.150).

Cornières égales, $\frac{18 \times 18}{1^k.770}$. $\frac{16 \times 16}{0^k.575}$. $\frac{14 \times 14}{0^k.410}$.

— inégales, $\frac{35 \times 19\,^1/_2}{1^k.740}$. $\frac{30 \times 17}{1^k.325}$. $\frac{26 \times 18}{1^k.590}$. $\frac{21 \times 16\,^1/_2}{1^k.380}$. $\frac{50 \times 20}{2^k.095}$.

— — $\frac{32 \times 20}{1^k.830}$. $\frac{26 \times 18}{1^k.300}$. $\frac{26 \times 18}{1^k.650}$.

— — cannelées, 40 × 28 ($2^k.390$).

— couvre-joints, $\frac{65 \times 35}{2^k.725}$. $\frac{65 \times 35}{4^k.050}$.

T Simple, $\frac{36 \times 46}{3^k.000}$. $\frac{34 \times 40}{2^k.180}$. $\frac{21 \times 26}{1^k.340}$. $\frac{25 \times 25}{1^k.434}$. $\frac{25 \times 23}{1^k.600}$. $\frac{23 \times 25}{1^k.604}$. $\frac{23 \times 23}{1^k.000}$. $\frac{29 \times 18}{1^k.450}$.

— $\frac{130 \times 65}{13^k.900}$. $\frac{125 \times 75}{19^k.710}$. $\frac{30 \times 27}{1^k.650}$. $\frac{28 \times 25}{1^k.495}$.

Vitrages et demi-moulures, $\frac{35 \times 18}{1^k.700}$. $\frac{35 \times 11}{1^k.460}$. $\frac{30 \times 16}{1^k.370}$. $\frac{30 \times 10}{1^k.130}$.

— — $\frac{30 \times 10}{1^k.130}$. $\frac{28 \times 23}{1^k.665}$.

— — $\frac{32 \times 22}{1^k.145}$.

— petit bois, $\frac{19 \times 21}{1^k.600}$. $\frac{18 \times 18}{1^k.175}$. $\frac{18 \times 16}{1^k.050}$.

Fer rainé à vasistas, $\frac{16 \times 16}{1^k.680}$. $\frac{14 \times 14}{1^k.240}$.

SEPTIÈME CATÉGORIE.

Cornières inégales, $\frac{25 \times 16}{0^k.800}$. $\frac{20 \times 13\,^1/_2}{0^k.600}$.

— — recourbées, 25 millimètres ($1^k.490$).

T Simple, $\frac{23 \times 20}{0^k.935}$. $\frac{20 \times 20}{0^k.865}$. $\frac{20 \times 18}{0^k.820}$.

Fer rainé à vasistas, $\frac{12 \times 12}{0^k.930}$. $\frac{12 \times 12 \text{ double}}{0^k.875}$

— demi-rond creux, $\frac{31}{1^k.075}$. $\frac{36}{1^k.050}$.

— à coulisse, 20 millimètres ($0^k.850$).

HORS CATÉGORIE.

I Double, très-larges ailes, $\frac{300 \times 150}{}$. $\frac{260 \times 130}{}$.

— — $\frac{260 \times 120}{43^k.600}$. $\frac{255 \times 140}{75^k.000}$.

— — $\frac{200 \times 150}{41^k.340}$. $\frac{180 \times 120}{36^k.000}$. $\frac{160 \times 120}{34^k.500}$.

Fer à trottoirs, $\frac{180 \times 100 \times 50}{31^k.400}$.

Cornières inégales, $\frac{250 \times 90}{39^k.280}$. $\frac{180 \times 80}{26^k.130}$. $\frac{160 \times 140}{31^k.250}$. $\frac{115 \times 80}{9^k.000}$. $\frac{115 \times 60}{7^k.275}$.

— — $\frac{160 \times 110}{28^k.000}$. $\frac{56 \times 9}{0^k.850}$. $\frac{51 \times 17}{1^k.900}$.

T Simple, $\frac{140 \times 90}{25^k.200}$. $\frac{200 \times 100}{35^k.000}$. $\frac{150 \times 100}{22^k.600}$. $\frac{130 \times 90}{16^k.700}$. $\frac{160 \times 90}{20^k.500}$.

— $\frac{170 \times 100}{20^k.500}$. $\frac{150 \times 90}{21^k.550}$. $\frac{150 \times 92}{24^k.000}$. $\frac{170 \times 104}{33^k.800}$. $\frac{170 \times 100}{38^k.750}$.

Fer à faitières, $\frac{175}{15^k.150}$. $\frac{175 \times 100}{27^k.800}$.

V Cornières pour colonnes ($17^k.750$).

Fer à boudins, $\frac{150}{17^k.000}$. $\frac{180}{20^k.000}$. $\frac{200}{24^k.000}$. $\frac{200}{18^k.500}$. $\frac{200}{19^k.750}$. $\frac{200}{22^k.500}$. $\frac{170}{22^k.500}$. $\frac{170}{27^k.500}$.

— à persiennes, $\frac{31 \times 17}{1^k.604}$. $\frac{21\,^1/_2 \times 18}{1^k.338}$. $\frac{22 \times 18}{1^k.500}$.

— à jet d'eau, $\frac{75}{2^k.150}$. $\frac{85}{2^k.400}$.

— à enveloppe pour bras en bois, 35×25 ($1^k.750$).

Nota. D'une catégorie à l'autre, il y a 1 franc d'écart.

Les fers se font jusqu'à 7 mètres pour les 1re, 2e, 3e et 4e catégories.
— — 6 — pour les 5e, 6e, 7e et hors catégorie.
Au-dessus : plus-value de 1 franc par mètre ou fraction de mètre.

VIII. — DISPOSITION ET ROULEMENT DES USINES A FER.

Nous nous proposons, dans ce chapitre, de considérer succinctement ce qui est relatif à l'arrangement intérieur des laminoirs, au personnel et aux frais généraux, et de décrire un certain nombre d'usines de divers pays, à l'appui des indications générales qui peuvent guider dans l'organisation des forges.

A. — DISPOSITIONS GÉNÉRALES.

Disposition des trains et des moteurs. — La disposition des trains et des machines n'est pas indifférente. Ici, tous les appareils dépendent d'une seule machine très-puissante; là, on a pour ainsi dire autant de moteurs que d'outils. Le premier système, qui paraît tout d'abord le moins coûteux sous le rapport de l'établissement, devient le plus dispendieux par suite du chômage général qu'entraîne le moindre accident à la machine motrice. Le second système, basé sur la division et la répartition des machines qui donnent le mouvement aux divers mécanismes, a prévalu dans les forges de création récente. On estime que la régularité qui résulte de cette indépendance des divers appareils, compense largement les frais supplémentaires de premier établissement ; il permet l'emploi des machines horizontales.

Pour résumer ce que nous avons eu déjà l'occasion d'exprimer dans le chapitre consacré aux laminoirs (pages 365 à 369), nous dirons que, lorsqu'un moteur ne doit conduire qu'un train de laminoirs, le mouvement se transmet par un engrenage qui commande le volant monté sur l'axe du train. Le système à traction directe est écarté, parce qu'il présente de trop grands inconvénients.

Quand un moteur doit activer deux trains parallèles, la tige du piston étant verticale, on a recours à une bielle jumelle horizontale, accouplée avec la bielle verticale, de manière à commander le train en avant ou en arrière, à la distance fixée. Cette disposition est également applicable aux cisailles, dont les tirants sont rattachés à un levier vertical intermédiaire.

Si plusieurs trains sont réunis, il convient, pour utiliser le mieux possible la force de la machine et compenser les pressions, d'accoupler des trains différents. C'est ainsi qu'on devra accoupler de préférence un train ébaucheur avec un train à rails ou un train à tôles, ou encore avec un train marchand. Le train à tôles, en effet, dépense le plus de force, puis le train à rails et enfin le train marchand ; tandis que le train ébaucheur en exige le moins après celui de petits fers. Dans ce cas, le volant se place sur l'axe des trains quand on veut les faire marcher à la même vitesse ; sinon, on arrive à la vitesse du train le plus rapide, en montant sur son axe un pignon conduit par une roue dentée, portée par l'axe du volant.

Disposition des usines. — Les constructions qui constituent l'ensemble d'une forge se rapportent à trois classes : l'ébauchage, le finissage et les accessoires.

A l'ébauchage du fer appartiennent les fours à puddler, les cingleurs et les trains ébaucheurs. Les fours, suivant leur nombre, sont placés sur deux lignes parallèles, laissant un passage suffisant pour les transports et la manœuvre, ou sur une seule ligne, en adossant les fours. Les cingleurs, tout en étant assez éloignés des fours pour ne pas incommoder les ouvriers, doivent être assez rapprochés du train ébaucheur, pour que le laminage puisse s'opérer sans que le fer se refroidisse trop.

Au finissage du fer correspondent les fours à réchauffer, les cisailles, les scies et les trains. S'il n'est pas indispensable que les cisailles soient à proximité des fours, il convient que ceux-ci soient rangés aussi près que possible des laminoirs et à proximité des cylindres. De cette disposition peut dépendre, en effet, le travail en deux chaudes de fers qui pourraient se fabriquer facilement en une seule.

Les accessoires comprennent : les dépôts de combustible et de sable, les parcs à fontes, ferrailles, etc.; les dépôts d'ébauché, de pièces de rechange, les magasins de métaux et de matières diverses, les ateliers d'entretien et de réparation, les bureaux, etc.

Pour la facilité du travail, la propreté de l'usine, etc., il convient de daller le sol avec des plaques de fonte, surtout aux abords des appareils. Quant aux transports, ils doivent s'opérer, pour les distances à parcourir entre les halles et les divers dépôts de consommation ou de fabrication, par chemins de fer. Les descriptions de plusieurs forges importantes, qui viendront plus loin, nous dispensent d'insister sur ces indications générales.

Dans les forges mixtes, la division en trois classes n'est pas toujours observée. En supposant, par exemple, qu'avec deux trains ébaucheurs pour desservir quarante ou cinquante fours à puddler, on ait placé ces deux trains extérieurement aux trains à tôles, ou à rails, de manière à répartir la force des machines, il conviendra de ranger les fours à puddler dans les halles latérales, à proximité des ébaucheurs, et de placer les fours à chauffer, beaucoup moins nombreux, en avant des trains, dans la halle qui leur est parallèle. On pourra ainsi desservir deux à trois fois autant de fours avec une presse et un train faisant soixante-dix tours, qu'avec un train cingleur activé à trente tours.

Parmi les dispositions multiples de forges adoptées aux États-Unis, Overman en cite une qui mérite, suivant lui, la préférence, sous le rapport de la distribution des fours et de l'outillage (1). La machine à vapeur située en A (fig. 136), au centre du bâtiment, est entourée d'une forte balustrade. D'un côté de la machine se trouve le train ébaucheur B qui dessert les fours à puddler et en C un squeezer rotatif ou *moulin*. Les fours à puddler DDD sont disposés de manière que la vapeur arrive par le tuyau collecteur S à la machine. De l'autre côté de la machine se trouve le train E, qui sert pour les gros fers et les rails, ou pour la tôle. Ce laminoir est le plus rapproché du volant, parce qu'il exige le plus de force. On peut encore disposer suivant F,

(1) *Treatise on Metallurgy*, p. 608.

en augmentant la puissance du moteur, un trio pour fers marchands dans la même direction que le laminoir E; et suivant F' un train à petits fers. L'arbre qui commande ces deux derniers trains est sous le sol, afin de ne pas entraver le service. Les fours à réchauffer sont en GG, sur la même

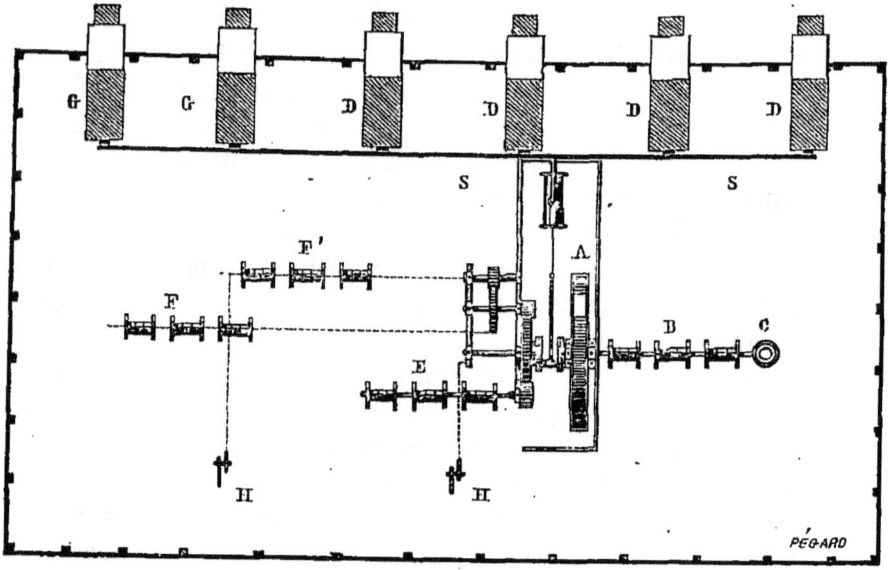

Fig. 136. — Dispositions générales d'un laminoir. (États-Unis.)

ligne que les fours à puddler, et la vapeur des chaudières rejoint le carnau S desdits fours. Les cisailles sont situées en H H, de manière à être également accessibles aux divers laminoirs. A la gauche, comme à la droite du bâtiment, l'espace libre sert à emmagasiner le fer ébauché, le fer marchand, etc.

Cette disposition, qui se réfère au système ancien, basé sur un moteur unique, ne saurait être recommandée; nous ne la notons que comme point de comparaison avec celle des usines d'Europe décrites plus loin.

Services accessoires. — Les services accessoires des usines se divisent en service de réparation et d'entretien du matériel et en service proprement dit, savoir : chauffage, éclairage, transport, etc.

La réparation et l'entretien se font dans les ateliers des forgerons, des tourneurs et des ajusteurs. A la forge, on fait et on répare les outils, le matériel roulant et les pièces grossières. A la tournerie, on répare les cylindres dont les cannelures s'altèrent par un travail prolongé. Enfin, à l'ajustage, on fabrique et on répare les lames de cisailles, les guides des laminoirs, les arbres, etc. Cet atelier comprend des tours, des machines à aléser, à percer, à tarauder, à fileter et à raboter; des forges maréchales, des marteaux ou des martinets.

Le service proprement dit se réfère à l'entretien et au graissage des machines et des laminoirs, au chauffage réparti entre les fours et les chaudières, à l'éclairage de l'usine, au pesage des matières pour la vérification du travail et la comptabilité, enfin aux transports dans l'usine et à l'entretien des voies et des dépôts.

Personnel et roulement.

L'administration des forges varie trop notablement, suivant l'importance de la fabrication, les arrangements intérieurs, les localités, etc., pour qu'on puisse signaler utilement, même d'une manière générale, le personnel d'un laminoir. Nous nous bornerons à indiquer les bases d'après lesquelles avaient été évalués, il y a quelques années, les frais d'administration, de main-d'œuvre, d'entretien, etc., correspondant au roulement des forges d'Ars-sur-Moselle, basé sur une production de 3 000 tonnes de fer par an.

I. *Administration.*

	Salaire.	Chauffage.	Logement.
1 ingénieur directeur. . . .	6 000	200	400
1 agent comptable.	3 000	120	»
1 chef des fourneaux. . . .	1 800	120	200
1 — des expéditions. . . .	1 500	120	200
2 — de fabrication.	3 000	240	400
Commis et employé. . . .	2 400	240	300
	17 700	1 040	1 500
		20 240	

Soit, pour 3 000 tonnes de fer : 6 fr. 70 c. par 1 000 kilogrammes.

II. *Main-d'œuvre.*

a. Entretien.			
1 chef d'atelier.	2 400	72	100
2 ajusteurs.	2 400	120	160
2 forgerons.	2 000	120	144
1 tourneur.	1 500	72	100
1 aide-tourneur.	1 000	60	72
1 charpentier.	900	60	72
2 machinistes (soufflerie). . .	2 000	120	144
2 — (forges). . . .	2 400	120	144
	14 600	744	936
b. Fabrication.			
2 fondeurs.	2 000	120	144
4 chargeurs..	2 400	»	»
6 manœuvres.	3 000	»	»
A reporter.	22 000	864	1 080

Report.	22 000	864	1 080
2 cingleurs au pilon.	2 000	»	»
12 puddleurs.	18 000	432	432
12 aides-puddleurs.	9 000	»	»
2 machinistes au pilon. . . .	1 500	»	»
4 chauffeurs.	6 000	288	288
4 aides-chauffeurs.	2 500	»	»
2 cisailleurs.	1 500	»	»
2 lamineurs au puddlage. . .	2 400	144	144
2 dégrossisseurs.	2 000	»	»
4 rattrapeurs.	2 200	»	»
2 releveurs d'aviot.	1 000	»	»
2 manœuvres.	1 000	»	»
2 lamineurs au fer marchand.	3 000	144	144
2 dégrossisseurs.	2 000	144	144
4 rattrapeurs.	2 200	»	»
4 releveurs d'aviot.	1 800	»	»
6 dresseurs.	3 000	»	
4 magasiniers.	2 600	»	»
4 affineurs.	4 000	288	288
1 rouleur de charbon.	800	60	72
2 rouleurs de fonte.	1 600	»	»
2 — de houille.	1 600	»	»
10 manœuvres divers.	5 000	»	»
c. Accessoires.		»	»
1 chef de magasin.	900	72	72
1 concierge.	600	72	72
1 domestique.	600	72	72
	100 800	2 580	2808
	106 188		

Soit 35 fr. 40 c. par 1 000 kilogrammes.

III. *Frais d'entretien.*

Fonte, 30 000 kilogrammes à 150 francs. . . .	4 500
Fer, outils, tenailles.	3 500
Cuivre.	3 000
Acier.	2 000
Bois.	3 000
Briques.	10 000
Chaux, sable, pierre.	8 000
Matériaux divers.	10 000
Graissage.	6 000
Frais de bureaux.	5 000
Voyages.	5 000
Impositions, patente.	10 000
Frais divers.	17 560
	87 560

IV. *Matières premières.*

Pour 3 000 tonnes de fer, on emploie 3 750 tonnes de fonte, qui coûtent :

Coke, 5 700 tonnes à 36 francs	205 200 fr.
Minerai	37 500
Houille, 3 600 tonnes à 28 francs les 1 000 kil.	100 800
	343 500

D'après ces états, voici comment s'établissaient les frais généraux et les fonds de roulement :

Frais généraux.

I.	Administration	20 240 fr.	
II.	*a.* Ouvriers pour l'entretien	16 280	
	c. Personnel accessoire	2 600	
		39 120	39 120 fr.
III.	Frais d'entretien		87 560
	Intérêt du capital de construction, 500 000 francs à 5 pour 100.		25 000
	Intérêt du capital de roulement, 600 000 francs à 6 pour 100.		36 000
			187 680 fr.

Soit 62 fr. 56 c. par tonne de fer.

Fonds de roulement.

IV.	Matières premières	350 000 fr.
I et III.	Frais généraux d'entretien et d'administration	107 800
	Main-d'œuvre :	
	3 750 tonnes de fonte à 6 francs	22 500
	3 500 — de fer brut à 10 francs	35 000
	3 000 — de fer fini à 13 fr. 50 c.	40 500
		555 800 fr.

Prix de revient. — Le prix de revient se calcule d'après les données suivantes : consommation de matières, main-d'œuvre, frais généraux, frais d'entretien, intérêts des capitaux.

Nous décrirons maintenant quelques usines en France, en Angleterre, en Prusse et en Autriche.

B. — DESCRIPTION DES USINES.

FRANCE.

a. Usine de Saint-Jacques.

Cette usine est située à proximité des houillères de Commentry. Elle puise à des distances de quatre à quinze lieues ses minerais ; hydroxydes en grains de l'Espinasse (près de Saint-Amand), des environs de Bourges,

Dun-le-Roi, Vandenesse, etc. Le minerai en grains de Vandenesse est phosphoreux; on l'emploie notamment pour obtenir des fers à texture grenue, tels que ceux pour rails. Les scories de réchauffage et d'affinage, qui blanchissent les fontes et les rendent phosphoreuses, ne sont employées que pour la production des fontes de forge, et notamment des fontes à rails. La houille vient de Commentry même et de Doyet; elle est convertie en coke à l'usine.

Des six hauts fourneaux (1862), trois sont ordinairement en marche. Pour les fontes à rails, l'allure des fourneaux est un peu froide; elles sont d'un gris clair, peu carburées; l'affinage en est facile. Pour le moulage en général, l'allure est plus chaude, le dosage calcaire plus élevé, et les fontes sont plus grises ou truitées.

L'usine de Saint-Jacques possède en outre deux mazeries à six tuyères chacune. Pour les fabrications spéciales, telles que le fil de fer, les fers à T et quelques fers marchands, qui exigent un métal de qualité supérieure, on maze les fontes.

Les fontes soumises à l'affinage sont truitées ou gris clair. Les fours à puddler sont au nombre de vingt-sept, et placés de manière à ce que chacun reçoive son approvisionnement en houille et en fonte, sans interrompre le travail intérieur de la forge. Vingt-trois fours sont en marche; trois ou quatre sont réservés pour les fontes mazées. Tous les fours sont à courant d'eau; l'autel et les parois sont formés de pièces de fonte creuses, garnies intérieurement d'un rang de briques posées de champ; ils peuvent rester en feu pendant trois semaines. On consomme de 950 à 960 kilogrammes de houille par 1125 kilogrammes de fonte rendant 1000 kilogrammes de fer brut. Lorsqu'on travaille en fonte mazée, on brûle 740 kilogrammes de houille par 1085 kilogrammes de fonte donnant 1000 kilogrammes de fer brut.

Les fours à réchauffer, au nombre de huit, sont soufflés par un courant d'air, à cause de la mauvaise qualité du charbon. On y consomme de 700 à 800 kilogrammes de houille par tonne de fer. (Voir le four à deux chauffes de Saint-Jacques, p. 346.)

Deux presses et deux marteaux-pilons servent à cingler les balles. Les presses sont actionnées par le même moteur que les trains du laminoir. Le cinglage des loupes exige de trente à quarante coups de marteau-pilon. Le martelage à la presse exige de cinquante à soixante-dix coups, selon la nature du fer.

Tous les trains de laminoirs sont sur une même ligne et conduits par deux machines oscillantes qui activent le même arbre; de sorte que la moindre réparation à l'une des machines entraîne le chômage d'une partie des trains. Les laminoirs dégrossisseurs font de cinquante à soixante tours par minute. Les cylindres à rails, à fers marchands, en font soixante; ceux à fils de fer ont une vitesse de trois cents tours.

b. Usine de Pont-Évêque (Isère).

Cette usine est établie à proximité d'un faubourg de Vienne, sur une petite rivière qui traverse la ville en fournissant sur son parcours de nombreuses chutes, pour se jeter dans le Rhône. C'est à cette circonstance qu'est dû l'établissement de cette forge sur un point assez éloigné d'ailleurs, des minerais et des combustibles.

La forge outillée (1863) pour produire par mois environ 1000 tonnes de fers finis, qui se répartissent à peu près ainsi :

Gros fers et cornières.	600 tonnes.
Tôles.	250 —
Petits fers, etc..	150 —

comprend : deux hauts-fourneaux, vingt fours à puddler, dix fours à réchauffer, dont trois pour tôles, trois pour gros fers et quatre pour petits fers, et un feu comtois pour traiter au bois des fontes au bois de diverses provenances, destinées à la fabrication de fers durs.

Les hauts fourneaux sont desservis par une double soufflerie à vapeur horizontale, de la force de 110 à 120 chevaux, et par une machine de secours. La forge emploie six roues hydrauliques, dont trois en dessus et trois en dessous, et six machines à vapeur, dont trois sont liées à des roues hydrauliques pour la conduite des trains. Les roues donnent ensemble une force variant de 100 à 120 chevaux ; les machines à vapeur représentent environ la même puissance.

La houille et le coke viennent de Saint-Etienne et de Rive-de-Gier (bassin de la Loire) ; les charbons de bois, du département même.

Les minerais traités sont : les minerais oolithiques de la Verpillière (Isère), de Villebois (Ain), du Doubs, et les hématites rouges de Veyraz (Ardèche).

Les fontes, autres que celles des deux hauts fourneaux de l'usine, sont fournies par le Pouzin, près de Privas (fontes au coke), pour les fers ordinaires, et par la Franche-Comté, la Champagne et la Savoie (fontes au bois), pour les fers fins à la houille et au bois.

La distance à la gare de Vienne et au quai d'embarquement du Rhône étant de 3 kilomètres environ, toutes les matières arrivent et quittent l'usine en voitures. Ainsi, les charbons et le coke de Saint-Etienne arrivent par le chemin de fer à la gare de Vienne ; ceux de Rive-de-Gier par le canal et le Rhône. Les minerais de la Verpillière parcourent 30 kilomètres par voiture; ceux de l'Ain descendent le Rhône. Les fontes et les minerais de Privas sont remorqués sur le Rhône ou transportés par chemin de fer.

L'usine a constamment dix-huit fours à puddler en marche. Ces fours de petites dimensions, ne reçoivent que des charges de 200 kilogrammes de fonte, savoir : pour les fers fins, des fontes au bois qui rendent 190 kilogrammes de fer. On fait alors de cinq à six charges; la quantité de riblons consommés est de 120 kilogrammes par tonne. Pour les fers ordinaires, on charge 100 kilogrammes de fonte de Pont-Evêque et 100 de fonte du Pouzin. On retire 120 kilogrammes de fer brut, et on consomme 90 kilogrammes de charbon pour 100 de fer et 80 kilogrammes de riblons par tonne. On fait, dans ce cas, sept à huit et même dix charges, suivant le fer à obtenir. Enfin, avec la fonte du Pouzin seule, on produit du fer nerveux et avec celle de Pont-Evêque seule, des fers plus ou moins à grain.

Classification des fers bruts. — Les fers bruts sont classés, d'après leur mode de production ou leur aspect dans la cassure, en :

Fers fins au bois. — Loupes de 100 kilogrammes au feu comtois.

Fers fins à la houille. — De fontes au bois, puddlées à la houille.

Fers hématite. — Fers nerveux des fontes de l'Ardèche seules.

Fer ordinaire. — Moitié fonte de l'Ardèche, moitié de Pont-Evêque.

Fer Pont-Evêque. — Classé en fer *à grain*, fer *mixte*, et fer *nerveux*. Il provient de la fonte de Pont-Evêque traitée seule.

Ces fers bruts sont soumis au marteau frontal, qui assure une épuration plus complète que le marteau-pilon.

On peut remarquer comme fabrication très-courante la production de grands fers bruts de 28 à 30 millimètres d'épaisseur sur 180 et même 200 millimètres de largeur ; leur longueur atteint 1^{m}.20 à 1^{m}.30. Ils sont destinés à la formation de paquets entièrement composés de pareilles mises et qui servent à faire des largets pour la tôle.

Production des fers finis. — La principale fabrication de l'usine est celle des *cornières* pour laquelle les fers dits *ordinaires*, moitié en fonte de l'Ardèche et moitié en fonte de Pont-Evêque, conviennent très-bien. On les fait aussi en fer fin.

On fabrique d'une façon courante en deux chaudes, des cornières de 100 millimètres sur 12 à 14 mètres de longueur, et très-facilement on atteint 16 mètres, ce qui porte à 17^{m}.50 ou à 18 mètres la barre non affranchie.

Fours à réchauffer. — Les fours à réchauffer, à deux portes, ont 2^{m}.40 sur 3 mètres de sole, et sont tous soufflés. Ils peuvent charger au grand mill de 8 000 à 8 500 kilogrammes par journée de cinq chaudes ; exceptionnellement, ils ont chargé dans le même temps 9 500 kilogrammes par four.

Laminoirs. — Le grand mill ne comprend que deux cages, un dégrossisseur et un finisseur; mais il y a, à proximité des trois fours qui le desservent, un autre train de deux cages, indépendant du premier, et spécial à la production des largets pour la tôlerie et des couvertes pour cornières. Il n'y a pas ainsi d'interruption dans le travail.

La tôlerie comprend deux cages très-fortes, qui permettent la fabrication des grosses tôles.

Il faut y ajouter un mill moyen de quatre cages et un petit mill pour les fers ronds de commerce, etc.; enfin un train spécial à grande vitesse, pour la fabrication des fers dits *rubans* de 18 à 34 millimètres sur 1 à 2 millimètres, jusqu'à 38 et 108 millimètres sur 2 millimètres et au-dessus.

c. Usines du Creusot.

Les établissements du Creusot comprenaient en 1865 des hauts fourneaux, des forges, des ateliers de construction, des houillères et des chemins de fer.

Hauts fourneaux.—Les fourneaux, au nombre de quinze, sont desservis par quatre machines soufflantes, ensemble 800 chevaux; trois machines de secours (200 chevaux); appareils pour broyage et mélange des houilles (100 chevaux).

Les fours à coke sont au nombre de cent six fours horizontaux produisant par jour chacun 2 100 kilogrammes de coke; cent quatre-vingts fours verticaux produisant 1 600 kilogrammes de coke chaque.

La production annuelle de fonte atteint 100 000 tonnes, exigeant 120 000 tonnes de coke et 300 000 tonnes de minerais.

Le service des hauts fourneaux, en ajoutant diverses machines aux machines principales énumérées, représente une force totale de 1 200 chevaux.

Forges. — L'ancienne forge qui fonctionne encore en grande partie, produisait par an 50 000 tonnes. Avec la nouvelle forge encore inachevée, la production atteint 100 000 tonnes; avant deux ans, ce chiffre sera celui de la nouvelle forge exclusivement. Il se répartit actuellement de la manière suivante :

Rails.	60 000 tonnes.
Fers.	50 000 —
Tôles.	10 000 —
Total.	100 000 tonnes.

La production de 100 000 tonnes de fonte ne suffisant pas pour fabriquer une quantité égale de fer fini, on ajoute comme matières premières les vieux rails, fers et déchets des usines. Nous exposons plus loin la disposition et l'outillage de la nouvelle forge.

Ateliers de construction. — L'outillage de ces ateliers comprend :

24 machines à vapeur, ensemble 600 chevaux.
18 marteaux-pilons de toutes forces.
300 feux de forges.
30 fours à souder.
15 ventilateurs.
8 cubilots.
200 grues.
400 étaux.
450 machines-outils, tours, rabots, perçoirs, machines à aléser, à mortaiser, etc.

On a fabriqué dans une année avec cet outillage :

120 locomotives avec tenders (42 000 chevaux).
Appareils et machines marines (4 000 chevaux).
Machines fixes (1 500 chevaux).
Produits divers (1 500 chevaux).

Les ateliers ont produit jusqu'à la fin de 1865 : quatre-vingt-quinze machines marines, dont soixante-dix-huit pour la marine impériale, représentant 30 000 chevaux marins (de 200 kilogrammes); soixante-trois appareils à navigation fluviale (8 000 chevaux environ), et neuf cent cinquante locomotives, dont six cent trente pour la France.

Houillères. — La houillère du Creusot produit 200 000 tonnes par an. C'est exactement la moitié de la consommation des établissements; le surplus est amené des houillères voisines de Blanzy et de Montchanin, et en grande partie, du bassin de Saint-Étienne.

Treize puits d'extraction présentent, pour leurs machines, un total de 700 chevaux. La plus grande partie de l'extraction est concentrée sur deux grands puits, pourvus chacun de machines de 100 chevaux.

Chemins de fer. — Les voies ferrées, présentant un développement de 70 kilomètres, sont desservies par quinze locomotives qui transportent annuellement 726 000 tonnes.

En résumé, la force des machines motrices et fixes, au nombre de cent vingt, non compris les locomotives, représente 9 600 chevaux.

Nouvelle forge. — Le terre-plain de 10 hectares environ, à moitié recouvert par les bâtiments de la nouvelle forge, est situé à la distance d'un kilomètre environ des hauts fourneaux. Le sol constitué par le grès bigarré (trias) étant assez accidenté, il a fallu faire sauter jusque 250 000 mètres cubes de roche (1), et fouiller sur une profondeur de 1 mètre environ.

(1) Ce chiffre ne comprend pas les déblais des nombreuses galeries souterraines qui amènent l'eau aux pompes, etc.

La surface des bâtiments est de 350 mètres de largeur sur 220 mètres de longueur ; il faut y ajouter de vastes emplacements pour la circulation, les dépôts, les approvisionnements, etc. Aussi, la grande cour centrale qui sépare les bâtiments du puddlage de la halle de laminage, a-t-elle 500 mètres de longueur sur 60 mètres de largeur.

Dans les bâtiments de puddlage, la fonte amenée des hauts fourneaux est convertie en barres de fer brut; celui-ci est, à son tour, réchauffé dans la grande halle et laminé sous forme de rails, de tôles et de fers marchands de toutes sortes. Les voies ferrées établies dans toute la forge permettent de conduire les fontes à l'extrémité des halles du puddlage, opposée à la cour centrale; le fer puddlé sort, à son tour, du côté opposé et traverse la cour, sur chemin de fer; pour arriver sur les points de la grande halle, où il est repris et transformé en produits marchands. Ainsi, depuis l'entrée de la fonte jusqu'à l'expédition des fers finis, la matière marche toujours dans le même sens, en se transformant successivement et toujours par le plus court chemin.

Outre les trois bâtiments des fours à puddler et la grande halle à laminer, la nouvelle forge comprendra un atelier de réparation avec tournerie pour les cylindres de laminoir, un bâtiment spécial pour les machines à élever l'eau, un atelier de traitement pour la méthode Bessemer.

Dans le croquis du plan d'ensemble de la nouvelle forge (pl. XXXVIII), les fours à puddler sont désignés par les lettres A, A, les fours à réchauffer par les lettres B, B, les chaudières verticales par C, C.

Les trois ailes en forme de fer à cheval (n^{os} I, II et III) destinées à renfermer chacune trente-six fours, soit en tout cent huit fours, n'en contiennent actuellement que vingt et un, pourvus chacun d'une chaudière verticale. Les fontes et le combustible sont conduits par des locomotives dans les cours intérieures BB, puis réparties dans les branches du fer à cheval. Chaque groupe est desservi par six marteaux-pilons MM; deux trains ébaucheurs LL, avec chacun une machine à détente et à condensation N, N, d'une force variant de cent vingt à trois cents chevaux. Les ailes ont 73 mètres sur 80 mètres ; les cours 30 mètres sur 35 mètres ; les allées entre deux ailes, 22 mètres.

L'atelier où l'on tourne les cylindres n° IV, est à gauche de l'aile n° I du puddlage ; le magasin n° V est à droite de l'aile n° III ; les pompes alimentaires sont en O, O.

La halle de laminage n° II est formée de cinq travées parallèles à la grande cour, et mesure 370 mètres de longueur sur 100 mètres de largeur, présentant à elle seule un espace couvert de près de 4 hectares. Il renferme les fours à réchauffer FF, les trains QQQ à fers et à tôles avec leurs machines et leurs cisailles. La troisième travée, de 28 mètres de largeur sur 300 mètres de longueur, entièrement dallée en plaques de fonte, comme presque toute l'usine, contient à elle seule onze machines, dont la force varie de 200 à 600 chevaux, activant douze trains à fer et onze trains à tôles. Dans la travée latérale se trouvent, à proximité des laminoirs de tôlerie, les fours dormants ou à recuire pour la tôle.

Au total, la nouvelle forge emploie actuellement :

1° Comme machines :

4	machines	de puddlage de 200 chevaux, ensemble. . . .	800	chevaux.
6	—	de pompes de 50 chevaux, ensemble.	300	—
5	—	de trains à fer de 400 chevaux, ensemble. . . .	2 000	—
1	—	— de 600 chevaux.	600	—
1	—	— à tôles de blindages de 600 chevaux. .	600	—
1	—	— à grosse tôlerie de 300 chevaux. . . .	300	—
1	—	— à tôles moyennes de 250 chevaux. . .	250	—
2	—	— à petites tôles de 200 chevaux, ensemble	400	—
12	—	de diverses forces pour scies, ventilateurs, cisailles, pompes, tournerie, etc.	550	—
		Total.	5 800	chevaux.

2° Comme trains :

8 trains de puddlage.
12 — à fer.
11 — à tôles.

La distance du four à puddler le plus éloigné des marteaux-pilons, dans les ateliers de puddlage, est de 45 mètres; celle du four le plus rapproché, de 10 mètres. La distance des marteaux-pilons aux laminoirs est de 10 mètres. L'alignement des marteaux est placé aussi symétriquement que possible par rapport aux fours, et rapproché également le plus possible de l'axe transversal des ailes de chaque bâtiment de puddlage.

Bâtiments. — Les bâtiments de la nouvelle forge sont recouverts par des combles en fer, supportés sur des colonnes en fonte. On a longuement délibéré sur le choix de charpentes en fer ou de charpentes en bois. La durée du bois dans une forge n'est pas longue; ainsi, on est obligé, dans l'ancienne forge du Creusot, de remplacer tous les trois ans les arbalétriers, mais les charpentes en bois permettent d'établir des moufles avec lesquels on soulève les poids et on fait les manœuvres ou les installations nombreuses que nécessite le travail intérieur. Avec les charpentes en fer, il est à craindre que les poids de surcharge occasionnent des vibrations nuisibles; de plus, sous l'action de la chaleur des fours ou des pièces au rouge étendues sur le sol de l'atelier, les fermes se dilatent et s'infléchissent; la peinture ne tient pas, par suite des alternatives de froid et de chaud, et l'oxydation marche rapidement.

En se décidant pour une charpente en fer dont les fermes ont 30 mètres de portée, ce qui eût été complétement irréalisable avec des fermes en bois, on avait à choisir entre un système de combles construit uniquement

Plan de la nouvelle forge du Creusot.

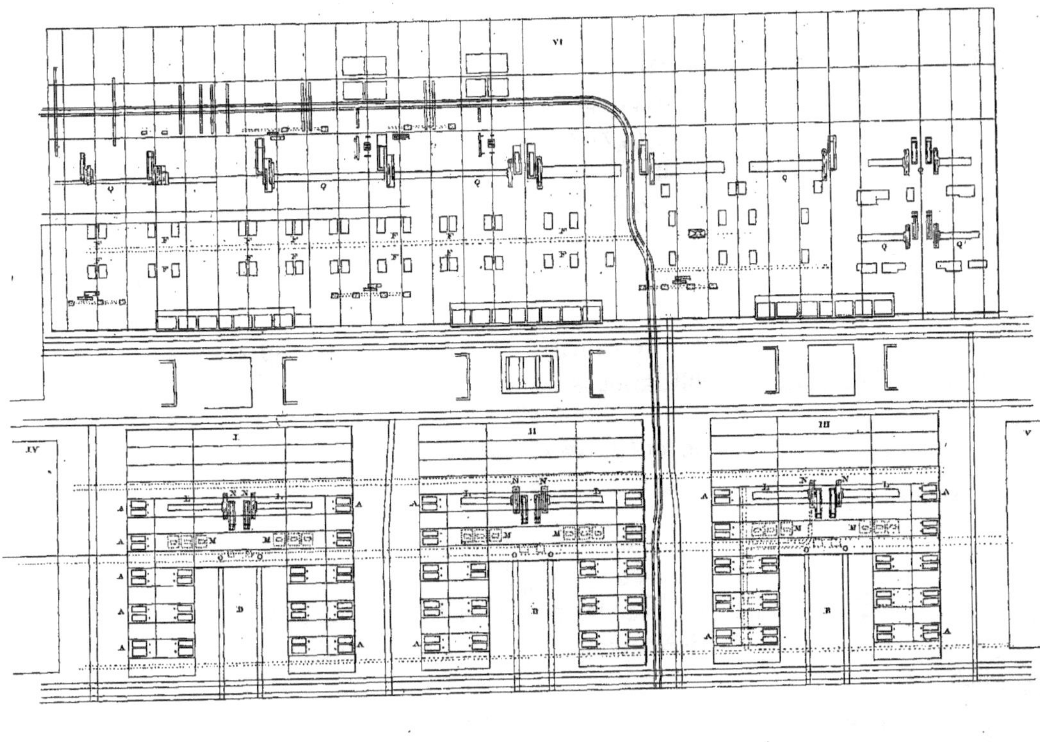

Echelle de 0,00[illegible] pour mètre.

Établ.t et impr.ie de J. Baudry, à Liège

pour supporter le poids de la toiture et le système de combles à tirants pouvant supporter des poids additionnels pour les manœuvres. Le premier système aurait nécessité l'emploi de grues roulantes et créé des encombrements préjudiciables à la marche du travail. On a adopté, en conséquence, le second système, en s'élevant à une distance considérable au-dessus du sol et en employant de forts tirants pouvant supporter, au milieu, une surcharge additionnelle de 2 000 kilogrammes. Dans les fermes des halles des laminoirs, la surcharge a été portée jusqu'à 10 000 kilogrammes, qui est le poids des cages.

La planche XXXIX indique la coupe transversale d'un des bâtiments de puddlage avec la charpente établie d'après ce système.

La ferme se compose uniquement de fers plats en U, à T et à cornière. Les assemblages se font par l'intermédiaire de plaques en tôle sur lesquelles on rive des tirants où on les contre-fiche avec de simples rivets (voir les détails *m*, *n*, *o*, *p*, *q*, *r*, *s*, pl. XXXIX). Les colonnes sont alésées à leur base et au sommet, de manière à présenter des surfaces parfaitement planes et à ne pas travailler à la flexion en s'inclinant.

Chaque colonne porte 8000 kilogrammes; son épaisseur est au sommet de $0^m.027$ et au bas de $0^m.0275$. Le diamètre extérieur est en haut de $0^m.115$, et à la base de $0^m.139$. La hauteur, y compris le chapiteau, est de 7 mètres. Le poids du mètre carré de toiture est de 140 kilogrammes; celui de la ferme, de 3200 kilogrammes.

Légende de la planche XXXIX.

PP, fours à puddler;

QQ', chaudières verticales des fours à puddler;

m, coupe du tirant suivant *a b*;

n, assemblage du tirant avec les poinçons A;

o, coupe de l'arbalétrier suivant *c d*, et son assemblage avec les contre-fiches B;

p, coupe de l'arbalétrier de la lanterne suivant *e f*;

q, coupe de la contre-fiche B suivant *g h*;

r, coupe du poinçon A suivant *i k*;

s, coupe du poinçon de la lanterne suivant *g h*.

Marteaux-pilons. — Le marteau-pilon est le seul appareil de percussion employé pour le cinglage des loupes. Dans l'ancienne forge, les fondations des chabottes sont composées d'une couche de béton, d'un lit de madriers placés debout et d'un beffroi en charpente sur lequel les chabottes sont boulonnées. Malgré l'élasticité de cette fondation, il est arrivé assez souvent que les chabottes se sont cassées. Dans la nouvelle forge, on s'est guidé sur des essais faits aux usines d'Hayange, et on s'est passé de fondations. Les chabottes reposent directement sur du sable de rivière, battu par couches de $0^{m}.05$, d'une épaisseur totale de $0^{m}.70$; dans une fosse creusée dans le grès bigarré, de 4 mètres de largeur et de 10 mètres de longueur sur 1 mètre environ de profondeur; le tout pour trois pilons.

La chabotte pèse 14 000 kilogrammes, le poids de la panne étant de 500 kilogrammes; la masse tombante pèse 3 000 kilogrammes.

La distribution de vapeur se fait, à l'aide de soupapes au lieu de tiroirs, comme dans les marteaux de l'ancienne forge. Le cylindre est composé de trois parties; celle d'en bas sert de distribution. Pour cela, il y a deux soupapes du Cornouailles qui communiquent avec les tubes d'admission. Si l'on ouvre l'une d'elles, la vapeur passe par un des tubes et soulève le marteau. Quand ce dernier est en haut de sa course, on ouvre l'autre, et la vapeur passe par le second tube qui la renvoie dans une boîte, d'où elle sort dans l'atmosphère. Quand le piston se lève, la tige, déjà échauffée, refroidit moins la vapeur. A la partie supérieure du cylindre, une boîte communique avec deux soupapes; l'une retombe par son propre poids, tandis que l'autre est ramenée par un ressort. Lorsque le piston remonte, l'air se comprime dans cette boîte, jusqu'à ce que le ressort soit forcé; alors il s'échappe. Quand le piston redescend, l'air entre par l'autre soupape *selfacting*. Cet air comprimé fait office de rabat; il fait tomber le marteau plus vite et plus fort. L'air peut se comprimer ainsi à 3 atmosphères. Comme il faut vaincre cette contre-pression, la vitesse ascendante du marteau est plus forte, et on peut gagner un coup sur douze. D'un autre côté, les soupapes du Cornouailles ayant l'avantage d'introduire brusquement la vapeur au lieu de la laminer, comme le font les tiroirs, font gagner un coup sur douze; soit en tout deux coups sur douze ou un sixième du temps.

Machines à vapeur. — Un bâtiment de puddlage, destiné à contenir trente-six fours, renferme deux machines à vapeur de cent soixante-dix chevaux, qui commandent chacune quatre équipages, dont deux de trios à ogives et deux de duos à cannelures carrées pour l'ébauchage.

Les machines sont horizontales, à détente variable, à condensation, à enveloppe de vapeur et à régulateur à action continue. Elles ont les dimensions suivantes :

Diamètre extérieur du cylindre.	$0^{m}.80$
Longueur du cylindre.	1 .87
Course du piston.	1 .60
Vitesse du piston par minute.	50 tours.
Diamètre extérieur du volant.	6 mètres.
Poids du volant.	26 000 kilog.
Pression de la vapeur dans le cylindre.	5 1/2 atm.
Détente.	1/6
Diamètre de la pompe à air.	$0^{m}.40$
Course du piston de la pompe à air.	0 .80

Nouvelle forge du Creusot. Bâtiment de puddlage.

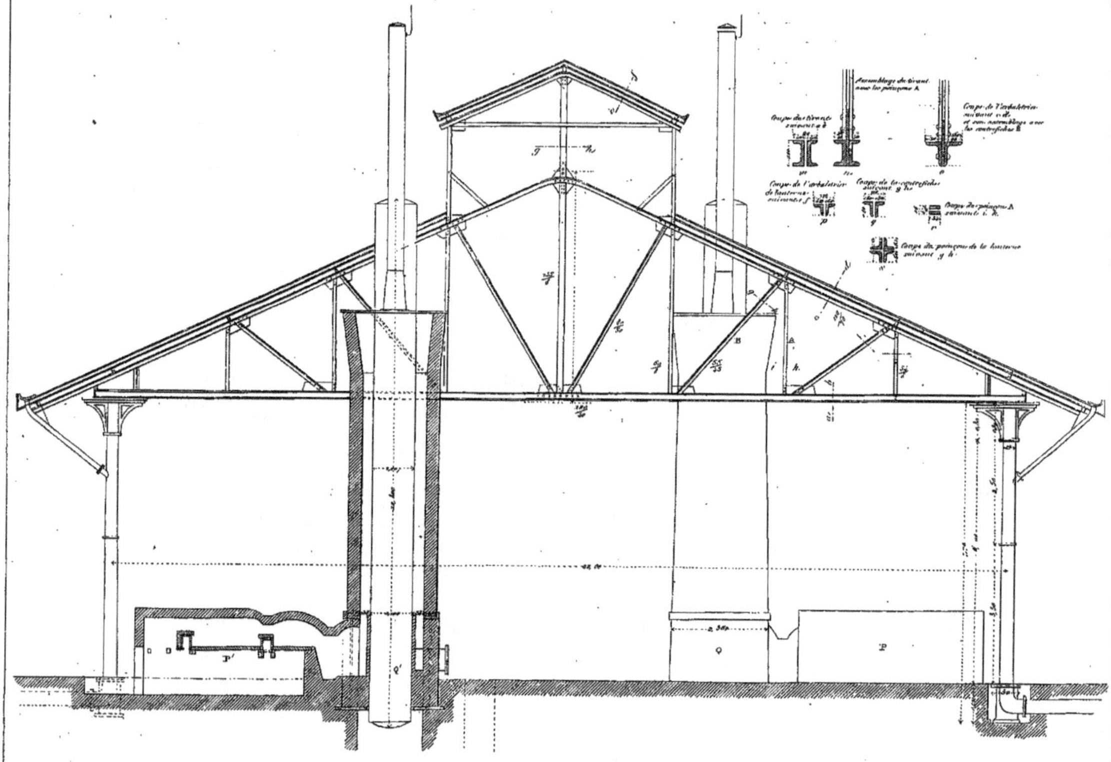

Échelle de 0,0095 pour mètre.

Etablt et impie de J. Baudry, à Liège

La longueur du fond du cylindre à l'axe du volant est de 7 mètres.

Le cylindre et son enveloppe sont coulés en deux pièces; le cylindre, coulé en fonte très-dure, est fixé dans l'enveloppe à l'aide de huit cales. La vapeur pénètre dans l'enveloppe par une soupape du Cornouailles adaptée à la tubulure d'admission; de là, elle circule dans l'enveloppe et entre dans la boîte de distribution par une tubulure où se trouve la valve régulatrice, commandée par un appareil à boule, puis elle s'échappe par la tubulure qui mène au condenseur.

L'enveloppe du cylindre à vapeur et la boîte de distribution sont coulées d'une seule pièce. Le bâti est très-résistant; sa hauteur est de $0^m.55$; la largeur du patin inférieur, de $0^m.50$; celle du patin supérieur, de $0^m.10$. La fosse de fondation est élargie à l'endroit du cylindre, afin de permettre une circulation plus facile. Deux poutres en fonte transversales supportent le cylindre. La bielle agit sur deux manivelles dont l'une commande le volant, et l'autre commande, par une contre-manivelle, l'arbre des deux excentriques de détente et de distribution. Pour la détente variable, on emploie le système Meyer : le distributeur se compose d'un tiroir et de deux plaques de détente guidées sur une même tige par un excentrique circulaire, et susceptibles de se rapprocher ou de s'éloigner.

Le condenseur est une pièce rectangulaire en fonte divisée en trois compartiments : longueur, $1^m.70$; largeur $0^m.60$; hauteur, $1^m.10$. Une pompe à air, à double effet, est placée dans l'intérieur du condenseur; son cylindre horizontal a $0^m.40$ de diamètre et $0^m.90$ de longueur. L'eau froide entre dans le condenseur par deux ouvertures rectangulaires de $0^m.10$ de largeur sur $0^m.03$ de hauteur, qui la divisent en lames minces.

Volant. — La jante du volant est formée de trois pièces, dont l'équarrissage est de $0^m.30$ sur $0^m.40$. Les segments sont réunis entre eux par des pièces en fer avec saillies qu'on serre dans des frettes à chaud, prises dans une rainure. On place une barre de fer qui entre dans les deux parties de la jante et qui est retenue par deux clavettes. Les bras sont fixés à la jante par des cales et des plaques de recouvrement. Le moyeu est coulé en deux pièces portant chacune trois bras; les deux moitiés sont assemblées par des frettes placées à chaud. Enfin, le palier de l'arbre du volant, du côté de la machine, est venu de fonte avec le bâti, tandis que celui du côté des laminoirs est encastré dans une plaque de fonte à rebord, fixée sur madrier et ne pouvant prendre aucun mouvement horizontal.

Laminoirs. — Le train de puddlage se compose, comme il a été dit, de quatre cages : les deux trios au milieu séparés par la cage à pignons; les deux *duos* aux extrémités. Les trios dégrossisseurs à cannelures ogives ont $1^m.65$ de table, et les trois cylindres ont de bas en haut les diamètres suivants : $0^m.542$, $0^m.550$, $0^m.558$. Les deux cylindres finisseurs ont $1^m.75$

de table et $0^m.59$ à $0^m.60$ de diamètre; ils portent douze cannelures, comme les dégrossisseurs.

Les fondations consistent en un cadre de charpente reposant sur une maçonnerie de pierre de taille qui couronne la fosse bordée en moellons, avec madriers encastrés. Il y a quatre de ces madriers sur toute la longueur, soit 16 mètres.

La plaque de fondation, qui a 10 mètres de longueur sur $0^m.10$ d'épaisseur, est formée de deux pièces réunies par des frettes; elle est reliée par huit boulons aux traverses.

ANGLETERRE.

d. **Usines de Dowlais.**

Les usines de Dowlais sont situées à environ 2 milles et demi de Merthyr Tydvil (pays de Galles), dans une vallée qui rejoint celle de la rivière Taff. A l'est de la ville, une des forges a reçu le nom d'Usine Basse, et au nord, l'autre forge s'appelle Usine Ivor.

C'est à Dowlais que fut érigé, en 1753, le premier haut fourneau avec soufflerie marchant à la vapeur. En 1806, on y produisait 5 432 tonnes de fer; en 1815, six hauts fourneaux produisaient 15 600 tonnes. En 1845, cette production atteignait 74 880 tonnes, et exigeait une consommation de 1 000 tonnes de houille par semaine. Le nombre total des ouvriers employés était alors de 5 000 à 6 000.

L'importance de cette usine, dont nous avons résumé les données actuelles, page 77 de notre introduction (t. I), n'a pas cessé de s'accroître depuis 1845. L'auteur a décrit (p. 160 du présent volume) le mill récemment construit et qui constitue l'ensemble de laminoirs le plus imposant que l'on puisse citer.

Il ne nous reste plus, pour faire connaître les ressources de ce vaste établissement, qu'à retracer dans leurs détails les deux parties connues sous le nom d'Usine Ivor et d'Usine Basse, telles qu'elles existaient en 1860, et le roulement de chacune.

USINE IVOR.

Cette usine comprend :

1° Quatre hauts fourneaux, dont trois en marche;

2° Trois feux d'affinage, dont deux en marche;

3° Cinquante-trois fours à puddler;

4° Vingt-neuf fours à réchauffer.

Hauts fourneaux.

Deux fourneaux d'une production hebdomadaire de 196 tonnes, soit ensemble de.	392 tonnes.
Un troisième haut fourneau marchant en fonte grise de moulage pour pièces de machines, tuyères, coussinets, roues, cylindres de laminoirs, etc., produisant par semaine.	140 —
Total.	532 tonnes.

Un quatrième haut fourneau utilise les gaz pour les générateurs alimentant la soufflerie. Les quatre fourneaux marchent à l'air chaud.

Fonte employée à la fonderie provenant du troisième haut fourneau.	60 tonnes.
Ajoutée au produit des deux autres hauts fourneaux, donne un total pour la fonte employée dans la forge, par semaine, de. . . .	392 —
	452 tonnes.

Affinage.

Deux feux d'affinage au coke produisent, par semaine, 100 tonnes de fine-metal chacun, soit. . . . . 200 tonnes.

Fine-metal produit.	Fonte brute employée.	Déchet.	Déchet pour 100.
200 t.	223 t. 8 q.	23 t. 8 q.	11.7

Reste en fonte non affinée 228 t. 12 q.

Puddlage.

Tonnes.

a. 18 fours, travaillant en fonte affinée, donnent une production hebdomadaire de. 330

Fine-metal employé.	Fer produit.	Déchet.	Déchet pour 100.
367 t. 7 q.	330 t.	37 t. 7 q.	11.33

Insuffisance de fine-metal de 167 t. 15 q.

b. 16 fours travaillant en fonte affinée, donnent une production hebdomadaire de. 275

Fine-metal employé.	Fer produit.	Déchet.	Déchet pour 100.
306 t. 3 q.	275 t.	31 t. 3 q.	11.33

Insuffisance de fine-metal de 306 t. 3 q.

c. 19 fours travaillant en fonte brute donnent une production hebdomadaire de. 297

Fine-metal employé.	Fer produit.	Déchet.	Déchet pour 100.
332 t. 12 q.	297 t.	35 t. 12 q.	12

Insuffisance de fonte brute de 104 t.

Production totale de fer puddlé. . . 902

Laminoirs.

HALLE N° 1.

	Tonnes.
a. 5 fours. Tantôt 1 chaude, tantôt 2 chaudes, travaillant pour gros et petits corroyés. Production hebdomadaire.	200

Fer produit.	Fer employé.			Déchet.		Déchet pour 100.
200 t.	Fer puddlé.	194 t. 10 q.	222 t.	22 t.	au four, 16 t.	
	Cramps[1]. .	27 t. 10 q.			Cramps, 6 t.	

Reste en fer puddlé 707 t. 10 q.

HALLE n° 1 *bis*.

b. 14 fours, dont { 10 première chaude. / 4 deuxième chaude, marchant pour rails. } Production hebdomadaire de. 550

Fer produit.	Fer employé.		Total.	Déchet.		Déchet pour 100.
550 t.	Fer puddlé. . .	421 t. 6 q.	632 t. 10 q.	82 t. 10 q.	au four, 55 t.	15
	Fer corr., 1/3.	211 t. 4 q.			Cramps, 27 t. 10 q.	

Reste en fer puddlé 286 t. 4 q. Insuffisance de fer corroyé.

HALLE N° 2.

c. 10 fours marchant pour corroyés de petites dimensions et pour fers marchands. Production hebdomadaire de. 200

1° Corroyés produits.	Fer employé.		Total.	Déchet.		Déchet pour 100.
105 t.	Cramps. . . .	6 t.	112 t. 7 q.	7 t. 7 q., dont	au four, 6 t. 6 q. ou 6 %	7
	Fer puddlé.	106 t. 7 q.			Cramps, 1 t. 1 q. ou 1 %	

Reste, en fer puddlé, 179 t. 17 q.
Envoyé à la halle n° 1 *bis*, 106 t. de corroyés.

Lorsque l'on envoie les corroyés de la halle n° 2 à la halle n° 1 *bis*, les corroyés de la halle n° 1 sont tous laminés en slabs (couvertes) et l'excédant de ce qui est nécessaire à la consommation de l'usine est envoyé à d'autres usines.

2° Fers marchands produits.	Fer employé.		Total.	Déchet.		Déchet pour 100.
95 t.	Fer puddlé.	98 t. 19 q.	100 t.	5 t., dont	au four, 4	5
	Cramps. . . .	1 t. 1 q.			Cramps, 1	

Reste en fer puddlé 80 t. 18 q.

950

Récapitulation.

Fonte brute produite à cette usine, 452 t. et 80 t. pour fonderie, soit		532 t.
— — affinée.		200 t.
Fer produit de la fonte affinée. .	605 t.	
Déchet de puddlage.	68 10	
Total de fonte affinée. . .	673 t. 10 q. dont 473 t. 10 q. en plus que la production de cette usine.	

(1) Le mot *cramps*, que nous conservons en anglais, désigne les extrémités ou bouts écrus des barres puddlées.

Fer produit de la fonte brute. .	297 t.	
Déchet du puddlage.	35 12	
Total de fonte brute. . . .	332 t. 12 q.	dont 104 t. en plus que la production de cette usine.
Total du fer produit . .	902 t. 0 q.	
Total de déchet. . . .	104 2	Puddlage.
— —	23 8	Affinage.
Total de fonte employée.	1 029 t. 10 q.	

LAMINAGE.

Fer produit à expédier.	Rails.	550 t. 0 q.
	Corroyés.	93 17
	Fer puddlé. . . .	80 17
	Fers marchands. .	95
		819 t. 14 q.
	Déchet aux fours.	81 6
	Cramps restant. .	1 0
	Total. . . .	902 t. 0 q. fer puddlé produit.

USINE BASSE.

L'usine basse comprend :

1° Quatorze hauts fourneaux, dont treize en marche ;

2° Neuf feux d'affinage, dont huit en marche ;

3° Quatre-vingt-sept fours à puddler, dont quatre-vingts en marche ;

4° Soixante-quatorze fours à chauffer, dont quarante en marche.

Hauts fourneaux.

Les hauts fourneaux en roulement, au nombre de treize, produisent hebdomadairement 196 tonnes chacun, soit un total de 2 548 tonnes.

Six hauts fourneaux marchent à l'air chaud, et sept à l'air froid.

Affinage.

L'affinage comprend neuf fours, mais huit seulement sont en marche. Leur production hebdomadaire est de 108 tonnes chacun, ce qui fait un total de 864 tonnes.

Fonte employée.	Fine-métal produit.	Déchet d'affinage.	Déchet pour 100.
965 t. 17 q.	864 t.	101 t. 17 q.	11.7

Reste en fonte brute 1 582 t. 3 q.

Puddlage.

	Tonnes.
a. 18 fours marchant en fonte brute, produisant par semaine.	310

Fer produit.	Fonte employée.	Déchet.	Déchet pour 100.
310 t.	347 t. 4 q.	37 t. 4 q.	12

Reste en fonte brute 1 234 t. 19 q.

	Tonnes.
Report.	310
b. 15 fours marchant en fonte affinée : production hebdomadaire de.	310

Fer produit.	Fonte employée.	Déchet.	Déchet pour 100.
310 t.	345 t. 2 q.	35 t. 2 q.	11.53

Reste en fonte affinée 518 t. 18 q.

c. 15 fours marchant en fonte brute : production hebdomadaire de. 275

Fer produit.	Fonte employée.	Déchet.	Déchet pour 100.
275 t.	308 t.	33 t.	12

Reste en fonte brute 926 t. 19 q.

d. 17 fours marchant en fonte brute : production hebdomadaire de. 297

Fer produit.	Fonte employée.	Déchet.	Déchet. pour 100.
297 t.	332 t. 12 q.	35 t. 12 q.	12

Reste en fonte brute 594 t. 5 q.

e. 15 Fours marchant en fonte brute : production hebdomadaire de. 285

Fer produit.	Fonte employée.	Déchet.	Déchet pour 100.
285 t.	319 t. 4 q.	34 t. 4 q.	12

Reste en fonte brute 275 t. 1 q.

Total du fer puddlé. 1 477

Laminoirs.

		Tonnes.
a. { 8 fours. 1re chaude. / 3 — 2e chaude. }	Marchant tantôt pour rails, tantôt pour gros corroyés (*slabs*) et petits corroyés, ou ébauchés de plaques de joint. Si l'on prend le mill marchant pour corroyés, à couvertes, on a pour production hebdomadaire.	370

Fer produit.	Fer produit.	Déchet.	Déchet pour 100.
370 t.	Puddlé employé. 421 t. 10 q.	51 t. 16 q., dont { au four, 37 t. / Cramps, 14 t. 16 q. }	14

Reste en fer puddlé 1 055 t. 10 q.

b. { 12 fours. 1re chaude. / 4 — 2e chaude. } Marchant pour rails. Production hebdomadaire. . 720

Fer produit.	Fer employé.	Total.	Déchet.	Déchet. pour 100.
720 t.	Corroyé. 324 t. 17 q. / Puddlé. 517 t. 11 q.	842 t. 8 q.	122 t. 8 q., dont { au four, 72 ou 10 % / Cramps, 50 ou 7 % }	17

Reste en fer puddlé 537 t. 19 q. Reste en corroyé 45 t. 3 q.

c. 3 fours marchant pour petits corroyés : production hebdomadaire de. . . . 150

A reporter. 1 240

Tonnes.

Report. 1 240

Fer produit.	Fer employé.	Total.	Déchet.		Déchet pour 100.
150 t.	Fer puddlé. 108 t. 12 q. / Cramps. 50 t. 8 q.	159 t.	9 t., dont	au four, 6 t. / Cramps, 3 t.	6

Reste en fer puddlé 429 t. 7 q.

d. { 11 fours marchant généralement pour éclisses et plaques de joint. Production hebdomadaire de. 205

Fer produit.	Fer employé.	Total.	Déchet.	
205 t.	Fer puddlé. 203 t. 12 q. / Cramps. 17 t. 16 q.	221 t. 2 q.	16 t. 2 q., dont	au four, 12 t. / Cramps, 4 t. 2 q.

Reste en fer puddlé 225 t. 15 q.

1 445

Récapitulation.

Fonte brute produite.	2 548 t. 0 q.	
— employée à l'affinage. . . .	965 17	Fonte affinée produite, 864 t.
Reste en fonte brute.	1 582 t. 3 q.	

PUDDLAGE.

Fer produit de la fonte affinée. . .	310 t. 0 q.		
Déchet du puddlage.	35 2		
Total de la fonte employée. . .	345 t. 2 q.	Reste	518 t. 18 q.
		Envoyé à l'usine haute	473 10
		En stock. . . .	45 t. 8 q.

Fer produit de la fonte non affinée ou brute.	1 167 t.		
Déchet du puddlage.	140		
Total de la fonte employée.	1 307 t.	Reste.	275 t. 3 q.
		Envoyé à l'usine haute.	104 0
		En stock. . . .	171 t. 3 q.

Total, fer puddlé produit. . .	1 477 t. 0 q.			
— déchet du puddlage. .	175 2			
— de fonte employée. . .	1 652 t. 2 q.			
Fonte envoyée à l'usine haute.	473 t. 10 q.	affinée.	Stock en fonte affinée.	45 t. 8 q.
— envoyée à l'usine haute.	104 0	brute.	Stock en fonte brute.	171 3
— en stock.	45 8	affinée.	Stock total.	216 t. 11 q.
— en stock.	171 3	brute.		
Déchet d'affinage.	101 17			
	2 548 t. 0 q.			

LAMINAGE.

			Produits à expédier des deux usines.	
Fer produit à expédier.	Rails.	720 t.	Rails.	1 270 t. 0 q.
	Corroyés. . . .	195 3 q.	Corroyés.	289 0
	Fer puddlé. . . .	225 15	Fer puddlé. . . .	306 12
	Fers marchands (1).	205 0	Fers marchands (1).	300 0
		1 345 t. 18 q.	Fontes.	216 8
	Déchet au four. .	127 0		2 582 t. 0 q.
	Cramps restant. .	4 2		
		1 477 t. 0 q.		

(1) Il faut remarquer ici que dans les fers marchands sont comprises 205 tonnes d'ac-

Production totale des deux usines.

A expédier.						
Rails.	1 270 t.	0 q.	Fers et fontes à expédier ou livrables. .	2 582 t.	0 q.	
Corroyés.. . . .	289	0	Déchet d'affinage. . .	125	5	
Fer puddlé.. . .	306	12	— de puddlage. .	279	4	Compris le laminage et cinglage.
Fer marchand. .	300	0	— du laminage. .	208	6	Compris le chauffage.
Fontes.	216	8	Cramps restant. . .	5	2	
	2 582 t.	0 q.		2 999 t.	15	

Soit, comme quantité de fonte produite par semaine : dans les deux usines, 3 000 tonnes. Cette production est indépendante de celle du nouveau mill, qui a augmenté la quantité de fer fini.

Les fours à puddler peuvent produire quelquefois plus que ne le mentionne cette notice; parfois aussi, les hauts fourneaux font un peu moins; toutefois, ces données représentent la production moyenne.

L'usine expédie quelquefois des fers puddlés en barres n'ayant subi qu'un laminage, et aussi des couvertes pour paquets à rails. Il y a toujours à l'usine un stock de fer en quantité plus grande que ne l'exige la consommation. Souvent les laminoirs pour corroyés, de l'Usine Basse, font des rails ; ceci a lieu quand il y a une grande quantité de fer en stock.

Charbon employé par tonne de fer produit.		Coke employé aux hauts fourneaux réduit en houille.
Hauts fourneaux.	1 t. 20 q.	0 t. 12 q.
Affinage.	6	4 16
Puddlage.	16	5 t. 8 q.
Chauffage au mill..	14	
Ajouter pour fer corroyé.	6	
Hauts fourneaux.	8	
Puddlage.	2	
Laminage. Chauffage au mill.. . . .	4	
	4 t. 16 q.	

Machines à vapeur.

Les machines à vapeur de Dowlais se divisent ainsi qu'il suit :

cessoires de chemin de fer, éclisses ou plaques de joint, pour lesquels le déchet est le même que pour les fers marchands.

USINE IVOR.

1° *Hauts fourneaux.*

Le volume d'air nécessaire aux hauts fourneaux est fourni par une machine soufflante mue par une machine à vapeur de la force de trois cents chevaux.

2° *Machines à vapeur des laminoirs desservant les fours à puddler et les fours à chauffer.*

A. Une machine à vapeur horizontale, à haute pression et à détente de la force de cent vingt chevaux, et faisant marcher :

a. Un train de laminoirs pour le puddlage ;
b. Une cisaille ;
c. Un squeezer double (ou presse double) ;
d Un train de laminoirs à rails ;
e. Deux scies à chaud ;
f. Un laminoir pour les bouts écrus des rails (1 paire de cylindres) ;
g. Sept presses à dresser les rails ;
h. Une machine à percer.

B. Une machine à vapeur de la force de douze chevaux, faisant marcher un laminoir soudant à trois cylindres, pour rails.

C. Une machine à vapeur horizontale à haute pression et à détente, de la force de quarante chevaux, faisant marcher :

a. Un train de laminoirs pour millbars et slabs ;
b. Un train de laminoirs pour le puddlage ;
c. Une cisaille et un squeezer double.

D. Une machine à vapeur verticale à haute pression, de la force de six chevaux, faisant marcher deux fortes cisailles à froid.

E. Une machine à vapeur horizontale à haute pression et à détente, de la force de soixante-dix chevaux, faisant marcher :

a. Deux trains comprenant cinq paires de cylindres pour millbars et fers marchands ;
b. Deux trains de laminoirs à guides, comprenant huit paires de cylindres pour petits fils marchands ;
c. Huit cisailles.

F. Une machine à vapeur horizontale à haute pression, de la force de vingt-cinq chevaux, faisant marcher :

a. Un train de laminoirs pour le puddlage ;
b. Un squeezer double ;
c. Une cisaille.

Les chaudières à vapeur sont au nombre de vingt, dont :

a. Hauts fourneaux, machine de 300 chevaux.				7	chaudières.
b. Puddlage et laminoirs à rails,	2	machines à	vapeur.	4	—
c. — — à millbars,	2	—	—	4	—
d. — — fers marchands	2	—	—	5	—

USINE BASSE.

1° *Hauts fourneaux.*

Le volume d'air nécessaire à la marche des treize hauts fourneaux de l'Usine Basse est fourni par quatre souffleries à vapeur.

A. Machine verticale à haute pression et à détente, de la force de sept cents chevaux.

B. Machine à vapeur verticale, à deux cylindres, à haute pression et à détente, de la force de trois cent cinquante chevaux.

C. Machine à vapeur verticale, à haute pression et à détente, de deux cent cinquante chevaux.

D. Machine à vapeur verticale à basse pression, détente et condensation, de la force de deux cents chevaux.

2° *Machines à vapeur des laminoirs.*

A. Une machine à vapeur verticale, à haute pression, de la force de cent chevaux, faisant marcher :

a. Un squeezer ou presse double;
b. Un train de laminoirs pour le puddlage ;
c. Un train de laminoirs à rails et à slabs et aussi à ébauchés de plaques de joint ;
d. Deux scies à chaud ;
e. Une cisaille pour les barres puddlées;
f. Une grosse cisaille à couper en morceaux les mauvais rails, à froid ;
g. Trois presses à dresser les rails et une machine à percer.

B. Une machine à vapeur horizontale, à haute pression, de la force de six chevaux, faisant marcher un laminoir soudant à trois cylindres.

C. Une machine à vapeur verticale à haute pression et à détente ; on fait marcher cette machine à haute pression, mais elle fonctionnait, à l'origine, à basse pression ; elle est d'une force de soixante chevaux, et active :

a. Deux trains de cylindres pour le puddlage ;
b. Deux squeezers doubles;
c. Deux cisailles.

D. Une machine à vapeur verticale, à haute pression et à détente. Cette machine, comme la précédente, est à haute pression ; elle marchait primitivement à basse pression ; elle est de la force de soixante chevaux, et fait marcher :

a. Deux trains de laminoirs pour le puddlage ;
b. Deux squeezers doubles ;
c. Deux cisailles ;
d. Deux machines à araser les rails ;
e. Dix presses à dresser les rails, dont neuf seulement en marche ;
f. Une machine à percer double.

E. Une machine à vapeur verticale, à détente et à condensation, de la force de cent vingt chevaux, faisant marcher :

a. Un laminoir à trois cylindres ;
b. Un train à rails ;
c. Un train à millbars ;
d. Deux scies à chaud ;
e. Une machine à tailler les dents des scies à chaud.

F. Une machine à vapeur verticale, à haute pression et à détente, de la force de vingt chevaux, activant :

a. Un laminoir à une paire de cylindres pour les bouts écrus des rails ;
b. Une cisaille à froid servant à couper les plaques de joint.

G. Une machine à vapeur verticale, à haute pression et à détente, de la force de quarante chevaux, commandant :

a. Un train de laminoirs marchands, pour accessoires de chemin de fer, éclisses, plaques de joint et pour barreaux de grille ;
b. Un train à millbars, fers marchands et plaques de joint ;
c. Cinq cisailles ;
d. Deux machines à percer ; l'une pour éclisses, l'autre pour plaques de joint.

e. **Forge à rails de Rhymney.**

Cette usine (pays de Galles, 1860) appartient à deux comtés, le Glamorganshire et le Monmouthshire ; elle est établie sur l'affleurement nord du bassin houiller, à la naissance d'une vallée étroite, arrosée par la Rhymney. Les deux parties de l'usine réunies par des voies ferrées sont construites, l'une sur la rive droite de la rivière (*Bute side*), l'autre sur la rive gauche (*Rhymney side*).

La partie la plus considérable, *Bute side*, renferme six hauts fourneaux, dont deux à air froid et quatre à air chaud, cinq fours d'affinage, quarante-cinq fours à puddler, vingt-six fours à souder et à réchauffer, un mill pour barres n° 2 et un mill pour rails.

Rhymney side renferme trois hauts fourneaux à air chaud, trois fours d'affinage, seize fours à puddler, quinze fours à souder et à réchauffer, deux mills, dont un pour fer n° 2 et un pour rails.

La production hebdomadaire de ces deux usines est de 1 200 à 1 300 tonnes de fonte ordinaire, obtenue avec les minerais houillers de la localité. Pour les fers nerveux, ces minerais sont additionnés d'hématites du Cumberland (1) ; pour les fers à grain, on a recours au blackband et aux minerais siliceux de Northampton (2). Enfin, on complète le lit de fusion par des scories provenant des fours d'affinage, à puddler, à chauffer et des squeezers. La production de 1 300 tonnes de fonte correspond à la consommation suivante :

Minerais houillers.	1 950 tonnes.
Hématite du Cumberland.	650 —
Minerais divers et blackband.	250 —
Scories.	500 —

Le combustible employé se compose de trois quarts de houille et un quart de coke, et représente un poids total de 2 600 tonnes par semaine.

Des 1 300 tonnes de fonte en gueuse, 400 sont puddlées directement, et 900 sont affinées avec 230 tonnes de houille pour produire 800 tonnes de fine-metal. On estime qu'en moyenne on fabrique, à Bute side, 750 tonnes de fer puddlé et 300 tonnes de barres n° 2; tandis qu'à Rhymney on ne fait que 250 tonnes de fer puddlé et 100 tonnes de barres n° 2 ; soit en tout 1 000 tonnes de fer puddlé et 400 tonnes de barres n° 2, correspondant à une production totale de 800 à 900 tonnes de rails par semaine.

Le fer n° 2, obtenu par le puddlage de moitié fine-metal et moitié fonte brute, est corroyé pour le pied et la tête des rails ; le fer n° 1 provenant de la fonte brute puddlée, sert au corps des rails. Le puddlage se fait au squeezer.

Un marteau-pilon de 1 500 tonnes a été monté récemment pour remplacer le squeezer.

Les mills à rails se composent de deux cages de cylindres ébaucheurs et finisseurs portant neuf cannelures, avec cages soudantes de quatre cannelures. Les cylindres font de soixante-cinq à soixante-dix tours par minute.

On calcule, pour la production d'une tonne de rails, sur une consommation de 1 200 kilogrammes de fer puddlé et 1 300 kilogrammes de houille, y compris celle de la machine.

La fabrication de 500 tonnes de rails exige huit à neuf fours à souder et quatre fours à réchauffer.

f. Usine à fer de Tudhoe.

L'usine à fer de Tudhoe, située dans le comté de Durham, près de

(1) 4/10 mine de Rhymney, 4/10 mine du Cumberland et 2/10 scorie.
(2) 1/2 mine Rhymney, 1/4 blackband, 1/4 scorie.

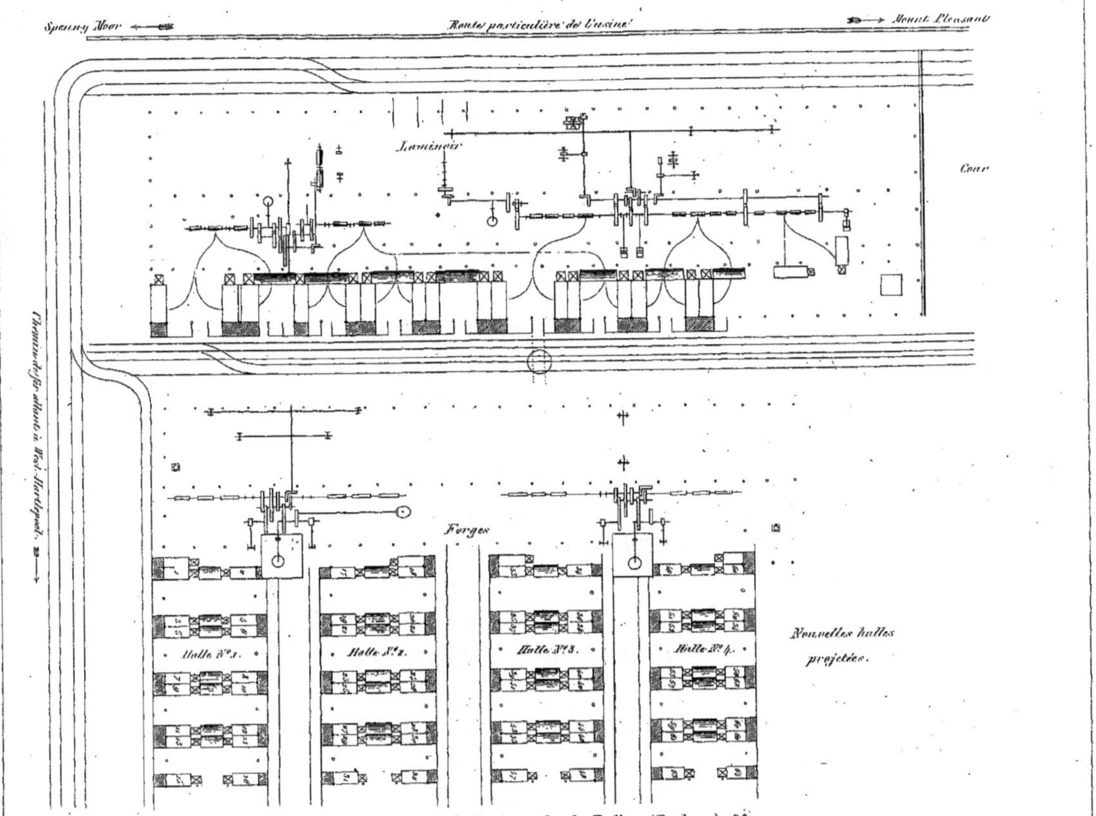

Croquis du plan de l'usine à fer de Tudhoe. (Durham.) 1860.

Établ. litt. et imp. de J. Baudry, à Liège

Ferry Hill, appartient à la *Weardale Iron C°*. Elle comprend une forge et un laminoir, dont le plan d'ensemble est représenté en croquis planche XL.

La Compagnie Weardale exploite des houillères et des mines de fer à Tow-Law, près de Darlington ; son extraction était, en 1860, de 2 500 tonnes de minerai, 350 tonnes de castine et 4 500 tonnes de houille par semaine.

Cinq hauts fourneaux à l'usine de Tow-Law et un fourneau à Stanhope, produisent en moyenne 750 tonnes de fonte par semaine. Une faible partie de cette fonte dite *silvery* ou à lamelles éclatantes, sert à la fabrication spéciale de l'acier; le reste est destiné à la fonderie ou alimente la forge de Tudhoe.

Forge. — La forge comprenait, en 1860, quatre halles; deux nouvelles étaient projetées.

Halle n° 1. — Seize fours à puddler, dont huit pour le fer n° 1 à rails; sept faisant le fer n° 2, également pour rails, et un ne livrant que du fer Weardale pour machines.

La production en fers n°s 1 et 2 est de 8 tonnes par douze heures; soit 80 tonnes par semaine.

La production en fer Weardale est de 2 tonnes à 2 tonnes 1/4 par douze heures.

Halle n° 2. — Quinze fours à puddler, dont huit pour fers à tôles, spécialement destinés aux constructions maritimes : production, 80 tonnes de tôle par semaine; sept autres fours pour la fabrication au squeezer de fer n° 1 pour rails; 80 tonnes par semaine. — Un four à baller pour fer Weardale, produisant 5 tonnes en douze heures.

Halle n° 3. — Seize fours à puddler : huit fours pour fer n° 2, servant de couvertes pour paquets à rails; 80 tonnes par semaine; — huit fours pour fer n° 1 pour rails ; 80 tonnes par semaine.

Halle n° 4. — Quatorze fours à puddler, dont six pour fers marchands; 6 600 kil. en douze heures; — quatre fours faisant du fer n° 1 pour rails ; 4 400 kil. en douze heures; — quatre fours pour acier puddlé, produisant 4200 kil. en douze heures. — Un four à baller pour plaques, riblons, etc.; 5 tonnes en douze heures.

Les halles n°s 1 et 2 sont desservies par une machine verticale de 100 chevaux, activant deux trains composés de trois paires de cylindres chacun, plus un moulin à loupes, deux marteaux frontaux et quatre cisailles.

Les halles n°s 3 et 4 sont desservies par une machine verticale de 100 chevaux, activant deux trains composés de trois paires de cylindres chacun, plus deux marteaux frontaux, un marteau-pilon et deux cisailles.

Mill. — Le mill a été construit à la même date que le bâtiment des forges. Une machine verticale de 100 chevaux commande un train à tôles, composé de deux paires de cylindres et d'une paire additionnelle de cylindres plus petits; deux fours à réchauffer et à recuire les tôles alimentent ce train. La production est évaluée, en moyenne, de 12 à 13 tonnes de tôle par four. Une cisaille de fortes dimensions dépend de la même machine; tous les déchets sont remis en paquet et reportés au four.

La machine verticale active encore un train dégrossisseur à mouvement renversé, composé de trois paires de cylindres et deux scies. Ce train sert accidentellement à laminer des couvertes; il est alimenté par les fours de première chaude.

(Durée de la chaude, une heure et demie; huit fours, dont un de réserve; cinq paquets par four. — Personnel : deux ouvriers pour les paquets; trois par four; un porteur et deux lamineurs.)

Deux machines horizontales conjuguées, de 45 chevaux chacune, actionnent :

1° Le train à rails, composé d'une paire de cylindres dégrossisseurs à quatre cannelures et une de cylindres finisseurs à cinq cannelures; vitesse, soixante à soixante-dix tours par minute.

(Durée de la deuxième chaude, quinze minutes; — deux fours employant deux hommes chacun et un porteur; cinq paquets par four. — Personnel du train : un maître lamineur, deux contre-maîtres, cinq aides.)

2° Un train composé de quatre paires de cylindres, desservi par trois fours.

(Production : 120 tonnes de fer par semaine. — Personnel du train : deux ouvriers aux fours, un aide, un lamineur à la tonne et deux autres à la journée.)

3° Un train composé de trois paires de cylindres pour fers marchands, desservi par deux fours.

(Production : 75 à 80 tonnes par semaine. — Personnel : un homme et huit à dix garçons.)

Le mill comprend encore cinq presses à rails, mues par une machine verticale de 20 à 25 chevaux.

Dans les forges comme au mill, la chaleur perdue des fours est utilisée pour des chaudières horizontales.

Fonderie. — Deux cubilots servant au moulage des pièces de machines et des hélices de bateau de 3 à 4 mètres de diamètre.

Ajustage. — Cet atelier est activé par une machine verticale de 25 chevaux; on y monte des machines, des pompes, etc.

Plan de l'Établissement de la Société Cockerill à Seraing.

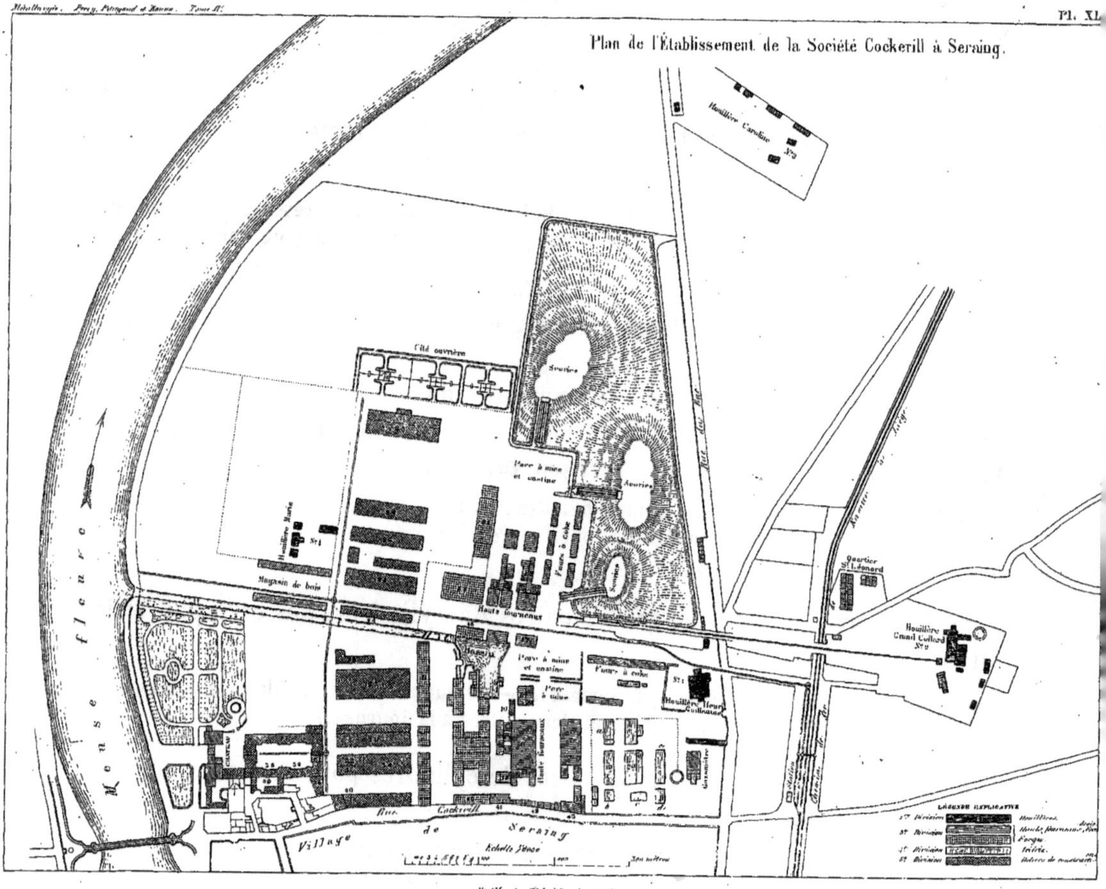

Établ. et imp. de J. Baudry, à Liège.

BELGIQUE.

g. Établissements de Seraing.

Nous complétons la description des établissements de la société John Cockerill, à Seraing (voir Introduction, t. I, p. 138, et Usines à fonte, t. III, p. 638), par le plan (pl. XLI), dont voici la légende :

Légende de la planche XLI.

1. Houillère Henri Guillaume ;
2. — Grand-Collard ;
3. — Caroline ;
4. — Marie ;
5. Ventilateurs, etc.,
6. Fonderie attenant à trois hauts fourneaux avec halle de coulée ;
7. Dépôt de modèle ; noyauterie et petite fonderie ;
8. Tôlerie ; moteur des laminoirs ; deux trains de fers marchands ;
9. Trains pour rails ; ébauchage et finissage ;
10. Bureaux et magasin de fers ;
11. Laminoir aux cornières ;
12. Soufflerie de 100 chevaux ;
13. Petit mill ; deux trains ;
14. Fers ébauchés ; moulins et cingleurs ;
15. Fers corroyés ; moulins et cingleurs ;
16. Monte-charges, etc. ;
17. Soufflerie de 300 chevaux ;
18. Trois fourneaux, et un en construction ; soufflerie de 120 chevaux ; halles de coulée ;
19. Fonderie Bessemer et fonderie au creuset ; *a*, soufflerie Bessemer ; *b*, forges à l'acier ;
20. Marteau de douze tonnes ; laminoirs aux gros ronds et carrés ; *c*, laminoir à bandages ; *d*, tours à roues ; *e*, ajustage et forge aux ressorts ;
21. Chaudronnerie n° 1, pour locomotives ;
22. Chaudronnerie n° 2, pour bateaux ;
23. Chaudronnerie n° 3, pour ponts et divers ;
24. Gros martelage ;

25 et 26. Forges à main ;

27. Grand montage et outillage ;
28. Boulonnerie ;
29. Ajustage des locomotives ;

30. Montage des locomotives ;
31. Ajustage moyen ;
32. Machines à planer ;
33, 34 et 35. Montage et ajustage ;
36 et 37. Gros et petit ajustage ;
38. Dessinateurs ;
39. Laboratoire ;
40. Fonderie au cuivre ;
41. Forges ;
42. Dépendances de la fonderie ;
43. Mouleurs en terre ;
44. Hangar aux modèles.

Puddlage et ébauchage (1). — La forge de Seraing comprend vingt fours à puddler pour ébauchés à rails ; dix-huit fours pour ébauchés à fers marchands et six fours pour brames à tôles, soit quarante-quatre fours qui admettent quatorze charges de 230 kilogrammes chacun.

Vingt six chaudières horizontales dépendent des fours ; elles ont de 1 mètre à $1^m.22$ de diamètre, et une longueur de corps de $7^m.62$ à $10^m.37$. Les cheminées, au nombre de quatorze, ont jusqu'à 22 mètres de hauteur ; elles sont en tôles garnies de briques réfractaires, de $0^m.76$ à $1^m.70$ à l'intérieur, selon le nombre de fours activés. Le nombre de fours par cheminée est de deux à dix. Chaque four est servi par deux puddleurs.

Le cinglage des paquets s'opère par un moulin faisant dix à douze tours et desservant dix-huit fours ; par deux marteaux-pilons de 1 500 kilogrammes, à simple effet, desservant seize fours, et par un marteau à soulèvement desservant dix fours.

Les trains de laminoirs, pour fer ébauché, sont au nombre de trois. Les cylindres ont des cannelures de $0^m.05$, $0^m.075$ et $0^m.10$ de largeur, $1^m.225$ à $1^m.665$ de longueur, et $0^m.42$, $0^m.505$ et $0^m.53$ de diamètre, selon les trains. Ils font de cinquante à soixante-dix tours par minute.

On compte six cisailles, dont trois à queue, donnant de vingt-cinq à trente coups, et trois à guillotine, donnant de vingt à vingt-trois coups. Quatre ont une puissance de 4 chevaux, et deux de 3 chevaux.

Le personnel de l'ébauchage comprend quatre-vingts premiers et quatre-vingts seconds puddleurs, dix marteleurs, six premiers lamineurs, six deuxièmes lamineurs, six troisièmes lamineurs, six quatrièmes lamineurs et vingt-quatre traîneurs.

La consommation de charbon par 1 000 kilogrammes de fer ébauché en barres est de 1 200 kilogrammes ; la quantité de fonte employée,

(1) Les renseignements qui suivent ont été fournis par l'usine même à M. Valentin, ingénieur.

de 1150 à 1200 kilogrammes. En 1864, l'usine a produit 25000 tonnes de fer ébauché.

Les machines pour le service de l'ébauchage sont au nombre de trois, dont le tableau ci-après indique les données principales :

	A	B	C
Course du piston.	$2^m.440$	$1^m.800$	$0^m.840$
Nombre de coups de piston. . .	36	90	120
Diamètre du cylindre à vapeur. .	$1^m.240$	$0^m.560$	$1^m.015$
Tension de la vapeur.	2 atm.	2 1/2 atm.	2 3/4 atm.
Poids du volant.	20 000 kil.	11 000 kil.	22 000 kil.
Diamètre du volant.	$5^m.50$	$5^m.50$	6 m.
Nombre de tours.	30	70	75
Force en chevaux.	100	45	120

A, machine verticale, à balancier et à condensation commandant quatre trains ;

B, machine horizontale à haute pression, activant le moulin cingleur et un train ;

C, machine verticale à condensation, activant un train.

Fabrication des rails. — Six fours à réchauffer reçoivent en vingt-quatre heures douze charges de 1400 à 1500 kilogrammes. Des quatre chaudières horizontales, deux chauffées par deux fours, sans bouilleurs, ont $1^m.22$ de diamètre et $6^m.10$ de longueur ; les deux autres, chauffées chacune par un four, ont la même longueur et deux tubes de $0^m.65$ de diamètre. Les quatre cheminées correspondantes sont en tôle garnie de briques. Le diamètre utile est de $1^m.06$ et de $0^m.76$ respectivement ; la hauteur, de 15 mètres.

Le soudage des paquets se fait en une chaude, au laminoir à trois cylindres de $0^m.53$ de diamètre, portant treize cannelures, par exemple, pour les rails Vignoles du chemin de fer du Nord de l'Espagne, et faisant de soixante-quinze à quatre-vingts tours. Le relevage des paquets s'effectue par un élévateur à vapeur. Le poids des paquets pour les rails précités est de 285 kilogrammes.

Voici les données de la machine verticale et à détente variable qui commande le train à rails :

	D
Course du piston.	$0^m.920$
Nombre de coups de piston.	150
Diamètre du cylindre à vapeur.	$0^m.600$
Tension de la vapeur.	3 atm.
Poids total du volant.	18 000 kil.
Diamètre du volant.	$4^m.50$
Nombre de tours.	70
Force en chevaux.	120.

Deux cisailles à guillotine, de 3 chevaux l'une, pour faire les paquets, donnent de vingt à vingt-trois coups.

Une scie circulaire ordinaire, de 1m.04 de diamètre de lame, marchant à onze cents tours, est activée par la machine du train à rails.

Deux cisailles à ajuster, donnant de dix à onze coups, deux perçoirs donnant de dix à douze coups pour rails ou accessoires, deux machines à entailler, deux machines verticales et à excentrique pour dresser les rails, sont commandés par une machine de la force de 10 chevaux.

Le travail des rails comporte un personnel de quatorze faiseurs de paquets et de deux gamins; dix premiers chauffeurs, dix seconds chauffeurs, dix troisièmes chauffeurs, huit lamineurs et douze crocheteurs, vingt-quatre ouvriers ajusteurs.

La consommation de charbon par tonne de rails laminés est de 1 350 kilogrammes; celle de fer brut, de 1400 kilogrammes. En 1864, l'usine de Seraing avait fabriqué 12000 tonnes de rails.

Fabrication des tôles. — Deux fours à réchauffer les paquets recevant douze charges de 1200 à 1300 kilogrammes par vingt-quatre heures. Le poids des plus grandes masses est de 1600 kilogrammes correspondant à des tôles de 8 mètres de longueur sur 1m.70 de largeur. Un four à recuire.

Personnel des fours. — Deux premiers chauffeurs, deux seconds chauffeurs, deux troisièmes chauffeurs, deux recuiseurs.

Deux chaudières, de 1m.83 de diamètre et de 9m.30 et 6m.40 de longueur, sont pourvues chacune d'une cheminée, dont l'une en tôle garnie de briques, de 0m.92 de diamètre et 20 mètres de hauteur, et l'autre en briques, de 0m.58 de côté et de 12 mètres de hauteur.

Un marteau-pilon de 3000 kilogrammes, système Nasmyth, à simple effet.

Un train de laminoir à deux paires de cages. Les cylindres, de 0m.610 de diamètre et 1m.80 de table, font trente tours par minute, et sont pourvus d'un élévateur à vapeur.

La machine verticale, à détente variable et à condensation, présente les conditions suivantes :

	E
Course du piston.	2m.44
Nombre de coups de piston.	36
Diamètre du cylindre à vapeur.	1m.24
Tension de la vapeur.	2 atm.
Poids total du volant.	20 000 kil.
Diamètre du volant..	5m.50
Nombre de tours du volant.	30
Force en chevaux.	100

Le volant est placé sur la transmission.

Trois cisailles; deux à queue, ayant 0m.40 de longueur de lame et une à guillotine de 2 mètres de lame; elles consomment une force de 5 et 12 chevaux, et donnent quinze coups.

Personnel. — Quatre premiers chauffeurs, quatre seconds chauffeurs, quatre troisièmes chauffeurs, deux chefs marteleurs et quatre aides, deux chefs lamineurs et six aides, six faiseurs de paquets, quatre cisailleurs et transporteurs aux fours.

La consommation de charbon s'élève de 1000 à 1200 kilogrammes par tonne de tôles minces laminées de $0^m.002$ à $0^m.006$, et à 1000 kilogrammes par tonne de tôles de $0^m.006$ à $0^m.012$ et au-dessus. La quantité de fer consommée dans les deux cas est de 1300 à 1400 kilogrammes.

En 1864, la production des tôles a atteint 2000 tonnes.

Fabrication des fers marchands. — Neuf fours à réchauffer pour petits fers, recevant en vingt-quatre heures douze charges de 800 à 1100 kilogrammes.

Le laminoir comprend cinq trains : deux petits trains, un train moyen et deux trains ordinaires. Chaque train se compose de trois paires de cages dont les cylindres ont de $0^m.200$ à $0^m.455$ de diamètre et de $0^m.240$ à $1^m.410$ de table. Les petits trains font cent cinquante tours, le train moyen cent, et les trains ordinaires soixante-dix par minute.

Trois machines commandent ce laminoir : F et H horizontales, à haute pression; G verticale à condensation verticale, à balancier et à condensation; en voici les données principales :

	F	G	H
Diamètre du cylindre.	$0^m.436$	$1^m.240$	$0^m.590$
Course du piston.	$1^m.400$	$2^m.44$	$1^m.80$
Nombre de coups de piston. . .	160	36	120
Poids du volant.	12 000 kil.	40 000 kil.	12 500 kil.
Diamètre du volant..	$4^m.50$	$5^m.50$	$4^m.57$
Nombre de tours..	80	18	70
Force en chevaux.	35	100	50

Personnel du laminoir. — Seize premiers chauffeurs, seize seconds chauffeurs, quatre troisièmes chauffeurs, dix premiers lamineurs, dix seconds lamineurs et trente-six crocheteurs.

La consommation de combustible atteint 600 kilogrammes, et celle de fer 1250 kilogrammes par tonne de fers finis.

On avait fabriqué, en 1864, 10000 tonnes de fers en divers échantillons.

PRUSSE.

h. Usine de Friedrich Wilhelm (1).

Cette usine, située sur le chemin de Cologne à Siegen, non loin de Siegburg, possède deux hauts fourneaux, au coke, qui traitent des minerais des environs, en mélange avec des minerais manganésifères du pays de Siegen et des hématites rouges de Nassau. Chacun de ces fourneaux produit par vingt-quatre heures 26 000 kilogrammes de fonte grise, ou 30 000 kilogrammes de fonte blanche rayonnée. En 1861, l'usine avait produit 7 690 tonnes de fonte.

La forge proprement dite comprend dix-huit fours à puddler et huit fours à réchauffer, servant à la fabrication de fers marchands, de tôles et de rails.

Les fours à puddler sont des fours bouillants à courant d'eau. On y fait, avec les fontes blanches manganésées, sept charges de 200 à 250 kilogrammes en douze heures; la production moyenne d'un four est d'environ 2 800 kilogrammes de fer brut par jour.

Les grosses tôles sont fabriquées au laminoir, à mouvement alternatif.

Les rails se font avec couverte en fer, à grain très-aciéreux, provenant des fontes lamelleuses, et le corps de la trousse, avec des fontes blanches rayonnées fibreuses. Le train à rails comprend une cage soudante, et le travail se fait en deux chaudes.

L'usine est reliée au chemin de fer de Cologne-Giessen, par un chemin de fer desservi par une locomotive.

AUTRICHE.

i. Usine de l'Anina.

La forge anglaise de l'Anina a été construite sous la direction de M. Faschamps, à peu près en vue de la fabrication spéciale des rails. Située au milieu de contrées où le développement des voies ferrées est chaque jour plus nécessaire; alimentée à pied d'œuvre par les charbonnages de Steyerdorf, dont les houilles à longue flamme sont utilisées au puddlage et au réchauffage, et par des fontes au coke de bonne qualité; outillée pour produire des rails excellents, avec économie, cette usine n'a pas moins dû être fermée par suite de la crise du pays et faute de commandes suffisantes.

(1) S. Jordan. État actuel de la métallurgie du fer dans le pays de Siegen. *Rev. univ. des mines*, 1864.

Plan de la forge de l'Anina. (Autriche.)

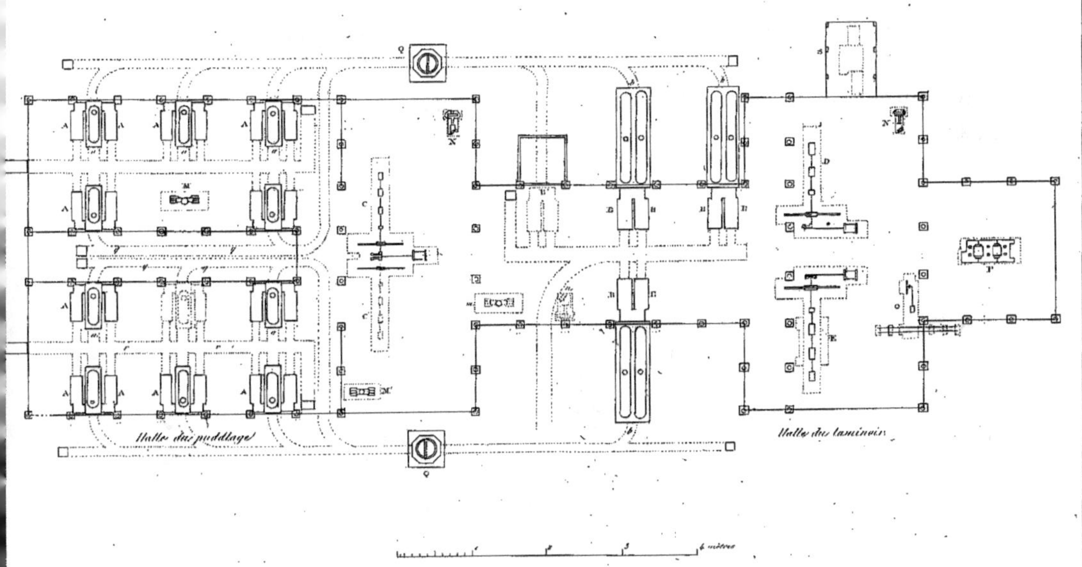

Etabl.t et imp.ie de J. Baudry, à Liège.

L'usine de l'Anina comprend vingt fours à puddler et sept fours à réchauffer ; deux marteaux-pilons, l'un de 3000 kilogrammes et l'autre de 2000 kilogrammes ; un train de puddlage à trois cages, activé par une machine horizontale à action directe, de la force de 60 chevaux, et faisant soixante-cinq tours par minute ; une cisaille Nasmyth de 4 chevaux ; un trio à rails commandé par une machine horizontale à action directe, de 100 chevaux, et faisant quatre-vingts tours par minute ; sur la même ligne que ce trio, un train à corroyé, actionné par une machine horizontale de 80 chevaux et marchant à une vitesse de soixante-quinze tours ; une machine à ajuster les rails, avec cinq outils de travail, mis en mouvement par une machine de 10 à 11 chevaux ; enfin, dans un hangar annexé au bâtiment principal, une grosse cisaille qui sert à couper les plaques de tête, les vieux rails, bandages, etc.

Le roulement de la fabrication des rails a déjà été indiqué, p. 516. Le travail des laminoirs correspond à trois fours à réchauffer et à une dizaine de fours à puddler. — Les différentes conduites de vapeur sont reliées entre elles. La capacité de production annuelle est de 15 000 tonnes.

Il nous reste à nous référer pour l'installation générale au plan de l'usine, pl. XLII.

Légende de la planche XLII.

A, A, A.	Fours à puddler.
a a a.	Chaudières des fours à puddler.
B, B, B.	Fours à réchauffer.
b b b.	Chaudières des fours à réchauffer.
B'	Fours à réchauffer projetés.
C	Train à loupes ; machine de 60 chevaux.
C'	Train à loupes projeté.
D	Train à corroyé ; machine de 80 chevaux.
E	Train à rails ; machine de 100 chevaux.
M	Marteau-pilon de 3000 kilogrammes.
M'	Marteau-pilon de 2000 kilogrammes.
m	Marteau-pilon projeté.
N, N	Cisailles Nasmyth.
n	Cisaille projetée.
O	Scie circulaire à rails, etc.
P	Machine à ajuster les rails, etc.
Q Q	Cheminées.
q q	Canal des flammes.
r r	Canal d'accès de l'air.
S	Grosse cisaille.

IX. — RÉSISTANCE ET ÉPREUVES.

La question des résistances importe autant au métallurgiste qui fabrique le fer et à l'ingénieur qui doit le mettre en œuvre, que celle des propriétés chimiques de ce métal; la connaissance des résistances permet de décider utilement de la nature, des dimensions et des procédés d'élaboration; elle détermine à la fois les résultats économiques des constructions et la sécurité des ouvrages. Le docteur Percy a reproduit, sous forme de tableaux, les données expérimentales de divers ingénieurs sur la résistance mécanique des fontes, des fers et des aciers. Nous nous proposons de compléter ces tableaux par le résumé, dû à notre ami M. Brüll (1), des nombreuses expériences de M. D. Kirkaldy relatées dans son ouvrage (2), et par une description des modes d'épreuve exigés dans les forges, pour constater les qualités de quelques fers spéciaux.

RÉSISTANCE.

Expériences Kirkaldy.

1° *Moyenne des résultats obtenus sur le fer.* — Pour les fers en barres, la résistance par millimètre carré de section primitive va de 46 kilogrammes (fer de Bowling et de Lowmoor) à 22 kilogrammes (fers puddlés du Lanarkshire) et même exceptionnellement à 15 kilogrammes (fer puddlé d'Ystalyfera); la striction varie de 68 pour 100 (fer de Suède) à 7, 6, 5, 4 pour 100 et même à 0 (Ystalyfera).

La charge de rupture, rapportée à l'aire de la section de rupture, est aussi comprise entre 103 kilogrammes et 15 kilogrammes. Les allongements sont de 30 pour 100 à 0 pour 100.

Pour les tôles tirées dans le sens du laminage, la charge de rupture va de 44 kilogrammes (Farnley, Lowmoor, Bowling) à 26 kilogrammes (tôle de Glasgow pour navires); la striction varie de 29.6 pour 100; la charge de rupture par millimètre carré de l'aire réduite est comprise entre 59 kilogrammes et 33 kilogrammes; les allongements proportionnels varient de 17 pour 100 à 3.3 pour 100.

Quant aux cornières, elles fournissent des résultats moyens à peu près semblables aux précédents.

(1) Compte rendu analytique de l'ouvrage de M. D. Kirkaldy. *Nouvelles Annales de construction*; mai 1863.

(2) *Results of an experimental inquiry into the comparative tensile strength and other properties of various Kinds of wrought iron and steel*, by David Kirkaldy. Glasgow, 1862.

2° *Importance de la striction de l'aire.* — Si l'on parcourt les tableaux qui indiquent les poids de rupture des barres et des tôles de fer, on trouve des fers au bois martelés reconnus pour leur bonne qualité, dont la charge de rupture est relativement très-basse, tandis que d'autres fers puddlés et laminés de la dernière catégorie, portant la marque « ordinaire » ont supporté, avant de rompre, des poids bien plus élevés.

Ainsi, pour citer, parmi un grand nombre d'autres, un seul exemple, le fer au bois martelé de Suède, marque RF, à cassure très-douce, fine et uniforme, n'a porté que 34 kilogrammes environ par millimètre carré, de section primitive, tandis que le fer puddlé laminé marqué * Govàn *, du Lanarkshire, à cassure à gros grains et irrégulière, a supporté, avant de rompre, jusqu'à 45 kilogrammes. Mais nous trouvons en regard de ces nombres que, dans le premier, la section s'est réduite avant rupture de 60.5 pour 100, tandis que cette réduction n'a atteint que 28 pour 100 dans le second, de sorte que le fer de Suède, au moment de sa rupture, supportait en réalité 85 kilogrammes par millimètre carré de sa plus petite section, tandis que le fer commun ne supportait que 62 kilogrammes.

Il y a lieu de conclure de là que, s'il est important de connaître la charge de rupture d'un fer donné, il faut se garder de classer les diverses qualités sur ce seul indice, et qu'il faut connaître aussi la proportion dans laquelle l'aire résistante se réduit avant la rupture. Une charge de rupture élevée peut provenir de ce que le fer est de qualité supérieure, dense, fin et d'une douceur convenable, comme elle peut provenir aussi de ce qu'il est très-dur et ne cède que difficilement. Une résistance faible peut tenir à une texture lâche, et aussi à une douceur extrême, alliée souvent à une qualité très-fine.

D'après M. Kirkaldy, la charge de rupture, rapportée à l'aire de rupture, serait le meilleur coefficient pour juger de la qualité des fers et des aciers. Ainsi, il classe en première ligne, parmi les fers laminés en barres, les fers à rivets marqués « Bradley L., » qui ont rompu à 40 kilogrammes par millimètre carré de section initiale, bien qu'il y ait vingt-six autres espèces de fers laminés qui ont donné des chiffres plus élevés, parce que la section s'étant contractée de 61 pour 100, ce fer se trouve présenter la plus forte valeur de la résistance par millimètre carré de section de rupture.

3° *Homogénéité des qualités.* — Un des tableaux de M. Kirkaldy, disposé spécialement en vue de montrer le plus ou moins d'homogénéité des résultats donnés par les quatre échantillons de la même espèce de fer, montre que la qualité présente de bien plus grands écarts dans les fers communs que dans les fers fins.

4° *Influence du diamètre.* — Le fer puddlé laminé, de la dernière catégorie, a donné des charges de rupture variant de 40 à 14 kilogrammes et des contractions variant de 4.3 pour 100 à 0. Dans les basses qualités, les fers de petit diamètre sont notablement plus résistants que les fers de gros diamètre. Dans les bonnes qualités de fer laminé, la différence entre les divers diamètres est moins marquée.

Quatre pièces coupées dans une même barre ont été réchauffées et laminées de 38 millimètres à 31.25, 19 et 12 millimètres. La charge de rupture a été de 39k.8, 40k.7, 41k.8 ; la contraction de l'aire n'a que fort peu varié.

5° *Influence du tournage.* — De deux échantillons, l'un brut, l'autre tourné, pris sur la même barre laminée, le second se contracte un peu plus et s'allonge aussi un peu plus que le premier; la résistance est sensiblement la même, tantôt en faveur de l'un, tantôt en faveur de l'autre.

6° *Influence du forgeage.* — Deux spécimens d'une même barre laminée, l'un brut et l'autre après réduction de diamètre, furent essayés à la forge à main. La résistance est un peu plus grande dans le second cas; la contraction et l'allongement sont un peu moindres.

7° *Influence du sens du laminage.* — Les tôles essayées ont donné dans le sens du laminage de 38k.9 à 32k.3; dans le sens perpendiculaire, de 35k.7 à 29k.3. La différence de résistance a varié dans les diverses espèces de 22 pour 100 à 2 pour 100; elle a été moyennement de 10 pour 100. La contraction de l'aire a été, pour les tôles tirées dans le sens du laminage, de 21 à 7 pour 100; pour les tôles essayées transversalement, de 13 à 4 pour 100.

8° *Différence de résistance des diverses parties d'une grosse pièce de forge.* — Dans deux arbres coudés pour bateau, de mêmes dimensions, forgés en fer de riblons, on a découpé des pièces près de la surface et au centre, dans le sens de la longueur de la pièce et dans le sens transversal. Les pièces prises au centre ont présenté 2.6 et 6.5 pour 100 de moins de résistance; les pièces transversales ont été moins solides que les pièces coupées dans le sens des fibres de 6.7 et 13.7 pour 100. La résistance moyenne de tous les spécimens détachés de ces arbres en fer de riblons n'a pas dépassé 30 kilogrammes pour l'un et 33 kilogrammes pour l'autre. Ce qui, d'après l'auteur, doit diminuer la confiance que l'on met d'ordinaire dans cette espèce de fer.

9° *Influence des corroyages répétés.* — (L'expérience suivante est due à M. Clay, des forges et aciéries de Mer-cy.) Sur un lot de barres puddlées ordinaires, quelques échantillons furent essayés directement. On fit un premier corroyage et on essaya deux barres laminées dans le paquet. On corroya de nouveau, et on réserva encore deux échantillons, et ainsi de suite, jusqu'à douze opérations. Voici les poids moyens de rupture obtenus :

N° 1.	Barre puddlée	31.1	par millimètre carré.
2.	à 1 corroyage	37.5	—
3.	2 —	42.1	—
4.	3 —	42.1	—
5.	4 —	40.5	—
6.	5 —	43.7	—
7.	6 —	42.1	—
8.	7 —	40.5	—
9.	8 —	40.5	—
10.	9 —	38.3	—
11.	10 —	36.8	—
12.	11 —	31.0	—

D'où il ressort, qu'à part une légère irrégularité à la cinquième expérience, la qualité s'est améliorée successivement par les cinq premiers corroyages, pour décroître ensuite par les opérations suivantes, en repassant à peu près par les mêmes valeurs.

Une expérience analogue sur l'acier puddlé montre que, sur neuf corroyages successifs, les deux ou trois premiers ont seuls augmenté la résistance; les suivants l'ont ramenée à son chiffre primitif et même un peu au-dessous; sous ce rapport les derniers n'ont produit aucun effet. Après ces corroyages, le métal avait conservé tous les signes caractéristiques de l'acier.

10° *Résultats moyens obtenus sur les aciers.* — L'acier donne lieu, d'après les résultats des expériences de traction, à peu près aux mêmes conclusions que le fer. Pour les barres, la résistance par millimètre carré, de section primitive, varie de 104 kilogrammes (acier fondu, à outils, de Turton) à 33 kilogrammes (acier puddlé de Blochairn). La striction avant rupture varie de 4.7 pour 100 à 36.6 pour 100; ce qui donne pour la résistance rapportée à l'aire de la section de rupture, des nombres compris entre 107 et 50 kilogrammes par millimètre carré; l'allongement varie de 5.2 pour 100 à 19.1 pour 100. Pour les tôles, la charge de rupture va de 77 à 44 kilogrammes par millimètre carré de section primitive; la striction de 3.8 pour 100 à 38.6 pour 100; la charge de rupture, par millimètre carré de la section de rupture, est comprise entre 81 et 52 kilogrammes. Enfin, l'allongement varie de 2.7 pour 100 à 19.8 pour 100.

11° *Aspect de la cassure. Fer.* — Les principales conclusions de l'auteur sur ce sujet sont toujours appuyées d'un grand nombre de preuves tirées des expériences elles-mêmes.

1° Chaque fois qu'une pièce de fer se casse subitement, elle présente invariablement une cassure *cristalline*. Quand la rupture a lieu graduellement, la cassure est invariablement *fibreuse*.

2° L'apparence fine ou grossière d'une cassure *cristalline*, l'apparence fine et compacte, ou grossière et lâche d'une cassure *fibreuse*, dépendent de la qualité du fer.

3° Les cassures *mixtes* proviennent de la rupture anticipée et sans allongement graduel des parties non ductiles, et de la rupture lente et après allongement progressif des portions ductiles. Les unes sont cristallisées, les autres nerveuses.

4° En faisant varier soit la forme, soit le traitement, soit la nature ou mode d'application de l'effort, on modifie profondément dans certaines natures de fer, l'apparence de la cassure. Dans d'autres espèces, les changements sont moins frappants.

Les expériences qui démontrent ce dernier point sont fort curieuses. On a pris une barre ronde, on l'a filetée aux deux extrémités, puis dans la partie inférieure on a pratiqué au tour une saignée étroite et profonde. On a essayé la barre en engageant dans les écrous de support le filet supérieur et le bas du filet inférieur. Après la rupture on a mis l'échantillon sur le tour, et on a réduit au diamètre de la première épreuve tout le corps du boulon. On a engagé dans les écrous le filet supérieur, et la portion supérieure restant du filet inférieur, et on a recommencé l'épreuve. L'expérience a été faite sur quinze espèces de fer différentes. Dans sept essais, la première cassure a présenté, pour la partie cristalline, une proportion notablement plus grande que dans la seconde. Quelquefois même la cassure a été toute cristalline à l'endroit de la saignée, et toute nerveuse dans le corps du boulon. Dans les huit autres expériences, ces effets ne se sont pas produits; la présence de la saignée n'ayant pas, à cause de la grande douceur du métal, amené la rupture brusque qui est la condition essentielle de l'apparence cristalline.

Le taraudage avec des filières arrondies et usées, exerce une action durcissante sur la surface du fer, et diminue sa tendance à la striction et à l'allongement. Aussi, des barres qui présentaient une cassure toute nerveuse ont-elles donné, après ce traitement, des cassures cristallines.

Des boulons cémentés ont aussi présenté une modification analogue dans l'aspect de la cassure.

Des tôles qui cassaient avec l'apparence nerveuse ont donné des cassures cristallines après un laminage énergique à froid.

Des fers qui, éprouvés à la façon ordinaire sous des charges progressives, donnaient une cassure fibreuse, ont présenté des cassures entièrement ou fortement cristallines, lorsqu'on les a rompus en appliquant en une seule fois une charge suffisante.

En résumé, M. Kirkaldy prouve, par un grand nombre de faits, que lorsqu'une pièce de machine se brise après un long service et présente une cassure cristalline, on ne peut absolument rien induire de ce fait, quant à l'altération qu'aurait pu subir la qualité de cette pièce sous l'action des influences diverses auxquelles elle a été soumise. On ne peut affirmer qu'une chose, c'est que la pièce s'est brisée brusquement, sans striction graduelle, sans allongement progressif. Mais cela n'établit pas non plus que l'usage n'a pas amené une perte de résistance ou de ductilité qui aurait facilité cette rupture soudaine.

12° *Apparence de la cassure. Acier.* — Les cassures d'acier sont rangées en cinq classes :

1. Cassure à grain.
2. — à grain et cristalline.
3. — cristalline et fibreuse.
4. — à grain et fibreuse.
5. — fibreuse.

Une cassure faite lentement est toujours à fibres soyeuses; une cassure obtenue brusquement est toujours à grain.

Des expériences analogues à celles que nous avons rapportées à l'occasion du fer ont fourni des résultats analogues.

Un barre d'acier à cassure fibreuse et soyeuse a été fortement chauffée et abandonnée à un refroidissement lent, la cassure s'est présentée comme la première. Le même acier, moyennement chauffé et trempé à l'huile, a donné 30 pour 100 de grain; fortement chauffé et trempé de même, 95 pour 100 de grain; fortement chauffé et trempé à l'eau, 100 pour 100 de grain.

13° *Etude des allongements.* — Bien que le peu de longueur des échantillons et le degré d'exactitude des mesures ne permettent pas d'étudier les allongements de la période élastique, et ne fournissent ainsi aucun document ni sur les valeurs du coefficient d'élasticité, ni sur les limites, ni sur le plus ou moins de perfection de l'élasticité, on trouve cependant, dans les cent soixante-dix épreuves d'allongement relatées par M. Kirkaldy, de très-curieux enseignements.

1° La marche de ces expériences étant nécessairement plus lente que celle des épreuves ordinaires, l'auteur s'est demandé d'abord, si le temps plus long pendant lequel les efforts étaient appliqués n'exerçait pas d'influence sur les résultats. Sur les quatre spécimens de chaque lot, le troisième a été essayé à l'allongement; or, on reconnaît, en parcourant les tableaux, que le troisième échantillon est aussi souvent le meilleur de la série, que le second ou le premier. Il y a donc lieu de croire que l'influence, si elle existe, est négligeable.

2° Les allongements sous les mêmes charges, des divers échantillons prélevés sur le même lot de fer ou d'acier, présentent des écarts considérables, bien plus considérables que les charges de rupture.

3° L'allongement se répartit à peu près également sur toute la longueur essayée pendant presque toute la durée de l'épreuve; ce n'est que lorsqu'on approche de la charge de rupture qu'il se déclare un point faible, quelquefois deux et exceptionnellement trois, où les allongements augmentent incomparablement plus vite que dans le corps de la barre. Cela explique pourquoi une barre courte s'allonge, avant rupture, proportionnellement plus qu'une barre longue.

Parmi les travaux antérieurs sur ce sujet, se trouve une expérience intéressante de M. Lloyd. La même barre a été soumise à quatre ruptures successives. La résistance a augmenté à chaque épreuve. Ainsi, sur dix espèces de fer, la moyenne de la charge de rupture a été :

A la première rupture.	38	par millimètre carré.
A la seconde.	41	—
A la troisième.	45	—
A la quatrième.	46	—

14° *Influence des divers genres de traitement, trempe, recuit, etc.* — Une barre d'acier recuit qui rompit sous une charge de 86 kilogrammes par millimètre carré, fut chauffée et trempée à l'eau froide ; elle ne porta que 60 kilogrammes (26 pour 100 de perte) ; trempée à l'huile, elle présenta, au contraire, l'énorme résistance de 152 kilogrammes (78 pour 100 de gain). Trois autres échantillons du même acier, recuits après la trempe à l'eau, jusqu'au jaune, jusqu'au bleu, et jusqu'à bois fumant, ont présenté 17, 14 et 8 pour 100 de perte de résistance.

Ces effets singuliers sont confirmés par de nombreuses expériences. La trempe à l'huile donne une augmentation de résistance qui a varié de 79 pour 100 à 12 pour 100, depuis les aciers durs trempés à haute température, jusqu'aux aciers doux trempés à une température moyenne. Cette trempe à l'huile adoucit le métal en même temps qu'elle le rend plus solide.

Des boulons en fer cémenté ont présenté moins de solidité qu'avant cette opération.

Le fer chauffé fortement et trempé dans l'eau devient plus résistant, mais perd de sa ductilité.

Le recuit diminue, au contraire, la charge de rupture, mais augmente l'allongement.

Le laminage à froid augmente la charge de rupture et diminue fortement l'allongement. Le fer devient plus dur, mais non pas plus solide.

15° *Influence des modifications de forme.* — Les expériences faites sur quinze espèces de fer différentes, pour modifier l'aspect de la cassure par un changement de la forme des spécimens, fournissent d'intéressants résultats quant aux charges de rupture et aux strictions.

La charge supportée avant rupture par millimètre carré de section initiale, a toujours été notablement plus forte, et la différence a été jusqu'à 30 pour 100 plus forte, quand la barre a été éprouvée à l'endroit de la saignée faite au tour, que lorsqu'elle a été essayée dans le corps de la tige. La striction a toujours été moindre.

Ainsi, la longueur n'est pas complétement indifférente en matière de résistance : si la longueur de la partie essayée est très-faible et que la barre soit plus grosse, au-dessus et au-dessous de cette partie, la résistance est fortement augmentée.

Des épreuves faites avec des spécimens qui ne présentent la section la plus faible qu'en un point de leur longueur, fournissent toujours des nombres beaucoup trop forts pour les charges de rupture, et des valeurs de la striction beaucoup trop faibles. Ce fait explique souvent un désaccord entre les résultats obtenus par différents expérimentateurs sur les mêmes matières.

16° *Résistance comparative des boulons taraudés et filetés.* — Dans les boulons taraudés, la charge de rupture est plus élevée, si l'on a employé des filières usées, que si l'on a employé des filières neuves coupant bien.

Les petits boulons sont un peu plus résistants que les grands.

Un boulon qui a été chargé presque à son point de rupture n'en est pas devenu moins résistant.

17° *Effets du froid et des charges appliquées brusquement.* — Les échantillons étant légèrement chargés, une charge sensiblement égale à celle qui devait amener la rupture était soudainement appliquée à l'aide d'une disposition spéciale. Tantôt la rupture avait lieu, tantôt la barre résistait. En répétant l'expérience assez de fois, on pouvait rapprocher suffisamment le plus grand poids supporté sans rupture, et le plus petit poids capable de rompre la barre.

Ce premier résultat constaté, c'est que la rupture a lieu lorsque la plus forte partie de ces charges est appliquée brusquement sous des charges bien moindres que quand la traction est progressive. La différence dépasse quelquefois 20 pour 100.

Les strictions sont moindres aussi dans une notable proportion.

Par de grands froids, on essaya à l'épreuve brusque et à la traction lente des barres qui avaient pris pendant la nuit la température extérieure et qui étaient couvertes de glace.

Le froid diminue très-peu (2.3 pour 100) la résistance à l'épreuve graduelle ; il diminue un peu plus (3.6 pour 100) la résistance à l'épreuve brusque.

18° *Poids spécifiques.* — La densité du fer laminé en barres varie de 7.7626 à 7.2898 ; celle des fers au martinet va de 7.8067 à 7.7206 ; celle des cornières de 7.7310 à 7.5297; la densité des tôles est comprise entre 7.7419 et 7.5381 ; le poids spécifique de l'acier en barres varie de 7.8303 à 7.6698 ; celui des tôles d'acier de 7.8280 à 7.6237.

L'auteur a remarqué que, dans une même espèce de produits, la densité décroissait avec la qualité, de sorte qu'elle peut, jusqu'à un certain point, servir d'indice.

L'étirage à la filière diminue la densité.

Après les épreuves de traction, la densité accuse aussi une légère diminution.

DES ÉPREUVES DANS LES USINES.

Indépendamment des vérifications minutieuses auxquelles donnent lieu les fontes et les fers fabriqués par les usines, sous le rapport du profil, des dimensions et du poids, les ingénieurs ou les intermédiaires chargés des commandes considérables leur font souvent subir, d'après les conditions du marché, diverses épreuves de résistance ou de *garantie*. Ces dernières épreuves sont de deux natures, suivant qu'on soumet le métal au choc ou qu'on lui applique une pression variable, indiquant la résistance à la rupture par extension ou à la flexion.

Choc. — L'épreuve du choc qui ne fournit aucune indication essentielle sur la ténacité des fers, sous la forme de rails ou de poutres, sert à juger, par exemple, la qualité des fontes destinées aux projectiles.

L'appareil adopté en France par l'artillerie, pour essayer les fontes au choc, est représenté figure 137.

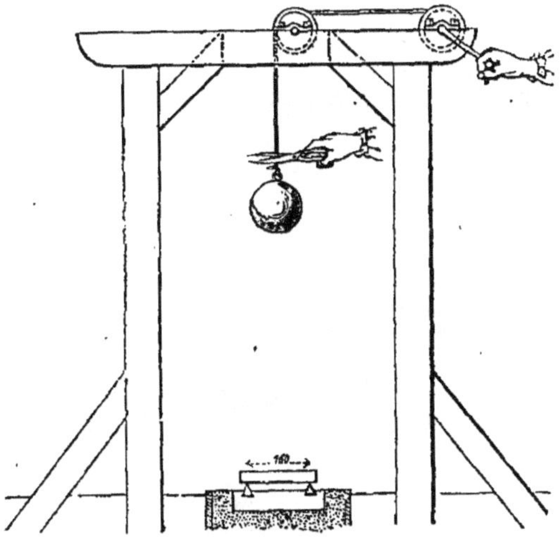

Fig. 137. — Appareil pour essayer les fontes au choc.

L'épreuve se fait avec des barreaux en fonte de $0^m.20$ de longueur et de $0^m.04$ de côté, posés sur des appuis espacés de $0^m.16$. Le choc s'opère

Machine à levier pour essayer les poutres par pression

Fig. 2. *Coupe par E F. Fig. 1.*

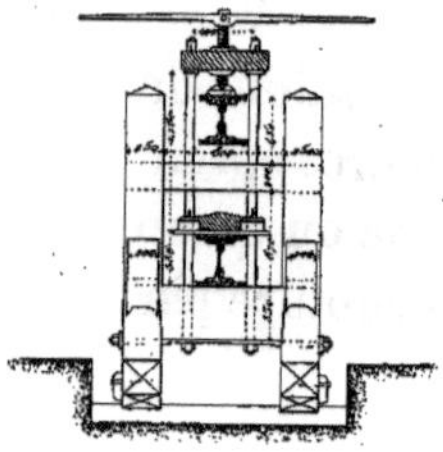

Fig. 4. *Coupe par C D. Fig. 1.*

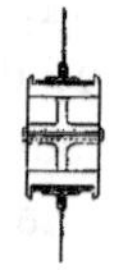

Fig. 3. *Coupe par A B. Fig. 1.*

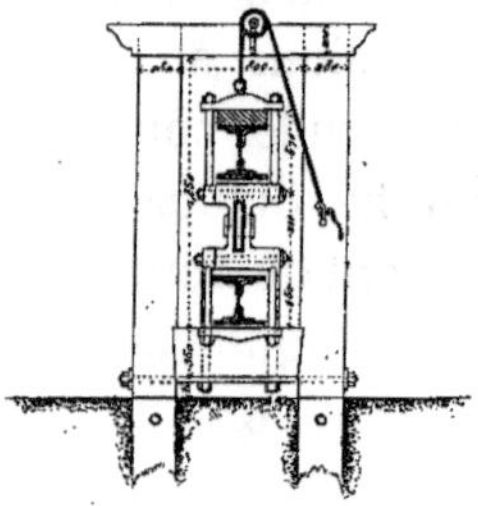

Fig. 1. *Élévation générale.*

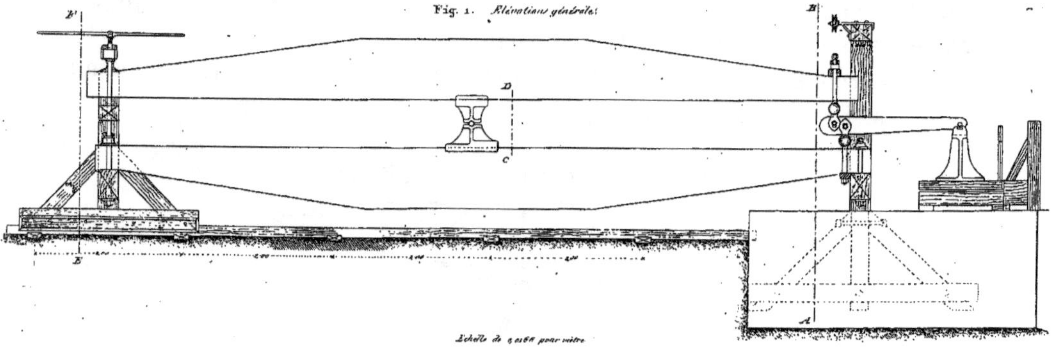

Échelle de 0,05 pour mètre

Établ.t et imp.ie de J. Baudry, à Liège

à l'aide d'un boulet de 12 kilogrammes, tombant d'une hauteur de $0^m.75$, pour le premier choc. Aux termes du cahier des charges de l'artillerie, chaque barreau du poids de $2^k.30$, soumis à ce premier choc, devra résister ou être rebuté. Les barreaux sont coulés joints à la pièce et verticalement, avec une masselotte de $0^m.10$ de longueur, en sable d'étuve.

L'enclume qui porte les points d'appui repose sur un sol en sable parfaitement damé; elle pèse 10 kilogrammes, et a $0^m.10$ de largeur. La couche de sable sous l'enclume doit avoir $0^m.40$ d'épaisseur.

Pour les rails, on fait tomber d'une certaine hauteur (2 à 5 mètres) un mouton de 200 à 300 kilogrammes. Les supports en fonte qui soutiennent les extrémités des rails essayés sont installés, par l'entremise d'une enclume en fonte ou d'un châssis en bois, sur un massif de maçonnerie établi sur un terrain solide.

La détérioration des rails est surtout due aux flexions répétées auxquelles ils sont soumis. L'essai fait au martinet ou au mouton dans le but de rechercher la qualité de la soudure dans le champignon, si l'on se reporte aux expériences Kirkaldy, est loin d'être concluant; le choc a peu de rapport avec la manière d'être du rail dans la voie, et du moment où le poids du rail est suffisant, la rupture due au choc offre peu d'intérêt.

Flexion. — L'épreuve de pression consiste à placer le fer sur deux appuis plus ou moins distants, suivant sa force de résistance, et à lui appliquer, en un point situé à distance égale des appuis, une pression à la suite de laquelle le fer ne doit pas conserver de flèche sensible. Cette épreuve se continue ensuite en poussant la charge de pression jusqu'à la rupture.

L'appareil employé consiste tantôt en une combinaison de leviers, tantôt en une presse hydraulique convenablement disposée.

La planche XLIII représente une machine à levier employée, pour les épreuves des poutres en tôle, par la Compagnie des chemins de fer lombardo-vénitiens.

Fig. 1. Elévation.

Fig. 2. Coupe par EF, fig. 1.

Fig. 3. Coupe par AB, fig. 1.

Fig. 4. Coupe par CD, fig. 1.

Cet appareil se manœuvre en serrant la vis V et en mesurant l'effort sur la bascule portative, située à l'autre extrémité des poutres; il faut tenir compte du rapport des leviers.

La presse hydraulique à romaine, employée par la Compagnie du chemin de fer de Paris à Lyon pour l'épreuve des rails, est représentée planche XLIV.

Cet appareil se compose (1) :

(1) *Traité pratique de l'entretien et de l'exploitation des chemins de fer*, par Ch. Goschler. Paris, 1865, p. 500, t. I.

1° D'un bâti en fonte B;

2° D'un cylindre en fonte C, avec son piston plongeur P, constituant la presse hydraulique : l'eau y arrive par *c*;

3° D'un système de bielles, couteaux et leviers L, L', L'', L''', constituant la romaine. Les leviers L sont équilibrés par les contre-poids *p'*, mobiles sur les leviers L'. Un poids *p* se déplace au moyen d'une vis V le long de L'', et permet de mesurer la pression exercée sur le rail;

4° Des couteaux A et A'A' entre lesquels le rail est placé. Le couteau A est fixé sur la tête du piston plongeur P ;

5° D'un appareil donnant la mesure des flexions du rail, et reposant par un support à trois branches *s* sur le milieu de l'entre-toise E qui réunit les couteaux A'A'.

Lorsque le contre-poids *p* est au zéro, le grand levier L'' de la romaine est en équilibre : il pèse 200 kilogrammes, et lorsqu'il est à l'extrémité opposée du levier, il peut faire équilibre à une pression de 10 000 kilogrammes. Quand le rail fléchit, la tige *t* de l'appareil mesureur, qui repose sur le rail par une vis *v*, monte et entraîne une lame *k* enroulée sur un tambour, qui se déroule d'une quantité égale à la flèche du rail. Cette quantité est indiquée par deux aiguilles sur un même cadran.

Nous donnons comme exemple des résistances à la flexion, imposées par les Compagnies françaises, les résultats d'une épreuve subie dans une usine par les rails à double champignon du Midi.

Les rails, soumis à la presse hydraulique, ont été placés sur un appareil dont les couteaux d'appui sont distants de 1 mètre; la distance exigée par le cahier des charges étant de $1^m.10$, les pressions ont été augmentées dans le rapport inverse des bras de levier, de manière que la pièce supportât des efforts équivalents à ceux qu'indique le cahier des charges.

Quoique présentant une bonne cassure, les rails 1 et 2, étant encore un peu nerveux et par conséquent moins élastiques, ont présenté des flèches permanentes après cinq minutes de pression. De plus, il est difficile d'arrêter brusquement le jeu des pompes de la presse hydraulique, ce qui amène assez souvent un écart au delà des limites fixées par le levier d'équilibre; en sorte que la flèche permanente, qui eût pu être nulle, conserve une certaine valeur.

Les rails 4 et 5 ont cassé sous la pression de 30 000 kil., les pompes ayant été conduites à grande vitesse.

Le rail 7 seul est trop à la limite, la rupture ayant eu lieu avec la pression donnée à petite vitesse, après quatre minutes et demie de pression.

Presse hydraulique.

Fig. 1. Vue de face.

Fig. 2. Vue d'arrière.

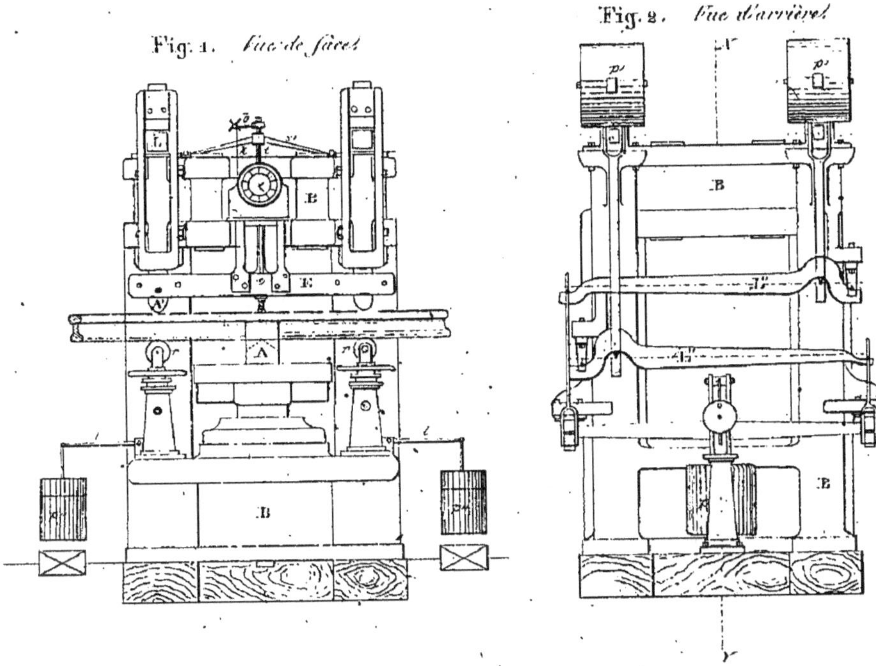

Fig. 3. Coupe sur X Y, fig. 2.

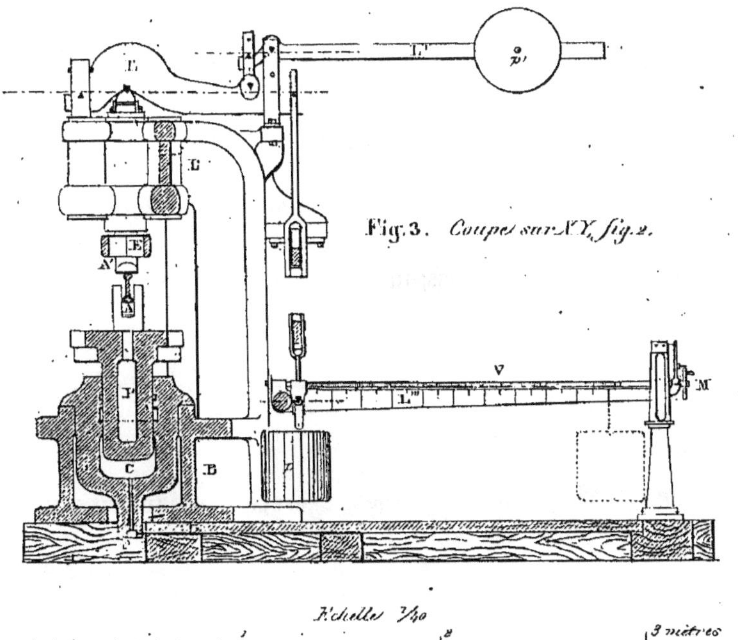

Echelle 1/40

Pressions supportées...	13.200 k.	33.000 k.	34.100	35.200	36.300	37.400	38.500	39.600	Observations.
Id. équivalentes.	12.000	30.000	31.000	32.000	33.000	34.000	35.000	36.000	
	millimèt.	millimèt.							
1. Flèche sous pression.	7.5	48.0	»	»	rupture.	»	»	»	Cassure à grain dans les couvertes ; fibreux dans le reste.
Id. permanente..	5.0	47.5	»	»	»	»	»	»	»
2. Flèche sous pression.	4.0	91.5	»	»	rupture.	»	»	»	Bonne cassure à grain dans les couvertes ; fibreux dans le reste.
Id. permanente..	2.5	86,5		»	»	»	»	»	»
3. Flèche sous pression.	2.4	»	»	»	»	»	»	»	Grain moyen ; nerf dans le corps.
Id. permanente..	0	rupture après 2'.	»	»	»	»	»	»	»
4. Flèche sous pression.	2.0	rupture après 1/2'.	»	»	»	»	»	»	Grain moyen uniforme.
Id. permanente..	0	»	»	»	»	»	»	»	»
5. Flèche sous pression.	2.3	42.2	»	»	»	»	»	rupture.	Grain moyen uniforme.
Id. permanente..	0	40.2	»	»	»	»	»	»	»
6. Flèche sous pression.	1.8	rupture après 4' 35''.	»	»	»	»	»	»	Grain moyen uniforme ; traces de nerf dans le champignon supérieur.
Id. permanente..	0	»	»	»	»	»	»	»	»
7. Flèche sous pression.	1.6	32,5	»	»	rupture après 5'	»	»	»	Grain moyen uniforme.
Id. permanente..	0	»	»	»	»	»	»	»	»

Dans la fabrication des rails Vignoles commandés, dans le pays de Galles, en 1859-60, par la Société des chemins de fer russes, la moyenne des résultats obtenus sous une pression de 12 tonnes a été :

	Flèche.	Flèche permanente.
Tredegar........	0m.0025	0m.00025
Rhymney........	0 .002	0 .00050
Dowlais........	0 .0015	0 .00012

Sous une pression de 30 tonnes, exercée pendant cinq minutes, on a constaté les moyennes suivantes :

	Nombre de rails essayés.	Flèche.	Flèche permanente.	Différence.
Tredegar....	28	0m.021	0m.016	0m.005
Rhymney....	18	0 .0345	»	»
Dowlais.....	3	0 .023	0 .014	0 .009

Pour des pressions de 50 et 57 tonnes :

	Pression.	Moyenne des flèches.	
Tredegar.	50 t.	0m,035	1 rupture sur 26 rails essayés.
Dowlais.	57	0 ,038	3 — sur 3 —

Dans le cours de la fabrication, les rails de Tredegar avaient généralement présenté une tête à grain avec un pied nerveux, à fibres quelquefois très-longues. Rhymney avait produit plus difficilement du fer à grain ; les fibres étaient plus courtes. Dowlais offrait à peu près les mêmes qualités que Tredegar.

X. — DE L'ACIER.

1. CONSTITUTION, TRAVAIL ET QUALITÉS DES ACIERS.

On a pu aisément se convaincre, d'après l'exposé des recherches des chimistes sur les combinaisons du fer avec l'azote, le carbone, le silicium, etc., de la difficulté de déterminer les éléments essentiels de l'acier et les causes qui lui impriment, dans l'industrie, ses propriétés les plus caractéristiques.

Théories de la cémentation. — Avant de nous appesantir sur cette dernière question, que semble avoir résolue un travail récent de M. le capitaine Caron, nous rappellerons que, pour expliquer la cémentation du fer, qui constitue la meilleure méthode de fabrication de l'acier de qualité supérieure, on a successivement cherché à démontrer :

1° Que l'oxyde de carbone est essentiellement le corps volatil aciérant (1) ;

2° Que l'azote est indispensable à la cémentation (2) ;

3° Que le corps aciérant est un cyanure alcalin, résultant de l'action de l'azote sur le charbon renfermant des alcalis ;

4° Que l'azote est non-seulement indispensable pour transporter le carbone dans la masse ferrugineuse, mais qu'il est aciérant ; de sorte que l'acier est un azoto-carbure de fer.

La troisième hypothèse se trouve à peu près confirmée par une série d'expériences remarquables de M. Caron (3) : ces expériences établissent que le charbon sans alcali et sans azote, ou sans l'un de ces deux corps, ne donne jamais de cémentation. « Ainsi, un morceau de fer, entouré de charbon privé d'alcali par le lessivage et la calcination, fut chauffé au rouge dans un courant d'azote ; il n'y eut pas de cémentation. Un morceau de fer,

(1) Le Play et Laurent. *Ann. de Chim. et de Phys.*, 2e série, 1837, t. LXV, p. 403.
(2) Saunderson. *Berg. u. Hütt. Zeitung*, n° 22 ; 1859.
(3) *Comptes rendus de l'Académie des sciences*, t. LI, p. 564 ; 1860.

entouré de charbon ordinaire non lessivé et non calciné, fut chauffé au rouge dans un courant de gaz hydrogène bien privé d'azote, il n'y eut pas de cémentation. D'un autre côté, du charbon privé d'alcali et qui n'avait pu produire de cémentation sous l'influence de l'azote, devint un cément très-actif, après qu'il eut été imbibé d'une dissolution alcaline. Du charbon de bois non lessivé et non calciné, mais qui n'avait pu cémenter du fer, en l'absence de l'azote, devint aussi un cément actif sous l'influence de ce gaz.

« Il est donc démontré que la cémentation industrielle nécessite la présence, non-seulement du charbon et de l'azote, mais encore celle d'un alcali. Or, le charbon, l'azote et un alcali mis en présence au rouge, forment toujours un cyanure quand l'alcali se trouve être de la potasse, de la soude, de la baryte ou de la strontiane; on pouvait donc penser que la cémentation se fait par les cyanures, corps volatils au rouge, et indécomposables à cette température par la chaleur seule. Comme confirmation de cette hypothèse, on reconnut que la chaux, qui, dans les mêmes circonstances, ne donne pas de cyanure, ne produit non plus aucune cémentation (1).

« D'ailleurs, dans les opérations industrielles, le charbon qui a servi à la cémentation n'est plus actif et doit être rejeté ou mélangé par économie avec une grande quantité de charbon neuf, parce que, sans l'alcali qui a été entraîné par les gaz dans la première opération, il n'y a plus de cyanure possible, et sans cyanure, il n'y a plus de cémentation. D'autre part, on ajoute souvent au charbon de bois des cendres, du sel, des matières animales, etc., parce que ces différents corps contiennent sans exception des alcalis qui activent la cémentation, grâce à la production d'une plus grande quantité de cyanure.

« Enfin, l'aciération avec les céments potassiques, sodiques, et surtout barytiques, est plus lente et exige une plus haute température qu'avec les céments ammoniacaux, parce que les cyanures ammoniacaux exigent pour se former, pour se volatiliser et pour cémenter, moins de temps et de chaleur que les cyanures des autres corps précités. »

La quatrième hypothèse, qui veut que l'azote fasse partie des éléments essentiels de l'acier, si elle s'était confirmée, aurait changé radicalement les opinions des chimistes sur la composition de ce corps. Déjà, elle avait été émise par Schaffhautl (2), puis abandonnée par lui. M. Fremy, en la reproduisant, devait l'appuyer de preuves analytiques pour démontrer que le fer, en passant à l'état d'acier, c'est-à-dire, en se carburant, prend en même temps de l'azote, et, par suite, que la différence constatée entre les propriétés du fer et celles de l'acier provient aussi bien de l'absorption de l'azote que de l'assimilation du charbon. Or, les travaux antérieurs

(1) H. Caron. *Recherches sur la composition chimique des aciers*. Bruxelles, 1865.
(2) *J. fur praktische chemie*, t. XLIX.

contredisent cette supposition. Mac-Intosh avait montré la possibilité de cémenter le fer avec l'hydrogène carboné, sans azote. M. Caron est arrivé au même résultat à l'aide du gaz des marais. Si Marchand avait démontré l'existence de l'azote dans certaines fontes et dans certains fers, MM. Bouis, Boussingault, et tout récemment MM. Graham Stuart et W. Baker ont prouvé qu'il se trouve accidentellement à l'état d'impureté, dans l'acier, comme dans beaucoup d'autres substances métalliques. M. Rammelsberg, notamment, a fait voir que les fontes lamelleuses les plus propres à produire l'acier ne contiennent pas d'azote ou en contiennent beaucoup moins que toutes les autres fontes. (T. II, p. 87.) Malgré ces faits bien constatés, M. Caron a fait encore, sur l'intervention de l'azote dans l'aciération du fer, des expériences directes dont les résultats ne peuvent laisser aucun doute (1).

« Une barre de fer de Russie a été coupée en trois morceaux : le premier a été conservé tel quel ; le second a été chauffé dans un cément potassique ; le troisième dans un cément ammoniacal.

« De ces trois morceaux, préalablement nettoyés et limés à la surface, on a pris quelques copeaux enlevés à la machine à raboter. Voici ce qu'ils contenaient en azote :

		Azote.
Nos 1.	Fer russe sans préparation	0.00011
2.	— avec cément potassique	0.00010
3.	— avec cément ammoniacal	0.00030

« Les numéros 2 et 3 ont été fondus et coulés. Après les avoir forgés et nettoyés à la surface, on a pris quelques copeaux qui ont été analysés :

		Azote.
Nos 2.	Fondu	0.00010
3.	—	0.00011

« On voit par ces nombres que le fer cémenté à la potasse ne contient pas plus d'azote que le même fer non cémenté ; mais que le fer cémenté à l'ammoniaque a absorbé une certaine quantité d'azote (comme le ferait, du reste, le fer chauffé dans l'ammoniaque). On remarque, en outre, que les deux aciers (à la potasse et à l'ammoniaque) contiennent, après la fusion, la même quantité d'azote, à très-peu près, et que cette quantité est égale à celle que contenait le fer d'où ils provenaient. »

L'auteur attribue la présence de l'azote dans les fontes, les fers et les aciers, à l'existence du titane, que l'on rencontre dans beaucoup de minerais, et qui, lors de leur réduction, passe à l'état d'azoture et se dissout dans ces métaux.

(1) *Recherches sur la composition chimique des aciers* ; Bruxelles, 1865.

Constitution de l'acier. — Si nous examinons avec l'auteur du mémoire auquel nous avons emprunté les données précédentes, l'influence des corps que l'on rencontre le plus souvent dans l'acier du commerce, nous constatons que le carbone, le silicium et le bore n'exercent pas la même action. Les carbures de fer se durcissent par la trempe et s'adoucissent sensiblement par le recuit; le siliciure et le borure de fer sont dépourvus de cette propriété; de plus, le silicium et le bore déplacent au rouge le carbone de sa combinaison avec le fer, et après le refroidissement de la masse, on trouve presque tout le carbone à l'état de graphite. Le soufre et le phosphore, certains métaux, tels que l'étain, le zinc, l'aluminium, qui s'unissent au fer et non pas au carbone, agissent sur le carbure de fer, comme le font le silicium et le bore. Ces faits, dont plusieurs sont acquis depuis longtemps à la science, sont d'une importance majeure pour l'étude de l'acier.

Quant au manganèse et au tungstène qui peuvent s'unir au fer en même temps qu'au carbone, ces corps, qui par eux-mêmes ne possèdent aucune propriété aciérante, n'excluent point ce métalloïde des fontes, des fers et des aciers. Le manganèse jouit, en outre, de la propriété, quand il est introduit en quantité convenable dans les fontes grises, de les transformer en fonte blanche, car il détermine le carbone qui est à l'état de liberté à entrer en véritable combinaison avec les deux métaux à la fois. Cette combinaison ne peut plus être défaite par le refroidissement, contrairement à ce que l'on observe pour les fontes les plus pures, qui laissent déposer, par un refroidissement convenable, la plus grande partie de carbone à l'état de graphite. Le rôle du manganèse ne se borne pas à cette action : dans une atmosphère oxydante, il élimine, en les entraînant avec lui, le silicium et le soufre, « qui souillent trop souvent l'acier. » (T. II, p. 230.) Ainsi s'explique l'emploi industriel, dans la fabrication de l'acier, des prétendues *fontes aciérantes*, qui ne sont que des fontes manganésifères.

Travail de l'acier. — Les agents qu'on emploie pour travailler l'acier : la chaleur, le martelage, la trempe, le recuit, impriment chacun, d'après M. Caron, des propriétés particulières au métal et modifient en même temps sa nature physique et chimique.

Ainsi, l'acier trempé *intact* se dissout à froid, comme on le sait, dans l'acide chlorhydrique concentré, sans résidu charbonneux ; le même acier, après le recuit, laisse un résidu charbonneux soluble à *chaud*, seulement dans l'acide chlorhydrique concentré ; l'acier trempé, maintenu longtemps au rouge et lentement refroidi, laisse un résidu charbonneux, *insoluble*, même à chaud, dans l'acide chlorhydrique concentré. L'influence de la chaleur seule est donc manifeste sur l'état dans lequel le carbone existe dans l'acier. Ce métalloïde, combiné qu'il est au fer dans l'acier trempé et dans l'acier trempé et recuit, se sépare indubitablement du fer, lorsque l'acier a été maintenu longtemps au rouge, pour ne plus s'y unir sous l'influence de la trempe.

Le martelage produit une action inverse de celle de la chaleur ; il refait, en partie du moins, ce que la chaleur a détruit; il ramène le carbone à l'état de combinaison, ou du moins à un état tel que, sous l'influence de la trempe, le métalloïde se combine avec le fer. Des trempes successives agissent comme un martelage prolongé, bien entendu, lorsque la nature de l'acier employé est capable de le supporter.

De tous ces faits, on peut conclure, avec M. Caron, que, parmi les agents employés dans le travail de l'acier, les uns, la chaleur trop élevée ou trop longtemps prolongée, tendent à produire la séparation du fer et du carbone; les autres, le martelage et la trempe, peuvent, jusqu'à un certain point, reformer la combinaison détruite, ou tout au moins ramener le carbone à un état tel qu'il puisse se combiner avec le fer sous l'influence d'une trempe bien faite.

Qualité des aciers. — La dernière partie du travail de M. Caron ne saurait être analysée. Nous la reproduisons textuellement, parce qu'elle résume l'état actuel de nos connaissances sur la nature des bons et des mauvais aciers. C'est à l'industrie, comme le fait justement remarquer M. Stas (1), à se conformer aux déductions de la science, dans la fabrication et dans le travail de ce métal.

« Le silicium, le phosphore, etc., ont la propriété de chasser une partie du carbone lorsqu'on les introduit dans les carbures de fer, et le peu qu'ils y laissent a beaucoup de tendance à se séparer à l'état graphiteux. On reconnaît très-facilement cette propriété en essayant de cémenter des fers fortement siliceux, sulfureux ou phosphoreux; quelque soin, quelque temps qu'on y mette, la cémentation pénètre peu; le charbon, à mesure qu'il se présente, semble être repoussé par ces métalloïdes; on le voit à la contexture du métal, lorsqu'on casse les barres après la cémentation, et l'analyse le constate également.

« Puisque ces corps étrangers ont sur le carbone une action répulsive qui tend à l'empêcher de se combiner au fer, il semble naturel qu'un acier souillé par l'un d'eux devienne mauvais après plusieurs chaudes. Pour bien le faire comprendre, nous allons choisir un exemple qui expliquera ce qui se passe le plus ordinairement avec les aciers de mauvaise qualité.

« Supposons un acier siliceux qui ait été fondu au creuset avec les précautions ordinaires à la température de fusion de cet acier, le carbone est dissous par le fer en même temps que le silicium. On coule l'acier dans une lingotière en fonte, où le métal se refroidit assez vite pour que l'élimination du carbone par le silicium n'ait pas eu le temps de se produire ; le lin-

(1) Rapport de M. Stas, présenté à l'Académie royale de Belgique, sur le mémoire de M. Caron.

got est porté au rouge et rapidement martelé au moyen d'un martinet très-lourd, dont les chocs répétés empêchent aussi la séparation du carbone et du fer; on laisse ensuite refroidir, après un léger recuit à peu près inoffensif. C'est dans cet état que sont généralement livrés au commerce les aciers de cette espèce; lorsqu'on les essaye, on ne peut apercevoir encore les défauts qu'ils auront plus tard; leur carbone n'étant pas séparé de la combinaison, ils peuvent supporter la trempe et le recuit sans trop d'inconvénients; mais, vient-on à chauffer plusieurs fois cet acier, la chaleur finit par séparer le carbone, qui ne peut plus se recombiner à cause de la présence du silicium; et cet acier qui, dans les premiers moments, durcissait par la trempe comme un acier de bonne qualité, ne subit plus l'influence de cette opération. Il est devenu un véritable mélange de carbone et de silicium de fer, qu'un martelage même énergique est souvent incapable d'améliorer.

« Nous avons pris pour exemple un acier contenant du silicium, parce que c'est le cas le plus fréquent qui se présente, et que d'ailleurs le soufre et le phosphore ne se trouvent que bien rarement dans les aciers, en quantité assez notable pour exercer une action sensible sur le carbone combiné. En dehors de la propriété, commune avec le silicium, de provoquer l'expulsion du carbone, ces métalloïdes ont, en outre, des effets qui leur sont propres : ils rendent les aciers cassants soit à froid, soit à chaud, et sous ce rapport deviennent tellement nuisibles, que les métallurgistes pensent d'abord et avant tout à s'en débarrasser.

« En regard de cet exemple, examinons maintenant un acier de bonne qualité, ou plutôt commençons par dire ce que nous entendons par acier de bonne qualité.

« Pour qu'un acier soit bon, il ne suffit pas qu'il supporte la trempe, même plusieurs fois répétée, sans devenir mauvais : il faut encore que le métal puisse servir indistinctement à la fabrication de tous les objets pour lesquels on emploie généralement l'acier. Un rasoir peut être très-bien poli, couper admirablement, et cependant n'être pas en bon acier. La meilleure preuve que nous puissions en donner, c'est que l'on trouve dans le commerce de bons rasoirs qui sont en fonte de fer.

« Un bon acier, tel que nous le comprenons, doit pouvoir servir à faire un rasoir aussi bien qu'une enclume, un marteau comme un burin, un arbre de couche ou une aiguille, un sabre ou un ressort de montre. Un métal médiocre pourra bien être très-suffisant pour faire une enclume, sans cependant donner de bons ressorts; mais ce que nous appelons acier de qualité supérieure devra pouvoir servir indistinctement à n'importe quelle fabrication, à n'importe quel usage.

« Ceci bien entendu, si nous recherchons la composition des aciers les plus estimés du commerce, nous trouvons sans exception qu'ils sont les plus purs; ils ne contiennent jamais que des traces de silicium, de soufre et de phosphore, et presque toujours de petites quantités de manganèse, provenant des minerais dont ils sont originaires. (Ce manganèse n'est pas dosable quantitativement, mais on constate facilement sa présence en attaquant l'acier par de l'azotate de potasse.)

« Ces aciers ne contiennent, pour ainsi dire, aucuns corps étrangers ; il est facile de comprendre, d'après ce que nous avons vu plus haut, pourquoi la chaleur a sur eux une action bien moins sensible que sur les aciers plus impurs, et détruit plus difficilement la combinaison qui doit exister entre le fer et le carbone. De plus, le manganèse, qu'on y trouve presque toujours, empêche par sa présence que cette séparation se produise, et contrebalance ainsi en partie les effets destructeurs de la chaleur. C'est pour cette raison que, dans toutes les aciéries, on ajoute à la charge des creusets une certaine quantité d'oxyde de manganèse mélangé de charbon. On a remarqué qu'en agissant ainsi, on améliorait toujours l'acier; malheureusement l'oxyde de manganèse est difficilement réductible, surtout dans une atmosphère un peu oxydante comme celle des fourneaux, de sorte que la quantité de métal réduit est très-faible, et la plupart du temps insuffisante pour entraîner les impuretés de l'acier et le rendre par cela même moins sensible à l'action de la chaleur.

« Si, d'un autre côté, on cherche dans l'industrie les matières premières qui, jusqu'ici, ont donné les meilleurs aciers, on trouve que ce sont les fers de Suède pour les aciers de cémentation, ou les fontes d'Allemagne pour les aciers d'affinage. Les fers de Suède proviennent de minerais d'une pureté exceptionnelle, qui donnent un métal contenant seulement des traces insignifiantes de silicium et de soufre. (Le phosphore qu'on y trouve en quantités très-petites, comme dans tous les bons aciers, provient du combustible végétal.) Les fontes d'Allemagne contiennent plusieurs millièmes de silicium; mais, comme elles renferment en même temps des quantités considérables de manganèse, ce métal disparaît pendant l'affinage en entraînant avec lui la presque totalité du silicium de ces fontes.

« En un mot, si l'on a affaire à un minerai très-pur, on obtient de bons fers, très-purs eux-mêmes, et par suite très-propres à la cémentation ; si le minerai, comme ceux du pays de Siegen par exemple, contient de la silice, du soufre et du manganèse, le résultat définitif est encore un métal très-pur, parce que le manganèse s'y trouve en assez grande quantité pour débarrasser l'acier des impuretés du minerai. Si, au contraire, on cherche à obtenir des fontes à acier, ou des aciers, avec des minerais siliceux ou sulfureux qui ne contiennent pas de manganèse en quantité suffisante, on arrive infailliblement à obtenir un métal où le silicium et le soufre donnent, suivant les proportions dans lesquelles ils se trouvent, toutes ces variétés de mauvais aciers que l'on rencontre dans le commerce.

Pour M. Caron, comme pour Berzelius, Karsten, Berthier et tant d'autres éminents métallurgistes, l'acier n'est pas, en effet, un composé de fer et

Four de cémentation Dobbs.

Fig. 3. Coupe longitudinale.

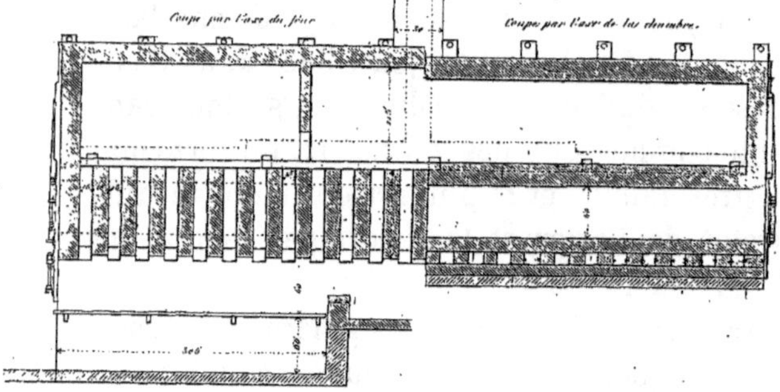

Fig. 2. Coupe transversale.

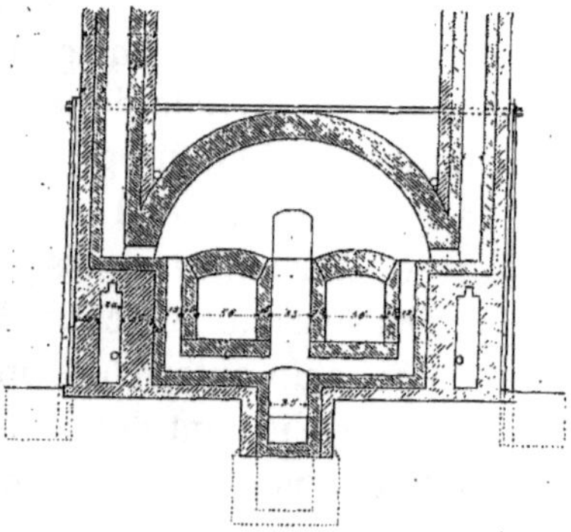

Fig. 4. Plan.

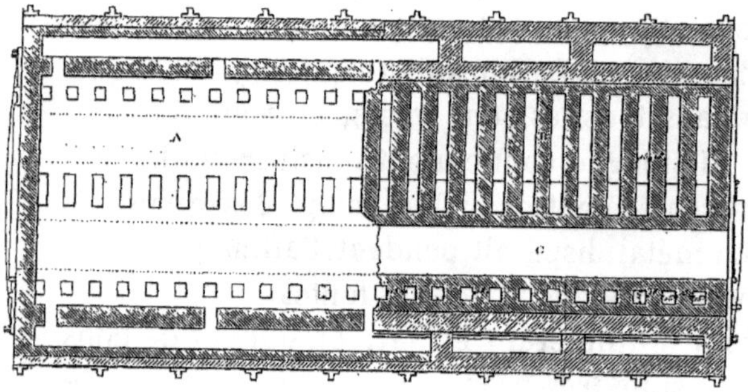

Fig. 1. Élévation.

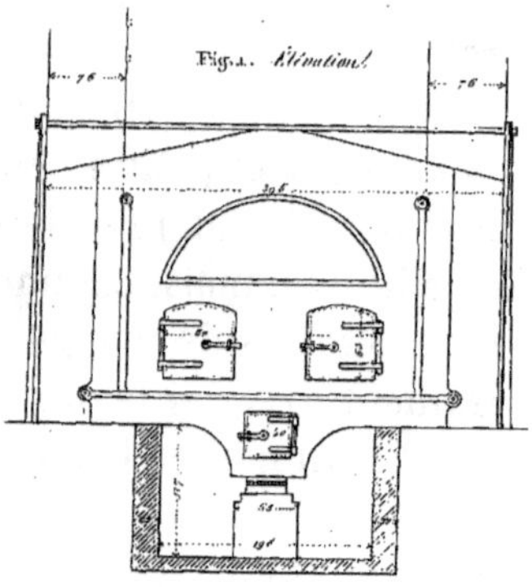

mètres

Établ. de impr. lit. de J. Baudry, à Liège.

d'un métal ou d'un métalloïde quelconque, mais bien « une combinaison de fer et de carbone durcissant par la trempe, et auquel un recuit convenable donne de l'élasticité et de la souplesse, sans en diminuer très-sensiblement la dureté. » En résumé, ce métal doit ses qualités ou ses défauts à deux causes différentes, liées entre elles :

« 1° A l'état du carbone dans le métal ;

« 2° A la nature du ou des corps étrangers qui le souillent.

« Toutes les fois qu'un acier est bon, son carbone peut, sous l'influence de la trempe, se combiner avec le fer, et donner un métal dur et cassant que le recuit rend souple et élastique.

« Lorsqu'un acier devient mauvais après quelques chaudes, c'est que son carbone a été brûlé ou s'est séparé du fer : la trempe alors ne peut régénérer la combinaison du fer et du carbone. Cette séparation est due à la présence des corps étrangers, et notamment du silicium, qui empêche la combinaison des deux corps. Ils donnent, en outre, au métal des propriétés ou des défauts différents, suivant la nature et la quantité d'impuretés qui s'y trouvent. »

2. CÉMENTATION DES RAILS.

Le procédé de cémentation décrit par le docteur Percy (p. 172) a été l'objet de divers perfectionnements applicables à la fabrication des rails, des croisements de voie, des bandages, etc.

Procédé Dodds. — Le brevet Dodds, qui a pour but de cémenter toute pièce de fer en totalité ou en partie, à l'aide de fours spéciaux et de céments particuliers (1), a été installé dans plusieurs usines importantes d'Angleterre, et notamment dans les ateliers Holmes, de Rotherham (Yorkshire), et de R. Stephenson, à Newcastle ; dans les forges d'Ebbw Vale et de Walker, et dans les ateliers des grandes compagnies de chemins de fer anglais. Il a été également expérimenté aux forges du Phœnix (Prusse), et d'Alais, en France. A ce titre seulement, quelque contradictoires qu'aient été les avis des ingénieurs sur la valeur de ce perfectionnement, nous avons cru utile d'exposer ici les détails de cette fabrication spéciale. La faible économie qui résulterait de la plus grande durée des rails cémentés par le procédé Dodds, en tenant compte des frais de cémentation, disparaît d'ailleurs devant la possibilité d'établir prochainement la voie en rails Bessemer.

Le four Dodds (pl. XLV) se compose de deux chambres construites en briques réfractaires, de forme particulière et d'une seule pièce, dont les joints sont faits avec le plus grand soin, pour empêcher, autant que possible, la pénétration de l'air extérieur. La longueur extérieure de ce four est de 8 mètres.

(1) Le brevet Dodds a été pris en France sous le numéro 17179, le 6 octobre 1853.

La figure 2 représente la coupe transversale par le foyer situé en avant du massif de briques réfractaires, ou double autel, qui sépare les deux chambres de cémentation. Chaque grille a une porte extérieure, par laquelle on charge le combustible et on opère le décrassage. Des carnaux de 0m.15 de largeur, séparés par des épaisseurs de briques réfractaires de 0m.18, sont disposés sur les côtés extérieurs des chambres, dans toute la longueur du four. C'est par ces carnaux que la flamme pénètre autour des chambres, fermées à chaque extrémité par une porte en fer, à charnière et à loquet. La voûte supérieure dans laquelle aboutissent les carnaux, est munie de regards à chaque extrémité. De cette voûte, les flammes se rendent par plusieurs issues dans les galeries qui s'étendent sur toute la longueur du four et débouchent immédiatement à la base de deux cheminées latérales construites en briques réfractaires. La voûte supérieure est recouverte de sable, pour la préserver du contact de l'air froid.

Les rails sont chargés dans les chambres de cémentation, de manière à ménager des distances égales entre eux. Ceux à double champignon sont enfournés sur le côté, et ceux à patin de la manière suivante : la première est disposée sur le patin, et la seconde en renversant la tête.

Dans les deux cas, la première rangée repose sur des supports en fonte rivés sur des barres de fer, et enduits de terre réfractaire aux endroits en contact avec les rails, pour éviter l'adhérence. Les pièces en fonte qui supportent les rails des autres rangées, et les maintiennent à des distances égales pour assurer l'uniformité dans l'épaisseur à cémenter, sont également enduites de terre réfractaire. Ces pièces sont manœuvrées à volonté à l'aide de barres qui s'engagent dans les trous dont elles sont percées. On en met généralement trois, entre deux rails superposés.

La matière de cémentation se compose de la manière suivante :

Charbon de bois.	87 parties.
Calcaire.	8 »
Carbonate de soude.	5 »
	100 parties.

Le charbon de bois est concassé de manière à ce que le poussier puisse traverser un tamis dont les trous ont 0m.02 de diamètre ; le carbonate de chaux est également pulvérisé et tamisé ; enfin le carbonate ou les charrées de soude sont en poudre fine. Le tout est bien mélangé et chargé dans les parties des chambres qui avoisinent les pièces à cémenter. L'intervalle entre chaque mur et la pile est rempli avec du cément des opérations précédentes, mélangé avec une petite quantité de cément neuf. On a le soin d'isoler, avec du sable, les parties qu'on n'a pas l'intention de cémenter.

L'enfournement des rails s'opère à chaque extrémité, à l'aide de chevalets à quatre pieds, avec une crémaillère qui fait mouvoir un rouleau aux différentes hauteurs correspondant à celles des rangées successives. Des racloirs à longue tige servent à égaliser la matière à cémenter pendant la charge.

Une fois la pile de rails terminée, on élève à chaque extrémité un mur en briques réfractaires, dans lequel on ménage plusieurs joints pour y insérer, à différentes hauteurs, deux ou trois barreaux d'essai qui permettent de juger de la marche de l'opération. Les chambres étant hermétiquement fermées, le feu est mis en même temps aux deux grilles du foyer. La température est élevée progressivement, puis maintenue le plus régulièrement possible à la limite extrême du rouge cerise. A cet effet, la grille, quoique assez serrée, est formée de barreaux mobiles pour empêcher les cheminées d'air et l'encrassage ; au commencement d'une opération, chaque barreau est retiré et nettoyé.

A l'usine de Rotherham (Yorkshire), les fours Dodds sont en ligne, par groupe de trois, et desservis par un chemin de fer. Entre deux fours consécutifs, on dispose sur un banc les rails froids nécessaires au chargement simultané de deux fours. Les rails chauds sont retirés et placés sous une certaine inclinaison, sur des bancs respectifs, à l'autre extrémité des fours. On ne les dresse, après les avoir recouverts de sable bien sec, afin de les recuire et de les faire lentement refroidir, que lorsqu'ils sont à peu près froids. S'ils étaient complétement froids, ils casseraient. Par l'humidité, le même fait se produirait; aussi, les bancs sont-ils abrités par des hangars.

Chaque chambre permet de cémenter en une seule opération vingt-et-un rails à double champignon, disposés en trois rangées de sept, soit quarante-deux rails par four. Avec quatre fours doubles, cémentant sur $0^{m}.003$ d'épaisseur, le travail de chargement et de déchargement est continu; c'est-à-dire que la durée de l'opération étant de trois jours, le quatrième jour est employé au déchargement et au chargement. La main-d'œuvre comprend : quatre chauffeurs dont deux de jour et deux de nuit, sept hommes au chargement et au déchargement, trois dresseurs. On consomme environ 5 tonnes de charbon pour cémenter 13 tonnes de rails.

3. ACIER FONDU.

Soufflures de l'acier. — Dans la fusion, la question importante des soufflures qui se produisent, après la coulée de l'acier, n'a pas échappé aux savantes investigations de M. Caron. « Les aciers fondus en général, et particulièrement ceux qu'on appelle dans le commerce les *aciers doux*, parce que la trempe en modifie peu la dureté, sont sujets à être bulleux. » Pour éviter ces bulles, on a l'habitude, aussitôt la coulée faite, de charger le lingot avec un obturateur en fonte qui entre exactement dans la lingotière et a pour effet, en refroidissant la surface liquide, d'empêcher que les gaz ne s'échappent et ne produisent ces nombreuses cavités qui déprécient l'acier. — M. Caron (1) a constaté que ces soufflures sont de deux sortes : « Les unes, à parois métalliques et couleur de fer, semblent avoir été produites par un gaz incapable d'oxyder le métal : elles sont plus nombreuses ; les autres, présentant à l'œil les couleurs variées du fer ou de l'acier chauffé en présence d'un gaz oxydant, ne se rencontrent guère qu'à la surface des lingots. » Les expériences de cet observateur, en démontrant que les soufflures ne proviennent pas de l'hydrogène et de l'oxyde de carbone absorbés par l'acier en fusion, font voir que les bulles sont produites par deux causes qui concourent également à la formation d'oxyde de carbone ; d'une part, l'oxyde de fer engendré par l'atmosphère oxydante du foyer, et d'autre part, la décomposition par le charbon de l'acier, du silicate de fer qui se forme au contact des creusets. Pour se rapprocher des conditions industrielles, M. Caron a fait l'essai suivant :

« Deux morceaux d'acier provenant de la même barre ont été placés, l'un dans un creuset de terre réfractaire, l'autre dans un creuset de chaux vive ; ces deux creusets, munis de leur couvercle, ont été enfermés chacun dans un autre creuset en terre, en ayant soin de les isoler du creuset-enveloppe, au moyen d'une substance infusible. Ils ont été ensuite chauffés dans le même fourneau à vent, dans les mêmes conditions.

« Après quatre heures de chauffe, les creusets refroidis ont été cassés ; l'acier était parfaitement fondu dans les deux cas ; le creuset en terre réfractaire contenait un culot criblé de bulles à parois cristallisées ; le creuset en chaux, au contraire, a donné un culot complétement exempt de soufflures et moulé exactement sur la forme du vase...

« En employant la magnésie au lieu de la chaux, on observe absolument les mêmes effets... »

L'explication que M. Caron donne du rochage de l'acier, c'est-à-dire, de l'expulsion des gaz au moment de sa solidification, se base sur l'hypothèse que la dissolution de l'oxyde de fer (bien qu'en contact avec le carbone de l'acier) par le métal en fusion, peut avoir la propriété de ne produire de l'oxyde de carbone qu'à une température déterminée. Dans ce cas, les carbures, qui peuvent dissoudre l'oxyde de fer, doivent avoir d'autant plus de bulles, que leur point de fusion est plus rapproché de la température à laquelle la réaction se produit entre l'oxyde et le charbon, car les gaz auront eu d'autant moins de temps pour s'échapper avant la solidification du métal. Le fer, au contraire, qui dissout l'oxyde de fer, mais qui ne contient pas de charbon, ne donne pas lieu à la production d'oxyde de carbone et, par suite, à des soufflures.

Cette hypothèse étant subordonnée à d'autres expériences que M. Caron

(1) *Comptes rendus de l'Académie des sciences*, 5 février 1866.

poursuit sur la fusion de l'acier, du cuivre, de l'argent, de l'étain, etc., n'est rappelée ici qu'accidentellement. Le fait important qui ressort du travail du savant chimiste, c'est la possibilité de couler sans soufflures, dans les creusets en matières réfractaires calcaires.

Aciéries Krupp.

Ces aciéries sont situés à Essen, à proximité et au croisement des trois principales lignes de chemin de fer de l'Allemagne occidentale, sur la route directe de Berlin à Cologne, qui n'en est éloignée que d'une heure trois quarts. Elles couvrent 160 hectares de terrain, consomment 750 tonnes de charbon par jour, emploient cent vingt chaudières et trente-neuf marteaux à vapeur, et huit mille ouvriers dont les salaires représentent environ 10 millions de francs par an. La production de 1865 atteignait le chiffre de 50 000 tonnes d'acier fondu, dont un tiers fut converti en canons et le reste en acier marchand, en arbres de machines, essieux, bandages, plaques de chaudière et de navire, ancres, hélices, cylindres, etc.

Les minerais mis en œuvre proviennent en partie de mines appartenant à M. Krupp, près de Coblentz et de Nassau, et en partie d'autres mines. Le premier est un minerai spathique, fournissant le spiegeleisen ; le second est l'oxyde rouge. On emploie du coke pour la fonte. Le fer se convertit en acier par le puddlage, en ajoutant une petite quantité seulement d'acier de cémentation. On fabrique aussi une petite quantité de fer malléable.

Le puddlage pour acier se fait à Essen par les procédés ordinaires, comme à Sheffield, bien qu'il varie dans quelques détails. Le métal destiné aux canons et aux produits qui doivent supporter des chocs violents est plus doux que celui destiné à supporter des frottements ou une résistance fixe. Pour donner de la douceur à l'acier, on mélange une certaine proportion de fer forgé avant la fonte.

Le fer et l'acier sont laminés en petites barres, découpées en longueurs de 15 centimètres, et placées dans des creusets de plombagine d'une capacité de 15 à 30 kilogrammes. Le métal doux, que l'on consomme en moins grande quantité, est d'une fonte et d'un travail beaucoup plus difficiles.

La fonderie consiste en un vaste bâtiment, où les fours peuvent chauffer plus de douze cents creusets à la fois ; c'est le nombre nécessaire pour la fusion des plus grandes pièces. Les creusets sont disposés par huit ou dix dans les fourneaux, qui s'étendent sur toute la longueur de l'atelier ; le toit de ces fourneaux est au niveau du sol de la fonderie, et la flamme circule sur la longueur jusqu'à la cheminée principale. Cette disposition rappelle celle qui a été décrite page 268.

Les creusets reposent, ainsi que le combustible, sur des barreaux mobiles. Ils ne servent qu'une fois, la chaleur du fourneau étant suffisante pour fondre les meilleures briques d'Écosse. Les réservoirs et les moules sont formés de cylindres de fonte non revêtus de terre réfractaire ; le métal en fusion arrive dans les réservoirs par deux trémies.

Les moules reposant sur le fond de la fosse ne sont pas supportés ; les réservoirs n'ont d'autre but que d'assurer la verticalité du jet du métal fluide à son entrée dans les moules.

Le travail est organisé d'une manière toute spéciale. Pour une fonte de 16 tonnes d'acier, exigeant quatre cents hommes environ, tous les ouvriers sont subdivisés en autant de postes qu'il y a de fours, les uns dans la fonderie, et les autres dans les caves. Au moment voulu, le chef d'atelier, placé près du réservoir vers le centre du bâtiment, donne le signal, qui est répété aussitôt aux ouvriers des caves par ceux de la fonderie desservant les creusets les plus éloignés du réservoir ou les plus rapprochés des angles du bâtiment. A ce signal, les ouvriers des caves retirent les barreaux des fours, sauf les deux sur lesquels repose chaque creuset, et décrassent rapidement les creusets avec leurs ringards. Le chef fondeur saisit alors le creuset avec ses tenailles, et avec l'aide du second fondeur, qui place ses tenailles un peu plus bas, il le sort du feu sur le sol de l'atelier. Deux autres ouvriers enlèvent alors le creuset avec des barres et le portent sans perte de temps vers le chenal le plus proche, dans lequel ils versent le métal fluide, puis ils rejettent dans la cave, en contre-bas du sol, le creuset vide. Sans cette dernière disposition, les creusets vides, s'accumulant sur le sol de l'atelier, gêneraient la circulation, dont la liberté est indispensable pour assurer la rapidité de l'opération. Ces creusets sont d'ailleurs mis hors de service par une simple fusion. Pour faire la coulée, on n'enlève pas les couvercles : le métal est coulé par un trou à la partie supérieure du creuset.

Le chef d'atelier donne le signal au deuxième poste d'ouvriers, au moment voulu, pour que les creusets du second four soient prêts avant que ceux du premier soient entièrement vidés. Il est indispensable, en effet, que le métal continue sans interruption à couler dans le chenal et du réservoir dans le moule.

L'opération se poursuit ainsi jusqu'à ce que le contenu du dernier creuset ait été versé. On laisse refroidir le lingot avant de le retirer du moule et on l'entoure de cendres chaudes pour le maintenir au rouge cerise, jusqu'à ce qu'on puisse le forger. Comme on choisit la saison la plus froide pour faire la fonte des plus grosses pièces, et qu'il ne convient pas toujours de les forger immédiatement, il n'est pas rare que ces masses, autour desquelles on maintient constamment des cendres chaudes, soient réservées deux ou trois mois avant d'être forgées.

Quelque forme que l'on doive lui donner ultérieurement, chaque lingot est fondu sous la forme cylindrique ou carrée, puis martelé et tourné. L'acier fondu en aussi grandes masses, dans des moules de forme irrégulière, manquerait d'homogénéité et serait le plus souvent bulleux. Les lingots sont martelés sous forme de canons, d'arbres, etc., après avoir été maintenus au rouge cerise par des chaudes multiples. Le moulage en masses assure la compacité du métal; le martelage augmente sa densité, sa résistance et son élasticité. Ainsi, quoiqu'un lingot d'acier ne paraisse offrir aucune soufflure, sa densité augmente par le martelage de 0.2 à 0.3. Pour de petites pièces, telles que les rails, etc., on a recours au laminoir avec cylindres en acier fondu.

Quand le métal a été complétement travaillé, sa résistance à la rupture varie de 5 600 à 10 300 kilogrammes par centimètre quarré, suivant qu'il est *doux* ou *dur*. L'acier à canon est plutôt doux et offre une résistance de 7 000 kilogrammes en moyenne.

Les bouches à feu de $0^m.20$ de calibre, sont fondues en une seule pièce; au-dessus de ce calibre, elles se fondent en plusieurs pièces. Ainsi, la plus grosse bouche à feu, c'est-à-dire du calibre de $0^m.28$, fondue à Essen, provient d'un cylindre d'acier pesant 35 tonnes et ayant $2^m.13$ de diamètre, que l'on martèle à la forme voulue. On le tourne ensuite jusqu'à une épaisseur d'un calibre à la chambre. La bague des tourillons, forgée avec un cylindre de forme voulue, est chassée sur la pièce; enfin, la culasse est renforcée par des bagues d'acier forgées sur $0^m.25$ de largeur et 0.15 d'épaisseur. Cette pièce, qui a seize calibres de longueur, pèse 28 tonnes, se charge par la culasse et lance des projectiles de 245 kilogrammes, sous une charge de 22 kilogrammes de poudre. On a récemment entrepris à Essen la fonte d'un canon du calibre de $0^m.38$, pouvant lancer des projectiles du poids de 400 kilogrammes.

Les marteaux nécessaires au forgeage des pièces d'acier varient, par suite de l'exigence des formes et des dimensions des pièces, de 50 kilogrammes à 50 tonnes. Dans le marteau à soulèvement de 6 tonnes, le mouvement est imprimé par un cylindre à vapeur placé verticalement sous le centre du levier à manche. Le plus gros marteau-pilon pèse 50 tonnes et a 3 mètres de volée. M. Krupp a obtenu du gouvernement prussien l'autorisation nécessaire pour l'établissement d'un marteau-pilon de 120 tonnes, ayant 4 mètres de volée.

Un train de laminoirs destiné à fabriquer des tôles en acier pour chaudières, avec cylindres de $4^m.70$ de table, est desservi par une force de 2 000 chevaux.

Les premiers canons en acier furent fabriqués à Essen, en 1849; depuis cette époque, l'usine en a livré 2 500, presque tous se chargeant par la culasse et rayés; quatre cents de ces bouches à feu ont $0^m.20$ de calibre et au delà; le reste a principalement $0^m.07$, $0^m.09$ et $1^m.115$ de calibre.

M. Krupp tire ses bandages d'un lingot d'acier fortement martelé, puis fendu en son milieu. Cette fente est élargie de manière à former à peu près un anneau, lequel est ensuite laminé. Plus de quarante mille bandages en acier ont été ainsi confectionnés, c'est-à-dire, sans soudure, pour tous les services des chemins de fer des réseaux européens, américains, etc.; ils se recommandent par une usure lente et uniforme, et par la plus grande sécurité contre les ruptures. Certains bandages de roues de locomotives, supportant des charges de 8 000 à 10 000 kilogrammes, ont parcouru plus de 120,000 kilomètres, sans avoir eu besoin d'être remis sur le tour.

4. MÉTAL BESSEMER.

a. RECHERCHES CHIMIQUES ET PHYSIQUES.

Depuis l'application en grand de ce produit, la production du métal Bessemer a donné lieu à de nombreuses recherches technologiques et chimiques.

Recherches chimiques. — M. Max Buchner (1) s'est préoccupé du rôle du silicium dans la fonte et de son influence sur la production du métal Bessemer. Les résultats de ses analyses comparatives des fontes refondues pour être *bessemérisées* et ceux des produits, sont consignés dans le tableau suivant :

DÉSIGNATION DES MATIÈRES.	DENSITÉ.	Carbone total.	Carbone combiné	Graphite.	Silicium.	Manganèse.
Fonte spéculaire de Friedau, fondue au four à réverbère	»	3.68	3.68	»	0.18	»
Fonte d'Edelsbach (grise), refondue...	»	3.42	0.94	2.48	0.88	»
Fonte grise de Heft	»	4.16	1.53	2.63	1.79	4 24
Métal Bessemer de l'aciérie du Grazerbanhof, provenant d'une fonte grise de Heft	7.824	0.60	0.60	»	0.008	»
Métal Bessemer d'une fonte d'Edelsbach et d'une fonte spéculaire de Fridau..	7.725	1.05	1.05	»	0.01	»
Métal Bessemer de Heft	7.791	1.35	»	»	0.02	»
Id.	7.828	1.15	»	»	traces.	»
Id.	7.848	0.85	»	»	0.02	»
Id.	7.850	0.72	»	»	0.03	»
Id.	7.836	0.53	»	»	traces.	»
Id.	7.872	0.11	»	»	traces.	»

Les fontes appropriées à la méthode Bessemer seraient celles qui contiendraient la plus forte proportion de graphite et de silicium à l'état graphitoïde. Selon M. Wedding, l'opinion que la matière première la plus favorable au procédé Bessemer est la fonte grise au coke, manganésifère,

(1) Dingler, *Polyt. Journal*, t. CLXXVI, p. 374.

exempte de soufre et de phosphore, serait erronée. En Autriche, on s'est mieux trouvé de l'emploi de fontes truitées, au charbon de bois. La haute température exaltant le pouvoir réducteur du fer, le phosphore serait plus difficile à expulser qu'au foyer d'affinage, et la limite de la teneur en phosphore des fontes propres au procédé Bessemer pourrait aller jusqu'à 0.06 pour 100, bien que, d'après M. Tunner, on traite à Neuberg des fontes contenant 0.1 pour 100 de phosphore, et même davantage. Pour le traitement des fontes plus phosphorées, M. Wedding a proposé d'expulser, à un certain moment, une partie des scories, comme cela a lieu dans le puddlage, et de les remplacer par des scories fondues non phosphoreuses, apportant assez d'oxyde de fer pour agir chimiquement.

MM. Greiner et Philippart, ingénieurs des mines en Belgique, nous ont récemment communiqué leurs essais sur le rôle des différents éléments qui entrent dans les fontes pour métal Bessemer. Nous sommes heureux de pouvoir, en les publiant, encourager les efforts tentés dans le but d'élucider cette question encore assez obscure.

Les fontes servant à la fabrication Bessemer dans l'établissement de Seraing, ont été analysées par ces ingénieurs :

	Fontes hématites.				Fonte de Seraing.	Spiegeleisen de Müsen.
	I.	II.	III.	IV.	V.	VI.
Graphite.	2.50	2.50	2.25	2.45	2.10	4.950
Carbone combiné.	2.45	3.815	3.20	2.75	2.65	
Silicium.	3.640	3.647	1.629	3.789	2.725	0.090
Soufre.	0.1015	0.0743	0.0391	0.050	0.003	0.025
Phosphore. . . .	tr. légères	tr. légères	tr. légères	0.015	tr. légères	0.0371
Manganèse. . . .	»	»	0.433	»	»	7.970
Arsenic.	»	»	»	»	»	»

Les fontes anglaises d'hématite n° 1 à n° 4, ne renferment que peu de manganèse ; elles ne contiennent que des traces de phosphore et aucune de celles analysées ne renfermait de l'arsenic. La dose en silicium varie et atteint même un chiffre élevé. Quant au soufre, il varie aussi dans de grandes limites ; la fonte n° 1 en renferme plus de 0.1 pour 100.

La fonte n° 5, de Seraing, qui ne renferme guère de phosphore ni de soufre, a été essayée dans l'appareil Bessemer, mais sans succès.

Première expérience.

Voici maintenant les résultats d'une expérience sur les fontes n° I et n° III mélangées :

On a fondu au four à réverbère :

Fontes n° III.	1 750 kil.
— n° I.	1 500

Le métal résultant a été analysé, et l'analyse est reproduite ci-dessous, en regard de celle que donnerait le calcul des éléments des fontes I et III prises séparément :

	Analyse de la fonte obtenue.	Calcul d'après les analyses séparées.
Graphite.	2.150	2.365
Carbone combiné.	2.850	2.850
Silicium.	1.664	2.322
Soufre.	0.0570	0.060
Phosphore.	0.020	»
Arsenic.	»	»

Ainsi, dans la fusion au four à réverbère, la fonte perd une partie de son silicium, et ne s'épure pas de son soufre.

Charge. Les 3250 kilogrammes de fonte chargée ont donné au four 7 pour 100 de déchet, soit 3 022^{k}.50, contenant ainsi qu'il a été dit :

	Pour 100.
Silicium.	1.664
Soufre.	0.057

On y ajouta 260 kilogrammes de fonte de Müsen, pour recarburer le métal Bessemer; cette fonte contient :

	Pour 100.
Silicium.	0.090
Soufre.	0.025

Par le calcul, on arrive à trouver que la fonte, dans la cornue Bessemer, renferme environ :

Silicium.	50 kil.
Soufre.	1.80

Produits. Passons maintenant aux produits :

Lingots d'acier.	2 320 kil.
Fond de poche.	644
	2 964 kil.

correspondant à 9 pour 100 de déchet dans la cornue.

L'acier renfermait :

	Pour 100.
Silicium.	0.03045
Soufre.	0.1070

ce qui répond, dans l'acier obtenu, à un total d'environ :

Silicium.	0^{k}.70
Soufre.	2 .48

Le soufre se serait donc concentré dans l'acier, où il est en plus forte proportion que dans les fontes employées. Ce fait peut être attribué principalement au coke, à l'aide duquel on réchauffe la cornue entre deux coulées, et qui renferme du soufre en quantité notable.

Ainsi, d'après M. Greiner, la moyenne d'une année indique 0,76 de soufre pour 100 de coke. Deux analyses directes, de M. Philippart, indiquent une teneur en cendres de 9.30 pour 100, renfermant 0.90 pour 100 de soufre. Si l'on estime que l'on charge entre deux coulées environ 500 kilogrammes de coke, on aurait 46k.50 de cendres, ou 0k.416 de soufre.

L'analyse des laitiers Bessemer révèle d'ailleurs fort peu de soufre :

	Soufre pour 100.
Laitiers du four à réverbère :	
a, qui s'écoulent pendant la fusion	0.025
b, qu'on fait couler après la fonte	0.030
Laitier ou scorie de la cornue	0.045

Marche de l'opération. — La durée de la fusion des fontes I et III avait été de trois heures ; déchet de 7 pour 100 ; 154 kilogrammes de laitier ; la durée de la fusion de la fonte Müsen avait été de trois quarts d'heure. On ajouta 2 kilogrammes de pyrolusite dans la cornue.

Première période. — On remarque des étincelles nombreuses, des bouffées abondantes de *cendres volcaniques*. Mazéage lent; durée neuf minutes.

Deuxième période. — La flamme devient d'un blanc vif, les étincelles, diminuent rapidement et cessent. Après douze minutes, on observe un bouillonnement violent; roulement à l'intérieur; flamme très-éclatante, mais pas de projections.

Après quatorze minutes et demie, fin de la période; la flamme a pâli.

Troisième période. — Peu de projections ; température encore très-élevée. Après dix-sept minutes, la fonte tend à sortir par le fond. Au bout de dix-huit minutes, on retourne la cornue et on ajoute la fonte Müsen. La température s'élève considérablement. Le carbone, en excès dans la fonte ajoutée, flambe par le bec de la cornue; le bain est d'un blanc vif éclatant. Après une minute de refroidissement, on relève la cornue, on souffle pendant un quart de minute et on coule. L'acier est si chaud, qu'il fait plier le noyau en fer de la poche de coulée.

Résultats de la coulée. L'acier obtenu se criquait au laminoir.

Lingots	2 320 kil.	
Fonds de poche, etc.	644	
	2 964 kil.	= 9 pour 100 de déchet.
Scorie de cornue	375	

Deuxième expérience.

Fusion au réverbère	2 300 kil. de fonte n° III.
Addition	270 — fonte Müsen.

Composition de la fonte refondue.

Graphite	2.400
Carbone combiné	2.435
Silicium	0.846
Soufre	0.0343
Phosphore	non dosable
Manganèse	traces
Arsenic	»

Il résulte de cette analyse qu'il y avait dans la cornue :

Silicium	18k.70
Soufre	0 .87

L'acier obtenu a indiqué à l'analyse ;

Silicium	traces
Soufre	0.0614 pour 100

Les produits ont été les suivants :

Bandages	1 515 kil.
Jets de bandages	290
Acier total	1 805 kil.
Fond de poche à refondre	250

Les 1 805 kilogrammes d'acier, d'après l'analyse, ne contenaient pas de silicium et renfermaient 1k.10 de soufre. Ce dernier corps, comme dans l'expérience précédente, s'est concentré entièrement dans l'acier, dont la qualité, ici, a été reconnue très-bonne.

Recherches physiques. — M. Frey, directeur de la forge de Storé, près de Cilly (Styrie), a appelé l'attention sur ce fait, que la densité du métal Bessemer est plus grande que celle généralement attribuée au fer et à l'acier. Ainsi, la densité de la fonte varie de 7.1 à 7.5 ; celle du fer forgé de 7.5 à 7.80, et celle de l'acier de 7.7 à 7.85. Les exceptions que présente cet ordre d'accroissement, proviennent du degré d'écrouissage et de la température à laquelle le métal a été travaillé, ainsi que des corps étrangers. C'est en raison de ces considérations et du mode de production que la densité plus considérable du métal Bessemer peut s'expliquer. D'après les expériences faites à l'Académie des mines de Leoben, la densité de ce métal est de 7.805, c'est-à-dire plus grande que celle constatée jusqu'ici pour aucune variété de fer. La densité moyenne, constatée par M. Buchner (tableau, page 602), serait de 7.822.

Appareils Bessemer
établis à Assailly. (Rive de Gier.)

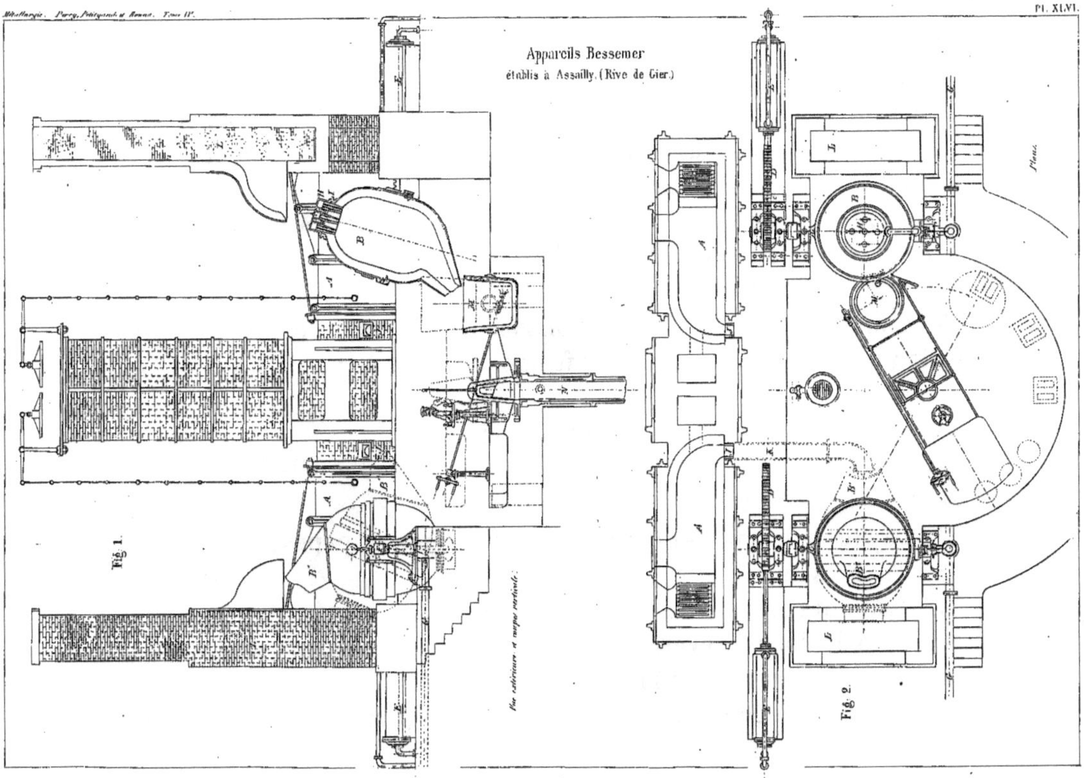

Fig. 1. Vue extérieure et coupe verticale.

Fig. 2. Plan.

Établ. et impr. de J. Baudry, à Liége.

b. FABRICATION PAR LA MÉTHODE ANGLAISE.

France.

Indépendamment des aciéries Bessemer, établies en Angleterre par MM. J. Brown, Cammell, etc., le procédé implanté en France dans les usines de MM. Jackson et Ce, à Saint-Seurin, n'a pas tardé à s'étendre aux usines du département de la Loire, à Assailly, à Rive-de-Gier, chez MM. Petin, Gaudet et Ce; et à Terre-Noire, dans les forges de la Compagnie de Terre-Noire, la Voulte et Bességes, ainsi qu'aux usines du Creusot, de Commentry, etc.

A Assailly, comme à Terre-Noire, on s'est conformé aux plans récents de M. Bessemer, et les deux installations présentent les éléments connus qui sont figurés dans la planche XLVI.

FIG. 1. Vue extérieure, à gauche, et coupe verticale à droite.

FIG. 2. Plan général des appareils.

A. Four à réverbère pour la fusion de la fonte;

B. Convertisseur, dans la position renversée pour la coulée; B′ dans la position pour recevoir la fonte en fusion; B″ dans la position pendant l'insufflation;

D. Roue d'engrenage de transmission;

E. Presse hydraulique pour le mouvement d'oscillation du convertisseur;

G. Tuyau de la soufflerie avec cylindres sans soupapes;

H. Tuyères au nombre de cinq;

I. Armature du fond du convertisseur;

J. Chio du four à réverbère;

K. Chenal de coulée de la fonte;

M. Poche montée sur plaque tournante à pivot N, soulevable par la pression hydraulique.

La plaque tournante manœuvre dans une fosse demi-circulaire, autour de laquelle sont disposés les moules. Le trou de coulée, placé à la partie inférieure de la poche, est bouché par un tampon d'argile.

Assailly. — La soufflerie se compose de deux machines à vapeur de 50 chevaux chacune, et de deux grands cylindres soufflants d'environ $1^m.50$ de longueur et de $0^m.90$ de diamètre intérieur. La machine fait de quarante à quarante-cinq tours par minute. La machine à vapeur qui fait mouvoir les quatre presses hydrauliques a environ 20 chevaux de force. Une seconde machine de réserve, avec deux pompes aux deux extrémités du piston, a été installée depuis.

Chaque convertisseur reçoit d'abord 5 tonnes de fonte, puis à la fin de l'opération, $0^{k}.6$ de fonte lamelleuse, soit ensemble $5^{k}.6$, et peut produire par opération, avec un déchet de 25 pour 100, $4^{t}.2$ d'acier en lingots.

On fait deux opérations par jour, pendant cinq jours de la semaine, avec chaque cornue. Chaque opération dure vingt minutes environ.

La fonte versée en premier lieu est un mélange de fonte au coke obtenue à Givors, avec les minerais de Sardaigne, et de fonte au bois, de Corse, provenant de ces mêmes minerais mélangés avec ceux de Corse et de l'île d'Elbe.

A la fin de l'opération, la flamme ayant presque disparu, on renverse la cornue pour y verser 600 kilogrammes de fonte lamelleuse ; on donne le vent pendant une demi-minute, puis on coule dans la poche, qui est ensuite soulevée avec sa plate-forme et apportée successivement au-dessus de chaque lingotière.

Une cornue sert sans réparations pour quatre opérations. Elle doit alors être nettoyée et garnie de nouveau.

Chaque opération réussie donne 75 pour 100 de lingots, de 15 à 17 pour 100 de queues de coulée, d'acier refroidi, etc., et de 8 à 10 pour 100 de perte au feu. Les déchets peuvent être refondus au creuset, de façon à donner un métal de deuxième qualité, moins coûteux.

Avec une fabrication de $4^{t}.2$ par jour et par cornue, soit de 42 tonnes de lingots par semaine de cinq jours, avec deux cornues, on arrive à fabriquer 35 tonnes de rails par semaine, en comptant sur 1/16 de bouts.

Le métal à grain fin se place sous ce rapport entre les aciers durs et les aciers doux.

Terre-Noire. — La Compagnie a fait construire l'atelier Bessemer devant les hauts fourneaux, de manière à pouvoir couler directement dans les convertisseurs, en économisant les frais de fusion.

Les convertisseurs reçoivent 3 tonnes de fonte au début de l'opération et 300 kilogrammes de fonte lamelleuse à la fin. La fonte employée est de la fonte au coke de la Voulte, produite avec les minerais (fer oxydé rouge et oligiste) de Privas et de la Voulte. La fonte lamelleuse, dite d'Allemagne, est moins belle qu'à Assailly.

L'opération dure également vingt minutes. Les cylindres soufflants n'ont que 1 mètre environ de longueur et $0^{m}.60$ de diamètre intérieur. La machine fait de soixante à soixante-dix tours par minute.

Le grain du métal Bessemer est également beau et se classe comme celui d'Assailly.

Saint-Seurin. — Voici, d'après une note de M. François, ingénieur en chef des mines, qui a contribué à l'installation du procédé Bessemer chez MM. W. Jackson et Ce, à Saint-Seurin, quel était, en 1863, le prix de revient de 1 000 kilogrammes de métal Bessemer :

1100	kilogrammes fonte anglaise à 11 fr. 50 c. les 100 kil.	126 fr. 50
80	— — blanche lamelleuse de l'Isère à 25 francs les 100 kil.	20 »
	Chauffage de la fonte.	25 »
	Main-d'œuvre.	50 »
	Faux frais et frais généraux.	45 »
	Moitié de la prime de 5 francs par 100 kil.	25 »
		271 fr. 50

Saint-Seurin ne payait alors que moitié de la prime, qui, pour les autres usines, était de 50 francs par tonne de produits marchands, autres que les grosses pièces et les rails.

Autriche.

L'empire d'Autriche comptait, en 1865, quatre établissements fabriquant du métal Bessemer :

Usine du prince Schwarzenberg, à Turrach, en Styrie;

— de la Compagnie Rauscher, à Heft, en Carinthie;

— de Neuberg, en Styrie;

— de la Compagnie des chemins de fer du Sud, à Gratz.

Ces usines emploient presque exclusivement des fontes provenant des minerais de fer spathique.

Les trois premières traitent leurs propres minerais et affinent la fonte prise directement au haut fourneau, tandis qu'à Gratz, après avoir essayé toutes les fontes indigènes, on a adopté définitivement celles de Heft et de Mariazell. Comme ces fontes sont refondues au four à réverbère avant de passer au convertisseur, on tient particulièrement à ce qu'elles soient grises (1).

Les usines de Heft et de Turrach ont été installées avec des moteurs hydrauliques, sujets à des chômages. C'est pour ce dernier motif que la compagnie Rauscher a adopté des machines à vapeur.

Deux autres aciéries de ce système sont en voie de construction depuis 1865 : l'une à Wittkowitz, appartenant au baron de Rothschild, l'autre à Stefanau, appartenant à MM. Klein frères; elles traitent les fontes de la haute Hongrie, provenant des minerais spathiques.

Les objets fabriqués jusqu'ici avec le métal Bessemer sont les suivants :

Rails (principalement à Gratz) ;

Outils ;

Quincaillerie et taillanderie (socs de charrue, pics, haches, faux, faucilles, marteaux) ;

(1) Nous renvoyons pour la composition de ces fontes au tableau des analyses de M. Max Buchner, p. 602, ainsi qu'aux analyses, t. III, p. 666.

Pièces de machines (tôles de toutes sortes, bandages, acier à ressort, lames, scies);

Acier en lingots;

Canons et projectiles.

Gratz. — L'installation du procédé Bessemer à l'usine de Gratz ne diffère que par quelques détails de celle des aciéries anglaises où il fonctionne déjà.

Nous donnerons, d'après M. Castel (1), les détails suivants : l'enveloppe extérieure des cornues est en forte tôle et le pisé réfractaire a $0^m.21$ d'épaisseur partout, sauf au bec de la cornue, où il n'a que $0^m.16$. Le diamètre extérieur de la panse, à la partie cylindrique, est de $1^m.875$; la hauteur totale, depuis le bec jusqu'à la boîte à air exclusivement, est de $3^m.68$. Le diamètre intérieur est, dans la partie cylindrique, de $1^m.45$; à la base du segment sphérique inférieur, de $0^m.55$; à la base du col, de $0^m.82$; enfin, au bec, de $0^m.22$. Le volume total correspondant à ces dimensions d'une cornue neuve, est de $3^{m^3}.773$.

La charge de fonte grise admise ici est de $2^t.75$; elle occupe un peu plus du dixième du volume total. La hauteur correspondante au-dessus des tuyères, est de $0^m.50$ environ; correspondant à une pression de 4 dixièmes d'atmosphère.

Les tuyères sont formées de sept briques légèrement coniques, longues de $0^m.43$, et percées chacune de sept trous, dont la section totale représente 34 centimètres carrés.

La soufflerie se compose de deux cylindres à vapeur et de deux cylindres à air, à traction directe, assemblés sur le même palier. Les cylindres à vapeur ont $1^m.443$ de longueur intérieure et $0^m.54$ de diamètre. La longueur intérieure des cylindres à vent est de $1^m.416$ et leur diamètre de $0^m.79$. La course du piston est de $1^m.265$. Le volume d'air aspiré par coup de piston dans chaque cylindre est de $0^{m3}.59$, et par les deux cylindres, à chaque tour de volant, de $2^{m3}.56$.

Les lingotières sont des cylindres en fonte, à section hexagonale ou octogonale, renforcés par plusieurs anneaux de fer forgé : elles ont 1 mètre de hauteur et contiennent 300 kilogrammes d'acier.

D'après M. Castel, voici comment l'opération est conduite, pour une charge de fonte grise de $2^t,75$, à laquelle on ajoute 275 kilogrammes de spiegeleisen avant la coulée.

Comme on le sait, une des conditions indispensables à la bonne réussite de l'opération est une fusion complète et bien liquide, sous l'action de gaz aussi peu oxydants que possible.

Chauffage de la cornue et des poches. — Environ une heure avant le commencement de l'opération, on commence à chauffer la cornue.

(1) *Ann. des Mines*, 6e série, t. VIII, p. 149.

A cet effet, l'on jette dans la cornue un peu de charbon de bois allumé et, par-dessus, environ vingt-cinq paniers de coke : en même temps, l'on donne le vent faiblement. La masse devient bientôt incandescente, et au moment de l'opération, l'intérieur de la cornue doit être arrivé à la température du rouge blanc.

La poche de coulée qui a été regarnie de mortier réfractaire, est mise simultanément à sécher au-dessus d'un petit foyer installé dans la fosse, et où l'on brûle du bois et du charbon de bois. La terre étant sèche, le foyer est fortement chargé de charbon de bois, on replace la poche renversée par-dessus, et l'on donne le vent à l'aide d'une tuyère placée sous le foyer. L'intérieur de la poche doit être porté également, avant la fin de l'opération, à une bonne température rouge.

Versement de la fonte. — Lorsque le fondeur a reconnu que la fonte est bien liquide et bonne à couler, le vent est supprimé, on renverse la cornue de façon à faire tomber dans la fosse le reste du coke non brûlé ; on la nettoie complétement, avec un ringard, des morceaux qui pourraient être restés adhérents, et en la maintenant dans une position fortement inclinée ; puis on la place de façon à ce que son axe étant horizontal, le bec corresponde à l'extrémité de la rigole d'amenée de la fonte.

A ce moment, le trou de coulée du four à réverbère est percé, et la fonte arrive rapidement dans la cornue. La coulée terminée, on donne le vent et on relève la cornue dans la position verticale ; le bec dirigé vers la cheminée est placé sous la hotte. L'opération commence :

1re *période.* — Un flot d'étincelles sort par la bouche de la cornue, une légère flamme jaune rougeâtre apparaît bientôt, mais les étincelles sont très-prédominantes.

La pression du vent, dans le réservoir d'air, est d'abord de 1atm.2, mais elle monte rapidement à 1.3 et 1.4 d'atmosphère, hauteur qu'elle conserve pendant toute la durée de l'opération.

La machine soufflante fait dix-sept tours de volant par minute ; la durée de cette période, suivant les charges, varie de 3 1/2 à 6 minutes.

2e *période.* — La flamme augmente sensiblement de longueur en devenant bleuâtre sur les bords de la bouche de cornue, puis s'allonge beaucoup. Les étincelles, encore abondantes au commencement de la période, vont en diminuant et finissent par disparaître. Un dard obscur se forme au milieu de la flamme ; à la fin de la période, la flamme est vive et longue et le dard est bien marqué.

Le volant fait pendant cette période dix-neuf tours par minute. La durée de la période varie de deux à quatre minutes et demie.

3e *période.* — La flamme est accompagnée de fumée ; il n'y a plus d'étincelles et le dard est très-long. La flamme devient ensuite très-vive, blanche et jaunâtre au bord près de la bouche de la cornue. De nombreuses projections de matières visqueuses composées de scories et de métal ont lieu; il se fait pendant ce temps dans la cornue un bouillonnement tumultueux.

Le volant fait trente-sept tours par minute; la durée de la période varie de deux à six minutes.

4e *période.* — La flamme s'accélère, il y a encore quelques projections. La flamme devient très-longue, très-blanche, bleuâtre sur les bords à l'ouverture de la cornue, puis complétement blanche. A ce moment l'opération est terminée et on renverse la cornue. La flamme a alors 3 ou 4 mètres de longueur.

Le volant fait quarante-quatre tours par minute; la durée de cette dernière période varie de deux à trois minutes.

Addition de spiegeleisen. — Au moment du renversement de la cornue, on ouvre le trou de coulée du four à réverbère où se fond le spiegeleisen, et celui-ci arrive liquide dans la cornue. La cornue n'est plus relevée, on continue le mouvement de renversement et le mélange est ainsi versé dans la poche de coulée, qu'on a préalablement amenée au-dessous du bec de la cornue.

En résumé, l'opération telle qu'elle se fait à Gratz ne diffère pas notablement de celle opérée dans l'usine de Sheffield. La seule différence essentielle consiste en ce que l'opération n'est pas poussée jusqu'à la chute de la flamme. Il y a donc, au moment où l'on termine le travail, encore du carbone dans la fonte, et la production du fer brûlé est sinon nulle, au moins plus faible que dans le procédé suivi en Angleterre. Il faut remarquer encore que la fonte lamelleuse n'est pas brassée avec le produit de l'opération, mais le mélange paraît être néanmoins suffisant, car le produit final semble offrir les qualités requises.

La limite entre deux périodes de l'opération étant souvent assez indécise, les durées indiquées pour chaque période peuvent ne pas être d'une justesse parfaite. La durée totale du travail, depuis l'introduction du vent jusqu'au renversement pour opérer l'addition du spiegeleisen, varie de quatorze à dix-sept minutes. En outre, le versement de la fonte dure environ une minute, et l'addition du spiegeleisen également une minute, jusqu'à la coulée dans la poche.

La quantité de vent lancé dans la cornue, réduit à la pression atmosphérique, autrement dit la quantité d'air aspirée, calculée par tonne de fonte grise (charge primitive), et par minute, donne les résultats suivants :

1re période.	$14^{m3}.4$
2e —	16 8
3e —	31 5
4e —	37 4
Moyenne pour toute la durée d'une des charges observées.	$25^{m3}.0$

Coulée dans les lingotières. — Pendant l'opération, les moules ont été disposés dans la fosse près du bord, vis-à-vis de la grue verticale. Ils sont simplement placés sur de grosses plaques en fer forgé.

Le métal ayant été coulé de la cornue dans la poche, celle-ci est élevée à un niveau convenable par la grue hydraulique qui la porte, et amenée rapidement au-dessus de la lingotière, son trou de coulée correspondant aussi exactement que possible à l'axe de celle-ci. On soulève le levier qui ouvre le trou de coulée et le métal s'échappe en un fort jet qui remplit le moule jusqu'à 15 ou 20 centimètres du bord supérieur. Le métal versé bouillonne assez fortement dans le moule et laisse échapper de nombreuses bulles de gaz. Dès que la poche est éloignée et pendant qu'on remplit la seconde lingotière, un ouvrier applique sur la surface du métal dans la première, une plaque de tôle mince, un peu moins large que la section. Par-dessus, on jette quelques poignées de sable argileux, de façon à remplir le vide jusqu'au haut du moule; ce sable est recouvert d'une deuxième plaque de tôle qui couvre entièrement l'orifice et en dépasse notablement les bords. Cette plaque est maintenue pressée contre le sable à l'aide d'une barre de fer passée dans deux anneaux fixés à la partie supérieure de la lingotière et d'un coin chassé avec force entre la barre et la plaque.

On opère ainsi successivement sur toutes les lingotières, excepté sur la dernière qui, généralement, est à moitié vide et où l'opération du bouchage ne peut avoir lieu.

Retirage des lingots. — Au bout d'une demi-heure, le métal versé est suffisamment refroidi pour qu'on puisse en retirer les lingots. A cet effet, on amène au-dessus de chaque lingotière, successivement, la chaîne de la grue; on passe le crochet sous la barre de fermeture, après avoir préalablement enlevé le coin, et on soulève la lingotière avec son contenu jusqu'à 30 ou 40 centimètres de hauteur au-dessus du sol de la fosse. Si le lingot ne se détache pas de lui-même, on frappe le moule à coups de marteau. Le lingot détaché tombe debout sur la plaque en fer qui servait de support au moule, et celui-ci est enlevé; les lingots sont eux-mêmes enlevés par la grue et portés ensuite au dépôt.

Travaux accessoires. — Dans l'intervalle de deux opérations on procède à quelques travaux accessoires. Ainsi, après la coulée dans la poche, la cornue est nettoyée aussi bien que possible, à l'aide d'un ringard; le bord de l'ouverture est regarni; la boîte à air est démontée; les tuyères sont visitées et remplacées au besoin.

Après la coulée dans les moules, la poche est renversée, complétement vidée, et l'enveloppe réfractaire, si elle est trop chargé de scories, est détachée à coups de marteau, puis refaite.

Matières premières. — Les fontes employées proviennent de Mariazell, de Turrach et de Friedau. Leur composition, d'après les analyses faites à l'Institut géologique de Vienne et au laboratoire de la Société autrichienne à Oravicza, est indiquée dans le tableau suivant :

Composition des fontes.

	Fonte grise de Mariazell.	Fonte inférieure de Turrach.	Spiegeleisen de Friedau.
Fer	95.60	95.97	95.55
Carbone combiné	0.21 } 3.73	0.15 } 3.26	3.62 } 3.79
Graphite	3.52	3.11	0.17
Silicium	2.27	1.23	0.24
Manganèse	0.26	traces	0.29
Soufre	0.14	0.18	0.09
Phosphore	0.01	0.03	0.01
Cuivre	0.10	0.07	0.11
	100.11	98.74	100.06

Un autre échantillon de fonte de Mariazell renfermait 2.52 pour 100 de silicium et 2.38 de manganèse; cette fonte paraît réunir les conditions les plus favorables de la qualité. On a dû faire des essais avec les spiegeleisen du pays de Siegen, au lieu de ceux de Friedau.

Produits. — Le métal obtenu est de l'acier à grains moyens; il est employé à la fabrication des rails à champignon d'acier. Les lingots sont d'abord réchauffés dans un four à réverbère, identique aux fours pour paquets de rails, puis passés au laminoir et réduits en plaques de 0^m.204 de largeur, et de 0^m.04 d'épaisseur. Les plaques, coupées de longueur, servent à former la couverte du paquet de rails, dont les mises sont en vieux rails laminés. La soudure est assez parfaite, d'après M. Castel, pour que le rail plié sous le marteau-pilon ne montre aucune tendance au dessoudage dans le champignon, tandis que le pied et le corps se déchirent.

A l'analyse, un échantillon du métal Bessemer de Gratz a donné :

Fer	98.57	
Carbone combiné	0.38	} 1.03
Graphite	0.65	
Silicium	0.05	
Manganèse	0.07	
Soufre	0.05	
Phosphore	traces	
Cuivre	0.08	
	99.85	

D'après les essais de résistance, ce métal possède les qualités de l'acier doux.

Résultats économiques. — La fabrication du métal Bessemer a commencé à Gratz, vers la fin de 1863. En mars 1865, on avait fait cent-soixante-dix charges et employé :

	Quantités.	Pour 100.
Fonte grise	392^t.65	89.46
— lamelleuse	46 .25	10.54
	438^t.90	

La quantité de métal produit avait été de 378^t.386, soit 86.2 pour 100 de la fonte employée, en y comprenant 5 ou 6 pour 100 de déchets; la perte avait été, par conséquent, de 13.8 pour 100.

Le combustible consommé au four à réverbère consiste en un mélange de lignite de Leoben et de Kifflach, employé dans la proportion de 182.7 pour 100 de fonte. En outre, on consomme par charge 100 kilogrammes de coke et 35 kilogrammes de charbon de bois pour réchauffer les cornues et les poches de coulée.

Les frais de fabrication, relévés par M. Castel, sont les suivants :

		Par tonne.
Fonte grise et lamelleuse, 1 250 kilogrammes à 176 fr. 50 c. . . .		220 fr. 60
Combustible.		49 55
Matériaux réfractaires.	10.35	43 25
— divers et outillage.	9.70	
Salaires.	12.95	
Entretien et régie.	10.25	
		313 fr. 40
A déduire, 75 kilogrammes de déchet, à 150 francs la tonne. . . .		11 »
		302 fr. 40

A ce prix de fabrication il faut ajouter l'intérêt du capital engagé.

Avec de la fonte tirée directement du haut fourneau, le prix de revient serait notablement abaissé.

c. MÉTHODE SUÉDOISE.

Le procédé Suédois, suivi pour la fabrication du métal Bessemer, diffère notablement de celui qui a été appliqué en Angleterre, en France, et dans quelques usines de l'Autriche, en ce que le convertisseur est fixe et que la conduite de l'opération se rapproche de la description faite par M. Bessemer, dans le mémoire qu'il a publié en 1856. D'après cette première disposition, les différentes qualités d'acier sont dues entièrement à la quantité du vent injecté et à la durée de l'insufflation. A aucune phase de l'opération, on n'ajoute de manganèse ni autre métal pour règler la trempe de l'acier. Le déchet dépend également de l'habileté à règler le volume et la durée du vent. Dans l'appareil suédois qui a la forme d'un cubilot ordinaire, les tuyères latérales sont établies excentriquement et légèrement inclinées, au lieu d'être placées au fond du convertisseur; ce qui permet de conserver au niveau du bain une hauteur plus uniforme, et d'assurer un contact plus prolongé entre la fonte et le vent, d'où provient la possibilité de travailler à une pression inférieure et d'introduire l'air en jets plus épais.

M. Tunner (1) affirme que le métal Bessemer obtenu par la méthode

(1) *Berg-u. Hüttenm. Jarbuch der K. K. Bergakademien Schemnitz und Leoben*, etc., 1866.

anglaise est de qualité inférieure à celui qui se fabrique en Suède, et qui ressemble bien plus à l'acier fondu. Les massiaux anglais sont généralement plus denses que ceux de Suède. D'après M. Wedding (1), le four suédois offre à l'usage moins de difficultés que le four anglais, à cause de la plus grande commodité des réparations. De plus, la méthode suédoise avec des fontes au charbon de bois est plus simplement conduite et moins coûteuse. Il est important, toutefois, de ne pas mélanger les produits de chaque coulée, mais de les garder, pour les classer d'après des barres d'épreuve.

Le procédé Bessemer s'est localisé sous sa première forme en Suède; plusieurs compagnies, profitant des avantages particuliers qu'offre la pureté des fontes, l'y ont installé dès 1860. Nous citerons entre autres les usines qui exposaient en 1862 : MM. F. Gœransson, à Gefle; Daniel Elfstrand et Ce, de Edsken; la Compagnie des forges et aciéries de Kloster, en Dalécarlie.

Modifications.

En Russie, où un premier appareil anglais fonctionnait, dès 1863, dans le district de Worzinsk (gouvernement de Wiatka), avec les fontes grises de l'Oural, on a apporté à l'appareil diverses modifications qui le rapprochent du type suédois.

Dans le convertisseur des aciéries de Nischne-Tagilsk, on a remplacé les briques-tuyères du fond par deux tuyères latérales de $0^m.041$ de diamètre, garnies intérieurement de tôle. La charge du convertisseur, qui a $1^m.30$ de grand diamètre intérieur, $1^m.85$ de hauteur, du fond à la naissance du col intérieur, et $0^m.86$ de diamètre intérieur au fond, est de $1^t.75$ elle est convertie en acier en dix-sept à dix-huit minutes. Les tuyères résistent pendant cent vingt opérations environ.

M. Tunner (2) considère cet appareil ainsi modifié comme une heureuse combinaison des types suédois et anglais qu'il a vus fonctionner, l'un à côté de l'autre, dans les usines de la Styrie et de la Carinthie. Outre ses avantages, bien constatés en Suède, dus à la position des tuyères, il se rapproche de l'appareil anglais par sa mobilité. L'opération peut être momentanément interrompue, et le métal est maintenu en fusion dans la cornue inclinée, pendant quelques instants, avant de faire la coulée, dans le but de l'épurer et de régler la coulée. Enfin, la largeur des tuyères permet de les nettoyer aisément, ce qui est très-utile pour l'emploi des fontes très-graphiteuses.

Dans une disposition récemment adoptée par M. Nystrom, aux aciéries de Glocester, près de Philadelphie (Etats-Unis), les tuyères sont placées

(1) *Berg-u. Hüttenm. Zeitung*, 1866.
(2) *Œsterreisch. Zeitschrift für Berg-und Huttemvesen*, 1866.

immédiatement sous la surface, dans un convertisseur cylindrique, avec un col ou cheminée semblable à celui des appareils déjà décrits. Ce convertisseur peut se mouvoir sur tourillons, de manière à ramener l'orifice de coulée au-dessus des moules, que l'on fait avancer successivement sur des chariots. Lorsque l'opération est achevée, on fait tourner l'appareil d'un quart de cercle et on enlève le tampon pour la coulée.

Le but de cette disposition est de maintenir le métal fluide dans un état d'ébullition, pendant tout le temps nécessaire à un affinage complet. Le soufre et le phosphore se combinent avec l'oxygène dans la scorie, et ces oxydes, éliminés par le flux à la surface, s'échappent par la cheminée. La masse fluide reçoit un mouvement de révolution très-lent qui amène successivement chaque partie devant les tuyères et acquiert plus d'homogénéité que dans les procédés ordinaires, où la violence des réactions empêche d'arrêter l'affinage à un moment précis.

Si le procédé Nystrom exige plus de temps que celui de M. Bessemer, il est d'un contrôle plus facile et réclame une soufflerie moins puissante, ce qui permet de l'annexer directement au haut fourneau, sans soufflerie spéciale.

5. RAILS ET TÔLES EN ACIER.

Rails. — Des deux procédés employés pour accroître la dureté des surfaces de roulement et pour prolonger la durée des rails, l'un consiste à laminer une barre d'acier en même temps que les barres de fer du paquet à rails (c'est le procédé suivi à Gratz avec le métal Bessemer); l'autre consiste à cémenter partiellement les rails fabriqués par la méthode ordinaire (c'est le procédé Dodds déjà décrit); mais pas un d'eux ne remplit le but complétement; aucun n'augmente la résistance du fer dans la masse du rail; aucun n'empêche l'exfoliation des mises mal soudées à l'intérieur des paquets. S'ils donnent plus de durée au rail, ils ne la rendent pas certaine.

La méthode Bessemer, qui permet d'obtenir un métal pur, homogène et suffisamment résistant, convient parfaitement à la fabrication des rails, à la condition qu'ils soient entièrement fabriqués avec ce métal. Bien que cette fabrication n'ait pris encore, relativement à son importance future, que peu de développement, on peut cependant prévoir qu'elle remplacera prochainement celle des rails en fer. C'est en se plaçant à ce point de vue que le docteur Percy a cru devoir passer sous silence la fabrication ordinaire.

Il suffira, néanmoins, pour témoigner des progrès récents de la consommation des aciers dans les usages courants des chemins de fer, de donner avec les prix mis en regard, l'état des commandes de rails en acier destinés à des croisements et aux changements de voie, faites par une des grandes compagnies françaises. Ces données sont résumées d'autre part :

Tableau des divers aciers livrés.

		Quantités.	Prix de la tonne.
Acier fondu.	1859	9 t. 841	935 fr.
		21 »	930
	1860	26 .507	900
		25 »	895
	1861	62 »	740
		16 »	665
		218 »	850
	1863	11 .905	730
Acier Bessemer.		0 .610	500
	1864	342 .872 } 1 .343 }	550
		39 .462	500
	1865	226 .006	500
		240 .671	435
		34 .837	435
		9 .050	427,50
		586 .170	413
	1866	299 .993	404
		300 »	400
		415 »	395
Total des commandes (1859 à 1867).		2 886 t. 267	

Le prix de fr. 395 par 100 kilogrammes de métal Bessemer, qui paraît être le dernier terme atteint dans cette liste, devra être encore bien notablement réduit pour que les rails Bessemer puissent remplacer définitivement les rails en fer.

Tôles. — Les tôles en acier sont destinées, quand les prix s'abaisseront, à entrer largement dans la construction des machines, des ponts métalliques et des chaudières de machines à vapeur.

Pour la construction des chaudières, les tôles en acier fondu sont le plus souvent à la limite de carburation et d'une qualité appelée tôle à huit points. Elles sont très-douces, afin de permettre le travail d'emboutissage et celui de la dilatation en place. La première chaudière en acier fondu, construite en France, celle qui figurait à l'Exposition de 1855, avait été montée dans les ateliers de MM. Cail et Ce, à Paris; la tôle avait 0^m^.006 d'épaisseur, c'est-à-dire qu'elle était déclassée de moitié pour l'épaisseur, d'accord avec les règlements prescrits alors par l'administration. La détermination des épaisseurs de métal est abandonnée aujourd'hui aux intéressés. Au bout de trois ans et demi de service, cette chaudière fut démontée et visitée : les surfaces furent reconnues intactes et leur épaisseur sans altération sensible. Pour compléter l'essai, des plates-bandes en long et en travers, découpées dans les parties soumises au coup de feu, furent essayées par la presse à l'effort de traction, et sous les mêmes épreuves, on constata que la résistance était la même que celle des tôles qui ne voyaient pas le feu et soumises seulement à la pression de la vapeur.

Des foyers de locomotives en acier fondu, montés par les différentes compagnies de chemin de fer, ont été reconnus en bon état après de longs services, tout en ayant permis une économie de 1 à 2 kilogrammes de métal par rapport aux foyers en cuivre.

Quant aux chaudières pour les machines marines ou les machines fixes, les tôles en acier fondu sont depuis longtemps employées. MM. Petin et Gaudet en livrent de grandes quantités à l'industrie. Dans leurs forges mêmes, on a appliqué, dès 1859, des tôles d'acier de 2/3 d'épaisseur, comparativement à l'épaisseur réglementaire des tôles de fer, aux chaudières recevant les coups de feu des fours à puddler et à réchauffer. Plusieurs années après, ces tôles étaient encore en service, là où les tôles de fer duraient seulement trois ou quatre mois : c'est que, sous l'action des coups de feu, les tôles ordinaires se dédoublent suivant leurs plans de soudure en se boursouflant, tandis que par son homogénéité la tôle d'acier résiste infiniment mieux.

La tôle *douce* d'acier fondu se comporte comme la tôle au bois pour l'emboutissage et peut résister avec les meilleures matières de 55 à 60 kilogrammes par millimètre quarré. La tôle *vive* d'acier fondu résiste de 80 à 90 kilogrammes par millimètre quarré, mais ne peut s'employer que pour les parties du corps cylindrique de la chaudière qui ne supportent pas de fort emboutissage (1).

La tôle d'acier se courbe au rouge foncé; à la température ressuante, elle deviendrait cassante. L'emboutissage se fait avec le même outillage que celui des tôles ordinaires. Pour qu'un refroidissement inégal n'altère pas la solidité de l'acier, les surfaces à cintrer doivent être plus également chauffées encore que les tôles de fer. Les rivets en acier fondu, placés en quinconce avec les mêmes têtes, sont de dimensions plus faibles que les rivets en fer ; pour être très-malléables, ils sont introduits au rouge, mais pas à blanc.

De toutes les variétés de métal Bessemer, celle qui paraît se prêter le mieux aux applications générales, et surtout aux chaudières à vapeur, contient de un demi à un quart pour 100 de carbone et offre une résistance de 63 à 70 kilogrammes par millimètre quarré (2).

M. Fairbairn cite une usine qui possède six chaudières en tôle Bessemer, qui travaillent constamment sous une pression constante de 7 kilogrammes par centimètre quarré. Elles ont $9^{m}.10$ de longueur sur $1^{m}.98$ de diamètre, et sont composées de tôles $0^{m}.00088$ d'épaisseur.

On connaît en Angleterre de nombreux exemples de ponts en tôles d'acier. Le pont de Sankey, établi sur le chemin de fer du London et North-Western, pour le service des trains de marchandises, a été construit en tôles d'acier, dont le poids n'a atteint que les cinq huitièmes de celui qu'on aurait dû employer en prenant des tôles de fer.

(1) *Ann. des mines*, 5e sér. t. XIX, 1861.

(2) W. Fairbairn, *On Iron*, etc., p. 150, 1861.

En France, le premier pont en métal Bessemer vient d'être construit à Paris, sur le quai de l'Exposition universelle de 1867 ; son ouverture est de 25 mètres avec un tablier large de 21 mètres. Il a été soumis à une épreuve de 272 tonnes, soit une charge de 500 kilogrammes par mètre quarré, à laquelle il a parfaitement résisté. Le métal provient des usines de la Compagnie de Terre-Noire.

L'avenir réservé au métal Bessemer dans les arts industriels et mécaniques ne saurait être un instant douteux ; mais il convient peut-être d'attendre que son prix de revient permette de l'appliquer plus largement et concurremment avec le fer aux besoins des chemins de fer et des divers autres grands travaux publics où il est appelé à trouver un emploi aussi important qu'avantageux.

FIN DU TOME QUATRIÈME.

INDEX ALPHABÉTIQUE

DE

LA MÉTALLURGIE DU FER.

A

B

C

E

F

G

H

I

J

M

N

O

P

T

U

W

Paris. — Typographie HENNUYER ET FILS, rue du Boulevard, 7.

www.ingramcontent.com/pod-product-compliance
Lightning Source LLC
Chambersburg PA
CBHW031533210326
41599CB00015B/1879
9782012773028